LEITFADEN DER MIKROPARASITOLOGIE UND SEROLOGIE

MIT BESONDERER BERÜCKSICHTIGUNG DER IN DEN BAKTERIOLOGISCHEN KURSEN GELEHRTEN UNTERSUCHUNGSMETHODEN

EIN HILFSBUCH FÜR STUDIERENDE, PRAKTISCHE UND BEAMTETE ÄRZTE

VON

PROF. DR. E. GOTSCHLICH
DIREKTOR DES HYGIENISCHEN INSTITUTS DER UNIVERSITÄT GIESSEN

UND

PROF. DR. W. SCHÜRMANN
PRIVATDOZENT DER HYGIENE UND ABTEILUNGSVORSTAND AM HYGIENISCHEN INSTITUT DER UNIVERSITÄT HALLE A. S.

MIT 213 MEIST FARBIGEN ABBILDUNGEN

SPRINGER-VERLAG BERLIN HEIDELBERG GMBH

1920

ISBN 978-3-642-98636-9 ISBN 978-3-642-99451-7 (eBook)
DOI 10.1007/978-3-642-99451-7

Ursprünglich erschienen bei Julius Springer in Berlin 1920
Softcover reprint of the hardcover 1st edition 1920

Vorwort.

Der vorliegende Leitfaden erhebt nicht den Anspruch, eine vollständige Übersicht aller Tatsachen der mikroparasitologischen Wissenschaft zu geben; er ist nicht ein Lehrbuch, sondern ein Hilfsbuch, das einem doppelten Zwecke dienen soll. Erstens soll es dem Teilnehmer an bakteriologischen Kursen jederzeit, sei es am Arbeitstisch, sei es nach dem Kurs ein zuverlässiger Ratgeber und ein stets bereites Hilfsmittel zur Orientierung und zur Auffrischung der gewonnenen neuen Kenntnisse und Fertigkeiten sein. Dazu aber genügt natürlich nicht eine bloße Beschreibung der Methoden, sondern ein solches Hilfsbuch muß auch die Grundlagen und Ergebnisse der Mikrobiologie in prägnanter Kürze enthalten; nur so kann ein richtiges Verständnis der Methode selbst und ihrer Anwendungen erreicht werden. Aus diesem Grunde ist auch der Stoff keineswegs immer in derselben Reihenfolge gegeben, wie er aus didaktischen Gründen — vom Leichteren zum Schwierigeren fortschreitend — im Kurs vorgetragen wird und wie ihn etwa ein lediglich für Kurszwecke zugeschnittenes bakteriologisches Praktikum bringt; die Darstellung erfolgt vielmehr in systematischer Weise, insbesondere sind die einzelnen Krankheitserreger im Rahmen eines natürlichen Systems vorgeführt, soweit dies bei dem heutigen Stande unserer Wissenschaft möglich ist. Mit Hilfe des Sachregisters findet der Kursteilnehmer leicht für jeden einzelnen Fall, was er braucht; andererseits hat der Kursleiter volle Freiheit, den Stoff — je nach seinem Hörerkreise (Medizinalbeamte, Studierende u. a.) — in beliebiger Gruppierung und Reihenfolge vorzutragen.

Zweitens soll dieser Leitfaden aber auch ein Hilfsbuch für den praktischen Arzt und Medizinalbeamten sein, sei er nun selbst bakteriologisch tätig oder nicht. Für eigenes bakteriologisches Arbeiten ist natürlich vorherige praktische Übung unerläßlich; aber wer aus Erfahrung weiß, wie schnell die in einem Kurs gewonnenen Eindrücke schwinden, wenn sie nicht durch dauernde Übung wachgehalten werden, der wird ein Hilfsbuch willkommen heißen, das jederzeit — auch für nur gelegentliches bakteriologisches Arbeiten — die Möglichkeit gibt, sich rasch zu orientieren und sowohl der richtigen Methodik wie vor allem auch der möglichen Fehlerquellen sich bewußt zu bleiben. Ebenso ist dieses Buch für den Arzt gedacht, der nicht selbst bakteriologisch arbeitet, sondern die für seine praktischen Zwecke erforderlichen Untersuchungen an anderer Stelle ausführen läßt. Mehr und mehr hat sich ja, zum Segen für die medizinische Diagnostik, die Inanspruchnahme bakteriologischer Untersuchungsstellen seitens der praktischen Ärzte eingebürgert. Nach unserer eigenen reichen Erfahrung auf diesem Gebiete müssen wir aber sagen, daß für ein gedeihliches Zusammenwirken zwischen Arzt und Untersuchungsamt gewisse Vorbedingungen erfüllt sein müssen. Der Arzt muß wissen, welche Proben er bei jeder einzelnen Infektionskrankheit und in welcher Weise und zu welchem Zeitpunkt er sie zu entnehmen hat; er muß auch wissen, was er im gegebenen Falle von der (vielleicht nur einmaligen) bakteriologischen Untersuchung erwarten darf, und er muß vor allem das ihm zugehende Untersuchungsergebnis richtig bewerten können. Wie steht es aber hiermit in der Praxis? Abgesehen davon, daß zuweilen noch ganz ungeeignetes, technisch unrichtig behandeltes Material (z. B. bei Blutpräparaten!) eingeht, oder daß Proben einem längeren Transport ausgesetzt werden, die das durchaus nicht vertragen, wo vielmehr Verarbeitung des Materials unmittelbar nach Entnahme an Ort und Stelle das einzig richtige wäre (z. B. bei Kultivierung von Ruhrbazillen und Meningokokken) — wird vor allem sehr häufig noch in der richtigen Auswahl des Materials und der Zeit der Entnahme gefehlt. Es ist z. B. ganz zwecklos, bei einer auf Typhus verdächtigen Erkrankung sogleich in den ersten Tagen eine Serumprobe zur Widalschen Reaktion oder eine Stuhlprobe zur Untersuchung auf Typhusbazillen einzusenden (statt der in dieser Zeit fast sicheren Erfolg versprechenden Blutkultur) und womöglich gar sich mit dem so erhaltenen negativen Ergebnis der einmaligen Untersuchung zu beruhigen und den Typhusverdacht fallen zu lassen; in solchen — tatsächlich vorgekommenen — Fällen hätte dann die falsch ausgelegte bakteriologische Untersuchung geradezu irreführend gewirkt! Genug der Beispiele; solche Irrtümer müssen und können vermieden werden, wenn der Einsender die erforderlichen Kenntnisse auf dem Gebiete der bakteriologischen Methodik hat und sich gegebenenfalls rasch orientieren kann. Man kann dem vielbeschäftigten praktischen Arzte nicht zumuten, daß er in umfangreichen Hand- und Lehrbüchern nachschlägt; ein kurzes anschauliches Hilfsbuch wird ihm der rechte Wegweiser sein. Möge der vorliegende Leitfaden diesen Zweck erfüllen! Kurz und anschaulich, das ist sein Wahlspruch, und hiermit ist sein Rahmen und seine Ausstattung bestimmt. Weggelassen ist alles, was für den Kursisten und für die Inanspruchnahme der bakteriologischen Untersuchungsstelle entbehrlich erscheint: so Literaturangaben und wissenschaftliche Kontroversen (soweit sie nicht dem praktischen Verständnis dienen), ferner komplizierte Methoden, die nur selten geübt und in den Kursen nicht gelehrt werden; oft haben wir uns sogar damit begnügt, nur eine einzige Methode anzugeben, falls sie nur restlos ihren Zweck erfüllt. Weggelassen sind ferner exotische Krankheiten, soweit sie nicht an eingeschleppten Fällen zur Beobachtung kommen können, und ausschließlich tierische Infektionskrankheiten, die auf den Menschen nicht übergehen. Andererseits findet die Kürze freilich ihre Grenze an der Forderung der wissenschaftlichen Gründlichkeit; darum ist im Allgemeinen Teil eine Darstellung der Biologie der Mikroparasiten, sowie der Verhältnisse von Infektion und Immunität gegeben. Der Forderung der Anschaulichkeit wird am besten durch möglichst zahlreiche gute farbige Abbildungen entsprochen, die — weit besser als Mikrophotogramme — das Bild in die Erinnerung zurückrufen, wie man es seinerzeit im Kurs in sich aufgenommen hat. Soweit nicht eine andere Quelle angegeben ist, sind die zahlreichen Abbildungen, mit denen dieser Leitfaden ausgestattet ist, durchweg nach Originalpräparaten angefertigt; wir hatten das Glück, in Fräulein K. Wangerin, die als wissenschaftliche Zeichnerin an den Instituten der Universität Halle a. S. tätig ist und sämtliche Originalabbildungen angefertigt hat, eine ebenso sachkundige und gewissenhafte, wie künstlerisch auf der Höhe stehende Mitarbeiterin zu finden, der wir auch an dieser Stelle unsern Dank aussprechen möchten. Einige Abbildungen sind (mit Quellenangaben) folgenden Werken entnommen:

Jochmann, Lehrbuch für Infektionskrankheiten (Berlin, J. Springer 1914). Hartmann und Schilling, Die pathogenen Protozoen (ebenda 1917). R. O. Neumann und M. Mayer, Wichtige tierische Parasiten und ihre Überträger (Lehmanns medizin. Atlanten, Bd. XI, München, J. F. Lehmann, 1914). von Gruber, Rubner und Ficker, Handbuch der Hygiene. Bd. III. Abt. 2. (Leipzig, S. Hirzel 1913); eine größere Anzahl von Abbildungen von Laboratoriumsgeräten entstammt dem Katalog der Firma F. & M. Lautenschläger, Berlin.

Die Drucklegung und die Herstellung der Abbildungen hat sich infolge der gegenwärtigen schwierigen Verhältnisse verzögert; für alles Entgegenkommen, das die Verlagshandlung trotz dieser Schwierigkeiten unsern Wünschen erzeigt hat und für die freigebige Ausstattung, die sie dem Buch zu teil werden ließ, möchten wir ihr auch an dieser Stelle unsern aufrichtigsten Dank aussprechen.

Gießen und Halle a. S., im Februar 1919.

E. Gotschlich. W. Schürmann.

Inhaltsverzeichnis.

Spezieller Teil.

Allgemeiner Teil.

I. Begriffsbestimmung und Einteilung der pathogenen Mikroorganismen.

Als Mikroparasiten oder pathogene Mikroorganismen (krankheitserregende Kleinwesen) bezeichnet man kleinste, nur mit starker mikroskopischer Vergrößerung erkennbare Lebewesen, die auf den äußeren und inneren Körperoberflächen, sowie in den Geweben tierischer und pflanzlicher höherer Organismen zu leben und sich auf Kosten ihres Wirtes zu ernähren vermögen; häufig kommt es dadurch zu Störungen des normalen Ablaufes der Lebensvorgänge, d. h. zur Erkrankung des Wirtsorganismus; da diese Krankheiten durch Übertragung der Mikroparasiten auf einen anderen Wirt zustande kommen, bezeichnet man sie als ansteckende oder Infektionskrankheiten. Bekanntlich gibt es auch ansteckende Krankheiten, welche durch Parasiten verursacht werden, die mit bloßem Auge sichtbar sind (Makroparasiten) und zu den Klassen der Würmer und Spinnentiere gehören; für diese Krankheiten hat man wohl auch — im Gegensatz zu den durch Mikroorganismen verursachten Infektionen — die Bezeichnung „Invasionskrankheiten" gewählt; doch ist eine solche Abtrennung eine willkürliche, da sowohl die biologischen Vorgänge zwischen Erreger und befallenem Organismus wie das epidemiologische Verhalten der einzelnen Krankheitsfälle zu einander keine grundsätzlichen Unterschiede zwischen den durch Mikro- und Makroparasiten verursachten Infektionen aufweisen. Wenn also die Begriffsbestimmung der Mikroparasiten oder pathogenen Mikroorganismen zunächst nur rein äußerlich im Gegensatz zu den schon mit bloßem Auge erkennbaren Makroparasiten erfolgt ist und im übrigen die Mikroorganismen sehr verschiedenen Klassen des biologischen Systems angehören, indem einige entschieden pflanzlicher, andere entschieden tierischer Natur sind und noch andere auf der Grenze dieser beiden Reiche stehen, so ist doch ihre gemeinsame Betrachtung und Namengebung aus verschiedenen Gründen gerechtfertigt: erstens durch die gemeinsame Methodik, welche nicht nur durch die mikroskopische Technik, sondern vor allem durch das unmittelbare medizinische Interesse, das die Mikroorganismen als Erreger der wichtigsten Infektionskrankheiten beanspruchen, beherrscht wurde, und welche daher einerseits das Studium dieser Lebewesen mehr und mehr zu einer Domäne des Mediziners werden ließ, andererseits neue Gesichtspunkte und Aufgaben in die Forschung einführte, die (wie die Erkenntnis der Vorgänge der Desinfektion und Immunität) den rein biologischen Disziplinen der Botanik und Zoologie bisher so gut wie fremd gewesen waren; zweitens durch das theoretisch gemeinsame Merkmal aller Mikroorganismen, daß es sich, im Gegensatz zu den mit bloßem Auge sichtbaren mehrzelligen Makroparasiten um einzellige Lebewesen handelt. Mit dieser grundsätzlichen Feststellung ist das Reich der Mikroorganismen von dem der mehrzelligen Lebewesen biologisch streng geschieden, schon deshalb, weil der Einzeller in sich die verschiedensten Lebensfunktionen vereinigt, während beim Mehrzeller selbst auf der niedrigsten Stufe der Entwickelung stets eine Differenzierung, eine Verteilung verschiedener Lebensäußerungen auf verschiedene Zellgruppen (Organe) stattfindet. Je mehr die Erforschung der einzelligen Mikroorganismen fortgeschritten ist und je zahlreichere und mannigfaltigere Arten erkannt wurden, desto mehr verwandtschaftliche Beziehungen zwischen den ursprünglich scheinbar so weit voneinander getrennten einzelnen Repräsentanten sind zutage getreten, so daß man jetzt schon den Versuch wagen kann, ein natürliches System der Mikroorganismen aufzustellen. Man geht dabei am besten von der auf der Stufenleiter biologischer Entwickelung am tiefsten stehenden Gruppe der Bakterien aus; von diesen führt die phylogenetische Entwickelung einerseits zu rein pflanzlichen Formen (Streptotricheen, Schimmel- und Sproßpilzen), andererseits durch die Übergangsgruppe der Spirochäten zu einzelligen niedersten Tieren (Protozoen); schließlich existiert noch eine Gruppe von Mikroorganismen, die der Klassifikation besondere Schwierigkeiten macht, weil es sich um Formen von solcher Kleinheit handelt, daß sie auf oder unter der Grenze der mikroskopischen Sichtbarkeit stehen (sub- oder ultramikroskopische Erreger, Aphanozoen [Kruse]) und demgemäß die Poren von Filtern passieren, die sich den Keimen der oben genannten Gruppen gegenüber als völlig dicht erweisen (filtrierbares Virus). Wenn diesen letztgenannten kleinsten Formen gegenüber die morphologische Erforschung entweder völlig versagt (Gelbfiebererreger) oder doch nur insoweit möglich ist, als der Mikroparasit in den Zellen des befallenen Wirtsorganismus nicht als solcher, sondern durch die den Eindringling einhüllenden färberisch darstellbaren Reaktionsprodukte der Wirtszelle sichtbar wird (daher die Bezeichnungen als Chlamydozoen [v. Prowazek] oder Strongyloplasmen [Lipschütz]), so erlauben doch die biologischen Eigenschaften dieser kleinsten Lebewesen, sie mit den Spirochäten und Protozoen in nähere verwandtschaftliche Beziehung zu setzen: vgl. weiter unten.

Ein natürliches System der Mikroorganismen läßt sich also etwa nach folgendem Schema aufstellen:

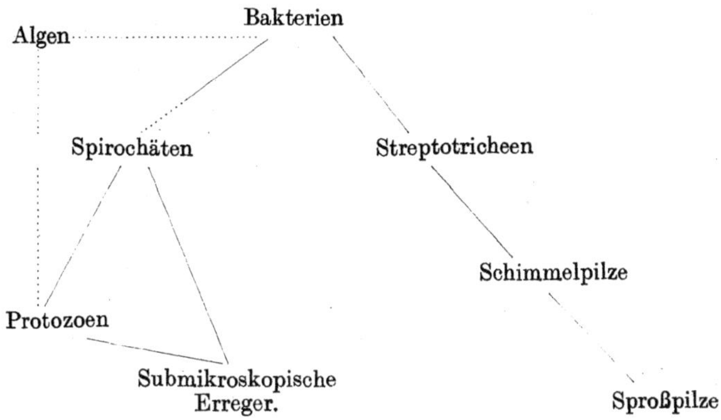

Von rein biologischem Interesse und ohne unmittelbare Bedeutung für die medizinische Wissenschaft ist dann noch die enge verwandtschaftliche Beziehung der Bakterien zu den Algen (unter denen bisher Parasiten bei Tieren nicht bekannt sind, die jedoch ihrerseits in naher Verwandtschaft zu manchen Protozoen [Flagellaten] stehen).

Die einzelnen Gruppen der Mikroparasiten lassen sich kurz etwa durch folgende Merkmale charakterisieren:

1. **Bakterien** (wegen ihrer engen verwandtschaftlichen Beziehungen zu den Pilzen auch als Spaltpilze oder Schizomyzeten bezeichnet) sind einzellige, mit Ausnahme vereinzelter saprophytischer Arten chlorophyllfreie Mikroorganismen einfachster (kugeliger, stäbchen- oder schraubenartiger) Form, die sich ausschließlich durch Querteilung vermehren, demgemäß keine echten Verzweigungen bilden und in bezug auf ihre Lebensbedingungen und Lebensäußerungen eine ganze außerordentliche Mannigfaltigkeit der Artcharaktere zeigen.

2. **Streptotricheen** (Strahlenpilze), von den stäbchenförmigen Bakterien, denen sie sonst sehr nahe stehen, durch das Vorhandensein echter Astbildung und keulenförmiger Endglieder, sowie strahliger Anordnung des Wachstums von einem Zentrum aus, unterschieden. Gewisse Arten, die, morphologisch streng genommen, zu den Streptotricheen gehören, wie die Tuberkel-, Rotz- und Diphtheriebazillen, werden im gewöhnlichen medizinischen Sprachgebrauch (dem auch unsere Darstellung folgt) zu den Bakterien gerechnet, weil sie im infizierten Organismus fast ausschließlich die Gestalt von Bakterien zeigen und die verästelten „höheren Wuchsformen“ nur unter besonderen Umständen in künstlicher Kultur auftreten.

3. **Schimmel- oder Fadenpilze** bilden ein verzweigtes Netz (Mycelium) von Fäden (Hyphen), auf dem sich die besonders gestalteten sporentragenden Fruchtkörper erheben. Anläßlich der Frukti-

fikation findet bei einigen Arten geschlechtliche Fortpflanzung (Kopulation) statt. Von den Schimmel- und Fadenpilzen aus führt die phylogenetische Entwickelung einerseits zu den höheren Pilzen, andererseits zu den

4. **Sproßpilzen, Blastomyzeten,** die nach ihrer Erscheinung allerdings einfachere Formen darstellen als die komplizierter gebauten Schimmelpilze, dennoch aber stammesgeschichtlich als Abkömmlinge der letzteren aufgefaßt werden können, weil das Myzel echter Schimmelpilze unter gewissen Bedingungen (in Nährflüssigkeit untergetaucht) in Form von Sproßpilzen weiterwächst. Die Sproßpilze führen ihren Namen von der eigenartigen Form ihrer Vermehrung, wobei aus der kugeligen oder länglichen Mutterzelle seitliche runde Auswüchse (Knospen oder Sprossen) hervorgehen, die schließlich ihrerseits zu fertigen der Mutterzelle gleichenden Zellen auswachsen und sich dann von der letzteren abschnüren. Übrigens zeigen manche Sproßpilze (Oidium, Soor) außer der Vermehrung durch Sprossung noch Wachstum in verzweigten Fäden, ähnlich dem Myzel der Schimmelpilze, worin eine besonders nahe Verwandtschaft zu diesen letzteren sich kundgibt.

Läßt sich so auf der einen Seite der Stammbaum der phylogenetischen Entwickelung von den Bakterien bis zu höheren pflanzlichen Formen verfolgen, so bestehen andererseits Beziehungen der Bakterien zu tierischen Lebewesen. Eine vermittelnde Stelle nehmen hierbei ein:

5. **Die Spirochäten,** die in ihrer Gestalt und Eigenbewegung zunächst am meisten an die schraubenförmigen Bakterien (Spirillen) erinnern und früher mit diesen häufig zusammengeworfen wurden, so daß die beiden Bezeichnungen Spirochäte und Spirillum fast unterschiedslos in Gebrauch waren. Genaueres Studium lehrt schon morphologische Unterschiede kennen, indem bei den Spirillen der Zelleib verhältnismäßig starr, bei den Spirochäten dagegen außerordentlich biegsam ist. Strittig ist die Frage, ob bei den Spirochäten außer der Querteilung noch Längsteilung oder gar letztere allein vorkommt, und damit zusammenhängend die weitere Frage, ob echte Verzweigungen auftreten. Manche Beobachtungen, z. B. das Verschwinden der typischen Formen in gewissen Entwickelungsphasen der Spirochäten-Infektionen (Rekurrens), sowie das Vorkommen filtrierbarer Keime von submikroskopischer Größenordnung sprechen dafür, daß der Entwickelungskreis der Spirochäten wesentlich reicher ist als derjenige der Spirillen, bei welch letzteren — wie bei allen Bakterien überhaupt — derselbe morphologische Typus immer wieder einzig und allein hervorgebracht wird. Dazu kommt die bei einigen Arten beobachtete Reifung in einem als Zwischenwirt fungierenden Insekt, ein Prozeß, der durchaus dem Entwickelungsgang tierischer Parasiten angehört.

6. **Protozoen,** einzellige tierische Lebewesen von mannigfaltiger Form und geschlechtlicher Fortpflanzung, die ihre Leibessubstanz nicht wie die Bakterien, Streptotricheen, Schimmel- und Sproßpilze aus einfachsten chemischen Verbindungen synthetisch aufbauen, sondern auf Ernährung aus kompliziert gebauten hochmolekularen Eiweißstoffen (teilweise sogar wie die Amöben auf Aufnahme geformter organischer

Elemente) angewiesen sind. Die verschiedenen Gattungen und Arten untereinander sowie auch die einzelnen Arten in ihrem Entwickelungszyklus zeigen einen großen Formenreichtum; neben der einfachen vegetativen Vermehrung durch Quer- oder Längsteilung oder durch Zerfall in zahlreiche Teilstücke findet sich bei vielen Arten noch eine besondere ungleich kompliziertere geschlechtliche Entwickelung unter gleichzeitigem Generationswechsel in einem Zwischenwirt (stechendem Insekt oder Zecke); dazu kommt die weitgehende morphologische Differenzierung des einzelnen Individuums. Obgleich es sich um einzellige Organismen handelt, findet sich vielfach schon — nach Analogie der Bildung von verschiedenen Organen bei Metazoen — eine gewisse Verteilung der einzelnen Funktionen auf bestimmte Teile des Zellleibs („Organellen"); so wird die Fortbewegung entweder durch amöboide Fortsätze des Plasmas (Pseudopodien) oder durch Geißeln oder durch eine undulierende Membran bewirkt; bei manchen Arten findet sich eine besondere, offenbar Verdauungszwecken dienende Nahrungsvakuole; das Plasma ist oft in ein körniges Endo- und ein hyalines Ektoplasma differenziert; dazu kommt bei manchen Arten die Ausbildung einer besonderen Hüllsubstanz oder enzystierter Formen; vor allem aber ist stets der Kernapparat deutlich morphologisch differenziert; neben dem Hauptkern findet sich bei Flagellaten ein zweites kernartiges Gebilde, aus dem die Geißel entspringt, und das daher als Geißelwurzel („Blepharoplast") bezeichnet wird.

7. Von den **submikroskopischen Krankheitserregern** und ihren verwandtschaftlichen Beziehungen zu Spirochäten und Protozoen ist schon oben kurz die Rede gewesen. Auffallend ist, daß im Gegensatz zu den bereits ziemlich zahlreichen bekannten Arten submikroskopischer pathogener Keime nicht auch schon saprophytische Keime dieser Größenordnung gefunden worden sind, obgleich sie sich z. B. bei der Filtration von Faulflüssigkeiten durch bakteriendichte Filter bemerkbar machen müßten.

Die Aufstellung eines natürlichen Systems der Mikroorganismen, wie sie im vorstehenden versucht worden ist, gründet sich — soweit das bei dem gegenwärtigen Stande unserer Kenntnisse möglich ist — auf die Gesamtheit der morphologischen und biologischen Eigenschaften der Kleinwesen. Wenn die morphologischen Merkmale in dieser Einteilung eine besonders wichtige und stellenweise geradezu die ausschlaggebende Rolle spielen, so liegt das nicht etwa darin begründet, daß mangels eindringenderer Erkenntnis ein besonders sinnfälliges Merkmal zu Unterscheidungszwecken über Gebühr hervorgehoben worden wäre, sondern darin, daß die morphologischen Charaktere sich überall als besonders konstant und spezifisch erwiesen haben, während die biologischen Eigenschaften in viel höherem Grade der Variation unterworfen sind. Um nur ein Beispiel zu nennen, so ist das Vorhandensein einer einzigen polaren Geißel charakteristisch für den Choleravibrio; ein mehrgeißeliger Vibrio scheidet von vornherein für die Choleradiagnose aus. Ein Versuch einer Systematik der Mikroorganismen, bei der in erster Linie etwa die Ernährungsverhältnisse (ob zu synthetischem

Aufbau von Eiweiß aus einfachsten Verbindungen befähigt oder auf präformiertes Nahrungseiweiß angewiesen, — ob und zu welchen Gärprozessen befähigt u. a.), oder etwa das krankheitserregende Verhalten zum tierischen Organismus in seiner verschiedenen Entwickelung als Einteilungsprinzip gewählt wäre, müßte von vornherein zum Scheitern verurteilt sein, da hierbei Zusammengehöriges auseinandergerissen und Unzusammengehöriges künstlich vereinigt würde; wie wir sehen werden, sind sowohl die chemischen Leistungen wie die pathogene Wirksamkeit innerhalb der einzelnen natürlichen Gruppen und Unterabteilungen (z. B. in der Gruppe des Typhus- und der Ruhrbazillen und der verwandten saprophytischen Formen) in den verschiedensten Möglichkeiten vertreten, wie sich aus der phylogenetischen Anpassung erklärt. Als praktisch brauchbarstes Einteilungsprinzip hat es sich vielmehr erwiesen, für die zunächst erfolgende Abgrenzung in größere Gruppen die morphologischen Merkmale heranzuziehen, innerhalb dieser großen Gruppen dann natürliche Familien nach ihren biologischen Merkmalen zu unterscheiden, um endlich bei der Abgrenzung der einzelnen Arten oft genug genötigt zu sein, auf das pathogene Verhalten und die spezifischen Immunitätsreaktionen als einzig brauchbare empfindlichste Kriterien angewiesen zu sein.

II. Allgemeine Morphologie und Methoden der Beobachtung der Mikroparasiten.

A. Die morphologischen Eigenschaften der Mikroparasiten

sollen, soweit sie nicht schon im vorigen Abschnitt anläßlich der Systematik Erwähnung gefunden haben, im folgenden mit besonderer Berücksichtigung der Bakterien eingehend besprochen werden, während betreffs der Einzelheiten bezüglich der anderen Klassen der Mikroparasiten auf die speziellen Kapitel im zweiten Teil dieses Buches verwiesen sein mag. Eine solche Sonderstellung der Bakterien ist in mehrfacher Beziehung gerechtfertigt; nicht nur sind die pathogenen Bakterien an Zahl der Arten für den praktischen Arzt und den Teilnehmer an bakteriologischen Kursen besonders wichtig (zumal für Verhältnisse des Inlands, während für die Infektionskrankheiten der heißen Klimate allerdings die Protozoen eine mindestens ebenbürtige Rolle spielen), sondern es haben auch die mikroskopischen Methoden, in erster Linie seit den großen Entdeckungen R. Koch's, ihren Ausgangspunkt von den Bakterien genommen, und „Bakteriologie“ wird ja auch heute noch häufig im täglichen Sprachgebrauch als gleichbedeutend mit „Mikroparasitologie“ angewendet.

1. Normale und Degenerationsformen.

(Einteilung der Bakterien nach der Form.)

Das von F. Cohn (1872) begründete morphologische System, das sich auf die Konstanz der Form sowohl des Einzelindividuums als der Bakterienverbände aufbaut, hat noch heute seine volle Geltung. Man unterscheidet hiernach am besten drei Grundformen der Bakterien: die Kugel, das Stäbchen, die Schraube. Diesen drei verschiedenen Grundformen entsprechen drei morphologisch wohlcharakterisierte Gruppen: Kokkus, Bazillus, Spirillum. Das Gesetz von der Konstanz der Form, daß nämlich aus einem Kugelbakterium immer wieder ein Kugelbakterium, aus einem Stäbchen immer wieder ein Stäbchen hervorgeht, kann zwar insofern eine Änderung erfahren, als sich einerseits infolge ungünstiger Ernährungsbedingungen, Degenerations- oder Involutionsformen, andererseits Dauerformen ausbilden, die sich sehr von der ursprünglichen Form des Einzelindividuums unterscheiden, die jedoch nur als vorübergehende Zustände

Abb. 1. Verschiedene morphologische Typen von Kokken. (Vergr. 1 : 1000). a Streptokokken, b Staphylokokken, c Gonokokken, d Tetragenus, e Diplokokken, f Sarzine.

aufzufassen sind. Durch Übertragung auf einen guten Nährboden lassen sich die typischen Formen wieder zum Vorschein bringen.

Innerhalb der drei erwähnten Gruppen beobachtet man eine große Mannigfaltigkeit der Formen, so unter den Kokken kugelrunde Gebilde, wie z. B. die Staphylo- und Streptokokken, lanzettförmige Individuen wie die Pneumokokken, sowie die einseitig abgeplatteten (semmelförmigen) Gonokokken und Meningokokken. Unter den Bazillen unterscheidet man nach dem Verhältnis der Dicke zur Länge schlanke Stäbchen (1 : 4 bis 1 : 10) und plumpe Stäbchen (Kurzstäbchen) etwa 1 : 2 sowie ovoide Bakterien, die einen Übergang von den Bazillen zu den Kokken vermitteln. Die Polflächen der Stäbchen sind entweder scharf abgesetzt oder nach außen abgerundet, die Seitenflächen parallel oder gewölbt; auch gibt es Bazillen mit zugespitzten Enden (spindelförmige Bazillen), die bei der Angina Vincenti einen regelmäßigen Befund darstellen. Die Teilung der Bazillen findet in einer zur Längsrichtung senkrechten Ebene statt. Die neugebildeten Stäbchen können sich nun von dem

Mutterstäbchen vollkommen lostrennen, wobei dann lauter zusammenhanglose Einzelindividuen sich bilden. Es kann aber auch das neugebildete Stäbchen mit dem ersten in gewissem Zusammenhang bleiben, und es kommt dann durch weiter fortgesetzte Teilung zur Ausbildung von Kettenverbänden, wobei die Trennung in Einzelzellen, zumal im ungefärbten Präparat, oft recht schwer zu erkennen ist. Es bilden sich sogenannte Scheinfäden (vgl. Kapitel Milzbrandbazillus, bei dem diese Neigung besonders auf künstlichen Nährböden ausgesprochen ist.) Andere Stäbchen, die keine Ketten bilden, können in anderer Beziehung eine gewisse charakteristische Lagerung parallel oder pallisadenförmig, Y- oder V-Formen aufweisen, wie die Diphtheriebazillen.

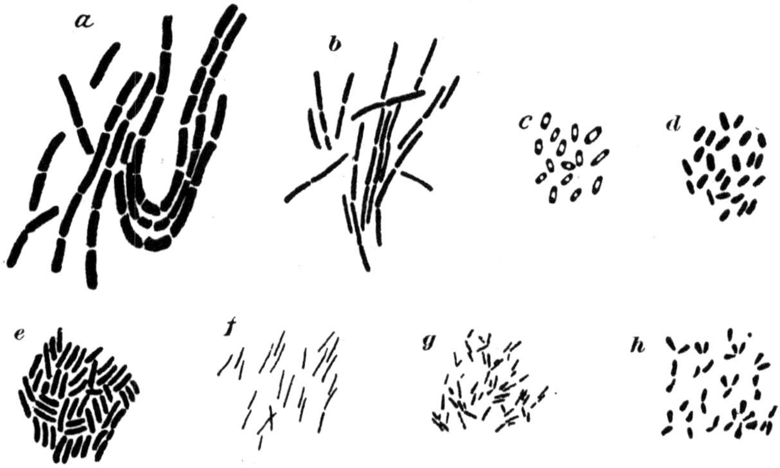

Abb. 2. Verschiedene morphologische Typen von Bazillen. (Vergr. 1 : 500). a Milzbrandbazillen, b Heubazillen (ohne Sporen), c Sporen der Heubazillen, d Bacterium coli, e Typhusbazillen, f Schweinerotlaufbazillen, g Diphtheriebazillen, h Pseudodiphtheriebazillen.

Bedeutende Mannigfaltigkeit in Form und Größeverhältnis des Dickendurchmessers zur Länge, sowie nach der Anzahl der Schraubenwindungen zeigen auch die Spirillen. Als Kommabazillen oder Vibrionen bezeichnet man diejenigen Mikroorganismen, welche schwachbogig (wie ein Komma) gekrümmt erscheinen und den Bruchteil einer Schraubenwindung (etwa bis zu einer halben Schraubenwindung) aufweisen. Die eigentlichen Spirillen setzen sich aus einer und mehreren Schraubenwindungen zusammen.

Bei der Einteilung der Bakterien kommt es nicht nur auf die Formverschiedenheiten der einzelnen Individuen an, sondern auch auf die Art, wie sich dieselben zu größeren Verbänden zusammenlagern, die ihrerseits wieder mit den Teilungsvorgängen der Bakterien im Zusammenhang stehen. Es bilden sich Haufen von Kokken, im Aussehen vergleichbar einer Weintraube (Staphylokokken), wenn die Teilung regellos ohne bestimmte Orientierung der Achsen vor sich geht, oder es bilden sich Kettenverbände, wenn die Teilung fortgesetzt nur nach einer bestimmten Achse stattfindet, z. B. die Streptokokken. Tafelförmige Gebilde entstehen durch Teilung der Bakterien in zwei aufeinander senkrecht stehenden Ebenen wie beim Micrococcus tetragenus. Endlich kann eine Teilung regelmäßig in drei aufeinander senkrecht stehenden Ebenen erfolgen, es kommen so paketförmige oder warenballenartige Kokkenhaufen, die Sarzinen, zustande. Vgl. oben **Abb. 1 S. 7.**

Neben diesen typischen kommen noch von der Regel abweichende Wuchsformen vor, und zwar erstens im Sinne höherer Wuchsformen (teratologische Formen nach Maassen), die eine Verwandtschaft gewisser Arten von Bakterien zu den Streptotricheen und Faden-

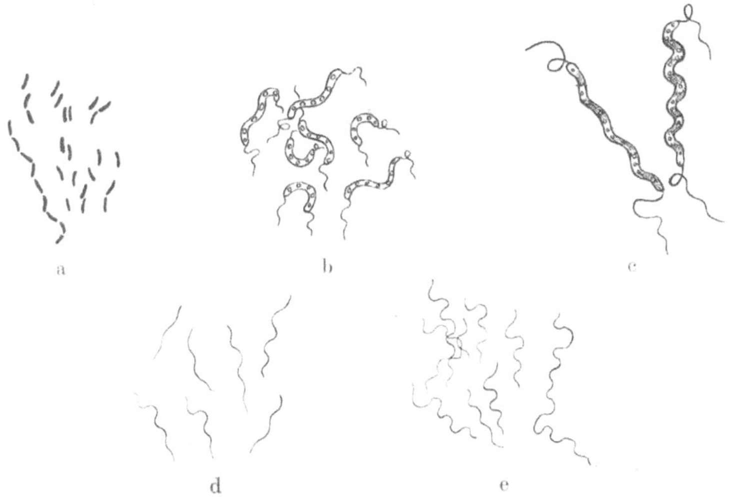

Abb. 3. Verschiedene Typen von Vibrionen, Spirillen und Spirochäten. (Vergr. 1 : 1000).
a Wasser-Vibrio, b große Spirillen aus Jauche, c Spirillum undulans, d Spirochaete dentium, e Rekurrens-Spirochäte.

pilzen bekunden und in Form echter Verzweigungen und Keulenformen unter gewissen vorläufig noch nicht genau erkannten Bedingungen bei den Tuberkel-, Diphtherie- und Rotzbazillen gelegentlich auftreten; nach A. Meyer handelt es sich vielleicht um atavistische Rückschläge.

Zweitens sind als atypische Erscheinung zu nennen die Degenerations- oder Involutionsformen, die im allgemeinen den Ausdruck herabgesetzter vitaler Energie darstellen. Sie entstehen demgemäß meist unter ungünstigen Wachstums- und Lebensbedingungen. Es kann aber auch zur Bildung von Involutionsformen durch erhöhtes Wachstum, mit dem die Teilungsvorgänge nicht Schritt halten, kommen. Es bilden sich dann Riesenwuchsformen oder mehr oder minder lange Scheinfäden.

Stärkere Veränderungen treten in alten Kulturen zutage, besonders dann, wenn der Nährboden in seiner Reaktion verschlechtert ist oder wenn die zum Gedeihen der Kultur notwendigen Nährstoffe ausgelaugt sind. Die Bakterien haben dann infolge der eingreifenden Schädigungen ihre normale Form verloren. Ihre Leiber sind gequollen oder es finden sich spindelförmige kugelige, hefeartige Gebilde, Formen, die man nicht mehr für Abkömmlinge jener typischen Bakterien halten würde, die man noch vor kurzem in Reinkulturen vor sich hatte.

Gewissen Degenerationsformen kommt eine praktische diagnostische Bedeutung zu; vgl. im speziellen Teil beim Pest- und Diphtheriebazillus.

Von besonderem Interesse sind die Degenerations- und Zerfallsprodukte pathogener Bazillen im infizierten Organismus. So verschwindet bei den Pneumokokken die Leibessubstanz selbst schneller als die Kapsel; es bleiben leere Kapseln als Übergangsformen

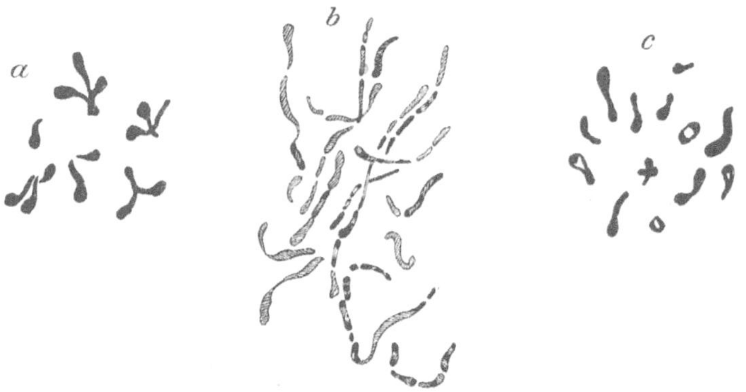

Abb. 4. Involutionsformen. (Vergr. 1 : 1000).
a Diphtherie-, b Milzbrand-, c Pestbazillen.

übrig. Eigentümliche rundliche oder bläschenartige Formen nehmen die Pestbazillen im Buboneneiter und besonders im Rattenkörper an. Betreffs der unter dem Einfluß bakteriolytischer Sera zustande kommenden Zerfallsformen von Choleravibrionen und Typhusbazillen vgl. weiter unten S. 86.

Durch Übertragung der Degenerationsformen auf ein günstigeres Nährmedium läßt sich beweisen, daß diese atypischen wieder in die alten typischen Formen umgezüchtet werden können, daß also die atypischen Formen noch lebensfähig sind.

Weitere Formveränderungen der Bakterienzelle können durch veränderten osmotischen Druck herbeigeführt werden. Die Bakterienmembran besitzt wie der Protoplasmaleib den verschiedenen gelösten Stoffen gegenüber eine verschiedene Durchlässigkeit. Zwischen dem Innern der Zelle und der Außenflüssigkeit besteht eine Druckdifferenz von einem bestimmten Grenzwert. Durch Eintrocknen der umgebenden Flüssigkeit, durch Erhöhung des Salzgehaltes muß eine Änderung des osmotischen Druckes eintreten und die Bakterienzelle einen Ausgleich herbeizuführen suchen durch entsprechende Änderung ihres eigenen osmotischen Innendrucks.

Nach den Untersuchungen von A. Fischer über die Durchgängigkeit ihrer Wandungen gegenüber Salzen usw. werden zwei Gruppen unterschieden:

1. Gruppe der relativ leicht permeablen Arten, die imstande sind, das osmotische Gleichgewicht rasch wiederherzustellen,
2. Gruppe der relativ impermeablen Arten, bei denen es bei plötzlicher Steigerung des osmotischen Druckes nur langsam oder überhaupt nicht zum Ausgleich kommt. Es tritt somit eine Schrumpfung des Protoplasmas ein, das sich allmählich von der Außenmembran zurückziehen, bzw. ablösen kann.

Dieser Vorgang wird als Plasmolyse bezeichnet. Es kann hierbei entweder ein Absterben der Zelle erfolgen oder der Prozeß geht nach dem Verschwinden der Drucksteigerung wieder zurück und das Protoplasma kann sich wieder an die Zellmembran anlegen.

Man kann gelegentlich Bilder von Plasmolyse durch Eintrocknenlassen der Bakterienaufschwemmung auf dem Deckglase beobachten. Bei manchen Arten zeigt sich in durchaus regelmäßiger Weise die auch differential-diagnostisch verwendbare Erscheinung der Polfärbung; die Polenden, wohin sich das Protoplasma zurückgezogen hat, sind intensiv gefärbt im Gegensatz zu dem als helle Lücke auffallenden Mittelstück (Pest, Hühnercholera).

Beim Übertragen von Bakterien (hauptsächlich impermeablen) aus salzreichem in salzarmes Medium blähen sich die Bakterien auf; es kommt zu einer Zerreißung der Membran und daselbst zum Austritt von Plasma. Dieser Vorgang wird als Plasmoptyse bezeichnet.

Beide Vorgänge können sich überall da abspielen, wo Bakterien zugrunde gehen, sei es im Tierkörper, sei es in Kulturen oder äußeren Medien (Wasser u. a.). Diese osmotischen Störungen sind von großer Bedeutung für das Verständnis mancher biologischen Vorgänge, z. B. des Einflusses des Salzgehaltes der Nährböden, sowie vor allem der bei empfindlichen Arten selbst in physiologischer Kochsalzlösung rasch eintretenden Schädigungen; man studiert daher z. B. die Eigenbewegung stets in Bouillon, nicht in Kochsalzlösung.

2. Kernapparat.

Während, wie bereits eingangs erwähnt, bei den Protozoen stets ein deutlicher Kern (manchmal sogar in der Mehrzahl) nachweisbar ist, erscheinen die Bakterien ungefärbt und bei der Färbung mit Anilinfarben in der Regel homogen, sie zeigen keinerlei Differenzierung in Kern und Plasma, wie wir sie sonst bei allen Zellen finden. Dieses homogene Aussehen des Bakterienleibes führte einerseits zu der Annahme ihrer Kernlosigkeit; da aber andererseits die Bakterien gerade eine so große Affinität ihres Leibes zu den kernfärbenden basischen Anilinfarben bekunden, so kam man auf die umgekehrte Annahme, daß der ganze Bakterienleib als Zellkern zu interpretieren sei, während das Plasma unsichtbar bleibe. Die Wahrheit dürfte zwischen beiden Annahmen liegen. Einen Kern im morphologischen Sinne wie die übrigen Zellen scheinen die Bakterien nicht zu haben, wohl aber haben sie sehr reichlich über den ganzen Bakterienleib unregelmäßig verteilte Kernsubstanz, wie sich bei der Färbung nach Romanowsky-Giemsa ergibt. Es besteht also bei ihnen wohl eine chemische, nicht aber eine morphologische Differenzierung zwischen Protoplasma und Kernsubstanz.

Der Bakterienleib enthält demnach die Kernsubstanz (Chromatin) in Mischung mit dem Protoplasma (Entoplasma). Außerdem besitzen die Bakterien noch eine durch besondere Präparationsmethoden darstellbare äußere Hülle, das Ektoplasma. Der eigentliche Bakterienleib besteht aus einer hellen, schwach färbbaren Gerüstsubstanz, dem Entoplasma mit dem für das Protoplasma charakteristischen wabigen Bau und der in dessen Maschen liegenden, Farbstoffe stark aufnehmenden Kernsubstanz, dem Chromatin, das stellenweise so mächtig werden kann, daß die Gerüstsubstanz, das Entoplasma, ganz verdeckt wird. Chromatin und Entoplasma bilden zusammen den sogenannten Zentralkörper. Dieser ist umgeben von Ektoplasma, das besonders an den Polen reichlich vorhanden ist und von dem die Bewegungsorgane, die Geißeln, entspringen. Manche Bakterien scheinen nur aus Chromatin zu bestehen. Hier ist dann wahrscheinlich das Entoplasma nur in sehr geringer Quantität und sehr innig mit dem Chromatin gemischt vorhanden.

Bisweilen findet man in dem Bakterienleib ein oder mehrere Körnchen, Verdichtungen des Protoplasmas, die sich durch eine besonders starke Affinität zu den Kernfarbstoffen auszeichnen. Da sie meist polar liegen, werden sie auch als Polkörner bezeichnet. Gebräuchlicher ist noch die Benennung nach ihren Entdeckern als Babes-Ernst'sche Körnchen. Ihre morphologische und physiologische Bedeutung ist noch nicht recht klar. Bei den Diphtheriebazillen lassen sie sich durch eine besondere von M. Neißer angegebene Doppelfärbungsmethode von dem übrigen Zellprotoplasma different färben; betreffs der differentialdiagnostischen Bedeutung dieser Färbemethode vgl. im speziellen Kapitel „Diphtherie“.

Das Ektoplasma, das bei der gewöhnlichen Färbung ungefärbt bleibt, ist eine relativ wasserarme konzentrierte Substanz, wie sich aus seiner größeren Widerstandsfähigkeit gegen Färbung sowie schädigende Einflüsse ergibt. Vom Ektoplasma gehen die Geißeln aus. An der Grenzschicht zwischen Ektoplasma und Innenkörper kommt es bei manchen Bakterien zur Bildung einer echten Membran, in welche z. B. beim Tuberkelbazillus fett- und wachsartige Substanzen eingelagert sind. Durch Aufquellung, Vergallertung des Ektoplasmas kann es zur Bildung echter Kapseln kommen. S. Kapitel Kapselbildung.

3. Bildung von Dauerformen (Sporen).

Besondere morphologisch wohl charakterisierte Dauerformen (Sporen) werden von Schimmel- und Sproßpilzen sowie von manchen Bakterien gebildet. Was man bei Protozoen Sporulation nennt, ist von der Sporenbildung der pflanzlichen Kleinwesen durchaus verschieden, und stellt vielmehr eine besondere Form der Vermehrung dar (vgl. die betreffenden speziellen Abschnitte). — Bei den Schimmelpilzen erfolgt die Bildung der Sporen, entsprechend der höheren Differenzierung dieser Pilze, in sehr verschiedener Weise (vgl. das betreffende Kapitel im speziellen Teil). Sproßpilze und Bakterien zeigen dagegen nur eine Form der Sporenbildung, die endogene.

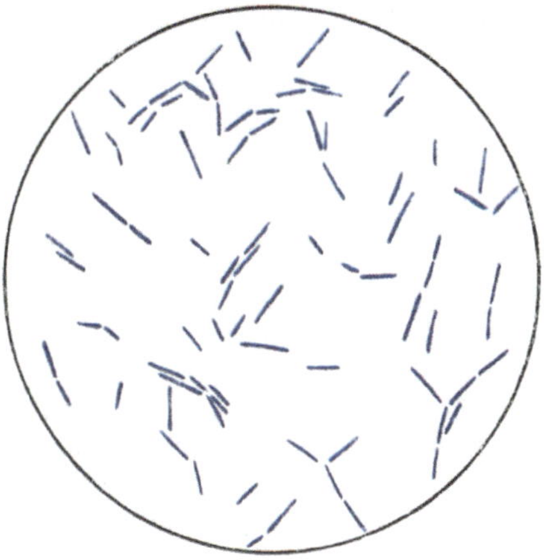

Abb. 5. Bac. subtilis junge Kultur. Gramfärbung. (Vergr. 1 : 500).

Die Bildung dieser Dauerformen erfolgt stets unter dem Einfluß des Alters, der Erschöpfung oder plötzlicher sonstiger ungünstiger äußerer Einflüsse; die Sporenbildung dient also zur Erhaltung der Art. Sie ist bisher nur bei Bazillen beobachtet und kommt von den krankheitserregenden Arten nur dem Milzbrandbazillus sowie den pathogenen Anëarobiern (Bac. tetani, Bac. oedem. maligni, Rauschbrandbazillus) sowie auch einigen toxisch wirksamen Bakterien (dem Bac. botulinus und den peptonisierenden Bazillen der Kuhmilch Flügge) zu; bei Kokken und Spirillen ist Sporenbildung noch nicht beobachtet.

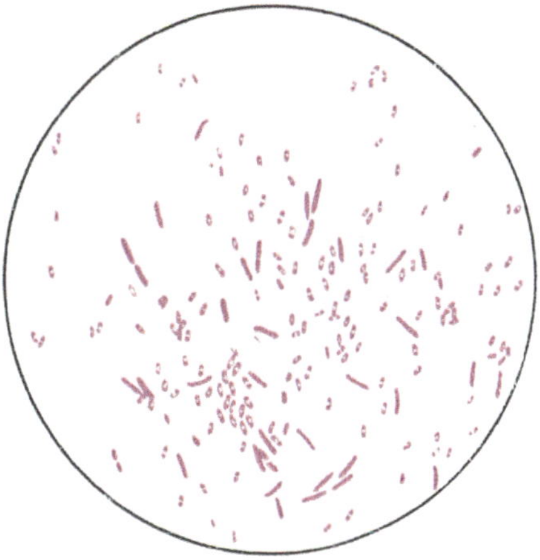

Abb. 6. Bac. subtilis alte Kultur. Stäbchen und Sporen. Färbung mit verd. Karbol-Fuchsin. (Vergr. 1 : 500).

Was die Bedingung der Bildung solcher endogenen Sporen betrifft, so ruft dauerndes lebhaftes Wachstum unter den günstigsten Bedingungen niemals Sporenbildung hervor. Hiermit hängt zusammen, daß die Sporenbildung im Innern des erkrankten Organismus nicht zustande kommt. Sie wird vielmehr beobachtet bei Verschlechterung des Nährbodens, und wenn man künstlich plötzlich die betreffende Bazillenart in ungünstigere Bedingungen bringt, z. B. sie in destilliertes Wasser überträgt. Oft sind jedoch hierzu noch weitere Bedingungen erforderlich, z. B.

Anwesenheit freien Sauerstoffs bei den Aërobiern, eine bestimmte Temperatur usw.

Die Sporen erscheinen als stark lichtbrechende, entweder kugelige oder elliptische Gebilde im Innern des Bazillenleibes oder nach Zugrundegehen des letzteren als freie Sporen. Sie besitzen eine sehr bedeutende Widerstandsfähigkeit gegen Eintrocknung, Hitze und Chemikalien. Form, Lage und Größe der Sporen sind bei den einzelnen Bakterienarten konstant. Mittelständige Sporen finden sich z. B. beim Milzbrandbazillus, endständige beim Tetanusbazillus. In letzterem Falle spricht man von Trommelschlägel-, Nagel-, Stecknadel- oder Kochlöffelformen. Beim Milzbrandbazillus ist der Querdurchmesser der Spore ebenso groß wie derjenige der Mutterzelle. Ist dagegen der Querdurchmesser größer als derjenige der Mutterzelle, so entstehen an ihr Auftreibungen, sogenannte Clostridiumformen. Im allgemeinen enthält jede Mutterzelle nur eine Spore, die mit dem Zerfall der letzteren frei wird und unter günstigen Umständen wieder zu den vegetativen Bakterienformen auskeimt. An jeder Spore kann man einen Innenkörper, auch Glanzkörper, genannt und eine Sporenmembran unterscheiden, der zuweilen nach dem Austritt aus der Mutterzelle noch Protoplasmareste anhängen.

Die starke Lichtbrechungsfähigkeit und schwere Färbbarkeit der Sporen ist teils auf eine Verdichtung des Protoplasmas, teils auf den Fettgehalt der Membran zurückzuführen. Bei der Färbung mit den gewöhnlichen in der Bakteriologie gebräuchlichen Farblösungen nehmen die Bakteriensporen den Farbstoff nicht auf und heben sich daher als helle Lücken in dem gefärbten Protoplasma des Bakteriums deutlich ab. Es bedarf zur Sporenfärbung eingreifenderer Verfahren (vgl. weiter unten S. 39.

Die Sporenbildung läßt sich im hängenden Tropfen bei heizbarem Objekttisch beobachten, wobei nach Mühlschlegel zunächst feinste Körnchen im Protoplasma der Bakterienzelle auftreten, so daß dieselbe wie gepudert erscheint; durch Wechselwirkung und Verschmelzung dieser sporogenen Körnchen mit dem Protoplasma bildet sich eine stärker lichtbrechende Stelle, die sich dann gegen das übrige Protoplasma durch eine feste Membran abgrenzt. (Abb. 7).

Die Art, wie nun aus den Sporen bei günstigen Entwickelungsbedingungen wieder die vegetativen Wuchsformen auskeimen, ist bei den verschiedenen Bakterien verschieden und kann differentialdiagnostisch verwertet werden. Beim Milzbrandbazillus z. B. streckt sich die Spore, nachdem sie zuerst ihr starkes Lichtbrechungsvermögen verloren hat, in die Länge. Die Membran reißt an einem Pol und der neue Keimling, das Stäbchen, tritt an der Rißstelle, also polar aus. Das Stäbchen beginnt sich dann wiederum durch Querteilung zu vermehren. Der Heubazillus dagegen keimt äquatorial aus. Aber auch der bipolare Keimungsmodus ist von Burchard beschrieben.

Durch langdauernde Fortzüchtung auf künstlichen mit Natronlauge, Rosolsäure, Safranin, Malachitgrün usw. versetzten Nährböden (Behring) ist es gelungen, sporenfreie Bazillen, sogenannte asporogene Rassen zu erhalten. Roux erreichte das gleiche durch Züchtung auf Nährböden mit geringem Phenolzusatz oder durch Kultivierung bei 40 und 41° C.

Die von einigen Forschern, wie de Bary, Hueppe, Winogradsky früher beschriebenen, sogenannten Arthrosporen, die durch Zerfall der Bakterien oder sproßartige Abschnürungen hervorgegangen sein sollten, sind nach neueren Untersuchungen zweifellos nur als Involutionsformen aufzufassen und stellen keineswegs Dauerformen im Sinne der soeben beschriebenen endogenen Sporen dar; vor allem geht ihnen die für echte Sporen charakteristische Resistenz gegen äußere Einflüsse durchaus ab.

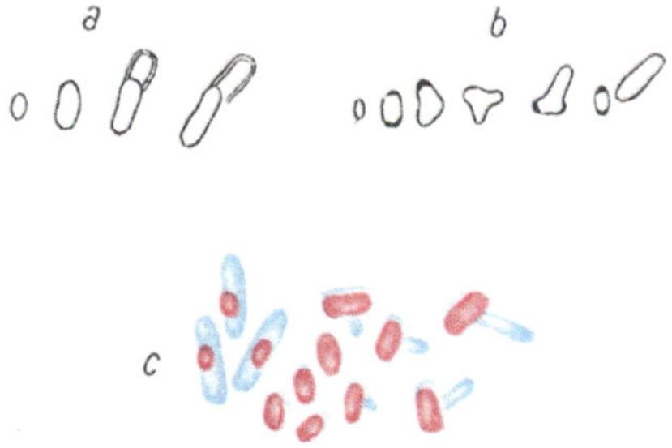

Abb. 7. Sporenkeimung. (Vergr. 1 : 1000). a bei Milzbrandbazillen, b bei Heubazillus, c desgleichen — Doppelfärbung.

Die Bakteriensporen werden zu Desinfektionsprüfungen wegen ihrer großen Widerstandsfähigkeit benutzt. Die Testobjekte, meist an Seidenfäden angetrocknete Milzbrandsporen, werden teils frei, teils eingewickelt der Einwirkung strömenden oder gespannten Dampfes ausgesetzt oder in die verschiedenen Desinfektionslösungen bestimmte Zeit eingelegt. Nach Schluß der Desinfektion wird die Entwickelungsfähigkeit der Sporen im Kulturverfahren geprüft.

4. Kapseln.

Bei vielen pathogenen und saprophytischen Bakterien lassen sich um den gefärbten Bakterienleib helle Höfe nachweisen, die man als schleimige Hüllen, als Kapseln, gedeutet hat. Diese Hüllen färben sich mit den gewöhnlichen Farbstoffen nur sehr schwach und zeigen bei gut gelungener Färbung am Außenrande einen deutlichen schmalen, intensiv gefärbten Saum, der den Abschluß der Kapsel nach außen bildet. Für manche Arten von Bakterien ist die Kapselbildung als charakteristisch zu betrachten und kommt dann auch in der Namengebung zum Ausdruck (Bac. capsulatus Pfeiffer, Diplococcus pneumon. capsulatus Fraenkel-Weichselbaum, Friedländers-Kapselbazillus der Pneumonie).

Auch der Milzbrandbazillus bildet Kapseln, aber wie viele andere pathogene Bakterien nur im Tierkörper; betreffs der Verwendung der Kapselfärbung des Milzbrandbazillus zu differentialdiagnostischen Zwecken vgl. das betreffende spezielle Kapitel. Liegen zahlreiche Bakterien in einer gemeinsamen Schleimhülle eingeschlossen, so spricht man von Zoogloea. In manchen Kulturen (Pestbazillen) kann man schon makroskopisch die Bildung einer schleimigen Interzellularsubstanz durch die visköse, fadenziehende Beschaffenheit der Kultur konstatieren.

Die Kapsel entsteht durch eine Aufquellung, Vergallertung des Ektoplasmas. Sie enthält Mucin oder eine mucinähnliche Substanz. Die Kapselbildung kommt besonders schön in Präparaten zum Ausdruck, die aus dem Tierkörper stammen; in Kulturen ist sie meistens nur angedeutet, nur in flüssigem Blutserum oder in Milch stärker ausgebildet.

Es handelt sich bei der Kapselbildung offenbar um eine gegen die bakterienfeindlichen Kräfte des Organismus oder gegen ungünstige Bedingungen der Kultur gerichtete Abwehrtätigkeit, die häufig parallel mit anderen Veränderungen des Bakterienleibes in gleichem Sinne,

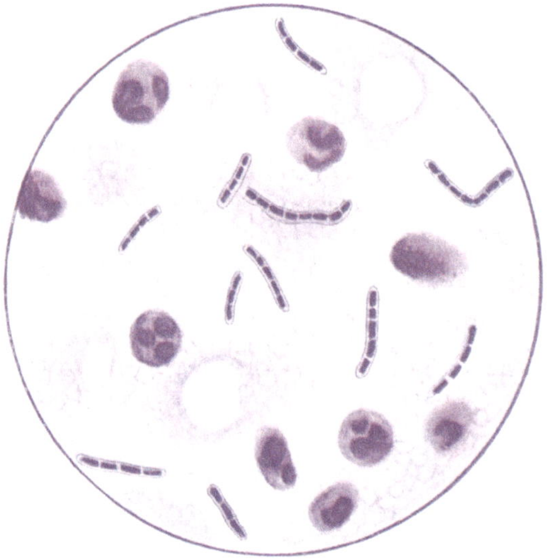

Abb. 8. Milzbrandbazillen. Kapselfärbung. (Vergr. 1 : 500) nach Johne.

z. B. Serumfestigkeit, geht und den sogenannten „tierischen" Zustand des Bakteriums (d. h. eine gegenüber den Abwehrkräften des tierischen Organismus erworbene Schutzvorrichtung) charakterisiert. In anderen Fällen, insbesondere bei der Bildung massenhafter schleimiger Interzellularsubstanz in älteren Kulturen, handelt es sich wahrscheinlich um eine Alters- oder Degenerationserscheinung.

Die Kapseldarstellung geschieht nach Johne:

1. Färbung mit 2%iger wässeriger Gentianaviolettlösung unter Erwärmen 1—2 Sekunden.
2. Abspülen in Wasser.
3. Entfärben in 1%iger Essigsäure 6—10 Sekunden. Abspülen in Wasser und in Wasser untersuchen (kein Dauerpräparat!), da in Zedernöl oder Kanadabalsam der Unterschied der Brechbarkeit verschwindet; es erscheinen die Bakterien dunkelviolett, die Kapseln hellviolett.

5. Geißeln.

Wie schon erwähnt, unterscheidet man bewegliche und unbewegliche Mikroorganismen. Streptotricheen, Schimmel- und Sproßpilze zeigen keine Eigenbewegung, während unter den Bakterien und Protozoen solche mit und solche ohne Eigenbewegung vorkommen; Spirochäten sind immer mit Eigenbewegung begabt. Unter den Bakterien sind Spirillen (Vibrionen) stets, Kokken dagegen (außer manchen Sarzinen) nie eigenbeweglich. Die Untersuchung, ob Eigenbewegung vorhanden oder nicht, wird im hängenden Tropfen vorgenommen, und zwar nicht in Wasser (das öfters die Eigenbewegung schädigt), sondern in Bouillon; falls die Entscheidung nicht sogleich mit Sicherheit möglich ist, bringt man den hängenden Tropfen auf einige Zeit in den Brutschrank, um die für das Zustandekommen der Lokomotion günstigsten Verhältnisse zu schaffen. Die Bewegung wird durch amöboide Fortsätze (Amöben, Plasmodien) oder durch Geißeln vermittelt, die durch ihre lebhaft peitschenden und schraubenden Bewegungen den Mikroben vorwärts bewegen. Die Geißeln sind bei Bakterien einerseits, bei Protozoen andererseits sehr verschiedener Natur. Bei den Bakterien handelt es sich um reine Oberflächengebilde, Ausläufer des Ektoplasmas, bei manchen Protozoen hingegen entspringen die Geißeln von einem besonderen, im Innern des Zelleibes gelegenen und vom Zellkern unterschiedenen kernartigen, chromatinhaltigen Gebilde (dem Blepharoplast) und verlaufen innerhalb einer undulierenden Membran.

Von der echten Eigenbewegung ist die Brown'sche Molekularbewegung streng zu trennen, die nicht nur Mikroorganismen, sondern auch allen kleinsten leblosen Körperchen zukommt (z. B. Aufschwemmung von chinesischer Tusche im hängenden Tropfen). Sie besteht in einem unruhigen Hin- und Herbewegen kleinster Partikelchen auf der Stelle, ohne daß eine dauernde Ortsveränderung, eine wirkliche Fortbewegung, dadurch zustande kommt. Die Schnelligkeit der Eigenbewegung ist bei den einzelnen Bakterienarten äußerst verschieden; es bewegen sich einzelne Arten so schnell durchs Gesichtsfeld, daß man ihre Gestalt kaum erkennen kann (Choleravibrionen), andere wieder so träge, daß ihre Bewegung kaum von der Molekularbewegung zu unterscheiden ist, die man bei vielen Bakterienarten, wie bei den Kokken, Ruhrbazillen, ausgesprochen sieht. Die Beweglichkeit eines Bakteriums kann durch gewisse äußere Einflüsse aufgehoben werden; so wirken hohe (49—55°) und auch niedere Temperaturen hemmend auf die Bewegung ein (Wärme- und Kältestarre). Durch Überführung der betreffenden Kultur in normale zusagende Temperatur erhalten die Bakterien ihre frühere Beweglichkeit wieder. Auch bei längerem Fortzüchten von sogenannten Sammlungs- oder Laboratoriumskulturen geht die Eigenbewegung bei manchen Arten mehr oder weniger vollständig verloren.

Die Geißeln wurden zuerst von F. Cohn und R. Koch im ungefärbten Trockenpräparat von großen Spirillen gesehen. Seit der Vervollkommnung der mikroskopischen Technik durch Einführung der Dunkelfeldbeleuchtung, welche die Betrachtung der ungefärbten lebenden

Mikroorganismen gestattet, ist die Möglichkeit gegeben, die Geißeln an lebenden Bakterien in voller Bewegung zu beobachten, während ihre färberische Darstellung nur mit Hilfe komplizierter, zeitraubender Verfahren möglich ist.

Die gefärbten Geißeln sind zarte Fäden, deren Dicke nur einen geringen Bruchteil des Durchmessers des Bakteriums ausmacht; sie sind leicht gewellt und ihre Enden oft etwas stumpf. Bei der Geißelfärbung kommen übrigens nicht nur die Geißeln selbst, sondern die ganze ektoplasmatische Hülle des Bakterienleibes zur Darstellung, der dadurch viel dicker und massiger erscheint als bei der gewöhnlichen Färbung.

Je nach der Zahl und Anordnung der Geißeln unterscheidet man:

1. Atricha, geißellose Bakterien, unbeweglich (z. B. der Milzbrandbazillus).

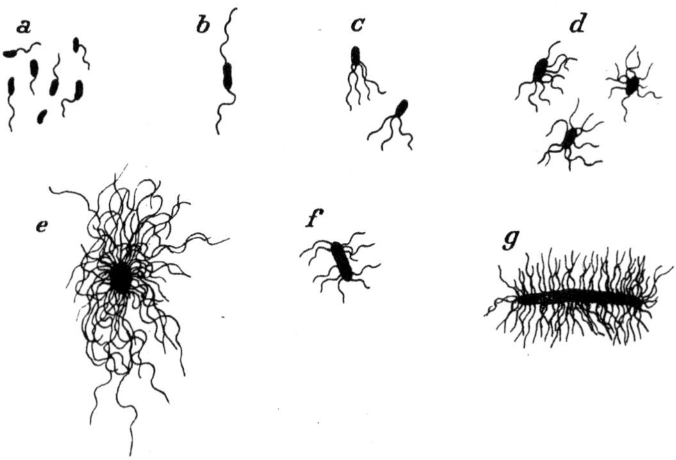

Abb. 9. Verschiedene Typen von Begeißelung. (Vergr. 1 : 1000).

2. Monotricha, Bakterien mit einer einzigen Geißel an einem Pol (Choleravibrio).
3. Amphitricha, Bakterien mit je einer Geißel an je einem Pol. (Manche Vibrionen).
4. Lophotricha, solche mit einem Geißelbüschel an einem oder beiden Polen (große Spirillen).
5. Peritricha, solche mit Geißeln in verschiedener Anzahl rings um den Bakterienleib verteilt (Typhusbazillen).

Die Geißeln werden außerordentlich leicht vom Bakterienleib abgerissen und liegen dann im Gesichtsfelde verstreut regellos umher. In jungen Kulturen, und zwar am besten in flüssigen Nährmedien gezüchteten, haften sie am festesten am Bakterienleib, bei solchen von festen Nährböden oder bei alten Kulturen sind sie bedeutend loser, und es genügen hier schon ganz geringfügige künstliche Eingriffe zum Abreißen der Geißeln (wie z. B. stärkeres Ausstreichen auf dem Deckglase, rasches Eintrocknenlassen des Tropfens etc.). Bei manchen Bakterien (z. B. den Rauschbrandbazillen) entstehen durch Verfilzung

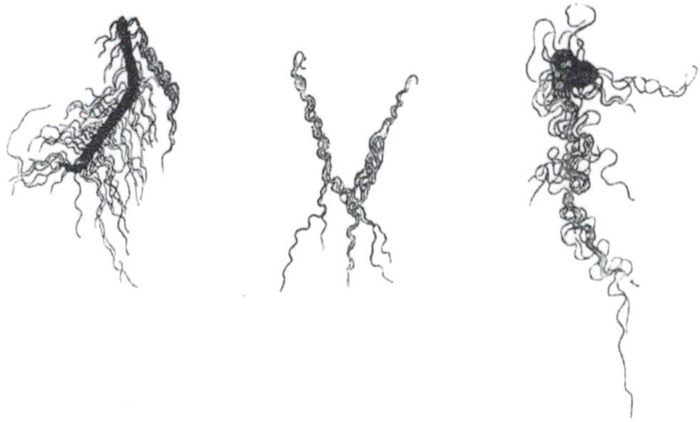

Abb. 10. Geißelzöpfe. (Vergr. 1 : 1000).

der abgelösten Geißeln zopfartige Gebilde, die sogenannten Geißelzöpfe.

Die Geißeln sind in Schrauben gewunden. Die zahlreichsten Windungen finden sich bei den begeißelten Bazillen, wo häufig 6—7

Abb. 11. Große Spirillen aus Jauche mit Geißeln und Vakuolen. (Vergr. 1 : 500).

Schraubenwindungen gezählt werden können; weniger lang sind sie schon bei den Vibrionen (1—3 Schraubenwindungen), der größte Teil der Spirillen weist nur Geißeln von 1—$1^1/_2$ Schraubenwindungen auf. Die Bewegung der Geißeln ist gleichfalls eine schraubenförmige.

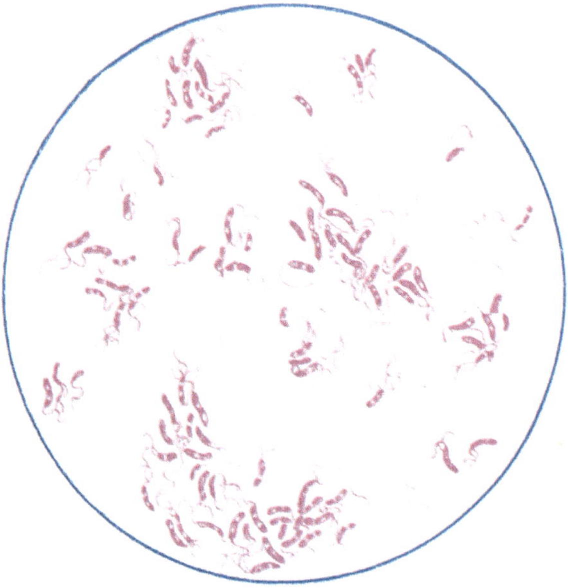

Abb. 12. Spirillum volutans. Geißelfärbung. (Vergr. 1 : 500).

Nach neueren Untersuchungen haben die Geißeln Beziehungen zu der Fixierung der spezifischen Agglutinine, wozu sie durch ihre starke Oberflächenentwickelung und das dadurch erhöhte Absorptionsvermögen besonders befähigt sind.

B. Methoden der Beobachtung der Mikroparasiten.

1. Das Mikroskop und sein Gebrauch bei mikrobiologischem Arbeiten.

Es liegt nicht im Rahmen dieses Buches, das für bakteriologische Arbeiten notwendigste Instrument, das Mikroskop, in seiner Theorie und in allen Einzelheiten zu schildern, was eine genaue Kenntnis aller einschlägigen physikalischen und mathematischen Fragen voraussetzen würde. Es genügt vielmehr für das praktische Arbeiten eine kurze Besprechung der Hauptbestandteile des Mikroskops.

Am Mikroskop unterscheiden wir den sogenannten mechanischen Teil (das Stativ) und den optischen Apparat (Vergrößerungs- und Beleuchtungsapparat).

Das **Stativ** setzt sich nun wieder zusammen:

1. Aus dem Fuße, der verschiedenartig gestaltet sein kann und der mit dem Tubusträger durch ein Scharniergelenk verbunden ist,

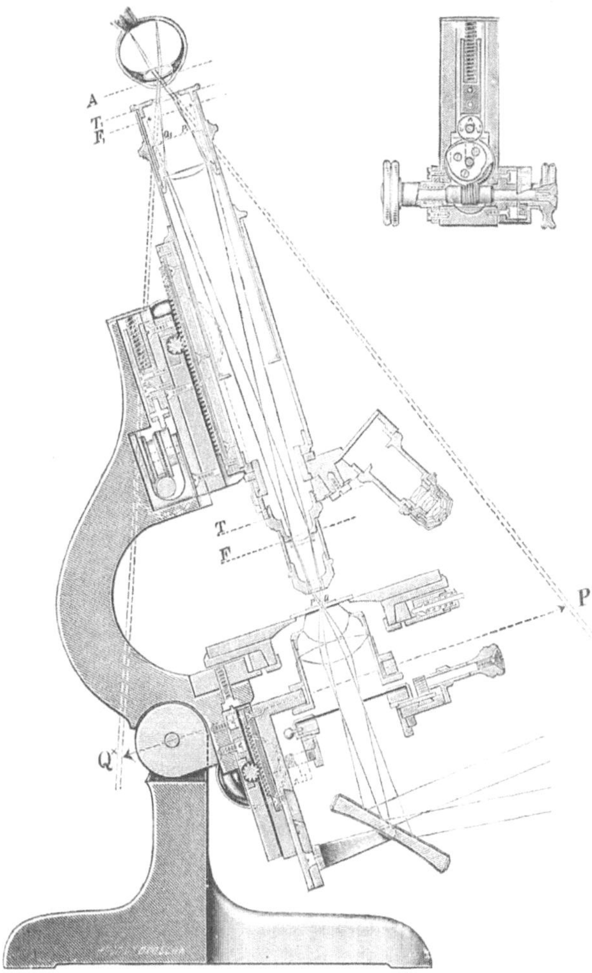

Abb. 13. Gang der Strahlen und Entstehung des vergrößerten Bildes im Mikroskop (nach E. Leitz, Wetzlar. Katalog).

um den letzteren zwecks bequemerer Beobachtung nach rückwärts umzulegen und in jeder beliebigen Lage festzustellen. **Für** mikrophotographische Aufnahmen wird **der** Tubus in vollständig horizontale Lage gebracht.

Der Fuß muß so schwer sein, daß auch bei umgelegter Stellung des Tubus ein vollständig sicheres Feststehen des Mikroskopes gewährleistet und ein Umkippen ausgeschlossen ist;

2. dem Objekttisch;
3. dem groben Trieb,
4. der Mikrometerschraube;
5. dem Revolverobjektivträger;
6. dem ausziehbaren Tubus;
7. einem drehbaren Beleuchtungsspiegel (Plan- und Hohlspiegel);
8. der Beleuchtungs- und Blendungsvorrichtung (Abbés Kondensor).

Der Objekttisch muß für die bakteriologischen Arbeiten eine Tiefe von etwa 100 mm haben, da es sich häufig um Untersuchungen von Bakterienkulturen in Petrischalen handelt und ein Absuchen durch Verschieben notwendig wird. Außerdem bietet für Hantieren mit infektiösem Material (Cholera, Milzbrand) ein geräumiger Objekttisch größere Sicherheit. Der in seiner Mitte befindliche kreisrunde Ausschnitt nimmt das Linsensystem des Beleuchtungsapparates oder einfache Blenden auf. Der Objekttisch ist an vollkommeneren Instrumenten drehbar und mit zwei seitlichen Stellschrauben zwecks Erleichterung der feinen Einstellung jeder gewünschten Stelle des Präparats (anstatt der gröberen Einstellung mittels der Hand) versehen. Die besten und teuersten Modelle besitzen einen durch Mikrometerschrauben mechanisch beweglichen „Kreuztisch", der mit Hilfe zweier in die Ebene des Objekttisches aufeinander senkrecht stehender Millimeterskalen mit Nonien die genaue Bezeichnung und das Wiederauffinden jeder gewünschten Stelle des Präparats erlaubt.

Die Mikrometerschraube dient zur feineren Einstellung. Es ist unbedingt notwendig zur orientierenden Einstellung der Präparate zunächst stets den groben Trieb zu benutzen; das genaue Einstellen geschieht dann mit der Mikrometerschraube. An Stelle der meist noch gebräuchlichen Anordnung der Mikrometerschraube am Kopf des Tubusträgers findet sich bei neueren Konstruktionen eine seitliche Anordnung, parallel zur Achse des groben Triebes und unterhalb des letzteren; Mikroskope mit dieser neueren Anordnung der Mikrometerschraube (nach Berger) darf man an dem zu diesem Zweck weit nach rückwärts ausladenden Tubusträger beim Transport heben, was bei der älteren Anordnung der Mikrometerschraube durchaus unstatthaft ist, da hier der Tubusträger selbst die zum Betrieb der Mikrometerschraube erforderliche Spiralfeder enthält, und die letztere durch die beim Heben des Mikroskops erfolgende unzulässige Belastung beschädigt würde. Solche Mikroskope faßt man beim Heben unterhalb des Objekttisches in der Gegend des zwischen Tubusträger und Fuß befindlichen Scharniers an.

Der **optische Teil** des Mikroskops besteht aus dem Vergrößerungsapparat (oberhalb des Objekttisches) und dem Beleuchtungsapparat (unterhalb des Tisches).

Die Revolvervorrichtung ist die drehbare Vorrichtung zur Auswechselung der Objektive; für bakteriologische Untersuchungen eignen sich zweiteilige Revolver besser als die dreiteiligen, da letztere bei der

Besichtigung von Platten bzw. beim Hin- und Herschieben derselben hinderlich sind.

Der Vergrößerungsapparat setzt sich zusammen aus Objektiv und Okular. Das Objektiv entwirft von dem Objekt ein vergrößertes, umgekehrtes, reelles Bild; das Okular erzeugt von diesem ein noch weiter vergrößertes virtuelles Bild (analog der Wirkung einer Lupe). Die Objektive (so genannt, weil am unteren Tubusende dem zu untersuchenden Objekte am nächsten liegend) umfassen die Trockensysteme und Tauch- oder Immersionssysteme.

Bei den Trockensystemen berührt das Objektiv nicht direkt das Präparat, sondern es bleibt eine Luftschicht zwischen Objektiv und Objekt, im Gegensatz zu den Immersionssystemen, bei denen diese

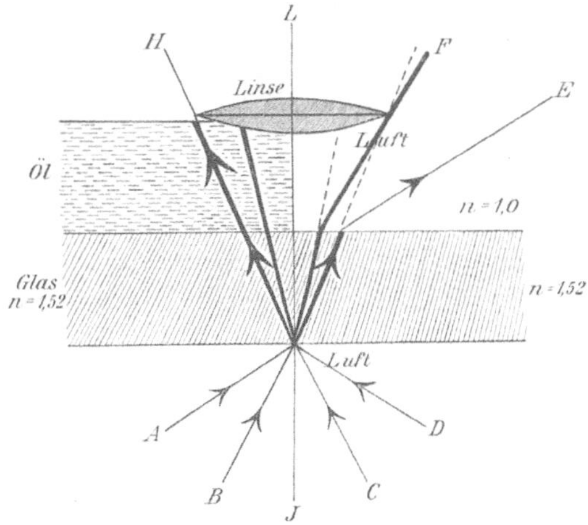

Abb. 14. Ablenkung der Strahlen durch Luft, Glas und Öl (nach E. Leitz, Wetzlar).

Luftschicht durch Verwendung einer Flüssigkeit ausgeschaltet wird, die möglichst denselben Brechungsexponenten aufweist wie das Deckglas und die Frontlinse des Immersionssystems. Durch die Zwischenschaltung der Immersionsflüssigkeit wird der bei den Trockensystemen stattfindende Verlust von Strahlen bei dem Übertritt des Lichtes von Glas in Luft und umgekehrt vermieden und so die Verwendung einer für den Gebrauch stärkster Vergrößerungen unentbehrlichen intensiven Beleuchtung ermöglicht (siehe Abbildung 14). Die Leistungsfähigkeit eines Objektivs hängt nämlich nicht nur von der durch die Brennweite desselben bestimmten Bildvergrößerung, sondern auch von seinem durch den Öffnungswinkel der einfallenden Strahlen bestimmten Auflösungsvermögen ab.

Als Immersionsflüssigkeit verwendete man früher Wasser, dessen Brechungsindex (1) aber noch sehr erheblich von dem des Glases (1,52) abweicht; Wasserimmersionen werden heute nur noch für bestimmte Zwecke der biologischen Wasseruntersuchung angewandt. Sonst ist jetzt allgemein das (schon 1850 von Stephenson und de Amici zu diesem Zweck eingeführte) Zedernöl (mit dem Brechungsindex 1,5) als Immersionsflüssigkeit im Gebrauch.

Eine weitere Verbesserung der Leistungsfähigkeit der Objektive brachte die durch die Forschungen Abbés ermöglichte Einführung der sog. Apochromate, im Gegensatz zu den früheren achromatischen Linsensystemen. Durch die Kombination von verschiedenen optischen Gläsern (mit Zusatz von Bor-, Phosphor-, Barium- und Fluorverbindungen zum Glasfluß) ist bei den Apochromaten eine wesentlich vollkommenere Korrektur der jedem optischen System anhaftenden sphärischen und chromatischen Aberration möglich und wird dadurch einerseits eine gleichmäßigere Schärfe des Bildes in allen Teilen, sowie eine größere Farbenreinheit erreicht und andererseits durch die Anwendung besonderer Okulare (der sog. Kompensationsokulare) im Gegensatz zu den gewöhnlichen zum Gebrauch mit den achromatischen Objektiven bestimmten Huyghenschen Okularen) die Benützung stärkster Vergrößerungen (bis etwa 1 : 2200) ermöglicht. Als Apochromate werden übrigens nicht nur Immersionssysteme, sondern auch schwache und stärkere Trockensysteme gebaut. Der Vorteil der Apochromate tritt besonders beim mikrophotographischen Arbeiten hervor; für gewöhnliche Zwecke reichen die (etwa nur halb so teueren) achromatischen Systeme vollständig aus.

Eine notwendige Ergänzung des optischen Apparates stellt, wenigstens für die Anwendung der Immersionssysteme, das Vorhandensein und die richtige Benutzung des Beleuchtungsapparates dar. Für Trockensysteme genügt die aus den histologischen Kursen bekannte Regelung der Beleuchtung durch Spiegel und Blenden. Die Anwendung der Immersionslinsen hingegen erfordert eine besonders intensive Beleuchtung, wie sie durch den unmittelbar unter dem Objekttisch angebrachten Abbé'schen Kondensor ermöglicht ist.

Dieser Apparat sammelt durch sein Linsensystem die vom Spiegel reflektierten Lichtstrahlen derart, daß sie in der Objektebene, d. h. etwa 2 mm über dem Objekttisch vereinigt werden. Bei sehr dünnen Objektträgern würde demnach der Brennpunkt der Strahlen etwas zu hoch stehen; man muß daher, um die ganze Lichtquelle auszunutzen, den Beleuchtungsapparat an einem besonderen Triebe etwas tiefer stellen. Die Benutzung des Beleuchtungssystems ist zur Erlangung eines prächtigen Farbenbildes geboten, da es eine solche Lichtfülle in das Objekt bringt, daß alle Schatten ausgelöscht werden und nur Farbe haltende Teile sichtbar bleiben. Anders bei der Untersuchung farbloser Strukturbilder (ungefärbtes Bakterienpräparat). Hier würde die durch den Abbé'schen Kondensor bei offener Blende zuströmende Lichtfülle alle Schatten und Konturen auslöschen und keinerlei Einzelheiten der Struktur erkennen lassen. Für ungefärbte Präparate ist daher die Ausschaltung des Abbé'schen Kondensors, sei es durch Senkung desselben oder durch mehr oder minder weitgehende

Schließung der an der Unterseite des Abbé'schen Beleuchtungsapparates angebrachten Irisblende angezeigt; durch Hin- und Herschieben des Stiftes an der Irisblende wird die zentrale Öffnung derselben vergrößert oder verkleinert, d. h. ein Teil der Randstrahlen mehr oder weniger abgeblendet.

Als Lichtquelle kommt für mikroskopisches Arbeiten entweder das diffuse Tageslicht, und zwar am besten das von einer weißen Wolke oder einer hellen Wand reflektierte Licht oder eine künstliche Lichtquelle in Betracht. Als solche verwendet man Auerlicht, elektrisches Glühlicht (mattgeschliffene Birne) oder Nernstlicht. Auch ist Petroleumlicht brauchbar, das am besten durch eine mit Kupfersulfat-Ammoniaklösung gefüllte Schusterkugel geleitet wird, um die im Petroleumlicht im Übermaß enthaltenen gelben und roten Strahlen zu kompensieren. Derselbe Effekt läßt sich durch Anwendung einer auf die Irisblende aufgelegten, leicht blau gefärbten Glasscheibe erreichen.

Für künstliche Beleuchtung gebrauchen wir wegen der Nähe der Lichtquelle den Hohlspiegel, für natürliches Tageslicht den Planspiegel.

Neben den im vorhergehenden beschriebenen unentbehrlichen Teilen des Mikroskops seien hier noch kurz einige für gewisse Zwecke erforderliche technische Hilfsapparate genannt, wie z. B. der heizbare Objekttisch, die Okularzählscheibe, Okular- und Objektmikrometer, Zeichenapparate, die jedoch für Kurszwecke außer acht gelassen werden können.

Bei der Anschaffung eines Mikroskopes spielt naturgemäß der Preis eine große Rolle. Ein für bakteriologische Arbeiten ausreichendes Mikroskop läßt sich schon für etwa 400 Mark beschaffen, (Friedenspreise) wenn man auf die sehr teuren Apochromate verzichtet, von denen das für praktische Zwecke in erster Linie in Betracht kommende System Zeiß Apochrom. 2 mm, num. Apert. 1,30 allein 300 Mark kostet. Empfehlenswert sind folgende Linsen:

Homogene Ölimmersion Achromat $^1/_{12}$, schwache Vergrößerung Zeiß AA oder Leitz III, sowie 2 Okulare, Zeiß II und IV, Leitz I und III; dazu ein stärkeres Trockensystem für histologische Arbeiten, und zwar Zeiß DD oder Leitz VII. Im allgemeinen empfiehlt es sich, bei der Anschaffung des Stativs nicht zu sehr zu sparen, da wohl die optischen Systeme, nicht aber die mechanische Ausrüstung, nachträglich leicht ergänzt werden können.

Nach dem Mikroskopieren entferne man das Präparat erst, nachdem man den Tubus mittelst des groben Triebes gehoben hat, da ohne diese Vorsichtsmaßregel eine Beschädigung der Linsen kaum zu vermeiden ist. Das Entfernen des der Immersionslinse anhaftenden Zedernöles geschieht am besten mit feinem Fließpapier (Josephpapier) und Nachputzen mit sauberem Lederlappen. Ein zu häufiges Reinigen mit Xylol oder Benzin ist zu vermeiden, da diese Flüssigkeiten, insbesondere Xylol, den Kitt der Linseneinfassungen aufzulösen imstande sind.

Nach Beendigung der Arbeit ist das Mikroskop vor Licht und Staub geschützt in den Mikroskopkasten zu setzen; falls die Objektive nicht abgeschraubt und die in die für sie bestimmten Metallhülsen eingesetzt werden, sondern, wie das bei den regelmäßig gebrauchten Objektiven meist der Fall, am Mikroskop angeschraubt verbleiben, so wird zwischen Abbé'schen Beleuchtungsapparat und Objektlinse zur Verhütung der unmittelbaren Berührung ein weiches sauberes Papier gelegt.

Mit den genannten optischen Hilfsmitteln sind lineare Vergrößerungen von etwa 1 : 60 bis 1 : 1000 erreichbar, was für die gewöhnliche bakteriologische Praxis vollständig ausreichend ist. Bei der Anwendung der Immersionslinse arbeitet man gewöhnlich mit einer Vergrößerung von 1 : 500—600; stärkere Okulare machen das Bild zwar größer, aber nicht deutlicher. Die abbildende Leistung eines Mikroskops, d. h. die Aufdeckung von Einzelheiten im Bilde des Objekts, hängt ausschließlich von der Güte des Objektivs ab. Hier ist der Ort, in Kürze auf die Grenzen der optischen Leistungsfähigkeit des Mikroskops überhaupt einzugehen. Eine solche Grenze besteht und liegt etwa bei einer Vergrößerung von 1 : 2000; selbstverständlich sind (z. B. auf dem Projektionsschirm) Darstellungen in sehr viel stärkerer Vergrößerung erreichbar; aber es kommen dadurch keine neuen Einzelheiten zum Vorschein. Die Tatsache einer Grenze der optischen Leistungsfähigkeit des Mikroskops — der wir ja schon bei der Besprechung der submikroskopischen Virusarten begegnet sind (vgl. oben S. 5) — hat ihren Grund nicht etwa in der Begrenzung der technischen Möglichkeit der Herstellung von Objektiven kürzester Brennweite, sondern in der Natur des Lichtes selbst. Aus Gründen, deren eingehende Auseinandersetzung tiefgehende mathematische Kenntnisse erfordern und hier zu weit gehen würde, ist eine abbildende Darstellung (in dem Sinne, daß ein getreues Abbild des Gegenstandes entsteht) nur bei Objekten möglich, deren Größe nicht die Länge der Lichtwellen des sichtbaren Spektrums unterschreitet. Man hat zwar mit Erfolg den Versuch gemacht, die mikroskopische Leistungsfähigkeit dadurch auf etwa das Doppelte zu steigern, daß man statt des sichtbaren Lichtes die zwar für das Auge unsichtbaren, aber durch ihre photographische Wirksamkeit indirekt erkennbaren ultravioletten Strahlen verwendet. doch ist das schon seit etwa 15 Jahren bekannte Verfahren (Köhler) sehr kompliziert und hat für die bakteriologische Technik keine weitere Anwendung gefunden. Noch weniger praktische Aussichten hat für die Mikrobiologie das sog. Ultramikroskop (Siedentopf u. Zsigmondy), das auf dem Prinzip beruht, kleinste Teilchen (bis herab zu etwa $^1/_{100\,000}$ mm Durchmesser) dadurch sichtbar zu machen, daß sie durch seitliche intensivste Beleuchtung selbstleuchtend auf dunklem Grunde erscheinen, ähnlich wie die sog. Sonnenstäubchen beim Einfallen eines Lichtstrahls in ein verdunkeltes Zimmer; doch zeigt das Ultramikroskop nicht etwa Abbilder dieser kleinsten Objekte, sondern nur Lichtpunkte (Beugungsscheibchen). Praktisch kommt diese (für Physik und Chemie überaus fruchtbare) neue Methode für die Mikrobiologie deshalb nicht in Betracht, weil die Körpersäfte und Nährflüssigkeiten, in denen wir die Mikroparasiten beobachten, schon durch ihren Gehalt an organischen gelösten und kolloidalen Stoffen von ultramikroskopisch sichtbaren Teilchen erfüllt und eine Unterscheidung derselben von Parasiten so gut wie aussichtslos wäre.

Wenn also das Ultramikroskop selbst für die mikroparasitologische Technik unverwendbar blieb, so gab doch seine Entdeckung den Anstoß zu der Einführung der in der Erscheinungsweise des mikroskopischen Bildes ähnlichen Methode der Dunkelfeldbeleuchtung, die sich zur Untersuchung feinster Mikroben in lebendem Zustand, insbesondere der Syphilisspirochäten, praktisch sehr bewährt hat. Die Mikroben erscheinen bei dieser Methode leuchtend auf dunklem Grunde. Die Dunkelfeldbeleuchtung wird mit den sog. Spiegelkondensoren erzielt, die — in Verbindung mit einer in das Immersionssystem einzuhängenden trichterförmigen Blende — eine vollständige Abblendung der direkten Strahlen erzielen und nur die von dem mikroskopischen Objekt abgebeugten Strahlen in das Objektiv gelangen lassen. Es sind verschiedene Spiegelkondensoren (von Zeiß, Leitz, Reichert) angegeben, die entweder an Stelle des gewöhnlichen Abbéschen Kondensors eingeschaltet oder auf den Objekttisch des Mikroskops aufgesetzt werden. Erforderlich ist intensive Beleuchtung (Nernst-Lampe oder Liliput-Bogenlampe) bei vollkommen geöffneter Blende und Benutzung des Planspiegels. Zwischen Kondensor und Objektträger, der ebenso wie das Deckglas möglichst dünn gewählt werden soll, wird eine Schicht Zedernöl eingeschaltet; desgleichen selbstverständlich bei Betrachtung mit Immersionssystemen zwischen Frontlinse des Objektivs und Deckglas.

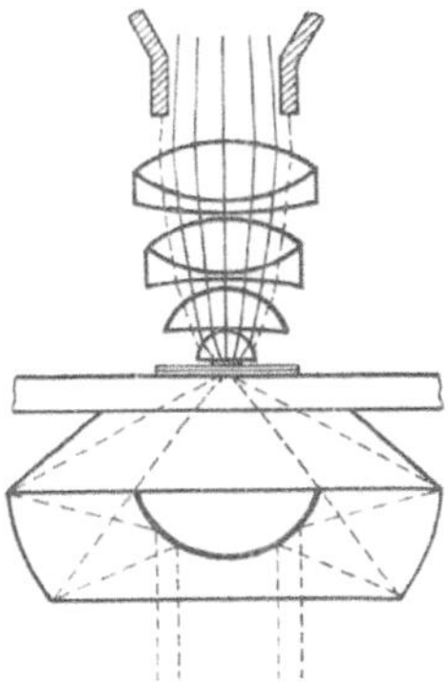

Abb. 15. Strahlengang im Spiegelkondensor mit Trichterblende (Leitz).

2. Beobachtung der Mikroorganismen im ungefärbten und gefärbten Präparat.

Die mikroskopische Untersuchung der Mikroorganismen kann im lebenden oder abgetöteten Zustande, ungefärbt und gefärbt erfolgen.

Die Beobachtung der lebenden ungefärbten Bakterien kann zwar gelegentlich, z. B. bei Untersuchung von Magensaft, Urinsediment, Fäkalien u. dgl., in einfachster Weise dadurch geschehen, daß man einen Tropfen des zu untersuchenden Materials (eventuell nach voraufgegangener Verdünnung mit steriler Kochsalzlösung, Wasser oder Bouillon) zwischen Objektträger und Deckglas bringt; doch haftet dieser einfachsten Methode der doppelte Übelstand an, daß einerseits eine länger dauernde Untersuchung wegen des raschen Eintrocknens der dünnen Flüssigkeitsschicht nicht möglich ist und andererseits bei infektiösem Material die am Deckglasrand vorquellende Flüssigkeit leicht störend oder gefährlich werden kann. Diese Methode hat nur da ihre Vorteile, wo es auf möglichst geringe Schichtdecke des Präparats ankommt und ist für die Untersuchung bei Dunkelfeldbeleuchtung (vgl. oben) geradezu unentbehrlich. In der gewöhnlichen mikroskopischen Praxis werden die Mikroorganismen im lebenden ungefärbten Zustand im „hängenden Tropfen“ untersucht, der durch seinen luftdichten Abschluß beide soeben dargelegten Übelstände des gewöhnlichen ungefärbten Objektträgerpräparates vermeidet und eine beliebig (auf Stunden und Tage) ausgedehnte Beobachtung und Züchtung (wie in einer feuchten Kammer) ermöglicht.

Abb. 16. Öse mit Ösenhalter nach Kolle.

Das Präparat des hängenden Tropfens wird folgendermaßen angelegt:

Ein hohlgeschliffener Objektträger wird an Stelle des gewöhnlichen glatten Objektträgers verwendet. Der Rand des kreisförmigen Ausschliffs wird mit Vaseline umzogen. Dann bringt man auf ein Deckglas mit der Öse einen kleinen flachen Tropfen der zu untersuchenden mikrobenhaltigen Flüssigkeit oder verreibt mit der Platinnadel eine Spur der auf festem Nährboden gewachsenen Reinkultur in einem Tropfen Bouillon; Wasser oder selbst physiologische NaCl-Lösung sind hierfür nicht zu empfehlen, weil viele Keime darin osmotische Schädigungen erleiden. Bedingung ist, daß der Keimgehalt des Tropfens möglichst gering ist, um eine Bewegung und Lagerung der Einzelindividuen genau erkennen zu können. Nun wird der Objektträger mit der hohlgeschliffenen Seite nach unten gekehrt und auf das Deckglas gelegt, und zwar so, daß der Tropfen in die Mitte des Ausschliffs zu liegen kommt. Durch leichten Druck haftet das Deckgläschen fest; nach vorsichtigem Umdrehen des Objektträgers ist das Präparat zur Untersuchung bereit und bildet eine luftdichte Kammer, in der der Tropfen längere Zeit vor Verdunstung und Eintrocknung geschützt ist. Die Untersuchung geschieht bei enger Blende, und zwar zunächst bei schwacher Vergrößerung. Man stellt sich den Rand des Tropfens so ein, daß er von vorn nach hinten gerade mitten durchs Gesichtsfeld zieht (s. Abb. 18a), bringt dann einen Tropfen Zedernöl auf das Deckglas und betrachtet jetzt den Tropfen mit der Immersionslinse. Hierbei muß vorsichtig verfahren werden, da der Anfänger sehr leicht das Deckglas eindrückt; am besten bewegt man das Präparat während der Einstellung ganz langsam mit der Hand hin und her, wobei man sofort merkt, wenn man mit dem Objektiv das Deckglas berührt. Nach erfolgter feiner Einstellung wählt man den dünnsten Teil, den Rand des Tropfens aus dem Grunde zur Beobachtung, weil daselbst die scharfe Einstellung der Mikroorganismen am leichtesten gelingt und diese wegen ihrer meist horizontalen Lage in ihrer ganzen Länge beobachtet werden können. Bei den Sauerstoff liebenden Bakterien kommt es am Rande des Tropfens zu einer Ansammlung derselben.

Abb. 17. Ösenmaßstab nach Czaplewski.

Nach abgeschlossener Untersuchung verschiebt man das Deckgläschen so, daß eine seiner Ecken über den Objektträgerrand reicht, hebt es vorsichtig mit der Pinzette ab, ohne daß das bakterienhaltige Tröpfchen mit dem Objektträger in Berührung kommt und bringt es in eine Sublimatlösung. Der Objektträger ist dann sofort wieder gebrauchsfertig.

Das Präparat des hängenden Tropfens macht dem Anfänger erfahrungsgemäß gewisse Schwierigkeiten, muß aber gerade deshalb sorgfältig geübt werden, weil die Untersuchung im hängenden Tropfen zur

Beantwortung einer Reihe von Fragen (Eigenbewegung, Sporenkeimung, Bakteriolyse u. dgl.) unentbehrlich ist.

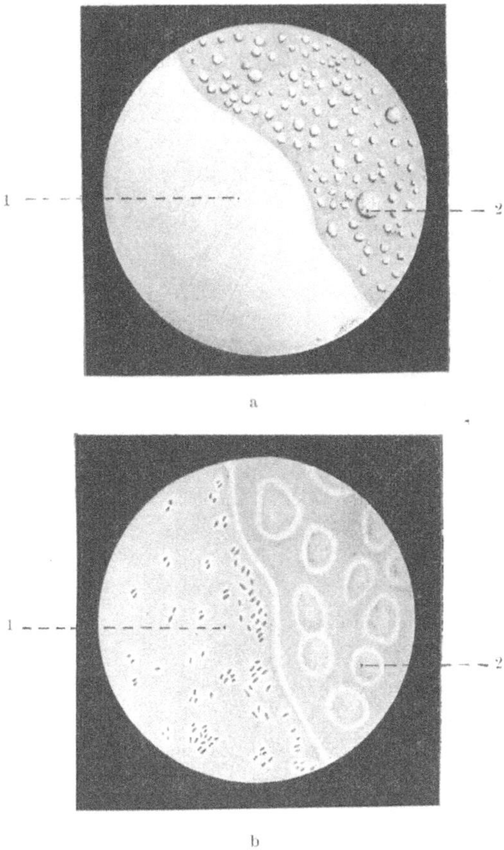

Abb. 18 a und b. Hängender Tropfen (Bact. coli).
a bei schwacher Vergr. (1 : 40), b bei starker Vergr. (1 : 500).
1. Inneres des hängenden Tropfens (bei Nr. b die einzelnen Bazillen deutlich sichtbar). 2. Tröpfchen von Kondenswasser außerhalb des hängenden Tropfens.

Einfacher und in der gewöhnlichen Untersuchungstechnik ungleich häufiger angewendet ist die Untersuchung im gefärbten Präparat[1]).

[1]) Auch eine vitale Färbung der Mikroorganismen ist ausführbar, wird aber nur selten angewendet; man geht hierbei in folgender Weise vor:
1. Entweder setzt man zu einem hängenden Tropfen etwas Farblösung oder
2. trocknet auf gut gereinigten Objektträgern alkoholische oder wässerige Methylenblaulösung an und bringt darauf Tröpfchen der zu untersuchenden Probe mit samt dem Deckglase.

Bevor wir die technischen Vorschriften über die Färbung der Mikroorganismen besprechen, seien einige kurze Bemerkungen über die Theorie der Färbung vorausgeschickt, soweit sie zum Verständnis der Wirkungen der verschiedenen Farblösungen erforderlich sind. Zur Färbung der Bakterien werden hauptsäch'ich die sog. basischen Anilinfarbstoffe (Fuchsin, Methylenblau, Gentiana- und Methylviolett, Methyl- und Malachitgrün, Vesuvin, Safranin u. a.) angewendet, die sich sämtlich vom Rosanilin ableiten und wegen der basischen Natur dieses letzteren

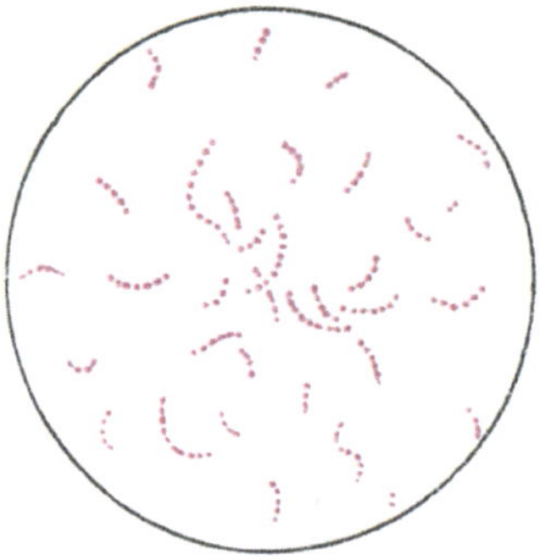

Abb 19 a.

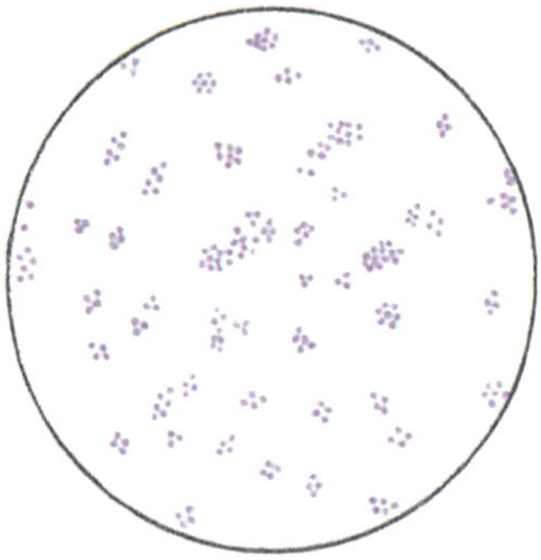

Abb. 19 b.

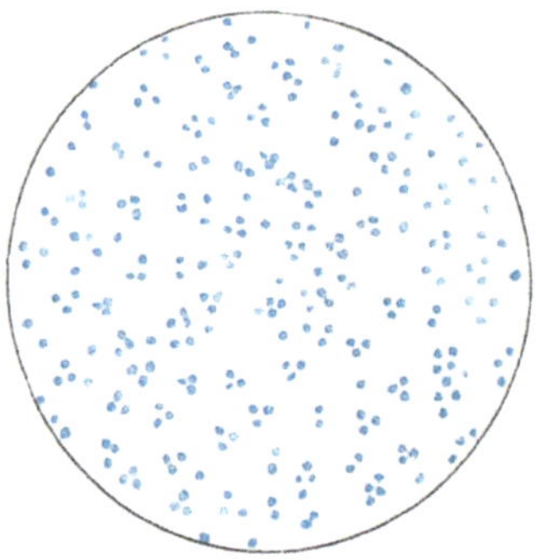

Abb. 19 c.

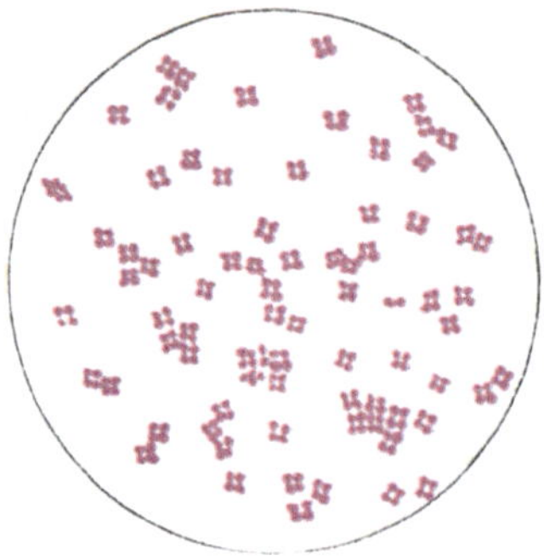

Abb. 19 d.

Abb. 19. Färbung verschiedener Mikroorganismen mit den gebräuchlichen einfachen Farblösungen. (Vergr. 1 : 500).
a Streptococcus, b Staphylococcus, c Micrococcus aus Luft, d Sarzine.

selbst als ,,basische Farbstoffe" bezeichnet werden, obwohl sie in der Tat ihrer chemischen Zusammensetzung nach neutrale Salze darstellen, (z. B. Fuchsin = salzsaures Rosanilin). Die Färbung beruht nicht etwa auf einer rein mechanischen Durchtränkung des Bakterienleibes mit dem Farbstoff, sondern stellt eine mikrochemische Reaktion dar; die chemische Bindung des Farbstoffs an das Plasma erfolgt etwa nach Analogie der Bildung von Doppelsalzen und ist nur eine ziemlich lockere und demgemäß in guten Lösungsmitteln des Farbstoffs leicht dissoziierbar.

Hieraut beruht einerseits die entfärbende Wirkung des Alkohols, andererseits die scheinbar paradoxe Tatsache, daß ein Farbstoff um so weniger wirksam ist, in je vollkommenerem Lösungszustand er sich befindet; Farblösungen in reinem Alkohol haben daher Bakterien gegenüber gar keine Färbekraft; die im Laboratorium vorrätig zu haltenden alkoholischen Stammlösungen werden vor dem Gebrauch mit der etwa zehnfachen Menge destillierten Wassers verdünnt. Zusätze, welche die Löslichkeit des Farbstoffs erhöhen, bewirken eine Abnahme der Färbe-

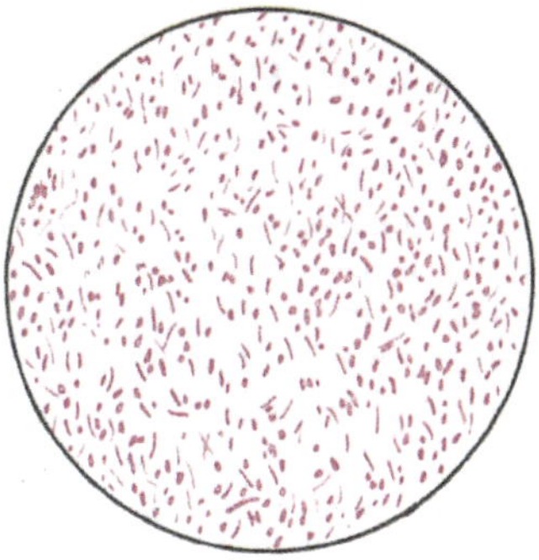

Abb. 19e.

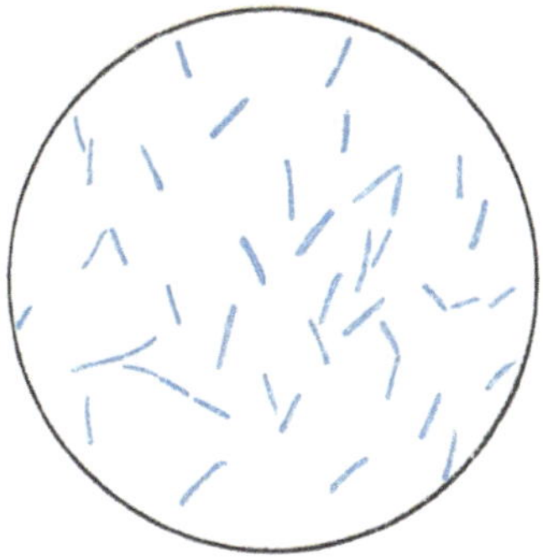

Abb. 19f.

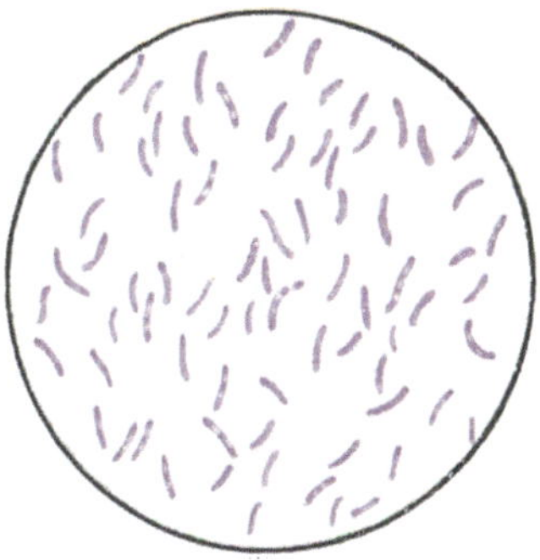

Abb. 19g.

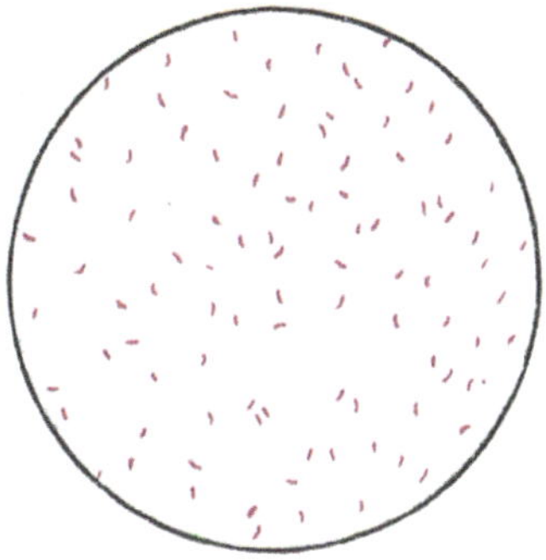

Abb. 19h.

e Bacillus prodigios. (mit Involutionsformen), f Bacillus megatherium, g Spirill. volutans, h Spirill. Finkler-Prior.

kraft; solche „farbschwache“ Lösungen können in einzelnen Fällen, z. B. die essigsäurehaltige Methylenblaulösung bei der M. Neißerschen Polkörnchenfärbung der Diphtheriebazillen (vgl. das betreffende spezielle Kapitel) mit Vorteil verwendet werden, weil sie nur gewisse besonders leicht färbbare Teile des Bakterienleibes elektiv darstellen. Umgekehrt wird die färbende Kraft der Farbstofflösungen durch solche Zusätze gesteigert, welche die Löslichkeit des Farbstoffs vermindern (z. B. Zusatz von Alkali, Anilinwasser oder beider zusammen); im letzteren Falle kommt es geradezu bis zu einer beginnenden Ausfällung des Farbstoffs, die man treffend als „Schwebefällung“ bezeichnet. Hiermit hängt es zusammen, daß solche verstärkte Farblösungen (abgesehen von den mit Karbolzusatz hergestellten) nicht haltbar sind, sondern meist schon binnen wenigen Tagen durch Ausfällung des Farbstoffs unbrauchbar werden.

Über die Zeit der Einwirkung der Farblösungen lassen sich nicht immer bestimmte zahlenmäßige Angaben machen. Sie richtet sich nach der Stärke der einzelnen Farblösungen und nach der Art der Bakterien. Im allgemeinen kann man sagen, daß bei konzentrierten Farblösungen die Färbezeit kürzer ist, daß man aber, mit dünnen Farblösungen und entsprechend längerer Färbezeit (1 bis 5 Minuten) klarere, schönere Bilder erzielt.

Die Vorbereitung der Präparate für die Färbung kann in verschiedener Weise erfolgen, je nach der Art des zu verarbeitenden Materials. Am gebräuchlichsten sind Ausstrichpräparate, die entweder auf dem Deckglas oder auf dem Objektträger hergestellt werden; letzteres Verfahren ist für den täglichen Gebrauch bequemer und billiger, da man die leicht zerbrechlichen Deckgläser spart; für Herstellung von Dauerpräparaten ist es jedoch zweckmäßig, auch bei Objektträgerausstrichen das Präparat der Schonung wegen schließlich mit einem Deckglas zu bedecken, das mit Kanadabalsam aufgeklebt wird. Keimhaltige Flüssigkeiten kann man, wenn sie nicht zu dichte Ausstriche geben, direkt ohne Verdünnung verarbeiten; Flüssigkeiten, die sehr zahlreiche geformte Elemente enthalten (Organsaft), sowie Reinkulturen von festem Nährboden verdünnt man mit etwas Wasser. Man bringt zu diesem Zweck auf das Deckglas oder den Objektträger ein Tröpfchen Wasser und verreibt darin das zu untersuchende Material mittelst ausgeglühter Platinnadel, so daß eine gleichmäßige, möglichst dünne Schicht entsteht. Läßt sich die Flüssigkeit auf dem Glase nicht gleichmäßig ausbreiten, so besagt dies, daß der Objektträger bzw. das Deckglas nicht genügend gereinigt war und einen fettigen Überzug aufweist, den man durch Abreiben mit Alkohol oder kurzes Erhitzen in der Flamme beseitigen kann; über besondere Deckglasreinigung vgl. Kapitel „Geißelfärbung“. Gewaltsames Zerquetschen des Untersuchungsmaterials ist nur dann angebracht, wenn es sich um den Nachweis von Mikroorganismen im Innern fester, schwierig zu verteilender Massen (z. B. nekrotischer Brocken im tuberkulösen Sputum) handelt, und wenn es nicht auf die sorgfältige Erhaltung der zelligen Formelemente ankommt; sonst ist möglichst schonendes Ausstreichen geboten, um grobe (und manchmal für den Anfänger irreführende) Verunstaltungen der zelligen Elemente zu vermeiden; insbesondere aus den Zellkernen entstehen bei gewaltsamer Behandlung allerlei körnige und fädige, manchmal geradezu abenteuerlich (nach Art von Spermatozoen oder Kometenschwänzen) geformte Gebilde. Über die Technik der Blutausstrichpräparate vgl. im speziellen Teil Kapitel „Malaria“. Will man im Präparat ein getreues Abbild der natürlichen Anordnung und Lagerung der auf festem Nährboden gewachsenen Keime haben, die bei vielen Arten (Milzbrand-, Diphtherie-, Pest-, Tuberkelbazillen) überaus charakteristisch ist, so bedient man sich hierzu des **Klatschpräparats**, so genannt, weil durch Auflegen des Deckglases auf die zu untersuchenden Kolonien ein Abklatsch derselben erhalten wird; das Auflegen und Abnehmen des Deckglases muß vorsichtig, ohne stärkeren Druck und ohne seitliche Verschiebung erfolgen (selbstverständlich, der Infektionsgefahr wegen, nicht mit den Fingern, sondern mit einer Pinzette, am besten einer besonderen „Deckglaspinzette" mit abgeknickten Enden); die weitere Behandlung erfolgt wie beim Ausstrichpräparat. Zunächst muß nun das Präparat vollständig lufttrocken werden; dann wird es entweder durch Erhitzung oder durch Einlegen in absolutem Alkohol fixiert, damit die Mikroben und zelligen Elemente bei der nunmehr folgenden

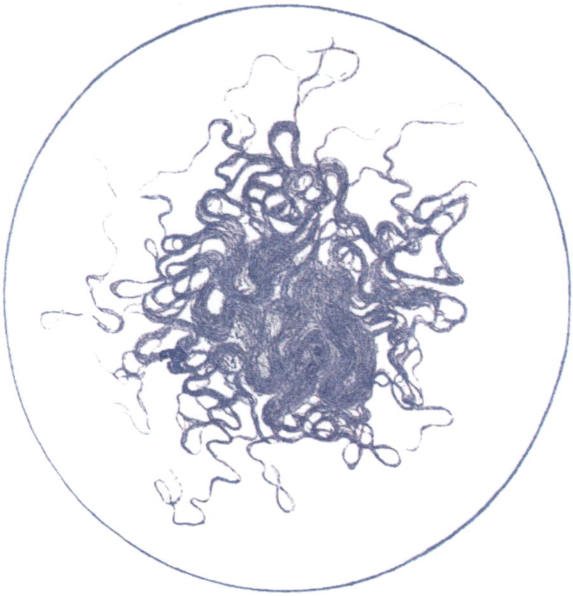

Abb. 20. Milzbrandkolonie. Klatschpräparat (Färbung mit Gentianaviolett). (Vergr. 1 : 60).

Behandlung mit wässerigen Lösungen nicht fortgeschwemmt werden. Die Fixierung erfolgt bei beiden Methoden durch Koagulation der Eiweißkörper; am gebräuchlichsten ist in der gewöhnlichen bakteriologischen Praxis die Fixierung mittelst dreimaligen Durchziehens durch die Flamme des Bunsen-Brenners; für Protozoen-Präparate sowie zur Darstellung feinerer Einzelheiten ist diese Methode zu eingreifend und muß durch Härtung in absolutem Alkohol (15—30 Minuten lang) ersetzt werden. Beim Durchziehen durch die Flamme sind verschiedene Fehler zu vermeiden; war das Präparat noch nicht völlig lufttrocken, so platzen die Zellen durch die plötzliche Hitzeeinwirkung, und es entstehen Zerrbilder. Zu starke Erhitzung beeinträchtigt die Färbbarkeit der Bakterien, zu geringe kann bewirken, daß die Bakterien durch die aufgeträufelten Farblösungen und das nachfolgende Auswaschen mit Wasser heruntergespült werden. Jetzt erst erfolgt die Färbung, und zwar entweder einfach mit verdünnten Anilinfarben oder für besondere Zwecke nach speziellen im nächsten Absatz zu besprechenden Färbemethoden. Es folgt nach der Beendigung des Färbeverfahrens kräftige Abspülung der Präparate in Wasser, und Trocknen zwischen Fließpapier. Das Deckglas wird nun in einen auf dem Objektträger befindlichen Tropfen Kanadabalsam oder Immersionsöl eingebettet; auf den Objektträgerausstrich wird einfach ein Tropfen Öl gebracht, in den die Immersionslinse taucht.

Zuweilen ist eine Untersuchung der gefärbten Präparate nur in Wasser möglich, z. B. bei der Kapselfärbung, weil in dem stärker lichtbrechenden Öl die zarten Kapseln verschwinden; es sei aber hervorgehoben, daß in diesem Medium alle Bakterien infolge der durch Wasser bedingten Quellung größer aussehen als in Zedernöl, bzw. Kanadabalsam.

Während der beschriebenen verschiedenen Prozeduren der Färbung wird das Deckglas-, bzw. Objektträgerpräparat am besten von einer

Abb. 21. Cornetsche Pinzette. $^1/_2$ nat. Gr.

Cornetschen Pinzette in wagerechter Stellung festgehalten; für Deckgläser und Objektträger ist je ein verschiedenes Modell dieser Pinzette anzuwenden. Als billigere Behelfsmittel kommen in Betracht: für Deckgläser Auflegen auf Korke, die auf einem Brettchen festgeklebt sind oder auf einer Gummiplatte mit Gummistiften, wie sie in Läden für das bequeme Aufnehmen von Geldmünzen in Gebrauch sind; für Objektträger Auflegen auf Bänkchen, die man sich aus einem zurechtgebogenen Glasstab selbst herstellen kann, und die direkt auf dem zum Ablaufen der Farbe dienenden Becken (oder Schale) ruhen. —

Eine besondere Besprechung erheischt noch das Burrische Tuscheverfahren für Ausstrichpräparate, das gewissermaßen eine Umkehrung des sonst gebräuchlichen Färbungsprinzips darstellt; während bei den gewöhnlichen Färbemethoden die Mikroorganismen allein gefärbt und der Untergrund möglichst ungefärbt erscheinen soll, ist es hier gerade der Untergrund, der durch Verwendung einer äußerst feinkörnigen Tuscheaufschwemmung gefärbt (bräunlich bis schwarz) erscheint, während sich die im Ausstrich befindlichen Mikroorganismen ungefärbt und leuchtend hell von diesem dunklen Grund abheben. Ein gut gelungenes Tuschepräparat erweckt fast den Eindruck der Dunkelfeldbeleuchtung (vgl. oben S. 27), nur natürlich mit viel geringeren Differenzen in der Lichtstärke, — und dient auch den gleichen Zwecken wie letztere

Methode, in erster Linie dem Nachweis der Spirochaeta pallida. Das Tuschepräparat wird in folgender Weise angelegt:

1 Tropfen „Pelikantusche Nr. 541“ (Grübler, Leipzig) wird mit einem Tröpfchen des zu untersuchenden keimhaltigen Materials auf dem gut gereinigten Objektträger gemischt und gleichmäßig ausgestrichen; das lufttrocken gewordene Präparat wird direkt in Immersionsöl untersucht. Statt Tusche kann man auch gewisse Farbstoffe (Cyanochin u. a. verwenden).

Zum Nachweis von Mikroorganismen in Schnittpräparaten müssen zunächst die betreffenden Organe nach den für die allgemeine histologische Technik gültigen Vorschriften (auf welche hier verwiesen sein mag) gehärtet und eingebettet werden. Kommt es nicht auf Anfertigung sehr dünner Schnitte an, so können die in Alkohol gehärteten Gewebsstücke ohne Einbettung mit etwas Gummi- oder Zelloidinlösung, die man in Alkohol erhärten läßt, auf einen Kork aufgeklebt und so mit dem Mikrotom geschnitten werden. Für feinere Untersuchungen kommt ausschließlich die Paraffineinbettung in Betracht. Die auf dem Objektträger durch mehrstündiges Verweilen bei 37° fixierten und (durch Behandlung mit Xylol und Alkohol) von Paraffin gänzlich befreiten Schnitte werden dann nach denselben Färbemethoden behandelt wie Ausstrichpräparate; wenn die zu untersuchenden Bakterien durch eine der im nächsten Absatz zu schildernden Färbemethoden in einer vom Gewebe verschiedenen Farbe dargestellt werden können (Gram- oder Tuberkelbazillenfärbung), so ist die Untersuchung leicht; zur Gegenfärbung des Gewebes wird der Schnitt entweder **vor** der Gramfärbung mit Pikrokarmin oder eventuell **nachher** mit Eosin behandelt. Lassen sich aber die Krankheitserreger nicht in einer von der Gewebsfärbung verschiedenen Farbe darstellen (Typhus-, Pest-, Rotz-, Cholerabazillen), so ist ihre Erkennung in den Geweben schwieriger, da auch die letzteren, insbesondere die Zellkerne, die basischen Anilinfarbstoffe sehr intensiv aufnehmen. Man muß dann versuchen, durch vorsichtige teilweise Entfärbung des Schnittpräparats (mittelst sehr verdünnter Essigsäure oder verdünnten Alkohols) und darauf folgendes gründliches Auswaschen in Wasser eine möglichst brauchbare Differenzierung zwischen den intensiv gefärbten Bakterien und Zellkernen einerseits, und den übrigen Gewebsbestandteilen andererseits zu erreichen. —

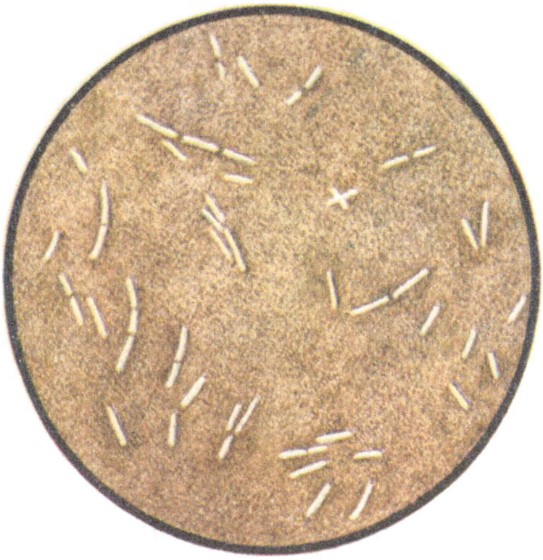

Abb. 22. Milzbrandbazillen im Tuschepräparat. (Vergr. 1 : 500).

Für die Darstellung der Protozoen, im Ausstrich- wie im Schnittpräparat, ist die Färbung nach Romanowsky-Giemsa die beste Methode;

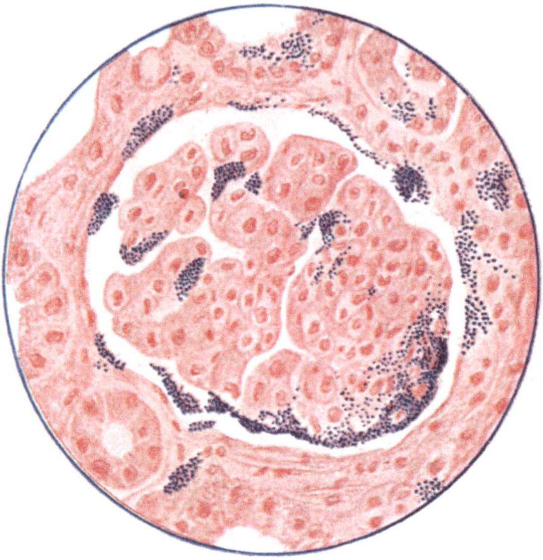

Abb. 23. Niere (Glomerulus) bei Staphylokokkeninfektion. (Gramfärbung). (Vergr. 1 : 500).

betreffs anderer anwendbarer Methoden vgl. die betreffenden speziellen Kapitel.

3. Spezielle Färbemethoden.

a) **Die Gramsche Färbung** (nach ihrem Entdecker benannt) ist ein elektives Färbverfahren, welches nur bestimmte Arten von Mikroorganismen zur Darstellung bringt, während andere Arten und insbesondere auch die Zellkerne im Gewebe ungefärbt bleiben und eventuell in einer Kontrastfarbe (mit sehr verdünnter Fuchsinlösung) zur Anschauung gebracht werden können. Das Verfahren ist daher sowohl für Schnittfärbungen wie zur Unterscheidung verschiedener Bakterienarten von großem Werte; je nach ihrem Verhalten zur Gramschen Färbung unterscheidet man grampositive und gramnegative Arten, da dieses Merkmal für die meisten Arten konstant und für jede einzelne Art streng gesetzmäßig ist; nur wenige Bakterien machen hiervon eine Ausnahme (Tetanus-, Rauschbrand- und maligne Ödem-Bazillen), indem sie sich der Gramschen Färbung gegenüber zwar meistens negativ, aber doch wechselnd verhalten und innerhalb derselben Kultur manche Individuen gefärbt, manche ungefärbt erscheinen. In der folgenden Tabelle sind die wichtigsten Bakterien nach ihrem Verhalten zur Gramfärbung zusammengestellt.

Grampositiv:	Gramnegativ:
Staphylokokken	Microc. gonorrhoeae
Streptokokken	,, meningitidis
Pneumokokken	,, catarrhalis
Alle Sarcinen.	
Bac. anthracis	Bact. coli
,, subtilis	Bac. typhi abd.
,, mesentericus	,, paratyphi A und B
,, diphtheriae	,, dysenteriae (alle Arten)
,, tuberculosis	,, pestis
,, leprae	,, septic. haemorrhag. (alle Arten)
Actinomyces	,, influenzae
Hefen	,, melitensis
Oidium.	,, pneumoniae Friedländer
	,, pyocyaneus
	,, proteus
	,, mallei
	Vibrio cholerae und
	choleraähnliche Vibrionen
	Spirillen, Spirochäten.

Die Vorschrift für die Gramfärbung ist folgende: Die fertig fixierten Präparate werden mit einem Pararosanilinfarbstoff (Gentianaviolett, Methylviolett) unter Anwendung einer Beize, z. B. Karbolsäure oder Anilin[1]), vorgefärbt (2 Minuten) und später mit Jodjodkalilösung (Lugol) behandelt (2 Min.). Die nachfolgende Anwendung von Alkohol — (solange das Präparat noch Farbstoff abgibt, meist etwa $^1/_2$ Minute) — entzieht den gramnegativen Bakterien, den Zellkernen und den Geweben allen Farbstoff. Eine eventuelle Nachfärbung mit Eosin oder verdünntem Fuchsin bringt auch diese kontrastreich zur Darstellung.

Die grampositiven Bakterien erscheinen blauschwarz, die gramnegativen Bakterien sowie das Gewebe rot gefärbt. Es handelt sich bei der Gramschen Methode nicht um eine Gentianaviolettfärbung, sondern um eine Jodpararosanilinfärbung, die, je nachdem die chemische Bindung zwischen dem Jod-Pararosanilin und dem Plasma fest oder locker ist, durch nachfolgende Alkoholbehandlung rückgängig gemacht werden kann oder nicht. Farbstoffe, die sich von Rosanilin ableiten (Fuchsin, Methylenblau) sind für die Gramsche Färbung nicht verwendbar.

b) **Färbung säurefester Bazillen.** Eine ganze Gruppe von Bakterien, deren wichtigster Vertreter der Tuberkelbazillus ist, zeigt gegenüber

---

[1]) Der Karbolzusatz (2,5%) hat vor der ursprünglichen Vorschrift den Vorzug der dauernden Haltbarmachung der Farblösung, während die Anilinwasser-Gentianaviolett-Lösung nur einige Tage brauchbar ist und dann rasch verdirbt. Bei der Herstellung dieser letzteren Farblösung sind einige kleine Kunstgriffe zu beobachten, wenn man gute Resultate erhalten will; die richtig hergestellte Lösung hat sehr hohe Färbkraft.

Anilin (im Handel als „Anilinöl“ bezeichnet) wird mit etwa der 10fachen Menge destillierten Wassers gründlich durchgeschüttelt und die entstandene milchige Emulsion durch ein nasses Filter filtriert, um ein brauchbares, völlig klares Filtrat zu erhalten; diesem letzteren wird dann $^1/_{10}$ seines Volumens alkoholische gesättigte Gentianaviolettlösung zugesetzt. Die fertige Farblösung ist unmittelbar vor Gebrauch stets zu filtrieren.

der Färbung ein eigenartiges Verhalten, indem sie den Farbstoff nur schwierig und nur nach besonders intensiver Einwirkung desselben aufnehmen, den einmal aufgenommenen Farbstoff aber auch ebenso schwierig wieder abgeben und insbesondere gegenüber den sonst so eingreifenden Entfärbungsverfahren durch verdünnte Säuren und Alkohol resistent („säure- und alkoholfest") bleiben. Dieses eigenartige Verhalten ist durch das Vorhandensein einer widerstandsfähigen wachsartigen Hülle dieser Bakterien bedingt und ermöglicht eine Kontrastfärbung im Gewebe, bei der die säurefesten Bazillen in der ursprünglichen Farbe (nach Ziehl rot) und die übrigen Bakterien sowie die Gewebsbestandteile in der nach der Entfärbung angewandten Kontrastfarbe (blau) erscheinen. Nach der ersten von R. Koch selbst angewandten Methode wurde die Färbung durch lange Einwirkung leicht alkalisierter Anilinwasser-Gentianaviolettlösung, die Kontrastfärbung mit Vesuvin (braun) vollzogen; jetzt wird zur Färbung fast durchweg Karbolfuchsin (Ziehlsche Lösung[1]) und zur Nachfärbung wässerige Methylenblaulösung verwendet. Der Anilinwasser- bzw. Karbolzusatz dient (wie schon oben bei der Gramfärbung) als Beize, um — wie in der Technik der Wollfärbung — das Eindringen der Farbe zu erleichtern; zur Beschleunigung des Prozesses dient (bei Ausstrichpräparaten) gleichzeitige Erwärmung, während bei Zimmertemperatur (für Schnittpräparate) eine Einwirkungsdauer von 24 Stunden erforderlich ist.

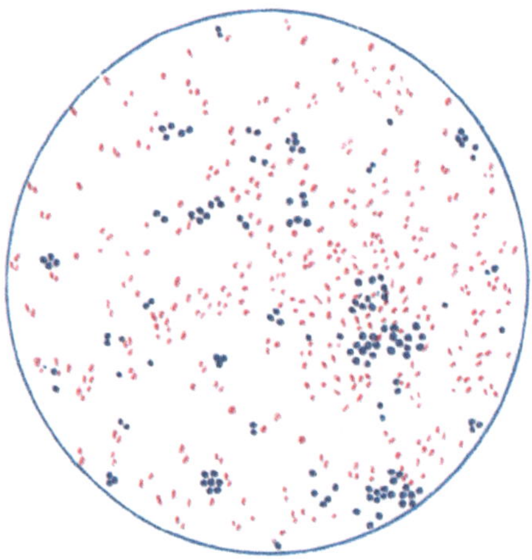

Abb. 24. Staphylokokken und Kolibazillen. Gramfärbung m. nachfolgender Fuchsinfärbung. (Vergr. 1 : 500).

Die ursprüngliche Vorschrift für Tuberkelbazillenfärbung, in der die beiden Akte der Entfärbung mit Säure und Alkohol getrennt ausgeführt wurden, ist folgende:

1. Färbung des fixierten Ausstrichs mit Karbol- (oder Anilinwasserfuchsin) unter mehrmaligem Erwärmen bis zur leichten Dampfbildung (nicht aufkochen!) etwa 5 Minuten lang.
2. Entfärbung 2—3 Sekunden in 5%iger Schwefelsäure oder 25%iger Salpetersäure.

[1]) Karbolfuchsin nach Ziehl-Neelsen: 100 ccm 5%iger Karbolsäurelösung (zur vollständig klaren Lösung ist Erwärmung erforderlich) + 10 ccm gesättigter alkoholischer Fuchsinlösung; unbegrenzt haltbar und in etwa 10facher Verdünnung mit destilliertem Wasser auch zur Färbung aller anderen Bakterien vortrefflich brauchbar und in dieser Form heute fast überall für den täglichen Gebrauch am häufigsten angewendet. — Anilinwasser-Fuchsinlösung wird genau nach Analogie der Anilinwasser-Gentianaviolettlösung (vgl. oben) bereitet.

3. Entfärben in 70%igem Alkohol, bis das Präparat nahezu farblos erscheint; eventuell Wiederholung von Nr. 2 und 3.
4. Nachfärbung in wässeriger Methylenblaulösung, nur etwa 10 Sekunden.
5. Abspülen in Wasser, Trocknen usw.

Säure- und Alkoholbehandlung kann aber auch ohne Schaden in einem Akte erfolgen, am besten in Form des 1%igen Salzsäurealkohols, den man gleichfalls nur 2—3 Sekunden einwirken, und dem man eine Abspülung in gewöhnlichem Alkohol (etwa $^1/_2$ Minute, wie oben unter Nr. 3) nachfolgen läßt.

Weniger empfehlenswert ist es dagegen, der Vereinfachung wegen die Entfärbung und Gegenfärbung in einer und derselben Lösung erfolgen zu lassen, da man dann die Entfärbung und Gegenfärbung nicht jede für sich kontrollieren kann; unter den hierfür empfohlenen Methoden sei nur die Corallin-Methylenblau-Methode angeführt, bei der wegen der sehr schonenden entfärbenden Wirkung eine zu weitgehende Entfärbung nicht zu befürchten ist; die Behandlung des Präparats nach der Fuchsinfärbung erfolgt hier (ohne Abspülung des Fuchsins) mit folgender Lösung, die man 1 Minute einwirken läßt:

Corallin	1,0
Gesättigte alkoholische Methylenblaulösung	100,0
Glycerin	20,0

c) **Die Sporenfärbung** beruht auf demselben Prinzip wie die soeben geschilderte Färbung säurefester Bazillen, nur daß hier — wegen der außerordentlichen Widerstandsfähigkeit der Sporenhülle — besonders eingreifende Mittel erforderlich sind, um das Eindringen der Farbe zu ermöglichen; als solche sind zu nennen: Erhitzung (10 mal statt nur 3 mal beim Fixieren durch die Flamme ziehen), Vorbehandlung mit Beizen (Chromsäure), längere Erwärmung mit der Farbstofflösung. Nach erfolgter Färbung wird der Farbstoff bei der Einwirkung entfärbender Flüssigkeiten ebenso schwierig wieder abgegeben, im Gegensatz zu dem die Spore umschließenden Bakterienleib, worauf die Darstellung der Doppelfärbung von Bakterien und Sporen beruht.

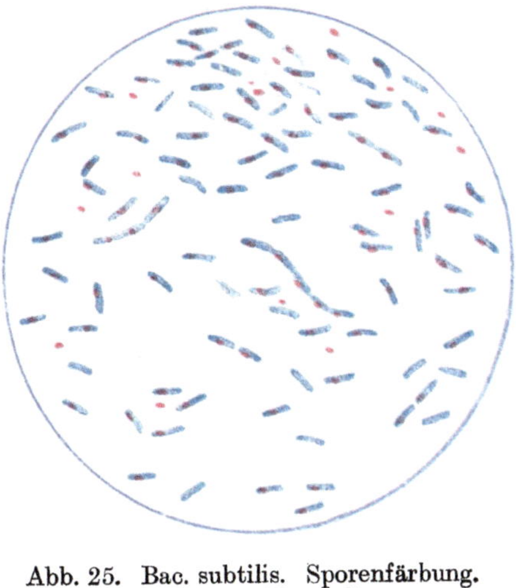

Abb. 25. Bac. subtilis. Sporenfärbung. Vegetative Formen blau, Sporen rot. (Vergr. 1 : 500).

Die erste einfache Sporenfärbung stammt von H. Buchner (1884), der konzentrierte H_2SO_4 oder Kalilauge 25 Minuten lang auf das fixierte Präparat einwirken ließ. Die ersten Doppelfärbungen wurden von A. Neißer und F. Hueppe 1884 veröffentlicht. Die späteren Methoden der Sporenfärbung lehnen sich eng an die Tuberkelbazillenfärbung an.

1. Das lufttrockene Präparat wird zwecks Fixierung 10 mal durch die Flamme gezogen[1]).
2. In frisches dampfendes Anilinwasser-Fuchsin bringen, erhitzen, bis Blasen springen, dann 1—2 Minuten warten, wieder aufkochen, wieder warten und so 3—5 mal.
3. Kurz in absoluten Alkohol tauchen.
4. Dann in 60%igen Alkohol, bis keine Farbe mehr abgeht.
5. Trocknen.
6. Nachfärben mit einfacher wässeriger Methylenblaulösung 2 Minuten.
7. Wasserspülen. Trocknen. Einbetten in Cedernoel oder Kanada-Balsam.

Die Sporen sind rot gefärbt im blauen Bakterienleib.

d) Die **Geißelfärbung** stellt an die Färbetechnik erhebliche Ansprüche; es bedarf besonderer Beizverfahren, um die Geißeln der Aufnahme des Farbstoffes, selbst in Lösungen, deren Färbkraft durch besondere Zusätze (Anilin- oder Karbolwasser, Alkali) erhöht ist, zugänglich zu machen. Als Beize dienen tintenartige Mischungen von Tanninlösung mit Metallverbindungen und Fuchsin; die ursprünglich von Löffler angegebene Beize verwendete als Metallsalz Ferrosulfat, die sogleich zu schildernde Pepplersche Modifikation Chromsäure, das Verfahren nach Zettnow Antimon. Letzteres Verfahren ist theoretisch deshalb besonders bemerkenswert, weil es nach der Beizung die Geißeln nicht durch einen Färbungsprozeß, sondern durch Versilberung mit Äthylaminsilberlösung darstellt.

Vorschrift zur Peppler'schen Methode.

Zur Vermeidung von Niederschlägen sind die Deckgläser, bzw. Objektträger sorgfältig zu reinigen, und zwar werden sie entweder nach gründlicher Abspülung mit verdünntem Alkohol mit einem sauberen Tuche geputzt, mit der Pinzette auf ein erhitztes Eisenblech gebracht und mehrere Minuten dort belassen, oder es werden die Deckgläser in konz. H_2SO_4 erhitzt und nach Neutralisation mit Natronlauge mit klarem, fließendem Wasser abgespült und mit sauberem Tuche getrocknet. Ein Berühren des Deckglases mit den Fingern ist aufs peinlichste zu vermeiden, da das Präparat durch die dem Finger anhaftende Fettschicht in seiner Reinheit geschädigt wird. Um schöne, klare Bilder zu erhalten, darf nichts vom Nährboden, auch keinerlei Kulturflüssigkeit mehr an den Bakterien haften.

Zu diesem Zwecke werden drei der nach obiger Vorschrift besonders gereinigten Deckgläser mit je einem Tropfen Leitungswasser (nicht destilliertes Wasser wegen der dadurch zustandekommenden osmotischen Störungen) mit der Öse beschickt. In einen dieser Tropfen wird das Material vorsichtig ohne stärkeres Reiben gebracht, von hier etwas in den zweiten und von diesem wieder etwas in den dritten Tropfen übertragen. Die Tropfen werden vorsichtig ausgebreitet. Das trocken gewordene Präparat wird 1 mal rasch durch die Flamme gezogen, dann 5—10 Minuten mit frisch filtrierter Peppler-Beize gebeizt[2]). Es folgt starkes

[1]) Nach dem Fixieren empfiehlt es sich, zur sicheren Erreichung einer guten Färbung das Präparat zunächst 2 Minuten in Chloroform zu entfetten, dann mit Wasser abzuspülen und darauf mit 5%iger wässeriger Chromsäurelösung 5 Sekunden bis 10 Minuten (für jede Art besonders auszuprobieren) zu beizen; nachher wieder Abspülen in Wasser und Färben.

[2]) Herstellung der Beize: Zu 100 ccm einer unter schwachem Erwärmen hergestellten und auf etwa 20° abgekühlten 20%igen wässerigen Tanninlösung werden 15 ccm einer 2,5%igen wässerigen Lösung reiner Chromsäure in kleinen Portionen unter Umschütteln hinzugefügt; die Beize ist nach 4—6tägigem Stehen und sorgfältiger Filtration zum Gebrauch fertig.

Abspülen des Präparates im Wasserstrahl. Nachdem alles Wasser abgelaufen ist, erfolgt die eigentliche Färbung mit frich filtriertem, unverdünntem Karbolgentianaviolett (2—3 Minuten). Nach der Wasserabspülung wird das Präparat hoch über der Flamme getrocknet, dann in Öl oder Balsam eingebettet.

III. Allgemeine Biologie und Methoden der Züchtung der Mikroorganismen.

So wichtig die morphologische Erkenntnis, die den Gegenstand des vorangegangenen Kapitels gebildet hat, für das Studium der Mikroparasiten ist, so genügt sie doch in den meisten Fällen für sich allein nicht, um eine sichere Diagnose zu ermöglichen. Am ehesten ist das noch bei den Protozoen der Fall, wo z. B. bei der Untersuchung auf Malaria das mikroskopische Blutpräparat nicht nur mit Sicherheit die Entscheidung erlaubt, ob Malaria vorliegt oder nicht, sondern auch die genaue Differentialdiagnose zwischen den drei verschiedenen Arten der Malariaerreger gewährleistet. Viel größeren Schwierigkeiten begegnet die rein morphologische Diagnostik bei den Bakterien, da neben den krankheitserregenden Bakterien fast stets in großer Zahl sehr ähnliche verwandte freilebende Arten existieren; hier lehrt das mikroskopische Präparat meist nur, welcher natürlichen Gruppe das zur Untersuchung vorliegende Kleinwesen angehört, ohne eine genaue Identifizierung der Art zu ermöglichen; letztere kann erst auf Grund der biologischen Eigenschaften des betreffenden Bakteriums erbracht werden. Dies gilt selbst für Bakterien von sehr charakteristischem, morphologischem und färberischem Verhalten, wie z. B. Tuberkelbazillen; wenn nicht die Kenntnis der Herkunft des Untersuchungsmaterials an sich eine sichere Diagnose ermöglicht und eine Verwechselung mit verwandten saprophytischen Arten ausschließen läßt, so muß für die endgültige Entscheidung auch hier das biologische Studium eintreten; so ist z. B. die sichere Diagnose der Tuberkelbazillen zwar im Sputum des Phthisikers schon auf Grund des mikroskopischen Präparates möglich, nicht aber in der Kuhmilch, wo es sich sehr wohl um harmlose „säurefeste" Grasbazillen oder dgl. handeln kann.

Das Studium der biologischen Eigenschaften eines Mikroparasiten, seiner Lebensbedingungen und Lebensäußerungen ist nur dann in erschöpfender Weise möglich, wenn es gelingt, den Mikroben außerhalb des erkrankten Organismus auf künstlichem Nährboden zur Vermehrung zu bringen, zu züchten. Durch diese Vermehrung entstehen aus einzelnen Keimen Zusammenlagerungen sehr zahlreicher Individuen, die schließlich schon mit bloßem Auge sichtbar sind und dann als Einzel-Kolonien oder Kulturen bezeichnet werden; schon das mikroskopische Aussehen derselben, noch mehr die Betrachtung mit schwacher Vergrößerung, liefert oft so auffallende und eindeutige Merkmale, daß oft allein hierauf die sichere Diagnose gegründet werden kann, so das charakteristische Aussehen der Kolonien von Milzbrand- und Pestbazillen. In anderen Fällen freilich genügen diese Merkmale noch nicht, da sie nicht der einzelnen Art, sondern der ganzen Gruppe eigentümlich sind (so z. B. bei den zu den Gruppen des Typhus- und der Ruhrbazillen gehörigen Bakterien); dann kann die bakteriologische Diagnose der einzelnen Art, auf die es in der ärztlichen Praxis gerade ankommt, oft überhaupt nicht auf ein einzelnes Merkmal, sondern nur

Abb. 26. Heißluftsterilisator (Gasheizung).

auf das konstante Zusammensein einer Reihe verschiedener biologischer Charakteristika aufgebaut werden.

Bei der Auswahl der künstlichen Nährböden sind wir genötigt, um so mehr die Verhältnisse des erkrankten Organismus nachzuahmen, je inniger der betreffende Mikrob der parasitischen Existenz angepaßt ist. Obligate Parasiten, die außerhalb ihres Wirtes unter natürlichen Verhältnissen keine dauernde Existenzmöglichkeit finden, können nur dann in künstlicher Kultur gezüchtet werden, wenn ihnen menschliches Blut (Protozoen) oder doch menschliches oder tierisches Eiweiß (Spirochäten) im Nährboden geboten werden; für manche Erreger, die sog. hämoglobinophilen Bakterien (Influenzabazillus) besteht eine Anpassung an ganz bestimmte Eiweißkörper (Hämoglobin), wobei dagegen die Blutart ziemlich gleichgültig ist, und das Blut ebenso-

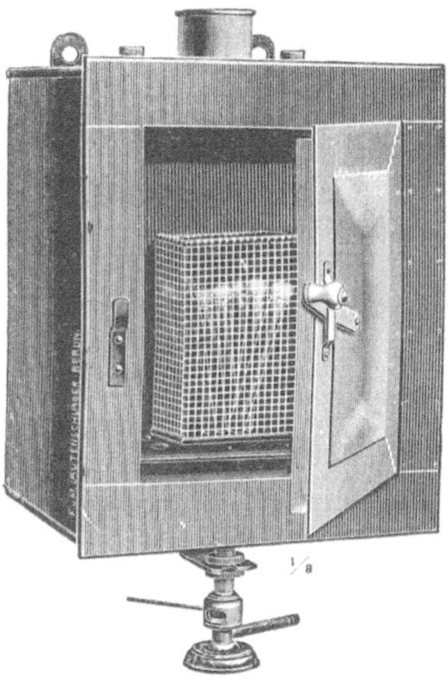

Abb. 27. Heißluftsterilisator nach R. Koch. (Kleines Modell).

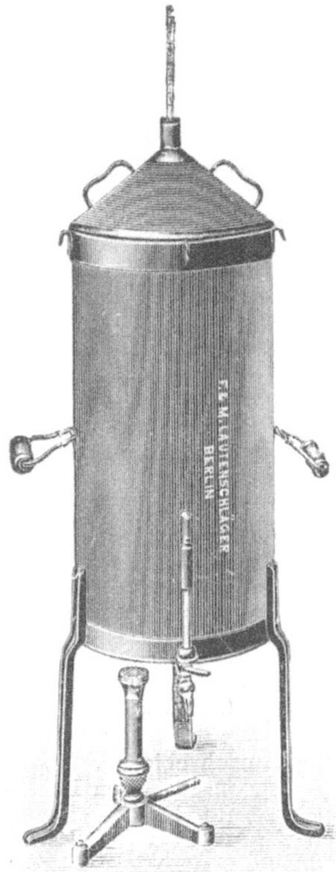

Abb. 28. Dampfsterilisator, Dampftopf nach R. Koch.

wohl vom Mensch, wie vom Kaninchen oder der Taube stammen kann. Fakultative Parasiten, die auch außerhalb des infizierten Organismus zu wachsen vermögen, sind weniger anspruchsvoll und begnügen sich mit Ersatzstoffen (Milch, Pepton, Gelatine, Fleischbrühe, Kartoffeln), bis schließlich zu völlig eiweißfreien Nährböden, wie z. B. der Uschinsky'schen Nährlösung, in welchen die Bakterien ihren Zellleib aus einfachen stickstoffhaltigen Verbindungen (Amiden, Aminosäuren) und Kohlehydraten synthetisch aufbauen. Einige kurzgefaßte

Vorschriften für die Bereitung der allgemein gebräuchlichen Nährböden seien im Folgenden wiedergegeben.

Kurzgefaßte Vorschriften für die Bereitung der wichtigsten in der bakteriologischen Technik allgemein verwendeten Nährböden.

(Betr. Spezialnährböden vgl. die betreffenden Kapitel im speziellen Teil.)

1. Fleischbrühe (Nährbouillon).

500 g fettfreies Fleisch werden fein zerhackt mit 1 Liter gewöhnlichen Wassers mehrere Stunden bei Zimmertemperatur mazeriert und hierauf $^3/_4$ Stunden im Dampftopf gekocht und durch ein sauberes leinenes Tuch abgepreßt. Die klare Brühe wird mit 10 g Pepton. sicc. (Witte, Rostock) und 5 g Kochsalz versetzt, wiederum $^1/_2$ Stunde gekocht und zur Abstumpfung der aus dem Fleisch stammenden Milchsäure und sauren phosphorsauren Salze mit $10^0/_0$iger Lösung von Natrium carbonicum siccum (eventuell durch Ausglühen von Natrium bicarbonicum selbst zu bereiten) neutralisiert, unter Verwendung von Lackmuspapier (am besten Charta exploratoria von E. Merck, Darmstadt). Der Lackmusneutralpunkt ist erreicht, wenn blaues Lackmuspapier eben nicht mehr gerötet wird, wobei rotes Papier schon deutlich gebläut wird. Für die meisten pathogenen Arten ist ein leichter Überschuß an Alkali erwünscht. Hierauf nochmals $^1/_4$stündiges Kochen im Dampftopf und Filtrieren durch doppeltes Papierfilter; läuft das Filtrat nicht völlig klar ab, Klärung durch Zusatz des Eiweißes von einem Hühnerei (oder 20 cm Blutserum) auf je 2 Liter Bouillon und nochmaliges kurzes Aufkochen. Die fertige Nährflüssigkeit wird in vorher durch trockene Erhitzung ($^1/_2$ Stunde bei 160^0) sterilisierte Gefäße (Kolben, Reagenzgläser u. dgl.) abgefüllt und nach dem Abfüllen zwecks Vernichtung zufällig mit hinein gelangter Luftkeime nochmals 10 Minuten sterilisiert.

Als Ersatz für Fleisch dient Fleischextrakt, menschliche Plazenta, Maggis Bouillonwürfel (aus Hefe) oder vegetabilische Extrakte (aus Kartoffeln, Sojabohnen u. dgl.).

2. Nährgelatine.

Die wie oben beschriebene hergestellte Fleischbrühe erhält, außer Pepton und Kochsalz, noch einen Zusatz von $10-20^0/_0$ Gelatine (in weißen Blättern); hierauf wiederum $^1/_2$ Stunde kochen, neutralisieren, abklären durch Faltenfilter filtrieren und in vorher sterilisierte Gefäße abfüllen. Da die Nährgelatine nach zu lange ausgedehnter Erhitzung nicht mehr prompt erstarrt, so muß die Sterilisation in schonenderer Weise durch 3maliges, je 10 Minuten dauerndes Kochen im Dampftopf, an 3 aufeinander folgenden Tagen (fraktionierte Sterilisation) ersetzt werden.

3. Nähragar.

Die nach obiger Vorschrift hergestellte Fleischbrühe erhält, neben den angegebenen Zusätzen von Pepton und Kochsalz, noch einen solchen von $1^1/_2-3^0/_0$ Agar-Agar (in Pulver-, Fäden- oder Stangenform). Da das Agar-Agar beim Kochen im offenen Gefäß sich nur sehr langsam löst, so empfiehlt sich die Anwendung des Autoklavs (etwa 1 Stunde bei $^1/_2$ Atmosphäre Überdruck). Hierauf erfolgt Neutralisation und Filtration, welche letztere zur Vermeidung der schon bei 40^0 eintretenden Erstarrung des Nährbodens im Heißwasser-Trichter oder im Dampftopf vorgenommen werden muß; sehr erleichtert wird die Filtration (durch Papierfilter oder in einfacherer und durchaus ausreichender Weise durch eine dünne Watteschicht) durch vorhergegangenes Absitzenlassen und Dekantieren. Der fertige Nährboden wird in vorher sterilisierte Gefäße abgefüllt und in diesen nochmals $^1/_4-^1/_2$ Stunde sterilisiert.

4. Sterilisierte Kartoffeln.

Man verwende möglichst tadellose Exemplare, die zunächst gründlich mechanisch durch Abbürsten unter dem Strahl der Wasserleitung von allen anhaftenden grob sichtbaren Verunreinigungen (Erde u. dgl.) befreit werden; die sog. „Augen“, in denen diese Unreinigkeiten besonders zäh haften, werden mit spitzem Messer ausgestochen. Hierauf werden die Kartoffeln zunächst auf 1 Stunde in eine Lösung von $1^0/_{00}$ Quecksilbersublimat ($HgCl_2$) eingelegt und dann durch nochmaliges scharfes Abspülen unter der Wasserleitung von den Resten dieses etwa noch anhaftenden chemischen Desinfiziens befreit. Die so vorbereiteten Kartoffeln werden, in doppelte Lage von Filterpapier eingewickelt, mindestens 2 Stunden im Dampftopf, besser etwa 1 Stunde im Autoklav (bei 1 Atmosphäre Überdruck) sterilisiert und sind nunmehr verwendungsbereit. Trotz der vorgenommenen kombinierten chemischen und Hitzesterilisation sind die Kartoffeln oft nicht völlig keim-

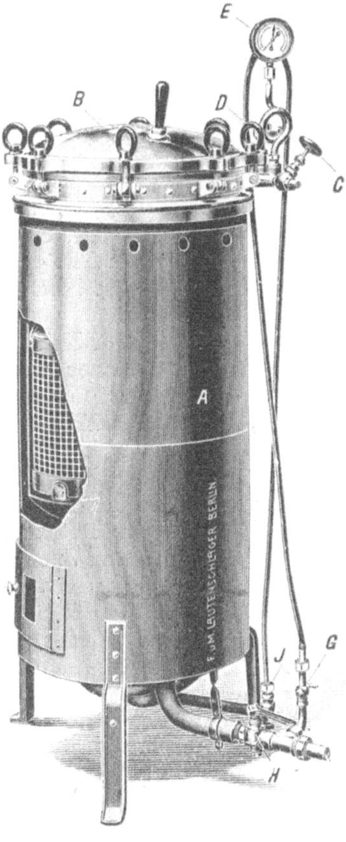

Abb. 29. Autoklav mit automatisch regulierendem Manometer.

Abb. 30. Autoklav.

frei, da an ihrer Schale außerordentlich widerstandsfähige Sporen erhalten geblieben sein können; man erreicht größere Haltbarkeit und besseren Schutz gegen Austrocknung, wenn man — nach Entfernung der Schale mit ausgeglühtem Messer — aus dem Innern der Kartoffeln Scheiben oder (mittelst sterilisierten Korkbohrers) zylindrische Stückchen entnimmt, die dann in sterilen Glasschalen oder Reagenzröhrchen verbracht und in diesen nochmals $^1/_2$ Stunde sterilisiert werden.

Ein unbedingtes Erfordernis für die Gewinnung von Reinkulturen, in denen die einzelne Spezies eines Mikroorganismus ungestört von fremden Arten beobachtet werden kann, ist die völlige Keimfreiheit der zu verwendenden Nährböden und der sie enthaltenden Gefäße, wie Reagenzröhrchen, Kolben mit Watteverschluß, Kulturplatten, Schalen. Die Glassachen werden in einem Trockensterilisierungsschranke mit heißer Luft $^3/_4$ Stunden bei 160° sterilisiert.

Zur Sterilisation der meisten Flüssigkeiten genügt es, dieselben dem strömenden Dampf (im Kochschen Dampftopf) 30—60 Minuten lang auszusetzen. Noch sicherer ist die Anwendung eines geringen Überdrucks von 0,15 Atmosphären bei 103° während einstündiger Einwirkungsdauer. Sehr widerstandsfähige Keime (Sporen von Heubazillen) werden am zuverlässigsten im gespannten Dampf abgetötet. Apparate für gespannten Dampf mit mindestens 1 Atmosphäre Überdruck nennt man Autoklaven. In dem gespannten Dampf bei 120° bis 130° werden die resistentesten Sporen in wenigen Minuten vernichtet.

Kleinere Gegenstände, die bei der Züchtung der Mikroorganismen gebraucht werden, wie Platinnadeln, Messer, Scheren, Pinzetten, Glasstäbe werden in der Flamme durch Ausglühen keimfrei gemacht.

Operations-Instrumente werden durch 15 Minuten langes Kochen in 2%iger Sodalösung sterilisiert.

Für gewisse Substanzen, die weder trockene Hitze noch Kochen vertragen, ohne Veränderungen zu erleiden (wie Serum, Hühnereiweiß usw.), empfiehlt sich eine fraktionierte Sterilisation oder Filtration durch Chamberland-, Berkefeld-, Pukall-, Isny-, oder Asbest-Filter.

Bei dem ersteren Verfahren werden die Lösungen täglich bis 8 Tage hintereinander 1—4 Stunden bei 56—60° gehalten und in der Zwischenzeit bei etwa 20 oder 37° C bebrütet; durch die Wiedererhitzung werden die jedesmal vorhandenen vegetativen Formen abgetötet und durch die darauffolgende Bebrütung den etwa vorhandenen Sporen Gelegenheit zum Auskeimen gegeben, um die neu ausgekeimten vegetativen Individuen bei der nächsten Erhitzung abzutöten. Diese Methode arbeitet aber nicht sicher, da nicht immer alle Sporen zwischen zwei Erhitzungen auskeimen; auch liegt für manche Bakterien (Thermophile) der Hochstand der Entwickelung gerade erst bei 60°. Es ist daher empfehlenswert, Körperflüssigkeiten (Aszites) steril zu entnehmen und sie im Falle einer längeren Aufbewahrung durch Zusatz von 1% Chloroform (gut durchschütteln!) zu konservieren.

Zur Abhaltung des Eindringens fremder Keime aus Luft oder Staub in die einmal sterilisierten Gefäße genügt ein dichter Watteverschluß. — Soviel über die als Vorbedingung der Reinkultur erforderliche Sterilisierung der Nährböden und Gebrauchsgegenstände.

Nun gilt es, die im Ausgangsmaterial meist nebeneinander vorhandenen verschiedenartigen Keime voneinander zu trennen und die gewünschte Art, frei von allen fremden Eindringlingen, zu züchten. In manchen Fällen dient der Tierversuch als erste Vorbereitung zur Reinzucht, wobei aus dem ursprünglich vorhandenen Gemisch (z. B. Tuberkelbazillen in Stuhl) im Tierkörper nur der pathogene Erreger zur Entwickelung gelangt und die gleichzeitig vorhandenen Saprophyten unterdrückt werden. Die Gewinnung von Reinkulturen auf künstlichem

Nährboden beruht stets auf dem Prinzip, durch geeignete Maßnahmen eine so weitgehende Verdünnung des Ausgangsmaterials zu erzielen, daß schließlich einzelne Keime räumlich getrennt von anderen liegen und bei ihrer Vermehrung nunmehr zu Kulturen auswachsen, die lediglich aus Angehörigen einer einzigen Art, ohne Beimengung fremder Kleinwesen, bestehen. Ursprünglich suchte man (Pasteur, Klebs) diese räumliche Trennung der einzelnen Keime durch weitgehende Verdünnung in flüssigem Substrat zu erreichen und Reinkulturen in Nährflüssigkeiten (Bouillon) zu gewinnen. Das Verfahren ist umständlich und unsicher, weil die Kontrolle, ob man es wirklich mit einer Reinkultur zu tun hat, sehr schwierig ist und Verunreinigungen, die dann sofort das ganze Kulturgefäß durchwuchern, beim zufälligen Eindringen vereinzelter Keime von außen kaum zu vermeiden sind. Besser eignete sich zur Reinzucht die Aussaat auf festem Substrat (Kartoffeln), weil hier die räumliche Trennung selbst benachbarter Kolonien sich streng durchführen läßt und Überwuchern der einen Kultur durch die andere nicht so leicht zustande kommt; dafür ist aber die Methode der Verdünnung durch Ausstreichen auf dem festen Nährboden nicht so wirksam wie durch Verteilung in Flüssigkeit. Die Lösung der Aufgabe brachte R. Koch's Einführung fester durchsichtiger gelatinierender Nährböden, die zuerst zwecks gleichmäßiger Verteilung des Aussaatmaterials in flüssigem Zustand und dann zwecks Auswachsens der räumlich getrennten Keime zu ebensolchen Kolonien in erstarrtem Zustande verwendet wurden und demnach die Vorteile des flüssigen und des festen Nährbodens ohne ihre Nachteile in sich vereinigten.

Der erste von R. Koch benutzte gelatinierende Nährboden war die Gelatine, die allerdings wegen ihres niedrigen Schmelzpunktes (29°) eine begrenzte Anwendbarkeit hatte und insbesondere für Bakterien, deren Wachstumsoptimum bei höheren Temperaturen, z. B. bei 37° C liegt, sich als unbrauchbar erweist. Ein bedeutender Fortschritt in der bakteriologischen Technik wurde durch den von Hesse eingeführten Gelatineersatz Agar-Agar gemacht, der erst bei 90—100° flüssig wird und bei 40° anfängt, zu erstarren. Ein weiterer Vorteil des Agars besteht darin, daß keine Verflüssigung durch bakterielle Fermente eintreten kann, infolgedessen die Platten bedeutend länger haltbar sind als Gelatineplatten.

Statt der anfänglich von R. Koch verwendeten Platten werden jetzt allgemein die bequemer zu handhabenden und durch ihren Deckel besser vor Verunreinigungen geschützten Doppelschalen (nach Petri) benutzt.

Die Anweisung für die Gelatineplattenserie ist folgende:

1) 3 Petrischalen werden auf dem Deckel mit Fettstift gekennzeichnet, mit dem Namen des Untersuchers, der Art des verarbeiteten Materials, dem Datum und mit den Zahlen I, II, III versehen.

2) 3 im Wasserbade bei 37° verflüssigte Gelatineröhrchen werden ebenfalls mit I, II, III gezeichnet.

3) Eine ausgeglühte Platinöse wird mit dem Ausgangsmaterial beschickt, Röhrchen I beimpft, nachdem vorher der Rand des Reagenzröhrchens in der Flamme abgebrannt und der Wattepfropfen angesengt ist. Durch öfteres Drehen, Senken

und Heben des Röhrchens wird eine gute Durchmischung des Materials mit der Gelatine herbeigeführt, wobei der Wattepfropfen nicht benetzt werden darf.

4) Jetzt werden von Röhrchen I 3 Ösen in das Röhrchen II übertragen und die Verteilung in der gleichen Weise wie beim Röhrchen I vorgenommen, das in der Zwischenzeit, wie auch jetzt Röhrchen II, ins Wasserbad zurückgestellt wird.

5) Bei sehr keimreichem Material impft man in gleicher Weise von Röhrchen II einige Ösen in ein drittes Gelatineröhrchen (III) usw.

6) Nachdem man den Rand der Reagenzgläser durch die Flamme gezogen hat, gießt man die Röhrchen in die entsprechend numerierten, geöffneten Petrischalen, die auf dem genau wagerechten Deckel einer mit Eiswasser gefüllten Schale stehen. Die ausgegossene Flüssigkeit wird in den Platten unter leichtem Hin- und Herbewegen gleichmäßig verteilt. Hierauf bringt man die Platten, mit dem Boden nach unten, in den Brutschrank bei 22°. Nach 2—3 Tagen sind die beim raschen Erstarren der Gelatine fixierten Keime zu Einzelkolonien ausgewachsen.

Es sei hier darauf aufmerksam gemacht, daß die den Nährboden enthaltenden Reagenzröhrchen bei der Beimpfung und Entnahme stets schräg gehalten werden müssen, um das bei senkrechter Stellung mögliche Hineingelangen von Staub und Bakterien aus der Luft zu vermeiden.

Nach erfolgtem Ausgießen der beimpften Gelatineröhrchen sind diese nicht etwa auf den Arbeitstisch zu legen, sondern um jede Infektionsgefahr zu beseitigen, sofort in ein bereitstehendes Gefäß mit Sublimatlösung hineinzubringen.

Ein Verfahren, das nur in Notfällen da, wo man weder Platten noch Schälchen zur Verfügung hat, zur Verwendung gelangt, stellt das Rollröhrchen (nach Esmarch) dar.

Die Gelatine (5 ccm) wird im Reagenzglase verflüssigt und durch schnelles Drehen bei horizontaler Lage des Röhrchens über Eisstücke oder unter dem Wasserstrahl gleichmäßig rings an den Wänden des Röhrchens zum Erstarren gebracht.

Das Verfahren ist für gelatineverflüssigende Bakterien nicht geeignet. Das Abimpfen der Kolonien ist schwierig und beim Berühren des Röhrchens mit der warmen Hand ist eine Verflüssigung der Gelatine leicht möglich.

In ähnlicher Weise, wie soeben für die Gelatine beschrieben, kann auch eine Plattenserie mit Verwendung von Agar gegossen werden.

Die verflüssigten Agarröhrchen werden hierzu auf 45° abgekühlt. Ein schnelles Arbeiten ist notwendig, da die in die Agarröhrchen verimpften Keime bei längerem Verweilen im Wasserbade bei 45° geschädigt werden können und andererseits bei weiterer Kühlung des Wasserbades ein Erstarren des Agars zu befürchten ist. Es ist daher zweckmäßiger, bei der Anfertigung von Agar-Gußplatten die zur Isolierung der einzelnen Keime erforderlichen Verdünnungen zunächst in 3 Bouillonröhrchen vorzunehmen (die je nur etwa 1 ccm Bouillon enthalten) und dann erst unmittelbar vor dem Ausgießen der Platten jedes einzelne dieser beimpften Bouillonröhrchen mit dem verflüssigten Agar zu vermischen. Die erstarrten Agarschalen werden umgekehrt in den Brutschrank bei 37° gesetzt, um die Ansammlung von Kondenswasser auf der Oberfläche des Nährbodens zu verhüten, wodurch leicht ein Zusammenfließen der einzelnen Kolonien herbeigeführt und der Zweck der Reinzüchtung vereitelt werden kann.

Sehr viel häufiger als zur Anlage von Gußplatten verwendet man den Agar zur Reinzüchtung der Bakterien durch oberflächliche Aussaat des zu untersuchenden Materials. Man geht dabei so vor, daß man mit Öse, Glasstab oder Wattetupfer die zu untersuchende Probe auf der Agaroberfläche (fertig gegossene Agarplatten, die im Brutschrank getrocknet sind) in parallelen Strichen oder gleichmäßig über die ganze Agaroberfläche verreibt; am besten eignet sich dazu der von v. Drigalski und Conradi für die Typhusdiagnose empfohlene, aber auch sonst zu verwendende rechtwinkelig umgebogene Glasspatel.

Behelfsmäßig kann die Isolierung von Keimen auch ohne Platten direkt auf den schräg erstarrten Agarröhrchen selbst erfolgen. Man beginnt dabei den Ausstrich vom Kondenswasser am Grunde des Röhrchens ausgehend mit der Öse oder Platinnadel in gerader oder wellenförmiger Linie bis zur Spitze des Agars. Man muß, um Reinkulturen zu erhalten, einige Röhrchen hintereinander mit ein und derselben mit dem Ausgangsmaterial infizierten Nadel in der gleichen Weise beimpfen; eine besonders wirksame Methode der Verdünnung besteht dabei darin, daß man die Nadel vor der Beschickung jedes einzelnen Röhrchens ausglüht und die Aussaat von der Spitze der Agaroberfläche des vorher beschickten Röhrchens, wo die Keime schon am dünnsten verteilt liegen, vornimmt.

Die konsequenteste Ausbildung hat das Verdünnungsverfahren zur Anlage von Reinkulturen in der „Einzellkultur" mittelst des von Burri im Jahre 1909 angegebenen Tuscheverfahrens erreicht, das eine (speziell für manche theoretische Studien über Variabilität erforderte) zuverlässige Züchtung der Kultur aus einer einzigen Bakterienzelle gewährleistet.

Von einer besonders hergestellten sterilen Emulsion chinesischer Tusche bringt man einige Tropfen nebeneinander auf einen sauberen sterilisierten Objektträger. Von dem keimhaltigen Material verreibt man etwas im 1. Tuschetropfen, aus dem man mit einer 1 mm im Durchmesser haltenden Öse eine Spur in den 2. Tropfen und ohne Ausglühen in den 3. Tuschetropfen usw. überträgt. Von dem letzten Tropfen (stärkste Verdünnung der Keime) entnimmt man mit einer sterilisierten Zeichenfeder und legt eine Serie kleinster Tuschetropfen durch vorsichtiges Tupfen auf der Oberfläche einer Gelatineplatte an. Die mit einem sterilen Deckglas belegten Tuschepunkte werden mikroskopisch mit starker Vergrößerung untersucht. Man erkennt dann mit Leichtigkeit die hellaufleuchtenden Bakterien zwischen den dunklen Tuschepartikeln. Diejenigen Tuschepünktchen, die nur eine Bakterienzelle aufweisen, werden auf der Unterseite der Schale besonders bezeichnet und die aus dieser einen Zelle entstandene Kolonie wird später abgeimpft.

In manchen Fällen kann man die Reinzüchtung einer bestimmten Art dadurch erleichtern, daß man für die gesuchte Art die günstigsten Bedingungen im Nährboden herstellt (Alkaleszenz bei Cholera) oder dadurch, daß man entwickelungshemmende Stoffe zusetzt, die der gesuchten Art selbst gegenüber sich ziemlich indifferent verhalten, die konkurrierenden Begleitbakterien aber zurückhalten (vgl. Kapitel „Typhus").

Für die Züchtung der Bakterien ist ein auf konstante Temperatur eingestellter mit einer besonderen automatisch wirkenden Reguliervorrichtung (Thermoregulator) versehener Brutschrank („Thermostat") ein unbedingtes Erfordernis. Für gewöhnlich genügen zwei Brutschränke, deren einer auf 37° (für Agarplatten), der andere auf 22° (für Gelatineplatten) eingestellt ist. Für manche besondere Zwecke sind andere Temperaturen erwünscht; so werden Tuberkelbazillen am besten bei etwa 38°, Pestbazillen dagegen bei nur 30—35° und Bac. botulinus gar nur bei 23—25° gezüchtet.

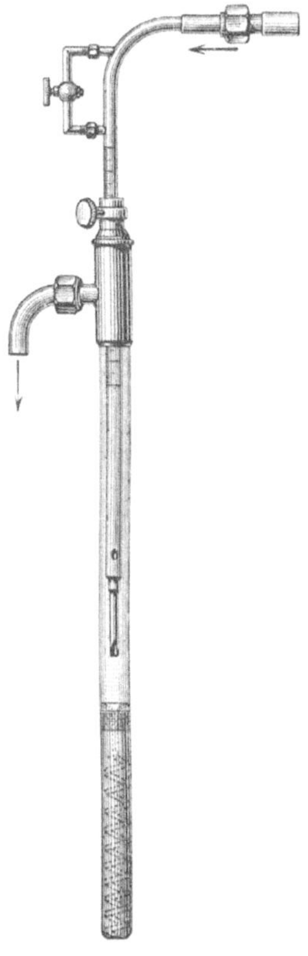

Abb. 31. Thermoregulator. (F. und M. Lautenschläger, Berlin.)

Bei Bebrütung der ausgegossenen Platten bei 37° sind meist schon nach 10—24stündiger Dauer des Wachstums Kolonien zur Entwickelung gelangt, die mit der schwachen Vergrößerung des Mikroskops betrachtet, Schlüsse über die Artzugehörigkeit des Bakteriums zulassen. Einige Bakterien bedürfen längerer Zeit zu ihrer Entwicklung, so die Tuberkelbazillen, die Maltafieber- und Pestbazillen. Die für den bestimmten Zweck in Betracht kommende Kolonie impft man nun mit der sterilen Platinnadel eventuell unter Zuhilfenahme der schwachen Vergrößerung des Mikroskops ab. Das sog. „Fischen" der Kolonie unter dem Mikroskop will geübt sein und ist mit Schwierigkeiten verbunden, teils infolge der Bildumkehrung im Mikroskop, teils wegen der Möglichkeit des Anstoßens an das Objektiv. Man kann nun das entnommene Material in gefärbtem oder lebendem, ungefärbtem Zustande untersuchen und auch von der Ausgangskolonie auf den verschiedensten Nährböden Strich- oder Stichkulturen zur Gewinnung bzw. Herstellung von Reinkulturen anlegen, die später genauer zu beobachten und zu identifizieren sind.

In vielen Fällen, z. B. bei der Diphtherieuntersuchung, ist es wünschenswert, im gefärbten Präparat die charakteristische Lagerung der einzelnen Bakterien innerhalb der Kolonie (die bei der gewöhnlichen Herstellung des Präparats durch Ausstreichen natürlich verwischt wird) getreu abgebildet zu erhalten; dies leistet das Klatschpräparat, das durch Auflegen eines Deckglases auf die Oberflächenkolonie und Abheben ohne Verschieben erhalten wird (vgl. oben S. 33).

Für eine ganze Reihe von Bakterien reichen die gewöhnlichen Züchtungsmethoden keineswegs aus, wie für die obligaten Anaërobier, d. h. Bakterien, die nur unter Ausschluß von Sauerstoff zu wachsen vermögen. Die einzelnen anaëroben Züchtungsverfahren seien hier kurz wiedergegeben.

Als Mittel zur Entfernung des Sauerstoffs kommen in Frage:

1. Das Auskochen des Nährmediums, sei es Bouillon, Gelatine oder Agar, mit nachfolgendem mechanischen Abschluß der Luft durch Überschichten; nach der Beimpfung, die bei 40° zu erfolgen hat, ist schnellstes Erstarren des Agars notwendig; bei Beimpfung der tiefsten Agarschichten ist eine Überschichtung nicht unbedingt erforderlich. Sicherer ist natürlich die Überschichtung entweder mit flüssigem Agar oder sterilem Öl, Paraffin liqu. Diese Methode eignet sich für die Verimpfung von Reinkulturen auf hochgefüllte Bouillon- oder Agarröhrchen. Sie genießt nicht den Vorzug der Sauberkeit, da bei Weiterimpfungen die aufgegossene Fettschicht oder der aufgegossene Agar störend wirkt. Die Untersuchung der anaëroben Agarstich- oder -schüttelkulturen geschieht am besten folgendermaßen:

Entweder zerschneidet man mit einem Glaserdiamanten das Reagenzglas in der Mitte oder zerschlägt den Boden des Röhrchens über einer Sublimatschale und schüttelt den Agar in eine sterile Petrischale aus oder erwärmt das Röhrchen einen Augenblick im kochenden Wasserbade, wodurch die Außenseite des Agars sich verflüssigt. So gelingt es mit Leichtigkeit, den noch festen Agar in die bereitstehende Schale zu gießen. Bei letzterem Verfahren bleibt das Reagenzglas erhalten. Mit einem sterilen Messer wird dann der Agar in kleine Scheibchen zerlegt, aus denen mit der Nadel oder Öse die gewachsenen Kolonien entnommen, untersucht und weiterverimpft werden können. Die Untersuchung und Abimpfung überschichteter Bouillonkulturen erfolgt durch Entnahme mittelst Kapillarpipetten, die — am oberen erweiterten Ende mit dem Finger verschlossen —, rasch durch die abschließende Ölschicht geführt werden und so eine direkte reine Entnahme aus der Tiefe der Nährlösung ermöglichen.

2. Ein Zusatz reduzierender Mittel zum Nährboden, z. B. Zucker, ameisensaures Natron oder Stücke von Kartoffeln oder tierischen Organen (Tarozzi).

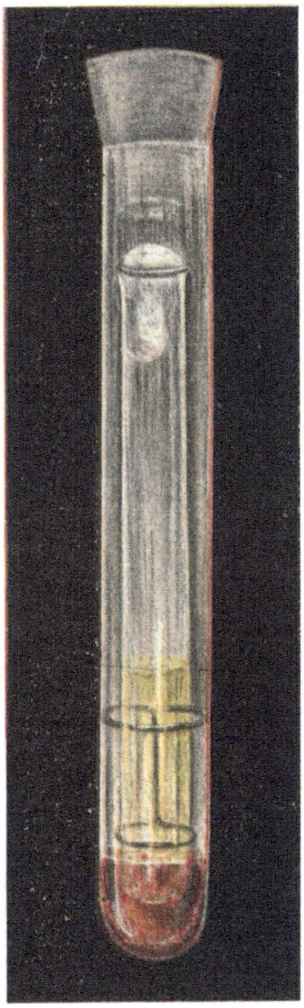

Abb. 32. Anaëroben-Kultur nach Buchner.

3. Durch Absorption des Sauerstoffs auf chemischem Wege mittelst alkalischer Pyrogallussäurelösung.

Nach dem Vorschlage Buchners bringt man das beimpfte, lose verschlossene Röhrchen in ein weiteres, gut zu verschließendes Reagenzglas, auf dessen Boden sich unter einem Drahtgestell alkalische Pyrogalluslösung befindet (1 g Pyrogallussäure + 1 ccm $^{1}/_{10}$%ige Lösung von Liquor Kal. caust.). In etwa 24 Stunden ist der im Röhrchen vorhandene Luftsauerstoff vollkommen absorbiert.

Für Petrischalen eignet sich folgendes von O. Lentz ausgearbeitetes, außerordentlich einfaches Verfahren;

Ein mit Pyrogallussäure imprägnierter Filzring, der die Größe einer Petrischale aufweist, wird auf eine quadratische Glasplatte von ungefähr 12 cm Seitenlänge gelegt. Die beimpfte Agarplatte wird über den Filzring, der mit 15 ccm einer $1^0/_0$igen wässerigen Kalilauge getränkt ist, mit der Öffnung nach unten darüber gestülpt und ein vorher bereitliegender Ring von Plastilin schnellstens zum luftdichten Abschluß um den Rand der Platte gedrückt. Dieses Verfahren gestattet selbst bei verschlossener Schale mikroskopische Untersuchung der gewachsenen Kolonien. Mit Pyrogallusstiften, die in gleicher Weise behandelt werden, gelingt auch eine anaërobe Röhrchenkultur. Dasselbe gelingt nach Heim mit Wattebäuschchen, die mit alkalischer Pyrogalluslösung getränkt werden. Auch läßt sich bei Züchtung auf Platten der Abschluß des Luftsauerstoffs durch Bedecken der vorher beschickten) Kulturplatte mit Glimmerscheiben erreichen.

4. Durch Schaffung eines Vakuums mit Hilfe der Luftpumpe.

5. Durch Verdrängung des Sauerstoffs mittelst Wasserstoffs, der aus dem Kipp'schen Apparat austritt und zur Reinigung (zwecks Befreiung von Luft- und Säuredämpfen) durch zwei Waschflaschen mit Jodjodkalilösung, bzw. alkalischer Pyrogallussäurelösung geleitet wird. Von dort gelangt das Gas bei Ver-

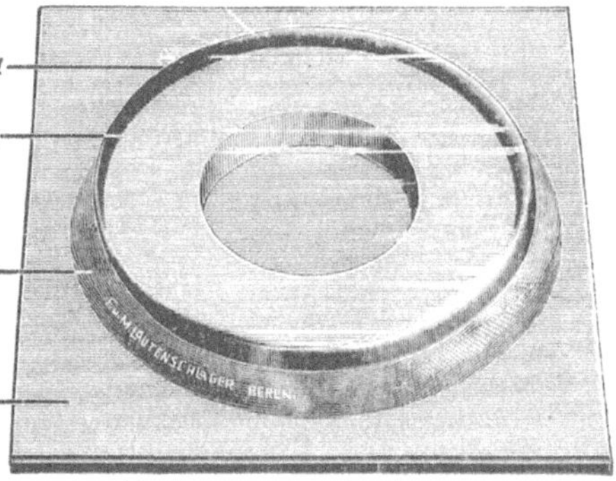

Abb. 33. Anaërobenplatte nach Lentz.

wendung flüssiger Nährböden durch ein bis auf den Boden des Kulturgefäßes reichendes Zuleitungsrohr in die Tiefe des Nährbodens und wird nebst der Innenluft durch ein kurzes Rohr aus dem oberen Teil des Kulturgefäßes nach außen abgeleitet. Ist alle Luft ausgetrieben, wovon man sich durch Anzünden des austretenden und in einem Reagenzröhrchen aufgefangenen Gases überzeugt (reiner Wasserstoff entzündet sich hierbei mit einem kurzen scharfen Knall, während ein pfeifendes Geräusch auf Knallgas, d. h. Gemisch von Wasserstoff und Luft deutet), so werden beide Röhrchen an den verengerten Stellen abgeschmolzen.

Dieses Verfahren eignet sich für Kulturen in Reagenzgläsern, Flaschen und Kolben. Je größer der über der Nährflüssigkeit befindliche und von Gas erfüllte Raum im Kulturgefäß ist, desto sorgfältiger ist darauf zu achten, daß die Luft durch den eingeleiteten Wasserstoff wirklich vollständig verdrängt ist, und desto eindringlicher ist davor zu warnen, daß nicht etwa — wie es Anfänger manchmal unvorsichtigerweise tun — das ausströmende Gas direkt an der Ausströmungsöffnung angezündet wird; ist nämlich dann noch ein Gemisch von Luft und Wasserstoff (Knallgas!) im Kulturgefäß vorhanden, so erfolgt durch Zurückschlagen der Flamme eine Explosion, durch die das Kulturgefäß zertrümmert wird; die dabei erfolgenden Verletzungen des Experimentators sind um so bedenklicher, als durch viele anaërobe Keime (Gasbrand, Tetanus) schwere Wundinfektionen gesetzt werden können. Besonders gilt diese Mahnung zur Vorsicht bei der Anwendung des für Plattenkulturen bestimmten Botkin'schen Apparates, dessen Einrichtung und Handhabung aus Abb. 34 ersichtlich ist. In vollständig ungefährlicher und sicherer Weise erfolgt die Prüfung des abströmenden Gases, indem man es durch ein Rohr unter Wasser austreten läßt und dann, wie oben erwähnt, in einem Reagenzglas auffängt. Einen zweckmäßigen Ersatz des großen für Massenkulturen bestimmten Botkin'schen Apparates stellen die kleinen Blücher'schen Apparate dar, die

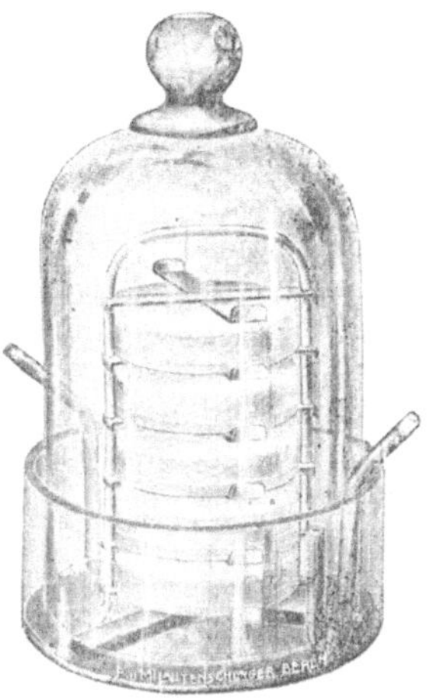

Abb. 34.
Botkinscher Apparat.

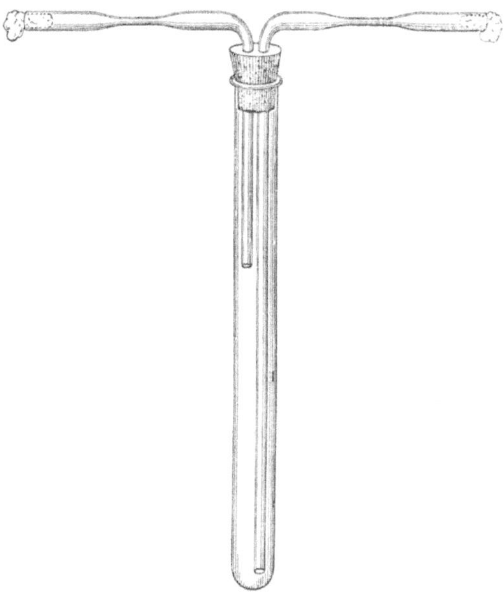

Abb. 35. Anaëroben-Röhrchen nach Fraenkel und Hueppe.

allerdings immer nur je für eine einzige Plattenkultur eingerichtet und daher in der Mehrzahl zu benutzen sind.

Die an künstlicher Kultur auf verschiedenen Nährböden und unter verschiedenen äußeren Bedingungen gezüchteten Mikroorganismen lassen sich auf ihre **Lebensbedingungen** und **Lebensäußerungen** hin untersuchen. Selten reicht ein einzelnes der so beobachteten Kulturmerkmale hin, um die betreffende Art vollständig zu charakterisieren und ihre Identifizierung — das wichtigste praktische Erfordernis der mikroskopischen Differentialdiagnostik — zu sichern. Meistens ist es die gesetzmäßige Verknüpfung einer Reihe verschiedener einzelner Merkmale, welche die Artcharakteristik ausmacht, so insbesondere in der Gruppe der Typhus-, Paratyphus- und Ruhrbazillen. Diese Konstanz der kulturellen Merkmale, im Verein mit dem charakteristischen morphologischen Habitus (vgl. Kapitel II) und vor allem mit dem Verhalten im Tierversuch und gegenüber den Immunitätsreaktionen (vgl. Kapitel V) machen die Spezifität der Art aus. Freilich kommen gelegentlich — aber gegenüber der großen Mehrzahl der Fälle typischen Verhaltens entschieden nur als Ausnahme — gewisse Abweichungen vom normalen Typus vor, die hier nur kurz erwähnt werden können; diese Erscheinungen, die unter dem gemeinsamen Namen der Variabilität zusammengefaßt werden, können sich in dreifacher Weise geltend machen:

1. Degeneration, Verlust bestimmter Leistungen (wie Farbstoff-, Ferment-, Toxinproduktion) infolge Züchtung unter ungünstigen Bedingungen oder in alten Kulturen; darauf beruht insbesondere der Virulenzverlust lange fortgezüchteter Laboratoriumsstämme.

2. Anpassung, Adaptation, Akkommodation, Standortsmodifikation an neue oder ungewohnte äußere Lebensbedingungen und dadurch bedingte Entstehung von Spielarten. Diese neu erworbenen Eigenschaften, die entweder morphologisch oder funktionell sein können (Veränderung von Form, Farben, Virulenz, Beweglichkeit, Sporenbildung, Ferment- und Toxinbildung, Gewöhnung an vorher ungewohnte Temperatur, Nährstoffe, Sauerstoffspannung u. a.) können wieder rückgängig gemacht werden; die Spielart kehrt zum alten Typus zurück, sobald der Einfluß der ungewohnten Lebensbedingungen aufgehört hat und die Kultur wieder unter normale Verhältnisse gebracht ist.

3. Mutation (de Vries), d. h. das sprunghafte spontane, nicht durch äußere Umstände bedingte Auftreten neuer Rassen, Typen und Spezies, deren neu erworbene Eigenschaften vererblich und im allgemeinen gar nicht oder doch nur sehr schwierig und selten in die Ausgangsformen zurückführbar sind.

Wenn es auch wichtig ist, sich die Möglichkeit des Variierens der Mikroorganismen vor Augen zu halten und durch das Auftreten atypischer Formen des Erregers (besonders am Anfang und Ende einer Epidemie) sich betreffs ihrer Zugehörigkeit zu der betreffenden Spezies nicht irre machen zu lassen, so ist andererseits mindestens ebenso wichtig, solchen auffallenden Befunden gegenüber die schärfste Selbstkritik walten zu lassen und immer an die dabei infolge Auftretens von zufälligen Verunreinigungen und Vorliegens von Mischkulturen in Betracht kommenden Fehlerquellen zu denken. Erst wenn solche — bei ungenügendem Verfahren der Reinzüchtung sehr leicht vorkommenden — Irrtümer vollständig ausgeschlossen sind, darf man auf Mutation schließen.

Wir gehen nun an die Betrachtung der einzelnen Lebensbedingungen und Lebensäußerungen der Mikroorganismen, die ihre kulturelle Charakteristik ausmachen.

1. Lebensbedingungen der Mikroorganismen.

Von einer typischen, durch die chemische Analyse oder bestimmte chemische Reaktionen nachweisbaren chemischen Zusammensetzung der Bakterien, auch derselben Art, kann nicht die Rede sein;

denn sie schwankt in ganz außerordentlich hohem Grade und hängt sehr von der Zusammensetzung des Nährmaterials ab. Die Bakterien vermögen sich also in ganz besonders hohem Grade in ihrer chemischen Zusammensetzung dem Nährsubstrat anzupassen, und diese Tatsache macht so viele von ihnen besonders dazu befähigt, sowohl unter saprophytischen als parasitischen Bedingungen zu leben, d. h. bald im lebenden Tierkörper, bald in der freien Natur die Bedingungen zu ihrem Fortkommen und zu ihrer Vermehrung zu finden. So sehr aber nun auch die chemische quantitative Zusammensetzung der Bakterien schwankt, so muß doch für eine jede Art eine ganz spezifische chemische Charakteristik angenommen werden. Das ergibt sich aus der Konstanz in der Erzeugung mancher Produkte (Fermente, spezifische Gifte usw.) und vor allem aus der durch die serologischen Reaktionen (vgl. Kapitel V) nachweisbaren spezifischen verschiedenen Konstitution der Eiweißkörper des Bakterienleibes.

Der Zelleib der Mikroorganismen besteht, wie bei allen Lebewesen aus Eiweiß, Fetten, Kohlehydraten, Salzen und Wasser. Außer den gewöhnlichen Eiweißkörpern sind auch Nukleine nachgewiesen, was die auf morphologischem Wege schon gewonnene Erkenntnis von dem Vorhandensein einer Kernsubstanz im Bakterienleib bestätigt. Von Kohlehydraten sind Zellulose und Hemizellulose festgestellt (Jodreaktion). Fette sind in den Bakterien sowohl durch die chemischen Fettreaktionen des Ätherextraktes als auch mikrochemisch durch besondere Färbung mit Fettfarbstoffen nachgewiesen. Das Fett der Tuberkelbazillen ist ein echtes Wachs. Nach Koch besteht die Hülle der Tuberkelbazillen, welche ihnen ihre Säurefestigkeit verleiht, aus ungesättigten Fettsäuren. Für die Richtigkeit dieser Annahme spricht, daß durch Ätherextraktion die säurefeste Substanz in den Äther übergeht und die entfetteten Bazillen gleichzeitig ihre Säurefestigkeit verlieren. Auch die Widerstandsfähigkeit der Sporen beruht — wenigstens zum Teil — auf ihrem Fettgehalt, der auch ihr stark glänzendes Aussehen bedingt. Unter den Salzen scheinen die phosphorsauren Salze in der Zusammensetzung der Leibessubstanz mancher Bakterien (Meningokokken) eine besonders wichtige Rolle zu spielen.

Was soeben über die chemische Zusammensetzung der Bakterien gesagt wurde, gilt auch im allgemeinen für die Streptotricheen, Schimmel- und Sproßpilze. Von dem chemischen Aufbau der Leibessubstanz der Spirochäten, Protozoen und filtrierbaren Virusarten wissen wir noch nichts, da es bisher nicht gelungen ist, diese Kleinwesen — soweit sie überhaupt künstlicher Züchtung zugänglich sind — in einer für die chemische Erforschung erforderlichen Menge getrennt vom Nährboden zu erhalten.

In bezug auf die Deckung des Nährbedarfs weisen die letztgenannten drei Klassen der Mikroorganismen einen durchgreifenden gemeinsamen Unterschied gegenüber den pflanzlichen Kleinwesen auf, — und auch die Bakterien zeigen gerade in ihrer Ernährung einen durchaus pflanzlichen Charakter — insofern Protozoen, Spirochäten und filtrierbare Infektionserreger als obligate Parasiten sich ausschließlich von fertig gebildetem organischen Material ernähren[1]), während Bakterien, Streptotricheen, Schimmel- und Sproßpilze ebensowohl die hochkomplizierte Leibessubstanz ihres Wirtsorganismus abzubauen wie ihren eigenen Zelleib synthetisch aus einfachsten organischen Verbindungen aufzubauen vermögen. Je nachdem es sich um Arten handelt, die der parasitischen Existenz streng angepaßt sind oder nur fakultative Parasiten darstellen, erfolgt die Deckung ihres Stickstoffbedarfs entweder ausschließlich oder vorwiegend aus Eiweißstoffen, bzw. ihren unmittelbaren Abkömmlingen (Albumosen, Peptonen, Leimsubstanzen) oder aus einfachen stickstoffhaltigen Verbindungen (Amidosäuren, Aminen, Ammoniak). Schon oben wurde erwähnt, daß pathogene Mikroorganismen, z. B. Tuberkelbazillen, in ganz eiweißfreier Nährlösung zu gedeihen vermögen. Gegenüber der Ernährung höherer Pflanzen besteht ein Unterschied in zweifacher Beziehung: erstens vermögen die pflanzlichen Mikroorganismen Nitrate nicht als Stickstoffquelle auszunützen; zweitens sind sie infolge ihres Mangels an Chlorophyll nicht befähigt, ihren Kohlenstoffbedarf aus der atmosphärischen CO_2 zu decken; als Kohlenstoffquelle werden mit Vorliebe Kohlehydrate, sowie Glyzerin, Fettsäuren u. dgl. verwendet.

In bezug auf Konzentration und Reaktion des Nährbodens zeigen sich erhebliche Unterschiede in den Ansprüchen und optimalen Lebensbedingungen der verschiedenen pflanzlichen Mikroorganismen. Bakterien bevorzugen im allgemeinen wasserreiche oder flüssige Nährsubstrate, während Schimmelpilze noch auf sehr konzentriertem, äußerlich fast trockenem Material zu wachsen vermögen. Für die meisten Bakterien stellt eine schwach alkalische Reaktion des Nährbodens das Optimum dar, während Schimmel- und Sproßpilze eine saure Reaktion bevorzugen. Doch zeigen auch die verschiedenen Arten der Bakterien gegenüber der Reaktion des Nährbodens ein sehr unterschiedliches Verhalten. So bevorzugt z. B. der Choleravibrio zu seinem Wachstum Nährböden mit einem hohen Alkalitätsgrade und ist dementsprechend gegen Säure sehr empfindlich. Im Gegensatz zu diesen säureempfindlichen Bakterien lieben wieder andere Bakterien einen gewissen Säuregrad, z. B. die Essigbakterien (2%ige Säure), ebenso gewisse Bakterien im Säuglingsstuhl und auch der Typhusbazillus. Man nennt diese Säure bevorzugenden Arten „azidophil".

Für die einzelnen Bakterienarten ist das Sauerstoffbedürfnis verschieden. Wir nennen diejenigen Mikroorganismen, die unbedingt freien Sauerstoff zum Leben und zur Vermehrung notwendig haben, „obligate Aërobier" im Gegensatz zu den „obligaten Anaërobiern", die unbedingt nur bei Sauerstoffabschluß entwickelungsfähig sind. Zwischen diese beiden Gruppen fallen noch die „fakultativen Anaërobier", d. h. solche Mikroorganismen, die sowohl bei Gegen-

[1]) Manche Protozoen (Amöben) sind sogar auf die Ernährung durch geformtes organisches Eiweiß angewiesen und vermögen mit gelösten Stoffen allein nicht auszukommen. Die Züchtung solcher Amöben gelingt daher nur bei Anwesenheit von Bakterien, die ihnen als Nahrung dienen. Auch Flagellaten fressen Bakterien, besonders im Wasser.

wart wie bei Abwesenheit von Sauerstoff gedeihen können. Die Anaërobier spalten den Sauerstoff aus den Nährmedien ab, während die Aërobier den Luftsauerstoff direkt zur Assimilation benutzen. Auch die Spirochäten lassen sich nur bei Luftabschluß in künstlicher Kultur züchten.

Die Bakterien verlangen zur Entfaltung ihrer Lebensäußerungen eine bestimmte Temperatur. Nähert man sich den Grenzen derselben, so bemerkt man gewisse Änderungen ihres normalen Verhaltens. Der Bac. prodigiosus z. B., der bei Zimmertemperatur einen schönen roten Farbstoff bildet und außerdem seinen Kulturen einen sehr charakteristischen Geruch nach Trimethylamin verleiht, verliert beide Eigenschaften, wenn man ihn bei Bruttemperatur züchtet. Werden die Grenzwerte der Temperatur nach unten oder nach oben überschritten, so sistiert das Leben. Bei niedriger Temperatur sistieren zwar die Lebensäußerungen der Bakterien, sie bleiben aber im Zustand latenten Lebens, und unter günstige Bedingungen gebracht, zeigen die Mikroben alle ihre früheren Eigenschaften wieder. Selbst die niedrigsten Temperaturen, die man bisher erzielt hat (— 180° = Temperatur der flüssigen Luft), vernichten weder die Lebensfähigkeit der Bakterien, noch vermögen sie ihre krankmachenden Eigenschaften zu zerstören. Ganz anders wirken die hohen Temperaturen. Hier zeigt sich eine deutliche deletäre Wirkung schon bei Temperaturen, die noch relativ nahe oberhalb der Wachstumstemperatur liegen. Es kommt bald zur völligen Abtötung, für vegetative Formen in feuchtem Zustand schon bei 55—60°. Bedeutend widerstandsfähiger sind die Sporen (vgl. Abschnitt II).

Interessant ist nun, daß gewisse ungünstige Lebensbedingungen durch andere günstige ausgeglichen werden können. Der Milzbrandbazillus wächst z. B. bei Zimmer- und bei Bruttemperatur, bei ersterer aber entschieden weniger üppig. Setzt man nun zu einer mit Milzbrand besäten Gelatine Sublimat im Verhältnis 1 : 400 000 zu, so bleibt bei Zimmertemperatur jede Entwickelung aus, bei Bruttemperatur aber findet noch Wachstum statt und wird erst durch das 10fache der Sublimatmenge gehemmt. Es kompensiert also hier die günstige Temperatur die ungünstigen Wachstumsverhältnisse, wie sie durch Zusatz des Antiseptikums geschaffen sind.

Die oberste Grenze, die für das Wachstum der Bakterien noch möglich ist, bezeichnet man als Temperaturmaximum (bei pathogenen Arten fast nie über 42°), die niederste als Temperaturminimum (nicht unter 5°). Zwischen beiden befindet sich eine für das Wachstum besonders günstige Zone, das Temperaturoptimum.

Man kann künstlich Bakterien an ihnen ursprünglich nicht zusagende Temperaturen gewöhnen, wie das z. B. beim Milzbrandbazillus und Pneumokokkus gelungen ist. Ganz aus dem gewohnten Rahmen fallen aber einige Bakterien, die nicht nur bei Temperaturen von 60°—70° wachsen, sondern bei Temperaturen unter 45° überhaupt nicht fortzukommen vermögen. Diese sogenannten thermophilen Bakterien sind besonders in heißen Quellen gefunden worden. Sie finden sich ferner in weitester

Verbreitung in den oberflächlichen Bodenschichten, und zwar besonders reichlich in den Tropen. Neben diesen exquisit thermophilen, wärmeliebenden Bakterien gibt es auch thermotolerante, d. h. solche Bakterien, die zwar bei höheren Temperaturen zu wuchern vermögen, ihr Optimum aber bei gewöhnlicher Bruttemperatur haben. Den Gegensatz zu

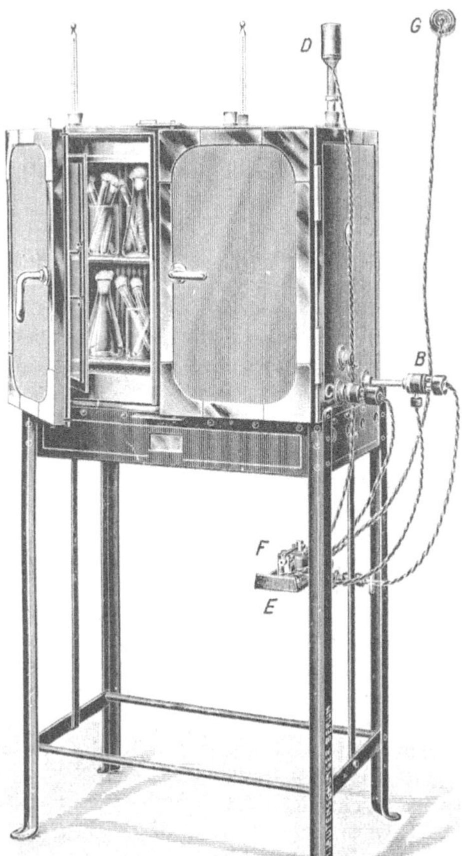

Abb. 36. Brutapparat mit elektrischer Heizvorrichtung.

diesen Bakterien bilden solche, die noch bei 0° intensiv zu wuchern vermögen; sie finden sich hauptsächlich im Boden und im Meerwasser.

2. Die Lebensäußerungen der Mikroorganismen.

Der Stoff- und Kraftwechsel dient hier wie bei allen Lebewesen folgenden Zwecken:

1. Ersatz der ständig verbrauchten Energiemengen,
2. Bildung neuen lebenden Plasmas durch Wachstum und Vermehrung.

Die Kenntnis der Bakterien-Stoffwechselprodukte ist von großem praktischen Wert. Sie gestattet, die pathogene Wirksamkeit der Bakterien im infizierten Organismus durch die von ihnen gebildeten giftigen Produkte zu erklären und erweist sich als außerordentlich wertvolles diagnostisches Hilfsmittel zur Unterscheidung nahe verwandter Arten, die sich rein morphologisch schwierig oder gar nicht von einander trennen lassen. So sind gewisse Lebensäußerungen für diese oder jene Bakterienart spezifisch, da sie konstant auftreten, wenn die Lebensbedingungen nicht verändert sind. Die Stoffwechselprodukte sind äußerst mannigfaltig; manche derselben kommen vielen Arten zu, während wieder andere nur von besonderen Arten geliefert werden.

Die Hauptleistung der Bakterien besteht im allgemeinen in der Aufschließung organischer Substanz in ihre einfachsten chemischen Bestandteile. Auf dieser Tätigkeit der Bakterien beruht die ihnen zukommende wichtige Rolle im Haushalt der Natur, durch welche der Kreislauf des organischen Stoffumsatzes zwischen Tier- und Pflanzenreich ergänzt wird.

Den meisten Bakterien, wahrscheinlich allen Arten, kommt die Fähigkeit zu, reduzierend zu wirken. Diese Fähigkeit läßt sich durch Zusatz organischer Farbstoffe zum Nährboden augenscheinlich machen, wodurch Leukoprodukte entstehen und Entfärbung des Nährbodens eintritt. Geeignete Farbstoffe für derartige Reaktionen sind besonders Lackmus, Methylenblau, Neutralrot, Substanzen, die differentialdiagnostische Bedeutung gewonnen haben. Die Reduktionstätigkeit der Bakterien läßt sich sehr sinnfällig auf einem mit Natr. selen. oder tellurosum versetzten Nährboden demonstrieren. Das Metall wird frei, wodurch die Kulturmasse bei Selen-Nährböden rot, bei Tellur-Nährböden schwarz verfärbt wird.

Eine weitere den Bakterien zukommende Fähigkeit ist die Bildung von H_2S, die regelmäßig bei allen Fäulnisvorgängen auftritt. Außer Eiweiß und Peptonen kommen als Ausgangsmaterial hierfür solche Körper in Betracht, die Schwefel in leicht reduzierbarer Form enthalten (Sulfate, Thiosulfate usw.). Den in Kulturen sich bildenden H_2S weist man mittelst eines mit basischem Bleiazetat getränkten Fließpapiers nach, das sich bei Anwesenheit von H_2S schwarz färbt. Andere von den Mikroorganimsen gebildete gasförmige Stoffwechselprodukte sind Co_2, NH_3, H, CH_4.

Kurz sei noch erwähnt die Bildung von Indol, die manchen Bakterienarten zukommt und deren Vorhandensein oder Fehlen infolgedessen differentialdiagnostisch zu verwerten ist (vgl. später bei der Typhusdiagnose).

Interessant ist ferner das Vermögen gewisser Bakterien, Farbstoffe zu bilden, so daß die gewachsenen Kolonien ein farbenprächtiges Bild darbieten. Zu den farbstoffbildenden pathogenen Bakterien gehören: Staphylococcus pyogenes aureus und citreus mit goldgelbem und zitronengelbem Pigment, der Bac. pyocyaneus, der Erreger des grünblauen Eiters. Von den saprophytischen farbstoffbildenden Bakterien sei der Bac. prodigiosus mit seinem bekannten roten Farbstoff, der Bac. cyanogenes (der Erreger des Blauwerdens der Milch), erwähnt. Für die Farbstoffbildung spielen außer der Zusammensetzung des Nährbodens gewisse Mineralsalze, wie Magnesium in Verbindung mit Schwefel, eine Rolle; für das Phänomen der Fluoreszenz kommt die Anwesenheit von Phosphor in Betracht. Ferner sind die Gegenwart von Sauerstoff und auch die Einhaltung bestimmter Temperaturen oft notwendige Bedingungen für die Farbstoffbildung.

Abb. 37. Kartoffelkultur. Bac. prodigiosus.

Abb. 38. Kartoffelkultur. (Gelbe Sarcine.)

Zu erwähnen ist ferner die Lichtentwickelung gewisser Bakterien (Photobakterien), welche im Meerwasser, sehr häufig auf Seefischen, Fleisch und faulendem Holz beobachtet werden und deren Züchtung auch auf künstlichen Nährböden gelingt. Ein für das Leuchten unbedingtes Erfordernis ist die Anwesenheit von freiem Sauerstoff.

Bei den verschiedenen Stoffumsetzungen kann eine Änderung in der Reaktion des Nährsubstrates erfolgen, und zwar durch Bildung von Säuren (Milch-, Butter-, Oxalsäure, Zitronensäure, Essigsäure, Ameisensäure, Äpfel-, Weinsäure usw.) oder von Alkalien. Die Säurebildung beruht immer auf einer Zerlegung von Kohlehydraten — im Gegensatz zur Alkalibildung, durch Abspaltung aus Eiweiß im Verfolg eines synthetischen Prozesses, der mit dem Wachstum und der Vermehrung der Bakterien zusammenhängt. Die Säure- und Alkalibildung läßt sich differentialdiagnostisch zur Unterscheidung nahe verwandter Arten verwerten, wie z. B. des Typhusbazillus von dem ihm sehr ähnlichen Bac. faecalis alcaligenes. Die Säurebildung läßt sich leicht veranschaulichen in Gelatineplatten, die mit feingeschlämmter Kreide undurchsichtig gemacht sind, wo dann bei Säurebildnern durch

Auflösung der Kreide um die einzelnen Kolonien helle Höfe entstehen, — ferner auch wieder durch Zusatz von Lackmus zum Nährboden (vgl. im speziellen Kapitel Typhus).

Manche Bakterien liefern isolierbare Fermente (Enzyme), andere rufen Gärwirkung hervor. Während die Fermentwirkung nicht unmittelbar an das lebende Protoplasma gebunden ist und auch nur indirekt im Zusammenhang mit dem Lebensprozeß der Bakterien steht, ist die Gärwirkung eine unmittelbare Funktion des lebenden Plasmas[1]) und dient demselben als Energiequelle.

Man teilt die Fermente ein:

I. in kohlehydratspaltende. Hierzu gehören
   1. diastatische Fermente (Stärke verzuckernd),
   2. invertierende Fermente, solche, die Rohrzucker und andere Disaccharide spalten;

II. in eiweißspaltende:
   1. peptonisierende resp. tryptische, welche Eiweiß in lösliche Produkte aufschließen; so erklärt sich auch die bei vielen Arten beobachtete Verflüssigung der Gelatine;
   2. Kinasen, die Eiweiß zur Gerinnung bringen (Labferment);

III. harnstoffspaltende (Urase);

IV. fettspaltende (Lipasen);

V. in Oxydasen und Reduktasen.

Fermentwirkung und Gärung durch Mikroorganismen spielen im Haushalt der Natur eine wichtige Rolle und sind auch für technische und wirtschaftliche Zwecke nutzbar gemacht. Alle Verwesung und Fäulnis der Tierleichen, die Vermoderung der Pflanzen werden durch Gärungen eingeleitet. Die Auflösung und Zerlegung aller toten organischen Substanzen ist ihr zu verdanken, ebenso die Humusbildung und Nitrifikation in der Ackererde. Durch Gärvorgänge werden alle pflanzlichen und tierischen Abfälle zu Bausteinen für neuen organischen Aufbau umgewandelt. Ohne Fäulnis und Verwesung würde ein unentbehrliches Bindeglied im Kreislauf der organischen Materie fehlen. Viele unserer Industriezweige sind ganz auf eine Mitwirkung von Bakterien angewiesen, so z. B. Bierbrauereien, Bäckereien, Käsereien, Tabakindustrie, Gerbereien, Weinkellereien u. dgl. Andererseits sind freilich auch manche durch Mikroorganismen verursachte Gärungen sehr unerwünscht und wirtschaftlich schädlich, z. B. manche „Krankheiten des Bieres" sowie die Schleimbildungen in Zuckerfabriken, bei der Brotbäckerei, in der Milchwirtschaft usw.

Von medizinischem Interesse ist besonders die Fäulnis im Darmkanal und die Leichenfäulnis. Wir verstehen unter Fäulnis eine Zersetzung eiweißartiger Körper unter Produktion übelriechender Gase. Bei der in der Natur vorkommenden spontanen Fäulnis werden mannigfache Produkte, wie CO_2, CH_4, H_2, NH_3, H_2S gebildet. An der Fäulnis

[1]) Kann allerdings auch durch überlebendes Plasma (Buchners Zymase) ausgelöst werden.

können die verschiedensten Bakterien (meist obligate Anaërobier) beteiligt sein. Ein entscheidender Einfluß auf den Verlauf der Fäulnis ist durch die Anwesenheit oder den Mangel an Sauerstoff bedingt. Von stinkender Fäulnis spricht man bei Sauerstoffmangel oder Abschluß desselben (Reduktion). Rasche vollständige Zersetzung bei reichlichem Zutritt von Sauerstoff unter Entwickelung gewisser nichtriechender Gase wird als Verwesung bezeichnet; hier handelt es sich um einen Oxydationsprozeß.

Die wichtigste aller Lebenserscheinungen der Mikroorganismen ist die Vermehrung, die insbesondere bei den Bakterien mit ungeheuerer Geschwindigkeit vor sich geht. Die vegetative Teilung derselben ist unter günstigen Lebensbedingungen nach etwa 20 Minuten beendet. Nimmt man aber selbst eine wesentlich längere Generationsdauer des einzelnen Spaltpilzes z. B. auf eine Stunde an, so würde nach Ablauf eines Tages die Zahl der entstandenen Individuen etwa 16 Millionen betragen, während nach weiteren 24 Stunden ihre Zahl schon auf Billionen angewachsen wäre. Eine Begleiterscheinung der Vermehrung ist die Wärmebildung, die zuweilen erhebliche Grade erreichen kann (Selbsterhitzung des Heus). Die Vermehrung der Mikroorganismen würde bis ins Unberechenbare gehen, wenn nicht hemmende Umstände sie einschränkten, z. B. die Erschöpfung des Nährbodens oder Ausscheidung ihrer eigenen hemmend wirkenden Stoffwechselprodukte. Unter diesen hemmenden Einwirkungen zeigen die Mikroorganismen Degeneration und Absterben. Bei manchen Arten erfolgt Bildung besonders resistenter Formen, der sog. Dauersporen (vgl. Kapitel II).

IV. Die Mikroorganismen als Krankheitserreger.

(Ursache und Bedingungen der Infektion.)

Infektionskrankheiten (übertragbare oder ansteckende Krankheiten) werden durch belebte vermehrungsfähige Erreger verursacht; diese Erkenntnis vom „Contagium animatum" war lediglich auf Grund vorurteilsfreier epidemiologischer Betrachtung bereits zu einer Zeit erreicht worden, als die technischen Methoden, insbesondere die Entwicklung des Mikroskops, noch nicht im entferntesten ausreichten, um die experimentelle Grundlage für die Erforschung der Infektionskrankheiten zu sichern. Die ursächliche Bedeutung der belebten Infektionserreger liegt darin, daß sie imstande sind, sich in den Geweben des befallenen Organismus zu vermehren und ihren Wirt durch die von ihnen gebildeten giftigen Stoffwechselprodukte oder durch ihre giftige Leibessubstanz zu schädigen. So mannigfaltig diese Schädigungen und die darauf erfolgenden Reaktionen des Organismus sind (lokale Nekrosen, Gewebsproliferationen, Entzündungen, — Allgemeinerscheinungen wie Fieber, Pulsbeschleunigung, Schädigung des Herzens, nervöse Symptome, Nierenreizung, Leukopenie oder Leukozytose), so handelt es sich in letzter Linie bei allen Infektionen, selbst bei denjenigen mit ganz allgemeiner („septikämischer") Verbreitung der Erreger im Gewebe, um Giftwirkung und nicht etwa um eine rein mechanische Schädigung durch die Fremdkörperwirkung der fremden Eindringlinge, an deren Möglichkeit, wenn z. B. ganze Kapillarnetze in Gehirn, Lunge, Leber und Nieren durch die schrankenlose Wucherung der Mikroparasiten verlegt sind, immerhin auch gedacht werden müßte. Das Gift haftet entweder der Leibessubstanz des Erregers selbst an (Endotoxine bei Cholera, Typhus) oder ist in gelöstem Zustand vorhanden (Ruhr, Diphtherie, Tetanus). Je nach seiner Bildungsstätte kann das Gift entweder erst durch die Vermehrung der Erreger im Organismus selbst produziert werden oder bereits fertig gebildet von außen eingeführt sein; im letzteren Falle (Botulismus, Cholera infantum verursacht durch Toxinbildner in der Milch) handelt es sich streng genommen gar nicht mehr um Infektion, da ein Eindringen der betreffenden Erreger in das Gewebe oder auch nur eine Vermehrung im Darm gar nicht stattfindet, sondern um reine Giftwirkung durch „toxische Saprophyten"; auch das epidemiologische Merkmal der Übertragbarkeit von einem Kranken auf den andern fehlt bei diesen Krankheiten vollständig; dagegen können, wie bei jeder anderen Vergiftung, gleichzeitig oder nacheinander durch Aufnahme desselben giftigen Substrats mehrfache Erkrankungen oder sogar Massenerkrankungen (wie gerade beim Botulismus) auftreten. Immerhin spricht man auch in diesen Fällen von Infektion, da die den Krankheitsprozeß verursachenden Giftstoffe doch das Produkt lebender vermehrungsfähiger Erreger sind; auch hier sind also in letzter Linie Mikroorganismen die Ursache der Infektionskrankheit. Lernten wir hier Mikroorganismen kennen, die zwar pathogene Wirkung entfalten, ohne zur parasitären Existenz befähigt zu sein, so gibt es andererseits Mikroparasiten ohne krankheitserregende Wirksamkeit; hierher gehören zahlreiche Arten, die als harmlose Schmarotzer (Epiphyten, Kommensalen) auf den äußeren und inneren Körperoberflächen (Haut, Schleimhaut der oberen Atmungswege, Darm) vegetieren: z. B. die Staphylokokken in den tieferen Hautschichten, die Strepto- und Pneumokokken auf der Rachenschleimhaut, die Fadenbakterien und Spirochäten von Zahnbelag, sowie die in der Mundhöhle der meisten Menschen vorhandene Amoeba buccalis, ferner das Bact. coli im Darm. Bei der Nennung dieser Arten fällt es allerdings schon auf, daß die gleichen oder doch biologisch sehr nahe verwandten Arten als Krankheitserreger bekannt sind; zwar tritt diese pathogene Wirksamkeit erst hervor, wenn durch eine vorangegangene Schädigung des Organismus (Erkältung, Trauma, andersartige Infektion) ein locus minoris resistentiae geschaffen ist, an welchem die vorher harmlosen Epiphyten in das Gewebe, sei es für sich allein, sei es in Form der Mischinfektion, einzubrechen und daselbst zu wuchern vermögen; so kommt regelmäßig als Autoinfektion die Pneumonie zustande; in anderen Fällen scheint es schon zu genügen, daß ein Bakterium an ein anderes als an das durch gewohnten Kontakt ihm angepaßte Körpergewebe gelangt, um an der neuen Stelle krankmachend zu wirken, wie das im Darmkanal harmlose Bact. coli bei der Perforationsperitonitis, bei Pyelitis und Zystitis. Noch einen Schritt weiter; in den zuletzt besprochenen Fällen war die unschädliche epiphytische Existenz die Regel und die krankheitserregende Wirkung die Ausnahme; es kommt aber auch der umgekehrte Fall vor, wo spezifische Infektionserreger ausnahmsweise als harmlose Mitbewohner des Organismus auftreten können; man spricht dann von latenter Infektion und nennt die Träger derselben Keimträger (Bazillenträger bei Typhus, Ruhr, Cholera, Kokkenträger bei Genickstarre u. a. m.). Die latenten Infektionserreger können in ihrer krankheitserregenden Wirksamkeit dauernd abgeschwächt sein, bis zum völligen Verlust derselben; sie können aber ihre pathogenen Eigenschaften auch dauernd beibehalten haben, wie sich am deutlichsten daraus ergibt, daß der Bazillenträger zur Ansteckungsquelle für neue klinisch manifeste Erkrankungen werden, und daß auch beim Bazillenträger selbst der bisher latente Prozeß zur Autoinfektion führen kann. — Die Betrachtung dieser Grenzfälle aus dem Gebiete der Infektion ist deshalb lehrreich, weil sie Anhaltspunkte für das Verständnis der biologischen Vorgänge bei der Infektion sowohl im allgemeinen wie im Einzelfalle gibt. Zwei grundsätzliche Fragen sind es, die sich da erheben; erstens: in welchem Verhältnis stehen die pathogenen Mikroorganismen zu verwandten saprophytischen Arten? zweitens: wie kommt im einzelnen Falle Infektion und Erkrankung zustande?

In ersterer Hinsicht ist zunächst festzuhalten, daß pathogene und saprophytische Arten in ihrem ganzen biologischen Verhalten nicht etwa streng geschieden sind, sondern vielmehr eine Reihe von Übergangsstadien vorhanden ist; es verhält sich nicht etwa so, daß pathogene Arten nur aus einer oder wenigen morphologisch oder biologisch charakterisierten Gruppen hervorgehen, sondern wir finden Krankheitserreger unter allen Klassen der Mikroorganismen und fast in jeder einzelnen Untergruppe derselben, und dem einen oder den wenigen pathogenen Repräsentanten in jeder Gruppe steht eine ungleich zahlreichere Sippe saprophytischer verwandter Arten gegenüber, so dem einzigen menschenpathogenen Vibrio, dem Choleraerreger, das ganze Heer choleraähnlicher Vibrionen — den wenigen pathogenen Vertretern der Typhusgruppe (Typhus- und Paratyphusbazillen, Bac. enteritidis Gärtner), die zahllosen typhusähnlichen Bazillen usw. Auch ist die Fähigkeit zur krankheitserregenden Wirksamkeit bei den verschiedenen Arten der Infektionserreger abgestuft und in sehr verschiedenem Grade und in verschiedener Weise der Äußerung vorhanden; wir können da etwa folgende Stufen unterscheiden:

1. Toxische Saprophyten (Bac. botulinus), zur parasitischen Existenz im Organismus unfähig und nur durch ihre Gifte wirksam (wie etwa jede andere Giftpflanze auch).

2. Mikroparasiten mit beschränktem Wachstum nur an der Eintrittspforte, während die allgemeinen Krankheitserscheinungen nicht durch die Mikroben selbst, sondern nur durch ihre im Körper zirkulierenden gelösten Giftstoffe zustande kommen (Tetanus, Diphtherie).

3. Krankheitserreger mit ausgebreiteter oberflächlicher Invasionsfähigkeit auf gewissen Schleimhäuten, aber ohne Verbreitung in die Tiefe und ohne Allgemeininfektion; hierher gehören spezifische Epithelinfektionen, wie Influenza, Cholera und Ruhr.

4. Krankheitserreger mit starker Ausbreitung in die Tiefe der Gewebe durch Fortschreiten per contiguitatem, aber ohne allgemeine Durchseuchung des ganzen Körpers (Eiterungsprozesse, Genickstarre, Lungentuberkulose, Amöbenruhr mit konsekutivem Leberabszeß).

5. Krankheitserreger mit allgemeiner Verbreitung im Organismus, aber spezifischer Anpassung an bestimmte Gewebe; so sind die Erreger der Hundswut und der Poliomyelitis spezifische Parasiten des Nervensystems, der Fleckfiebererreger speziell in den Gefäßwandungen lokalisiert.

6. Infektionserreger mit septikämischer, alle Organsysteme und den ganzen Körper betreffender allgemeiner Verbreitung (Streptokokkensepsis, Pest, Typhus, Syphilis, Malaria).

Der Grad der Entwicklung der parasitären Existenz nach dem vorangegangenen Schema ist für jede einzelne Art von Krankheitserregern charakteristisch und gibt im Verein mit den morphologischen und biologischen Eigenschaften des betreffenden Mikroben sowie mit seinem (im folgenden Abschnitt zu besprechenden) Verhalten gegenüber den Immunitätsreaktionen des Organismus ein zusammengehöriges und einheitliches Gepräge, das man als das spezifische Verhalten des Erregers bezeichnet. Jeder einzelnen genau definierten Infektionskrankheit entspricht ein ebenso genau charakterisierter Erreger; dies ist das Gesetz der Spezifität der Infektionserreger, das die Grundlage für die ganze Entwickelung der modernen Mikroparasitologie bildet. Auf diesem Gesetz der Spezifität beruht auf der einen Seite die mikrobiologische Diagnostik, indem der Nachweis des bestimmt charakterisierten Erregers die sichere Diagnose der betreffenden Infektionskrankheit ermöglicht (mögen die klinischen Erscheinungen auch unvollständig ausgebildet sein), — auf der anderen Seite die spezifische Bekämpfung und Heilung der Infektionen durch Schutzimpfung, Serum-, Bakterio- und Chemotherapie.

Im einzelnen Falle kann der Grad der Ausbreitung der Infektion im Organismus (ob lokaler oder allgemeiner Prozeß), je nach den verschiedenen äußeren Bedingungen der Ansteckung und je nach der verschiedenen Virulenz des Erregers verschieden sein; doch handelt es sich hier lediglich um quantitative Unterschiede, die sich stets im Rahmen des Gesetzes der Spezifität des Erregers halten. Die Virulenz kann auch künstlich herabgesetzt oder gesteigert werden; eine Verminderung der Virulenz erfolgt durch alle schädigenden Einflüsse, welche auch sonst eine Degeneration des Erregers zur Folge haben, vor allem bei vielen Arten schon durch längere Fortzüchtung auf künstlichem Nährboden; umgekehrt läßt sich die Virulenz durch Tierpassagen erhöhen, bzw. wiederherstellen.

Von dem Gesetz, daß jeder einzelnen Infektionskrankheit ein bestimmter Krankheitserreger entspricht, gibt es nun scheinbare Ausnahmen, die sich aber bei näherer Betrachtung ohne weiteres aufklären, wenn man den Begriff der Krankheitseinheit nicht allein in klinischem, sondern auch in epidemiologischem Sinne auffaßt. Es kommt vor, daß derselbe Erreger zwei oder mehrere verschiedene Krankheitsbilder auslöst, die bei oberflächlicher Betrachtung als gänzlich unzusammengehörig erscheinen; so erzeugt der Pestbazillus bald die mit Drüsenschwellungen einhergehende Bubonenpest, bald die unter dem Bilde einer Lungenentzündung verlaufende Lungenpest — so der Milzbrandbazillus bald die Milzbrandpustel, bald den Lungen-, bald den Darmmilzbrand, — so der Tuberkelbazillus bald das charakteristische Bild der Lungenschwindsucht, bald die als Skrofulose bezeichneten Drüsenveränderungen, bald die unter dem Namen Lupus bekannte Hautaffektion — so der Syphiliserreger einerseits die für die Lues in ihren verschiedenen Stadien charakteristischen Krankheitsbilder, andererseits bei der Lokalisation im Zentralnervensystem die von den vorigen so vollständig verschiedenen Erscheinungen der Tabes dorsalis und der progressiven Paralyse. In allen diesen Fällen ist es in erster Linie die Verschiedenheit der Eintrittspforte, welche die Entstehung so verschiedenartiger Krankheitsbilder durch denselben Erreger bedingt; die darauf beruhende Verschiedenheit der Verhältnisse der Lokalisation des Krankheitsprozesses und der Ausscheidung des Ansteckungsstoffes kann es sogar mit sich bringen, daß auch vom epidemiologischen Standpunkte aus diese einzelnen Krankheitsbilder als ganz verschieden und unzusammengehörig erscheinen, wie z. B. die unkomplizierte Bubonenpest von Mensch zu Mensch nicht direkt übertragbar, die Lungenpest aber ganz außerordentlich kontagiös ist und ähnliche Differenzen zwischen skrofulöser Drüsenerkrankung einerseits und Lungenschwindsucht andererseits bestehen. In allen diesen Fällen lehrt aber die genaue epidemiologische Betrachtung, daß zwischen diesen scheinbar ganz auseinander liegenden Krankheitsbildern dennoch Zusammenhänge bestehen, daß eines aus dem andern hervorgeht, wie z. B. die Lungenpest als sekundäre Komplikation zu einem Fall von Drüsenpest hinzutreten kann, wie die tuberkulöse Lungenerkrankung auf Grund einer ursprünglichen Drüsenaffektion sich entwickelt. Bei der Lues und ihren nervösen Nacherkrankungen war es sogar die eindringliche epidemiologische Forschung allein, die den Zusammenhang beider schon zu einer Zeit erkennen ließ, da der mikroskopische Nachweis des Erregers noch nicht möglich war.

Wenn einerseits derselbe Erreger scheinbar ganz verschiedenartige Krankheitsbilder zu erzeugen vermag, so kann andererseits dasselbe klinische Krankheitsbild durch ganz verschiedene Krankheitserreger zustande kommen; so der charakteristische Symptomenkomplex der asiatischen Cholera durch Paratyphus- und andere toxische Darmbakterien (Cholera nostras), ja sogar durch unorganische Gifte (Arsenik); in diesen Fällen gibt das Vorhandensein der Ansteckung bei der asiatischen Cholera und das Fehlen derselben auf der anderen Seite ohne weiteres den Ausschlag für die grundsätzliche Verschiedenheit dieser Krankheitsprozesse. In manchen Fällen kann dieser epidemiologische Gesichtspunkt aber auch im Stiche lassen, nämlich wenn sehr ähnliche Krankheitsbilder durch verschiedene Infektionserreger verursacht werden und demnach weder in ihrer Ansteckungsfähigkeit noch in ihren klinischen Symptomen eine Unterscheidung ermöglichen zu lassen scheinen, wie bei der Ruhr, die sowohl durch Amöben wie durch Bazillen und unter diesen letzteren wieder durch verschiedene Arten verursacht sein kann; aber gerade bei der Ruhr lehrt die eingehende Erforschung, daß die ätiologische Unterscheidung der einzelnen unter dem Sammelnamen Ruhr vereinigten Krankheitsbilder nicht willkürlich ist, sondern wirklichen und wesentlichen Unterschieden dieser verschiedenen Krankheitseinheiten entspricht. Es sei nur daran erinnert, daß gewisse Komplikationen, wie der Leberabszeß, nur bei der Amöben-, nicht aber bei der Bazillenruhr vorkommen, und daß auch die Möglichkeit einer Beeinflussung durch spezifische Therapie bei beiden Krankheitsprozessen und bei den verschiedenen Unterarten der Bazillenruhr untereinander ganz verschieden ist: Chemotherapie mittelst Emetin bei Amöbenruhr, spezifische Serumtherapie bei der durch den Kruse-Shigaschen Bazillus verursachten Ruhr, nicht aber bei der Pseudodysenterie. Also nicht allein für die richtige Erkennung und Bekämpfung der Seuche hat sich hier die ätiologische Betrachtungsweise als ausschlaggebend erwiesen, sondern auch für das richtige therapeutische Handeln des praktischen Arztes. — Der dritte Fall einer scheinbaren Ausnahme von dem Gesetz der Spezifität des Erregers betrifft das schon oben kurz erwähnte latente Vorkommen von Infektionserregern im Organismus ohne gleichzeitige klinische Erkrankung. Aber schon die epidemiologische Tatsache, daß diese latente Infektion sich nicht etwa ubiquitär verbreitet findet, sondern daß ihre Träger fast immer aus der unmittelbaren Umgebung eines klinisch Erkrankten stammen, lehrt, daß auch hier ein ursächlicher Zusammenhang zwischen Erreger und Krankheit besteht. Es kann sich um folgende Möglichkeiten handeln: Entweder ist der scheinbare ganz gesunde Keimträger in Wirklichkeit doch leicht erkrankt, vielleicht ihm selbst ganz unbewußt, aber nichtsdestoweniger ebensosehr ansteckend wie der manifest klinisch Erkrankte. Gerade die ätiologische Erforschung hat ja diese für die Bekämpfung der Seuchen so überaus wichtige Erkenntnis der leichtesten, klinisch als solcher gar nicht diagnostizierbaren Fälle gebracht (leichter Durchfall ohne alle andere Symptome bei Cholera, Typhus, Ruhr, leichte katarrhalische Erscheinungen von seiten der oberen Atmungswege bei Diphtherie und Meningokokkeninfektion). Oder der Keimträger ist zwar gegenwärtig nicht klinisch krank, hat aber die betreffende Erkrankung vor kürzerer oder längerer Zeit überstanden und scheidet nun seitdem noch lebende Infektionserreger aus; am häufigsten handelt es sich dabei um vorübergehende Ausscheidung in oder nach der Genesung, wobei sich diese Ausscheidung immerhin Wochen und Monate hinziehen kann (Spätausscheider bei Typhus, Ruhr, Cholera, Diphtherie u. a.).

Seltener, aber für die Verbreitung der Ansteckung um so wichtiger sind die **Dauerausscheider**, welche viele Jahre, ja ihr ganzes Leben hindurch von dieser latenten Infektion behaftet sind und die Krankheitserreger meist ganz massenhaft ausscheiden. Eine solche andauernde Vermehrung von Infektionserregern im Körper erfolgt auf der Grundlage eines chronischen Erkrankungsprozesses (bei Typhus in den Gallen- oder Harnwegen, bei Diphtherie im Nasenrachenraum, bei Ruhr im Wurmfortsatz). Dieser Erkrankungsprozeß besteht oft nicht nur im pathologisch-anatomischen, sondern oft auch im klinischen Sinne; die Dauerausscheider sind also als wirklich kranke Menschen anzusehen, die nicht nur für ihre Umgebung, sondern auch für sich selbst eine beständige Gefahr bilden und bei denen auf Grund des latenten chronischen Prozesses gelegentlich durch Selbstinfektion eine akute manifeste Erkrankung auftreten kann. Wenn diese Auffassung, daß der Bazillenträger in Wirklichkeit ein chronisch Erkrankter ist, erst allgemein die richtige Würdigung fände, dann würden, beiläufig bemerkt, viele Schwierigkeiten, die sich jetzt der sanitätspolizeilichen Überwachung dieser Personen entgegenstellen, verschwinden. Ebenso wie zeitweise eine Verschlimmerung des chronischen Infektionsprozesses bei den Dauerausscheidern stattfindet, kann auch umgekehrt zeitweise ein Stillstand in der Ausscheidung der Krankheitskeime, als Ausdruck einer unvollständigen Heilungstendenz, zustande kommen; hieraus ergibt sich die wichtige praktische Folgerung, daß der einmal begründete Verdacht auf Vorliegen von Dauerausscheidung nicht etwa auf Grund einzelner negativer bakteriologischer Untersuchungen entkräftet werden kann, da es z. B. bei Typhusbazillen-Ausscheidern vorkommt, daß selbst nach 40maliger, in regelmäßigen Abständen im Zeitraum eines Jahres erfolglos ausgeführter sorgfältigster Untersuchung doch noch nachträglich wieder positive Befunde erhoben werden. Man muß in solchen Fällen so häufig und so lange Zeit als möglich fortgesetzt untersuchen; manchmal kann man durch geeignete Provokation (leichte Abführmittel bei Typhusträgern, Urethralinjektionen bei chronischer Gonorrhöe) zu diagnostischen Zwecken die scheinbar zum Stillstand gekommene Ausscheidung der Keime aufs neue anregen. — Gegenüber den beiden bisher betrachteten Fällen, in denen die latente Ausscheidung von Krankheitserregern auf Grund eines pathologischen Prozesses erfolgte, gibt es nun noch eine dritte Möglichkeit latenter Existenz von Krankheitserregern im lebenden Körper ohne Vorhandensein eines, sei es klinisch, sei es anatomisch nachweisbaren Prozesses, nämlich dann, wenn die betreffenden Mikroparasiten auf die äußere oder innere Körperoberfläche gelangen, ohne mit dem lebenden Gewebe in irgendwelche Wechselwirkung zu treten und demnächst wie irgend ein Fremdkörper aus dem Organismus wieder ausgeschieden werden; solche Personen, bei denen naturgemäß die Ausscheidung nur ganz kurze Zeit anhält, werden zweckmäßig — gegenüber den eigentlichen Bazillenträgern — als „**Zwischenträger**“ bezeichnet und sind z. B. bei Cholera unzweifelhaft festgestellt.

Wenn uns also weder die gelegentliche Inkongruenz des klinischen und des ätiologischen Krankheitsbegriffs noch das Vorhandensein latenter Infektion an der grundliegenden Bedeutung der Spezifität der Krankheitserreger irre machen kann, so müssen wir andererseits uns die Frage vorlegen, welchen Kriterien ein Kleinwesen genügen muß, um als Erreger der betreffenden Infektionskrankheit unzweifelhaft gelten zu können. Da ist es nun das erste und selbstverständliche Erfordernis, daß der supponierte Erreger bei allen Fällen der betreffenden Krankheit regelmäßig vorkommen muß; dies ist in der Tat bei jeder ansteckenden Krankheit in den verschiedensten Epidemien zu jeder Jahreszeit und an jedem Orte der Erde festgestellt worden. Schwierigkeiten können dadurch entstehen, daß der Erreger nur zu gewissen Zeiten (bei Rekurrens z. B. nur während der Fieberanfälle) nachweisbar ist oder im erkrankten Organismus rasch zugrunde geht (Pestbazillen in vereiterten Drüsen). Das konstante Vorkommen eines Mikroparasiten bei einer Infektionskrankheit beweist jedoch für sich allein noch nicht, daß es sich um den Erreger handelt, da allgemein verbreitete Epiphyten (z. B. Streptokokken der Rachenschleimhaut) bei spezifischen Infektionen (Pocken, Scharlach, Masern) Misch- und Sekundärinfektionen hervorrufen und selbst im Blut und in den inneren Organen in allgemeiner Verbreitung sich finden können. Auch das Vorhandensein der sonst so bewährten spezifischen Serumreaktionen zwischen derartigen Mikroorganismen und dem Blute des Erkrankten beweisen in solchen Fällen nichts für eine ursächliche Bedeutung dieser Keime, da solche Serumreaktionen sich gelegentlich auch gegenüber den sekundären Eindringlingen entwickeln (vgl. das spezielle Kapitel Fleckfieber). Wichtig ist für die ursächliche Bedeutung eines supponierten Erregers seine charakteristische Verteilung im Körper und seine typische Lagerung im Verhältnis zu den pathognomonischen Gewebsveränderungen (z. B. Tuberkelbazillen im Innern des Tuberkels, Choleravibrionen und Ruhramöben in der Darmschleimhaut); aber auch hier muß mit der Möglichkeit gerechnet werden, daß eine unspezifische Sekundärinfektion mit bestimmter Lokalisation vorliegt (wie z. B. bei Schlafkrankheit Kokken in den Hirnhäuten gefunden wurden). Da, wo es möglich ist, mit dem reingezüchteten Erreger am Menschen, sei es durch das Experiment oder durch unabsichtliche Übertragung (Laboratoriumsinfektionen) das typische Krankheitsbild zu erzeugen, ist das natürlich ein vollgültiger Beweis; der Tierversuch bietet nur dann dieselbe Sicherheit, wenn das beim Tier erzeugte Krankheitsbild im Wesentlichen, besonders in bezug auf die charakteristischen Gewebsveränderungen mit dem menschlichen Krankheitsbilde übereinstimmt; wo dagegen das Tier nur unter allgemeinen Erscheinungen erkrankt, beweist dies nichts für die ursächliche Bedeutung des supponierten Erregers beim Menschen, da derartige pathogene Wirkungen auch durch nichtspezifische giftige Eigenschaften der Leibessubstanzen vieler Bakterien ausgelöst werden können. Selbstverständlich müssen folgende Gegenproben erfüllt sein, damit die ursächliche Bedeutung eines Mikroparasiten sicher gestellt ist: Erstens darf sich das betreffende Kleinwesen weder bei anderen Krankheiten noch bei Gesunden vorfinden, abgesehen von den bereits oben besprochenen Fällen latenter Infektion; zweitens darf die experimentelle Erzeugung des Krankheitsbildes nur mit dem einen reingezüchteten Erreger, nicht aber mit anderen Arten möglich sein. In dieser Beziehung ist besonders lehrreich das Beispiel der Schweinepest, als deren Erreger seiner Zeit der zur weit verbreiteten Gruppe des Paratyphus gehörige „Bac. suipestifer" angesehen wurde, während es sich später herausstellte, daß der wirkliche Erreger ein filtrierbares Virus ist (Uhlenhuth) und der genannte Bazillus, ein regelmäßiger Bewohner des Schweinedarmes, nur eine Sekundärinfektion darstellte. — Aus allem Vorangegangenen ergibt es sich, daß die einwandfreie Feststellung der ursächlichen Bedeutung eines Mikroparasiten meistenteils keine leichte Aufgabe ist; in der Regel erfolgt diese Feststellung auch nicht auf Grund eines einzelnen Merkmals, sondern mit Berücksichtigung des gesamten morphologischen und biologischen Verhaltens, insbesondere im Tierversuch und gegenüber den Immunitätsreaktionen.

Soviel über die Charakteristik und Spezifität des Erregers. Damit derselbe seine krankmachende Wirkung entfalten kann, müssen eine Reihe von Bedingungen zum Zustandekommen der Infektion erfüllt sein; fehlt auch nur ein Glied dieser ursächlichen Kette, so bleibt die Infektion aus; hierauf beruht die rationelle Bekämpfung der ansteckenden Krankheiten, welche sich bestrebt, diese ursächliche Verkettung an dem oder den unseren Eingriffen am besten zugänglichen Punkten zu unterbrechen. Zum Zustandekommen einer infektiösen Erkrankung sind in jedem Falle folgende Bedingungen erforderlich:

1. Es muß eine Infektionsquelle vorhanden sein, an welcher Wachstum und Vermehrung der Krankheitserreger stattfindet und von wo aus sie auf neue Organismen übertragen werden können. Gegenüber den Anschauungen aus älterer Zeit, als die Lebensverhältnisse der Mikroparasiten noch gar nicht oder ungenügend bekannt waren, haben die Forschungen der letzten Jahrzehnte insofern eine grundlegende Änderung geschaffen, als wir jetzt nicht mehr die unbelebte Außenwelt, sondern den infizierten Menschen (oder für die auf den Menschen übertragbaren Tierkrankheiten das infizierte Tier) als hauptsächlichste Ansteckungsquelle ansehen müssen; vgl. betreffs des Verhaltens der Mikroparasiten in der unbelebten Außenwelt im Kapitel VII. Der Erkrankte oder latent infizierte Mensch wird zur Ansteckungsquelle durch seine Ausscheidungen; je reichlicher die Ausscheidung des Virus erfolgt und je leichter unter natürlichen Verhältnissen die den Ansteckungsstoff enthaltenen Se- und Exkrete aufs neue mit empfänglichen Individuen zusammenkommen, desto größer ist die Ansteckungsfähigkeit der betreffenden Seuche. Hierauf beruht die bei den einzelnen Infektionskrankheiten sehr verschiedene Rolle, welche die latenten Fälle (Keimträger) in der Ausbreitung der Ansteckung spielen. Am gefährlichsten sind die Dauerausscheider, gerade wegen der Massenhaftigkeit der von ihnen ausgehenden Produktion des Virus; so kommt es, daß die latenten Fälle in der Epidemiologie des Typhus

eine sehr bedeutsame Infektionsquelle darstellen, bei der Verbreitung der Cholera aber dem gegenüber sehr zurücktreten, weil Choleradauerausscheider nicht bekannt sind und auch bei den temporären Cholerabazillenträgern die Ausscheidung meist nur kurze Zeit anhält. In gewissen Fällen gelangt der Ansteckungsstoff aus dem erkrankten Körper überhaupt nicht nach außen; solche Fälle „geschlossener Infektion" (unkomplizierte Drüsenpest, beginnende Tuberkulose) sind überhaupt nicht direkt ansteckend. In anderen Fällen, in denen das Virus nur im Blute zirkuliert, ohne in die natürlichen Ausscheidungen des Körpers zu gelangen, kommt die Übertragung unter natürlichen Verhältnissen nur durch blutsaugende Insekten zustande (Malaria, Fleckfieber u. a.). Da wo Ausscheidung der Krankheitserreger nach außen erfolgt, kann dies teils mit den Krankheitsprodukten (durchgebrochene Eiterherde, Hautschuppen bei akuten Exanthemen), teils mit den natürlichen Se- und Exkreten geschehen. Das Sekret der Augenbindehaut kann die Erreger des Trachoms und anderer infektiöser Augenentzündungen enthalten; im Nasen- und Rachensekret finden sich die Erreger der Diphtherie, der Genickstarre, der Influenza, des Schnupfens sowie insbesondere die Erreger der akuten Exantheme im Beginn der Erkrankung. In den Darmentleerungen finden sich die Erreger von Cholera, Typhus, Ruhr und anderen infektiösen Darmerkrankungen; im Harn werden häufig massenhaft Typhusbazillen ausgeschieden; hier finden sich auch bei anderen Infektionskrankheiten die Erreger (z. B. Tuberkelbazillen im Harn), wenn die Harnwege selbst erkrankt sind; dagegen ist die gesunde Niere ein bakteriendichtes Filter. Mit den Genitalsekreten werden die Erreger von Syphilis, Gonorrhöe, Ulcus molle übertragen. Endlich ist hier noch der (gegenüber den extrauterinen Infektionen allerdings an Bedeutung und Häufigkeit sehr weit zurücktretenden) erblichen Übertragung der Infektion zu gedenken, die beim Menschen nur in den seltensten Fällen mit den Keimzellen selbst (germinative Infektion) häufiger auf plazentarem Wege erfolgt.

2. Die zweite Bedingung zum Zustandekommen der Ansteckung ist das Vorhandensein eines Infektionsweges, auf welchem die Krankheitserreger vom Orte ihrer Produktion zu dem neuen empfänglichen Organismus gelangen. Der Transport der Infektionserreger erfolgt entweder direkt von Mensch zu Mensch (bzw. bei den auf den Menschen übertragbaren Tierkrankheiten vom Tier auf den Menschen) oder indirekt durch Vermittelung der unbelebten Außenwelt oder belebter Wesen. Der direkte Kontakt spielt eine um so größere Rolle, je strenger die betreffenden Krankheitserreger der parasitischen Existenz angepaßt sind; für solche Krankheiten, deren Erreger nur im Innern des Körpers zu gedeihen vermögen und nach Ausscheidung aus dem Körper schnell zugrunde gehen (Influenza, Syphilis) stellt der unmittelbare Kontakt sogar die ausschließliche Möglichkeit der Übertragung dar. Bei Krankheitserregern von größerer Widerstandsfähigkeit spielt daneben der indirekte Kontakt eine erhebliche Rolle, sei es durch Gegenstände aus der unmittelbaren Umgebung des Kranken (Kleider, Wäsche, Eß- und Trinkgeschirr, sonstige Gebrauchsgegen-

stände, Wohnung), sei es durch die verschiedenen Medien der Außenwelt, in denen sich die Krankheitserreger einige Zeit lebensfähig zu erhalten vermögen; vgl. darüber im Kapitel VII. Für die indirekte Übertragung durch belebte Wesen können Menschen oder Tiere in Betracht kommen: Menschen, insofern sie entweder rein mechanisch, z. B. durch Berührung mit der Hand, die vom Kranken aufgenommenen Erreger weiter verbreiten oder indem sie selbst latent infiziert werden. Tiere können die Infektionen dadurch weiter verbreiten, daß sie entweder selbst erkranken oder die Rolle von Zwischenträgern spielen (Fliegen bei Cholera, Typhus, Ruhr, ansteckenden Augenentzündungen) oder endlich, indem sie als Zwischenwirte die Krankheitserreger in ihrem Körper zur Vermehrung bringen und so aufs neue übertragen; hierbei kann der Erreger entweder in derselben Form wieder ausgeschieden werden, in welcher er vom Zwischenwirt aufgenommen worden war (Pestbazillen in Flöhen) oder es findet im Zwischenwirt nicht nur eine Vermehrung, sondern auch eine Reifung der Mikroparasiten statt, wie bei den Protozoeninfektionen durch stechende Insekten und Zecken.

3. Als dritte Bedingung für die Ansteckung ist zu nennen, daß der Erreger an dem empfänglichen Organismus eine für sein Eindringen in denselben geeignete Eintrittspforte findet. Abgesehen von dem Fall, daß der Erreger durch Wunden oder durch Insektenstich direkt in Blut oder Lymphe gelangt, können alle Teile der äußeren und inneren Oberfläche unter Umständen als Eintrittspforte dienen. Hierbei kommt zunächst der Weg in Betracht, auf welchem der Krankheitserreger von außen herantransportiert wird; unter natürlichen Verhältnissen werden z. B. Krankheitserreger, die an Nahrungsmitteln haften, meistens durch den Verdauungstraktus aufgenommen, ausgehustete infizierte Tröpfchen eingeatmet u. dgl., und damit hängt es zusammen, daß so häufig dasselbe Organ gleichzeitig die hauptsächlichste Ausscheidungsstätte und die wichtigste Eintrittspforte darstellt (Lunge bei Tuberkulose, Rachen bei Diphtherie); doch trifft dies nicht immer zu, es sei nur an die Übertragung von gonorrhoischem Genitalsekret auf die Augenbindehaut, sei es durch direkte Berührung oder durch Badewasser, erinnert. An der Eintrittspforte selbst kommen für das Zustandekommen oder Ausbleiben der Infektion einerseits die Schutzvorrichtungen oder umgekehrt die örtlichen Schädigungen an der betreffenden Körperstelle, andererseits die spezifische Anpassung des betreffenden Krankheitserregers an bestimmte Gewebe in Betracht. Die örtlichen Schutzvorrichtungen sind sehr mannigfaltiger Natur; teilweise handelt es sich um rein mechanischen Schutz, z. B. durch die verhornte und wegen ihres Fettgehaltes schwierig benetzbare Oberhaut (worauf es beruht, daß die unverletzte Haut für die meisten Infektionserreger undurchgängig ist) oder durch die verschleimte Oberfläche des Magendarmtraktus oder durch aktive Flimmerbewegung des Epithels, wodurch die etwa herangelangten Krankheitserreger wieder beseitigt werden. In anderen Fällen beruht die Schutzwirkung auf chemischen oder biologischen Wirkungen, wie z. B. der sauren Reaktion des normalen Magensaftes (insbesondere

gegenüber Choleravibrionen), sowie der durch die normale Bakterienflora der Vagina zustande kommenden selbstreinigenden Kraft der letzteren.

Im Gegensatz zu den örtlichen Schutzvorrichtungen stehen die verschiedenen Momente, welche eine Verringerung der Widerstandsfähigkeit an der Eintrittspforte bedingen; ein Locus minoris resistentiae kann entweder natürlicherweise vorhanden sein (wie z. B. Epithellücken in den Tonsillen, Sekretstauung in der Appendix, verlangsamter Lymphabfluß in den Bronchien der Lungenspitze bei verengerter oberer Thoraxapertur und dadurch bedingte Prädisposition für Tuberkulose) oder infolge äußerer Schädigung eintreten; hierher gehört die durch gewöhnliche gastrointestinale Störungen geschaffene Schädigung des Dünndarm-Epithels gegenüber Cholera, die Begünstigung der tuberkulösen Infektion der Lunge durch Einatmung gewisser Staubarten und dergleichen. Endlich kommt die spezifische Anpassung des Erregers gegenüber einer bestimmten Eintrittspforte in Betracht, z. B. des Cholerabazillus gegenüber dem Dünndarm-Epithel, des Gonokokkus gegenüber dem Zylinder-Epithel der Zervix und der Urethra, während das derbere Platten-Epithel der Vagina nicht angegriffen wird; in anderen Fällen ist es nicht das Gewebe, sondern die besondere Konfiguration an der Eintrittspforte, z. B. der Luftabschluß bei gewissen Wunden, die zur anaëroben Wundinfektion disponieren. Manche Krankheitserreger sind nicht nur an eine, sondern an verschiedene Eintrittspforten angepaßt und es entstehen dann je nach dem Ort des Eindringens ganz verschiedene Krankheitsbilder, wie schon mehrfach erwähnt (Drüsenpest und Lungenpest, skrofulöse Drüsenveränderungen und Lungenschwindsucht). In diesen Fällen kommt für die Wahl der Eintrittspforte nicht nur der äußere Infektionsweg, sondern auch die quantitativen Verhältnisse der Virusmenge und Virulenz in Betracht. So erfolgt die tuberkulöse Infektion der Lunge schon durch ganz vereinzelte Tuberkelbazillen, die Aufnahme des Virus durch den Darm aber erst bei einer millionenfach größeren Dosis (Flügge); andererseits scheint das Zustandekommen der Lungenpest eine wesentlich höhere Virulenz des Erregers vorauszusetzen als sie bei der Drüsenpest vorliegt, worauf die sehr verschiedene Häufigkeit beider Typen der Infektion in verschiedenen Pestepidemien beruhen dürfte. — Das Eindringen der Krankheitserreger erfolgt entweder durch passive Verschleppung durch den Lymph- und Blutstrom oder durch aktives Eindringen der mit Eigenbewegung begabten Parasiten; so dringen Ruhramöben und Trichinen durch die unverletzte Darmschleimhaut, Ankylostomalarven (Looß) sowie Spirochäten durch die unverletzte Haut ein. — Ob der durch den Erreger ausgelöste Krankheitsprozeß auf die Eintrittspforte beschränkt bleibt oder ihre nähere oder weitere Umgebung ergreift oder endlich sich über den ganzen Körper verbreitet und auf welchen Wegen (Blut, Lymphe, Nervenbahnen) diese Verbreitung erfolgt, hängt von der eingangs dieses Abschnittes besprochenen spezifischen Anpassung des betreffenden Kleinwesens ab; hier sei nur noch erwähnt, daß für manche Allgemeininfektionen (Pest) gerade das Fehlen einer örtlichen Erkrankung an der Eintrittspforte charakteristisch ist.

4. Die letzte Bedingung zum Zustandekommen einer Infektion ist die Empfänglichkeit des befallenen Individuums. Ebenso wie wir am Eingange dieses Abschnittes von seiten der Mikroorganismen verschiedene Grade der Anpassung an die parasitische Existenz und demgemäß eine ganz verschiedene Entwicklung ihres pathogenen Vermögens kennen gelernt haben, so bestehen auch analoge graduelle Unterschiede in der Empfänglichkeit verschiedener Arten und Individuen gegenüber einem und demselben Krankheitserreger. Die letzten biologischen Ursachen, welche die Empfänglichkeit sowie auf der anderen Seite die angeborene oder erworbene Immunität gegenüber einem Krankheitserreger bedingen, werden wir im nächsten Abschnitt kennen lernen; hier sei nur auf die quantitativen Unterschiede der Empfänglichkeit des Menschen je nach Individuen, Alter, Geschlecht, Rasse, örtlichen, zeitlichen und sozialen Verhältnissen hingewiesen. Die individuelle Disposition kann bei den einzelnen Menschen gegenüber gewissen Infektionen (Cholera, Typhus, Genickstarre) sehr erhebliche Verschiedenheiten zeigen, während sie gegenüber anderen ansteckenden Krankheiten (Masern, Pocken, Fleckfieber) fast ganz allgemein und gleichmäßig verbreitet ist; zum Teil beruhen diese Verschiedenheiten auf der mehr oder minder hohen Ausbildung der bereits besprochenen Schutzvorrichtungen an der Eintrittspforte, zum Teil aber auch auf biologischen Vorgängen im Inneren des Organismus; diese letzteren können sich entweder im ganz spezifischen Sinne nur gegen bestimmte Krankheitserreger richten (vielleicht infolge erworbener teilweiser Immunität nach früher bereits überstandener leichtester oder klinisch latenter Erkrankung), oder es handelt sich um mehr oder minder ausgebildete allgemeine Resistenz des Körpers, wobei als ungünstige Faktoren Hunger, Ermüdung, Diabetes als günstig wirkende Momente gute Ernährungsverhältnisse, Abhärtung u. dgl. zu nennen sind; solche Momente sind es, die für das stärkere Vorherrschen der Seuchen im Kriege und in den ärmeren Bevölkerungsschichten mit verantwortlich zu machen sind. Auch die verschiedene Disposition nach verschiedenen Altersklassen beruht zum großen Teile auf diesen allgemeinen physiologischen Verhältnissen; dazu kommen allerdings noch besondere Ursachen, die einerseits eine erhöhte Empfänglichkeit des frühesten Kindesalters, z. B. gegenüber Magendarmkrankheiten infolge der größeren Durchläßigkeit des Darmepithels, andererseits eine erhöhte Gefahr mancher Infektionen für den alternden Organismus, z. B. Tuberkulose und Fleckfieber infolge geringerer Widerstandskraft der Gewebe, bedingen. Die Tatsache der relativen Unempfänglichkeit Erwachsener gegenüber einer Reihe von Infektionen, die als typische Kinderkrankheiten auftreten (akute Exantheme, Mumps, Keuchhusten) erklärt sich ohne weiteres durch die infolge Überstehens der Krankheit im Kindesalter erworbene Immunität; wo eine solche Durchseuchung fehlt, z. B. auf Inselgruppen, die fern vom menschlichen Verkehr gelegen und deshalb jahrzehntelang von Masern verschont geblieben sind,

treten die Masern dann nach erfolgter Einschleppung auch ebenso wie sonst bei den Kindern ganz gleichmäßig bei den empfänglichen Erwachsenen auf. Auf dieser Tatsache der Durchseuchung ganzer Volksstämme beruhen auch manche Erfahrungen über Rassenimmunität. Es ist bekannt, daß in tropischen Malariagegenden die zugewanderten Europäer sehr empfänglich für Malaria sind, während die erwachsenen Eingeborenen scheinbar verschont bleiben; dies liegt aber nur daran, daß diese letzteren die Krankheit, die dort als typische Kinderkrankheit auftritt, in frühester Jugend durchgemacht haben und dadurch immunisiert sind (R. Koch); auf ganz ähnlichen Verhältnissen beruht die auch in diesem Kriege wieder häufig gemachte Erfahrung, daß Angehörige eines Volkes, unter dem das Fleckfieber endemisch herrscht (Russen, Bewohner des Orients) von der Seuche eher verschont bleiben oder jedenfalls in viel ungefährlicherer Form an ihr erkranken als unsere deutschen Stammesangehörigen, bei denen eine solche Schutzwirkung infolge von Durchseuchung fehlt. Unerklärt ist noch die auffallende Tatsache, daß in den ersten Lebensjahren das weibliche Geschlecht eine viel geringere Widerstandsfähigkeit gegenüber dem Keuchhusten zeigt als das männliche (M. Neisser). Bei der örtlichen Disposition für gewisse Infektionskrankheiten handelt es sich oft nicht um Verschiedenheiten der Empfänglichkeit als vielmehr darum, daß infolge der verschiedenen Verhältnisse von Klima und Lokalität die verschiedenen Bedingungen der Infektion in ganz verschiedenem Grade gegeben sind oder fehlen; so bedingt z. B. das Fehlen der für Malaria bezw. Gelbfieber als spezifische Zwischenwirte fungierenden Mückenarten das Freisein der betreffenden Gegend von diesen Seuchen. Daneben sind aber doch auch Verschiedenheiten in der individuellen Empfänglichkeit je nach der Örtlichkeit anzunehmen, wie sich das z. B. bei Mäusen verschiedener Zucht direkt nachweisen läßt und wobei die für eine bestimmte Örtlichkeit charakteristische Empfänglichkeit bzw. Resistenz nach Verpflanzung an einen anderen Ort nach einiger Zeit sich vollständig verändert (vielleicht infolge verschiedener Ernährungsverhältnisse und entsprechender Ausbildung der Darmflora). Auch für die zeitlichen Verschiedenheiten in der Empfänglichkeit gilt dasselbe; hier sind es meistens die verschieden entwickelten äußeren Bedingungen der Infektion, welche die ausschlaggebende Rolle spielen (Übertragung infektiöser Darmerkrankungen durch Fliegen findet häufiger in der warmen Jahreszeit statt, während die kälteren Monate infolge des engeren Zusammenwohnens die Gelegenheit für direkte Übertragungen vermehrt); andererseits ist freilich auch zu gewissen Zeiten die Empfänglichkeit des Organismus selbst erhöht, z. B. im Sommer gegenüber infektiösen Darmkrankheiten infolge von Diätfehlern, im Winter gegenüber Ansteckungen der Atmungsorgane infolge von Erkältung). In vielen Fällen ist das, was man örtliche und zeitliche Disposition nennt, nur indirekt von den Verschiedenheiten von Zeit und Ort und in erster Linie vielmehr von den aus diesen Verhältnissen sowie von den sozialen Bedingungen hervorgegangenen verschiedenen Lebensgewohnheiten abhängig. Unterschiede in der Lebenshaltung und Reinlichkeit sowie im Verkehr und Beruf ergeben ebensoviele Verschiedenheiten in der Häufigkeit der Ansteckung, wie sich das insbesondere bei den Infektionskrankheiten der Schulzeit sowie bestimmter Berufe und Gewerbe zeigt.

V. Immunität.

1. Allgemeines.

Ein Organismus ist immun oder unempfänglich gegen eine Infektionskrankheit, wenn trotz Vorhandenseins aller äußeren zum Zustandekommen der Infektion erforderlichen Bedingungen der in ihn eingedrungene Krankheitserreger dennoch seine pathogene Wirkung nicht zu entfalten vermag. Die Immunität kann vollständig oder unvollständig sein und entweder eine Eigentümlichkeit der Art oder des Individuums darstellen; die Immunität ist entweder eine natürliche oder erworbene. Der Ausdruck „angeborene Immunität" ist zu vermeiden, weil er eine verschiedene Deutung zuläßt, indem es sich entweder um eine natürliche Eigentümlichkeit der Art oder eine Übertragung erworbener Immunität von der Mutter auf das Kind (ererbte Immunität) handeln kann. Die natürliche Immunität ist von der erworbenen vollständig verschieden; die nach Überstehen einer Infektionskrankheit im Körper vorgehenden Veränderungen, welche das betreffende Individuum einer nochmaligen Infektion demselben Erreger gegenüber unempfänglich machen, erfolgen keineswegs in dem Sinne, daß dadurch die Verhältnisse eines natürlich immunen Organismus hergestellt würden; auch ist dies um so weniger möglich, als weder die erworbene noch die angeborene Immunität, wie wir sehen werden, einen biologisch einheitlichen Zustand des Körpers darstellen, sondern vielmehr in ihren Ursachen sehr mannigfaltiger Natur sein können. Sowohl die natürliche wie die erworbene Immunität können sich nicht nur gegen belebte Infektionserreger, sondern auch gegen ihre freien Gifte und ebenso auch gegen gewisse von höheren Pflanzen und Tieren produzierte Gifte eiweißartiger Konstitution richten.

Wenn wir nach den Ursachen der natürlichen Immunität fragen, so müssen wir uns vergegenwärtigen, daß in dem Verhältnis zwischen Kleinwesen und höheren Organismen die Empfänglichkeit der letzteren für die Infektion nicht etwa die Regel, sondern vielmehr die Ausnahme darstellt. Den einigen Dutzenden bekannter pathogener Arten stehen unzählige harmlose Saprophyten gegenüber; andererseits sind auch unter den pathogenen Arten nur wenige (Milzbrandbazillus) für ganze Klassen von Tieren pathogen, andere hingegen nur für sehr wenige oder gar eine einzige Tierspezies. So gibt es einerseits menschliche Infektionskrankheiten, die auf keinerlei Tiere übertragbar sind (menschliche Malaria), andererseits ist auch der Mensch gewissen Tierkrankheiten gegenüber vollständig unempfänglich (Rinderpest). Schon im vorigen Abschnitt wurde dargelegt, daß die eigentliche Ursache für die pathogene Wirkung der Krankheitserreger darin besteht, daß sie im empfänglichen Organismus sich zu vermehren vermögen; die Frage liegt also nahe, was das Schicksal der Mikroorganismen ist, wenn sie in einen unempfänglichen Organismus gelangen. Solche Versuche sind häufig gemacht worden mit dem Ergebnis, daß stets binnen kurzer Zeit (weniger Stunden) die in die Blutbahn oder die Körperhöhlen unempfänglicher Tiere, selbst in sehr großen Mengen, eingebrachten Mikroorganismen zugrunde gehen; es findet entweder Auflösung der Keime in den Körperflüssigkeiten[1]) oder Aufnahme in das Innere von Leukozyten und fixen Gewebszellen (besonders in der Milz und im Knochenmark) statt, wo sie der verdauenden Tätigkeit der Zellen zum Opfer fallen; solche Zellen werden daher als Freßzellen (Phagozyten) und der Vorgang selbst als Phagozytose (Metschnikoff) bezeichnet. Wenn die krankheitserregenden Mikroorganismen, im Gegensatz zu den Saprophyten, diesen zerstörenden Abwehrkräften des Organismus nicht erliegen, so müssen sie offenbar über Schutzvorrichtungen verfügen, gegen welche die mikrobiziden Kräfte des Organismus nicht aufkommen. Solche Schutzvorrichtungen sind tatsächlich nachgewiesen; teilweise handelt es sich um gelöste Stoffe (von Kruse als Lysine, von Bail als Aggressine bezeichnet), welche die schon erwähnten bakterienauflösenden Stoffe des Blutserums neutralisieren; teilweise haften die Schutzvorrichtungen der Leibessubstanz der Erreger selbst an, und manchmal läßt sich sogar eine Veränderung der Bakterien während ihres Aufenthaltes im Tierkörper im Sinne der Ausbildung einer schützenden Hülle (Kapselbildung) direkt beobachten, die von Bail mit dem Namen des „tierischen Zustandes" der Krankheitserreger bezeichnet wird und häufig mit der später zu erwähnenden „Serumfestigkeit" (Widerstandsfähigkeit gegen die Immunkörper des Serums) einhergeht. Das Vorhandensein oder Fehlen der Aggressine (Lysine) einerseits, der Alexine andererseits gibt eine Erklärung für das Vorliegen natürlicher Empfänglichkeit oder Immunität. Doch ist dies nur eine der verschiedenen Erklärungsmöglichkeiten; in anderen Fällen kommen nachgewiesenermaßen andere Ursachen für das Zugrundegehen der Kleinwesen im unempfänglichen Organismus in Betracht. So kann z. B. bei Kaltblütern, sowie beim winterschlafenden Säugetier die Entwicklung der Mikroparasiten wegen der zu niedrigen Temperatur des Körpers nicht zustande kommen, tritt aber sofort ein, wenn diese Hemmung durch Aufenthalt des Kaltblüters bei Bruttemperatur (Milzbrand bei Fröschen) oder Erwachen aus dem Winterschlaf (Pestbazillen und Trypanosomen beim Murmeltier) ausgeschaltet wird. Die Immunität der Vögel gegenüber den meisten für Säugetiere pathogenen Mikroben scheint umgekehrt, wenig-

---

[1]) Auch außerhalb des lebenden Körpers übt das Blutserum auf die in dasselbe eingebrachten Bakterien eine abtötende Wirkung aus, und zwar in verschiedenem Grade gegenüber den verschiedenen Arten, wobei jedoch eine strenge Übereinstimmung zwischen der bakteriziden Wirkung in vitro und der Unempfänglichkeit gegenüber derselben Art im Tierversuch nicht besteht; dies deutet darauf hin, daß die bei der bakteriziden Wirkung des Blutserums beteiligten gelösten Stoffe (Alexine nach Buchner) nicht die einzigen Faktoren sind, welche die natürliche Immunität bedingen.

stens teilweise, auf der höheren Körpertemperatur der ersteren zu beruhen. In anderen Fällen, z. B. bei der Resistenz der Ratten gegen Milzbrandinfektion, scheint die hohe Alkaleszenz ihres Blutes dem Wachstum der Milzbrandbazillen im Körper hinderlich zu sein. Ganz andere Verhältnisse endlich sind es, welche die natürliche Resistenz gegen Gifte bedingen; bei manchen unempfänglichen Tieren, wie z. B. bei der Schildkröte ist das Tetanusgift lange Zeit unverändert im Blute nachweisbar; hier handelt es sich offenbar nicht um eine Zerstörung oder Bindung des Giftes, sondern die Unempfänglichkeit kommt gerade dadurch zustande, daß die Gewebe dieser Tiere keine Affinität zu dem Gifte aufweisen, welches demnach im Blute wie ein indifferenter Körper zirkuliert.

So vielfältig nach dem Vorangegangenen die Faktoren sind, welche die natürliche Immunität gegen Mikroparasiten und Gifte bedingen, so ist ihnen allen doch im Vergleich zu der erworbenen Immunität das eine Merkmal gemeinsam, daß die natürliche Immunität, so weit bisher bekannt, durch Injektionen des Blutserums eines unempfänglichen auf ein empfängliches Tier nicht übertragen werden kann. Dies ist aber bei der künstlichen (erworbenen Immunität) der Fall, und man bezeichnet diese durch künstliche Übertragung des Blutserums verliehene Unempfänglichkeit als passive Immunität im Gegensatz zu der durch die eigene Abwehrtätigkeit des Organismus erarbeiteten aktiven Immunität. Ob aktiven oder passiven Ursprungs, die erworbene Immunität richtet sich nur gegen den Erreger derjenigen Infektionskrankheit, durch deren Überstehen die Immunität erworben wurde; das Gesetz der Spezifität des Erregers gilt also für die Immunität ebenso wie für die Infektion. Die aktive Immunität kommt nicht nur durch Überstehen der betreffenden Infektionskrankheit, also nicht nur nach der Einverleibung der lebenden Infektionserreger, sondern ebensowohl nach Verimpfung der durch vorsichtige Abtötung der Mikroben in möglichst unverändertem Zustande erhaltenen Leibessubstanzen derselben zustande; dies bestätigt die im vorigen Abschnitte gewonnene Erfahrung, daß die pathogene Wirkung der Krankheitserreger in letzter Linie auf den durch sie erzeugten Giften beruht. Diese soeben ausgesprochenen Sätze sind das Fundament für die ganze theoretische und praktische Immunitätslehre. In praktischer Beziehung ist die Frucht der Erkenntnis, daß die Immunität nicht allein durch Überstehen der betreffenden Infektionskrankheit, sondern auch durch Einverleibung der abgetöteten (oder auch nur abgeschwächten) Mikroparasiten erworben wird, die Schutzimpfung; ebenso ist die Erkenntnis der passiven Immunisierung die Grundlage für die Serumtherapie. Zwar war die Tatsache, daß Immunität auch durch Überstehen leichtester klinischer Erkrankung erworben wird, schon eine alte volkstümliche Erfahrung, und auf ihr beruhte die schon seit Jahrhunderten geübte Variolation. Im Zusammenhang hiermit brachte dann die ätiologische Erkenntnis der Infektionskrankheiten als praktisches Ergebnis die Schutzimpfungen mit lebenden abgeschwächten Erregern, z. B. gegen Milzbrand und Hundswut (Pasteur); heute wissen wir, daß auch die seit über einem Jahrhundert von Jenner wissenschaftlich begründete Schutzpockenimpfung (Vakzination) in diese Klasse gehört, wenn auch zur Zeit ihrer Entdeckung der biologische Zusammenhang zwischen Variola- und Vakzinevirus noch nicht erkannt war. Daß aber auch durch abgetötete Krankheitserreger Impfschutz erreicht werden kann, ist erst eine Errungenschaft der letzten 30 Jahre, und diese praktisch zuerst von Ferran und dann insbesondere von Haffkine geübte Methode erhielt ihre gesicherte wissenschaftliche Grundlage erst durch den von Pfeiffer und Kolle geführten Nachweis, daß nach der Schutzimpfung mit dem abgetöteten Erreger im Blute des Geimpften dieselben Schutzstoffe auftreten wie nach Überstehen der betreffenden Infektionskrankheit. Hiermit kommen wir wieder auf die wissenschaftliche Erklärung der Immunität, als deren grundlegende Tatsache es anzusehen ist, daß bei der erworbenen Immunität im Blute gelöste Stoffe vorhanden sind, deren Wirkung spezifisch nur gegen den betreffenden Krankheitserreger gerichtet und deren Existenz unwiderleglich durch die Möglichkeit ihrer rein mechanischen Übertragung bei der passiven Immunisierung bewiesen ist. Diese gelösten Immunkörper im Blute sind nun nicht etwa bloße Umsetzungsprodukte der in den Organismus eingeführten Gifte mikroparasitären oder anderen Ursprungs, etwa in dem Sinne, daß das eingeführte Gift sich im lebenden Körper in die Immunsubstanz verwandelt; dagegen sprechen schon die quantitativen Verhältnisse, indem z. B. bei der Immunisierung eines Pferdes gegen Tetanus die hunderttausendfache Menge von Antitoxin erhalten wurde, als der eingeführten Giftmenge entsprach (Knorr). Die Immunkörper sind vielmehr Reaktionsprodukte der lebenden Zellen des Körpers und die im Blutserum befindlichen Immunkörper stellen nur den Überschuß der vom lebenden Gewebe gebildeten Antikörper dar. Dies erklärt, daß das Fehlen solcher gelösten Immunsubstanzen im Blute noch keineswegs das Erloschensein der Immunität selbst bedeutet; gerade bei den Pocken, die eine außerordentlich dauerhafte, jahrzehntelange Immunität hinterlassen, sind gelöste Antikörper im Blute nur kurze Zeit nachweisbar; ähnlich liegen die Verhältnisse beim Fleckfieber. Man muß also offenbar eine dauerhafte Gewebsimmunität (histogene Immunität) von einer mehr oder minder vorübergehenden humoralen Immunität unterscheiden; vollends bei der passiven Immunisierung, wo die gelösten Antikörper nicht Produkte der eigenen Zelltätigkeit, sondern von außen mechanisch eingeführt sind, bemißt sich die Dauer ihrer Anwesenheit nur nach Wochen, da sie vom ersten Tage an im Stoffwechsel umgesetzt und bald völlig ausgeschieden werden; die passive Immunität ist also im Gegensatz zur aktiven nur ganz vorübergehender Natur.

Bevor wir die in den letzten Sätzen schon prinzipiell dargelegte Entstehung der Immunsubstanzen aus dem lebenden Gewebe im einzelnen näher betrachten, müssen wir zunächst die verschiedenen Klassen der sog. Immunsubstanzen, die sich im Blutserum gelöst finden, kennen lernen. Nicht von allen diesen beim Immunisierungsprozeß entstehenden Antikörpern können wir mit Bestimmtheit aussagen, daß sie an der erworbenen Unempfänglichkeit des Organismus gegen erneute Infektion ursächlich beteiligt sind; von einigen derselben, deren Wirkung direkt gegen den Erreger oder seine Gifte gerichtet sind, steht diese Schutzwirkung allerdings fest. Hierher rechnen wir die Antitoxine, welche die Gifte der Krankheitserreger neutralisieren, — ferner die Bakteriolysine, welche die eingedrungenen Erreger selbst auflösen und unschädlich machen —, ferner die Opsonine und Bakteriotropine, welche manche Erreger in spezifischer Weise so beeinflussen, daß sie von den Phagozyten aufgenommen und verdaut werden. — Dann aber finden sich im Blutserum des immunisierten Organismus verschiedene Klassen von spezifischen gelösten Stoffen, die zwar durch physikalisch-chemische Reaktionen mit den Leibessubstanzen oder Stoffwechselprodukten der Erreger nachweisbar sind, von denen es aber mindestens zweifelhaft ist, ob sie mit der erworbenen Unempfänglichkeit des Organismus gegen erneute Infektion etwas zu tun haben, und deren Entstehung man daher wahrscheinlich als Begleiterscheinung des eigentlichen Immunisierungsprozesses anzusehen hat; hierher gehören die Agglutinine, welche die Bakterienleiber selbst ausfällen, — die Präzipitine, welche eine analoge Reaktion mit gelösten Stoffwechselprodukten der Erreger geben, — die Meiostagmine, welche mit diesen gelösten Produkten eine andere durch Veränderung der Oberflächenspannung und dadurch bedingte Verringerung der Tropfengröße sich offenbarende Reaktion geben. — Weiter finden sich im Blutserum gelöste Stoffe (Bordetsche Antikörper, Reagine), deren Vorhandensein direkt überhaupt nicht erkennbar ist, weil sie mit den Mikroparasiten und ihren löslichen Produkten keine unmittelbar wahrnehmbare weder biologische noch physikalisch-chemische Reaktion geben, und deren Existenz nur indirekt daraus zu erschließen ist, daß sie bei ihrer Verbindung mit den Erregern oder ihren Produkten eine dritte Substanz, das sog. Komplement, an sich ketten, das sonst im frischen Blutserum durch bestimmte Methoden nachweisbar wäre; vgl. weiter unten das Kapitel Komplementbindung. — Endlich aber finden sich im immunisierten Organismus gelöste Stoffe, die, weit entfernt, dem Körper eine Schutzwirkung zu verleihen, umgekehrt sogar zu Gesundheitsschädigungen im Sinne einer Überempfindlichkeit gegenüber erneuter Infektion Anlaß geben; man nennt diesen Zustand, weil er das gerade Gegenteil der Verhütung (Prophylaxe) der Infektion darstellt, Anaphylaxie. — Die biologischen Reaktionen, mit welchen der Organismus das Eindringen von Mikroparasiten oder ihren Giften beantwortet, sind also nicht sämtlich in teleologischem Sinne als Schutzwirkungen aufzufassen; man bezeichnet daher zweckmäßig nach dem Vorgange v. Pirquets die Umstimmung des Körpers gegenüber einer nochmaligen Infektion als Allergie. Diese Allergie, welche sowohl Schutzwirkung als auch Überempfindlichkeit einschließt, kommt nun aber nicht nur, wovon wir bei der ursprünglichen Betrachtung der Immunität ausgegangen waren, durch Parasiten oder ihre Gifte, sondern durch jedes andere artfremde Eiweiß zustande;

man nennt alle Substanzen, welche im Organismus Antikörper erzeugen, Antigene, mögen sie nun Leibessubstanzen lebender Krankheitserreger oder ungeformte Eiweißstoffe sein. Wegen ihrer sinnfälligen Wirkung sind insbesondere die nach Injektion von roten Blutkörperchen einer fremden Tierart auftretenden Antikörper (Hämolysine) studiert worden; diese letzteren lösen im Reagenzglase die Blutkörperchen der Tierart, von welcher das zur Injektion verwendete Blut stammt, und zwar in streng spezifischer Weise nur diese, auf; z. B. löst das Blutserum eines mit Hammelblut vorbehandelten Kaninchens nur Hammelblutkörperchen, nicht aber Blutkörperchen irgend einer anderen Tierart. Die gegen ungeformte Eiweißstoffe gebildeten Antikörper lassen sich durch ihre präzipitierende oder komplementbindende Wirkung, die stets nur gegen das Antigen gerichtet ist, das zur Vorbehandlung gedient hatte, nachweisen. Die Tatsache, daß jedes andersartige Eiweiß im Organismus Bildung von Antikörpern auslöst, läßt sich nur verstehen, wenn wir die neueren Forschungen über Eiweißernährung und Eiweißassimilation berücksichtigen. Täglich nimmt der Organismus mit der Nahrung fremdartige tierische und pflanzliche Eiweißstoffe auf; diese werden aber in der Darmschleimhaut nicht als solche resorbiert, sondern vorher in ihre Bausteine (Aminosäuren u. dgl.) zerlegt, aus denen der lebende Organismus dann wieder sein arteigenes Eiweiß synthetisch aufbaut. Unter normalen Verhältnissen ist also die Darmwand der Schutzwall, welcher die Gewebe vor Überschwemmung mit fremdem Eiweiß, das die arteigene Natur der Gewebe stören würde, bewahrt. Tritt aber fremdes Eiweiß auf parenteralem Wege, d. h. unter Umgehung dieser Schutzvorrichtung des Darmes, also z. B. nach Injektion in die Blutbahn, an die lebenden Zellen heran, so ruft es von seiten dieser letzteren Reaktionen hervor, die unter normalen Verhältnissen nicht eintreten und die zur Bildung der Antikörper im immunisierten Organismus führen. Zur Veranschaulichung der hierbei stattfindenden biologischen Vorgänge hat Ehrlich seine geistvolle „Seitenkettentheorie“ aufgestellt.

Nach dieser Theorie muß man sich vorstellen, daß das bei jeder Tierart spezifisch konstituierte Molekül des lebenden Eiweiß aus einem Kern (dem Träger der eigentlichen Lebensvorgänge) und aus Seitenketten besteht, welchen letzteren die Aufnahme der Nährstoffe und Abwehr fremder Stoffe obliegt. Diese Seitenketten müssen offenbar in sehr großer Zahl und verschiedener Art vorhanden sein, so daß die zahlreichsten und mannigfaltigsten Reaktionen ermöglicht sind; man kann sich das Verhältnis der Seitenketten zum Leistungskern etwa in derselben Form denken, wie in den aromatischen Verbindungen die mannigfaltigsten substituierten chemischen Gruppen am Benzolkern hängen. Jede Seitenkette reagiert nur mit einer bestimmten eiweißartigen Substanz, wie solche elektive Reaktionsfähigkeit ja auch schon aus der Chemie der viel einfacheren Zuckerarten bekannt ist und von E. Fischer durch den Vergleich mit Schlüssel und Schloß veranschaulicht wird; so wie ein kompliziertes Schloß nur den dazu gehörigen Schlüssel aufzunehmen vermag und mit keinem anderen geöffnet werden kann, so reagieren bestimmte Zucker- und Eiweißarten nur auf bestimmte Fermente, und so vermögen bestimmte Seitenketten nur bestimmte zu ihnen passende Eiweißstoffe aufzunehmen und zu verarbeiten; daher werden die Seitenketten von Ehrlich auch als Rezeptoren bezeichnet, und zwar als Rezeptoren erster, zweiter oder dritter Ordnung, je nachdem sie nur an einer oder mehreren Stellen die von außen herantretenden Eiweißkörper verankern können (ähnlich wie ja schon bei den verschiedenen chemischen Elementen eine verschiedene Wertigkeit [Valenz] besteht). Der Unterschied in dem Verhalten der Rezeptoren gegenüber Nährstoffen einerseits und artfremdem Eiweiß andererseits besteht nun in folgendem: Nährstoffe werden sogleich nach ihrer Aufnahme dem Leistungskern des lebenden Plasmas zugeführt, dort assimiliert oder weiter verarbeitet; fremde Eiweißstoffe aber werden von den Rezeptoren gebunden und nach erfolgter Bindung von dem Leistungskern samt dem Rezeptor abgestoßen, da sie für das lebende Plasma unbrauchbar sind. Für die durch diese Bindung verloren gegangenen Seitenketten (und zwar nur für diese eine auf das fremde Eiweiß spezifisch abgestimmte Art derselben) wird nun Ersatz geleistet, und zwar geschieht dies nach dem für jede unter anhaltender Reizwirkung erfolgenden Regeneration geltenden Gesetz der kompensatorischen Hypertrophie (Weigert) in erhöhtem Maße, so daß die reichlich gebildeten Rezeptoren schließlich in freiem Zustande in das kreisende Blut abgestoßen werden; diese freien Rezeptoren im Blute, die dann bei erneuter Einführung des betreffenden spezifischen artfremden Eiweißes dieses letztere schon im Blute selbst binden und unschädlich machen, bevor es überhaupt an die lebenden Zellen heranzutreten vermag, sind identisch mit den Immunsubstanzen oder Antikörpern. Auch geht aus der Art ihrer Bildung unmittelbar hervor, daß sie streng spezifisch nur gegen dasjenige Antigen wirken, das ihre Bildung veranlaßt hatte; denn nur die auf dieses eine Antigen abgestimmten Rezeptoren wurden ja in reichlicherer Menge als sonst erzeugt und schließlich frei in die Körpersäfte abgestoßen. Auch die Erklärung einer dauerhaften histogenen Immunität, die noch fortbesteht, nachdem im Blutserum längst keine gelösten Immunkörper mehr vorhanden sind, macht nach dieser Theorie keine Schwierigkeiten; die Zelle hat dann eben, wenn sie auch nicht beständig freie Rezeptoren abstößt, doch die Fähigkeit behalten, auf den betreffenden spezifischen Reiz leichter zu antworten, wie wir das als allgemeines physiologisches Gesetz der Übung kennen; das Antigen oder der betreffende Mikroparasit finden dann bei ihrem erneuten Eindringen in den Körper nach langer Zeit zwar nicht mehr im Blutserum ihre Absättigung, aber sie werden von der lebenden Zelle selbst in ungleich rascherer und für das Allgemeinwohl des Organismus unbedenklicher Art und Weise erledigt, als es das erste Mal der Fall war; solche „beschleunigte Reaktionen“ oder „Frühreaktionen“ (v. Pirquet) treten z. B. bei der Wiederimpfung mit Schutzpockenimpfstoff in sinnfälliger Weise auf. — Es ist selbstverständlich im Rahmen dieses kurzen Grundrisses nicht möglich, auch nur annähernd aller Einzelheiten aus dem Gebiete der Immunität, die ja eine Wissenschaft für sich geworden ist, zu gedenken und auf die Möglichkeiten ihrer Erklärung durch die Ehrlichsche Theorie oder andere theoretische Vorstellungen einzugehen; es muß dieserhalb auf Spezialwerke verwiesen werden, so weit nicht die wichtigsten Einzeltatsachen von praktischer Bedeutung in den nachfolgenden speziellen Kapiteln dargelegt werden. Es mußte genügen, einerseits die Vielheit (nicht nur nach der Zahl, sondern auch nach der Mannigfaltigkeit der Wirkungsweise), andererseits die Spezifität der Antikörper sowie das Verhältnis zwischen Gewebsimmunität und Existenz gelöster Immunsubstanzen im Blut aus allgemeinen biologischen Gesetzen abzuleiten. Nur ein Punkt muß hier noch Erwähnung finden: Die Bindung zwischen Antigen und Rezeptor erfolgt nicht immer direkt; so einfach liegen allerdings die Verhältnisse bei der Bindung zwischen Toxin und Antitoxin, die sich direkt vereinigen; in anderen Fällen aber, insbesondere bei den Bakterio- und Hämolysinen, erfolgt die Bindung nicht unmittelbar, sondern durch Vermittlung eines dritten Körpers, des sog. Komplements; das Zustandekommen oder Ausbleiben dieser Bindung des Komplements ist ja seinerseits wieder die Grundlage für eine besondere diagnostische Methode (Komplementbindungsversuch), die weiter unten besprochen werden soll. Der Beweis für das Vorhandensein des Komplements kann in folgender Weise geführt werden: Erhitzt man ein durch Vorbehandlung des Tieres mit einer Bakterienart oder mit roten Blutkörperchen einer bestimmten Tierspezies erhaltenes bakterio- oder hämolytisches Immunserum während etwa $^1/_2$ Stunde auf 56°, so verliert das Serum seine spezifische bakterien- oder blutlösende Kraft; doch kann ein solches „inaktiviertes" Serum jederzeit (auch nach monate- oder jahrelanger Aufbewahrung) durch Zusatz frischen Serums eines unvorbehandelten Tieres (Meerschweinchens) in seiner ursprünglichen spezifischen Wirksamkeit wiederhergestellt, „reaktiviert" werden. Dieser Versuch läßt nur die eine Deutung zu, daß in dem Immunserum ursprünglich zwei verschiedene Stoffe vorhanden waren, deren einer, von thermostabiler Natur, der Träger der spezifischen Wirkung ist, während der andere von thermolabiler Beschaffenheit, nicht spezifisch ist und schon im normalen Serum des unvorbehandelten Tieres vorkommt. Der spezifische thermostabile Immunkörper für sich allein vermag seine bakterien- oder blutlösende Wirkung nicht auszuüben, sondern erst mit Hilfe des unspezifischen thermolabilen Reagens, das, weil es die an sich unfertige Reaktion zwischen Antigen und Immunkörper vervollständigt (kompletiert), als Komplement bezeichnet wird. Der spezifische Immunkörper selbst wird, weil er nach zwei Seiten hin reagiert, nämlich einerseits das Antigen (Blutkörperchen oder Bakterien), andererseits das Komplement verankert, als Ambozeptor bezeichnet. Läßt man die Reaktion zunächst bei 0° und erst dann bei Bruttemperatur verlaufen (Kältetrennungsversuch von Ehrlich und Morgenroth), so zeigt sich, daß bei 0° nur die spezifische Bindung zwischen Antigen und Ambozeptor und erst nach dieser und bei höherer Temperatur die unspezifische Bindung des Komplements erfolgt, — ein neuer

Beweis für die unabhängige Existenz von Immunkörper und Komplement.

Im folgenden sollen nun die praktisch wichtigsten Klassen der Antikörper und die auf ihrer Wirksamkeit beruhenden Erscheinungen der Immunität besprochen werden.

2. Antitoxine.

Schon oben wurde erwähnt, daß den Zellen des tierischen und menschlichen Körpers die Fähigkeit zukommt, auf Einführung von Giften bakteriellen Ursprungs sowie von gewissen pflanzlichen und tierischen Giften eiweißartiger Konstitution mit der Bildung von Schutzstoffen, die das Toxin unschädlich machen, zu antworten. Man bezeichnet diese Schutzstoffe als Antitoxine. Sie sind spezifisch, d. h. nur gegen das zur Immunisierung verwendete Gift gerichtet (C. Fraenkel und Brieger, Behring und Roux). Aber auch im normalen Menschen- und Tierserum können verschiedene Antitoxine nachgewiesen werden. Einen hohen Gehalt von Diphtherieantitoxin konnte Wassermann in 60% bei normalen Kindern und in 80% bei Erwachsenen nachweisen; weiter wurden Antistaphylolysin, Antihämolysine und sogar bei ein- und demselben Individuum, wie M. Neißer hervorhebt, verschiedene Antitoxine nebeneinander gefunden. Ein ungleich höherer Gehalt von Antitoxin wird bei der künstlichen Immunisierung erreicht. Durch Einverleibung anfangs kleiner und langsam steigender Giftdosen ist es möglich geworden, bei Tieren eine Immunität gegen große Giftmengen zu erzielen (Behring). Einige Tage nach jeder neuen Giftinjektion, nachdem eine insbesondere bei größeren Dosen eintretende „negative Phase“ überwunden ist, steigt der Antitoxingehalt im Blute des immunisierten Tieres. Durch Übertragung des antitoxinhaltigen Serums auf gesunde Tiere (passive Immunisierung) gelingt es, dieselben gegen eine nachfolgende sicher tödliche Giftdosis zu schützen (prophylaktische Wirkung), ja sogar schon Tiere mit ausgesprochenen Krankheitserscheinungen zu heilen (kurative Wirkung). Man kann sich von der Aufhebung der Giftwirkung durch das Antitoxin auch im Reagenzglasversuch überzeugen; diese Bindung geht allerdings erst nach einer gewissen Zeit vor sich. Jedenfalls beweist diese Tatsache, daß die Neutralisation des Toxins durch das Antitoxin auf direktem Wege, wie eine einfache chemische Reaktion ohne Mitwirkung des lebenden Organismus erfolgt; die neue Verbindung Toxin-Antitoxin ist ein für den Körper indifferenter Stoff. Eine Reingewinnung der Antitoxine ist bisher noch nicht gelungen. Sie stehen wahrscheinlich in ihrem Aufbau den Eiweißkörpern nahe und lassen sich durch Zusatz von Ammoniumsulfat, Chlorzink und ähnlicher Reagenzien zugleich mit den Eiweißstoffen des Serums ausfällen und dadurch in hoher Konzentration gewinnen. Durch Hitzegrade von 55—65° werden die Toxine rasch und völlig zerstört; ebenso werden sie durch Luft und Licht sowie durch Säuren geschädigt.

Bei Übertragung auf ein gesundes Individuum werden die Antitoxine aus der Blutbahn ziemlich rasch ausgeschieden; daher ist die passive Immunität nicht von langer Dauer; (bei prophylaktischer Diphtherieseruminjektion dauert die Schutzwirkung nur etwa 2—3 Wochen). Im infizierten Organismus werden die Antitoxine fest an die Gifte verankert oder an die Körperzellen gebunden.

Die möglichst hochwertig hergestellten antitoxinhaltigen Seren dienen also dem doppelten Zweck, den gesunden Körper vor der drohenden Infektion zu schützen und den bereits erkrankten Organismus durch Bindung der im Blute noch kreisenden Toxine oder womöglich durch Losreißung der an den Zellen schon fest verankerten Gifte zu heilen; letzteres läßt sich allerdings oft nur sehr schwierig oder überhaupt nicht mehr erreichen; so erklärt es sich, daß der Heilwert eines antitoxischen Serums (wie z. B. des Tetanusserums) hinter seiner schützenden Wirksamkeit sehr weit zurückstehen kann.

Für therapeutische Zwecke werden die Antitoxine durch Immunisierung von Pferden in der Weise hergestellt, daß sich in 1 ccm Pferdeserum eine möglichst hohe Antitoxinmenge befindet. Derartige „hochwertige" Sera lassen sich nur dann gewinnen, wenn zur Vorbehandlung der Pferde ein starkes Toxin zur Verfügung steht. Das Gift wird subkutan zunächst in kleinen Mengen, dann in steigenden Dosen in Intervallen von etwa je einer Woche injiziert. Die Tiere antworten auf jede Giftinjektion mit einer lokalen Reaktion, einem Infiltrat an der Injektionsstelle und Fieber. Bei zu starker Reaktion wird nach dem Abklingen derselben nochmals die gleiche Giftdosis verabreicht, bei leichter Reaktion kann sogleich eine Steigerung der Giftdosis folgen. Wichtige Faktoren für das Gelingen der Immunisation sind die individuellen oder die Rassenunterschiede der einzelnen Tiere, hochwirksame Gifte und genaueste Beobachtung des ganzen Verlaufs des Immunisationsprozesses.

Kurze Übersicht der wichtigsten bisher gefundenen Antitoxine.

Antitoxine gegen Bakterientoxine: Diphtherieantitoxin und Tetanusantitoxin (v. Behring), Botulismusantitoxin (Kempner), Dysenterieantitoxin (Kruse-Shiga), Pyocyaneusantitoxin (Wassermann), Rauschbrandantitoxin (Graßberger und Schattenfroh), Antileukozidin (Denis und van der Velde), Antilysine gegen Bakteriolysine (Denis und van der Velde, Madsen, Neißer und Wechsberg, Kraus u. a.).

Antitoxine gegen tierische Gifte: Gegen Schlangengift (Phisalix und Bertrand, Calmette), Skorpiongift (Calmette), Spinnengift (Sachs), Aalgift (Camus und H. Kossel), Salamandergift (Phisalix), Krötengift (Pröscher), Blutegelgift (Wendelstadt).

Gegengifte gegen Pflanzengifte: Gegen Rizin, Abrin und Robin (Ehrlich), Krotin (Morgenroth), gegen die Pollen, welche das Heufieber erregen (Dunbar).

Antifermente: Gegen Lab (Morgenroth), Pepsin (Sachs), Trypsin (Achalme), Fibrinferment (Bordet und Gengou), Urease (Moll) Laktase (Genard), Tyrosinase (Genard), Cynarase (Morgenroth), Steapsin (Schütze), Fermente der Bakterienkulturen (v. Dungern).

3. Bakteriolysine.

Die Bakteriolysine wurden im Jahre 1894 von R. Pfeiffer anläßlich seiner Studien über die Choleraimmunität entdeckt. Spritzt man einem gegen Cholera immunisierten Meerschweinchen Cholerabazillen in Reinkultur in die Bauchhöhle, so gehen die Vibrionen, wie man sich durch direkte mikroskopische Untersuchung des mittelst feiner Kapillaren entnommenen Bauchhöhlensaftes überzeugen kann, in kurzer Zeit (binnen $^1/_4$ bis $^1/_2$ Stunde) zugrunde; die vorher lebhaft beweglichen Vibrionen verwandeln sich dabei zunächst durch Aufquellung in unbewegliche blasse Kügelchen, die sich schließlich vollständig auflösen und verschwinden; der ganze Prozeß kommt allein durch bakterienfeindliche Kräfte der klaren, von zelligen Bestandteilen völlig freien Körperflüssigkeit des immunisierten Tieres, also ohne Mitwirkung von Phagozyten zustande. Das Tier bleibt am Leben, während ein zur Kontrolle gleichzeitig infiziertes, nicht immunisiertes Tier unter starker Vermehrung der eingespritzten Choleravibrionen zugrunde geht. Derselbe Prozeß der Bakterienauflösung läßt sich nun auch bei einem unvorbehandelten Tiere hervorrufen, wenn gleichzeitig mit den Choleravibrionen eine geringe Menge Choleraimmunserum injiziert wird. Das Choleraimmunserum für sich allein äußert im Reagenzglas keine bakterizide Wirkung, außer wenn es in ganz frischem Zustande unmittelbar nach der Entnahme vom lebenden Tier verwendet wird, dagegen tritt die Bakteriolyse auch im Reagenzglas zutage, wenn dem an sich unwirksamen Choleraimmunserum frisches Meerschweinchenserum zugesetzt wird. Desgleichen verliert das frische Choleraimmunserum seine ursprünglich vorhandene, direkt bakterizide Kraft, die bei Aufbewahrung binnen weniger Tage von selbst verschwindet, sofort durch halbstündiges Erhitzen auf 55°. Alle diese Tatsachen erklären sich zwanglos durch die Annahme, daß der bakteriolytische Immunkörper die Choleravibrionen nicht direkt, sondern erst mit Hilfe des Komplements zur Auflösung bringt; das Komplement ist in den Körpersäften des lebenden Tieres, sowie kurze Zeit im überlebenden frischen Serum enthalten, wird aber durch Erhitzen oder längeres Aufbewahren zerstört. Zu diagnostischen Zwecken wird die Bakteriolyse entweder im Tierversuch (Pfeiffer'scher Versuch) oder im Reagenzglasversuch studiert.

Der Pfeiffer'sche Versuch ist ebenso wie die spezifische Agglutinationsprobe das feinste biologische Kriterium, um die spezifische Natur einer auf Cholera oder Typhus verdächtigen Kultur festzustellen. Die Anstellung des Pfeifferschen Versuches ist allerdings nur mit virulenten Kulturen möglich, da avirulente Kulturen, wie gewöhnliche Saprophyten, schon in den Körpersäften des normalen Tieres ohne Mitwirkung von Immunserum zerfallen; man stellt daher vor dem Hauptversuch einen Kontrollversuch an, um sich über das Vorhandensein der Virulenz zu vergewissern; zu diesem Zweck erhält ein Meerschweinchen (Nr. A.) eine intraperitoneale Injektion von einer Normalöse (gleich 2 mg) frischer etwa 18stündiger Agaroberflächenkultur in Fleischbrühe aufgeschwemmt ohne jeden weiteren Zusatz. Eine zweite Kontrolle ist erforderlich, um die Möglichkeit auszuschalten, daß die Bakteriolyse etwa schon durch Normalserum zustande kommt; ein zweites Meerschweinchen (Nr. B.) erhält eine Öse derselben Kultur plus normales Kaninchenserum in der 50fachen Menge des Titers des später im

Hauptversuch zu verwendenden gleichfalls vom Kaninchen gewonnenen bakteriolytischen Choleraimmunserums; ist z. B. der bekannte Titer dieses Immunserums gleich 0,0002 (d. h. genügen 0,2 mg des Immunserums, um gerade eben im Tierversuch noch eine Normalöse Cholerakultur aufzulösen), so verwendet man für die soeben besprochene Kontrolle des Normalserums bei Tier Nr. B 10 mg normales Kaninchenserum. Die intraperitonealen Injektionen werden, um eine Verletzung des Darmes zu vermeiden, mit abgestumpfter Kanüle gemacht; um das Eindringen dieser stumpfen Kanüle zu ermöglichen, wird die Bauchhaut des Meerschweinchens vor der Injektion an einer kleinen Stelle mit der Schere bis auf die Muskelschicht durchtrennt; an derselben Stelle kann man dann leicht dünne Glaskapillaren in die Bauchhöhle einführen und so ein Tröpfchen Exsudat zur mikroskopischen Untersuchung im hängenden Tropfen gewinnen. Ergibt diese Untersuchung 20 Minuten nach erfolgter Injektion (und eventuell im Zweifelsfalle bei Wiederholung 60 Minuten nach der Injektion) das Vorhandensein zahlreicher lebhaft beweglicher Vibrionen, so können die Kontrollen betreffs Virulenz und unspezifischer Serumwirkung als gesichert gelten und es wird sofort der Hauptversuch angeschlossen. In diesem erhalten zwei Meerschweinchen (Nr. C und D) je eine Normalöse der zu untersuchenden (und bereits zu den Kontrollen verwendeten) Kultur mit abgestuften Mengen bakteriolytischen Choleraserums, und zwar Tier Nr. C das 5fache der Titerdosis (also bei dem oben angenommenen Titer die Dosis von 1 mg, das Tier Nr. D das 10fache der Titerdosis, also 2 mg). Falls bei diesen beiden Tieren Nr. C und D in dem mittelst Kapillaren, wie oben beschrieben, entnommenen Bauchhöhlenexsudat binnen 20 oder spätestens 60 Minuten das Pfeiffer'sche Phänomen, d. h. Körnchenbildung und später völlige Auflösung der Vibrionen eintritt, so ist die verwendete Kultur eine Cholerakultur; falls dagegen die Vibrionen im spezifischen Serum (Tier C und D) sich ebenso vermehren wie im Normalserum (Tier B), so handelt es sich nicht um den echten Choleravibrio, sondern um einen „choleraähnlichen Vibrio". — In derselben Weise wie für die Cholera-Diagnose kann der Pfeiffer'sche Versuch auch zur Typhusdiagnose angewendet werden; nur muß dann die Beobachtungszeit bis zur völligen Auflösung der Bazillen auf zwei bis drei Stunden ausgedehnt werden.

So wie hier der Pfeiffer'sche Versuch mittelst bekannten bakteriolytischen Serums zur Feststellung der Natur einer unbekannten Kultur angewendet wurde, so kann er umgekehrt auch (nach Analogie zur Widalschen Reaktion, vgl. später S. 92) mittelst Anwendung einer authentischen Kultur zur Feststellung des Vorhandenseins spezifisch bakterienauflösender Immunkörper im Rekonvaleszenten-Serum und hiermit zur Diagnose der Natur einer abgelaufenen Erkrankung dienen. Bei dieser Versuchsanordnung werden drei Meerschweinchen mit je einer Öse sicherer Cholerakultur plus 10 bzw. 50 mg des Patienten-Serums, dazu ein Kontrolltier ohne Serum injiziert und wie oben beschrieben das Auftreten oder Ausbleiben des Pfeiffer'schen Phänomens im Exsudat beobachtet; positiver Ausfall der Bakteriolyse beweist, daß der Patient Cholera bzw. Typhus überstanden hat. — Einige wichtige technische Vorschriften zur Anstellung der Pfeifferschen Reaktion mögen noch Erwähnung finden. Als bakteriolytisches Immunserum wählt man am besten solches vom Kaninchen, das mit intraperitonealer Injektion einer authentischen Kultur vorbehandelt wurde; die zum Versuche verwendeten Meerschweinchen sollen nur etwa 200 g schwer sein; das zur Injektion dienende Kulturmaterial soll in Fleischbrühe, nicht etwa in Kochsalzlösung aufgeschwemmt werden, da in letzterer die Choleravibrionen schon an sich häufig geschädigt werden. Schließlich sei noch eindringlich auf die erhebliche Ansteckungsgefahr hingewiesen, die mit der Anstellung des Pfeiffer'schen Versuchs verbunden ist und die schon mehrfach zu Laboratoriumsinfektionen Veranlassung gegeben hat. Nach jedem Anfassen des Tieres desinfiziere man gründlich die Hände; man fasse das Tier am besten mit Gummihandschuhen an, da aus der Einstichöffnung am Bauche leicht infektiöse Flüssigkeit hervorsickert; selbstverständlich blase man die zur Entnahme des Bauchhöhleninhalts benützten Kapillarpipetten nicht mit dem Munde, sondern mit einem kleinen Gummigebläse aus.

Im Reagenzglasversuch wird seltener die Bakteriolyse (Metschnikoff und Bordet), die in vitro meistens nur bis zur Granulabildung, nicht bis zur völligen Auflösung fortschreitet,, häufiger die bakterizide Wirkung des Immunserums plus Komplement festgestellt. Zur Anstellung des bakteriziden Reagenzglasversuches mit nachfolgender Aussaat auf Platten und Zählung der ausgewachsenen Kolonien verfährt man nach M. Neißer und Wechsberg folgendermaßen: Gleiche Mengen von Bakterien (etwa $^1/_{1000}$ bis $^1/_{5000}$ Öse frischer Agarkultur) werden mit abgestuften Mengen von bakterizidem Immunserum und konstanten Mengen von Komplement in Aufschwemmung mit physiologischer Kochsalzlösung mit Zusatz von etwa $10^0/_0$ Bouillon 3 bis 5 Stunden bei 37^0 gehalten und dann gleiche abgemessene Mengen des Gesamt-Volumens (das in jedem Röhrchen etwa 2—3 ccm betrage) mit flüssigem Agar vermischt und in Petrischalen ausgegossen zwecks nachträglicher Auszählung der gewachsenen Kolonien; da nur deutliche Ausschläge beweisend sind, genügt eine ungefähre Abschätzung. Als Komplement wird wie gewöhnlich frisches Meerschweinchenserum oder noch besser frisches Blutserum von derselben Tierart verwendet, von welcher das bakterizide Immunserum stammt; durch eine besondere Kontrollreihe mit abgestuften Mengen des Komplements allein versichert man sich, im Hauptversuch unterhalb derjenigen Komplementdosis zu bleiben, welche schon an sich bakterizide Wirkung äußert. Weitere Kontrollen sind nötig mit Normalserum sowie mit der Bakterienaufschwemmung allein ohne jeden Zusatz. In den stärkeren Konzentrationen des Immunserums tritt häufig eine viel geringere bakterizide Wirkung auf als in den mittleren Dosen; M. Neißer und Wechsberg erklären diese Erscheinung als Komplementablenkung, indem bei Anwesenheit reichlicher Mengen der Ambozeptoren des Immunserums das Komplement zum Teil von diesen allein verankert werde und so für die bakterizide Wirksamkeit nicht mehr in Betracht käme.

4. Opsonine und Bakteriotropine.

Der früher bestehende Gegensatz zwischen der Auffassung Metschnikoffs, daß die Immunität auf der Tätigkeit der Phagozyten beruhe und der Anschauung der deutschen Forscher (insbesondere von Ehrlich und Pfeiffer), daß die Immunität durch die Wirksamkeit der im Blute vorhandenen (oder seitens der Gewebe im Augenblick der Infektion produzierten) gelösten Immunsubstanzen zustande komme, ist in den letzten Jahren durch die Forschungen von Wright und Neufeld in gewissem Sinne überbrückt worden, welche die Erkenntnis brachten, daß die Phagozyten ihre bei einigen Infektionen mit Sicherheit nachgewiesene Tätigkeit gegenüber den Krankheitserregern erst dann auszuüben vermögen, wenn die letzteren durch bestimmte im Blutserum vorhandene gelöste Stoffe für die Aufnahme in die Freßzellen und die daselbst erfolgende intrazelluläre Verdauung empfänglich gemacht worden sind. — Solche gelösten Stoffe wies zunächst Wright im Blutserum Gesunder und Kranker nach und nannte sie Opsonine; Stoffe von ähnlicher Wirkung, aber mit den vorigen wahrscheinlich nicht identisch, weil gegen Erhitzung auf 56° unempfindlich (während die Opsonine hierbei zerstört werden), fand Neufeld in dem Blutserum immunisierter Tiere und nannte sie Bakteriotropine. Der Nachweis der Opsonine nach Wright kann diagnostisch verwertet werden, weil die Wirksamkeit der Opsonine, gemessen durch den sog. opsonischen Index gegenüber dem betr. spezifischen Erreger, beim Kranken geringer gefunden wird als beim Gesunden (wahrscheinlich infolge der seitens der Erreger erfolgenden Bindung von Immunkörpern). Der opsonische Index wird nach Wright dadurch bestimmt, daß man einerseits bei dem zu untersuchenden Kranken, andererseits beim Gesunden das Verhältnis der von einer bestimmten Anzahl von Leukozyten des Blutes aufgenommenen Bakterien, die sog. phagozytäre Zahl feststellt und diese beiden Ziffern (durch Division der beim Kranken gefundenen durch die beim Gesunden festgestellte) vergleicht. Diese Bestimmung geschieht in folgender Weise: Zwecks Gewinnung der Leukozyten wird das Blut eines gesunden Menschen unmittelbar nach seiner Entnahme mit dem doppelten Volumen einer (gerinnungshemmenden) 1,5%igen Lösung von Natrium citricum vermischt und die Blutkörperchen durch Abzentrifugieren und einmaliges Waschen mit physiologischer Kochsalzlösung gewonnen; die den Leukozyten beigemischten roten Blutkörperchen sind für den Versuch nicht störend. Die zum Versuche benötigten Bakterien werden in Form einer Aufschwemmung von einer Öse frischer Agarkultur mit physiologischer Kochsalzlösung verwendet; für Tuberkulose-Versuche benützt man eine Aufschwemmung der von den Höchster Farbwerken käuflich zu beziehenden abgetöteten trocknen Tuberkelbazillen. Zur Anstellung der Reaktion saugt man mit einer und derselben Kapillarpipette bis zu derselben Marke hintereinander die gleiche kleine Menge von Blutserum, Blutkörperchengemisch und Bakterienaufschwemmung auf und drückt das ganze Gemisch auf einen gut gereinigten Objektträger aus; der entstehende Tropfen wird durch mehrmaliges Aufsaugen und Wiederausdrücken mit der Kapillarpipette sorgfältig gemischt und schließlich in der wieder zugeschmolzenen Kapillarpipette auf 20 Minuten in den Brutschrank (37°) gestellt; dann wird der Tropfen wieder auf den Objektträger gebracht, mit der Kante eines anderen Objektträgers ausgestrichen und nach Trocknen in gesättigter Sublimatlösung etwa 3 Minuten fixiert; nach erfolgter Färbung werden in dem Ausstrichpräparat die in 100 Leukozyten enthaltenen Bakterien gezählt. Dieses ganze Verfahren wird einmal mit Blutserum eines Gesunden, ein anderes Mal mit Blutserum des zu untersuchenden Kranken ausgeführt. Die Zahl, welche man durch Division der beim Kranken gefundenen Ziffer durch die beim Gesunden gefundene Ziffer ermittelt, gibt den opsonischen Index.

Die Untersuchung auf Bakteriotropine nach Neufeld ermittelt nicht die Zahl der phagozytierten Keime, sondern diejenige Verdünnung des Serums, bei welcher (gegenüber einem zur Kontrolle dienenden Normalserum) noch deutliche Phagozytose bzw. Verstärkung der bereits im Normalserum vorhandenen Phagozytose nachweisbar ist. Die Leukozyten werden entweder aus menschlichen Abszessen oder Blut oder aus dem Bauchhöhleninhalt von Meerschweinchen oder Kaninchen gewonnen, die tagsvorher eine intraperitoneale Injektion von Aleuronat-Aufschwemmung in Bouillon erhalten haben; die Leukozyten werden durch mehrmaliges Waschen und vorsichtiges Zentrifugieren von dem ihnen anhaftenden Serum befreit. Das zu untersuchende Serum wird nach Inaktivierung in abgestuften Verdünnungen mit der zu prüfenden Bakterienaufschwemmung und der Leukozytenemulsion zu je gleichen Teilen in kleinen Reagenzgläschen vermischt und nach einer (je nach der Art der zu untersuchenden Bakterien) zwischen 15—30 Minuten (Choleravibrionen) und einigen Stunden (Pneumokokken) schwankenden Zeit abzentrifugiert und hierauf vom Bodensatz ein gefärbtes Präparat angefertigt. Durch Vergleiche mit einer Normalserum- und einer Leukozyten-Kontrolle stellt man fest, in welcher Serumverdünnung noch eine deutliche Beförderung der Phagozytose stattfindet, und ermittelt so den Titer des untersuchten Serums. Bei Versuchen mit stärkeren Serumkonzentrationen verwendet man am besten Leukozyten der gleichen Spezies, da heterologes Serum schädigend wirken kann.

Durch Impfung des Patienten mit kleinen Mengen genau dosierter Aufschwemmung abgetöteter spezifischer Krankheitserreger (Bakteriotherapie) läßt sich der Gehalt des Serums an Opsoninen steigern, nachdem zunächst in den ersten Tagen ein Absinken des Titers („negative Phase“) erfolgt war.

5. Agglutinine.

Beim Vermischen von Immunserum mit der Aufschwemmung der homologen Kultur tritt eine eigentümliche Erscheinung auf, die sich bei mikroskopischer Betrachtung in einer Verklumpung und Zusammenballung der Bakterien zeigt und schon bei Betrachtung mit bloßem

Auge (oder mit der Lupe) als Ausflockung oder Körnerbildung der vorher gleichmäßig milchig getrübten Flüssigkeit erscheint, wobei schließlich die agglutinierten Bakterien sich zu Boden senken und dadurch die Bildung eines Bodensatzes mit Aufhellung der überstehenden Flüssigkeit erfolgt. Diese Verklumpung bezeichnet man als Agglutination (Verklebung) oder auch als Agglomeration, die diese Reaktion bewirkenden Stoffe des Blutserums als Agglutinine.

Die Agglutinine wurden 1896 von Gruber und Durham und unabhängig von ihnen von R. Pfeiffer und Kolle beschrieben. Sie entstehen wahrscheinlich in den blutbildenden Organen (Milz, Knochenmark, Lymphdrüsen). Die Bakterien werden durch die Wirkung des spezifischen Immunserums in ihrer Entwickelungsfähigkeit nicht herabgesetzt.

Die Ausführung der Agglutinationsreaktion gelingt sowohl im Reagenzglas als auch im hängenden Tropfen. In letzterem kann man direkt mikroskopisch verfolgen, wie die ursprünglich lebhaft beweglichen Bakterien, z. B. Typhusbazillen, ihre Bewegungen verlangsamen und schließlich ganz einstellen, wobei die einzelnen Bakterien miteinander zu kleinen Flocken verkleben, die nach und nach größer werden und zu Boden sinken. Im Reagenzglase kann man mit bloßem Auge diesen Ausflockungsprozeß verfolgen. Haben sich die Flocken zu Boden gesetzt, so kann man durch Aufschütteln die Flocken wieder aufwirbeln und das rasche Wiederzustandekommen des Agglutinationsphänomens aufs neue beobachten, während in dem Kontrollröhrchen, dem der Zusatz von Immunserum fehlt, sich entweder überhaupt kein Bodensatz bildet oder durch Aufschütteln sofort wieder eine gleichmäßige bleibende Trübung der Aufschwemmung entsteht.

Die Agglutination ist abhängig von der Verdünnung des Immunserums. In unverdünntem Serum tritt das Agglutinationsphänomen sofort ein, in schwach wirksamen Serumverdünnungen, die der Titergrenze nahe stehen, erfolgt sie erst nach längerer Zeit, z. B. bei Typhusbazillus nach 1—2 Stunden, bei Ruhrbazillen sogar oft erst binnen 24 Stunden. Brutschrankwärme, bei manchen Arten von Bakterien sogar Temperaturen von 50—55°, wirken beschleunigend auf die Reaktion.

Über das Wesen des Agglutinationsvorganges sind verschiedene Hypothesen aufgestellt, die jedoch alle nicht ausreichen, ihn sicher und erschöpfend zu erklären. Die Annahme von Gruber, daß es sich um eine Aufquellung der Bakterienhüllen, durch das spezifische Immunserum herbeigeführt, mit nachfolgender Verklebung handele, ist widerlegt durch exakte Untersuchungen an agglutinierten Bakterien, an denen man keinerlei Quellung, Gestaltsveränderungen, mikroskopisch und färberisch usw. wahrnehmen konnte. Kraus und Paltauf erklären den Agglutinationsvorgang als Folge einer Präzipitation, durch die die Bakterien mit zu Boden gerissen werden. Daß aber Agglutinine und Präzipitine nicht identisch sind, zeigt der Trennungsversuch durch Wärme. Durch Erwärmen auf 60° C lassen sich aus agglutinierenden Seren die Präzipitine entfernen, ohne daß die Agglutinationskraft der Seren herabgesetzt wird. Die Agglutinine selbst werden erst bei 70°

zerstört und sind auch sonstigen äußeren Einwirkungen gegenüber (Licht, Austrocknung) ziemlich widerstandsfähig. Bemerkenswert ist, daß die Agglutination nur in vitro, nicht im lebenden Organismus (z. B. bei intravenöser Injektion von Bakterien bei einem gegen diese Art hochimmunisierten Tier) eintritt.

Im normalen Blutserum finden sich sehr häufig Normalagglutinine, die im Gegensatz zu den Agglutininen des Immunserums ihr Agglutinationsvermögen schon bei geringen Verdünnungen verlieren. Von einer spezifischen Wirkung der Normalagglutinine kann nicht die Rede sein. Ebenso liegt auch bei Immunseren die Möglichkeit einer nichtspezifischen Reaktion vor, wenn konzentriertes oder wenig verdünntes Serum benutzt wird. Von einer Spezifizität der Agglutinine kann man erst dann sprechen, wenn hohe Serumverdünnungen (1 : 1000 bis 10000), die der Titergrenze nahe liegen, nur die homologen, nicht die heterologen Bakterien agglutinieren.

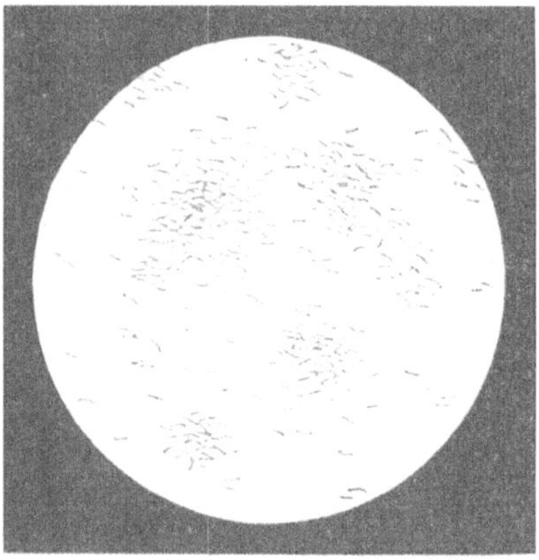

Abb. 39. Typhusbazillen (Agglutination). Vergrößerung 1 : 500.

Hochwertige Immunsera können neben dem Hauptagglutinin auch noch Neben- oder Partialagglutinine enthalten, wodurch im System nahestehende Gruppen, z. B. durch Typhusimmunserum manche Angehörige der Typhus-Coli-Gruppe bis zu einem gewissen Grade, mitagglutiniert werden. Für die praktisch-diagnostische Verwendung ist daher stets eine genaue Austitrierung des Serums bis zur Titergrenze notwendig, weil die artverwandten Bakteriengruppen in hohen Verdünnungen des Immunserums nicht agglutiniert werden

Zur Gewinnung kleiner Mengen agglutinierenden Serums wählt man unter den kleinen Versuchstieren am besten das Kaninchen, weil Immunsera von diesem Tier gewonnen eine sehr weitgehende spezifische Wirkung, ohne erheblichere Gruppenagglutination, zeigen. Durch 3—4 in Zeitabständen von je 8—10 Tagen ausgeführte intravenöse Injektionen, beginnend mit etwa $^1/_4$ und steigend bis auf 1—2 Ösen 24stündiger Agarkultur, erhält man leicht ein hochwertiges Serum vom Titer 1 : 1000—10 000 (je nach der Art der Erreger). Bei Kulturen mit erheblicher Giftwirkung (Ruhr Kruse-Shiga) ist es zweckmäßig, die ersten Injektionen mit abgetöteter Kultur zu machen. Zur Gewinnung größerer Serummengen immunisiert man Pferde oder Esel.

Ebenso wie im künstlich immunisierten Tier treten auch im menschlichen Blutserum während oder nach Überstehen einer Infektionskrankheit spezifische Agglutinine auf, die sich für die klinische Diagnose mit Vorteil verwerten lassen. Da diese aber in bedeutend geringerer Menge gebildet werden als bei einer künstlichen Immunisierung, so sprechen negative Agglutinationsbefunde nicht gegen das Bestehen einer bestimmten Infektionskrankheit.

Seltener ist die Bildung spezifischer Agglutinine bei Bazillenträgern festgestellt worden.

Die Beurteilung, ob Agglutination vorliegt oder nicht, erfolgt am besten nur bei Betrachtung mit bloßem Auge oder mit der Lupe (Agglutinoskop) oder mit schwacher mikroskopischer Vergrößerung; die Anwendung starker Vergrößerungen, insbesondere der Immersionslinse, ist zu widerraten, da hierbei schon kleinste Häufchenbildung, wie sie durch ungenügende Verteilung der Bakterien im hängenden Tropfen zustande kommt, irrtümlicherweise für Agglutination gehalten werden kann. Charakteristisch für die echt spezifische Agglutination ist die fortschreitende zeitliche Entwickelung des Prozesses sowie die quantitative Ab-

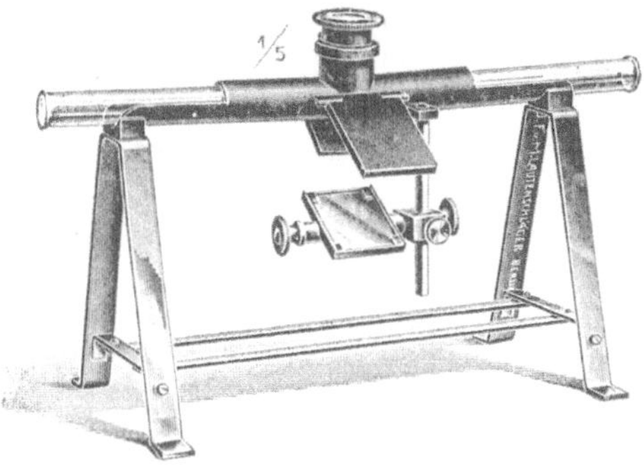

Abb. 40. Agglutinoskop nach Kuhn-Woithe.

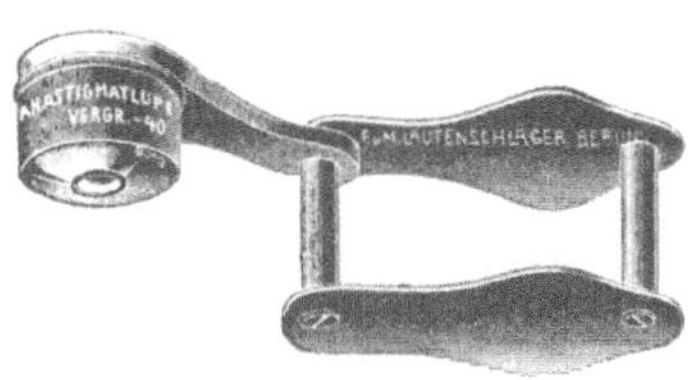

Abb. 41. Lupe.

stufung des Fällungsprozesses nach der Menge des zugesetzten spezifischen Serums.

Die Anstellung des Agglutinationsversuchs geschieht nach der von Pfeiffer und Kolle angegebenen Methodik folgendermaßen:

Man stellt sich abgestufte Serumverdünnungen von 1 : 10, 1 : 20, 1 : 50, 1 : 100, 1 : 200, 1 : 500 usw. her, bringt je 1 ccm dieser Verdünnungen in je ein Reagenzglas und verreibt darin die gleiche Menge 18—20stündig. Kulturmasse von Agaroberflächenkulturen (2 mg = 1 Normalöse) bis zur Herstellung einer homogenen Aufschwemmung, die von kleinen und größeren Bröckelchen frei sein muß, wobei allerdings in den stärksten Konzentrationen oft schon während des Verreibens der Kulturmasse ihre Ausfällung erfolgt. Kontrollen mit normalem Serum und physiologischer NaCl-Lösung dürfen nicht fehlen; Kulturen, die schon in letzterer Lösung Spontanagglutination zeigen (zu junge oder zu alte Kulturen) sind für die Anstellung des Agglutinationsversuches unbrauchbar. Die Agglutination ist nur dann als spezifisch anzusehen, wenn sie im Immunserum in wesentlich höherer (10—20fach stärkerer) Verdünnung zustande kommt als im Normalserum derselben Tierart. Die Röhrchen werden je nach der Art des Krankheitserregers (bei Typhus- und Cholerabazillen 2 Stunden, bei Ruhrbazillen bis 24 Stunden) in den Brutschrank von 37° C gestellt und nach dieser Zeit mit bloßem Auge oder schwacher Lupenvergrößerung (Lupe oder Agglutinoskop) am besten gegen das von der Decke des Zimmers reflektierte Tageslicht betrachtet.

Man kann an Stelle der eingeriebenen Kulturmasse eine homogene Bakterienaufschwemmung, sei es eine lebende Bouillonkultur, die stets eine gleichmäßige Trübung aufweist, oder auch abgetötete Bakterien verwenden, die man sich in Emulsionen monatelang gebrauchsfertig im Eisschrank vorrätig halten kann. Derartige Aufschwemmungen stellt man sich wie folgt her:

Eintägige Bouillonkulturen werden mit $0{,}5^0/_0$iger Phenol- oder $1^0/_0$iger Formalinlösung versetzt. Die Formalin-Typhusbouillon bleibt in hohem Meßzylinder 2 Tage bei 37^0 stehen, damit sich die spontan agglutinierten Bakterien langsam zu Boden setzen, die bei der Ausführung der Agglutinationsprobe leicht störend wirken können. Die überstehende Flüssigkeit wird steril abgegossen und im Eisschrank aufbewahrt. Die Bakterienaufschwemmung ist vor dem Gebrauch kräftig aufzuschütteln.

Auf diesem Prinzip beruht das von Ficker angegebene und durch die Firma E. Merck in Darmstadt in den Handel gebrachte „Typhus-Diagnostikum".

An Stelle der soeben geschilderten genauen quantitativen Aus-

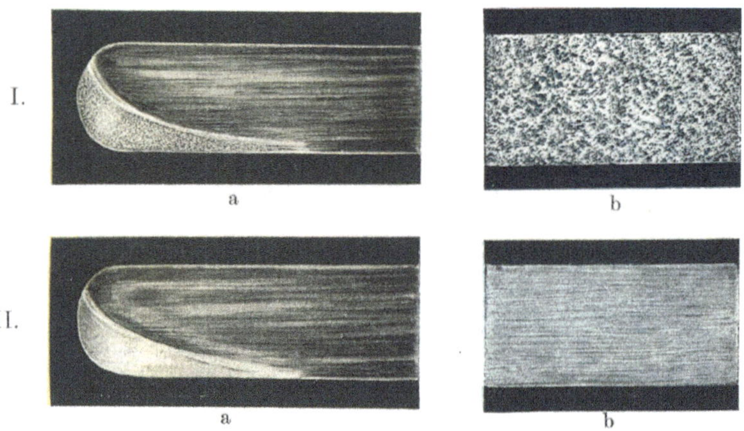

Abb. 42. I. Positive Agglutination mit Typhusbazillen und Typhusimmunserum a) bei Betrachtung mit bloßem Auge, b) mit Lupe oder Agglutinoskop. II. Negativer Ausfall der Agglutinationsprobe mit Normalserum und Typhusbazillen a) bei Betrachtung mit bloßem Auge, b) mit Lupe.

titrierung genügt für die vorläufige Beurteilung verdächtiger Kolonien die **„orientierende Agglutinationsprobe"** auf dem Objektträger. Findet man z. B. auf einer Endoagarplatte eine helle, durchsichtige Kolonie, die typhusverdächtig erscheint, so verreibt man mit der Platinnadel eine Spur davon in einem Tropfen einer Typhusserumverdünnung 1 : 50 und 1 : 100 auf dem Objektträger oder im hängenden Tropfen. Gleichzeitig werden in gleicher Weise die Kontrollen mit Kochsalzlösung und Normalserum angesetzt. Ist der Verdacht auf Typhus begründet, so erkennt man makroskopisch oder mit schwacher Vergrößerung deutliche Klümpchenbildung im Gegensatz zu den Kontrollen, die eine gleichmäßige milchige Trübung aufweisen. Für die endgültige Diagnose, insbesondere, wenn es sich um Feststellung erster Fälle handelt, genügt diese Probe nicht. Es muß unter allen Umständen der oben beschierbene quantitative Agglutinationsversuch mit Bestimmung des Grenztiters herangezogen werden. Dies ist deshalb nötig, weil eine unvollständige Agglutination, die wesentlich unter der Titergrenze des verwendeten Serums bleibt, auch als Ausdruck einer unspezifischen Gruppenreaktion oder Paragglutination (Ph. Kuhn) auftreten kann. Der Unterschied von Gruppenreaktion (Mitagglutination) und Paragglutination liegt in folgendem: Bei letzterer handelt es sich um eine infolge Zusammenlebens mit dem Erreger in der Kultur oder im Darminhalt (meist vorübergehende) Annahme einer gewissen Agglutinierbarkeit durch Bakterienarten, die mit dem spezifischen Erreger sonst nichts zu tun haben und zu ihm nicht einmal in näheren biologischen Verwandtschaftsbeziehungen stehen (z. B. Bact. coli bei Ruhr); die kulturelle und morphologische Untersuchung (z. B. der Nachweis von Vergärung des Traubenzuckers und von Eigenbewegung) bringt hier sofort die Entscheidung. Bei der Mitagglutination handelt es sich hingegen um mehr oder minder weitgehende Gruppenreaktion mit biologisch dem Erreger nahe verwandten Stämmen (z. B. zwischen Typhus- und Paratyphusbazillen); soweit hier nicht die vergleichende quantitative Austitrierung der Agglutination mit verschiedenen Seren (Typhus- und Paratyphus-Serum) ganz einwandfreie Unterschiede bringt (wie das z. B. innerhalb der Paratyphus-Gruppe selbst vorkommen kann), stehen uns zur endgültigen Entscheidung zwei Methoden zur Verfügung, nämlich der noch weiter unten zu besprechende Castellani'sche Absättigungsversuch und die Prüfung des durch aktive Immunisierung beim Kaninchen mit der fraglichen Kultur gewonnenen spezifischen Serums gegenüber sicheren Testkulturen; da nämlich die Spezifität der Serumreaktionen nicht nur zwischen einem in seiner Wirkung bekannten Immunserum und der zu prüfenden Kultur, sondern auch in reziprokem Sinne zwischen dem mit der fraglichen Kultur gewonnenen Immunserum und einem authentischen Laboratoriumsstamme gilt, so muß beispielsweise das neu gewonnene Immunserum, wenn die Ausgangskultur dem Paratyphus B angehört, auch seinerseits den bekannten Laboratoriumsstamm von Paratyphus B am stärksten agglutinieren.

Diese beiden letztgenannten Verfahren (Castellani'scher Versuch und Prüfung des durch aktive Immunisierung erhaltenen Serums gegenüber authentischen Kulturen) bieten auch in denjenigen Fällen eine Entscheidung, in denen sog. „serumfeste" Stämme vorliegen, d. h. z. B. Typhuskulturen, die alle morphologischen und kulturellen Eigenschaften des echten Typhusbazillus aufweisen, jedoch vom Typhus-Immunserum gar nicht oder nur schwierig agglutiniert werden. Solche inagglutinable Stämme nehmen nach häufiger (täglicher) Überimpfung auf frische künstliche Nährböden bald wieder ihre normale Agglutinierbarkeit an.

So viel über die Verwendung eines hochwertigen agglutinierenden Immunserums zur sicheren Diagnose einer Kultur (vgl. in den speziellen Kapiteln Cholera, Typhus, Ruhr) und zu ihrer Unterscheidung von verwandten Stämmen. Wenn hier von dem bekannten Immunserum ausgegangen wurde, um eine fragliche Kultur zu bestimmen, so kann umgekehrt die Agglutinationsreaktion auch zur Identifizierung der Immunkörper eines Serums mit Hilfe bekannter Bakterien (Gruber-Widal'sche Reaktion) differentialdiagnostisch verwendet werden. Wollen wir wissen, ob wir ein Typhus- oder Ruhrserum vor uns haben, so suchen wir quantitativ, d. h. durch Verdünnungen den Gehalt des Serums an Typhus- oder Ruhragglutininen festzustellen. Zu den Verdünnungen gibt man gleiche Mengen von Typhus- bzw. Ruhrbazillenaufschwemmung und legt Kontrollen mit Normalserum an. Nach 2stündigem Verweilen im Brutschrank bei 37° C finden wir dann z. B. daß das Serum Typhusbazillen in hohen Verdünnungen agglutiniert, während es sich Ruhrbazillen gegenüber wie Normalserum verhält. Es handelt sich demnach bei dem fraglichen Serum um Typhusserum.

Diese Reaktion hat eine große praktische Bedeutung gewonnen, einesteils für die frühzeitige Erkennung der Krankheit, da der Körper sehr bald nach der Infektion (zweite Woche) mit der Produktion von Agglutininen antwortet, andernteils für Rückschlüsse auf überstandene Krankheiten. Angewendet wird diese „Widalsche Reaktion" bei Typhus, Cholera, Dysenterie, Fleischvergiftungen (Paratyphus-Enteritis), Pest, Maltafieber, Genickstarre, Rotz u. a.

Bei dieser Prüfung menschlicher Sera auf ihre Agglutinationsfähigkeit kann man, besonders wenn Mischinfektion vorliegt, in der Diagnosestellung auf Schwierigkeiten stoßen, wenn nämlich das Serum zwei verschiedene Kulturen (z. B. Typhus und Paratyphus) in annähernd gleicher Höhe agglutiniert. In solchen Fällen ist der schon oben erwähnte Absättigungsversuch nach Castellani heranzuziehen, der darauf beruht, daß die Agglutinine in Bakteriengemischen quantitativ an die homologen Bakterien verankert werden, daß man z. B. einem verdächtigen Krankenserum, das Typhus- und Paratyphusbazillen in stärkeren Serumverdünnungen agglutiniert, durch Einbringen von Typhusbazillen die Typhusagglutinine vollständig entziehen kann. Agglutiniert das Zentrifugat dann noch Paratyphusbazillen in gleicher Titerhöhe, so handelt es sich um eine Mischinfektion von Typhus- und Paratyphusbazillen; ist aber die Agglutinationsfähigkeit auch für Paratyphusbazillen erloschen, so hat es sich nur um eine Mitagglutination (vgl. oben) gehandelt.

Eine andere auffallende Erscheinung, die sich bei der Anstellung der Widal'schen Reaktion ergeben kann, wird als „paradoxe Reihe" bezeichnet, wenn nämlich die Agglutination, entgegen dem normalen Verhalten, in den stärkeren Konzentrationen des Serums schwächer auftritt (bis zur völligen Hemmung) als in den höheren Verdünnungen; es handelt sich um eine Störung durch agglutinationshemmende Stoffe, die unter Umständen aus den Agglutininen hervorgehen.

Nach den gleichen Gesetzen, die für die bakteriellen Agglutinine gelten ist die Entstehung und Wirkung der Hämagglutinine zu denken, die durch Vorbehandlung der Versuchstiere mit einer heterologen Blutart gebildet werden und welche die Fähigkeit haben, die roten Blutkörperchen derjenigen Tierarten zusammenzuballen, deren Blut zur Immunisierung benutzt wurde.

6. Präzipitine.

Im Jahre 1897 fand Kraus, daß beim Vermischen von keimfreien Kulturfiltraten von Bakterien mit dem homologen Immunserum eine Trübung des Filtrates bis zur Niederschlagsbildung eintrat (Präzipitat). Die Reaktion, Präzipitation genannt, ist durchaus spezifisch und wird durch normales Serum nicht hervorgerufen. Die Stoffe, welche im Immunserum demnach vorhanden sein müssen und die gelösten Körper aus dem Kulturfiltrat spezifisch auszufällen vermögen, werden als Präzipitine bezeichnet. Nach neueren Anschauungen handelt es sich um die Fällung von kolloidalen Stoffen, die vorher im Solzustande sich befanden, nicht etwa um die Ausfällung von Kristalloiden aus echter Lösung. Es wird sich demnach bei der Präzipitation um die Überführung von Kolloidsolen in Gele handeln.

Die Präzipitine sind gegen Erhitzung wenig widerstandsfähig und verlieren schon bei Erhitzung auf 60° ihre ausfällende Wirksamkeit, wobei sie allerdings ihr Bindungsvermögen gegenüber dem Präzipitinogen noch beibehalten (Umwandlung in Präzipitoïde). Nach ihrem chemischen Aufbau rechnet man sie zu den Globulinen bzw. Pseudoglobulinen, denen sie jedenfalls nahe verwandt sind. Der amorphe, sehr voluminöse Niederschlag, das Präzipitat, eine Eiweißsubstanz, die zum größten Teil aus dem Immunserum gebildet wird, ist äußerst fein und passiert die dichtesten Filter; sie ist in verdünnten Säuren und Alkalien löslich[1]).

Die Bildung von Präzipitinen erfolgt nicht nur nach Injektion von Bakterien oder anderen geformten Elementen, sondern stellt eine allgemeine Reaktionserscheinung des Organismus auf parenterale Einführung gelösten Eiweißes, sei es tierischen, pflanzlichen oder bakteriellen Ursprungs, dar. Man nennt diese letzteren Immunsubstanzen im Gegensatz zu den Bakterienpräzipitinen „Eiweißpräzipitine“ (Tschistowitsch und Bordet). Die Substanz, die in dem Bakterienkulturfiltrat oder in der Eiweißlösung vorhanden ist, wird als präzipitable oder, da sie antigene Funktion aufweist, d. h. Antikörperbildung auszulösen vermag, auch als präzipitinogene Substanz bezeichnet.

Zur Gewinnung präzipitierender Immunsera werden die Versuchstiere mit Bakterien selbst, deren Kulturfiltraten oder Bakterienextrakten, in denen sich das Bakterieneiweiß in gelöster Form findet, mehrere Male intravenös oder intraperitoneal behandelt. Das sterile klare Serum wird bei der Anstellung des Versuchs in fallenden Mengen zu einer bestimmten Menge sterilen, ebenfalls vollkommen ungetrübten Präzipitinogens gebracht oder umgekehrt. Der Ausfall der Reaktion ist von den quantitativen Verhältnissen sehr abhängig.

---

[1]) Enthält das betreffende Immunserum noch andere Immunstoffe, wie z. B. Antitoxine, so werden dieselben bei der Präzipitatbildung ebenfalls mit ausgefällt.

Die Versuchsanordnung zeigt folgende Tabelle:

Pestbouillonfiltrat (Präzipitinogen)	Pestserum (Präzipitin)	0,85%ige NaCl-Lösung	Resultat	
			nach 3 Std.	nach 24 Std.
5 ccm	0,5	0,5	sehr trüb	starker Bodensatz, Flüssigkeit darüber klar.
5 „	0,1	0,9	trüb	geringer Bodensatz, Flüssigkeit darüber klar.
5 „	0,05	0,95	klar	kein Bodensatz, klar.
Kontr. 5 ccm	—	1,0	klar	klar
—	0,5	5,5	klar	klar.
—	0,1	5,9	„	„
—	0,05	5,95	„	„
5 ccm	Normalserum 0,5	0,5	klar	klar

Neben dieser Mischungsmethode hat sich noch eine andere Methode eingebürgert, die Schicht- oder Ringprobe (Ascoli).

In 6 cm lange, 0,4—0,5 cm breite Röhrchen werden auf kleine Mengen Immunserum bei schräg geneigtem Röhrchen kleine Mengen Antigen vorsichtig, um ein Vermischen der beiden Flüssigkeiten zu vermeiden, geschichtet.

Bei positivem Ausfall der Reaktion entsteht an der Berührungsfläche der beiden Flüssigkeiten ein grauweißer Ring.

Zur Unterstützung der klinischen Diagnose von Infektionskrankheiten macht man bisher nur in vereinzelten Fällen von der Präzipitation Gebrauch; z. B. wenn es sich um lösliche Bakteriensubstanzen in Exsudaten oder Organflüssigkeiten handelt.

Die Präzipitation hat dagegen zur Differenzierung von Eiweiß eine außerordentlich große praktische Bedeutung gewonnen. Die grundlegenden Versuche stammen von Bordet und Tschistowitsch (1899). Das Serum von Kaninchen, die mit Aalblut bzw. Pferdeblut vorbehandelt waren, erzeugte nur in der homologen, nicht aber in anderen Blutlösungen einen Niederschlag. Später gelang es Wassermann, Uhlenhuth und Schütze, durch Injektion von Milch verschiedener Tierarten bei Kaninchen Sera zu erzeugen, die streng spezifisch auf die zur Immunisierung benutzte Milchart eingestellt waren, so daß z. B. das Serum eines mit Kuhmilch vorbehandelten Kaninchens nur auf Kuhmilch und nicht auf Frauenmilch präzipitierend wirkte. Weiter konnte Uhlenhuth mit dieser biologischen Methode die Eiweißarten der verschiedenen Vogeleier unterscheiden und feststellen, daß mittelst der Präzipitationsmethode sich noch Eiweiß in einer Verdünnung von 1 : 100 000 nachweisen läßt, Verdünnungen, in denen chemische Methoden längst versagen. Diese Entdeckungen wurden von ausschlaggebender Bedeutung für die forensische Medizin, wenn es sich darum handelt, menschliches Eiweiß von tierischem zu unterscheiden (forensische Blutdifferenzierung). Die Reaktion gelingt selbst dann noch, wenn das verdächtige Material (Blut-Eiweißflecke) schon jahrelang an Gegenständen (Leinwand, Papier, Holz, Metall usw.) angetrocknet ist.

Weiter ist die Präzipitationsreaktion ein wichtiger Faktor in der Nahrungsmittelkontrolle geworden. Sie wird zur Aufdeckung von Verfälschungen durch Beimengung minderwertiger Fleischsorten, wie Pferde- und Hundefleisch, herangezogen. Auch gesalzene, geräucherte, getrocknete oder gefrorene Fleischsorten, wie sie namentlich vom Auslande eingeführt werden, unterliegen der Kontrolle durch dieses Verfahren. Andere Nahrungsmittel wie Eier-, Milchpräparate sowie Natur- und Kunsthonig lassen sich in derselben Weise auf ihren Ursprung

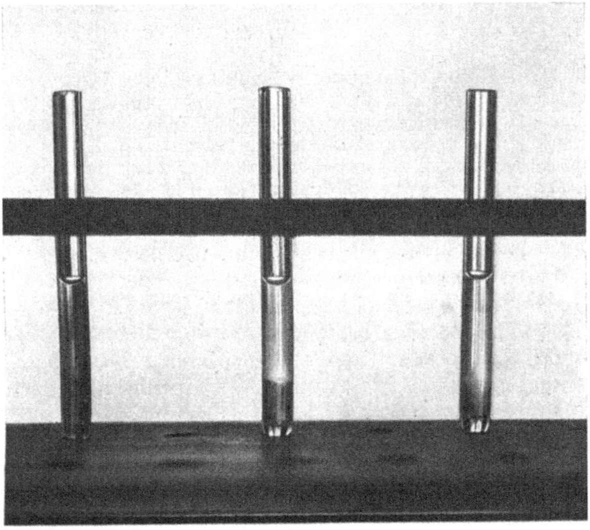

a b c

Abb. 43. Präzipitationsversuch.
a Kontrolle, b und c positive Präzipitation.

und ihre Reinheit prüfen. Ebenso können Nährpräparate pflanzlicher Herkunft durch diese biologische Methode einwandsfrei geprüft werden, da sich die verschiedenen pflanzlichen Eiweiße voneinander und auch von tierischem Eiweiß unterscheiden lassen.

Aber nicht nur für praktische Zwecke, sondern auch für die Beantwortung theoretischer Fragen ist die Methode der spezifischen Präzipitinreaktion bedeutsam geworden, so für die Klarstellung der verwandtschaftlichen Beziehungen unter den verschiedenen Tierarten, so z. B. der Verwandtschaft zwischen Mensch und Affen, Huhn und Taube, Pferd und Esel, Hase und Kaninchen, Fuchs und Hund, Ziege, Schaf und Rind (Uhlenhuth). Andererseits wurde auf diesem Wege die entwickelungsgeschichtlich interessante Tatsache ermittelt, daß gegenüber der für jede Tierart spezifischen Beschaffenheit des Blutserums das

Eiweiß der Kristallinse aller Tiere einen einheitlichen Körper darstellt und bei den einzelnen Arten sich nicht voneinander differenzieren läßt.

Die Technik und Methodik der biologischen Eiweißdifferenzierung soll hier noch kurz besprochen werden.

Für Immunisierungszwecke eignet sich am besten das Kaninchen. Es werden mehrere Tiere gleichzeitig immunisiert, da Tierverluste durch Anaphylaxie, die sich meistens nach der dritten Injektion einstellen, unliebsame Verzögerungen bringen können. Als Injektionsmaterial dient entweder Serum oder filtrierter Muskelpreßsaft, Eiweiß oder Milch. In Abständen von 6 Tagen wird 1 ccm der genannten Flüssigkeiten den Versuchstieren intravenös oder subkutan oder intraperitoneal beigebracht. 6 Tage nach der letzten Injektion beginnt man mit der Prüfung des Immunserums auf seine Wertigkeit. Erweist sich das Serum als hochwertig — hochwertige Sera sind nach Uhlenhuth für die forensische Praxis vorzuziehen — so wird das Tier entblutet, das Serum vollkommen geklärt und steril aufbewahrt.

Der Titer des Serums wird bestimmt, indem man von dem zu untersuchenden Eiweiß und dementsprechend zur Immunisierung benutzten Eiweiß (Präzipitinogen) verschiedene Verdünnungen (1 : 10, 100, 1000 usw.) ansetzt und zu je 1 ccm derselben 0,1 ccm des auszuwertenden Serums zufügt. Es entstehen Trübungen und Ausflockungen (eventuell Beobachtung nach 1stündigem Verweilen im Brutschrank bei 37°). Die Verdünnung des Eiweißes, in der sich noch ein deutliches Präzipitat nachweisen läßt, bestimmt dann den Titer des Serums.

Das zu untersuchende Material kann, wie gesagt, der verschiedenartigsten Provenienz sein. Bei allen gilt es, eine wasserklare Lösung des Untersuchungsmaterials herzustellen. Die in Kleidungsstücken befindlichen Blut-, Spermaflecke usw. werden herausgeschnitten, vollkommen zerkleinert und mit einer kleinen Menge physiologischer Kochsalzlösung ausgelaugt (ca. 24 Stunden im Eisschrank). Ist das Material an Holz usw. angetrocknet, so werden die Flecke sorgfältig mit sterilem Instrument abgekratzt und das Abschabsel ebenfalls mit NaCl-Lösung ausgelaugt. Die Extrakte müssen dann völlig klar filtriert werden. Es hat sich als zweckmäßig herausgestellt, im Hauptversuch das Untersuchungsmaterial in erheblicher Verdünnung (meistens 1 : 1000) und das präzipitierende Serum in unverdünntem Zustand zu verwenden. Zur annähernden Feststellung des erforderlichen Verdünnungsgrades des Testmaterials bedient man sich folgender Reaktionen:

1. Schaumbildung, die beim Schütteln einer eiweißhaltigen Lösung entsteht;
2. Kochprobe unter Zusatz eines Tropfens 25%iger Salpetersäure, wodurch bei einem Eiweißgehalt von 1 : 1000 die Flüssigkeit opaleszierend getrübt wird.

Vor der Anstellung des Hauptversuchs muß man sich im Vorversuch überzeugen, ob das präzipitierende Serum auch wirklich mit der entsprechenden Testflüssigkeit, z. B. einem Extrakt aus an Leinwand angetrockneten alten Blutflecken vom Mensch, Rind, Schwein, Pferd usw. die Reaktion auszulösen vermag.

Die Anordnung dieses Vorversuchs zeigt folgende Tabelle.

Nr.	Präz.-Ser. vom Kaninchen	Normalserum vom Kaninchen	Testflüssigkeit 1 : 1000	NaCl-Lösung 0,85%	Resultat	
1	0,1	—	1,0	—	Hauchartige Trübung nach 5 Min.	Ausflockung und Bodensatz nach 20 Min.
2	—	0,1	1,0	—	klar	klar
3	0,1	—	—	1,0	klar	klar

Die Röhrchen dürfen nicht geschüttelt werden.

Die Reaktion soll spätestens in 20 Minuten bei Zimmertemperatur auftreten; nach dieser Zeit erscheinende Trübungen sollen nicht im positiven Sinne gedeutet werden. Zur leichteren Erkennung der Trübungen ist es vorteilhaft, zwischen Lichtquelle und Präzipitationsröhrchen eine schwarze Tafel zu halten.

Handelt es sich z. B. um die Feststellung, ob ein alter an Leinwand angetrockneter Blutfleck von Menschenblut herrührt oder nicht, so stellt man nach Uhlenhuth und Weidanz den Hauptversuch mit den erforderlichen Kontrollen folgendermaßen an.

		Resultat
Röhrchen I	Fragliche Blutlösung 0,9 ccm + 0,1 Antiserum (Mensch)	Trübung, Ausflockung, Bodensatz
„ II	Fragliche Blutlösung 0,9 ccm + 0,1 normales Kaninchenserum	klar
„ III	Homologe Blutlösung 0,9 ccm (Mensch) + 0,1 Antiserum (Mensch)	Trübung, Ausflockung, Bodensatz
„ IV	Heterologe Blutlösung 0,9 ccm (Schwein) + 0,1 Antiserum (Mensch)	klar
„ V	Heterologe Blutlösung 0,9 ccm (Rind) + 0,1 Antiserum (Mensch)	„
„ VI	Physiologische Kochsalzlösung 0,9 ccm + 0,1 Antiserum (Mensch)	„
„ VII	Substratextrakt 0,9 ccm (Stoff) + 0,1 Antiserum (Mensch)	„

Das Zustandekommen einer spezifischen Ausfällung im Röhrchen I, übereinstimmend mit der positiven Kontrolle (Röhrchen Nr. III) und dem negativen Ausfall aller übrigen Kontrollen beweist, daß die im Röhrchen I untersuchte fragliche Blutlösung derselben Art angehört wie die im Röhrchen III verwendete, d. h. von Menschenblut herrührt.

Anhang: **Thermopräzipitation.**

Die Thermopräzipitation dient dem Nachweis der thermostabilen bakteriellen Antigene, wie sie sich in den Organen oder den Exkreten der Menschen und der Tiere finden. Sie wurde im Jahre 1911 von Ascoli und Valenti zuerst bei Milzbrand versucht; das Ergebnis war, daß Milzbrandserum in Koch-Extrakten aus Organen milzbrandkranker Tiere spezifische Fällungen hervorruft, während bei Verwendung sowohl von normalem als auch von heterologem Immunserum (Tetanus-, Pneumokokken-Serum usw.) keine Präzipitatbildung eintritt.

Die Herstellung der Organextrakte geschieht folgendermaßen.

Die Organe eines an Milzbrand eingegangenen Tieres usw. werden zerkleinert, im Mörser zerrieben, zwecks Entfärbung mit 10 ccm Chloroform durchmengt und 5 Stunden bei Zimmertemperatur belassen. Nach Entfernung des Chloroforms wird der Brei mit 5 ccm physiologischer NaCl-Lösung extrahiert und nach 2 Stunden filtriert (durch Papier oder Asbest). Das Extrakt muß vollkommen klar sein.

In dem Hauptversuch wird in besonderen Präzipitationsröhrchen das Extrakt auf ein hochwertig präzipitierendes, vollkommen klares Milzbrandserum und zur Kontrolle auf ein Normalserum geschichtet. Bei positivem Ausfall tritt in dem ersten Röhrchen an der Berührungsstelle der beiden Flüssigkeitsschichten ein grauweißer Ring auf, während das Kontrollröhrchen vollkommen unverändert bleibt.

Das Verfahren läßt sich unter Verwertung der Thermoresistenz der präzipitablen Substanz für den Praktiker bedeutend vereinfachen.

Nach Aufschwemmung der zerkleinerten Organe in physiologischer NaCl-Lösung (5—10faches Volumen) kocht man etwa 2 Minuten auf, filtriert durch Papier oder Asbest und stellt nach dem Erkalten die Schichtprobe an.

Diese Thermopräzipitinmethode hat mit den Ergebnissen der mikroskopischen Untersuchung stets übereinstimmende Resultate geliefert und selbst da, wo das bakteriologische Kulturverfahren im Stich läßt (Überwuchern durch Fäulniskeime), noch den Nachweis der stattgehabten Infektion erbracht. Kontrollproben mit normalen Organen ergeben stets negative Resultate.

Für die Milzbranddiagnose ist von Ascoli ein Diagnostikum angegeben, das von der Firma Gans in Oberursel vertrieben wird.

Die Thermopräzipitinreaktion ist seitdem bei Schweinerotlauf, Rauschbrand, Paratyphusinfektionen, Tuberkulose, Maltafieber, Pest Fleckfieber versucht und insbesondere für die Diagnose der Pneumokokkeninfektionen (Schürmann) mit Erfolg angewendet worden.

7. Hämolysine.

Die Hämolysine, 1898 von Bordet gefunden, sind Stoffe (Ambozeptoren) die im normalen Serum vieler Tierarten und Tierindividuen vorhanden sein können und welche die Fähigkeit haben, Erythrozyten aufzulösen, d. h. auf das Blutkörperchenstroma schädigend einzuwirken, so daß das Hämoglobin frei wird und sich dann im Serum auflöst; das Blut wird dadurch lackfarben. Diesen Prozeß der Lösung der roten

Blutkörperchen, der erst oberhalb der Temperatur von 15⁰ und am besten bei 37⁰ erfolgt, nennt man Hämolyse. Die diesen Prozeß verursachenden Stoffe bezeichnet man, wenn sie sich schon im unvorbehandelten Tier finden, als Normalhämolysine, im Gegensatz zu den Immunhämolysinen oder künstlich erzeugten Hämolysinen. Injiziert man einem Versuchstier artfremde rote Blutkörperchen, so antwortet der Körper auf diesen Eingriff durch Bildung von streng spezifischen, nur auf die eine bestimmte Blutart eingestellten Antikörpern, welche die fremden Erythrozyten zur Auflösung bringen. Je weiter der Abstand der Art zwischen dem das Blut spendenden und dem injizierten Tiere ist, desto reichlicher werden Hämolysine erzeugt.

Die Hämolysine sind thermostabil; sie vertragen Temperaturen von 56—58⁰ C ohne Schaden. Sie bedürfen zur Entfaltung ihrer hämolytischen Eigenschaften des Komplements. Die Herstellung gut wirksamer Immunhämolysine bzw. hämolytischer Ambozeptoren geschieht folgendermaßen:

Das als Antigen dienende Blut wird zur Vermeidung der Gerinnung in sterilem Erlenmeyerschen Kolben, in dem sich Glasperlen befinden, durch Schütteln defibriniert. Durch Zentrifugieren entfernt man das Serum, und die so gewonnenen Erythrozyten werden durch mehrmaliges Waschen mit 0,85%iger Kochsalzlösung in der Zentrifuge von den letzten Resten des Serums befreit. Nach dem letzten Zentrifugieren entfernt man die überstehende Waschflüssigkeit, füllt dafür mit physiologischer Kochsalzlösung bis zum ursprünglichen Volum des Blutes auf und erhält dann die Erythrozyten in der gleichen Konzentration wie im Blute, aber vollkommen ohne jede Serumbeimengung.

Für die Herstellung des hämolytischen Ambozeptors erweisen sich verschiedene Methoden der Immunisierung als brauchbar, und zwar

1. Die intraperitoneale Injektion von 5,0, 10,0 und 15,0 ccm gewaschener roter Blutkörper an drei aufeinander folgenden Tagen (Schnellmethode).
2. Die intraperitoneale Injektion von 20,0 und 30,0 ccm gewaschener Erythrozyten in Zwischenräumen von je 4—8 Tagen.
3. Am einfachsten die intravenöse Injektion von 1,5—2,5 ccm gewaschener Erythrozyten in Zwischenräumen von 4—6 Tagen 2—3 mal.

Die ersten beiden Injektionen werden meistens gut vertragen im Gegensatz zur dritten und den eventuell folgenden nicht ungefährlichen Injektionen, bei denen bedrohliche anaphylaktische Erscheinungen auftreten können; vgl. weiter unten das betreffende Kapitel.

Vom 6. Tage an nach der zweiten bzw. dritten Injektion wird durch tägliche Probeblutentnahme der Ambozeptorengehalt des Blutes bestimmt. Bei hohem Titer wird zur Entblutung des Tieres geschritten.

Die Konservierung des Ambozeptors erfolgt am besten durch „Inaktivierung" durch Erhitzung des Serums während $^1/_2$ Stunde im Wasserbad von 56⁰ C (wobei das Komplement zerstört wird) mit nachfolgendem Phenolzusatz (0,5%).

Wie geschieht nun die Titration des hämolytischen Ambozeptors? Abfallende Mengen inaktivierten hämolytischen Ambozeptors werden mit einer konstanten Menge Komplement und Erythrozyten der zur Immunisierung benutzten Tierart zusammengebracht. Als Komplement dient zur Komplettierung von Kaninchenserum gewöhnlich das frisch entnommene Serum von Meerschweinchen, da besonders reich an Komplement zu sein pflegt. Ein derartig zusammengestelltes System nennt man das hämolytische System.

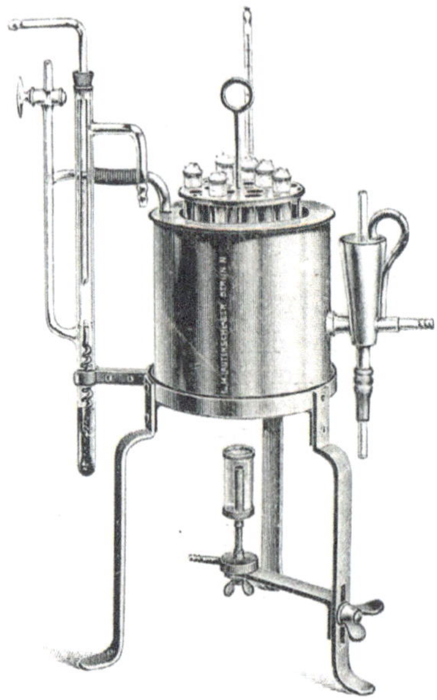

Abb. 44. Wasserbad für konstante Temperatur für Inaktivierungsversuche etc.

Gewöhnlich verwendet man nach dem Vorschlage von Bordet und Gengou als Antigen eine 5%ige Aufschwemmung frischer, gewaschener Schafblutkörperchen. Zur Verdünnung muß unbedingt eine 0,85%ige Kochsalzlösung verwendet werden.

Das Meerschweinchenkomplement wird durch Entbluten oder durch Herzstich (Morgenroth) von normalen Meerschweinchen gewonnen. Man läßt das Serum sich vom Blutkuchen klar absetzen oder gewinnt es durch Zentrifugieren und verwendet gewöhnlich die konstante Dosis von 1 ccm der Verdünnung 1 : 20. Das Komplement ist im Eisschrank 24 Stunden, im „Frigo" wochenlang haltbar. Aus der beigefügten Zeichnung, die das Verständnis für derartige Hämolyseversuche wesentlich erleichtert, geht hervor, daß das Komplement sich nicht direkt mit den roten Blutkörperchen zu verbinden vermag, daß es vielmehr eines Zwischenkörpers, des Ambozeptors, bedarf, der sich mit seiner komplementophilen Gruppe an die roten Blutkörperchen verankert und somit das Bindeglied zwischen Komplement und roten Blutkörperchen darstellt. Erst in Verbindung mit dem Ambozeptor kann das Komplement nach Art eines Verdauungsfermentes seine lösende Wirkung auf die Erythrozyten ausüben.

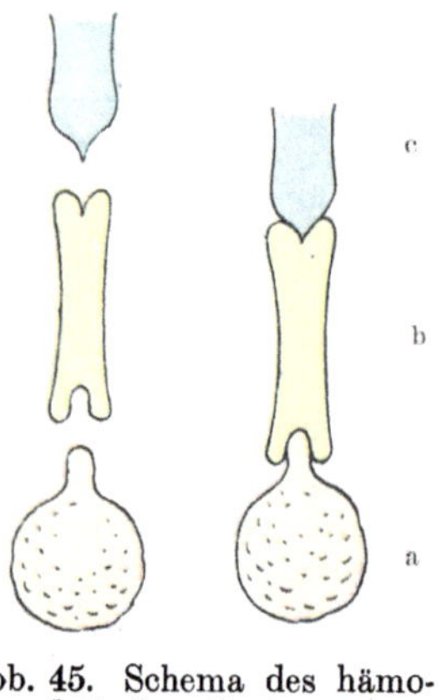

Abb. 45. Schema des hämolytischen Systems.
a Antigen (hier Erythrozyten),
b Ambozeptor,
c Komplement.

Je 1 ccm der oben aufgezählten Substanzen werden nun (s. Tabelle) in ein Reagenzglas eingefüllt, gut miteinander vermischt, mit 2 ccm physiologischer NaCl-Lösung auf 5 ccm aufgefüllt. Als Kontrollen für das hämolytische System werden angesetzt:

1. eine 5% Erythrozytenaufschwemmung + Ambozeptor allein
2. ,, 5 ,, ,, + Komplement allein
3. ,, 5 ,, ,, + physiolog. Kochsalzlösung.

Diese Kontrollen müssen ungelöst bleiben; anderenfalls sind entweder der Ambozeptor (wegen ungenügender Inaktivierung) oder das Komplement (wegen zufälligen Gehalts des betreffenden Meerschweinchenserums an Normalhämolysinen) oder die verwendeten Erythrozyten (wegen abnormer Fragilität) zum Versuche unbrauchbar und müssen durch neue Reagenzien ersetzt werden. Bei zufriedenstellendem Ausfall der Kontrollen wird im Hauptversuch nach etwa einer Stunde Verweilen im Brutschrank bei 37° und danach 12stündigem Stehenlassen im Eisschrank der Grad der Hämolyse festgestellt.

Einstellen des Ambozeptors:

Röhrchen	Antigen	Ambozeptor	Komplement	0,85%ige Kochsalzlösung		Resultat
1	1 ccm 5%ige Schafblutkörperchenaufschwemmung	1 ccm $^1/_{400}$	1 ccm 5%iges Meerschweinchen-Serum	2 ccm	1 Stunde Brutschrank 37° C	+++
2	,,	1 ,, $^1/_{600}$	,,	2 ,,		+++
3	,,	1 ,, $^1/_{800}$	,,	2 ,,		+++
4	,,	1 ,, $^1/_{1000}$	,,	2 ,,		+++
5	,,	1 ,, $^1/_{1500}$	,,	2 ,,		+++
6	,,	1 ,, $^1/_{2000}$	,,	2 ,,		+++
7	,,	1 ,, $^1/_{2500}$	,,	2 ,,		++
8	,,	1 ,, $^1/_{3000}$	,,	2 ,,		+
9	,,	1 ,, $^1/_{4000}$	,,	2 ,,		0
10	,,	1 ,, $^1/_{5000}$	,,	2 ,,		0
11 } Kontrollen	,,	—	,,	3 ,,		0
12 } Kontrollen	,,	1 ,, $^1/_{200}$	—	3 ,,		0
13 } Kontrollen	,,	—	—	4 ,,		0

Ergebnis:
1 ccm $^1/_{2000}$ Ambozeptor = Minimaldosis, erforderlich zur vollständigen Hämolyse.

Aus der Tabelle ist ersichtlich, daß 1 ccm der Ambozeptorverdünnung $^1/_{2000}$ die zur vollständigen Hämolyse noch eben erforderliche Minimaldosis darstellt; für den Versuch (z. B. die Anstellung der Wassermannschen Reaktion) würde man demnach von diesem Ambozeptor 1 ccm der Verdünnungen $^1/_{1000}$ bis $^1/_{500}$, d. h. das Doppelte bis Vierfache der hämolytischen Minimaldosis, wählen.

Für die Beurteilung der Reaktion, d. h. den Grad der Hämolyse haben sich folgende Bezeichnungen eingebürgert:

	Bodensatz:	Flüssigkeit:
+++ = komplette Hämolyse	fehlt	lackfarben und klar
++ = starke ,,	geringer, eben erkennbar	lackfarben und trübe
+ = inkomplette ,,	deutlich rotgefärbt; trüb	mehr oder weniger rotgefärbt; trüb
0 = keine ,,	hoch (Kuppe)	farblos

Der Vollständigkeit halber sei hier noch hinzugefügt, daß Hämolyse auch durch zahlreiche andere Substanzen hervorgerufen werden kann, so durch Alkalien und Säuren, durch Pflanzengifte, wie Rizin, Abrin, Krotin, Robin, Phalin, ferner durch Bakteriengifte, wie Tetanolysin, Staphylolysin, Bouillonkulturen von Choleravibrionen, Streptokokken usw., endlich durch gewisse tierische Gifte (Schlangengift und Skorpionengift).

Bei den Hämolyseversuchen ist es weiter notwendig, auch das Komplement genau in seiner Wirksamkeit zu kennen, d. h. den Komplementgehalt des Meerschweinchenserums zu titrieren. Das Einstellen des Komplements geht so vor sich, daß man zu 1 ccm einer 5%igen Schafblutkörperchenaufschwemmung eine konstante, d. h. die im vorigen Versuch ermittelte Ambozeptordosis mit fallenden Dosen Komplement zusammenbringt und das Ganze auf 5 ccm mit Kochsalzlösung (0,85%) auffüllt (s. Tabelle).

Einstellen des Komplementes.

Röhrchen	Antigen	Ambozeptor	Komplement	Kochsalz 0,85%		Resultat
1	1 ccm 5%ige Schafblutkörperchenaufschwemmung	1 ccm 1/1000	1 ccm 5%iges Meerschweinchenserum	2 ccm	1 Stunde Brutschrank 37° C	+++
2	,,	1 ,, ,,	0,8 ccm ,,	2,2 ccm		+++
3	,,	1 ,, ,,	0,7 ,, ,,	2,3 ,,		+++
4	,,	1 ,, ,,	0,5 ,, ,,	2,5 ,,		+++
5	,,	1 ,, ,,	0,3 ,, ,,	2,7 ,,		++
6	,,	1 ,, ,,	0,2 ,, ,,	2,8 ,,		+
7	,,	1 ,, ,,	1 ,, 1%	2,0 ,,		0
8	,,	1 ,, ,,	0,8 ,, ,,	2,2 ,,		0
9	,,	1 ,, ,,	0,6 ,, ,,	2,4 ,,		0
10	,,	1 ,, ,,	0,4 ,, ,,	2,6 ,,		0
11	,,	1 ,, ,,	0,2 ,, ,,	2,8 ,,		0
12 Kontrollen	,,	1 ,, ,,	—	3,0 ,,		0
13 Kontrollen	,,	—	1 ccm 10%	3,0 ,,		0
14 Kontrollen	,,	—	—	4,0 ,,		0

Zeichenerklärung: s. oben.
Ergebnis: 0,025 ccm Meerschweinchen-Serum = hämolytische Minimaldosis. Gewählte Dosis 0,05 ccm, d. h. 1 ccm 5%iges Meerschweinchen-Serum.

8. Komplementbindung und Wassermann'sche Reaktion.

Die eben beschriebenen Vorgänge bei der Hämolyse erleichtern das Verständnis der jetzt zu besprechenden „Komplementbindung". Von Bordet und Gengou wurde das Phänomen der Hämolyse zum ersten Male im Jahre 1901 zum Nachweis der Komplementbindung benutzt.

In dem klassischen Versuch der genannten Autoren über die Einheitlichkeit des Komplementes wurden Bakterien, z. B. Typhusbazillen, mit inaktiviertem homologen Immunserum (Ambozeptoren) und Komplement im Reagenzglase gemischt. Es verbinden sich die Bakterien durch das Bindeglied Ambozeptor mit dem Komplement und es tritt infolgedessen Bakteriolyse auf; das Komplement ist somit verbraucht. Fügt man nun zu diesem Gemisch nach einiger Zeit gewaschene Erythrozyten und homologes Immunhämolysin hinzu, um festzustellen, ob außer dem bakteriolytischen noch ein besonderes hämolytisches Komplement vorhanden sei, so zeigte sich durch das Ausbleiben der Hämo-

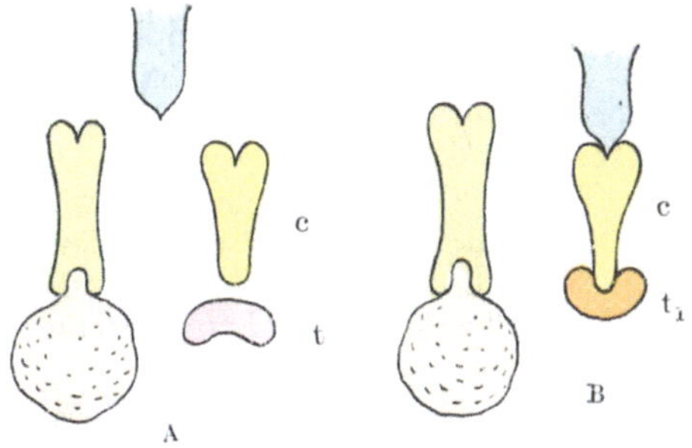

Abb. 46. Komplementbindung (Schema).

lyse, daß das am Beginn des Versuchs vorhanden gewesene Komplement bereits vollständig durch den Vorgang der Bakteriolyse von den Bakterien „fixiert" oder „gebunden" war, daß also nicht etwa zwei verschiedene Komplemente vorhanden waren, sondern ein einheitliches Komplement, das sowohl bei der Bakteriolyse wie bei der Hämolyse in Wirkung tritt. Abgesehen von dieser theoretisch bedeutsamen Feststellung erhielt die Methode der Komplementbindung bald ihre diagnostische Bedeutung. Bei bekanntem Antigen ermöglicht sie die Feststellung spezifischer Ambozeptoren in dem zu untersuchenden Serum, und umgekehrt kann man bei bekanntem Immunserum die Frage nach dem Vorhandensein und der Natur eines bestimmten Antigens beantworten, also beispielsweise die spezifische Natur einer Bakterienart feststellen.

Das vorstehende farbige Schema soll die Komplementbindung veranschaulichen.

In Abb. Nr. 46 A links haben wir das hämolytische System: Erythrozyten (Schaf) rot, Ambozeptor grün, Komplement blau, recht, daneben ein Antigen (z. B. Typhusbazillen (t) violett und einen dazu nicht passenden Ambozeptor Choleraimmunserum (c) gelb.

Das Komplement hat sich nicht an diese letzte Gruppe fixiert, da Antigen (t) und Choleraimmunserum (c) nicht aufeinander abgestimmt sind und daher keine Bindung eingehen können; das Komplement ist also frei geblieben und verankert sich daher am nachträglich zugesetzten hämolytischen System. Es tritt infolgedessen Hämolyse ein. Handelt es sich aber (s. Abb. Nr. 46 B) um ein Antigen mit zugehörigem Ambozeptor, z. B. um Choleravibrionen als Antigen (t_1) und das homologe Cholera-serum (c), so tritt eine Verbindung dieser Körper mit dem Komplement ein und die Hämolyse bleibt bei nachträglicher Hinzufügung des hämolytischen Systems aus, da das für die Komplettierung des hämolytischen Systems notwendige Komplement bereits verbraucht ist.

Das hämolytische System dient also als Indikator, um den an sich nicht direkt sinnfälligen Vorgang der Bindung eines Antigens an den spezifisch abgestimmten Antikörper dem Auge wahrnehmbar zu gestalten.

Die diagnostische Anwendung der Komplementbindungsmethode ist außerordentlich groß. Sie ist anwendbar bei allen möglichen bakteriellen Infektionen, bei denen es sich um den Antikörpernachweis im Blute der Kranken und Genesenden gegenüber Extrakten aus den Erregern handelt. Wegen der technischen Schwierigkeiten, welche diese Methode bietet, hat sie eine praktische Bedeutung nur bei Meningitis (Schürmann), Rhinosklerom und Rotz der Pferde erlangt. Auch kann diese Methode bisweilen zur Differentialdiagnose nahe verwandter Arten von Bakterien verwandt werden.

Einen Schritt weiter führen uns die von v. Wassermann und Bruck gefundenen Tatsachen, daß es nämlich gelingt, auch mit Bakterienextrakten, also gelösten Bakteriensubstanzen, Ambozeptoren zu erzeugen und ihr Vorhandensein durch den Komplementbindungsversuch festzustellen (Typhus). Auch konnten sie mit dieser Versuchsanordnung den Nachweis von Antituberkulin in den Organen Tuberkulöser und im Serum nur bei Tuberkulösen, die mit Tuberkulin vorbehandelt waren, erbringen. Von ungleich größerer praktischer Bedeutung war es aber, daß es v. Wassermann, A. Neißer und Bruck im Jahre 1906 gelungen ist, die von Bordet und Gengou gefundene serologische Untersuchungsmethode durch Komplementbindung für die Diagnose der Syphilis brauchbar zu gestalten. Die genannten Forscher konnten zuerst im Blutserum experimentell mit Syphilis infizierter und wieder geheilter Affen die syphilitischen Antikörper nachweisen, desgleichen später auch im strömenden Blut von luetischen Menschen und in der Lumbalflüssigkeit von Paralytikern (Plaut).

Die Serodiagnostik der Syphilis leistet aber nicht nur für die Erkennung der Krankheit in zweifelhaften Fällen große Dienste, sondern sie ist auch in jedem Fall eine unentbehrliche Handhabe für die richtige Durchführung der Behandlung; solange die Reaktion positiv ausfällt, ist das syphilitische Virus noch im Körper enthalten und mit der

Möglichkeit von Rezidiven zu rechnen; erst der dauernd negative Ausfall der Reaktion gewährleistet sichere Heilung.

Die Wassermann-Reaktion (Wa.-R.), wie diese Methode kurz genannt wird, erfordert eine komplizierte Technik; sie ist keine von den Methoden, die der praktische Arzt in der Sprechstunde auszuführen vermag, sondern es ist erwünscht, sie in Spezialinstituten, denen ein geschultes Personal zur Verfügung steht, mit den notwendigen Kontrollversuchen ausführen zu lassen.

Für diese Reaktion kommen 5 Substanzen in Betracht, die im folgenden einzeln besprochen werden.

I. Als Antigen dient ein Auszug aus fötaler, syphilitischer Leber oder auch aus normalen Organen (z. B. Meerschweinchenherzen, normaler Menschenleber). Betreff der theoretischen Bedeutung der Verwendbarkeit normaler Organextrakte für die Auffassung der Wa.-R. vgl. weiter unten.

Das spezifische luetische Leberextrakt wird folgendermaßen bereitet. Zunächst wird die Leber mikroskopisch auf das Vorhandensein von Spirochäten geprüft; bei positivem Spirochätenbefunde wird dann die Leber zerkleinert und mit Seesand im Mörser gut verrieben. Man bringt diese Masse in Literflaschen und fügt auf je 1 g Leber 50 ccm 96% Alkohol hinzu; hierauf überläßt man dieses Extrakt sich selbst 48 Stunden, bringt es über Nacht in den Brutschrank, schüttelt es am anderen Tage nach Möglichkeit den ganzen Tag über im Schüttelapparat und läßt es eventuell noch eine Nacht im Brutschrank stehen. Das Extrakt wird dann bis zur vollkommenen Klarheit filtriert.

Nach einer anderen Methode wird die zerkleinerte Leber im Vakuumapparat getrocknet und im Mörser pulverisiert. Man bringt dann zu 1 g Leberpulver 50 ccm absoluten Alkohol und verfährt bei der Bereitung des Extraktes wie oben.

Das Filtrat stellt eine klare, leicht gelb gefärbte Flüssigkeit dar; es ist in dunkler, gut verschlossener Flasche im Eisschrank lange haltbar. Im Versuch wird das alkoholische Extrakt mit physiologischer Kochsalzlösung soweit verdünnt, daß die größte eben nicht mehr hemmende Dosis zur Anwendung gelangt (vgl. S. 89).

II. Serum bzw. Lumbalflüssigkeit, Aszitesflüssigkeit usw. Das verdächtige Patientenblut usw. wird zentrifugiert, das klare Serum mit der Pipette abgehoben, ein Teil des Serums inaktiviert (1/2 Stunde bei 56°); steril und kühl aufbewahrt halten sich die inaktivierten Flüssigkeiten tagelang. Der andere Teil des Serums wird aktiv erhalten für die eventuell gleichfalls anzustellende Stern'sche Modifikation der Wassermannschen Originalmethode. Den Liquor cerebrospinalis braucht man wegen des Fehlens von Komplement nicht zu inaktivieren. Stets sind mindestens zwei Kontrollsera nötig, und zwar Serum von einem sicher nicht-syphilitischen und solches von einem sicher syphilitischen Menschen (negative und positive Serumkontrolle).

III. Komplement. Als komplementhaltiges Serum wird frisches Meerschweinchenserum verwendet. Dieses Serum wird an demselben Tage, an dem der Versuch stattfinden soll, entnommen, entweder durch Aspiration mittelst Spritze aus dem Herzen oder durch Entbluten aus den großen Halsadern des Meerschweinchens, wobei das ausströmende Blut durch einen sauberen, nicht für andere Zwecke zu benutzenden Trichter aufgefangen wird. Das Serum wird durch Zentrifugieren gewonnen; es muß frisch verwendet werden, darf weder im Licht noch in der Wärme für den Versuch aufgehoben werden. Ist eine Aufbewahrung des Serums durch irgend eine Versuchsverzögerung notwendig geworden, so kann man es gefroren im Frigo aufbewahren. Es wird davon 1 ccm in 20facher Verdünnung mit 0,85%iger Kochsalzlösung verwendet.

IV. Hämolytischer Ambozeptor. S. Kapitel Hämolysine.

Bevor man das Kaninchenserum (d. h. den hämolytischen Ambozeptor) für die Wassermannsche Reaktion benutzt, muß es $^1/_2$ Stunde bei 56° inaktiviert werden, um das eventuell im Serum noch enthaltene Komplement auszuschalten. Bei dunkler, kühler Aufbewahrung hält sich der Ambozeptor lange Zeit; vor jedem Versuch muß er jedoch auf den Grad seiner Wirksamkeit geprüft werden.

V. Blutkörperchen (Schafblut).

Das Blut wird am Versuchstage oder am Abend vorher aus der Jugularvene entnommen, durch Schütteln defibriniert und nach Markierung des Füllungsgrades am Zentrifugenglase zentrifugiert. Das Serum wird abgesaugt und durch 0,85%ige Kochsalzlösung ersetzt. Nach weiterem Zentrifugieren wird die Kochsalzlösung wieder abgesaugt und durch frische ersetzt. Nach dreimaligem in dieser Weise ausgeführtem Waschen des Blutes (zwecks Befreiung von Serum) wird endlich wieder frische Kochsalzlösung bis zur Marke aufgefüllt. Man verwendet zum Versuch eine 5%ige Emulsion (5 ccm Blut-Aufschwemmung zu 95 ccm 0,85%ige Kochsalzlösung).

Die Anstellung der Wassermann'schen Reaktion geht in folgender Weise vor sich:

a) Vorversuch. Vor jedem Versuch wird ein Vorversuch angestellt, in dem der Ambozeptor, das Komplement und die antikomplementäre Wirkung des Extraktes austitriert werden.

1. Ambozeptoreinstellung (s. Kapitel Hämolysine). Aus früheren Versuchen kennt man annähernd den Titer des Ambozeptors. War z. B. beim letzten Versuch die kleinste gänzlich lösende Ambozeptordosis 0,0006 ccm, so kann man im Vorversuch folgende Dosen nehmen: 0,0008, 0,0006, 0,0004, 0,0002. In jedes Röhrchen wird außerdem 0,1 ccm Komplement und soviel physiologische Kochsalzlösung gebracht, daß das Volumen 4 ccm beträgt und schließlich folgt noch der Zusatz von 1 ccm einer 5%igen Schafblutkörperchenlösung. Kurzes Schütteln der Röhrchen, Einstellen bei 37° auf eine Stunde in den Brutschrank. Es zeigt sich dann z. B., daß vollkommene Lösung des Blutes in den ersten beiden Röhrchen eingetreten ist, während in den letzten Röhrchen nur teilweise Hämolyse besteht. Für den Hauptversuch nimmt man das Drei- bis Vierfache der kleinsten noch lösenden Dosis, also 0,0006 × 3 = 0,0018 ccm.

2. Komplementeinstellung. S. Kapitel Hämolysine. Absteigenden Dosen von normalem Meerschweinchenserum, z B. 0,07, 0,06, 0,05, 0,04, 0,03 fügt man die Ambozeptordosis, die man im Hauptversuch verwenden soll, also 0,0018 ccm, zu, füllt mit physiologischer Kochsalzlösung bis auf 4 ccm Volumen auf; schließlich setzt man noch 1 ccm einer 5%igen Schafblutkörperchenaufschwemmung hinzu; einstündiges Verweilen im Brutschrank bei 37°. Nun findet man z. B., daß 0,05 ccm Komplement die kleinste gänzlich lösende Dosis ist.

Zum Hauptversuch wird das Komplement in der 2—3fachen Grenzdosis verwendet.

3. *Antigeneinstellung*, d. h. Einstellung des Auszuges aus fötaler syphilitischer Leber bzw. Normal-Organextrakten. Der auf die oben erwähnte Weise hergestellte Auszug wird auf seine *hemmende* und auf seine *lösende* Wirkung im Vorversuch geprüft. Im Vorversuch auf *Hemmung* werden absteigende Dosen dieses Extraktes mit dem hämolytischen System zusammengebracht und beobachtet, ob das Extrakt irgendwelche hemmenden Wirkungen auf das hämolytische System ausübt. Vom Antigen wird die größte nicht hemmende Dosis im Hauptversuch verwendet.

Bei der Prüfung auf seine *blutlösende* Kraft werden zu abfallenden Mengen Antigen je 1 ccm einer $5^0/_0$igen Aufschwemmung von Schafblutkörperchen hinzugefügt. Die größte nicht lösende Dosis von Antigen kommt im Hauptversuch zur Anwendung.

Hauptversuch.

a) *Wassermann'sche Originalmethode mit inaktiviertem Patientenserum* und Meerschweinchenkomplement. Die durch die Vorversuche ermittelten Dosen werden nun in folgender Weise zusammengebracht.

Antigen I	0,1	0,05	0,02	0,01	Diese Reagentien sind immer in je 1 ccm physiol. Kochsalzlösung enthalten
Antigen II	0,15	0,1	0,05	0,02	
Krankenserum bei 56° $^1/_2$ Stunde inaktiv .	0,2	0,2	0,2	0,2	
Komplement	0,05	0,05	0,05	0,05	
Brutschrank bei 37° C 45—60 Minuten					
Ambozeptor 3facher Titer	0,0005	0,0005	0,0005	0,0005	
Schafblutkörperchenaufschwemmung $5^0/_0$.	1 ccm	1 ccm	1 ccm	1 ccm	

Brutschrank bei 37° C 45—60 Minuten

Wie aus der Tabelle ersichtlich, wird zum Antigen in fallenden Dosen das inaktivierte Krankenserum, das auf das Vorhandensein syphilitischer Antikörper untersucht werden soll, und das Komplement hinzugefügt. Diese 3 Komponenten werden zur Bindung $^3/_4$ Std. in den Brutschrank (37° C) gesetzt. Durch diese Versuchsanordnung macht man sich von dem wechselnden Gehalt des zu untersuchenden Krankenserums an Komplement unabhängig und arbeitet mit durchweg genau bekannten Größen.

Die verschiedenen Verdünnungen der Antigene, des Komplements und des Krankenserums werden vorher in je 1 ccm physiologischer NaCl-Lösung angesetzt. Die Ambozeptorlösung läßt man mit den Blutkörperchen vor dem Einfüllen ungefähr $^1/_4$ Stunde lang bei 37° binden (Sensibilisierung). Nach dem Einfüllen kommen die Röhrchen wiederum 45—60 Min. in den Brutschrank (37° C). In sämtlichen Röhrchen befinden sich je 5 ccm Flüssigkeit; man kann den ganzen Versuch aus Sparsamkeitsrücksichten auch mit durchweg der Hälfte der angegebenen Dosen ansetzen, so daß die Gesamtmenge der in jedem Röhrchen befindlichen Flüssigkeit je 2,5 ccm beträgt.

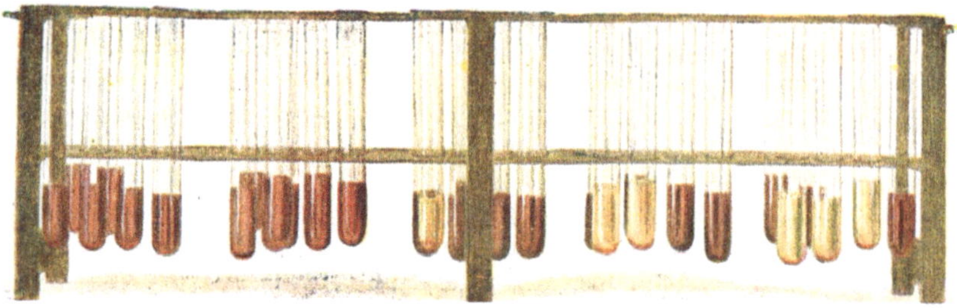

negative WaR. — angedeutete WaR. — schwach positive WaR. — stärker positive WaR. — sehr stark positive WaR.

Kontrollen in der zweiten Reihe.

Abb. 47. Die verschiedenen Grade des Ausfalls der Wassermann'schen Reaktion auf einem Gestell zusammengestellt.

Enthält das Serum des Patienten den syphilitischen Ambozeptor, so verankert sich das Komplement fest an das syphilitische System (Antigen + syphilitischer Ambozeptor), es ist also für die Lösung des hämolytischen Systems nicht mehr verfügbar; die Lösung der roten

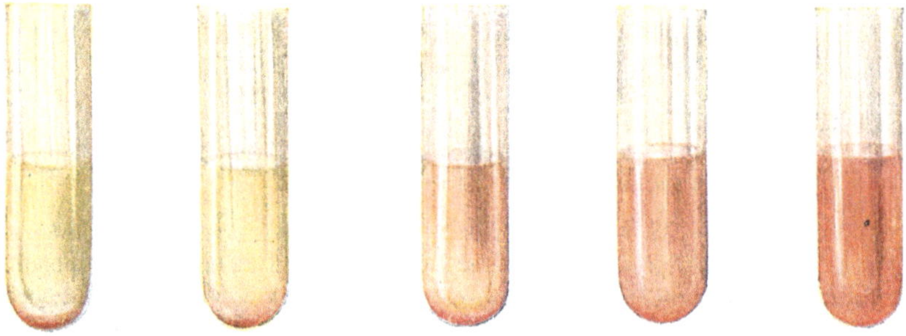

Abb. 48. Stark positive WaR.

Abb. 49. schwach positive WaR. — angedeutete WaR. — negative WaR.

Schafblutkörperchen bleibt aus. Die Reaktion ist positiv, der Patient ist Syphilitiker.

Fehlt aber der syphilitische Ambozeptor im Patientenserum, so bleibt das Komplement frei; es verankert sich dann nachträglich am hämolytischen System; somit tritt eine Auflösung der roten Schafblutkörperchen ein: negative Reaktion.

Von sonstigen Körperflüssigkeiten des Patienten sind neben dem Blutserum noch Zerebrospinalflüssigkeit, Milch, Pleura-, Perikard- und Peritoneum-, Trans- und Exsudat- und Hydrozelenflüssigkeit für den Nachweis der Reaktionskörper verwandt worden.

Bei Erkrankungen des Zentralnervensystems kann die Zerebrospinalflüssigkeit neben dem Blutserum mit Vorteil herangezogen werden. Da in vielen Fällen die Zerebrospinalflüssigkeit die eventuell vorhandene alleinlösende Wirkung des Antigens nicht in der dem Blutserum analogen Dosis von 0,1 zu neutralisieren vermag, steigert man zur Erzielung dieses Effektes die Dosis auf 0,2 und mehr, wie z. B. 0,4 bis 0,8, ohne daß man freilich andererseits so große Dosen der Zerebrospinalflüssigkeit anwenden darf, daß diese ihrerseits Eigenhemmung äußerten. In den Kontrollen werden die doppelten Dosen der Zerebrospinalflüssigkeit ohne Antigen angesetzt.

Es empfiehlt sich, stets mehrere Antigene zu verwenden. Nach etwa einstündigem Verweilen im Brutschrank bei 37^0 setzt man Hammelblut-Ambozeptor und Schafblutkörperchen zu, die schon seit etwa $^1/_2$ Stunde miteinander vermischt worden waren. Die Röhrchen kommen dann wieder auf 1 Stunde in den Brutschrank. Das endgültige Ablesen des Resultates erfolgt nach 12—24stündigem Verweilen im Eisschrank. Für die Beurteilung ist nur komplette Hämolyse oder komplette Hemmung entscheidend. Die inkompletten Hemmungen sind auch verwertbar, wenn sie entsprechend den fallenden Antigenmengen quantitativ zwischen kompletter Hemmung und Hämolyse abgestuft sind. Der einmalige negative Ausfall der Reaktion spricht nicht ohne weiteres gegen Syphilis.

In der gleichen Weise werden als Gegenproben mindestens ein sicher positives und ein sicher negatives Serum, deren Reaktionskörpergehalt aus früheren Untersuchungen bekannt ist, geprüft.

Die weiteren Kontrollen sind:

1. Antigenkontrolle; Prüfung des Antigens allein auf eigenhemmende Wirkung.
2. Serumkontrollen, und zwar auf eigenhemmende (in der doppelten Dosis) und auf eigenlösende Wirkung im Verein mit Antigen, Ambozeptor und Erythrozyten (aber ohne Komplement).
3. Die Kontrollen des hämolytischen Systems (s. Kapitel Hämolysine).

Die Röhrchen Nr. 1—3 enthalten den Hauptversuch mit fallenden Antigenmengen; dazu nimmt man noch eine parallele Serie Nr. 1a bis 3a mit einem anderen Antigen. Nr. 4 und 6 sind die Kontrollen auf Eigenhemmung des zu untersuchenden luetischen und des normalen Serums. Nr. 5 ist ein vollständiger Kontrollversuch mit normalem Serum. Nr. 5a die entsprechende Gegenprobe mit sicher positiv reagierendem Serum. Nr. 7 ist die Kontrolle für die Brauchbarkeit des hämolytischen Systems, Nr. 8 und 9 die zur Ausschal-

Kontrollen	I	II	III	IV	V	VI	VII
Antigen	0,2 bzw. 0,3	0,1 bzw. 0,15	—	—	0,1	—	—
Krankenserum bei 56° 1/2 St. inakt.	—	—	0,4	0,2	0,2	—	—
Komplement . . .	0,05	0,05	0,05	0,05	—	—	0,05
	Brutschrank bei 37° C 45—60 Minuten						
Ambozeptor dreifacher Titer . .	0,0005	0,0005	0,0005	0,0005	0,0005	0,0005	—
Schafblutkörperchenaufschwemmung 5% . . .	1 ccm	1 ccm	1 ccm	1 ccm	1 ccm	1 ccm	1 ccm
	Brutschrank bei 37° C 45—60 Minuten						
Resultat	Hämolyse	Hämolyse	Hämolyse	Hämolyse	keine Hämolyse	keine Hämolyse	keine Hämolyse

Beispiel einer positiven Wassermann'schen Reaktion mit Kontrollen.

Röhrchen	1	2	3	4	5	5a	6	7	8	9
Antigen	0,1	0,05	0,01	—	0,1	0,1	—	—	—	—
Patienten-Sera . .	0,1	0,1	0,1	0,2	—	0,1 sicher positives Lues-Serum	—	—	—	—
Normalsera . . .	—	—	—	—	0,1	—	0,2	—	—	—
Komplement . . .	0,05	0,05	0,05	0,05	0,05	0,05	0,05	0,05	0,05	—
Ambozeptor . . .	0,004	0,004	0,004	0,004	0,004	0,004	0,004	0,004	—	—
	Brutschrank bei 37° C 45—60 Minuten									
Erythroz. Aufschw. (Schaf) 5% . . .	1 ccm	1 ccm	1 ccm	1 ccm	1 ccm	1 ccm	1 ccm	1 ccm	1 ccm	1 ccm
NaCl (0,85%) . .	—	—	—	—	—	—	—	1 ccm	1 ccm	2 ccm
	Brutschrank bei 37° C 45—60 Minuten									
Ergebnis:	Hemmung	Hemmung	Hemmung	Hämolyse	Hämolyse	Hemmung	Hämolyse	Hämolyse	keine Hämolyse	keine Hämolyse

tung etwa vorhandener Fragilität der Erythrozyten angesetzten Kontrollen.

b) Stern'sche Modifikation mit aktivem menschlichen Serum und ohne Zusatz von Meerschweinchenkomplement. Als Antigendosen werden $^1/_5$ und $^2/_5$ der bei der Originalmethode von v. Wassermann verwendeten Dosen genommen. Man arbeitet mit dem im frischen menschlichen Serum bereits vorhandenen Komplement; das Patientenserum wird also nicht inaktiviert. Nach Zusammenbringen von Antigen und Patientenserum (Dosis 0,2 ccm) folgt Einstellen in den Brutschrank auf $^3/_4$ Stunden; dann fügt man 1 ccm einer Schafblutkörperchen-Aufschwemmung von der Verdünnung 1 : 40 und die 9fache Menge Ambozeptor, wie sie im Vorversuch festgestellt wurde, enthalten in 1 ccm Flüssigkeit, hinzu, beläßt das Ganze nochmals 1 Stunde im Brutschrank. Als Kontrolle ohne Antigen wird angesetzt: Krankenserum 0,2 + 9fache Menge Ambozeptor + Schafblutkörperchen-Aufschwemmung (1 : 40) s. Tabelle.

Krankenserum aktiv. . . .	0,2	0,2	0,2
Antigen	0,05	0,02	—
Brutschrank bei 37° 1 Stunde			
Ambozeptor 9fach	0,0015	0,0015	0,0015
Schafblutkörperchenaufschwemmung $2^1/_2$% . . .	1 ccm	1 ccm	1 ccm
mit NaCl-Lösung auf 4 ccm Inhalt auffüllen.			

Für Zerebrospinalflüssigkeit, die, weil eiweißfrei, kein Komplement enthält, ist diese Methode nicht brauchbar.

Die Stern'sche Modifikation ist zwar einfacher in der Ausführung und gibt häufiger positive Ausschläge als die Wassermann'sche Originalmethode (weil nach Busila in manchen Seren nur thermolabile Antikörper vorhanden sein sollen); doch hat der positive Ausfall der Reaktion nach dem Stern'schen Verfahren nicht dieselbe Beweiskraft wie nach der Wassermannschen Originalmethodik, und bei widersprechendem Resultat beider Methoden darf auf den Ausfall der Stern'schen Reaktion allein hin die Diagnose „Lues" nicht ausgesprochen werden; ein solcher Ausfall kann höchstens ein Verdachtsmoment abgeben. Es ist daher wenn möglich durch Wiederholung des Versuchs nach einiger Zeit Klarheit zu schaffen. Die Stern'sche Modifikation hat vor allem auch mit der Fehlerquelle zu rechnen, daß der Komplementgehalt, selbst im frischen menschlichen Serum, wechselnd und unzuverlässig ist.

Die ursprünglich nach der Analogie der anderen Immunitätsreaktionen naheliegende Auffassung, daß es sich bei der Wassermann'schen Reaktion um eine spezifische Antigen-Antikörperreaktion, d. h. eine Vereinigung von Lues-Antigen und Lues-Antikörper handelt, hat man fallen lassen müssen, seitdem es gelungen ist, die gleiche Reaktion auszulösen, wenn man an Stelle des luetischen Leberextraktes Extrakt normaler Organe oder Lezithin oder Seife oder ölsaures Natron verwendet. Die Untersuchungen von Porges, Friedemann, Elias und P. Schmidt deuten darauf hin, daß die positive Reaktion durch eine Veränderung der Eiweißstoffe des Luetiker-Serums gegenüber dem normalen Serum herbeigeführt wird, die man sich vielleicht so zu denken hat, daß die quantitativ oder qualitativ veränderten Globuline durch ihre Affinität zu den Lipoiden und zu dem Extraktkolloid auf letzterem feinste Teilchen ausfällen, welche das Komplement absorbieren, eine Reaktion, die im Normalserum durch die Albumine verhindert wird. Klaußner konnte eine Ausflockung des luetischen Serums, die auch auf einer Änderung der Globuline beruht, durch Zusatz von 3 Teilen Wasser herbeiführen.

Mit dieser Tatsache, daß die W. R. nicht (oder wenigstens nicht allein) eine spezifische Antigen-Antikörperbindung sondern (mindestens zum Teil) eine unspezifische Lipoidreaktion ist (was allerdings an ihrer praktischen Bedeutung für die Diagnose der Lues nichts ändert), wird es auch erklärlich, daß ein positiver Ausfall der W. R. bei einer Reihe von anderen Krankheiten vorkommt, die offenbar ähnlich veränderte Verhältnisse zwischen Globulinen und Lipoiden im Blutserum schaffen wie die Lues. Hierher gehören die Lepra, die tropische Frambösie, zuweilen kachektische und fieberhafte Zustände, Scharlach, Malaria, Rekurrens, Fleckfieber, Pest, Beriberi, Krankheiten, die entweder in unseren Breitegraden gar nicht vorkommen oder sich im klinischen Bilde deutlich von Lues unterscheiden lassen. Auch ist bei diesen Krankheiten das Vorhandensein einer positiven W. R. meist nur ganz vorübergehender Natur und z. B. bei Fleckfieber fast nur im aktiven, nicht im inaktivierten Serum nachweisbar. — Daß auch nach der Narkose, die ja eine Störung des Lipoidwechsels mit sich bringt, die W. R. bisweilen positiv ausfällt, ist gleichfalls hiernach verständlich.

Neuere Forschungen ergaben, daß auch die Helminthen imstande sind, im befallenen Organismus Antikörper zu erzeugen, die mit der Komplementbindungsmethode nachgewiesen werden können. Am eingehendsten ist diese Reaktion bei Echinokokkeninfektionen studiert worden. Sie hat hier eine praktische differentialdiagnostische Bedeutung. Als Antigen benutzt man entweder die mittelst Punktion einer Echinokokkuszyste (am besten vom Schaf) gewonnene Flüssigkeit direkt oder das alkoholische Extrakt aus derselben oder Alkoholextrakt aus der Blasenwand der Echinokokkuszyste.

Die Versuchsanordnung zeigt folgende Tabelle.

Röhrchen	Hydatidenflüssigkeit	Inakt. Krankenserum	Komplement in 5%iger Lösung	NaCl		Schafblut-Körperchenaufschwemmung 5%	Ambozeptor in 3-fach lösender Menge	Resultat Eintritt der Hämolyse
1	0,4	0,5	1,0	1,1	45—60 Min. Brutschrank 37° C	1,0	1,0	0
2	0,4	0,4	1,0	1,2		1,0	1,0	0
3	0,4	0,3	1,0	1,3		1,0	1,0	0
4	0,4	0,2	1,0	1,4		1,0	1,0	0
5	0,4	—	1,0	1,6		1,0	1,0	+++
6	—	0,5	1,0	1,5		1,0	1,0	+++
7	—	0,4	1,0	1,6		1,0	1,0	+++
8	—	0,3	1,0	1,7		1,0	1,0	+++
9	—	0,2	1,0	1,8		1,0	1,0	+++

Ferner wird die Methode der Komplementbindung auch als Ersatz der Präzipitinreaktion, der sie an Empfindlichkeit überlegen ist, zur Eiweißdifferenzierung, speziell zum forensischen Blutnachweis herangezogen (M. Neißer, Sachs, Moreschi). Als Antikörper wird Anti-Menschenserum (vom Kaninchen durch Vorbehandlung mit menschlichem Blut gewonnen) verwendet; rührt das zu untersuchende Blut vom Menschen her, so verankert es sich als spezifisches Antigen mit dem Testserum und bindet so das Komplement, wie durch nachträglichen Zusatz des hämolytischen Systems erkannt wird.

9. Überempfindlichkeit (Anaphylaxie).

Die Lehre von der Anaphylaxie hat sich in den letzten Jahren zu einem selbständigen Zweig der Immunitätsforschung entwickelt. Unter Anaphylaxie versteht man den erworbenen Zustand der Überempfindlichkeit des tierischen Organismus durch die parenterale Zufuhr von artfremdem Eiweiß, sei es tierischer, pflanzlicher, bakterieller Herkunft. Bringt man also dem Organismus eines Warmblüters heterologes Eiweiß bei, so entwickelt sich nach einiger Zeit eine spezifische Überempfindlichkeit bei dem Tiere, d. h. ein derartig vorbehandeltes Tier reagiert auf eine wiederholte Injektion desselben heterologen Eiweißes, das an sich durchaus ungiftig sein kann, mit heftigen Krankheitssymptomen und verendet oft nach kurzer Zeit.

Behring war der erste, der im Jahre 1893 die Erscheinungen der Überempfindlichkeit gegenüber Toxinen beschrieben hat (Diphtherietoxin). Die eigentlichen grundlegenden Untersuchungen über die Eiweißanaphylaxie stammen von Richet, der im Jahre 1898 bei der Immunisierung von Hunden mit giftigem Aalserum statt Immunität Überempfindlichkeit erzeugte und beobachtete, daß der Tod der Versuchstiere nach wiederholten Injektionen eintrat. — Neuerdings hat man noch viel weiter zurückliegende Beobachtungen von Magendie aus dem Jahre 1839 über den Tod der Tiere nach wiederholten intravenösen Injektionen von Eiweiß gefunden. — Allerdings hat Richet mit einem primär toxischen Eiweißstoff gearbeitet, während die Anaphylaxie gerade ausgelöst werden soll durch völlig ungiftige Eiweißkörper, die erst bei wiederholter Injektion schwere Giftwirkung auslösen; auch hat die von Richet verwendete Substanz keine praktische Bedeutung. Erst als festgestellt wurde, daß die Injektion einer jeden körperfremden Eiweißsubstanz (Serum, Organe, Bakterieneiweiß) eine Anaphylaxie hervorruft, war der Gedanke einer allgemeinen biologischen Gesetzmäßigkeit dieser Vorgänge gegeben. v. Pirquet gab in seinen Werken über die Serumkrankheit, die Revakzination und die Kutanreaktion ein scharf umrissenes klinisches Bild der Anaphylaxie. Inzwischen wurde durch die Versuche von Arthus eine genaue Erkenntnis der Versuchsbedingungen, unter welchen sich im Tierversuch anaphylaktische Erscheinungen hervorrufen lassen, begründet. Arthus injizierte Kaninchen Pferdeserum subkutan, intraperitoneal und intravenös ohne Schaden. Bei wiederholter Injektion jedoch wurden krankhafte Symptome bei den Tieren ausgelöst. Wurde subkutan vorbehandelten Kaninchen Pferdeserum in die Ohrvene injiziert, so bildeten sich augenblicklich schwere Symptome aus. Die Tiere wurden ängstlich, unruhig; die Atemfrequenz stieg auf 200—250, Fäzes wurden entleert, die Tiere legten sich auf die Seite und verendeten. Auch mit Kuhmilch konnte Arthus Überempfindlichkeit erzeugen. Fast gleichzeitig mit Arthus veröffentlichten v. Pirquet und Schick eine Mitteilung, in der sie den Satz aufstellten, daß der mit „pathogenen Substanzen vorbehandelte Organismus für längere Zeit die Fähigkeit behält, auf eine nochmalige Einwirkung desselben Agens schneller mit Krankheitserscheinungen zu antworten". Das artfremde Serum wird von ihnen besonders unter diesen pathogenen Substanzen aufgeführt. v. Pirquet und Schick machten ihre Beobachtungen an Menschen, die wiederholt mit Pferdeserum behandelt waren. Sie fassen die auf Injektion artfremden Serums zurückzuführenden Krankheitserscheinungen unter dem Namen „Serumkrankheit" zusammen.

Man unterscheidet nun eine natürliche und eine künstliche Anaphylaxie.

Zur natürlichen (angeborenen, konstitutionellen) Anaphylaxie rechnet man alle Idiosynkrasien, wie sie nach dem Genuß gewisser Speisen (Schweinefleisch, Krebse, Erdbeeren) bei manchen Individuen vorkommen.

Von größerem Interesse ist uns die künstliche Anaphylaxie, die durch Vorbehandlung mit körperfremden Eiweißarten eintritt und durchaus als spezifisch anzusehen ist, d. h. nur durch wiederholte Injektion derselben Eiweißart ausgelöst wird. Die verschiedenen Sera (von Pferd, Rind, Aal), Hühnereiweiß, Milch, Extrakte aus Tierleibern, Spermatozoen, Erythrozyten, zerriebene Augenlinsen, Pflanzeneiweiß, Bakterieneiweiß, Hefezellen können als anaphylaktisierendes Antigen Verwendung finden.

Als Versuchstier dient das Meerschweinchen, das unter allen Tierarten die bei weitem höchste Empfänglichkeit gegen anaphylaktische Gifte aufweist, wobei allerdings individuelle Schwankungen und Rassedifferenzen öfters die Versuche stören können. Ohne auf Einzelheiten der Versuchstechnik einzugehen, sei nur erwähnt, daß zunächst die Sensibilisierung des Tieres durch Injektion kleinster Serummengen, z. B. 0,001 ccm erfolgt. Dann muß erst eine gewisse Zeit verstreichen, bevor die Anaphylaxie nachgewiesen werden kann. Ungefähr am 11. Tage (gerechnet von der ersten Injektion) erfolgt die Reinjektion mit der zur Vorbehandlung benutzten Eiweißlösung. Bei subkutaner Reinjektion sind 5—6 ccm Eiweißlösung zu injizieren, bei intravenöser, intrakardialer, intrazerebraler Einverleibung genügen kleinere Quantitäten (0,25 ccm). Reagiert das Tier auf die Reinjektion hin mit Anaphylaxie, so treten die charakteristischen Symptome auf: Unruhe, Würgen, Husten, Druckempfindlichkeit des aufgetriebenen Abdomens, Taumeln, frequente Respiration, äußerst schwache Herztätigkeit, spontaner Abgang von Kot und Urin, Exitus. Oft kommt es vor, daß ein Teil der Tiere sich nach dem schweren Koma erholt. Die Meerschweinchen ersticken infolge einer tetanischen Kontraktion der Bronchiolenmuskulatur. Nach Kraus und Biedl liegt die Ursache für die akute Lungenblähung und Starrheit in einem „intensiven Krampf der Bronchialmuskulatur". Die Lunge der im anaphylaktischen Shock gestorbenen Tiere ist vollständig aufgebläht, kollabiert nicht und ist blutleer. Mikroskopisch betrachtet erscheinen die Alveolarräume erweitert, die Alveolarwände schmal und die Gefäße blutleer.

Die anaphylaktische Reaktion ist als streng spezifisch anzusehen. Mit Kuhmilch vorbehandelte Tiere reagieren nur auf die Reinjektion von Kuhmilch, nicht von Ziegenmilch und umgekehrt.

Auch auf Injektion von Körperzellen und Organextrakten entwickelt sich eine artspezifische Anaphylaxie. Nur die Augenlinsenextrakte nehmen eine Sonderstellung ein; sie enthalten ein besonderes Sensibilisinogen (Anaphylaktogen), das den verschiedenen Tierarten gemeinsam ist.

Im Gegensatz zu der bisher geschilderten aktiven Anaphylaxie kommt die passive Anaphylaxie dadurch zustande, daß das Serum des mit Eiweiß vorbehandelten Tieres (A) auf ein normales Tier (B) übertragen wird und in dem letzteren durch nachfolgende Reinjektion der betreffenden Eiweißlösung die Symptome der Überempfindlichkeit ausgelöst werden.

Aus unzähligen Experimenten geht mit Sicherheit hervor, daß eine passive Übertragung der Überempfindlichkeit möglich ist. Die passive Übertragung gelingt sowohl vom überempfindlichen Meerschweinchen auf das normale wie vom überempfindlichen Kaninchen auf das normale Meerschweinchen (Otto, Dörr und Raubitschek), aber nicht von Meerschweinchen auf Kaninchen. Gewöhnlich geht man bei der experimentellen Erzeugung der passiven Anaphylaxie so vor, daß man Kaninchen zur Vorbehandlung benutzt und deren Serum später Meerschweinchen injiziert. Kaninchen sind die Serumspender, Meerschweinchen die eigentlichen Versuchstiere.

Auch eine Übertragung der passiven Anaphylaxie durch Vererbung ist möglich. Nach Untersuchungen von Rosenau und Anderson geht die Überempfindlichkeit vom Weibchen auf die Jungen über, gleichgültig, ob die Mutter vor oder nach der Konzeption anaphylaktisch wird. Durch die Milch wird die Überempfindlichkeit nicht übertragen.

Über das Wesen der Anaphylaxie existieren die verschiedensten Theorien. Aus der Möglichkeit der passiven Übertragung ergibt sich, daß im Blute der anaphylaktischen Tiere Stoffe kreisen, die man mit dem Namen „anaphylaktischer Reaktionskörper" oder „anaphylaktischer Immunkörper" bezeichnet (Sensibilisin nach Besredka). Nach Besredka ist dieser Reaktionskörper hauptsächlich in den Nervenzellen aufgespeichert, ein Teil kreist frei im Blute. Zum Zustandekommen der Überempfindlichkeitserscheinungen ist noch ein anderer Körper notwendig, das „Antigen" oder „Anaphylaktogen" oder „Sensibilisinogen". Injiziert man nun einem vorbehandelten Tiere das betreffende Antigen, so kommt es zur Vereinigung des Antigens mit dem anaphylaktischen Reaktionskörper und somit zur Auslösung des anaphylaktischen Shocks.

Es bildet sich hierbei nämlich ein Gift, das auf die nervösen Zentralorgane wirkt. Friedberger ist es gelungen, dieses Gift (von ihm als „Anaphylatoxin" bezeichnet) auch in vitro durch Zusammenbringen von Anaphylaktogen und Reaktionskörpern unter Hinzufügen von Komplement darzustellen. Das Komplement wird durch die Bindung des Reaktionskörpers mit dem Antigen verbraucht, wie das Friedberger und Hartoch bei aktiv und passiv sensibilisierten Tieren, und Friedberger bei Versuchen in vitro nachweisen konnten.

Ganz neuerdings eröffnen jedoch die interessanten Versuche von P. Schmidt die Möglichkeit einer ganz anderen Erklärung der Anaphylaxie auf physikalisch-chemischer Grundlage. Es gelang nämlich P. Schmidt, den typischen anaphylaktischen Anfall auch ohne irgendwelches artfremdes Eiweiß durch Injektion des in vitro mit eiweißfreiem Stärkekleister behandelten arteigenen Serums zu erzeugen; da das Berkefeld-Filtrat dieses dergestalt vorbehandelten Serums wiederum ungiftig ist, so handelt es sich offenbar um eine Adsorption von vorher in feinster Suspension im Serum vorhandenen Teilchen, die dann im Kapillargebiet der Lunge ausgefällt werden; durch die hierbei zustande kommende Störung des respiratorischen Gaswechsels werden das Lungenödem und die anderen schweren Symptome des anaphylaktischen Shocks ausgelöst.

Hat ein Tier den anaphylaktischen Shock überwunden, so bilden sich in seinem Körper Antianaphylaxine, d. h. Stoffe, die das Eintreten der Anaphylaxie bei nochmaliger Injektion verhindern. Ein solches Tier bleibt gesund, es ist also gegen eine spätere Injektion immun. Dieser antianaphylaktische Zustand ist nach Otto nur ein vorübergehender, und zwar besteht nach seinen Beobachtungen die absolute Immunität nur bis zum 17. Tage.

Neben der Serumanaphylaxie hat man in letzter Zeit auch Anaphylaxie mit Bakterieneiweiß erzeugen können, die der durch Seruminjektion hervorgerufenen Anaphylaxie völlig gleicht. Mit Typhus-, Dysenteriebazillen und Cholera-Vibrionen, sowie mit keimfrei filtrierten Kulturaufschwemmungen von Typhus-, Koli-, Heubazillen, Tuberkelbazillen, Milzbrandbazillen und Hefezellen gelang es, diese Anaphylaxie zu erzeugen.

Der anaphylaktische Versuch ist als empfindlichstes differentialdiagnostisches Hilfsmittel zur Unterscheidung und zum Nachweis verschiedener pflanzlicher und tierischer Eiweißstoffe verwendbar und hierin sogar der Präzipitinreaktion noch wesentlich überlegen.

Anhang: **Schutzimpfung und Bakteriotherapie.**

Die Möglichkeit einer **Schutzimpfung** gegen Infektionskrankheiten gründet sich auf die Erkenntnis, daß dieselben biologischen Vorgänge, welche das Wesen der Immunität nach überstandener Erkrankung ausmachen, auch ohne stattgehabte klinische Erkrankung nach Impfung mit den Leibessubstanzen oder Stoffwechselprodukten des Erregers zustande kommen. Die Schutzimpfung kann erfolgen:

1. Mit lebenden virulenten Erregern; dies ist natürlich nur dann möglich, wenn der Erreger von einer bestimmten Eintrittspforte aus die typische klinische Erkrankung verursacht, während seine Verimpfung auf anderem Wege keine nennenswerten Gesundheitsstörungen nach sich zieht. Diese Forderung ist nur selten erfüllt, wie z. B. beim Cholera-Vibrio, der nur von der Darmschleimhaut, nicht aber von der Blutbahn aus beim Menschen pathogen wirkt, und so sind in der Tat die ersten Schutzimpfungen gegen Cholera von Ferran durch subkutane Injektion lebender Kulturen ohne Schädigung beim Menschen ausgeführt worden. Auch die in früheren Jahrhunderten angewendete Variolation gehört hierher; das Pockenvirus vermag offenbar bei Verimpfung in die Haut in der Regel nicht zu einer so schweren Allgemeininfektion zu führen wie beim natürlichen Infektionsmodus von seiten der oberen Atmungswege, weil durch den nach der Hautimpfung zunächst einsetzenden lokalen Prozeß rechtzeitig eine teilweise Immunisierung des Körpers einsetzt, die genügt, um eine Allgemeininfektion auszuschließen oder doch abzumildern. Im allgemeinen wird man aber kaum die Gewähr für die Ungefährlichkeit einer Methode mit Verwendung lebender virulenter Erreger übernehmen können und wird sie schon deshalb für die Anwendung in der großen Praxis als ungeeignet erklären, weil das Hantieren mit lebendem infektiösem Material stets die Gefahr für die Ausbreitung der Seuche mit sich bringt.

2. Mit lebenden abgeschwächten Erregern; die Abschwächung kann erfolgen durch physikalisch-chemische Schädigungen: so bei der Schutzimpfung mit erhitzten, lebenden Milzbranderregern (Pasteur), so der Versuch von Strong einer Schutzimpfung mit lebenden durch Einwirkung von Alkohol abgeschwächten Pestbazillen. Ungleich bedeutsamer, weil völlig sicher und unbedenklich, ist die Verwendung dauernd abgeschwächter biologischer Varietäten, wie sie durch Tierpassage erhalten werden; hierher gehört in erster Linie die Vakzination mit Kuhpockenlymphe, da die Kuhpocken nachweislich eine durch die Verimpfung auf das Rind dauernd abgeschwächte Abart des echten Variola-Virus darstellen. Ganz analog ist der Schutz zu beurteilen, den bei der Pasteur'schen Wutschutzimpfung das aus dem hochinfektiösen „Straßenvirus" durch Kaninchenpassage hervorgegangene „Virus fixe" gegen das echte Wutgift gewährt.

3. Mit abgetöteten Erregern, bei denen natürlich, abgesehen von der unspezifischen lokalen und allgemeinen Reaktion (örtliche Entzündung, Fieber, Kopfschmerz), die Möglichkeit einer Erkrankung selbst in abgeschwächter Form völlig fortfällt und nur noch die Leibessubstanzen des Erregers in genau dosierter Menge ihre Einwirkung entfalten. Hierher gehört die besonders während dieses jetzigen Weltkrieges in den Heeren im weitesten Umfang angewandte Schutzimpfung gegen Cholera und Typhus durch Injektion abgetöteter Kulturen dieser Bazillen. Auch diese Methode ist nicht überall anwendbar, z. B. nicht gegen Ruhr, da der echte Ruhrbazillus (Kruse-Shiga) in einen Kul-

turen heftig wirkende Gifte bildet, die auch bei der Verimpfung abgetöteter Leibessubstanzen auf den Menschen schwere Nebenerscheinungen zur Folge haben würden.

4. Während es sich bei den bisher besprochenen Verfahren um eine rein aktive Immunität (vgl. oben S. 78) handelt, bei deren Zustandekommen gewisse, mit mehr oder minder ausgesprochenem Krankheitsgefühl einhergehende Reaktionen des Organismus unvermeidlich sind, hat man versucht, durch eine kombinierte Methode mit gleichzeitiger Injektion des Virus und der von einem immunisierten Tier mit dessen Serum passiv übertragenen Schutzstoffen das Zustandekommen einer dauerhaften aktiven Immunität zu erreichen und die dabei sonst auftretenden Reaktionserscheinungen durch das gleichzeitig verabfolgte Heilserum zu verhindern oder doch abzumildern. Einen großen Erfolg in dieser Hinsicht stellt die von R. Koch und Kolle angegebene kombinierte Impfung gegen Rinderpest (mit virulentem Blut plus Heil-Serum) dar. In der menschlichen Pathologie wird vielleicht die neueste Methode von Behrings durch gleichzeitige Injektion von Diphtheriegift und Diphtherie-Heilserum einen dauerhaften Impfschutz gegen diese Krankheit zu erzielen, zu allgemeiner Verwendung berufen sein. Hierher gehört endlich noch der Versuch, die oben besprochenen, nach Schutzimpfung mit abgetöteten Kulturen eintretenden Reaktionserscheinungen dadurch zu vermeiden, daß der Impfstoff durch Vorbehandlung mit spezifischem Anti-Serum reizlos gestaltet wird; die Frage dieser sensibilisierten Vakzine (Besredka) ist aber gleichfalls noch im Versuchsstadium.

Nach welcher Methode auch die Schutzimpfung erfolgen möge, immer kommt der Impfschutz, da es sich um eine durch den Organismus selbst zu erarbeitende aktive Immunisierung handelt, erst nach einer gewissen Frist (eine bis zwei Wochen) zustande, im Gegensatz zu der Übertragung fertiggebildeter Schutzstoffe bei der Serum-Therapie, wo der Impfschutz sogleich eintritt. Unmittelbar nach der Injektion des (lebenden oder abgetöteten) Virus tritt sogar eine direkt nachweisbare Abnahme des Gehalts des Serums an gelösten Immunsubstanzen auf; diese „negative Phase" ist jedoch praktisch, soweit alle Erfahrungen reichen, bedeutungslos, indem während derselben keine merkliche Erhöhung der Empfänglichkeit für die betreffende Infektion nachzuweisen ist, und stellt demnach nicht etwa eine Kontraindikation gegen die Schutzimpfung dar. Der Gehalt des Blutes an gelösten Schutzstoffen ist eben nicht ausschließlich der Gradmesser für die Höhe des erreichten Impfschutzes, da der letztere nur teilweise auf der Anwesenheit gelöster Immunsubstanzen, größtenteils vielmehr auf einer durch spezifische Umstimmung des Zellstoffwechsels zustande kommenden Gewebsimmunität beruht (vgl. oben S. 79); das vorübergehende Absinken des Gehalts an gelösten Schutzstoffen im Blut-Serum erklärt sich im Sinne der Ehrlichschen Seitenkettentheorie dadurch, daß diese gelösten Stoffe von dem neu eingebrachten Antigen (Virus) gebunden werden. Nach einigen Tagen, wenn wieder erhöhte Produktion gelöster Schutzstoffe seitens des Gewebes erfolgt ist, macht die negative Phase einer positiven durch erhöhten Impfschutz ausgezeichneten Phase Platz. Hierauf beruht der auch erfahrungsgemäß festgestellte günstige Erfolg der wiederholten Schutzimpfung; bei Cholera 2mal, gegen Typhus 3mal mit steigenden Gaben in Abständen von je etwa 8 Tagen.

In letzter Linie kann über den Wert der Schutzimpfung nur die epidemiologische Statistik entscheiden, wie das betreffs des Impfschutzes gegen Pocken und Tollwut durch eine jahrzehntelange Beobachtung in einwandfreier Weise erfolgt ist; auch für den Erfolg der mit abgetöteten Kulturen gegen Pest, Cholera und Typhus unternommenen Schutzimpfung sprechen schon zahlreiche günstige Erfahrungen, doch sind die Akten über diese Frage noch nicht abgeschlossen. Die Schwierigkeit der Übertragung experimenteller Erfahrungen auf die natürlichen Verhältnisse liegt insbesondere darin, daß das Überstehen der natürlichen Infektionskrankheit offenbar nicht nur eine allgemeine Immunität des ganzen Körpers, sondern auch einen speziellen lokalen Schutz an der Eintrittspforte zurückläßt, während letzterer bei der künstlichen Schutzimpfung natürlich nicht zustande kommt.

Bei der technischen Herstellung der Schutzstoffe (abgetötete Kulturen) sind insbesondere im Massenbetrieb folgende Punkte genau zu beachten:

a) Prüfung der zu verwendeten Kulturen auf Reinheit, antigene Wirkung und Freisein von besonderer Reizwirkung; zu diesem Zweck ist es nötig, nur bestimmte in ihrer antigenen Wirkung und in ihrem möglichsten Freisein von unerwünschten Nebenwirkungen seitens anerkannter Institute sorgfältig geprüfte Stämme zu verwenden; zur Erzielung einer möglichst allgemeinen Verwendbarkeit ist es ferner wünschenswert, einen vielwertigen, aus mehreren Stämmen gemischten Impfstoff herzustellen, wie das jetzt bei der Bereitung des Typhusimpfstoffs geschieht. Zur Gewinnung von Massenkulturen verwendet man durchweg Oberflächenkulturen auf Agar in Drigalski-Schalen oder noch besser in Kolle-Flaschen, da letztere leichter die Fernhaltung von Verunreinigungen ermöglichen. Die früher von Haffkine angewendete Massenkultur in Bouillon kommt nur noch für die Gewinnung löslicher, keimfrei zu filtrierender Impfstoffe (Diphtherietoxin, Tuberkulin), nicht aber für die Gewinnung von Leibessubstanzen der Bakterien in Betracht, da erstens die Ausbeute in jungen flüssigen Kulturen zu gering ausfällt, zweitens in älteren Kulturen Abbauprodukte von unerwünschter unspezifischer Reizwirkung entstehen und endlich die Kontrolle auf Fernhaltung fremder, insbesondere anaërober Keime sehr viel schwieriger ist. Bei Agaroberflächenkulturen ist das Freisein von verunreinigenden Keimen leicht durch ein mikroskopisches Präparat und eventuelle Nachprüfung durch Aussaat auf Platten nachzuweisen.

b) Die Abtötung der Kulturen muß durch vorsichtige Erhitzung erfolgen, da die Einwirkung höherer Temperaturen leicht zur Bildung unspezifischer, starke Reizwirkungen auslösender Abbauprodukte führt; andererseits muß natürlich die Temperatur hoch genug gewählt werden, um eine absolut sichere Abtötung zu gewährleisten; erfahrungsgemäß genügt für die Abtötung von Choleravibrionen und Typhusbazillen, selbst in sehr dichter Aufschwemmung, eine 1stündige Einwirkung von 53° im Wasserbade. Die Abschwemmung jeder einzelnen Kulturschale wird getrennt in je einem Reagenzglas im Wasserbade mit Thermoregulator dieser Temperatur ausgesetzt, wobei sorgfältig darauf zu achten ist, daß der obere Teil des Reagenzglases, der aus dem Wasserbad herausragt, durch Abbrennen von etwa anhaftenden, durch Verspritzen dorthin gelangten Tröpfchen sicher befreit wird; das Wasser im Wasserbade muß mindestens 2 cm oberhalb der Kultur-Aufschwemmung im Reagenzglas stehen.

c) Die Prüfung der Sterilität nach erfolgter Erhitzung wird durch Aussaat je eines Tropfens aus jedem einzelnen erhitzten und zum Zweck der Kontrolle vorher numerierten Reagenzglase auf sterilen Agar vorgenommen; jedes nicht steril befundene Glas wird vernichtet.

d) Nach Prüfung der Sterilität erfolgt die erforderliche Verdünnung der Kulturaufschwemmung mit steriler 0,85%iger Kochsalzlösung mit einem Gehalt von 0,5% Phenol oder Trikresol zwecks Konservierung; die Verdünnung wird so vorgenommen, daß 1 ccm des fertigen Schutzstoffes stets eine und dieselbe erfahrungsgemäß als zweckmäßig ausprobierte Dosis der Kultur enthält, und zwar 1/3 Normalöse Kultur auf 1 ccm. Diese Dosierung erfolgt zunächst annähernd nach Berechnung des Flächeninhaltes der Kultur, wobei man davon ausgeht, daß eine Schräg-Agar-Oberflächenkultur etwa 10 Normalösen entspricht. Die genauere Dosierung kann dann auf verschiedene Weise erfolgen; am gebräuchlichsten ist der Vergleich der Durchsichtigkeit des Schutzstoffes mit einem als Prüfungstest dienenden Normalimpfstoff, eine Methode, die bei vergleichender Prüfung frischer Impfstoffe Brauchbares leistet, während in älteren, lange konservierten Kulturaufschwemmungen allmählich eine Aufhellung durch Autolyse erfolgt. Genauer ist die Dosierung durch direkte mikroskopische Zählung der Keime in der Thoma-Zeiß'schen oder einer ähnlichen Zählkammer (z. B. von Liebreich), während die Zählung nach der sonst in der Bakteriologie üblichen Methode mittelst Aussaat auf geeigneten Nährboden hier nicht anwendbar ist, da die Zahl der angegangenen Kolonien natürlich nur den lebenden Keimen entspricht, während für die antigene Wirkung ebensowohl auch die (schon in jungen Kulturen sehr zahlreichen) abgestorbenen Individuen in Betracht kommen. Eine annähernde direkte mikroskopische Zählungsmethode nach Wright besteht darin, daß die auszuzählende Bakterien-Emulsion mit der gleichen Menge menschlichen Blutes sorgfältig vermischt im Objektträger-Präparat ausgestrichen und das zahlenmäßige Verhältnis zwischen roten Blutkörperchen und Bakterien in einer größeren Anzahl von Gesichtsfeldern bestimmt wird; aus der bekannten Zahl der roten Blutkörperchen (etwa 5 Millionen im Kubikmillimeter beim gesunden Manne) läßt sich dann ohne weiteres annähernd die Zahl der in der Kulturaufschwemmung enthaltenen Keime berechnen, wobei allerdings ein Teil der Keime, durch die roten Blutkörperchen verdeckt, der Zählung entgehen kann.

Von der Schutzimpfung zu der **Bakteriotherapie**, d. h. zur Anwendung der Leibessubstanzen der Krankheitserreger zu Heilzwecken gegenüber der klinischen Erkrankung, ist es nur ein Schritt, wenn man sich vergegenwärtigt, daß dieselben biologischen Vorgänge, welche nach überstandener Erkrankung das Wesen der Immunität ausmachen, es auch sind, welche während der Erkrankung die natürliche Heilung des pathologischen Prozesses anbahnen. Wenn diese natürliche Heilungstendenz bei einigen chronischen Krankheiten (Tuberkulose, Lepra) oft oder fast immer unvollständig bleibt, so liegt das gerade darin begründet, daß auch die Immunisierungsprozesse bei diesen Infektionen unvollständige sind, und es scheint rationell die Heilungstendenz des Organismus dadurch zu fördern, daß man den Immunisierungsprozeß durch künstliche Zufuhr der antigenen (mit möglichstem Ausschluß der rein giftigen) Leibessubstanzen des Erregers beschleunigt. Hiervon ging R. Koch aus, als er die Wirkung von löslichen Produkten des Tuberkelbazillus auf den tuberkulös infizierten Organismus studierte, und so wurde die Tuberkulinbehandlung das erste Beispiel einer zielbewußten Anwendung bakterieller Produkte zur spezifischen Heilung der betreffenden Infektionskrankheit. Auch für die Bakteriotherapie im engeren Sinne, d. h. für die Anwendung der gesamten abgetöteten Leibessubstanzen des Erregers statt eines löslichen Extraktes, bietet die Tuberkulinbehandlung ein Beispiel, indem R. Koch vom löslichen Alttuberkulin zu dem die Tuberkelbazillenleiber selbst enthaltenden

Neutuberkulin (T. R.) fortschritt. Schon vorher hatten Beumer und Peiper die Heilung des Abdominaltyphus durch Injektion kleiner Mengen abgetöteter Typhuskulturen versucht. Die allgemeinere Anwendung der Bakteriotherapie datiert erst seit der vor etwa 10 Jahren durch Wright im Zusammenhange mit der Opsonin-Forschung unternommenen Anwendung von Bakterien (insbesondere Eitererregern) zur Behandlung chronischer Infektionen. Wright ging davon aus, daß der opsonische Index des Blutes gegenüber dem spezifischen Erreger während des Bestehens der betreffenden Infektionskrankheit herabgesetzt ist und suchte durch Injektion kleiner Mengen abgetöteter Kultur des Erregers diesen Index zu erhöhen; nach einem vorübergehenden Absinken in den ersten 1—2 Tagen nach der Injektion (negative Phase) kommt in der Tat ein Ansteigen des opsonischen Index zustande, dem häufig eine entsprechende Besserung der lokalen und allgemeinen Krankheitserscheinungen parallel geht; eine wiederholte Injektion darf erst erfolgen, wenn die negative Phase überwunden ist. Während Wright sich zur Beurteilung dieses Zeitpunktes stets der Bestimmung des opsonischen Index bedient, kann man von diesem umständlichen Verfahren auch absehen und Zeitpunkt und Dosierung des bakteriotherapeutischen Handelns, ähnlich wie bei der Tuberkulintherapie, von dem Ablauf der jedesmal ausgelösten Reaktion und von dem Gesamt-Verhalten des Kranken abhängig machen. Im allgemeinen gilt der Grundsatz, daß bei akuten Infektionen nur vorsichtige Anwendung kleiner Gaben angezeigt ist, während gegenüber chronischen Infektionen größere Dosen am Platze sind. Die Bereitung der Impfstoffe erfolgt grundsätzlich ebenso wie oben bei der Schutzimpfung beschrieben ist; der Gehalt der Impfstoffe wird in einer Zahl angegeben, die dem Gehalt an Bakterienleibern im Kubikzentimeter entspricht (z. B. Staphylokokken-Vakzine 200 Millionen). Der Impfstoff wird entweder als vielwertiges Produkt (polyvalent, von einem Gemisch vorrätig gehaltener Stämme des betreffenden Virus) hergestellt oder man verwendet zur Bereitung der Vakzine nur den homologen, aus dem Kranken selbst herausgezüchteten Stamm(monovalent); die Behandlung mit solcher „Autovakzine" leistet in manchen Fällen besonders gute Dienste.

VI. Absterbebedingungen der Mikroorganismen (Desinfektion).

Wir haben in einem der vorangegangenen Abschnitte die für Wachstum und Gedeihen der Mikroorganismen erforderlichen Lebensbedingungen kennen gelernt; fehlen diese Lebensbedingungen ganz oder teilweise oder entfernen sich die Verhältnisse, unter welchen sich die Mikroorganismen befinden, erheblich vom Wachstums-Optimum, so tritt zunächst Verlangsamung oder Stillstand der Entwickelung ein; das Leben ist unter diesen Verhältnissen im latenten Zustand und vermag sich so mehr oder minder lange Zeit zu erhalten, um schließlich entweder bei

Wiederherstellung günstiger Bedingungen sich aufs neue in Wachstum und Leistungen zu entfalten oder bei fortdauernden ungünstigen Bedingungen allmählich zu erlöschen. Außer diesen Abweichungen von den normalen Lebensbedingungen kennen wir nun aber auch eine Reihe von direkt keimschädigenden Faktoren, welche selbst bei sonst gleichzeitig vorhandenen günstigsten Kulturbedingungen dennoch ihre deletäre Wirksamkeit entfalten. Die Kenntnis dieser Absterbebedingungen ist sowohl in theoretischer wie insbesondere in praktischer Beziehung für die Bekämpfung der Krankheitserreger von Wichtigkeit. Je nach der Intensität der Einwirkung offenbart sich die Keimschädigung in zweifacher Weise: Entweder nur als Entwicklungshemmung, wobei die betroffenen Keime zwar am Wachstum und Vermehrung verhindert werden, sich aber noch längere Zeit lebensfähig erhalten und bei erneuter Übertragung unter günstigen Bedingungen aufs neue sich lebhaft zu entwickeln vermögen; oder als Abtötung, wodurch die Keime endgültig vernichtet werden und auch nach Übertragung unter die besten ihnen sonst zusagenden Bedingungen sich als abgestorben erweisen. Speziell bei chemischen Mitteln unterscheidet man je nach der wirksamen Konzentration einen entwickelungshemmenden (antiseptischen) und einen keimtötenden (desinfizierenden) Wert; bei sporenbildenden Bakterien unterscheidet man zwischen bakterientötendem (bakterizidem) und sporentötendem (sporizidem) Titer; der letztere liegt wegen der erheblich höheren Widerstandsfähigkeit der Sporen wesentlich höher als ersterer; auch unter den vegetativen Formen ist die Widerstandsfähigkeit verschiedener Arten ganz verschieden, so sind insbesondere die durch ihre Hülle geschützten Tuberkelbazillen und verwandten säurefesten Arten, ferner unter den Kokken der Staphylococcus pyogenes aureus sehr viel widerstandsfähiger als andere Bakterien. Protozoen sind meist viel weniger resistent als Bakterien und unterliegen überdies wie alle tierischen Zellen der Einwirkung spezifischer Gifte (Cyan, Saponin), die gegenüber Bakterien fast wirkungslos sind. Sowohl unter den Bakterien wie unter den Protozoen werden gewisse Arten durch bestimmte Desinfizientien schon in einer ganz schwachen Konzentration geschädigt, in der andere Arten noch jede Schädigung vermissen lassen; eine solch elektive Wirkung findet sich natürlich nur bei Substanzen von hochkomplizierter chemischer Konstitution; solche elektive Wirkung hat z. B. das Malachitgrün gegenüber dem Choleravibrio, das Tribrom-β-Naphthol gegenüber Eiterkokken, Diphtheriebazillen und sogar gegenüber den sonst so widerstandsfähigen Milzbrandsporen (die es in $1^0/_0$iger Lösung binnen 2 Stunden abtötet, während es gegenüber Pyozyaneus- und Tuberkelbazillen fast wirkungslos ist). Je nach der Ausbildung dieser elektiven Wirkung spricht man von „halbspezifischer" (Bechhold) oder spezifischer Desinfektionswirkung; ihre höchste Ausbildung erreicht die letztere einerseits in den bei der Chemotherapie (vgl. am Schluß dieses Abschnitts) angewandten Mitteln, andererseits in den bei der Immunisierung im Tierkörper sich bildenden Bakterizidinen (vgl. im Kapitel Immunität).

Die Methode zur Prüfung der entwickelungshemmenden Eigenschaft eines physikalischen Faktors oder einer chemischen Substanz ist verhältnismäßig einfach; man läßt den zu prüfenden Faktor in abgestufter Dosis (z. B. abfallende Konzentrationen einer chemischen Substanz oder verschiedene Temperaturgrade) auf die zu prüfenden, in einem geeigneten Nährboden befindlichen Keime einwirken und notiert, bei welcher Dosis das Wachstum eben vollständig gehemmt wird; dabei zeigt sich ganz im allgemeinen, daß die Widerstandsfähigkeit der Mikroorganismen gegen Entwickelungshemmung um so größer ist, je günstiger im übrigen die Lebensbedingungen sind; so äußert z. B. Sublimat im Blutserum erst bei viel höherer Konzentration seinen entwickelungshemmenden Einfluß als in Bouillon; desgleichen kommt bei Bruttemperatur die vollständige Entwickelungshemmung viel schwieriger zustande als bei Zimmertemperatur.

Die Methoden zur Prüfung der keimtötenden Wirkung beruhen grundsätzlich auf folgender Versuchsanordnung: Die Keime werden während einer bestimmten Zeit der Einwirkung des betreffenden schädigenden Agens ausgesetzt, worauf dieses letztere vollständig entfernt wird und die so vorbehandelten Keime nachträglich wieder in einen ihnen möglichst zusagenden Nährboden und überhaupt unter günstigste Entwickelungsbedingungen gebracht werden, um festzustellen, ob sie noch lebensfähig oder bereits abgestorben sind; eventuell ist zur Prüfung der Lebens- und Ansteckungsfähigkeit auch der Tierversuch mit heranzuziehen. Die größte Schwierigkeit macht bei der Prüfung chemischer Desinfizienten die vollständige Entfernung derselben nach beendigter Einwirkungsdauer; es ist klar, daß Spuren des Giftes, welche dem zu prüfenden Testobjekt noch anhaften und mit ihm auf dem zur Aussaat verwendeten Nährboden übertragen werden, noch nachträglich auf die ohnedies schon geschädigten Keime entwickelungshemmend einwirken und so das Zustandekommen einer vollständigen Abtötung der Keime vortäuschen, wo diese in Wirklichkeit noch nicht erreicht ist. Man hat sich bemüht, diese Fehlerquelle in verschiedener Weise auszuschalten; bei der ältesten noch von R. Koch selbst angegebenen Methode, bei welcher als Testobjekte an Seidenfäden angetrocknete Keime (Milzbrandsporen) verwendet wurden, begnügte man sich zunächst mit gründlichem Auswaschen der Fäden nach beendigter Desinfektionsdauer; vergleichende Versuche (Geppert) mit Anwendung von chemischen Neutralisationsmitteln des Giftes (Schwefelammonium gegenüber Sublimat, schwache Säure gegenüber Alkali und umgekehrt, Bromwasser gegenüber Phenol) erwiesen, daß trotz Auswaschens noch Giftmengen in den Testobjekten zurückgehalten worden waren und daß nach Neutralisation des Giftes die vorher scheinbar abgetöteten Keime sich teilweise als noch lebensfähig erwiesen. Andere Untersucher verwendeten zur Antrocknung des Testmaterials statt Seidenfäden Glassplitter oder Granaten (Paul und Krönig), deren glatte Oberfläche ein leichteres Auswaschen des Desinfiziens ermöglicht; oder man brachte die Keime unter die Einwirkung des Desinfiziens in wässeriger Aufschwemmung, aus der sie nach beendigter Einwirkungsdauer durch Ausschleudern und nachträgliches Auswaschen von der desinfizierenden Lösung getrennt werden konnten; gegenüber solchen Keimen, die das Austrocknen nicht vertragen, ist diese letztere Methode natürlich die allein anwendbare. Freilich leidet sie unter dem Übelstand, daß Bakterienemulsionen für größere vergleichende Versuchsreihen sehr schwer gleichmäßig herzustellen und zudem nur sehr kurze Zeit haltbar sind. Bei praktischen Desinfektionsversuchen kommt es vor allem darauf an, daß man die natürlichen Bedingungen, unter welchen die Desinfektion vor sich gehen soll, möglichst getreu nachahmt; so wird man bei Versuchen über Kleiderdesinfektion die zu prüfenden Keime an Kleiderstoffe bringen und mit einer eventuellen nachträglichen Wirkung zurückgehaltener Spuren des Desinfiziens um so weniger zu rechnen brauchen, als diese sich ja auch in der Desinfektionspraxis geltend machen würde; so wird man Versuche über Sterilisationsverfahren von Wasser und Milch immer in dem betreffenden Medium ausführen. Eine selbstverständliche, nicht zu vergessende Forderung ist, daß man sich bei der Herstellung der Testobjekte durch Kontrollversuche gegenüber Desinfizientien von bekannter Wirkung (Prüfung von Milzbrand-Sporenfäden in strömendem Dampf) von der Brauchbarkeit des Testmaterials überzeugt; dies ist um so notwendiger, als verschiedene Stämme der gleichen Art, und innerhalb derselben Kultur wiederum die einzelnen Individuen eine sehr verschiedene Widerstandsfähigkeit zeigen können. Der Ausfall der Desinfektionsversuche ist nun aber nicht nur von der Wechselwirkung zwischen dem Desinfiziens und dem betreffenden Mikroorganismus, sondern auch von einer Anzahl anderer Bedingungen abhängig. Hierher gehört in erster Linie der Einfluß der Temperatur, welcher sich hier im umgekehrten Sinne geltend macht wie bei der Entwickelungshemmung, indem die Abtötung der Keime bei Bruttemperatur (wie jeder andere chemische Prozeß) verstärkt und beschleunigt wird. Von großer Bedeutung ist ferner der Einfluß des Lösungsmittels, indem chemische Desinfizientien in alkoholischer oder öliger Lösung unwirksam werden; andererseits bewirken manche Zusätze (Seife zu Kresolen) eine Erhöhung der Desinfektionswirkung, wie denn überhaupt verschiedene Desinfizientien bei gleichzeitiger Einwirkung Summationswirkung zeigen können (Bürgi).

Die biologischen Vorgänge, welche für die Schädigung der Mikroorganismen durch physikalische und chemische Agentien ursächlich in Betracht kommen, können sehr verschiedener Art sein; neben ganz groben Veränderungen, wie z. B. Austrocknen, Verbrennung, Gerinnung, Aufquellen und Auflösung des lebenden Plasmas kommen auch spezifische Giftwirkungen in Betracht; hierbei spielt bei verschiedenen Substanzen einerseits der Grad der Dissoziation in wirksame Ionen, andererseits die Lipoid-Löslichkeit der betreffenden Substanzen eine Rolle; es ist hier nicht der Ort, auf diese komplizierten physikalisch-chemischen Gesetzmäßigkeiten näher einzugehen. Manche Stoffe (z. B. Kupfer) äußern selbst in außerordentlicher Verdünnung (1 : 1000000) Giftwirkung; solche Wirkungen werden als oligodynamische bezeichnet.

Von physikalischen Faktoren sind Erhöhung des Drucks sowie Kältewirkung (selbst bis zu so niedrigen Temperaturen wie derjenigen der flüssigen Luft) fast wirkungslos gegenüber den meisten Mikroorganismen; nur manche der parasitischen Existenz im Organismus streng angepaßte Krankheitserreger (Influenzabazillen) gehen bei Temperaturen unterhalb der gewohnten Brutwärme bald zugrunde. Auch elektrische Ströme und Entladungen wirken nicht direkt schädigend, sondern nur indirekt durch elektrolytische Prozesse, Ozonentwickelung, Erwärmung usw. Dagegen haben die verschiedenen Formen der strahlenden Energie erhebliche keimschädigende Wirkung: Röntgen- und Radiumstrahlen sowie insbesondere das Licht, und zwar hauptsächlich durch seinen Gehalt an ultravioletten Strahlen; man kann die keimtötende Wirksamkeit des Lichtes sehr hübsch dadurch zur Anschauung bringen, daß man Kulturen auf durchsichtigen Nährböden teilweise dem Lichte aussetzt, während andere Teile derselben durch undurchsichtige Schirme vor der Lichtwirkung geschützt sind; auf den letzteren geschützten Partien findet Wachstum statt, während die übrigen Teile des Nährbodens unbewachsen bleiben; man kann auf diese Weise Buchstaben, Figuren u. dgl. auf den Kulturschalen ähnlich wie auf einer photographischen Platte erhalten. Die Lichtwirkung ist teils eine direkte, teils eine indirekte, wie sich daraus ergibt, daß auch bei nachträglicher Beimpfung vorher belichteter Nährböden die Entwicklung gestört ist oder ganz ausbleibt; wahrscheinlich bilden sich durch die Belichtung keimschädigende Stoffe (H_2O_2 u. dgl.). — Die mächtigste keimschädigende Wirkung kommt unter den physikalischen Agentien der Einwirkung der Hitze zu: Vegetative Formen werden meistens schon durch eine 10 Minuten andauernde Einwirkung von 50 bis 60° abgetötet; etwas widerstandsfähiger sind manche Eiterkokken, Typhusbazillen und Tuberkelbazillen. Eine erheblich größere Widerstandsfähigkeit weisen die Dauerformen (Sporen) auf; hierbei tritt ein außerordentlicher Unterschied in der Wirksamkeit der trockenen heißen Luft einerseits und des Wasserdampfes andererseits auf, in dem Sinne, daß dem letzteren eine ungleich höhere keimschädigende Wirkung zukommt. Während z. B. Milzbrandsporen im gesättigten Wasserdampf von 100° schon nach spätestens 15 Minuten abgetötet sind, ist dies bei Einwirkung trockener heißer Luft selbst bei einer Temperatur von 140° erst nach drei Stunden der Fall. Nähert sich der Wasserdampf, sei es durch Überhitzung, sei es durch Beimengung von Luft, der Beschaffenheit der trockenen Luft, so vermindert sich damit auch seine Desinfektionskraft, selbst wenn durch Überhitzung seine Temperatur erheblich über 100° gestiegen ist. Dagegen hat gespannter gesättigter Dampf eine noch höhere Desinfektionskraft als gewöhnlicher Wasserdampf von 100° Temperatur und 1 Atmosphäre Druck; die widerstandsfähigsten Sporen (gewisser Erd- und Kartoffelbazillen), die im gewöhnlichen Wasserdampf viele Stunden lebensfähig bleiben, gehen im gespannten Dampf von 120° in spätestens 15 Minuten zugrunde. Auch für die Desinfektionspraxis im großen ist der schon von R. Koch erkannte fundamentale Unterschied in der Desinfektionskraft von trockener heißer

Luft und gesättigtem Dampf von größter Bedeutung geworden; man verwendet in den Desinfektionsapparaten nicht heiße Luft, sondern Wasserdampf, wenn möglich unter einem geringen Überdruck (von etwa 0,2 Atmosphären) und vermeidet in der Konstruktion und im Betrieb der Apparate jede Überhitzung und Luftbeimengung des Dampfes. Auch gesättigter Dampf von niedrigerem Siedepunkte als 100^0 (beim Sieden unter negativem Druck) kann, obzwar von geringerer desinfektorischer Wirksamkeit als gewöhnlicher Wasserdampf, wegen seiner schonenderen Einwirkung zu manchen Desinfektionszwecken verwendet werden; die geringere desinfektorische Wirksamkeit solchen Dampfes von niedrigerem Siedepunkte wird in den von Rubner angegebenen Apparaten durch Zusatz von Formaldehyddämpfen zum Wasserdampf ausgeglichen. — Auch für die Prüfung und Betriebskontrolle der Dampfdesinfektionsapparate sind die bakteriologischen Desinfektionsversuche von größter Bedeutung; diese Prüfung findet am sichersten dadurch statt, daß Milzbrandsporenfäden, in Glasröhrchen mit Watteverschluß dem Desinfektionsgut beigepackt, der Wirkung des Dampfes ausgesetzt werden und durch nachträgliche Aussaat auf Nährböden der Desinfektionseffekt kontrolliert wird. — Der große Unterschied der keimtötenden Kraft des Dampfes gegenüber der trockenen Hitze erklärt sich teils durch biologische Vorgänge, indem das Plasma der Bakterien und insbesondere der Sporen durch Einwirkung feuchter Hitze leichter koaguliert, teils auf physikalischem Wege durch die viel energischere Eindringungskraft des Dampfes; wird dieser letztere Nachteil der heißen trockenen Luft durch künstliche Luftbewegung behoben (wie das im Vondranschen Apparat der Fall ist), so kann auch die heiße trockene Luft zu manchen Desinfektionszwecken mit Vorteil verwendet werden.

Unter den physikalischen Einwirkungen ist schließlich noch die Austrocknung als sehr wirksames keimtötendes Mittel, das in der freien Natur zu Geltung kommt, zu nennen; viele Krankheitserreger (Cholera-, Influenza-, Pestbazillen, Meningokokken) gehen durch Austrocknung in kürzester Frist zugrunde, und die betreffenden Infektionskrankheiten können also nicht durch trockenen Staub verbreitet werden (vgl. Kapitel VII); aber schon manche vegetative Formen der Bakterien (Eiterkokken, Typhusbazillen und Tuberkelbazillen) sind gegen Austrocknung recht widerstandsfähig und in noch viel höherem Grade gilt dies von den durch ihre undurchgängige Hülle geschützten Sporen der Bakterien, Schimmel- und Sproßpilze sowie für die enzystierten Formen mancher Protozoen. Bei der Prüfung auf Widerstandsfähigkeit gegen Austrocknung muß man streng darauf achten, daß das Trocknen in dünner Schicht erfolgt und so wirklich alle Keime der Wasserentziehung ausgesetzt sind; erfolgt das Antrocknen in dicker Schicht und besonders rasch (z. B. im Exsikkator), so bleiben im Innern klebriger schleimiger Massen die Keime vor vollständiger Wasserentziehung geschützt und es können so sonst recht empfindliche Keime, wie z. B. Pneumokokken, lange Zeit konserviert werden.

Von der Fülle chemischer Desinfizientien können hier nur einzelne praktisch besonders bedeutsame oder biologisch bemerkenswerte Stoffe genannt werden, während bezüglich aller Einzelheiten auf die speziellen Lehrbücher verwiesen werden muß. Eine besonders wichtige Rolle spielen die Metallsalze. Schon gediegene Metalle, z. B. Gold- oder Silberplättchen, verursachen, auf den Nährboden aufgelegt, in der unmittelbaren Umgebung Entwickelungshemmung. Auch kolloide Metalle äußern stark entwickelungshemmende (aber schwache bakterizide) Wirkung. Sehr mächtige keimtötende Wirkung kommt den gelösten Metallsalzen, speziell den Quecksilber- und Silbersalzen zu. Das Sublimat äußert schon in einer Verdünnung von 1 : 10 000 im Blutserum vollständige entwickelungshemmende Wirkung und tötet in der gewöhnlich gebrauchten Lösung von 1 : 1000 fast alle vegetativen Formen schon innerhalb weniger Minuten, Tuberkelbazillen und Milzbrandsporen allerdings erst nach Stunden. In den meistens gebräuchlichen Sublimatpastillen befindet sich ein Zusatz von Kochsalz, teils zum Zwecke leichterer Löslichkeit des Sublimats, teils zur Vermeidung der Entstehung unlöslicher Quecksilber-Albuminat-Niederschläge in eiweißhaltigen Lösungen. Von den unangenehmen Nebenwirkungen des Sublimats (Ätzwirkung auf die Haut und Metallgegenstände) sind die an desinfizierender Wirksamkeit dem Sublimat allerdings unterlegenen Ersatzpräparate Quecksilberoxycyanid und Sublamin frei. Von den übrigen Metallsalzen spielt das Silbernitrat (Höllenstein) in der Desinfektionspraxis die bedeutsamste Rolle; auch hier hat man mit Erfolg versucht, die Ätzwirkung des reinen Metallsalzes durch Einführung komplexer organischer Silberverbindungen (Argentamin, Argonin, Protargol, Ichthargan und anderer) zu vermeiden. Die früher verwendeten Kupfersalze werden wegen ihrer verhältnismäßig geringen desinfizierenden Wirksamkeit neuerdings nur noch wenig angewandt. Unter den Neutralsalzen ist das Kochsalz nur in konzentrierten (über 25%) Salzlaken von zuverlässiger entwickelungshemmender Wirkung; diese Feststellung hat ihre praktische Bedeutung, weil bei Anwendung zu schwacher Salzlösung zum Pökeln des Fleisches leicht ein Verderben des Fleisches durch Bakterien-Entwickelung und insbesondere auch Vergiftung durch den Bac. botulinus (vgl. das betreffende spezielle Kapitel) zu befürchten ist. Die Säuren können in konzentriertem rohen Zustand in der Desinfektionspraxis zur Abtötung von Sporen und Desinfektion wertloser Materialien (Mist, verschmutzter Boden) verwendet werden. Demselben Zweck dient die Anwendung des Ätzkalks, am besten in Form der frisch bereiteten 20%igen Kalkmilch. Ein sehr wirksames Desinfiziens stellen, insbesondere in erwärmtem Zustand, Soda- und Seifenlösungen dar, die speziell zur Desinfektion von chirurgischen Instrumenten sowie zur Händedesinfektion verwendet werden. Die gewöhnliche Schmierseife ist auch ein ebenso billiges wie wirksames Desinfiziens für die Anwendung im großen und vermag in 10%iger Lösung bei gleichzeitiger Erwärmung auf etwa 80° sogar Milzbrandsporen binnen ½ Stunde abzutöten. Sehr wirksame Desinfizientien finden sich ferner unter den

Oxydationsmitteln (Permanganate, Persulfate, Chlor, Jod, Brom, Ozon, Wasserstoffsuperoxyd). Soweit diese Körper im gasförmigen Zustand zur Anwendung gelangen, wird darüber wegen der speziellen Verhältnisse, welche allen gasförmigen Desinfizientien gemeinsam sind, noch weiter unten verhandelt werden. In wässeriger Lösung entfalten die Halogene selbst in hoher Verdünnung außerordentlich starke desinfizierende Eigenschaften; schon durch 0,03%iges Chlorwasser sowie durch 0,05%iges Lugolsche Lösung werden Milzbrandsporen binnen weniger Minuten abgetötet. In der Desinfektionspraxis wird Chlor am zweckmäßigsten in Form einer kombinierten Lösung, enthaltend je 1%iges übermangansaures Kali und 1%ige Salzsäure, angewendet, welche an Desinfektionskraft selbst eine 5%ige Sublimatlösung übertrifft; für Abtötung vegetativer Formen genügen schon 0,1 bis 0,2%ige Lösungen von Chlorkalk. Hier sei auch das „Antiformin" (ein Gemisch von Natronlauge und unterchlorigsaurem Natron) erwähnt, daß sämtliche tierische Zellen und Mikroorganismen, außer den durch ihre widerstandsfähige Hülle geschützten Tuberkelbazillen und Sporen, restlos auflöst und wegen dieser Eigenschaften mit Vorteil in der bakteriologischen Untersuchungstechnik angewandt wird (Uhlenhuth). (Vgl. im speziellen Teil S. 256.)

Von organischen Verbindungen seien folgende Desinfizientien erwähnt: Der gewöhnliche Äthylalkohol hat auffallenderweise seine stärkste desinfizierende Wirksamkeit in einer Konzentration von 50%, während wasserfreier Alkohol (wenigstens gegenüber angetrockneten Keimen) vollständig wirkungslos ist; die Ursache hierfür liegt in denselben physikalisch-chemischen Verhältnissen, welche auch die Unwirksamkeit anderer Desinfizientien in reiner alkoholischer Lösung sowie konzentrierter alkoholischen Farbstofflösungen bedingen. Gegenüber den Sporen ist Alkohol bei gewöhnlicher Temperatur ohne Wirkung; doch hat siedender Alkohol auch erhebliche sporizide Kraft, und zwar wiederum nur in verdünntem, nicht in wasserfreiem Zustand.

Zur Händedesinfektion wird der Alkohol in Form des offizinellen Seifenspiritus angewendet, der vegetative Keime binnen weniger Minuten abtötet. Chloroform wird in der bakteriologischen Laboratoriumspraxis, wegen seiner schonenden ohne tiefgreifende chemische Zersetzungen erfolgenden Wirksamkeit, zur vorsichtigen Abtötung von Kulturen zwecks Gewinnung ihrer Giftstoffe sowie zur Konservierung eiweißhaltiger Nährflüssigkeiten (Blutserum) angewendet. Das in der Chirurgie viel gebrauchte Jodoform hat zwar nur ganz geringe desinfizierende, aber erhebliche entwickelungshemmende Eigenschaften; seine günstige Wirksamkeit bei der Wundbehandlung beruht auf Abspaltung von freiem Jod. Formaldehyd (in 40%iger wässeriger Lösung unter dem Namen „Formalin" bekannt) hat schon in sehr hoher Verdünnung (1:5000 bis 20 000 je nach den verschiedenen Arten der Bakterien) eine starke entwickelungshemmende Wirkung und wurde deshalb mehrfach zur Konservierung von Nahrungsmitteln empfohlen, was allerdings wegen der nicht zu unterschätzenden Giftwirkung des

Formalins, selbst in geringen Mengen, zumal bei lange fortgesetzter Aufnahme, hygienisch zu beanstanden ist. Gegenüber dieser erheblichen entwickelungshemmenden Eigenschaft steht allerdings eine um so geringere desinfizierende Wirksamkeit, weshalb Formalinlösungen in der praktischen Desinfektion nur wenig Verwendung finden; desto größere Bedeutung hat die Desinfektion mit gasförmigem Formaldehyd zumal für die Wohnungsdesinfektion gefunden (vgl. weiter unten). Die wichtigsten Desinfektionsmittel unter den organischen Verbindungen leiten sich vom Phenol (Karbolsäure) ab. Karbolsäure selbst wird in 3 bis $5^0/_0$iger Lösung gegenüber vegetativen Formen mit Erfolg angewendet und ist praktisch um so brauchbarer, als ihre desinfizierende Wirksamkeit nicht wie diejenige der Metallsalze durch Anwesenheit von Salzen oder Eiweißkörpern beeinträchtigt wird; eine zuverlässige sporentötende Wirksamkeit kommt der Karbolsäure selbst in konzentriertem Zustand nicht zu. Wegen des verhältnismäßig hohen Preises und der Ätzwirkung stärkerer Lösungen von Karbolsäure werden statt dieser in der Desinfektionspraxis mehr die durch Methylierung entstehenden Abkömmlinge derselben, die sog. Kresole, angewendet. Die Aufschließung dieser in der sog. „rohen Karbolsäure“ in großer Menge enthaltenen Kresole erfolgt entweder (für die chirurgische Desinfektion) in alkalischer Lösung (Kresolseifenlösung, Lysol, Kreolin) oder für grobe Desinfektionszwecke (Ställe, Aborte) durch Aufschließung mit Säuren oder durch Vermischung mit Petroleum; das auf letzterem Wege erhaltene Gemisch („Saprol“) eignet sich besonders für die Desinfektion von Abortgruben, da es, spezifisch leichter als Wasser, auf der Oberfläche des Grubeninhaltes schwimmt und so einen geruchsicheren Abschluß schafft, während gleichzeitig durch langsame Abgabe der Kresole in den Grubeninhalt die Desinfektion des letzteren erfolgt. In neuester Zeit sind unter den Halogen-Substitutions-Produkten der Kresole hochwertige Desinfektionsmittel gefunden worden, die unter den Bezeichnungen Phobrol, Grotan, Sagrotan in den Handel kommen (Laubenheimer u. a.) und insbesondere für die Desinfektion von tuberkulösem Auswurf sich bewähren. Ebenso fand Bechhold unter den Halogen-Substitutions-Produkten des Naphthols sehr wirksame Desinfizientien („Providoform“), die wegen ihrer elektiven, „halb spezifischen“ Wirksamkeit gegenüber einzelnen Bakterienarten bereits oben erwähnt worden sind.

Eine gemeinsame Besprechung fordern die gasförmigen Desinfizientien, die, mögen sie auch im übrigen ganz verschiedener chemischer Natur sein, in ihrer praktischen Anwendung übereinstimmende, durch ihren gasförmigen Zustand bedingte Eigentümlichkeiten und Schwierigkeiten aufweisen. Diese letzteren bestehen hauptsächlich in der durch die Verschiedenheit des spezifischen Gewichtes von Gas und Luft bedingten ungleichmäßigen Verteilung des Gases in dem zu desinfizierenden Raume und der damit zusammenhängenden unvollkommenen Durchdringung der zu desinfizierenden Gegenstände. Wo nicht auf letzteres Moment ausdrücklich verzichtet wird und man sich mit einer bloßen Oberflächen-Wirkung (wie z. B. bei der Wohnungsdesinfektion mit Formaldehyd) begnügt, muß versucht werden, eine gründliche Durchmischung des Gases in dem zu desinfizierenden Raum und eine Tiefenwirkung im Inneren des Desinfektionsgutes durch möglichst massenhafte Entwickelung und mechanische Luftbewegung zu erreichen, wie das bei den neueren Desinfektionsverfahren mittelst schwefliger Säure (Clayton- und Hya-Apparat) geschieht. Die größte praktische Bedeutung (insbesondere für Wohnungen) hat nach den Arbeiten Flügges und seiner Schüler die Desinfektion mit Formaldehyd gefunden; doch handelt es sich dabei, streng genommen, gar nicht um eine Gasdesinfektion, sondern um eine Kondensation des Formaldehyds in Gestalt feinst verteilter Tröpfchen an der Oberfläche der zu desinfizierenden Gegenstände; aus diesem Grunde (sowie beim Verdampfenlassen wässeriger Formalinlösungen zwecks Vermeidung der Polymerisation des Formaldehyds zu Paraform) ist die Sättigung des zu desinfizierenden Raumes mit Wasserdampf erforderlich, mit dem sich der Formaldehyd in feinst verteilter, tropfbar flüssiger Form auf den zu desinfizierenden Gegenständen niederschlägt; deshalb kann auch die Vergasung des Formalins mit ebenso gutem, praktischem Erfolg durch Versprühen in wässeriger oder glyzerinhaltiger Lösung ersetzt werden.

Schließlich noch einige Worte über die besonderen Verhältnisse bei der Händedesinfektion mit spezieller Berücksichtigung der Versuchsmethodik.

Wenn es bis jetzt noch nicht möglich gewesen ist, eine zuverlässige Methode zu finden, die unter allen Umständen eine vollständige Befreiung der Hand von Keimen gewährleistet, so liegt die Ursache daran, daß die Bakterien, wenn sie erst einmal in die tieferen Schichten der Haut gelangt sind, von den Desinfektionsmitteln sehr schwierig erreicht werden, da die verhornten und fettimprägnierten Schichten der Oberhaut dem Eindringen des Desinfiziens in die Tiefe einen sehr großen Widerstand entgegensetzen. Es genügt daher nicht etwa, wie man früher glaubte, die Wirkung eines Händedesinfiziens dadurch zu prüfen, daß man einen Fingerabdruck auf sterilem Nährboden machen läßt und die Keimfreiheit dieses Fingerabdrucks als Beweis für die gelungene Desinfektion der Haut ansieht; es muß vielmehr durch energische mechanische Bearbeitung der Hand geprüft werden, ob auch die tieferen Schichten der Haut keimfrei geworden sind; insbesondere ist dabei auch auf den Nagelfalz und den Unternagelraum zu achten, an welchen Stellen die Bakterien sich besonders leicht erhalten. Paul und Sarwey haben für diese Zwecke einen allseitig geschlossenen „Händeuntersuchungskasten“ angegeben, in welchem alle diese Manipulationen an der Hand ohne das Dazwischentreten von bakteriellen Verunreinigungen von außen erfolgen können. Wie wichtig für die Beurteilung eines Händedesinfektionsverfahrens die Prüfung der tieferen Hautschichten ist, dafür noch zwei Beispiele: Läßt man die desinfizierte Hand im Heißluftkasten oder durch Tragen eines sterilen Gummihandschuhs, geschützt von jeder Verunreinigung von aussen, schwitzen so kommt durch die ursprünglich in der Tiefe befindlich gewesenen und nunmehr an die Oberfläche beförderten Bakterien sogar eine Vermehrung der ursprünglich nachweisbaren Keimzahl zustande; andererseits kann ein scheinbarer Desinfektionseffekt dadurch vorgetäuscht werden, daß durch die Einwirkung eines die Oberhaut härtenden und zusammenziehenden Mittels die Keime in den tieferen Schichten fixiert werden, so daß sie nicht so leicht wie vorher an die Oberfläche gelangen; hierauf beruht (wenigstens zum Teil, neben der unstreitig außerdem bestehenden desinfizierenden Wirksamkeit) der scheinbar vollständige Effekt in manchen Händedesinfektionsversuchen mit Alkohol.

Anhang zu Kap. VI: **Chemotherapie.**

Schon eingangs des letzten Abschnitts wurde erwähnt, daß manche Desinfizientien gegenüber bestimmten Arten von Mikroorganismen eine elektive Wirksamkeit äußern; der Gedanke, solche spezifisch wirksame Mittel praktisch in dem Sinne zu verwerten, daß die Infektionserreger im Innern des erkrankten Organismus selbst abgetötet würden und die Heilung der Krankheit zustande käme, mußte um so näher liegen, als derartige spezifisch wirksame Heilmittel rein empirisch in der Tat schon seit langer Zeit gegen verschiedene Krankheiten mit Erfolg angewendet worden waren; wir erinnern nur an die spezifische Wirkung des Quecksilbers gegenüber der Syphilis, der Salizylsäure gegenüber dem akuten Gelenkrheumatismus und des Chinins gegenüber der Malaria; die Abtötung der Malariaplasmodien unter dem Einfluß des Chinins ließ sich sogar direkt mikroskopisch nachweisen. Ganz allgemein lautete die Aufgabe, Desinfizientien zu finden, die einerseits eine hohe spezifische Wirkung gegenüber bestimmten Krankheitserregern, andererseits eine möglichst geringe Schädigung der Zellen des menschlichen Körpers oder — wie Behring es ausdrückt — eine möglichst geringe relative Giftigkeit aufwiesen. Das Problem ist seitdem auf doppeltem Wege gelöst: erstens durch die Serotherapie, bei welcher die vom lebenden Organismus gebildeten spezifischen Immunkörper gegen die Mikroparasiten und ihre Gifte angewendet werden, zweitens durch die Chemotherapie, welche das gleiche Ziel einer rationellen Heilung der Infektionskrankheit durch Einführung elektiv wirksamer chemischer Substanzen zu erreichen versucht.

In den letzten zwei Jahrzehnten ist es insbesondere den bahnbrechenden Forschungen von Uhlenhuth und von Paul Ehrlich zu verdanken, daß chemisch wirksame Körper zur Bekämpfung der verschiedensten Erkrankungen durch pathogene Protozoen und Spirochäten (Syphilis, Trypanosomiasis) der Therapie zugänglich gemacht werden konnten.

Nach Ehrlich sind für chemotherapeutische Zwecke nur solche Chemikalien verwendbar, die eine stärkere Verwandtschaft zum Organismus der Parasiten als zu dem des Wirtes haben. Solche Substanzen heißen parasitotrop im Gegensatz zu den organotropen Stoffen, bei denen eine höhere Avidität zu den Zellen lebenswichtiger Organe als zu den Protozoenzellen besteht.

Chemotherapeutisch wirksame Präparate gegen Trypanosomen sind unter folgenden Gruppen zu finden:

1. Der Gruppe der basischen Triphenylmethanfarbstoffe: Fuchsin, Parafuchsin, Methylviolett u. a.
2. Der Gruppe der Baumwollfarbstoffe (Azofarbstoffe): Benzopurpurin, Trypanrot, Trypanblau.
3. Die Arsenikalien: arsenige Säure, Atoxyl, Arsenophenylglyzin, Dioxydiamidoarsenobenzol („606" oder „Salvarsan").
4. Von den Antimonpräparaten: das Antimontrioxyd.

Behandelt man eine mit Trypanosomen infizierte Maus mit einer großen Dosis eines wirksamen Präparates, z. B. Fuchsin, so werden durch eine einmalige Injektion alle Parasiten ohne Schaden des Versuchstieres vernichtet (Sterilisatio magna). Bei zu kleiner Dosis kommt es zum Rezidiv. Nach mehrmaligen Injektionen kleiner Dosen erfolgen stets neue Rezidive, und schließlich lassen sich dann die Trypanosomen auch durch größere Dosen Fuchsin nicht mehr beeinflussen. Sie sind „fuchsinfest" geworden. Dagegen ist ein solcher fuchsinfester Stamm gegen eine andere chemotherapeutisch wirksame Substanz, wie z. B. Atoxyl, ebenso empfindlich wie ein bisher unbehandelter Trypanosomenstamm. Die erworbene Giftfestigkeit der Trypanosomen ist also wie die Serum-Immunität spezifisch. Man muß nach Ehrlich annehmen, daß bestimmte Rezeptoren, „Chemorezeptoren" im Protoplasma der Trypanosomen vorhanden sind, die für eine bestimmte Gruppe von Chemikalien eine besondere Verwandtschaft besitzen und daher dieselben an die Zelle verankern können.

Die Chemotherapie nahm ihren Ausgangspunkt von der Entdeckung von Laveran und Mesnil, daß arsenige Säure imstande sei, das Blut von mit Trypanosomen infizierten Mäusen von den Parasiten zu befreien. Zu günstiger Wirkung auf Trypanosomen führten die Versuche mit Trypanrot, Trypanblau und Parafuchsin, Tryparosan, Trypasafrol, Atoxyl, Arsazetin, Arsenophenylglyzin, dann mit Antimonpräparaten, die den Arsenpräparaten nachgebildet wurden (Uhlenhuth, Mulzer und Hügel). Es bewiesen sich von diesen Verbindungen das Benzolsulfon und das Urethanderivat des paraaminophenylstibinsauren Natriums als besonders wirksam. Von Kolle, Hartoch und Schürmann wurde das Antimontrioxyd in die Therapie der Trypanosomenkrankheiten eingeführt. Es gelang sowohl mit Nagana als auch mit Dourine infizierte Tiere durch eine einmalige oder zweimalige Injektion von verhältnismäßig geringen Dosen Antimontrioxyd dauernd zu heilen. Die chemotherapeutische Brauchbarkeit des Antimontrioxyds, und zwar bei intravenöser Einführung, ist von Hoffmann vor kurzem wieder festgestellt worden.

Von den zahllosen bisher empfohlenen Präparaten haben vor allem die Arsenderivate eine hohe praktische Bedeutung erlangt, wie z. B. das Atoxyl (Arsanilsäure), das bei der Hühnerspirillose und anderen Spirochätenkrankheiten eine prophylaktische und heilende Wirkung aufweist, das Arsazetin, das Arsenophenylglyzin und das Salvarsan (oder Dioxydiamidoarsenobenzol = Nr. 606) (Ehrlich und Hata). Bei Hühnerspirillose, Gänsespirillose, bei Rekurrens, bei Frambösie, bei Malaria tertiana, bei der Brustseuche der Pferde wurden dauernde Heilungen schon mit einer einmaligen Injektion des Mittels beobachtet. Eine geradezu glänzende Probe bestand dieses Präparat bei der Behandlung der Syphilis. Die Spirochäten verschwinden schon meist nach 24—48 Stunden aus dem Primäraffekten und Kondylomen, in denen sie vor der Einführung des Mittels sehr zahlreich nachzuweisen waren. Auf die Erfolge des Salvarsans in der Syphilistherapie näher einzugehen, liegt nicht im Rahmen dieser Zusammenstellung.

Auch sind in neuester Zeit Versuche unternommen worden, das von alters her bekannte Spezifikum gegen Lues, das Quecksilber, in solchen Verbindungen anzuwenden, daß es keine Reizwirkung auszuüben vermag. Schilling, van Krogh, Schrauth und Schüller fanden solche Verbindungen in den merkurierten Phenolen, Rothermundt, Dale und Peschic in einer sich vom Pyrazolon ableitenden quecksilberhaltigen Verbindung.

Das Chinin übt, wie längst bekannt, eine elektive Wirkung gegenüber Malaria aus; vgl. das betreffende spezielle Kapitel. Von anderen Präparaten mit chemotherapeutischer Wirksamkeit gegen Malaria kommen in Betracht das Methylenblau, das Salvarsan und Neosalvarsan, aber letztere beiden Präparate nur gegenüber Malaria tertiana, nicht gegenüber den beiden anderen Malariaformen.

Aber auch bei bakteriellen Infektionen hat die Chemotherapie in den letzten Jahren nicht zu unterschätzende Erfolge zu verzeichnen. Vor allem sind hier die spezifischen Wirkungen des Chinins bei Pneumokokkenerkrankungen (Morgenroth und Halberstädter) zu nennen. Die Wirkung des Chinins sahen sie noch gesteigert in gewissen Derivaten des Alkaloids. Besonders wirksam erwies sich das Äthylhydrokuprein, ein Substitutionsprodukt des Kupreins, eines Nebenalkaloids der Chinarinde. Das Präparat wurde später mit dem Namen Optochin belegt. Es ist im Handel als Optoch. hydrochloricum und als freie Base, Optochin basicum, erhältlich (Zimmer & Co., Frankfurt a. M.).

Die Chemotherapie ist noch in der Anfangsphase ihrer Entwickelung begriffen und es ist zu hoffen, daß ihr noch eine große Zukunft bevorsteht und daß es mittelst ihrer noch gelingen möge, Krankheiten, die jetzt noch als unheilbar gelten, therapeutisch so zu beeinflussen, daß man von Dauerheilungen sprechen kann.

VII. Existenz und Nachweis der Mikroparasiten in der unbelebten Natur.

Gegenüber den Anschauungen aus früherer Zeit, welche die Ursache der Infektionskrankheiten im wesentlichen in der unbelebten Außenwelt, speziell in einem verseuchten Boden, schlechten Ausdünstungen usw. suchten, hat die fortschreitende Erkenntnis von den Mikroorganismen als Krankheitserreger einen erheblichen Wandel der Anschauungen geschaffen. Wir wissen heute, daß für die meisten Infektionskrankheiten der erkrankte Mensch (bzw. für die auf den Menschen übertragbaren Tierseuchen das erkrankte Tier) mit seinen Ausscheidungen die wichtigste Ansteckungsquelle darstellt; insbesondere ist dies der Fall für die obligaten Mikroparasiten, welche außerhalb ihres Wirtsorganismus überhaupt nicht dauernd zu existieren und sich zu vermehren vermögen. Immerhin müssen wir auch bei diesen der parasitischen Lebensweise streng angepaßten und natürlich noch viel mehr bei den fakultativen Mikroparasiten mit der Möglichkeit rechnen, daß sie — wenn auch nicht außerhalb des erkrankten Körpers Wachstum und Vermehrung stattfindet — dennoch sich längere Zeit in der Außenwelt lebend und infektionstüchtig erhalten können. Eine solche Möglichkeit liegt um so näher, als wir gesehen haben, daß selbst obligate Mikroparasiten (wie z. B. die Tuberkelbazillen) in der künstlichen Kultur mit Existenzbedingungen sich begnügen können, die von denen des menschlichen Körpers sehr verschieden sind und sogar in völlig eiweißfreiem Substrat üppig zu gedeihen vermögen. Andererseits findet beständig eine Abgabe von krankheitserregenden Mikroorganismen durch die Ausscheidungen des erkrankten Körpers an die Außenwelt statt, und die Frage drängt sich von selbst auf, ob und wie lange diese Mikroorganismen in der Außenwelt sich lebensfähig zu erhalten vermögen, welche Bedingungen eine solche Erhaltung begünstigen und durch welche Faktoren und nach wie langer Zeit das Absterben der Krankheitserreger in den verschiedenen äußeren Medien zustande kommt. In den vorangegangenen Kapiteln haben wir einerseits als Bedingungen für das Wachstum der Mikroorganismen das Vorhandensein bestimmter Nährstoffe, eines bestimmten Feuchtigkeitsgrades und Temperaturbereichs, desgleichen einer je nach den Arten der Mikroben wechselnden chemischen Reaktion des Nährbodens sowie des Zutritts oder der Fernhaltung des Luftsauerstoffs kennen gelernt. Andererseits haben wir als entwickelungshemmende oder keimtötende Faktoren, die in der freien Natur eine Rolle spielen, die Einwirkung des Sonnenlichts, der Austrocknung und der Konkurrenz der Saprophyten erkannt. Es soll im folgenden in Kürze betrachtet werden, wie sich diese der Entwickelung der Mikroparasiten teils förderlichen, teils entgegenstehenden Faktoren in den wichtigsten äußeren Medien, welche die Umgebung des Menschen ausmachen, je nach der Art des Mediums und der Natur des im einzelnen in Frage kommenden Krankheitserregers gestalten.

Luft. Es ist selbstverständlich, daß in der Luft, bei der Abwesenheit der erforderlichen organischen Nährstoffe, eine Vermehrung der Mikroparasiten wie überhaupt aller Kleinlebewesen vollständig ausgeschlossen ist. Aber auch die längere Erhaltung der Lebensfähigkeit stößt gerade in der Luft, wo Austrocknung und Einwirkung des Lichtes in ungehinderter Weise ihren entwickelungshemmenden Einfluß ausüben können, auf die größten Schwierigkeiten. Völlig ausgeschlossen ist die Luftinfektion bei allen denjenigen Arten von Krankheitserregern, welche das Austrocknen nicht vertragen können (Gonokokken, Meningokokken, Pest-, Influenza-, Ruhr- und Cholerabazillen); aber auch bei den übrigen Arten, die zwar in trockenem Zustande einige Zeit lebensfähig bleiben können (Eiterkokken, Tuberkelbazillen, Diphtherie- und Typhusbazillen, sporentragende Krankheitserreger), ist die Frage von der tatsächlichen Existenz einer Luftinfektion davon abhängig, ob diese Keime als flugfähige trockene Stäubchen in die Luft abgegeben werden. Dies ist z. B. bei den Pneumokokken, Diphtherie- und Tuberkelbazillen selten oder überhaupt nicht der Fall, da diese Keime stets in dicken, schleimigen Massen eingehüllt, nach außen abgegeben werden (teilweise, wie die Pneumokokken, überhaupt nur innerhalb einer solchen Schutzhülle der Austrocknung Widerstand zu leisten vermögen) und eine Bildung verstäubbaren Materiales aus solchen angetrockneten Schleimkrusten nur schwierig und nur unter besonderen Umständen erfolgt. Tatsächlich sind daher selbst in Wohnungen von Phthisikern flugfähige tuberkelbazillenhaltige Stäubchen entschieden selten. Nun wissen wir allerdings nach den Forschungen Flügges und seiner Schüler, denen wir überhaupt die Aufklärung der für die Luftinfektion in Betracht kommenden Momente verdanken, daß in der Wohnungsluft in der unmittelbaren Nähe des Erkrankten Krankheitserreger auch in anderer als staubtrockener Form existieren können, nämlich in Form feinster Tröpfchen und Bläschen, wie sie beim Verspritzen und Aushusten infektiösen Materials, ja schon beim gewöhnlichen Sprechen durch Versprühen der Mundflüssigkeit entstehen. Doch ist die Existenz der Mikroparasiten in dieser Form zeitlich und räumlich eng begrenzt; erfahrungsgemäß ist ein genügender Schutz gegen tuberkelbazillenhaltige Tröpfchen schon in einer Entfernung von 1 Meter von dem hustenden Kranken gegeben, auch ist die Dauer der Existenz solcher infektiöser Tröpfchen beschränkt, da sie sehr bald eintrocknen und sich zu Boden senken. Im ganzen ist die Gefahr der Tröpfcheninfektion nur als eine erweiterte Form der Kontaktinfektion zu betrachten, da sie zeitlich und räumlich an die unmittelbare Nähe des Kranken gebunden ist. Innerhalb dieser enggezogenen Grenzen kann die Tröpfcheninfektion allerdings für die Übertragung mancher Krankheiten (Lungentuberkulose, Lungenpest, Influenza, Schnupfen) eine sehr bedeutsame, ja sogar eine die epidemiologischen Verhältnisse geradezu beherrschende Rolle spielen. Auch ist zu bemerken, daß die Luftinfektion durch infizierte Tröpfchen von der Frage der Widerstandsfähigkeit der betreffenden Keime gegen Austrocknung ganz unabhängig ist; es handelt sich vielmehr darum, ob die Verhältnisse der Ausscheidung der Erreger aus dem erkrankten Körper solcher Gestalt sind, daß die Bildung und Ausstreuung keimhaltiger Tröpfchen in größerem Umfange zustande kommt, was bei der Ausscheidung durch die Atmungswege (Husten, Niesen, Sprechen) die Regel ist, bei der Ausscheidung mit Stuhl und Urin aber entweder überhaupt nicht oder doch nur ausnahmsweise zustande kommt.

In jedem Falle ist die Luftinfektion, sei es durch keimhaltige Tröpfchen oder durch trockenen Staub, nur im Innern der Wohnung zu fürchten, während eine Luftinfektion im Freien zu den größten Seltenheiten gehören dürfte und auch dann in diesen Fällen (Pocken, Typhus) eine andere Möglichkeit der Übertragung, nämlich durch Insekten, kaum auszuschließen ist.

Der Nachweis von Mikroorganismen in der Luft erfolgt am einfachsten durch Aussetzen offener, mit Nährboden beschickter Kulturschalen; eine genauere quantitative Untersuchung auf Luftkeime erfolgt in der Weise, daß eine abgemessene Menge von Luft mittelst Luftpumpe oder einer sonstigen Saugvorrichtung durch ein Filter gesogen wird, das die in der Luft enthaltenen Keime zurückhält; durch Aussaat des Filtermaterials (von Petri ursprünglich hierfür Sand angegeben, von Ficker in einem auch sonst zweckmäßiger konstruierten Filter durch Glassplitter ersetzt, da der Sand bei der Auszählung der Kulturen durch seine Undurchsichtigkeit stört) — auf geeigneten Nährboden und Auszählung der gewachsenen Kolonien läßt sich der Keimgehalt der Luft bestimmen. Für die praktische Erforschung und Bekämpfung der Seuchen ist das Verfahren ohne größere Bedeutung, da spezifische Infektionserreger zwar gelegentlich in der Wohnungsluft, in der Nähe des Erkrankten, nicht aber in der freien Luft gefunden werden; der Keimgehalt der Luft im Freien setzt sich ausschließlich aus Saprophyten zusammen und geht dem Gehalt an größeren Staubteilchen parallel.

Boden. Die oberflächlichen Schichten des Bodens sind außerordentlich reich an Mikroorganismen, und zwar da, wo der Boden regelmäßig mit Abfallstoffen (Düngstoffen) in Berührung kommt; gewisse Krankheitserreger, die im Darminhalt der Haustiere saprophytisch wuchern, wie die Erreger des Wundstarrkrampfs und des Gasbrands, finden sich regelmäßig in gedüngtem Boden und vermögen sich auch unter ungünstigen äußeren Bedingungen sehr lange Zeit lebensfähig zu erhalten, da sie widerstandsfähige Dauerformen (Sporen) bilden. Auch sporenfreie Krankheitserreger, wie z. B. Typhus- und Ruhrbazillen, gelangen häufig mit den Ausleerungen des Kranken auf die oberflächlichen Bodenschichten; ein Wachstum dieser Krankheitserreger im Boden wird wegen der erdrückenden Konkurrenz der Saprophyten kaum jemals stattfinden; doch ist es wohl möglich, daß diese krankheitserregenden Keime sich längere Zeit daselbst lebensfähig erhalten; insbesondere gilt dies von den verhältnismäßig widerstandsfähigen Typhusbazillen.

In die tieferen Bodenschichten können die an der Bodenoberfläche vorhandenen Mikroorganismen unter natürlichen Verhältnissen nur dann gelangen, wenn der Boden von gröberen Rissen und Spalten durchsetzt ist, die den Kleinwesen einen direkten Weg nach der Tiefe eröffnen. Anderenfalls findet im dichten Sand- oder Lehmboden eine sehr energische Zurückhaltung der Keime statt, so daß schon in wenigen Metern Tiefe, selbst unter gedüngtem Ackerland oder dicht bewohnten Siedelungen der Boden vollständig keimfrei ist. Diese zurückhaltende Kraft des Bodens macht sich nicht nur in vertikaler, sondern auch in horizontaler Richtung gegenüber den durch künstliche Eingriffe in tiefere Bodenschichten gelangten Mikroorganismen geltend, so daß auch eine seitliche Verbreitung von Keimen (etwa von beerdigten Leichen, verscharrten Tierkadavern, Abortgruben aus) auf weitere Strecken im dichten natürlichen Boden ausgeschlossen erscheint. Noch viel weniger vermögen die etwa in die Tiefe des Bodens gelangten Krankheitserreger wieder an die Oberfläche emporzusteigen; ebensowenig kann Wachstum oder Sporenbildung in der Tiefe stattfinden, da hierfür schon die Temperatur nicht ausreicht. Die tieferen Bodenschichten sind also, entgegen den Anschauungen aus früherer Zeit, für die Entstehung der Infektionskrankheiten belanglos, falls nicht etwa (wie im nächsten Absatz zu besprechen) in grobdurchlässigem Boden das Grundwasser infiziert und später wieder zu Trinkzwecken benutzt wird. Die bakteriologische Untersuchung der oberflächlichen Bodenschichten erfolgt durch Entnahme einer abgewogenen kleinen Probe mittelst sterilen Löffelchens und Aussaat und Zählung der in steriler Flüssigkeit gleichmäßig aufgeschwemmten Probe. Um eine einwandfreie Probe aus der Tiefe ohne oberflächliche Verunreinigungen zu gewinnen, bedient man sich eines Erdbohrers, an dem nach Erreichung der gewünschten Tiefe durch Drehung eines Handgriffs am oberen Ende eine an der Spitze des Bohrers befindliche, bis dahin verschlossene Kammer sich öffnet und die Probe aus der gewünschten Tiefe entnimmt.

Wasser. Die in der freien Natur vorkommenden Wässer zeigen je nach ihrer Herkunft ein ganz verschiedenes Verhalten betreffs ihres Gehalts an Mikroorganismen und insbesondere an Krankheitserregern. Meteorwässer (Regen, Hagel, Schnee) enthalten höchstens saprophytische, aus dem Luftstaub mitgerissene Keime, aber ebensowenig wie die freie Luft selbst Krankheitserreger. Das gleiche gilt von dem aus dichtem Boden stammenden Grund- und Quellwasser, das ebenso wie die tieferen Bodenschichten selbst keimfrei ist. Anders steht es mit Grundwasser aus oberflächlichem, vor Verunreinigung durch Düngung und Abfallstoffe nicht hinlänglich geschützten Wasser, desgleichen mit Quellwasser aus lockerem, spaltenreichem Gestein, das sehr häufig Keime von der Oberfläche des Bodens mit sich führt und natürlich auch Krankheitserreger enthalten kann. Solches Wasser ist unter allen Umständen als ebenso verdächtig zu beurteilen wie Oberflächenwasser (aus Flüssen, Teichen, Flachbrunnen usw.), das natürlich jederzeit der Verunreinigung mit Abfallstoffen und Krankheitserregern ausgesetzt ist, falls nicht etwa, wie z. B. bei der Anlage von Talsperren, die Möglichkeit einer solchen Verunreinigung durch besondere Vorkehrungen (Anlage einer Schutzzone) sorgfältig ausgeschlossen ist. Die in das Wasser gelangten Krankheitserreger werden sich allerdings nur unter besonders günstigen Bedingungen (reicher Gehalt an organischen Stoffen und Nährsalzen, hohe Temperatur) vermehren können, und wo eine solche Vermehrung stattfindet, wird es meistens nur an räumlich beschränkten Stellen der Fall sein, z. B. im verunreinigten Ufergebiet oder zwischen enggedrängten Schiffen und Flößen sowie an Stellen mit stagnierendem Wasser. Meistens gehen die in das Wasser eingeführten Fäulnis- und Krankheitserreger schon nach kurzer Zeit, binnen wenigen Tagen, zugrunde; auf dieser natürlichen Selbstreinigung der Gewässer beruht z. B. die Keimarmut des Wassers in großen Seen sowie die Erfahrungstatsache, daß selbst große Städte (München) bei günstigen Verhältnissen des Vorfluters ihre gesamten Abwässer ohne voraufgegangene Reinigung in einen natürlichen Wasserlauf ablassen können und daß der letztere trotzdem schon wenige Kilometer unterhalb keine Verunreinigung mehr aufweist. Bei dieser natürlichen Selbstreinigung der Gewässer spielen verschiedene Faktoren mit: Die Verdünnung durch frisch zuströmendes reines Wasser, die Ausfällung durch die zu Boden sinkenden suspendierten Teilchen, die keimtötende Kraft des Sonnenlichtes und die vitale Konkurrenz der Saprophyten; an letzterem Prozeß sind nicht nur Bakterien, sondern auch Protozoen (durch ihre Freßtätigkeit), sowie alle jene niederen und höheren pflanzlichen und tierischen Organismen beteiligt, die im Wasser leben und deren Gesamtheit man unter dem Namen Plankton zusammenfaßt. Diese letzteren Organismen spielen ebenso wie bei der natürlichen Reinigung auch bei den Verfahren der künstlichen Reinigung durch Sandfiltration eine Rolle; im Sandfilter handelt es sich nicht etwa um eine bloß mechanische Zurückhaltung der Keime, sondern um biologische Prozesse, die sich hauptsächlich in der Deckschicht des Filters abspielen. Zu erwähnen ist noch, daß, wenn auch in der großen Masse eines infizierten Wassers die Krankheitskeime verhältnismäßig rasch zugrunde gehen, dennoch an gewissen besonders geschützten Stellen, z. B. im Schlamm, eine längere Konservierung pathogener Keime möglich ist, wie das schon mehrfach teils im Laboratoriumsversuch, teils unter natürlichen Verhältnissen direkt nachgewiesen werden konnte.

Die mikrobiologische Untersuchung des Wassers ist eine der wichtigsten Aufgaben, welche dem Hygieniker gestellt werden kann. In erster Linie kommt die Keimzählung in Betracht, welche durch Aussaat einer bestimmten Menge des Wassers auf künstliche Nährböden erfolgt. Selbstverständlich muß die Entnahme der zur Untersuchung bestimmten Wasserprobe so erfolgen, daß eine Verunreinigung von außen vollständig ausgeschlossen ist; bei der Entnahme aus einem Brunnen oder dem Hahne einer Wasserleitung muß durch längeres, mindestens etwa viertelstündiges Abpumpen oder Ablaufenlassen dafür Sorge getragen werden, daß das im Rohr angesammelte stagnierende Wasser völlig entfernt ist; zur Entnahme aus tieferen Schichten bedient man sich besonderer Apparate, deren Entnahmegefäß sich erst in der gewünschten Tiefe öffnet, sei es, daß an einem zugeschmolzenen luftleer gemachten Glasgefäß die verschmolzene Zuflußröhre durch Fallenlassen eines Gewichtes oder Federkraft abgebrochen wird, sei es, daß aus dem versenkten, mit doppelt durchbohrten Stopfen versehenen Aufnahmegefäß das Wasser durch die eine Bohrung des Stopfens erst dann eindringen kann, wenn nach Erreichung der gewünschten Tiefe die Luft aus der anderen Bohrung zum Entweichen gebracht wird. Besondere Vorkehrungen fordert die Untersuchung eines Grundwasserstroms auf Keimfreiheit; will man hier ganz sicher gehen, so muß der bis in den Grundwasserstrom niedergebrachte eiserne Röhrenbrunnen durch Einlassen von gespannten Dampf keimfrei gemacht werden, bevor die Entnahme erfolgen darf. Selbstverständlich muß in allen Fällen die entnommene Wasserprobe in zuverlässig sterilisierten Gefäßen aufgefangen werden, was nur von sachverständigen Personen geschehen sollte, um Verunreinigungen bei der Entnahme selbst zu vermeiden; ebenso selbst-

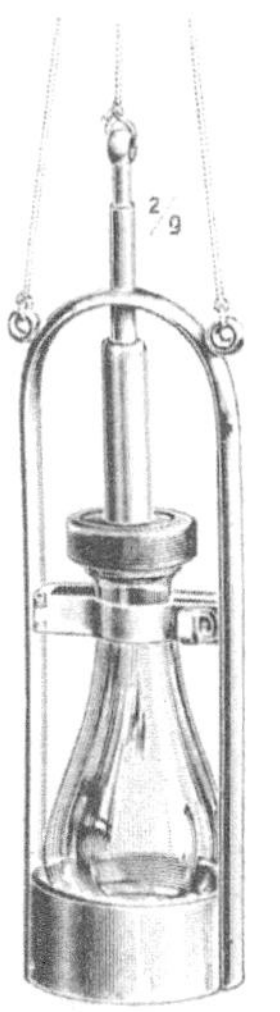

Abb. 50. Apparat zur sterilen Entnahme von Wasser aus der Tiefe. (Nach von Esmarch).

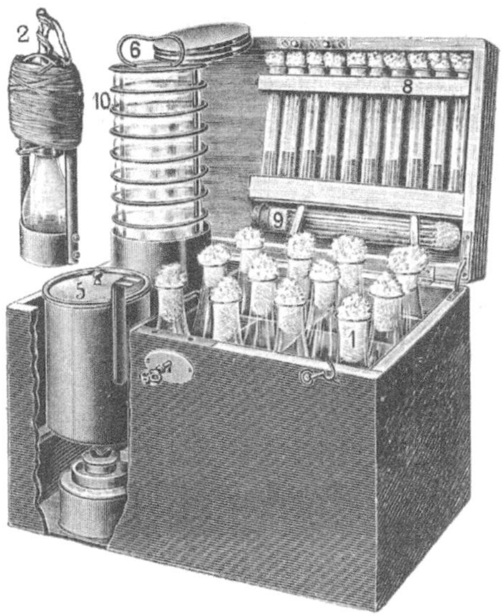

Abb. 51. Der sog. Wasser-Untersuchungskasten.

verständlich ist es, daß die Untersuchung des Wassers möglichst unmittelbar nach der Entnahme erfolgen oder, falls dies aus äußeren Gründen unmöglich, daß der Transport nach dem Laboratorium so schnell als möglich und in Eispackung erfolgen soll, um eine Vermehrung vereinzelter, sei es im Wasser schon enthaltener oder bei der Entnahme zufällig in dasselbe gelangter Keime zu verhindern. Die Aussaat der Wasserprobe erfolgt in der Regel in Gelatine-Platten; doch sind Agarplatten bei warmem Wetter oder im heißen Klima ebenso brauchbar. Die Kulturen werden meist bei 22 bis 26 Grad gehalten und nach 3 bis 4 Tagen gezählt. Je nach der Zahl der zu erwartenden Keime verarbeitet man kleinere oder größere Mengen, bei sehr keimarmem Wasser bis zu 10 ccm, bei verunreinigten Wässern Bruchteile eines Kubikzentimeters in abgestuften Mengen. Die Zählung erfolgt entweder mit bloßem Auge unter Zuhilfenahme eines Zählnetzes oder mikroskopisch bei schwacher Vergrößerung (Okular 1. Objektiv a), indem man das Mittel der aus einer Anzahl von Gesichtsfeldern ausgezählten Bakterienkolonien nimmt und nach dem Verhältnis der mikrometrisch berechneten Fläche des Gesichtsfelds zum Inhalt der ganzen Kulturschale ausrechnet. Abgesehen von den Fällen, in denen die Keimfreiheit eines Wassers zur Untersuchung steht und demgemäß jede größere Zahl von Keimen das Wasser verdächtig erscheinen läßt, haben die absoluten Ziffern der Bakterienzählung im Einzelfalle wenig Wert, sehr wohl aber der Vergleich verschiedener unter übrigens gleichen Verhältnissen erhobener Untersuchungsergebnisse untereinander; so deutet z. B. das Ansteigen der Bakterienmenge an bestimmten Stellen eines Wasserlaufs auf dort selbst stattgehabte Verunreinigung; desgleichen deutet die Zunahme der Keimzahl bei einem sonst sehr keimarmen Grundwasser in der Zeit nach starken Regengüssen oder Überschwemmungen auf stattgehabte Verunreinigungen von der Oberfläche her. Besonders wertvoll sind regelmäßige Keimzählungen bei der laufenden Kontrolle einer Wasserreinigungsanlage, wo dann das Ansteigen des Keimgehalts des Reinwassers sofort eine Störung des Reinigungsvorganges anzeigt. Bei der Kontrolle der Sandfiltration nimmt man allgemein eine Keimzahl von 100 im Kubikzentimeter als zulässigen Höchstwert an; besser ist es jedoch, für jedes Filterwerk aus längerer Beobachtung die normale Keimzahl des filtrierten Wassers zu ermitteln, die dann häufig (wie z. B. bei den amerikanischen Schnellfiltern) weit unterhalb dieses Wertes liegt, und jede erhebliche Überschreitung der so ermittelten Durchschnittsziffer bereits als Zeichen einer Störung anzusehen. Notwendig ist die Keimzählung zur Kontrolle eines Filters nach erfolgter Reinigung, um zu ermitteln, wann die in der ersten Zeit nach dem Anlassen zunächst noch ungenügende Filterwirkung wieder ihren normalen Stand erreicht hat.

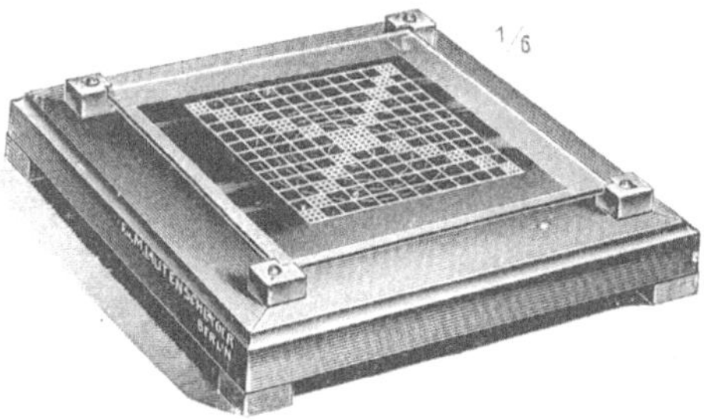

Abb. 52. Zählapparat nach Wolffhügel.

Was die qualitative Beurteilung der Bakterienbefunde bei der bakteriologischen Untersuchung anlangt, so ist weder die Vielfältigkeit der gefundenen Arten noch der Nachweis von Keimen, welche die Gelatine verflüssigen, als Beweis für eine bedenkliche Verunreinigung des Wassers anzusehen, wie man wohl früher annahm. Dagegen ist man in neuerer Zeit geneigt, dem Nachweis des Bact. coli im Wasser insofern eine erhebliche Bedeutung beizulegen, als das Bact. coli als Darmbewohner die stattgehabte Verunreinigung des Wassers mit Fäkalien anzeigen soll. Der Nachweis eines hohen Koli-Titers, d. h. einer größeren Anzahl dieser Keime im Kubikzentimeter Wasser, besonders wenn es sich um Koli-Arten handelt, die bei Bruttemperatur (oder nach Eijkman sogar bei 46 Grad wachsen), ist entschieden ein Anzeichen auf Verunreinigung des Wassers mit Darmentleerungen von Warmblütern und läßt daher das Wasser als infektionsverdächtig erscheinen; der Befund vereinzelter Koli-Keime hingegen ist nicht beweisend, da solche auch aus dem Darminhalt von Fischen stammen können und manche Koli-Arten auch als harmlose Saprophyten existieren. Der quantitative Nachweis des Bact. coli wird am einfachsten durch Aussaat abgestufter Mengen vom Wasser (z. B. von 0,1 bis 10 ccm) in Bouillon und nachträgliche Übertragung dieser Bouillonkulturen auf Endo-Agar erbracht, wo dann die charakteristischen dunkelroten Kolonien des Bact. coli, seine Anwesenheit in der ausgesäten Wassermenge leicht erkennen lassen; genauer ist das Verfahren mittelst direkter Aussaat der zu prüfenden abgestuften Mengen des Wassers auf Endo-Platten, Verdunstenlassen im Faust-Heim'schen oder Schürmann'schen Apparat (in welchem in kürzester Frist selbst größere Wassermengen durch die Einwirkung eines Stromes keimfreier getrockneter Luft bei leichter Erwärmung zur Verdunstung gelangen) und Auszählung der gewachsenen Koli-Kolonien. — Absolut beweisend für die Ansteckungsfähigkeit eines Wassers ist natürlich der direkte Nachweis spezifischer Krankheitserreger im Wasser, wie er bezüglich der Cholera- und Typhusbazillen schon in einer Reihe von Fällen gelungen ist. Die Untersuchung auf Choleravibrionen hat mehr Aussichten auf Erfolg, erstens weil uns zum Nachweis selbst vereinzelter Cholerakeime ein sehr brauchbares Anreicherungsverfahren zur Verfügung steht, zweitens weil wegen der kurzen Inkubationszeit der Cholera der Verdacht sich rechtzeitig auf ein infektionsverdächtiges Wasser lenkt und man daher Aussichten hat, die etwa im Wasser befindlichen Cholerakeime nachzuweisen, bevor sie abgestorben oder überwuchert worden sind. In beiden Beziehungen (Untersuchungsverfahren und Untersuchungszeit) ist man bei der Prüfung des Wassers auf Typhusbazillen viel ungünstiger gestellt, weshalb auch der Nachweis der letzteren im Wasser nur sehr selten gelingt; vgl. die beiden Kapitel Cholera und Typhus im speziellen Teil.

In Anbetracht der großen Schwierigkeiten, welche sich dem direkten Nachweis der Krankheitserreger und überhaupt der Beurteilung des bakteriologischen Befundes entgegenstellen, wird man in den meisten Fällen sein Urteil über die Beschaffenheit und Ansteckungsfähigkeit eines Wassers nicht so sehr von dem Befund der bakteriologischen Untersuchung abhängig machen als vielmehr von dem Ergebnis der Nachforschungen an Ort und Stelle zwecks Entscheidung der Frage, ob eine Verunreinigung des Wassers mit Krankheitserregern, wenn sie auch im gegebenen Augenblick fehlt oder sich dem Nachweis entzieht, nicht etwa doch nach Lage der Umstände gelegentlich zu befürchten wäre. In vielen Fällen wird schon das Ergebnis der örtlichen Besichtigung zum Ziele führen, wenn es z. B. gelingt, Wege, auf welchen verunreinigende Zuflüsse zum Wasser gelangen können (Undichtigkeiten im

Brunnendeckel, mangelhafte Konstruktion eines Filters) oder auch nur nahe gelegene Quellen der Ansteckung (Abzugskanäle, die oberhalb der Wasserentnahmestelle münden, gedüngtes Feld unmittelbar oberhalb der Fassung eines in geringer Tiefe fließenden Grundwasserstroms) nachzuweisen. In anderen Fällen kann man versuchen, die Möglichkeit des Durchtritts von Verunreinigungen zum Wasser durch direkte Versuche mit spezifischen Keimen augenfällig zu beweisen; so hat man durch Ausschütten von Massenkulturen von Hefe oder Bacillus prodigiosus auf die Bodenoberfläche ihren Durchtritt ins Grundwasser durch grobe Spalten des Bodens direkt nachgewiesen; in ähnlicher Weise wurde die Retentionsfähigkeit verschiedener Filter durch Zusatz spezifischer Keime zum Rohwasser ermittelt; das gleiche gilt von der Prüfung von Wasserreinigungsverfahren durch chemische Desinfizientien, durch ultraviolette Strahlen u. dgl.

Nahrungsmittel können krankheitserregende Keime enthalten:

1. Bei Herkunft von erkrankten Tieren (Milzbrand- und Paratyphusbazillen, Trichinen im Fleisch, Tuberkelbazillen in der Milch) oder von erkrankten Pflanzen (Strahlenpilz auf Getreideähren).

2. Durch nachträgliche Verunreinigung seitens der mit den Nahrungsmitteln in Berührung kommenden und ansteckungsfähigen Personen (Übertragung von Diphtherie und Scharlach durch Milch, von Typhus, Cholera und Ruhr durch rohes Gemüse).

3. Durch Wachstum toxischer Saprophyten, welche als zufällige Verunreinigung auf die Nahrungsmittel gelangen und unter günstigen Bedingungen durch ihre starke Vermehrung Gifte bilden (Bac. Botulinus, peptonisierende Bakterien der Kuhmilch).

Der Nachweis krankheitserregender Keime in Nahrungsmitteln erfolgt durch die der betreffenden Art angepaßten mikroskopischen und biologischen Methoden sowie durch den Tierversuch; vgl. die diesbezüglichen Artikel im speziellen Teil. Eine besondere Besprechung erfordert die bakteriologische Untersuchung und Beurteilung der Milch. Bereits unmittelbar nach dem Melken enthält die Milch mehrere Tausende von Keimen im Kubikzentimeter, und zwar um so mehr, je unsauberer beim Melken verfahren worden ist; insbesondere gelangen fast immer kleine Mengen von Kuhkot in die Milch, die man durch Zentrifugieren direkt nachweisen kann. Bei Eutererkrankungen enthält das Zentrifugat Eiterkörperchen und zahlreiche Streptokokken, oft auch rote Blutkörperchen. Frische Milch hat zwar durch ihren Gehalt an Fermenten gewisse bakterienfeindliche Eigenschaften, die sich aber schon nach mehreren Stunden verlieren. Wird die Milch nicht sofort nach dem Melken stark gekühlt, so tritt eine sehr starke Vermehrung der in ihr enthaltenen Keime ein; Marktmilch enthält im günstigsten Falle etwa 100 000 Bakterien im Kubikzentimeter, oft aber bis zu einer Million und darüber. Durch diese Vermehrung der in ihr enthaltenen Keime geht die Milch binnen 1—2 Tagen Veränderungen ein, meist handelt es sich um Säuerung durch den Bac. acid. lactici, der bei Zimmertemperatur wächst, oder ihm verwandte Arten, die bei Bruttemperatur gedeihen (Yoghurt-, Kefirbazillen); solche Milch ist genießbar und wird sogar zu diätetischen Zwecken verwendet. Anders die Veränderung, welche die Milch durch sporentragende Bakterien bei höherer Temperatur (schon oberhalb 22 Grad) erleidet; solche Bakterien finden sich massenhaft in dem der Milch beigemengten Kuhkot. Selten kommt es zu anaerober Buttersäuerungsvergärung oder noch seltener zu stinkender Fäulnis, während im allgemeinen die Milchflora stark fäulniswidrige Eigenschaften hat. Häufiger kommt es zur Peptonisierung der Eiweißstoffe der Milch mit gleichzeitiger Ausfällung des Kaseins durch Lab; solche Milch kann im Anfange dieses Prozesses kaum eine sinnfällige Veränderung aufweisen außer einer leichten Aufhellungszone unter der Rahmschicht und bitterlichem Geschmack. Derartige Milch kann bei Säuglingen durch die in ihr enthaltenen Bakteriengifte schwerste Magendarmerkrankungen (Cholera infantum) auslösen. Bei der Beurteilung der Wirksamkeit von Sterilisierungsverfahren, die eine Herstellung von Dauermilch anstreben, kommt es in erster Linie darauf an, festzustellen, ob diese widerstandsfähigen sporentragenden Keime abgetötet sind; eine solche Feststellung erfolgt am sichersten dadurch, daß man die verschlossenen Flaschen uneröffnet längere Zeit in den Brutschrank stellt, wobei sich die Anwesenheit selbst vereinzelter sporentragender Keime durch die erfolgende Zersetzung der Milch offenbart. Ganz anders sind diejenigen Milchsterilisierungsverfahren zu beurteilen, die wie die Pasteurisierung oder das Biorisationsverfahren nur die Abtötung der in der Milch eventuell enthaltenen vegetativen Krankheitserreger, nicht aber die Herstellung von Dauermilch erstreben; hier genügt die einfache Keimzählung.

VIII. Technische Hinweise für das mikroparasitologische Arbeiten im Laboratorium.

1. Laboratoriumseinrichtung bzw. Ausstattung des Arbeitsplatzes.

Wenn es sich um häufig wiederkehrende bakteriologische Arbeiten handelt, so ist ein speziell für diesen Zweck hergerichteter Arbeitsplatz notwendig, der in einem hygienisch einwandsfreien hellen Laboratorium am gut schließenden Fenster gelegen sein soll. Die Fenster müssen, falls das Laboratorium nach der Sonnenseite liegt, mit Vorrichtungen versehen sein, die eine direkte Bestrahlung des Arbeitsplatzes verhüten sollen, da das direkte Sonnenlicht die Bakterienkulturen abtötet oder in ihrer Virulenz schädigt und auch zu untersuchende Sera usw. schädlich beeinflußt bzw. zum Versuch unbrauchbar macht. Überhaupt muß man es sich zur Regel machen, die benutzten Kulturen so bald wie möglich in einem dunklen Raum, sei es Brutschrank oder gewöhnlicher Schrank, unterzubringen. Auch die zum Färben zu benutzenden Farbflüssigkeiten sollen nicht unnötigerweise dem Sonnenlichte ausgesetzt bleiben.

Der Arbeitstisch, der stets sauber gehalten werden soll, ist mit Fließpapier und darüber mit einer Glas- oder Asbestplatte zu belegen. An Stelle einer hölzernen Tischplatte kann auch eine Tischplatte mit Linoleumüberzug oder aus Lava oder Glas treten. Vor dem Arbeitsplatz soll ein drehbarer Sessel stehen. Als Gebrauchsgegenstände und Hilfsmittel beim mikroskopischen Arbeiten gehören auf den Arbeitstisch außer einem Mikroskop mit Mikroskopierlampe ein Bunsenbrenner, ein mit Sublimatlösung gefülltes Gefäß, um infizierte Gegenstände, alte Kulturen, Deckgläser von hängenden Tropfen, Pipetten usw, hineinzulegen, ein Gebläse zum Glasschmelzen, eine Wasserstrahlluftpumpe für Saug- und Druckwirkung eingerichtet, glatte und hohlgeschliffene Objektträger, Deckgläser, eine Glasglocke zum Schutze des Mikroskops, Pinzetten (Kühnsche Pinzette für Deckgläser, Cornetsche Pinzette), ein Färbegestell zum Auflegen der Objektträgerpräparate und der Cornetschen Pinzetten, Präpariernadeln, Spatel, Skalpelle und Scheren, Platinnadeln und Platinösen (eventuell mit dem Ösenmaßstab nach Czaplewski). An Glassachen müssen vorhanden sein: Injektionsspritzen verschiedener Größe, Meßzylinder zu 10, 25, 100 und 1000 ccm, Pipetten zu 1 ccm mit $^1/_{100}$ und Pipetten zu 10 ccm mit $^1/_{10}$ Einteilung, dazu ein sterilisierbarer Pipettenkasten, Erlenmeyerkolben, Reagenzgläser, Reagenzglasgestelle und Reagenzglasklemme, Wassergläser, Trichter, Petri- und Kolle'sche Schalen, Flaschen mit eingeriebenem Stopfen in hellem und braunem Glase, Tropfflaschen für Alkohol und Xylol, Flaschen mit den nötigen Farblösungen, Glasstäbe und Glasröhren, Uhrgläser, Blockschälchen, Trichter, Filtrierpapier, Lackmuspapier. Notwendig sind ferner ein Wasserbad, Thermometer, Kork- und Gummistopfen, Gummikappen und Gummischläuche, Wage, eine elektrische und eine Wasserzentrifuge, Exsikkatoren. Vorräte an Kautschuk sind, um Vertrocknen und Brüchigwerden zu vermeiden, in einem luftdicht schließenden Kasten aufzuheben, in dem ein mit Schwefelkohlenstoff getränkter Wattebausch liegt.

Zum Abspülen von gefärbten Präparaten genügt eine Spritzflasche, besser jedoch ist es, ein Spülbecken direkt in den Arbeitsplatz einzulassen. Zweckmäßig ist es, im Zimmer selbst einen Abzug und eine Wasserleitung zu haben. Nicht fehlen darf die Waschvorrichtung für die Hände. Außer Seife und häufig zu wechselnden Handtüchern muß eine 1 promill. Sublimat- oder $3^0/_0$ige Lysollösung neben der Waschvorrichtung bereitgestellt sein. Nicht zu vergessen ist ein Wandspiegel, um Farbflecke oder gar infektiöses Material, das beim Arbeiten ins Gesicht gespritzt sein sollte, sofort zuverlässig beseitigen und unschädlich machen zu können.

Soll ein Laboratorium eine vollständige bakteriologische Einrichtung aufweisen, so wären noch zu erwähnen je ein Brutschrank für Gelatine- und Agarplatten, ein Schüttelapparat, ein Dampfkochtopf, ein Trockensterilisator, ein Apparat zum Auskochen von Instrumenten, ein Eisschrank bzw. „Frigo", ein Schrank für Instrumente und Glassachen, für Nährböden, ein „Schmiertisch" für Harn-, Stuhl-, Sputumgefäße, für Sektionen usw., ein Apothekerkasten und eventuell im besonderen Tierstall leicht zu reinigende Tierkäfige.

Die im Vorhergehenden gesperrt gedruckten Gegenstände sind für den einzelnen Arbeitsplatz bestimmt, während sämtliche genannten Gegenstände eine Laboratoriumseinrichtung darstellen.

Auf jeden Arbeitsplatz gehören folgende Farblösungen:

1. Karbolgentianaviolettlösung,
2. Lugolsche Lösung,
3. verdünntes Karbolfuchsin,
4. Ziehlsches konzentriertes Karbolfuchsin,
5. Methylenblaulösung (Löffler),
6. essigsaures Methylenblau } Neißersche Färbung.
7. Kristallviolett } Neißersche Färbung.
8. Vesuvinlösung } Neißersche Färbung.

Außerdem müssen vorhanden sein:
Absoluter Alkohol,
salzsaurer Alkohol (1% HCl in 90%igem Alkohol),
Canadabalsam,
Zedernöl,
Vaseline mit Pinsel,
Je ein Erlenmeyerkölbchen mit Aq. dest. und physiol. NaCl-Lösung (0,85%).

2. Schutzmaßnahmen beim Arbeiten mit infektiösem Material.

Das Arbeiten mit hochinfektiösem Material bedeutet für den Kursteilnehmer und seine Umgebung bei Außerachtlassung genügender Vorsicht eine dauernde Quelle der Gefahr, und die Möglichkeit einer Verschleppung von Krankheitskeimen in seine Familie legt ihm eine schwere Verantwortung auf. Es erscheint deshalb geboten, einige allgemeine Vorschriften über die notwendigsten Vorsichtsmaßnahmen an dieser Stelle zu geben.

Bevor mit den eigentlichen bakteriologischen Arbeiten begonnen wird, muß darauf geachtet werden, daß keine offenen Wunden an den Händen vorhanden sind, durch die infektiöse Stoffe eindringen können. Offene Wunden sind demnach zu verbinden. Auch soll man während der bakteriologischen Arbeiten das Gesicht, besonders den Mund, mit den Händen nicht berühren. Weiter ist darauf zu achten, daß Etiketten, die zur Kennzeichnung der einzelnen Präparate auf den Objektträgern angebracht werden müssen, stets mit dem in Wasser eingetauchten Finger angefeuchtet werden. Das Anfeuchten mit der Zunge ist unbedingt unzulässig. Auch soll man vermeiden, mit nichtdesinfizierten Fingern oder Händen das Taschentuch zu benutzen und Türklinken zu berühren.

Eine Notwendigkeit, die beim Arbeiten mit infektiösem Material nicht außer acht gelassen werden darf, ist die Anschaffung einer Schutzkleidung, einer langen Schürze mit Brustlatz oder besser eines sogenannten Operationsmantels, der aus Drillich oder grobem Hemdstoff angefertigt ist. Der Mantel ist am besten hinten zuzuknöpfen, wie die Mäntel der Chirurgen mit Ärmeln versehen, mit einem Gürtel um den Leib und einer Brusttasche. Sollten von einigen der Kursteilnehmer Mäntel vorgezogen werden, die vorn verschließbar sind, so ist schon zu verlangen, daß sie doppelreihig sind oder daß mindestens die Seitenhälften weit übereinander geschlagen werden können. In die oberen Brusttaschen dürfen niemals Kulturen gesteckt werden, da sie bei plötzlichem Bücken oder bei stark geweiteten Taschen herausgleiten und zerbrechen und eine Infektion des Schuhwerks und des Fußbodens herbeiführen. Die Ärmel sollen nicht zu lang sein; am besten ist es, wenn sie das Handgelenk dicht umschließen. In diesem Falle müssen die Ärmelbündchen mit einem Knopf versehen sein. Bei Beschmutzung des Mantels mit infektiösem Material ist der Mantel im Dampf zu sterilisieren; für gewöhnlich genügt das Auskochen wie bei der Wäsche. Handelt es sich um besonders gefährliches Material, so kann man zum Schutze noch eine Gummischürze überziehen, eventuell noch Gummiärmel. In den in einigen Instituten vorhandenen Pestlaboratorien werden entweder Überschuhe getragen oder die Stiefelsohlen beim Verlassen des Raumes auf einem mit Lysol bzw. Sublimat getränkten Tuche abgerieben.

Arbeitsplatz. Bei allen bakteriologischen Arbeiten ist peinlichste Sauberkeit und Ordnung zu beobachten. Es darf nichts, weder gebrauchtes Fließpapier noch Holzsplitterchen eines gespitzten Bleistiftes auf den Fußboden geworfen werden oder auf dem Tische herumliegen. Die auf dem Platze befindlichen Flaschen mit Alkohol, Xylol und Farblösungen sind in Holzgestellen aufzubewahren. Kulturröhrchen werden in Wassergläsern, deren Boden mit einem Wattebausch bedeckt ist, um ein Zerbrechen der Glaskuppen der Kulturröhrchen zu vermeiden, aufbewahrt. Sie dürfen niemals nach dem Gebrauch auf dem Arbeitsplatz herumliegen, sondern müssen mit einem Wattebausch verschlossen wieder in die für sie bestimmten Wassergläser hineingestellt werden. Objektträger und Deckgläser sollen am vorteilhaftesten in kleinen Pappschachteln in den Schubladen untergebracht werden. Gebrauchte Objektträger oder Deckgläser werden in eine Schale mit Sublimat gebracht, die auf keinem Platze fehlen darf. Oder man wirft sie in ein Glas, das folgende Lösung enthält:

200 g $K_2Cr_2O_7$ gelöst in 2 Liter kochend. Wasser + 200 ccm rohe H_2SO_4.

Um die gebrauchten Objektträger und Deckgläser wieder benutzen zu können, werden dieselben 10 Minuten unter Umrühren in dieser Lösung gekocht. Dann gießt man die Flüssigkeit ab, spült 5 Minuten in verdünnter NaOH nach, wiederholt den Kochprozess noch einmal 5 Minuten, spült wiederum in verdünnter NaOH ab, spült die Objektträger jetzt in Wasser und Alkohol nach und putzt sie darauf mit trockenem reinen Tuch. (Zettnow).

Die noch nicht fixierten Deckgläser können durch Ungeschicklichkeit oder zu starkes Klemmen mit der Cornet'schen Pinzette zerbrechen. In diesem Falle sind die auf den Arbeitsplatz gefallenen Glassplitterchen vorsichtig mit der Pinzette in Sublimat zu bringen und die Tischplatte mit Sublimat zu desinfizieren, da es beim späteren Arbeiten unbedachtsamerweise leicht vorkommen kann, daß die noch herumliegenden Glassplitterchen Verwundungen der Hände herbeiführen. Hat eine Verunreinigung mit sporenhaltigem Material stattgefunden, so genügt die Desinfektion mit der sonst üblichen 1—2$^0/_{00}$ Sublimatlösung nicht; die Desinfektion erfolgt dann durch Abbrennen oder durch konzentrierte Schwefelsäure.

Die gefärbten fertigen Präparate hebt man am besten in den eigens für Präparate bestimmten Mappen auf.

Auf dem Arbeitsplatze bleiben nur die unbedingt notwendigen Gebrauchsgegenstände, denn die Grundbedingung für ein steriles Arbeiten ist die völlige Übersichtlichkeit des Arbeitsplatzes. Für die Anfänger möge ein Vers an der Wand befestigt sein, der die Ordnungsregeln einschärft und immer wieder vor Augen führt: „Nach Gebrauch kommt jedes Stück rein an seinen Platz zurück" (Heim).

Ösen und Nadeln. Vor jedem Arbeiten mit Kulturen werden, um keine fremden Keime in das anzufertigende Präparat zu bringen, und ebenso nach der Fertigstellung des Präparates Ösen und Nadel abgeglüht. Sie dürfen niemals unabgeglüht auf den Tisch gelegt werden. Am zweckmäßigsten werden sie in einen für sie bestimmten Halter gesteckt. Bei Außerachtlassung dieser Vorschriften kann es vorkommen, daß beim Hinlegen der Nadel und Öse auf den Tisch die der Nadel anhaftenden Infektionsstoffe sich auf dem Arbeitsplatz verbreiten. Ein einfaches Ausglühen der Öse oder Nadel an der Spitze ist grundfalsch. Alles anhaftende infektiöse Material wird dadurch nicht vernichtet; man bedenke, daß bei der Entnahme des Materials aus dem Kulturröhrchen der Stab, an dem die Öse befestigt ist, sehr tief in das Kulturröhrchen hineingelangt und auch mit der Wand des Röhrchens in Berührung kommt, so daß die Bakterien, die hier haften können, auch auf den Nadelhalter übertragen werden; der letztere ist also in seiner ganzen Länge durch die Flamme zu ziehen. Am vorteilhaftesten ist es, die Öse, besonders dann, wenn eine große Menge Kultur daran sitzt, mit der Spitze in den inneren durch das ausströmende Gas gebildeten, nicht brennenden Kegel der Flamme zu halten. Durch das seitliche Ausglühen der Nadel verkohlt im Innern langsam die infektiöse Masse. Durch dieses Verfahren wird das gefährliche Abspringen der kleinsten Menge Material, was natürlich wiederum eine Infektionsgefahr des Tisches in sich faßt, vermieden.

Deckgläschen und Objektträger. Am saubersten und für dauernde Aufbewahrung am vorteilhaftesten werden die mit Deckgläschen angefertigten Präparate; für gewöhnlich werden der Einfachheit und Billigkeit der Herstellung wegen die weniger zerbrechlichen Ausstriche auf Objektträgern benutzt. Nach Beschickung derselben mit Material werden sie mit der Cornet'schen Pinzette gefaßt, die auf einer Seite entweder einen Knopf oder eine kleine eiförmige Öffnung trägt, die dem Untersucher anzeigen soll, daß sich die Schichtseite des Präparates an dieser Seite befindet. Es ist nun nicht ratsam, das Material wahllos auf dem Deckgläschen zu verreiben. Der Wassertropfen wird genau in die Mitte des Deckgläschens gebracht und nach Beimpfung in der Mitte zu einem Kreis verrieben, der an keiner Stelle den Rand des Deckgläschens berührt, da sonst infektiöses Material über den Rand gebracht werden kann. Die nach einigen Minuten lufttrocken gewordenen Präparate werden am besten durch vorsichtiges dreimaliges Hindurchziehen durch die Flamme fixiert. Aber auch nach der Fixierung und nachfolgender Färbung ist immer noch damit zu rechnen, daß das Material infektiös ist. Bei ungenügender Fixierung kann es vorkommen, daß die Bakterien durch Farbflüssigkeit abgespült werden. Trotz der starken bakteriziden Wirkung der Anilinfarben ist ein großer Teil der Mikroorganismen zuweilen noch lebensfähig und pathogen. Die Präparate werden nach der Färbung gewöhnlich mit Filtrierpapier getrocknet. Um zu verhindern, daß Infektionsstoff von den feuchten Deckgläschen durch das Papier hindurch an die Hände kommt, ist ein viereckiges Stück zuerst in der Mitte zu kneifen und jede Hälfte noch einmal umzulegen. Es befinden sich dann auf jeder Seite des Deckgläschens zwei Schichten Filtrierpapier.

Antrocknen von infektiösem Material. Große Gefahr bietet das angetrocknete infektiöse Material, z. B. das an Seidenfäden angetrocknete Material von Milzbrandsporen. Durch Versuche ist bekannt, daß Milzbrandsporen sich im Staube längere Zeit lebensfähig erhalten; durch Aufwirbeln des Staubes können sie der Atemluft beigemischt werden und so den stets tödlichen Lungenmilzbrand herbeiführen. Die Antrocknungsversuche werden am besten auf einem mit einem Bogen Filtrierpapier bedeckten Platze abseits von den anderen Arbeitstischen vorgenommen. Während des Arbeitens mit angetrocknetem Material ist Zugluft und auch tiefes Einatmen unbedingt zu vermeiden. Vorsichtiges Arbeiten, angestrengte Aufmerksamkeit sind erforderlich. Nach beendigter Arbeit wird der benutzte Bogen Filtrierpapier, ohne ihn seitwärts auszuschütteln, verbrannt.

Desinfektion. Über die Desinfektion der Platinnadel ist schon das Nähere mitgeteilt. Wertlose infizierte Gegenstände werden am besten sofort verbrannt; niemals dürfen infizierte Sachen in den Abfalltopf geworfen werden. Infizierte Instrumente usw. werden sofort sterilisiert, metallene Instrumente und Gefäße in schwacher Sodalösung ausgekocht. Dabei ist es notwendig, daß die Sodalösung die infizierten Gegenstände vollkommen überdeckt. Es ist darauf zu achten, daß der Topf hohe Wandungen hat, damit ein Überkochen der Flüssigkeit, die oft schäumt, nicht möglich wird, da sie nach nur kurzer Kochzeit immer noch infektiöse lebensfähige Keime beherbergen kann. Auf die übergekochte Flüssigkeit gieße man Sublimatlösung oder Lysol und lasse sie stundenlang einwirken. Bei Infektion des Fußbodens ist ebenso zu verfahren.

Die Desinfektion der Hände geschieht in den im Arbeitsraum aufgestellten Sublimatschalen durch Bürsten und Abspülen. Es ist falsch, die Hände nach Sublimatdesinfektion sofort abzuspülen und mit einem Handtuch abzutrocknen, besonders wenn es sich um eine Arbeit mit hochinfektiösem Material handelt. Das Sublimat muß man an den Händen trocknen lassen. Nach Beendigung des Kursus werden die Hände mit Wasser und Seife gewaschen, ordentlich mit Wasser abgespült, dann mit Sublimat desinfiziert; zur Vermeidung von sogenannten aufgesprungenen Händen genügt ein Einreiben mit Lanolin oder Glyzerin.

Der hängende Tropfen. Die größte Schwierigkeit bietet dem Anfänger die mikroskopische Untersuchung des hängenden Tropfens. Man kann häufig beobachten, daß beim Einstellen das Deckgläschen zerbricht und infolgedessen infektiöses Material an die Objektlinse gebracht wird. Der Kursteilnehmer darf sich nicht damit begnügen, das zerstörte Präparat mit dem Objektträger in die Sublimatschale zu werfen, er muß auch eine Sterilisierung des Objekttisches und vor allem des Objektives aufs gründlichste, aber immer in schonender Weise, am besten mit Alkohol vornehmen.

Klatschpräparat. Die Klatschpräparate werden stets so angefertigt, daß man die gereinigten Deckgläschen mit der Pinzette auf die zu untersuchende Kolonie bringt. Ebenso ist es selbstverständlich, daß ein Abheben der Klatschpräparate nicht mit den Fingern, sondern stets mit der Pinzette zu geschehen hat. Auch während des Fixierens und Färbens dürfen sie nicht, wie es leider sehr häufig geschieht, mit den Fingern angefaßt werden, da eine Infektion der Hände dabei fast unvermeidlich ist.

Die Materialentnahme aus dem Kulturröhrchen. Um ein übersichtliches und gleichzeitig peinlich sauberes Arbeiten zu ermöglichen, wird das Kulturröhrchen zweckmäßig zwischen Daumen und Zeigefinger in der Weise gehalten, daß die flache Hand nach oben sieht und der untere Teil des Röhrchens nach außen zeigt. Zunächst wird der Wattepfropf durch Drehen (und nicht durch einfaches Ziehen, da sonst Watte im Reagenzröhrchen zurückbleibt), herausgenommen, dann zwischen den 3. und 4. Finger gesteckt, daß die dem Röhrchen der Kultur zugewandte Seite des Pfropfens nach außen zeigt und die Finger nicht berührt. Dann wird der Oberteil des Röhrchens abgebrannt und mit der Öse oder Nadel die zu untersuchende Kultur entnommen. Der Nadelhalter wird nach Art des Federhalters gehalten. Nachdem man die Öse ausgeglüht hat, nimmt man nach erneutem Ausglühen des Röhrchens den Wattepfropf, brennt ihn kurz ab und verschließt das Kulturröhrchen, das dann wieder in das für die Röhrchen bestimmte Wasserglas gesetzt wird.

Plattengießen. Beim Anfertigen von Platten (Agar- und Gelatineplatten) beobachtet man immer wieder, daß die sogenannten Verdünnungsröhrchen, in denen das infektiöse Material mit Agar oder Gelatine gemischt wird, nach dem Ausgießen in die sterilisierte Petrischale auf den Arbeitsplatz gelegt werden. Es muß, um eine Infektion des Arbeitsplatzes auch hier zu vermeiden, jedes gebrauchte Röhrchen sofort in eine Sublimatschale so gelegt werden, daß das Röhrchen mit Sublimatflüssigkeit angefüllt ist. Auch dürfen keine Tropfen von den Verdünnungsröhrchen auf den Tisch fallen.

Pipetten. Vor dem Herausnehmen der Pipetten aus der Pipettenbüchse sind die Hände aufs sorgfältigste zu desinfizieren, da ja der Zeigefinger beim Pipettieren die obere Öffnung der Pipette verschließen muß, an der später mit dem Munde gesogen wird. Die Herausnahme der Pipetten aus dieser Büchse, in der sie sterilisiert worden sind, geschieht am zweckmäßigsten in der Weise, daß die Pipetten nach Öffnung der Büchsen in den Deckel geschüttet werden, so daß sie nach dem Abnehmen des Deckels frei aus der Blechbüchse ragen. Es wird nun eine Pipette vorsichtig, d. h. ohne die Mundstücke der übrigen Pipetten zu berühren, herausgenommen. Sollte das Mundstück mit irgend einem Gegenstand in Berührung gekommen sein, so ist es kurz in der Flamme auszuglühen oder eine neue Pipette zu gebrauchen. Wegen der großen Infektionsmöglichkeit beim Pipettieren müssen die Gedanken vollkommen auf den Vorgang konzentriert sein.

Beim Arbeiten mit pathogenen Bakterien schiebt man in das Mundstück der Pipette einen noch luftdurchlässigen Wattepfropf, der die Pipette nach unten hin abschließt. Erst dann saugt man an. Im Laboratorium sind derartige sterile Pipetten stets vorrätig zu halten. Bei etwa vorkommender Infektion durch unvorsichtiges Pipettieren, d. h. wenn infektiöses Material in den Mund gelangt, sind Mundspülungen mit 1 %igem Wasserstoffsuperoxyd öfters zu wiederholen. Am zweckmäßigsten ist es, das Ansaugen mit dem Munde — wenigstens bei infektiösem Material — ganz zu unterlassen und mittelst eines kleinen Gummiballons oder dergleichen anzusaugen.

Tierversuch. Bei Operationen an Tieren ist es vor allen Dingen notwendig, einen geschulten Diener zur Verfügung zu haben, der mit der bei der Operation in Betracht kommenden Haltung der Tiere vollkommen vertraut ist. Man hat selbst darauf zu achten, daß der Diener weder durch das Messer des Operierenden noch durch die Injektionsspritze verletzt wird. Ein Teil von Laboratoriumsinfektionen ist auf Unvorsichtigkeit bei Tieroperationen zurückzuführen. Bei schon infizierten Tieren ist zu bedenken, daß die eingespritzten Keime an das Fell der Tiere gelangt sein können, und zwar nicht nur bei der Impfung oder wenn sich die geschwürigen Stellen entwickelt haben, sondern auch wenn die Infektionserreger mit dem Kot und Harn der Tiere entleert werden. Weiter ist darauf zu achten, daß nicht irgendwelche Verletzungen, sei es durch Beißen oder Kratzen der Tiere beim Halten, an den Händen des Operateurs oder Dieners, vorkommen. In besonderen Fällen hat man die Hände durch Handschuhe zu schützen, die

Tiere mit Zangen zu fassen. Jede Kratz- oder Bißwunde ist als Verunreinigung zu betrachten und entsprechend zu behandeln. Die Anwendung von Jodtinktur oder Ausätzung mit rauchender Salpetersäure ist zu empfehlen.

Bei der Narkose — am häufigsten wird die Äthernarkose angewendet — ist darauf zu achten, daß sämtliche Flammen im Umkreise, insbesondere die Zündflammen der Sparbrenner, gelöscht sind. Wie bekannt, sind die Ätherdämpfe außerordentlich explosiv und die kleinste vergessene Flamme genügt, sie zu entzünden. Also Vorsicht!

Injektionsspritze. Wenn sich in der Injektionsspritze Blasen angesammelt haben, muß man, um sie zu entfernen, die Spritze nach oben halten, die Luft durch Drücken am Stempel herausbringen. Kleinere Mengen Injektionsflüssigkeiten können dabei sehr leicht Hände und Umgebung infizieren. Durch Aufsetzen eines Stückchens Filtrierpapier oder Watte auf die Nadel, wodurch die austretende Flüssigkeit angesogen wird, ist diesem Übelstande abzuhelfen. Sollte der Stempel der Injektionsspritze sich nicht bewegen lassen, so ist nicht etwa Gewalt anzuwenden, da hierbei leicht Verspritzen infektiösen Materials stattfindet, sondern vorsichtig die Ursache der Störung zu ermitteln und eventuell eine neue Spritze zu benutzen.

Sektion kleinerer Tiere. Um bei der Sektion kleinerer Versuchstiere eine Verunreinigung zu vermeiden, breitet man über das Sektionsbrett eine Schicht Filtrierpapier, das mit Sublimat getränkt ist, und spannt hierauf in der üblichen Weise den Tierkörper auf. Nach beendigter Sektion wird der Tierkadaver mit in Sublimatlösung getränktem Filtrierpapier oder Watte überdeckt, um eine Verschleppung des infektiösen Materials durch Fliegen usw. unmöglich zu machen. Das Tier wird später im Verbrennungsofen verbrannt. Bei hochinfektiösem Material sollte man es sich zur Regel machen, nur mit Gummihandschuhen die Sektion auszuführen.

Schlußbemerkungen. In der Kursstunde, und überhaupt während des bakteriologischen Arbeitens, soll nicht gegessen werden. Es ist eine ganze Reihe von Laboratoriumsinfektionen zwar, wie oben schon erwähnt, auf das Pipettieren zurückzuführen, doch ebenso auch auf das Essen von Nahrungsmitteln, die mit nichtdesinfizierten Händen angefaßt worden sind. Es ergibt sich daraus die Regel, während der Kursstunde auf Essen zu verzichten oder das Brot usw. nach erfolgter Händedesinfektion aus dem Papier zu essen.

Endlich sollen noch einige Verhaltungsmaßregeln für Raucher gegeben werden. Die Zigarre muß so hingelegt werden, daß der brennende Teil auf einer Unterlage liegt, während das Mundstück frei in die Luft ragt. Am besten ist es, das Rauchen während des bakteriologischen Arbeitens überhaupt zu unterlassen, da die Gefahr, mit der Zigarre infektiöses Material in den Mund zu bringen, naturgemäß außerordentlich groß ist. Beim Arbeiten mit gemeingefährlichen Krankheitserregern ist das Rauchen streng zu verbieten.

3. Der Tierversuch.

Das für den Tierversuch notwendige Instrumentarium setzt sich zusammen:

1. Aus den Käfigen zum Aufbewahren der Versuchstiere,
2. den Operationsbrettern zum Aufspannen der Tiere,
3. den Injektionsspritzen, den notwendigen Skalpellen und anderen Instrumenten.

Vgl. die beigegebenen Abbildungen Nr. 53—59, aus denen alles Weitere ersichtlich ist.

Von den Versuchstieren werden Mäuse und Ratten in hohen Standgläsern, die einen mit Gewicht beschwerten Drahtnetzdeckel tragen, gehalten. Die Nummer der Versuchstiere und die Art des benutzten Materials, Datum der Impfung, Gewicht der Tiere usw. muß auf den

Abb. 53. Behälter für Mäuse und Ratten.

Abb. 54. Käfig für Kaninchen und Meerschweinchen.

Gläsern vermerkt sein. Meerschweinchen und Kaninchen werden in Steintöpfen mit Drahtdeckel, runden oder viereckigen Käfigen aus Eisenblech gehalten. Die Tiere sitzen in den Käfigen auf erhöhtem Drahtnetz, damit Kot und Urin die Streu nicht verunreinigen.

Man bezeichnet die Tiere entweder mit verschiedenen Farben oder benutzt bei Meerschweinchen Metallmarken, die durch das Ohr gestochen werden. Vögeln befestigt man Blechringe an den Füßen. Um Verwechselungen zu vermeiden, ist anzuraten, in den Protokollen eine genaue Beschreibung der Tiere zu geben, wie z. B. linkes Ohr schwarz, rechtes Ohr braun, Nase schwarz, Rücken rechts gelber Fleck, sonst weiß. Man kann auch besondere Gummistempel verwenden, in die man die Farben einzeichnen kann.

Die Messung der Temperatur infizierter Tiere nimmt man durch Einführung eines kleinen Maximalthermometers in anum vor.

Zu diagnostischen Zwecken, zur Differenzierung verschiedener Arten, sowie zur Prüfung und Steigerung der Virulenz und zu Versuchen über Sero- und Chemo-Therapie ist die Tierimpfung unerläßlich.

Häufig empfiehlt es sich, die Injektionsstelle von Haaren bzw. Federn entweder mit der Schere, dem Rasiermesser oder durch Epilation zu befreien.

Als Impfmethoden kommen in Betracht:

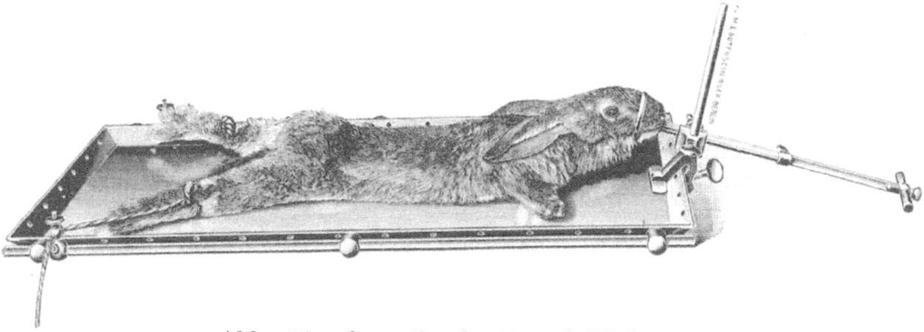

Abb. 55. Operationsbrett nach Malassez.

1. Die intrakutane Impfung (verwendet diagnostisch bei Tuberkulose und Diphtherie),
2. die kutane Impfung (Pirquet). (Einreiben des Materials auf die rasierte Haut oder Anritzen derselben und Einbringen des Materials in die Wunde.)

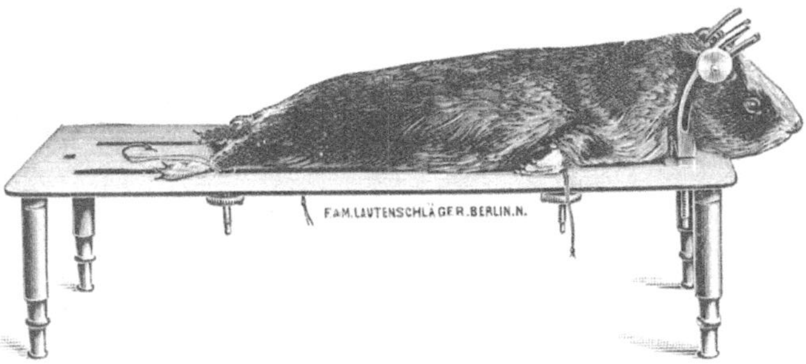

Abb. 56. Operationstisch für kleine Katzen, Ratten und Meerschweinchen. (Nach Cowl).

3. die subkutane Impfung.
   a) in eine Hauttasche. Einführen des Impfmaterials in eine mit steriler Schere geschlagene kleine Wundöffnung im Unterhautzellgewebe (bei Mäusen u. Ratten Gegend über der Schwanzwurzel, bei Meerschweinchen Bauch- oder Brustseite usw.),
   b) mittelst einer Injektionsspritze.
4. Die intraperitoneale Impfung mittelst stumpfer Nadel, um die sonst sehr leicht erfolgende Verletzung der Därme zu vermeiden. Das Eindringen der stumpfen Nadel durch die Bauchdecken

erfolgt leicht, nachdem die Hautdecke durch einen kleinen Scherenschlag bis auf die Muskularis durchtrennt ist.

5. Intrapleurale und intramuskuläre Impfung.
6. Die Impfung in die vordere Augenkammer.
7. Die intravenöse oder intrakardiale Impfung.
8. Impfung durch Verfütterung
   a) per os,
   b) durch elastischen Katheter in den Magen.

Der Vollständigkeit halber sei noch erwähnt:

9. die Infektion durch Inhalation, wobei natürlich besondere Vorsichtsmaßregeln (Anstellung des Versuches in hermetisch ab-

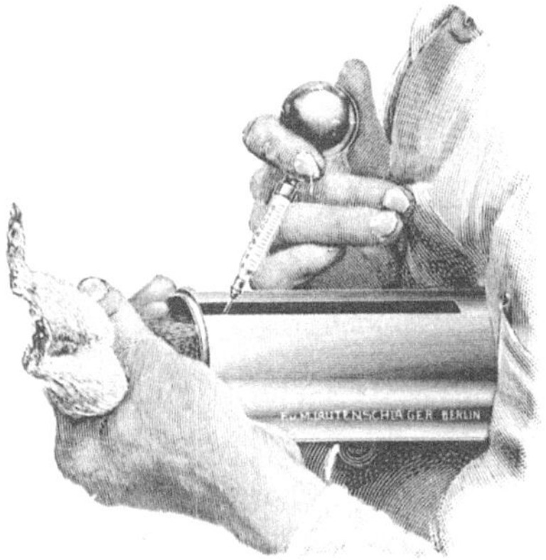

Abb. 57. Intraperitoneale Impfung mit Hilfe besonderer Manschette.

Abb. 58. Operationskäfig für Kaninchen zur intravenösen Injektion und zur Blutentnahme nach Michel.

geschlossenem Raum) erforderlich sind, um Laboratoriumsinfektionen zu vermeiden.

4. Sektion.

Soll ein Tier seziert werden, so geht man folgendermaßen vor:

Vor allem muß man es sich zur Regel machen, das zu sezierende Tier nicht mit den Händen zu berühren. Es wird in Rückenlage auf das Sezierbrett aufgespannt, und zwar indem man entweder die Extremitäten mittelst Fadenschlingen oder mit Nägeln oder Pfriemen oder Stecknadeln befestigt. Die Bauchseite wird mit Sublimat- oder Kresolseifenlösung befeuchtet, um das Verstreuen der Haare zu vermeiden und das Ungeziefer zu töten. Eventuell kann man mit Alkohol die Haare abbrennen; Federn sind auszurupfen.

Nun wird in der Mittellinie vom Hals bis zur Symphyse mit sterilem Instrument ein Schnitt gelegt und die Haut von der darunterliegenden Muskulatur abpräpariert, nach außen umgelegt und auf dem Sezierbrett befestigt. Jetzt geht man daran, die Bauchmuskulatur in der Mittellinie zu durchtrennen, ohne die Därme zu verletzen. Die Muskulatur wird von den Rippenbögen durch Querschnitt abgetrennt. Die Eröffnung der Brusthöhle geschieht durch Durchtrennung der Rippen beiderseits des Sternums, das schließlich hochgeklappt wird. Jetzt erfolgt Betrachtung der inneren Organe, Besichtigung der Inguinaldrüsen und sterile Herausnahme der verdächtigen Organe. Es ist angezeigt, die Instrumente öfters während der Sektion abzubrennen oder mit frischen sterilen Instrumenten zu vertauschen und nach Beendigung der Sektion die Instrumente niemals auf den Arbeitsplatz zu legen, sondern sie in einem bereitstehenden Behälter in siedender $2^0/_0$-iger Sodalösung zu sterilisieren.

Sollen Kulturen aus den Organen angelegt werden, so wird die Oberfläche des betreffenden Organs mit einem glühenden Skapell ab-

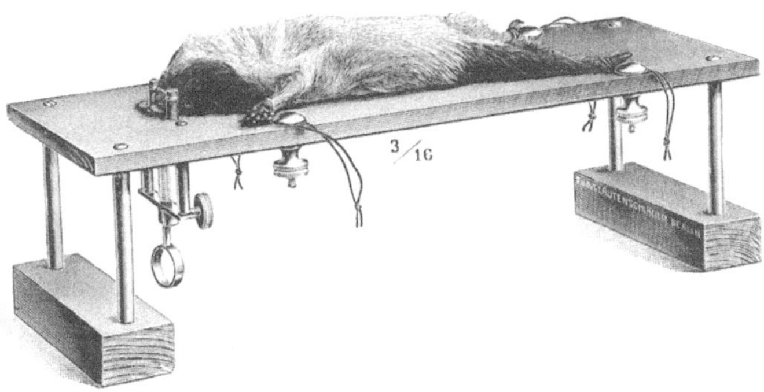

Abb. 59. Operationsbrett für Kaninchen, Meerschweinchen und Ratten nach Friedberger.

gebrannt, dann mit einem sterilen Skalpell angeritzt und mit einer ausgeglühten Platinöse etwas Impfmaterial auf feste und flüssige Nährböden übertragen. Zwecks mikroskopischer Untersuchung werden Ausstriche von Organstückchen auf sterilen Objektträgern angefertigt. Harte Knoten (Tb) werden zur Untersuchung zwischen 2 sterilen Objektträgern zerquetscht.

Nach beendigter Sektion wird das Tier am besten im Verbrennungsofen vernichtet. Ist kein Verbrennungsofen vorhanden, so kann man das Tier in einem mit Sublimat getränkten Tuch vergraben oder in konzentrierter roher Schwefelsäure vernichten.

Das Sezierbrett ist nach Gebrauch jedesmal mit 1 bis $2^0/_{00}$ Sublimatlösung abzuwaschen.

Besonders schöne, zu Demonstrationszwecken geeignete Organe sind in Kaiserling's Lösung zu behandeln.

1. Fixation der Organe bis zur völligen Entfärbung in Lösung I.

Formalin	200,0
Wasser	1000,0
Kalium nitric.	15,0
Kalium acetic.	30,0

2. Nachbehandlung mit Alkohol zur Wiederherstellung der Farbe des Blutes (80 % Alkohol). Mehrmals wechseln.

3. Übertragen in ein Gemisch von:

Wasser	2000,0	Aufbewahrungsflüssigkeit.
Kalium acet.	200,0	
Glyzerin	400,0	

Spezieller Teil.

A. Die pathogenen Bakterien.

I. Die pathogenen Kokken.

Die Kokken oder kugelförmigen Bakterien lassen sich nach dem morphologischen Verhalten ihrer bei der Zellteilung entstehenden Verbände in natürliche Gruppen einteilen. Erfolgt die Zellteilung regellos nach den verschiedensten Richtungen, so entstehen unregelmäßige, einer Traube (σταφυλή) ähnliche Haufen; man spricht dann von Haufen- oder Trauben- oder Staphylokokken. Anders, wenn die Zellteilung nach einer oder mehreren aufeinander senkrechten Richtungen des Raumes orientiert ist; es entstehen dann regelmäßig gestaltete für die betreffende Art oder Gruppe charakteristische Verbände. Die Teilung erfolgt entweder immer nur in einer und derselben Richtung; es bilden sich dann kettenförmige, mehr oder minder lange Reihen von Einzelindividuen: Ketten- oder Streptokokken (στρεπτός = Halskette); bei manchen Arten kommt es nur zur Ausbildung ganz kurzer Ketten von 4—6 Gliedern, oder die bei der Teilung entstandenen Tochterzellen bleiben stets nur in Verbänden zu je zweien vereinigt (Diplokokken). Eine weitere Unterscheidung bedingt hier die Gestalt der in solchen Doppelverbänden vereinigten Kokken, falls sie sich von der reinen Kugelform entfernt und einer elliptischen Gestalt annähert; entweder liegt der längere Durchmesser des Ovals in der Achse der Zellteilung, wie beim Diplococcus pneumoniae, und es resultieren lanzettförmige, nach außen zugespitzte Gebilde; oder die ovalen Kokken kehren bei der Teilung einander die Breitseite zu und es entstehen dann, bei Abflachung dieser an einander liegenden Seiten, besonders unmittelbar nach der Teilung, semmel- oder nierenförmige Doppelgebilde, wie bei den Gono- und Meningokokken. In diesen Fällen kommt es dann oft auch zur Zellteilung in einer zweiten auf der ursprünglichen senkrechten Ebene; wir sehen dann Viereck- oder Tafelformen, Merista, Tetraden, wie sie oft schon bei den beiden letztgenannten pathogenen Arten und ganz regelmäßig beim Micrococcus tetragenus beobachtet werden. Endlich kann die Teilung auch regelmäßig nach allen drei Hauptrichtungen des Raumes erfolgen; es kommt zur Bildung würfelförmiger, dem Gepäckstück (sarcinae) des römischen Soldaten ähnlicher Formen, die stets aus je 8 gegeneinander abgeflachter Einzelzellen bestehen (Sarcine).

Diese Einteilung ist nicht etwa nur eine künstliche, an einem rein äußerlichen Merkmal haftende; es entsprechen vielmehr die morphologischen Merkmale auch mehr oder minder den biologischen Eigenschaften, z. B. dem Verhalten zur Gramschen Färbung, dem Wachstum auf künstlichen Nährböden u. dgl. Unter fast allen so entstehenden natürlichen Gruppen der kugelförmigen Bakterien finden sich pathogene Arten; nur unter den Sarcinen sind solche bisher nicht bekannt. — Die eiförmigen Streptokokken zeigen verwandtschaftliche Beziehungen zu gewissen ovalen Bazillenformen, besonders in der Gruppe der Milchsäuregärungserreger, von denen einige als Streptococcus, andere als Bacillus lacticus bezeichnet werden. Manche Bazillenarten von sehr kurzer ovaler Form wurden früher irrtümlich als Kokken beschrieben, wie z. B. der bekannte Farbstoffbildner Bacillus prodigiosus; der Erreger des Maltafiebers wird sogar bis in die neueste Zeit meist noch als Micrococcus melitensis bezeichnet, obgleich es sich unzweifelhaft um einen Bazillus handelt.

Die kugelförmigen Bakterien zeigen niemals Sporenbildung und besitzen, abgesehen von einigen Sarcinen, keine Eigenbewegung.

1. Die pyogenen Staphylokokken.

Bei der überwiegenden Mehrzahl aller mit eitrigen Veränderungen einhergehenden Erkrankungen sind Kokken ursächlich beteiligt, und zwar handelt es sich entweder um Staphylo- oder Streptokokken. Die Annahme von Billroth u. A. einer vielgestaltigen „Coccobacteria septica" war nur in einer Zeit möglich, da eine strenge Trennung der Arten sich noch nicht ausführen ließ und wurde durch die Reinzüchtung des Eiterkokkus widerlegt. Rosenbach wies dann bei gewissen Wundinfektionen durch Kulturversuche das regelmäßige Vorkommen der Staphylokokken nach. In späterer Zeit ist insbesondere von Garré, Krause, Schimmelbusch durch Tierversuche und Versuche am Menschen die ursächliche Bedeutung der Staphylokokken weiter aufgeklärt worden.

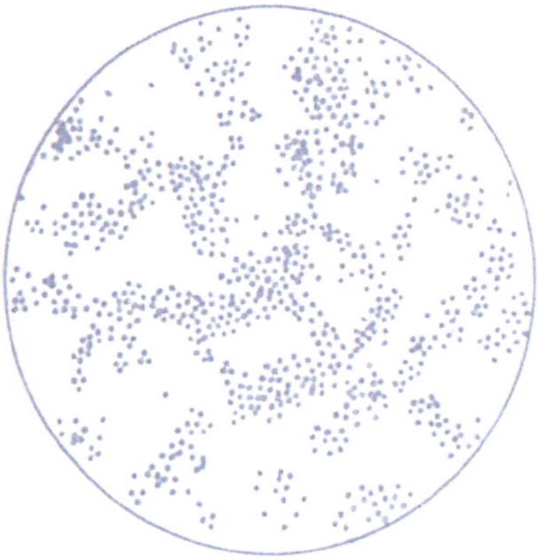

Abb. 60. Staphylokokken. Reinkultur. Gramfärbung. (Vergr. 1 : 500).

Der Staphylococcus pyogenes aureus ist der am häufigsten vorkommende Eitererreger; er führt seinen Beinamen von dem in seinen Kulturen bei Sauerstoffzutritt gebildeten goldgelben Pigment. Andere eitererregende Staphylokokken bilden ein zitronengelbes, noch andere überhaupt kein Pigment (Staphylococcus pyogenes citreus und albus). Diese Pigmentbildung ist übrigens kein ganz konstantes Artmerkmal und kann bei alten Laboratoriumskulturen ausbleiben. Bouillon wird durch das Wachstum der Staphylokokken gleichmäßig getrübt, Gelatine wird allmählich verflüssigt.

Im hängenden Tropfen, sowie im gefärbten Präparat zeigen die Staphylokokken unregelmäßige haufenförmige Verbände; die Einzelindividuen messen meist etwas unter 1 μ im Durchmesser, zeigen aber oft eine etwas verschiedene Größe; insbesondere fallen die schon in der Teilung begriffenen Formen durch erheblichere Größe auf. — Die pyogenen Staphylokokken sind grampositiv.

Die Staphylokokken gehören zu den Mikroorganismen, die auf allen gewöhnlichen Nährmedien aërob wie anaërob gut gedeihen. Sie sind in der Auswahl des Nährbodens nicht sehr wählerisch, im Gegensatz zu den später zu besprechenden Gono- und Meningokokken, die eines Zusatzes von menschlichem Eiweiß zum Nährboden zu ihrem Gedeihen bedürfen. Auch die Reaktion des Nährbodens ist für das Wachstum der Staphylokokken nicht ausschlaggebend. Am besten sagt ihnen ein Nährboden von schwach alkalischer Reaktion zu; doch findet auch auf schwach sauren und ziemlich stark alkalischen Nährböden noch ein spärliches Wachstum statt. Gegen Erhitzung und sonstige schädigende Einwirkungen sind die Staphylokokken sehr widerstandsfähig. Erst eine $^1/_2$—1stündige Temperatureinwirkung von 80^0 tötet sie mit Sicherheit ab; eingetrocknet halten sie sich monatelang. Auch gegenüber chemischen Desinfizientien zeigen manche Rassen der Staphylokokken weitgehende Resistenz und werden z. B. selbst durch halbstündige Einwirkung der gebräuchlichen 1 $^0/_{00}$-igen Sublimatlösung nicht sicher abgetötet.

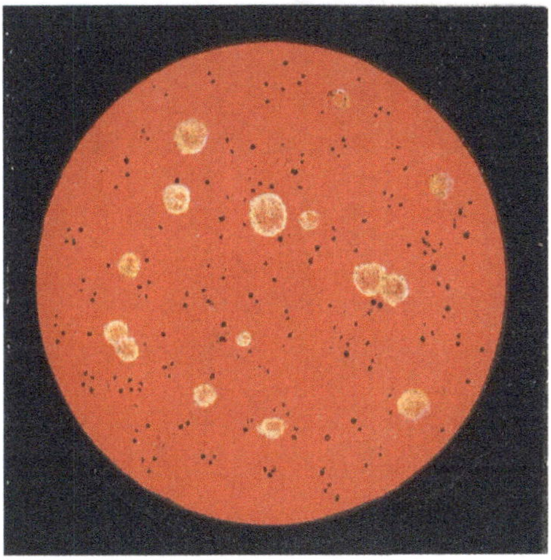

Abb. 61. Staphylococcus aureus. Blutagarplatte. (Natürl. Gr.).

Auf Agar entwickelt sich schon binnen 12—24 Stunden — je nach der Art des gebildeten Farbstoffs — ein goldgelber, weißer oder zitronengelber, dicker, schleimiger Belag; Bouillon wird gleichmäßig getrübt; Gelatine und koaguliertes Blutserum werden durch peptonisierende Fermente verflüssigt.

Ein weiteres Ferment, das die Staphylokokken bilden, ist das Hämolysin, das in Bouillonkulturen vom 7. Tage nachzuweisen ist. Bringt man solche Bouillonkulturen der Staphylokokken, nachdem die Bakterien durch Berkefeldfilter abfiltriert sind, in fallenden Dosen zu einer Aufschwemmung von gewaschenen Schafblutkörperchen, so beobachtet man nach einstündigem Verweilen der Mischung im Brutschrank bei 37^0 C oder nach 24stündigem Stehenlassen im Eisschrank eine mehr oder minder vollständige Auflösung der roten Blutkörperchen, je nach der Menge des zugesetzten keimfreien Filtrates; (quantitativer Hämolysinversuch nach M. Neißer). In einfachster Weise gelingt der Nachweis des Hämolysins durch die Bildung heller Höfe auf der Blutagarplatte.

In Ergüssen, die durch Staphylokokkeninfektion erzeugt sind, wurde von van de Velde ein die Leukozyten schädigendes und auflösendes Ferment als Sekretionsprodukt der Staphylokokken nachgewiesen. Unter dem Mikroskop läßt sich beobachten, wie die Leukozyten unter Einwirkung dieses Fermentes zunächst unbeweglich werden, quellen und sich völlig auffasern. M. Neißer verwendet zum Nachweis dieses Fermentes, des sog. Leukozidins, die „bioskopische Methode", die sich auf die Beobachtung gründet, daß die mit Methylenblau versetzten Leukozyten infolge ihrer Schädigung durch das Leukozidin den Farbstoff nicht mehr wie normalerweise zu reduzieren vermögen.

Bemerkenswerterweise werden die beiden letztgenannten Fermente in viel größerer Menge von solchen Staphylokokkenstämmen gebildet, die aus Eiterherden stammen, als von solchen, die eine latente Existenz auf der normalen Haut und Schleimhaut der oberen Atmungswege führen; letztere daselbst fast regelmäßig anzutreffenden Stämme sind daher wohl als abgeschwächte Varietäten des pyogenen Staphylokokkus anzusehen, wofür auch Differenzen in der Agglutinabilität sprechen. Der Nachweis der pathogenen Wirkung des Staphylokokkus ist im Tierversuch, insbesondere durch intravenöse Impfung beim Kaninchen zu führen; es entstehen Abszesse, speziell in den Nieren; durch Injektion in das Kniegelenk läßt sich eitrige Gelenkentzündung im Tierversuch erzeugen. — Auch durch Versuche am Menschen ist die eitererregende Wirkung des Staphylokokkus erwiesen; durch Einreiben von virulenter Kultur in die unverletzte Haut entstehen Aknepusteln oder Furunkel.

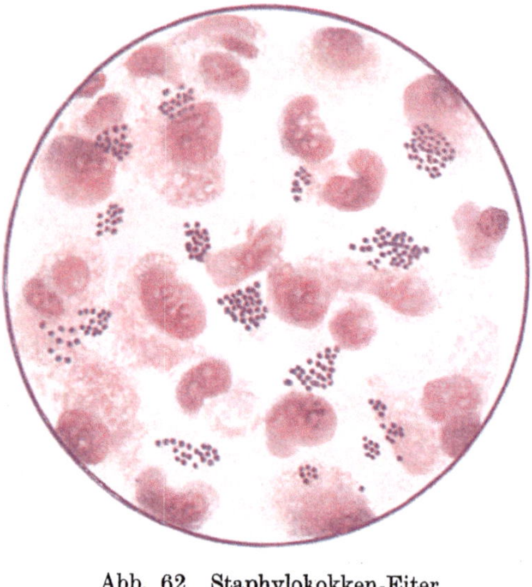

Abb. 62. Staphylokokken-Eiter. (Färbung mit verd. Karbolfuchsin). (Vergr. 1:500).

2. Die pyogenen Streptokokken (Streptococcus pyogenes).

In der menschlichen Pathologie spielen die Streptokokken wegen der zahlreichen durch sie hervorgerufenen Krankheiten eine große Rolle, und zwar nicht nur als Erreger selbständiger Krankheitsbilder, sondern auch wegen ihres Vorkommens bei anderen Infektionen. Sie rufen akute Eiterungen, Abszesse hervor, sind die Erreger des Erysipels, der puerperalen Endometritis und Sepsis, und werden häufig bei der Pyämie, Osteomyelitis, septischen Endokarditis gefunden. Sekundärinfektionen durch Streptokokken kommen insbesondere bei Scharlach, Pocken, Gelenkrheumatismus, Diphtherie, Lungentuberkulose, Fleckfieber u. a. vor. Erst mit der Auffindung des Erregers, den Rindfleisch, Klebs und Billroth bei Wundeiterungen, Ogston, Fehleisen und Rosenbach beim Erysipel feststellen konnten, wurde der Zusammenhang der oben genannten, klinisch zum Teil recht verschiedenartig verlaufenden pyogenen Infektionen näher aufgedeckt.

Die Streptokokken sind grampositiv und bilden kürzere oder längere kettenartige Verbände, deren einzelne Glieder oft abgeplattet, zuweilen auch von ungleicher Größe sind.

Diese für die Streptokokken charakteristische Kettenbildung ist am besten bei Züchtung in Bouillon erkennbar, während in Kulturen auf festen Nährböden oft auch Lagerung der Kokken in Häufchen auftritt.

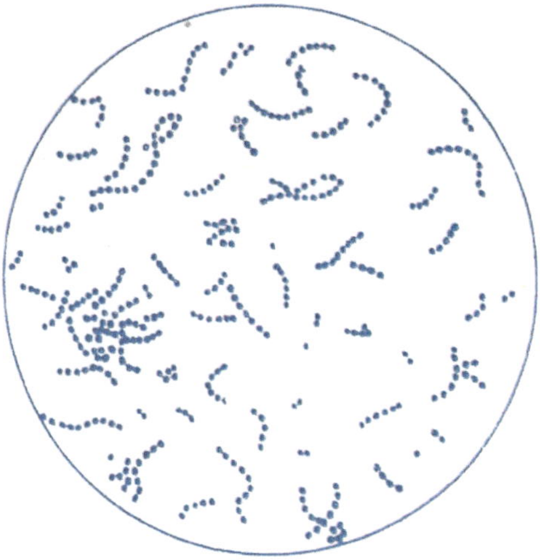

Abb. 63. Streptokokken. Bouillonkultur. Gramfärbung. (Vergr. 1 : 500).

Das Wachstum erfolgt am besten bei Temperaturen zwischen 30 und 37⁰ und bei schwach alkalischer Reaktion des Nährmediums; manche Stämme sind anaërob. Gelatine wird nicht verflüssigt. Auf Agar bilden die meisten Stämme zarte, kleine, nicht konfluierende, graublau durchscheinende Kolonien mit granuliertem Zentrum und aufgefasertem oder glattem, durchsichtigen Rande; auf der Kaninchenblut-Agarplatte entstehen durch die Wirkung eines von den Kokken produzierten hämolytischen Fermentes helle Höfe um die Kolonien. Von diesem typischen Verhalten des Streptococcus longus (mit Ketten von 8 und mehr Gliedern) zeigen einige Stämme Abweichungen, sei es im Sinne der Bildung kurzer Kettenverbände (Streptococcus brevis), sei es durch besondere Charakteristika auf festem Nährboden; so bildet der „Streptococcus viridans" auf der Blutagarplatte durch Veränderung des Hämoglobins einen grünlichen Farbstoff; andere Stämme (Streptococcus mucosus) zeichnen sich durch schleimiges Wachstum auf festen Nährböden und durch Kapselbildung im Tierkörper aus. Auch bestehen bei den einzelnen Arten Unterschiede im Wachstum in Bouillon; so entstehen z. B. bei dem Streptococcus conglomeratus am Grunde der Bouillonkultur isolierte Flocken, während im übrigen die Bouillon klar bleibt; andere Stämme trüben die Bouillon gleichmäßig. Diese verschiedenen Abarten sind aber meist nicht genügend konstant, um als verschiedene Spezies angesehen zu werden; die meisten Bakteriologen stehen auf dem unitarischen Standpunkte und nehmen an, daß es sich lediglich um Bildung von Rassen und Spielarten handelt.

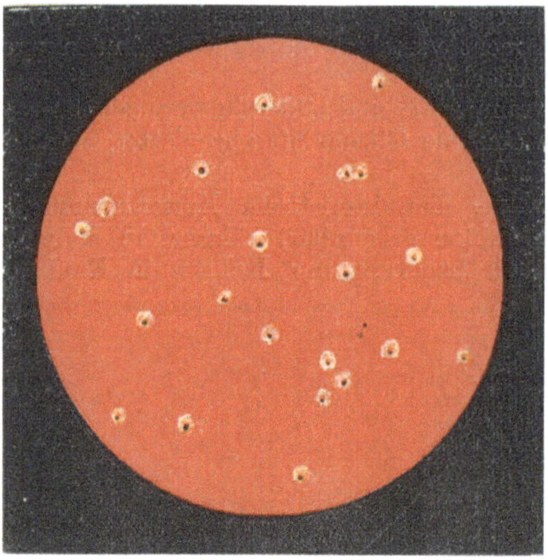

Abb. 64. Agarplatte. Hämolytische Streptokokken. (Natürl. Gr.).

Auch die Virulenz der einzelnen Stämme ist sehr verschieden; zum Tierversuch eignen sich insbesondere Kaninchen und weiße Mäuse; manche Stämme sind so außerordentlich virulent, daß schon vereinzelte Individuen, wie sie in einem Millionstel eines Kubikzentimeters Kulturbouillon enthalten sind, bei intravenöser Injektion das Tier töten. Eine indirekte Bestimmung der Virulenz gegenüber dem menschlichen Organismus gelingt nach Bürgers durch das Verhalten des betreffenden Streptokokkenstammes gegenüber der Freßtätigkeit normaler menschlicher Leukozyten, indem virulente Keime in viel geringerem Grade phagozytiert werden als avirulente. Solche avirulente Stämme von Streptokokken finden sich bei der Mehrzahl aller gesunden Menschen auf den Schleimhäuten der oberen Atmungswege; diese für gewöhnlich harmlosen Epiphyten können, sobald durch eine andere Infektion (Scharlach, Diphtherie) oder irgend eine andere Schädlichkeit (Trauma, Erkältung) die Widerstandskraft des Organismus herabgesetzt ist, zu Sekundär- und Mischinfektion Anlaß geben.

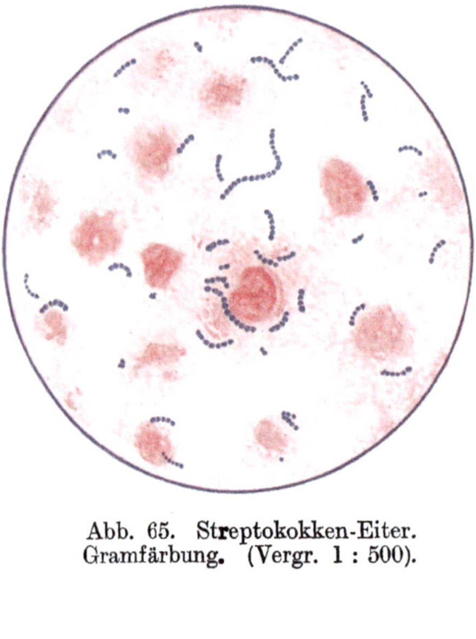

Abb. 65. Streptokokken-Eiter. Gramfärbung. (Vergr. 1 : 500).

Auch bei Tieren sind Streptokokken als Eitererreger, insbesondere bei Euterentzündung milchender Tiere bekannt und lassen sich in der Milch solcher Tiere nebst vielkernigen Leukozyten in dem durch Ausschleuderung erhaltenen Bodensatz nachweisen. — Die verwandtschaftlichen Beziehungen des Streptococcus lactis zu den Milchsäurebazillen sind schon oben erwähnt. Andererseits bestehen enge verwandtschaftliche Beziehungen mancher Streptokokkenstämme zum Pneumokokkus (vgl. das folgende Kapitel). Äußeren schädigenden Einwirkungen gegenüber sind Streptokokken meist ziemlich widerstandsfähig, wenn auch nicht in so hohem Grade wie Staphylokokken.

3. Pneumococcus (Diplococcus lanceolatus).

Als die ersten zuverlässigen mikroskopischen Befunde im Infiltrat der Lunge, in der entzündeten Pleura und Pia mater eines Pneumoniefalles gelten wohl diejenigen von Eberth, der schon die Anordnung der hierbei gefundenen Kokken zu je zweien beschreibt. Später wurden in Schnittpräparaten von pneumonisch infiltrierten Lungen von R. Koch, Friedländer u. a. Kokken nachgewiesen. Nach dem Bekanntwerden der Kochschen Methodik der Bakterienzüchtung versuchten Friedländer, A. Fraenkel und Weichselbaum Gewinnung von Reinkulturen der bei Pneumonie gefundenen Mikroorganismen. Friedländer isolierte fast ausschließlich auf Gelatine bei Zimmertemperatur — d. h. unter Bedingungen, die für das Gedeihen der Pneumokokken ungünstig sind — einen Kapselbazillus (Bazillus Friedländer). Fraenkel und Weichselbaum dagegen züchteten bei Brutwärme aus Sputum, Lungen und Pleura, Blut, Milz, Peritoneum und Meningen bei zahlreichen Pneumonikern einen wegen der nach außen zugespitzten lanzettartigen Form seiner Doppelglieder sogenannten Diplococcus lanceolatus, den typischen Erreger der echten kruppösen Pneumonie, der daher auch kurz als Pneumococcus (Fraenkel-Weichselbaum) bezeichnet wird. Außer ihm

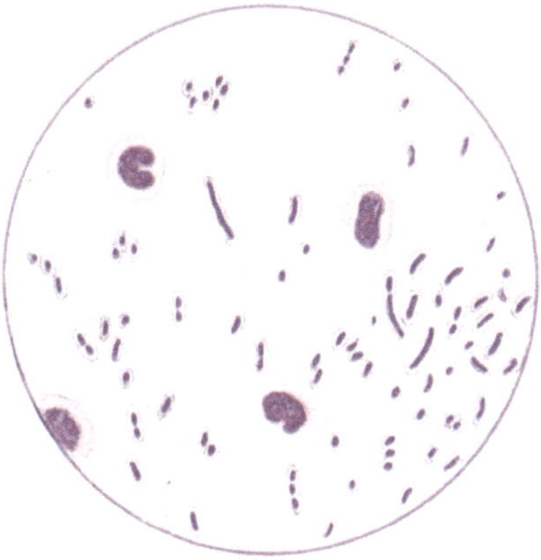

Abb. 66. Pneumobazillus aus der Maus. (Kapselfärbung). (Vergr. 1 : 500).

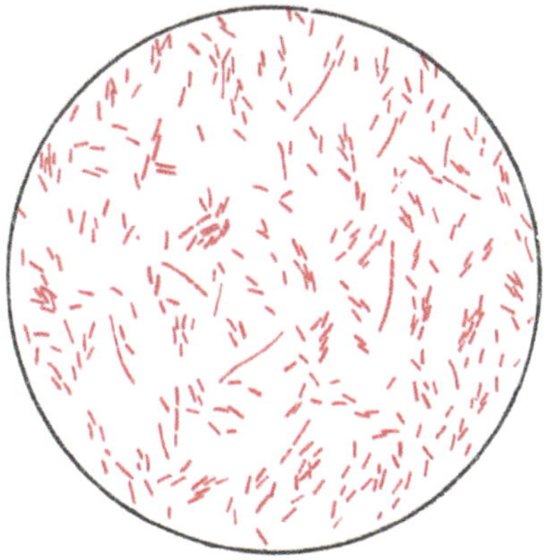

Abb. 67. Pneumobazillus — Friedländer, Färbung mit verd. Karbolfuchsin. (Vergr. 1 : 500).

können auch Influenzabazillen, Pestbazillen, Streptokokken oder der Diplobazillus Friedländer pneumonische Prozesse hervorrufen, die sich aber schon im klinischen Bilde von der gewöhnlichen Form der kruppösen Pneumonie unterscheiden.

Die Pneumokokken werden auch bei fast jedem gesunden Menschen im Speichel als latente Infektionserreger gefunden und spielen ferner in der Pathogenese von Gelenkeiterungen, von Gehirnabszessen, Meningitiden, Otitiden, Endokarditiden sowie den einer Lungenentzündung folgenden Nachkrankheiten eine Rolle. Ebenso wie der Streptococcus kann der Pneumococcus eine Sepsis hervorrufen, wenn er in die Blutbahn gelangt. Ferner findet man die Kokken bei gewissen Formen der Konjunktivitis und als Erreger des Ulcus corneae serpens.

Das charakteristische Bild des Pneumokokkus in Ausstrichpräparaten aus dem pneumonischen Sputum oder Eiter, oder aus Blut oder Organsaft eines mit Pneumokokken infizierten Tieres ist das folgende: Je zwei ovale oder an den äußeren Enden zugespitzte (lanzett- oder kerzenflammenförmige) Kokken liegen paarweise zusammen; seltener finden sich kurze kettenartige Verbände von 4—6 Gliedern. Die Kokkenpaare oder längeren Verbände sind je von einem hellen Hofe umgeben, der bei der gewöhnlichen Färbung mit Anilinfarbstoffen ungefärbt bleibt und nach gewissen Methoden der Kapselfärbung (vgl. oben S. 16) deutlich sichtbar gemacht werden kann. Auch die Gramsche Färbung, der gegenüber der Pneumococcus sich positiv verhält, liefert sehr klare Bilder, besonders im Schnittpräparat.

Das Aussehen der Pneumokokken in künstlichen Kulturen weicht von dem im Organismus bedeutend ab. In den aus Bouillonkulturen hergestellten Präparaten ist eine morphologische Unterscheidung von

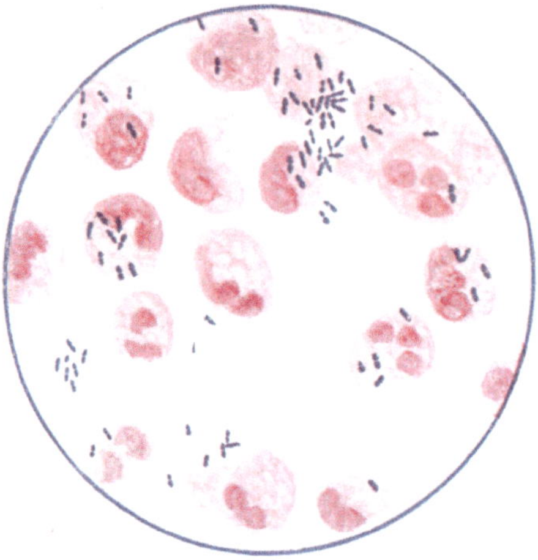

Abb. 68. Pneumokokken. (Eiter). Gramfärbung. (Vergr. 1 : 500).

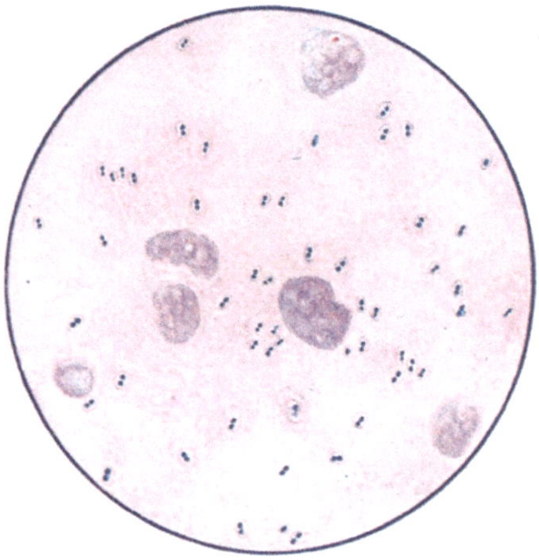

Abb. 69. Pneumokokken. Blutausstrich aus der Maus. (Kapselfärbung). (Vergr. 1 : 500).

Streptokokken sehr erschwert, da hier auch die Pneumokokken meistens Kettenbildung aufweisen. In den Agarkulturen treten ganz voneinander abweichende Formen auf, teils Diplokokken, teils Streptokokken; bei einigen Paaren ist der eine Coccus lanzettförmig, der andere wieder kugelrund. Vor allem aber fehlt auch den gebräuchlichen künstlichen Nährböden die Kapselbildung, oder tritt doch nur andeutungsweise auf. Nur auf Blutserum und in Milch ist auch in der Kultur deutliche Kapselbildung zu beobachten.

Andererseits gibt es nach Neufeld Pneumokokkenstämme, die eine Kapselbildung auch im Tierkörper vermissen lassen, und die ihr atypisches Verhalten dadurch zeigen, daß sie im Tierversuch durch ein mit typischen Pneumokokken hergestelltes spezifisches Immunserum nicht beeinflußt werden. Solche atypische Stämme finden sich aber nur sehr selten als Krankheitserreger beim Menschen.

In bezug auf den Nährboden verhalten sich die Pneumokokken etwas anspruchsvoller als der Streptococcus pyogenes und gedeihen am besten auf Nährböden mit Serum- oder Blutzusatz. Auf gewöhnlichem Agar bildet der Pneumococcus nach 24stündigem Wachstum bei 37,5° kleine tautropfenähnliche, feinste durchsichtige Kolonien, die bei mikroskopischer Betrachtung mit schwacher Vergrößerung sich als rundliche scharf umrandete Gebilde mit feinkörnigem granuliertem Zentrum darstellen. Der Rand der Kolonie ist bisweilen regelmäßig gebuchtet.

Bouillon (am besten Bouillon mit Eiweißwürfelchen) wird gleichmäßig getrübt; zugleich setzt sich ein leichtflockiger Belag am Boden des Röhrchens ab. Auf der Blutagarplatte bildet der Pneumococcus einen dunkelgrünen Farbstoff, ohne Hämolyse herbeizuführen. Die ober-

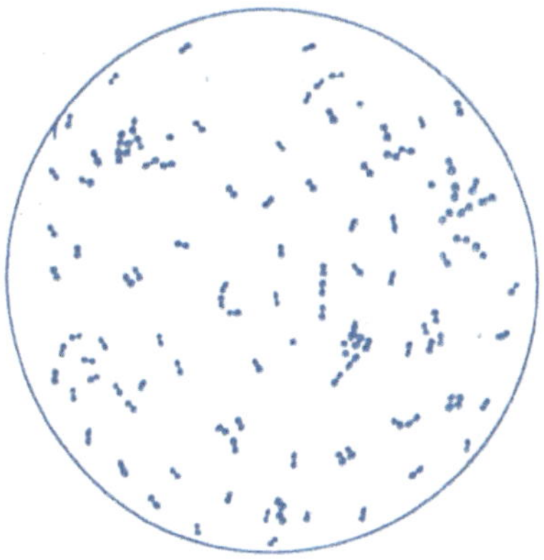

Abb. 70. Pneumokokken. Reinkultur. (Gramfärbung). (Vergr. 1 : 500).

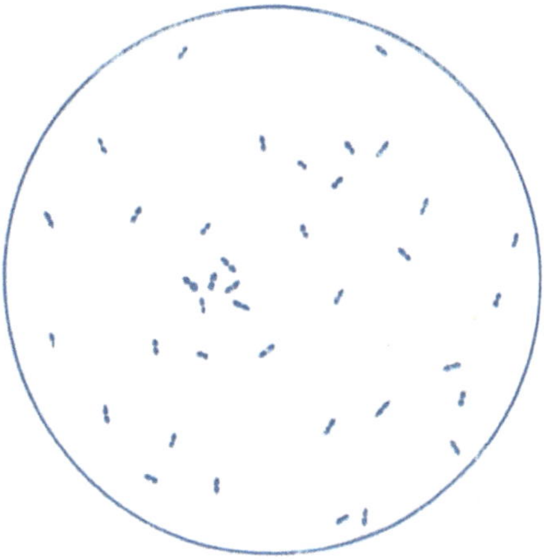

Abb. 71. Pneumokokken. Bouillonkultur. (Gramfärbung). (Vergr. 1 : 500).

flächlich gewachsenen glänzenden Kolonien erscheinen grünlich und höchstens stecknadelkopfgroß. Künstlich kann man durch niedere Temperatur (22°) die grüne Farbstoffbildung aufheben. In der Blutbouillon zeigt sich ebenfalls nach 24stündigem Wachstum bei 37° eine deutliche Grünfärbung ohne Hämolyse. Der Diplococcus lanceolatus verhält sich auf dem Blutnährboden ebenso wie der Streptococcus mitior seu viridans, von dem er kulturell kaum zu unterscheiden ist. Nach Neufeld gelingt es aber durch Behandlung der Kultur mit Galle, eine sichere Trennung der pathogenen Streptokokken von den Pneumokokken herbeizuführen. Die Galle tötet die virulenten Pneumokokken nicht nur ab, sondern löst sie in kurzer Zeit vollkommen auf, während Streptokokken intakt bleiben. Diese Wirkung beruht auf der Cholalsäure und ihren Salzen. Zum Versuche mischt man 1 ccm 10%iger Lösung von Natr. taurochol. (Merck) mit 1 ccm Bouillonkultur. Auch der Streptococcus mucosus wird durch Natr. taurochol. aufgelöst, wodurch die schon oben erwähnte nahe verwandtschaftliche Beziehung beider Arten aufs neue bewiesen wird.

Ein anderes Mittel zur Differenzierung der Streptokokken von den Pneumokokken ist das Optochin (ein Chininderivat = Äthylhydrocuprein) (Morgenroth). Das Optochin übt eine elektive bakterizide Wirkung auf Pneumokokken aus und wird daher mit Erfolg chemotherapeutisch bei Pneumokokkenerkrankungen angewendet. In einer Verdünnung von 1 : 100 000 wirkt es nur auf Pneumokokken entwicklungshemmend, während Streptokokken unbeeinflußt bleiben. Es sind aber auch Stämme beobachtet worden, die sich bezüglich ihres Verhaltens im Tierversuche und auf der Blutplatte wie Pneumokokken, dagegen in ihrer Empfindlichkeit gegenüber dem gallensauren Natrium und dem Optochin wie Streptokokken verhalten. Diese Stämme bilden wahrscheinlich einen Übergang zwischen Pneumokokken und Streptokokken.

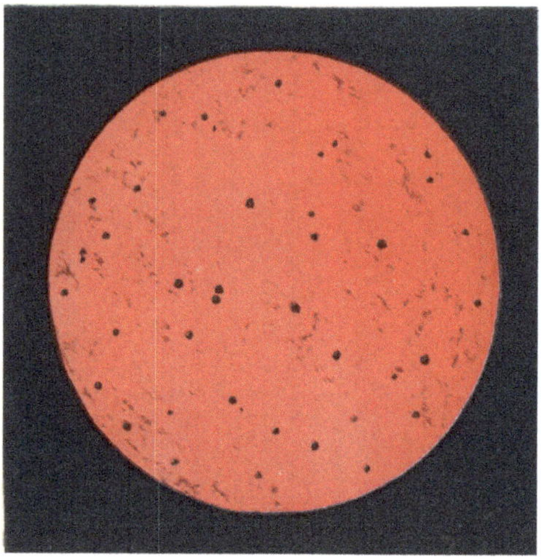

Abb. 72. Pneumokokken-Blutagarplatte. (Natürl. Gr.).

Gegen äußere schädigende Einflüsse zeigt sich der Pneumococcus sehr wenig widerstandsfähig. Erhitzung auf 52° und alle gebräuchlichen Desinfektionsmittel töten ihn nach spätestens 10 Minuten langer Einwirkung rasch ab. Bei Antrocknung in dicker Schicht, in eiweißhaltigen Flüssigkeiten, wie z. B. im Sputum oder im Blut, wo das eintrocknende Eiweiß um die Bakterien eine schützende Hülle bildet, halten sich Pneumokokken monatelang lebend und virulent; man geht hierbei zweckmäßig so vor, daß man steril entnommene Organstücke oder Blut von Tieren (weißen Mäusen), die an Pneumokokkensepsis eingegangen sind, im Exsikkator trocknet und luftdicht in sterilen Röhrchen aufbewahrt. Man erhält auf diese einfache Weise die Virulenz des einzelnen Stammes bis zu einem Jahr gleichmäßig, während sie bei häufiger Überimpfung der Kulturen auf künstlichem Nährboden rasch erlischt. Andererseits läßt sich die Virulenz durch Tierpassage erhalten.

Von den gewöhnlichen Versuchstieren eignen sich für Pneumokokkeninfektionen besonders Kaninchen und weiße Mäuse. Es gelingt hier schon mit kleinsten Mengen (bis herab zu 1 Millionstel Kubikzentimeter der Serumbouillonkultur) durch subkutane oder intravenöse Verimpfung eine Septikämie hervorzurufen, der die Versuchstiere innerhalb weniger Tage erliegen; durch subkutane Verimpfung beim Kaninchen läßt sich auch fast bei jedem normalen Menschen das Vorhandensein des Pneumococcus im Speichel nachweisen.

Die Entstehung der Pneumonie beim Menschen ist offenbar auf Autoinfektion zurückzuführen, die durch Hilfsursachen (Trauma, Erkältung) ausgelöst wird; in der Regel ist daher die genuine Pneumonie beim Menschen nicht direkt kontagiös; ausnahmsweise wird allerdings Ansteckung innerhalb kleiner Gruppenerkrankungen beobachtet, die — sofern es sich nicht um Infektionen durch ganz andere Erreger handelt — vielleicht auf eine besondere Virulenz der betr. Pneumokokkenstämme zurückzuführen ist. — Lösliche Gifte sind bisher beim Pneumokokkus nicht nachgewiesen. — Die Herstellung eines auch bei der menschlichen Pneumonieerkrankung wirksamen Heilserums gelang zuerst Klemperer, später insbesondere Römer. Den Aufschluß über die Art der Wirksamkeit dieses Serums haben erst die Arbeiten von Neufeld und seinen Mitarbeitern gegeben. Das Serum wirkt weder antitoxisch noch direkt bakterizid, sondern ausschließlich bakteriotrop, das heißt die Bakterien werden durch die Serumwirkung in einen Zustand gebracht, in dem sie von den Leukozyten aufgenommen und vernichtet werden können (vgl. oben S. 90).

4. Gonococcus.

Der Gonococcus wurde im gonorrhoischen Eiter von A. Neißer im Jahre 1879 entdeckt und von Bumm durch Reinzüchtung und erfolgreiche Verimpfung der Reinkulturen auf die menschliche Urethra in seiner ursächlichen Bedeutung für diese Erkrankung unzweifelhaft festgestellt.

Der Gonococcus ist ein Diplococcus von Semmel-, Nieren- oder Kaffeebohnenform, und zwar sind die einander zugekehrten Flächen der Kokken abgeplattet, während die Außenseiten gewölbt erscheinen. Nach eben erfolgter Teilung bilden sich häufig auch charakteristische, zu je vieren zusammengelagerte Formen (Tetraden). Ein weiteres Kennzeichen des Gonococcus ist die Lagerung innerhalb des Protoplasmas der Eiterkörperchen; doch liegen viele Exemplare auch außerhalb der Zellen. Dies ist besonders zu Beginn der gonorrhoischen Erkrankung der Fall, wo es sich meist um schleimige Sekrete handelt und wo Eiterkörperchen noch fehlen; oft liegen dann die Gonokokken auf den Plattenepithelien, aber auch außerhalb derselben. Im frischen eitrigen Ausfluß finden sich überwiegend intrazellulär gelegene Diplokokken, während sie sich in späteren Stadien, besonders bei chronischen Erkrankungen, sehr selten nachweisen lassen. Hier, wie auch in den Schleimhäuten des sonst klaren Urins (Tripperfäden) werden die Gonokokken dann fast ausschließlich extrazellulär gefunden.

Sehr charakteristische Bilder erhält man bei Färbung mit dem gewöhnlichen verdünnten Methylenblau (1 Minute); die Gonokokken nehmen den Farbstoff bedeutend intensiver auf als alle anderen chromatinhaltigen Gebilde; infolgedessen heben sie sich dunkelblau von dem hellblauen Protoplasma der Zellen deutlich ab. Diese einfache Färbung darf aber nicht als diagnostisch ausschlaggebend betrachtet werden, da es harmlose Saprophyten gibt, die hierbei ganz ähnliche Bilder liefern.

Von differentialdiagnostischer Bedeutung ist das Verhalten des Gonococcus gegenüber der Gramfärbung, da er im Gegensatz zu allen bisher besprochenen Kokken hierbei den Farbstoff leicht abgibt und durch Gegenfärbung mit Fuchsin in roter Farbe dargestellt werden kann. Schwierigkeiten macht die Differentialdiagnose Meningokokken oder Gonokokken, die bei manchen schweren Allgemeininfektionen in Betracht kommen kann, da sowohl in der Gramfärbung und häufig auch in der Lagerung kein Unterschied zwischen Gonokokken und Meningokokken besteht. In derartigen unklaren Fällen sind weitere kulturelle

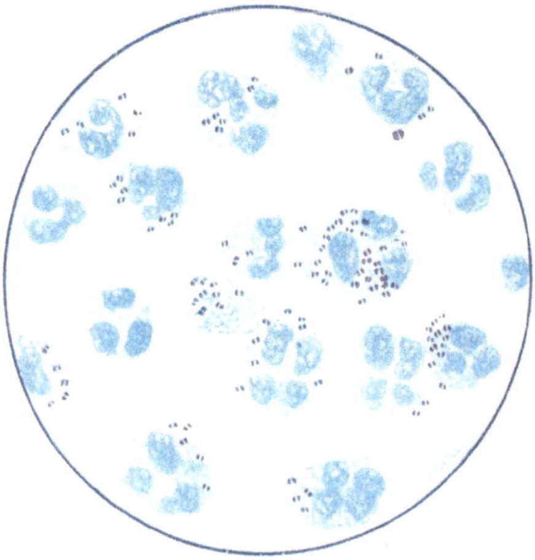

Abb. 73. Gonokokken. Färbung mit verd. Methylenblau. (Vergr. 1 : 500).

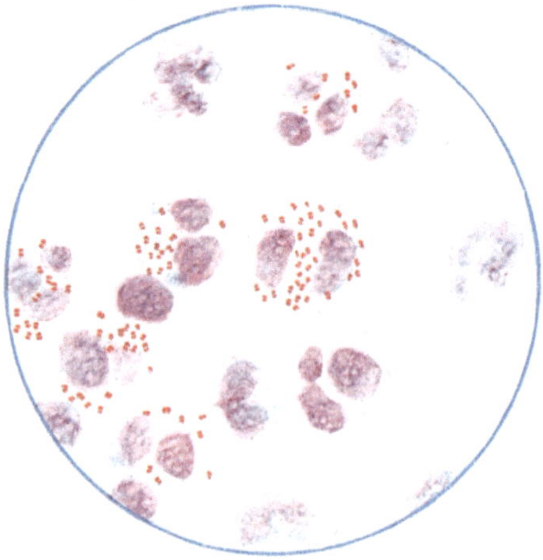

Abb. 74. Gonokokken (Urethralsekret). (Färbung nach Pappenheim). (Vergr. 1 : 500).

und serologische Verfahren zu Hilfe zu ziehen, wie z. B. die unter „Meningococcus“ (S. 177) weiter zu besprechenden v. Lingelsheimschen Zuckernährböden, die Agglutinationsreaktion mit hochwertig agglutinierendem Meningokokkenserum und eventuell die Komplementbindungsmethode.

Ein weiteres Doppelfärbungsverfahren, das gerade bei Gonokokken außerordentlich klare und kontrastreiche Bilder gibt, ist von Pappenheim angegeben. Er verwendet zwei basische Farbstoffe, von denen der eine eine Vorliebe für die Zellen und eine weit geringere Affinität zu den Bakterien zeigt (Methylgrün), der andere aber die Bakterien elektiv färbt (Pyronin).

Die Zusammensetzung dieses Farbgemisches ist folgende:

Konzentrierte Lösung von Methylgrün in 5% Phenollösung	2 Teile
,, ,, ,, Pyronin ,, 5% ,,	1—3 ,,

Nach einer Färbungsdauer von 3 Minuten erscheinen die Kokken leuchtend rot und die Zellkerne blaugrün bis lila.

In manchen Präparaten finden sich neben den typisch geformten Gonokokken zuweilen auch einzelne, dickere Gebilde mit einer leichten

Andeutung von Furchung, im Anfangsstadium der Teilung; auch ungleich große Formen heben sich deutlich ab (Involutionsformen).

Der Gonococcus stellt an künstliche Nährböden hohe Ansprüche. Auf gewöhnlichem Agar, Gelatine und in Bouillon läßt er sich nicht züchten; er braucht zum Wachstum nichtkoaguliertes Eiweiß in irgend einer Form, am liebsten Menscheneiweiß; eiweißhaltige Flüssigkeiten aus Körperhöhlen (Aszites, Pleuraexsudat usw.) können hierfür mit Erfolg als Zusatz zu Agar und Bouillon verwendet werden.

Die auf derartigen Nährböden gewachsenen Kolonien sind tautropfenähnlich, rund, mit leicht gezähntem Rand und dunklerem Zentrum. Sie sind matt durchscheinend und etwas zähschleimig.

Die Widerstandsfähigkeit der Gonokokken ist äußerst gering. Temperaturen von 45^0 töten sie in wenigen Stunden schon ab. Ebenso wirken die in der Therapie der Gonorrhoe verwendeten Chemikalien, insbesondere die Silbersalze. Gegen Austrocknung ist der Gonococcus ebenfalls sehr empfindlich.

Irgendwelche löslichen Gifte bildet der Gonococcus nicht. Die Wirkungen der Bouillonfiltrate nach subkutaner Injektion sind durch die Endotoxine bedingt. Es handelt sich um giftige Zellbestandteile, die erst nach dem Absterben des Bakteriums, nach seiner Auflösung frei werden.

Im Gegensatz zu den Tieren ist der Mensch für eine Infektion mit dem Gonococcus sehr empfänglich. Die Schleimhäute, und zwar die Urethral- und die Konjunktivalschleimhaut, die Schleimhäute des Uterus und seiner Adnexe und auch die Rektalschleimhaut bilden die Eingangspforten für die Gonokokken. Die Blennorrhoea neonatorum, die während des Geburtsaktes durch Infektion mit Gonokokken hervorgerufen wird, wird heutzutage durch die prophylaktischen Einträufelungen von Silberlösungen in den Konjunktivalsack unmittelbar nach der Geburt wirksam bekämpft (Credé).

Außer den mit der Gonorrhoeerkrankung einhergehenden Komplikationen, wie z. B. beim Manne der Epididymitis, der Infektion der Samenblasen, der Vorsteherdrüse und der Blase, dann beim weiblichen Geschlecht der Adnexerkrankungen, der Endometritis und der zuweilen auftretenden Peritonitis kommen noch metastatische Erkrankungen vor, wie Arthritis gonorrhoica, Endokarditis und herdförmige Lokalisationen im Rückenmark.

Da eine überstandene Gonorrhöe nicht vor einer neuen Infektion schützt, also eine Immunität nicht in Frage kommt, so ist von einer Serumtherapie wenig zu erwarten. In früherer Zeit faßte man die chronisch verlaufenden Fälle als Beweis für eine allmählich eintretende Immunität auf. Nach unserem heutigen Standpunkte aber handelt es sich dabei teils um avirulent gewordene Gonokokken, teils um das Ergebnis verschlechterter Lebensbedingungen durch Veränderung der Schleimhaut.

Aussichtsvoller gestaltet sich bei derartigen Erkrankungen die Vakzinebehandlung mit abgetöteten Gonokokken (Arthigon). Fast alle bekannten Gonokokkenimpfstoffe werden aus zahlreichen verschiedenen Stämmen hergestellt.

Eine der verantwortungsvollsten Aufgabe, die dem Bakteriologen gestellt werden kann, ist die Entscheidung, ob eine klinisch abgelaufene Gonorrhöe auch im bakteriologischen Sinne als völlig geheilt und der betreffende Patient als nicht mehr ansteckend erachtet werden kann. Die Gonokokken können sich in den Schleimhautfalten und akzessorischen Drüsen der Harn- und Genitalwege sehr lange erhalten und jeder Therapie trotzen, insbesondere beim weiblichen Geschlecht. Die Entscheidung, ob in solchen scheinbar abgelaufenen Fällen noch Gonokokken vorhanden sind, läßt sich nur auf Grund wiederholter sorgfältigster bakteriologischer Untersuchung erbringen, wobei im Zweifelsfalle (bei Vorhandensein vereinzelter gramnegativer extrazellulär gelagerter Diplokokken oder von Degenerationsformen) das Kulturverfahren mit heranzuziehen ist. Bei der Entnahme des Untersuchungsmaterials ist darauf zu achten, daß auch die Sekrete der Prostata und der akzessorischen Drüsen und der Inhalt der Samenblasen (durch Ausdrücken vom Rektum aus zu erhalten) mit untersucht werden. Ferner empfiehlt es sich, etwaige versteckt liegende Kokken durch geeignete Provokation (Injektion in die Urethra, Arthigoninjektion) zu mobilisieren und der Untersuchung zugänglich zu machen.

5. Meningococcus.

Die übertragbare Genickstarre ist erst im Jahre 1805 aus Anlaß einer in Genf ausgebrochenen Epidemie genauer beschrieben worden. In Deutschland hören wir von dieser Seuche im Jahre 1863 zum erstenmal, wo sie von Schlesien ausgehend in fast allen deutschen Staaten sich verbreitete. Die folgenden Jahrzehnte bringen Berichte über Epidemien von Genickstarre aus verschiedenen Ländern Europas und Nordamerikas. Eine äußerst heftige Epidemie brach im Jahre 1904 wieder in Oberschlesien und in den angrenzenden Teilen von Russisch-Polen und Galizien aus, in der auf preußischem Gebiet 3000 Erkrankungen und fast 2000 Todesfälle zu verzeichnen waren. Weitere Massenerkrankungen kamen dann in den Jahren 1906/07 auch im westlichen Deutschland, besonders im rheinisch-westfälischen Industriegebiete zur Beobachtung.

Diesem furchtbaren Krankheitsbilde stand die Ärztewelt früher hilflos gegenüber, während jetzt eine wirksame Serumtherapie möglich ist.

Der Erreger wurde im Jahre 1887 von Weichselbaum in Gestalt des von ihm regelmäßig gefundenen Diplococcus intracellularis meningitis festgestellt. Der vollständige Beweis für die ätiologische Rolle dieses Erregers, seine Abgrenzung von verwandten Formen und die Klärung der epidemiologischen Verhältnisse ist eine Frucht der Arbeiten anläßlich der letzten Epidemien in den beiden großen deutschen Industriebezirken. Außer der durch den Meningococcus verursachten spezifischen Infektionskrankheit, die als „epidemische Zerebrospinalmeningitis", Genickstarre, bekannt ist, gibt es noch andere sporadische Formen der Hirnhautentzündung, die durch Pneumokokken, Streptokokken, Tuberkelbazillen u. a. Erreger verursacht sind; Aufschluß über die Art der Erkrankung, die sowohl für die Prophylaxe wie für die Therapie der Genickstarre von Wichtigkeit ist, gibt nur die bakteriologische Untersuchung, eventuell auch schon der zytologische Befund in der

Lumbalflüssigkeit (indem z. B. bei Genickstarre hauptsächlich vielkernige, bei Tuberkulose meist nur einkernige Leukozyten nachweisbar sind.

Der Meningococcus ähnelt nach seinem äußeren Verhalten sehr dem Gonococcus, ist wie dieser gramnegativ und liegt in Diplokokken- oder auch in Tetradenformen angeordnet. Charakteristisch und daher von diagnostischer Wichtigkeit sind die Größenunterschiede der einzelnen Kokken. Neben kleinen Kokken kommen sog. Riesenformen vor, die den gewöhnlichen Typus bis um das 5—8fache überragen. Ferner beobachtet man, daß die einzelnen Exemplare der Meningokokken sich den gewöhnlichen Farblösungen gegenüber verschieden verhalten. Neben den gut gefärbten Exemplaren finden sich solche, die den Farbstoff

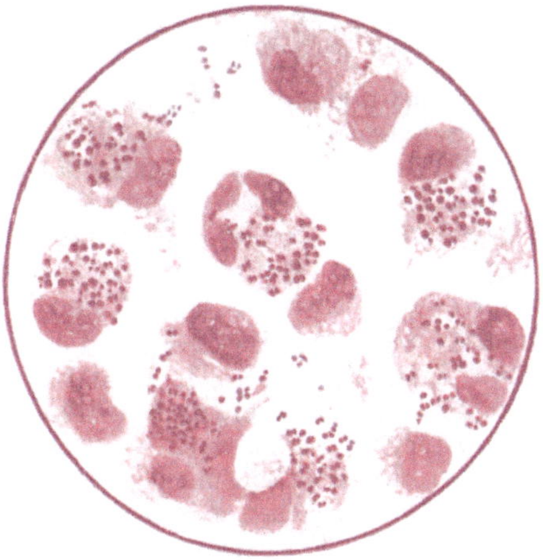

Abb. 75. Meningokokken. (Eitriges Lumbalpunktat). (Gram - Fuchsinfärbung). (Vergr. 1 : 800).

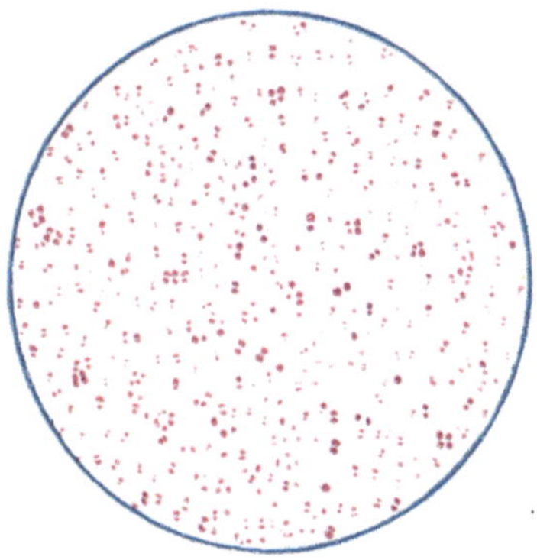

Abb. 76. Meningokokken. Reinkultur. (Färbung mit verd. Karbolfuchsin). (Vergr. 1 : 500).

nur schlecht annehmen. Derartige Degenerationsformen sind schon in jungen 24stündigen Kulturen vorhanden.

Da der Meningococcus nur eine sehr geringe Widerstandsfähigkeit gegenüber äußeren Einflüssen zeigt, ist die Züchtung auf künstlichen Nährböden sofort nach der Entnahme des Materials angebracht; insbesondere gilt dies von der Untersuchung der mittelst Abstrich aus dem Nasenrachenraum entnommenen Proben, bei denen die Untersuchung von eingesandtem Material meistens negativ ausfällt. Der Meningokokkus ist den Nährböden gegenüber sehr anspruchsvoll. In der ersten Generation ist er auf gewöhnlichem, leicht alkalischem Agar nicht zum Wachstum zu bringen. Ein Zusatz von nicht erhitztem tierischem oder besser menschlichem Eiweiß läßt üppige Kulturen entstehen. Mit Vorteil benutzt man Aszitesflüssigkeit, Pleuraexsudat, Spinalexsudat, Blut oder Serum als Zusätze zu den Nährböden.

Die Kolonien auf Aszitesagar sind größer und weniger durchsichtig als Strepto- oder Pneumokokkenkolonien und erscheinen als saftige, runde, grau durchscheinende homogene Scheiben mit erhabenem Zentrum und flachem, glattem, leicht gewelltem Rande.

Besonders empfohlen werden für die künstliche Züchtung das Hammelblut-Maltose-Aszitesagar (Esch) oder das Plazenta-Rinderserumagar (Kutscher).

Eine Weiterzüchtung der gewonnenen Kulturen gelingt am besten auf Aszitesagar oder auf Löfflerserum.

Die Kultur in Aszitesbouillon zeigt eine leichte Trübung mit Bildung einer zarten Kahmhaut, die schon bei leichter Berührung zu Boden fällt.

Das Wachstumsoptimum liegt bei 37 ^{0}, die Grenzen der zulässigen Temperaturen, innerhalb deren überhaupt noch Wachstum möglich ist, etwa bei 42 und 25^0.

Die Meningokokken sind außerordentlich empfindliche Mikroorganismen; besonders die aus frischen Fällen gewonnenen, noch nicht an künstliche Nährböden gewöhnten Stämme bereiten bei ihrer Fortzüchtung Schwierigkeiten, aber selbst wenn sie nach öfterer Überimpfung an künstliche Nährböden gewöhnt sind, kommt es vor, daß sie plötzlich ihre Entwicklungsfähigkeit verlieren und absterben. Die Lebensfähigkeit der Kulturen ist nur eine beschränkte (6—8 Tage).

Die Kulturen sind sehr empfindlich gegen Austrocknung und Einwirkung des Lichtes. Sogar diffuses Licht schädigt oder hemmt ihr Wachstum; Erhitzung auf 80^0 tötet sie in zwei Minuten, Einwirkung einer Temperatur von 50^0 wird höchstens 1 Stunde lang vertragen. Geringe Konzentrationen der üblichen Desinfektionsmittel genügen schon zur Vernichtung. Außerhalb des menschlichen Körpers ist der Meningokokkus also weder vermehrungs- noch lebensfähig.

Da die Meningokokken keine löslichen Toxine ausscheiden, beruht ihre Giftwirkung auf Endotoxinen, die beim Zerfall der Bakterienleiber frei werden und dann ihre Giftwirkung entfalten können.

Die Tierpathogenität ist gering. Von den üblichen Laboratoriumstieren sind nur Meerschweinchen hin und wieder empfänglich.

Als Eingangspforte für den Meningococcus kommt nach den bisherigen Erfahrungen der Nasen-Rachenraum in Betracht. Wie die epidemiologische Statistik zeigt, begünstigt die Übergangszeit vom Winter zum Frühjahr, wo die meisten Affektionen des Nasenrachenraumes vorkommen, ihre Übertragung am meisten. Bei Genickstarrekranken seien als Fundorte für den Meningococcus genannt: die weichen Hirnhäute, die Ventrikelflüssigkeit, der Liquor cerebrospinalis und der Nasenrachenraum. Auch im Blut ist der Meningococcus bei besonders schweren Fällen mit hämorrhagischer Diathese (die nach ihrem klinischen Bilde leicht mit Fleckfieber verwechselt werden können) zuweilen nachgewiesen worden. Ebenso hat man ihn vereinzelt als Erreger bei Otitiden und Epididymitis gefunden.

Der Nachweis der Meningokokken geschieht mikroskopisch und kulturell.

Oft genügt zur Diagnose schon das typische Aussehen eines aus dem eitrigen Liquor cerebrospinalis hergestellten Ausstrichpräparats (nach Gram gefärbt) mit Gegenfärbung mit verdünnter Fuchsinlösung, wenn neben vielen polynukleären Leukozyten und wenigen Lymphozyten reichlich gramnegative Diplokokken, meistens intrazellulär gelagert, sichtbar sind. Bei ursprünglich negativem oder spärlichem Befunde ist oft ein typisches mikroskopisches Bild, nach Anreicherung der mit 1 $^0/_0$iger Traubenzuckerbouillon zu gleichen Teilen versetzten Lumbalflüssigkeit, durch 24stündigen Aufenthalt im Brutschrank zu erhalten. Vor Abgabe eines negativen Bescheids ist unter allen Umständen erst das Resultat der Kulturen auf Aszitesagarplatten abzuwarten. Doch sind nicht etwa alle Kolonien von gramnegativen Kokken, die aus Genickstarre- oder verdächtigen Fällen gewonnen werden, sofort als Meningokokken zu deuten. Sie sind nach dem Verfahren von v. Lingelsheim zunächst auf ihr Gärungsvermögen zu prüfen, dann geschieht die weitere Differenzierung durch den Agglutinationsversuch.

Außer dem Meningokokkus kommen differentialdiagnostisch in Betracht der Gonococcus, der Micrococcus catarrhalis, der nur wenig größer als der Meningococcus ist und schon auf gewöhnlichem Agar in Form dicker weißer Kolonien wächst, der Diplococcus crassus, der sich der Gramschen Färbung gegenüber meistens positiv verhält. Auf gewöhnlichem Agar gleichen seine Kolonien denen des Streptococcus. In gallensauren Salzen (2,5$^0/_0$ige Lösung von Natr. taurochol.) löst sich dieser Coccus im Gegensatz zum Meningococcus nicht auf. Weiter wäre zu erwähnen der Diplococcus flavus, Micrococcus cinereus, der Micrococcus pharyngis siccus.

Das von v. Lingelsheim angegebene Verhalten dieser verschiedenen Kokken gegenüber Zuckerarten, denen Lackmuslösung als Indikator zugesetzt wurde, ist in folgender Tabelle wiedergegeben.

	Gärungsvermöen		
	Dextrose	Lävulose	Maltose
Gonokokken	+	—	—
Meningokokken	+	—	+
Diplococcus crassus	+	+	+
„ phar. flav. III . .	+	—	+
Micrococcus catarrhalis	—	—	—
„ cinereus	—	—	—

Die nach dieser Tabelle für Meningokokken anzusprechenden Kulturen werden zur endgültigen Artbestimmung noch mit hochwertigem Meningokokkenserum agglutiniert. Die Verklumpung der Meningokokken durch das spezifisch agglutinierende Serum erfolgt öfters erst nach 24 Stunden; das Temperaturoptimum der Reaktion liegt bei 55^0.

Die anerkannte Heilwirkung des Meningokokkenserums beruht nicht auf dieser agglutinierenden Wirkung; auch das beobachtete bakterizide Vermögen des Serums scheint dabei keine Rolle zu spielen; vielmehr mag es sich hier wie beim Pneumokokkenserum in erster Linie um bakteriotrope Wirkung handeln. Soll eine Heilwirkung erfolgen, so muß das Serum möglichst frühzeitig und in großen Dosen intralumbal gegeben werden.

Nach einigen Statistiken ist die Mortalität der Genickstarrekranken durch Serumbehandlung von 67,7% auf 20,7% heruntergegangen. Die Seruminjektionen müssen öfter wiederholt werden. Bei Komplikationen, Mischinfektionen oder schon vorgeschrittener Erkrankung ist ein Erfolg der Serumtherapie nicht mehr zu erwarten.

Für die epidemiologische Erkenntnis der Seuche hat insbesondere die Tatsache große Bedeutung erlangt, daß in der Umgebung des Erkrankten mehr oder minder zahlreiche Personen vorhanden sind, die — obzwar klinisch scheinbar ganz gesund oder nur mit geringen Symptomen von Schnupfen oder Angina behaftet — dennoch Meningokokken in ihrem Nasenrachenraum beherbergen. Zur Ermittelung dieser „Kokkenträger" entnimmt man mittelst eines an gebogener Sonde befindlichen Wattebäuschchens Sekret aus dem Nasenrachenraum hinter dem weichen Gaumen; das Sekret muß sofort auf Aszites-Agarplatten verarbeitet werden; die Untersuchung von auswärts eingesandter Proben ist zwecklos (vergl. oben S. 175).

6. Micrococcus tetragenus.

Der Micrococcus tetragenus, der von einigen Autoren zu den Staphylokokken, von anderen zu den Sarcinen gezählt wird, ist charakterisiert durch ein typisches Lagerungssystem, indem immer vier Kokken zu einem Verbande zusammengelagert sind. Der Micrococcus tetragenus unterscheidet sich von den pyogenen Staphylokokken durch seine erheblichere Größe, sowie durch sein kulturelles Verhalten und durch die Kapselbildung. Auf allen gewöhnlichen Nährböden wächst der Micrococcus tetragenus als weißer, porzellanartiger, glänzender Belag von schleimiger Beschaffenheit. Gelatine wird nicht verflüssigt. In der nach 24 Stunden gleichmäßig feinkörnig getrübten Bouillon mit reichlichem Bodensatz zeigt er die Anordnung einer Sarcine.

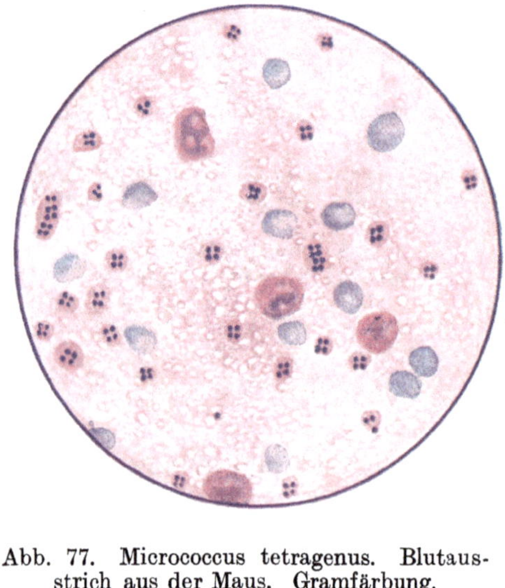

Abb. 77. Micrococcus tetragenus. Blutausstrich aus der Maus. Gramfärbung. (Vergr. 1 : 500).

Die Kapselbildung ist zuweilen auch in der Kultur (Nährbouillon), besonders aber im Tierkörper zu beobachten. Die Kapseldarstellung gelingt leicht nach der Johne'schen Färbemethode. Auch hier ist die Kapsel fast farblos, während die Bakterien den Farbstoff leicht aufnehmen und festhalten; s. S. 16.

Der Micrococcus tetragenus ist für weiße (nicht für graue!) Mäuse und Meerschweinchen pathogen. Die Tiere gehen unter massenhafter Vermehrung der eingeimpften Keime ein.

Beim Menschen werden durch den Micrococcus tetragenus allein nur selten Erkrankungen herbeigeführt. Er findet sich als Saprophyt in der Mundhöhle oder auch im Nasenschleim. Mischinfektion mit

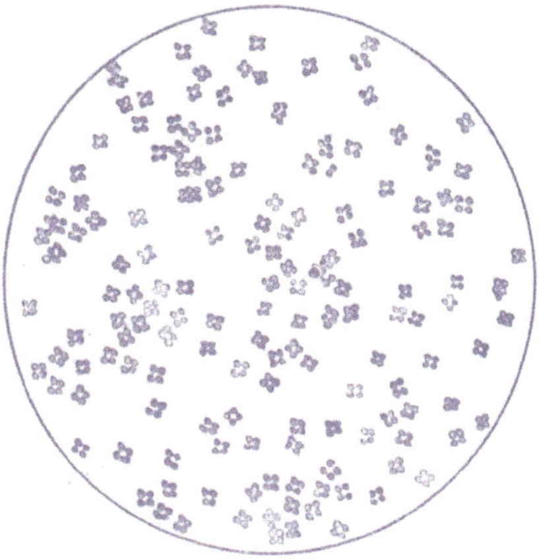

Abb. 78. Micrococcus tetragenus. Reinkultur. Gramfärbung. (Vergr. 1 : 500.)

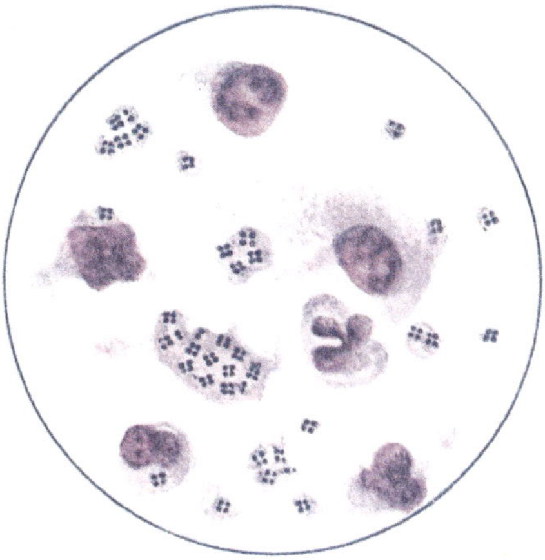

Abb. 79. Micrococcus tetragenus (Kapselfärbung) im Mäuseblut. (Vergr. 1 : 500.)

Tetragenus kommt in tuberkulösen Kavernen, bei Bronchopneumonie und bei Masern in Gemeinschaft mit dem Staphylococcus albus vor.

7. Sarcinen.

Anhangsweise seien hier noch die Sarcinen erwähnt, die sich häufig in der Luft finden und als zufällige Verunreinigung auf unseren Nährböden erscheinen. Bei ihnen erfolgen Wachstum und Teilung regelmäßig nach drei auf einander senkrechten Richtungen des Raumes. Die Tochterzellen bleiben verbunden, und es entstehen dann warenballenähnliche Kolonien, die sich wiederum noch zu größeren Paketen zusammenlagern können. Im hängenden Tropfen sieht man die Sarcinen mit einem schwachen hellen Hof umgeben. Sie lassen sich mit den gebräuchlichen Anilinfarbstoffen gut färben und sind grampositiv.

Eigenbewegung fehlt den meisten Arten, dagegen besteht eine lebhafte Molekularbewegung. Doch sind auch eigen-bewegliche Sarcinen mit 1—4 Geißeln an jeder Einzelzelle beschrieben worden.

In künstlicher Kultur bilden die meisten Sarcinen gelbe oder rote Farbstoffe; man unterscheidet demnach Sarcina lutea, flava, erythromyxa, aurantiaca, rosea, cervina, alba, rubra. Das Wachstum der einzelnen Sarcinen auf festen wie in flüssigen Nährmedien zeigt mancherlei Abweichungen; insbesondere gibt es gelatineverflüssigende und nicht-verflüssigende Arten.

Krankheitserreger sind bisher unter den Sarcinen nicht bekannt; zuweilen finden sie sich in größerer Menge im menschlichen Mageninhalt.

II. Die pathogenen Bazillen.

Die Aufstellung eines natürlichen Systems für die zahlreichen krankheitserregenden Arten der Bazillen ist nicht nach einem so einfachen Einteilungsprinzip möglich, wie es für die Kokken durch die morphologische Anordnung der Verbände nach der Zellteilung gegeben war. Die Einteilung der verschiedenen Arten der Bazillen läßt sich nicht einfach vom morphologischen Gesichtspunkt durchführen, wenn auch nach dem Vorhandensein oder Fehlen echter Dauerformen sich zunächst eine Scheidung in zwei große (auch sonst zusammengehörige) natürliche Gruppen „Sporenbildner" und „Nichtsporenbildner" ergibt; innerhalb dieser beiden Hauptgruppen, insbesondere innerhalb der an Zahl und Mannigfaltigkeit der Arten weit reicheren Abteilung der Nichtsporenbildner vollzieht sich aber die weitere Differenzierung einzelner Familien und Arten nicht nur nach morphologischen, sondern auch nach biologischen Charakteren, als Eigenbewegung, Verhalten zur Gramfärbung, Säurefestigkeit, Gärvermögen, pathogene Wirkung. Bisweilen verläuft die phylogenetische Entwicklung in zwei voneinander unabhängigen Reihen nahezu gleichförmig, so daß parallele natürliche Gruppen entstehen, die — obgleich verschiedenen Ursprungs und durch eine charakteristische Differenz streng geschieden — dennoch untereinander große Ähnlichkeit aufweisen; so die Typhus-Paratyphus-Gärtner-Gruppe einerseits, die sich vom Bacterium coli ableitet und deren einzelne Arten sämtlich mit Eigenbewegung begabt sind und die Ruhrgruppe andererseits, die mit ihren sämtlich unbeweglichen Arten ihren Ursprung vom Bacillus lact. aërogenes ableitet; sowohl die beiden phylogenetisch ursprünglichen Arten wie die beiden von ihnen abstammenden Gruppen sind untereinander außerordentlich ähnlich. — Natürliche Verwandtschaftsbeziehungen der nicht sporenbildenden Bazillen zu den anderen Genera der Mikroorganismen bestehen in mehrfacher Hinsicht; so ist die Gruppe des Bacillus lact. aërogenes gewissen Streptokokken nahe verwandt; andererseits steht die Gruppe des Bacillus proteus (unter der eigentliche Krankheitserreger nicht vorhanden sind, die aber bei der Fäulnis eine Rolle spielt) einerseits zum Bact. coli und den Farbstoffbildnern, andererseits zu den Vibrionen in Beziehung; endlich führt das Merkmal der echten Astbildung, das sich schon bei der (wiederum dem Bacillus lact. aërogenes verwandten) Gruppe der hämorrhagischen Septikämieerreger, z. B. beim Pestbazillus, findet, allmählich über die höher entwickelten Arten des Rotzbazillus und der säurefesten Bazillen zu den Streptotricheen; bemerkenswerterweise haben Angehörige aller dieser sonst so verschiedenen Gruppen (Pestbazillus, Rotzbazillus, Tuberkelbazillus und Streptothrix) die Eigenschaft, im Organismus die Bildung eigentümlicher tuberkelartiger Herde hervorzurufen.

Von diesen Gesichtspunkten aus ist die Einordnung der zahlreichen krankheitserregenden Bazillenarten in ein natürliches System etwa in folgender Weise möglich:

A. Sporenbildner:

I. Aërobe Arten:

1. unbeweglich: Milzbrandbazillus,
2. beweglich: Peptonisierende Bazillen (Toxinbildner aus der Gruppe des Heubazillus in der Milch).

II. Obligatorisch anaërobe Arten:

1. Mit endständigen Sporen: Tetanusbazillus,

2. mit mittelständigen Sporen:
a) echte Infektionserreger: Gasbranderreger, Bac. oedem. malign.
Infektion bei Tieren: Rauschbrand;
b) Toxinbildner: Bacillus botulinus.

B. Nicht-Sporenbildner:

1. Farbstoffbildner:
Bac. pyocyaneus.
2. Ausgehend vom Bact. coli: Typhusgruppe:
Bac. typh. abdominal,
„ paratyph. A und B,
„ enterit. Gärtner,
Bact. coli,
Bac. faecalis alcaligenes.
3. Ausgehend vom Bac. lact. aërogenes: Ruhrgruppe:
Bac. dysenteriae Kruse-Shiga,
verschiedene Arten (Typen) vom Bac. pseudodysenteriae.
4. Ausgehend vom Bac. lact. aërogenes: Pathogene Kapselbazillen:
Bac. pneumon. Friedländer,
„ ozaenae (Abel),
„ rhinoscleromat.
5. Ausgehend vom Bac. lact. aërogenes: Gruppe der hämorrhagischen Septikämie:
Bac. pestis,
verwandte Erreger von Tierseuchen.
6. Gruppe der hämoglobinophilen Bazillen:
Bac. influenzae,
„ pertussis convulsiv.,
„ conjunctivit. Koch-Weeks.
7. Gruppe der Schweinerotlauf- und Mäuseseptikämiebazillen:
8. Einige Bazillen von vorläufig nicht genauer anzugebender Stellung im natürlichen System:
Diplobacillus conjunctivit. Morax-Axenfeld,
Streptobacillus Ulcus molle Ducrey,
Bac. melitensis.
9. Diphtherideen:
Bac. diphtheriae,
„ mallei.
10. Säurefeste Bazillen:
Bac. tuberculosis,
„ leprae.

1. Milzbrandbazillus (Bacillus anthracis).

Das Schulbeispiel für einen pathogenen Mikroorganismus ist der Milzbrandbazillus (Bac. anthracis; Anthrax = Kohle), so genannt wegen der dunklen Farbe der erkrankten Milz.

Während Eilert 1836 und Gerlach 1845 feststellen konnten, daß Blut von milzkranken Tieren durch Verimpfung und Verfütterung bei gesunden Tieren die gleiche Erkrankung hervorrufe, gelang es Davaine und Rayer (1850). sowie Pollender 1855, im Blute bei Milzbrand eigentümliche stäbchenförmige Gebilde zu erkennen. Zehn Jahre später konnte Davaine den Nachweis erbringen, daß durch Impfungen mit sehr stark verdünntem diese Stäbchen enthaltenden Blute Milzbrand erzeugt werden konnte. Eingehende Arbeiten über die Pilznatur dieses Stäbchens verdanken wir F. Cohn. R. Koch (1876) war der erste, der die Milzbrandbazillen künstlich züchtete, ihre morphologischen und biologischen Eigenschaften durch grundlegende Untersuchungen näher ermittelte und hierdurch die Lehre von den Infektionskrankheiten überhaupt in neue Bahnen lenkte.

Der Milzbrandbazillus ist ein plumpes, unbewegliches Stäbchen, von etwa 5—12 μ Länge und 1—1,5 μ Dicke, mit scharf abgeschnittenen Enden, das in Körperflüssigkeiten kurze, in künstlichen Kulturen längere kettenförmige Verbände bildet.

Als gebräuchlichstes Versuchstier für den bakteriologischen Kurs und die praktische Diagnose dient die weiße Maus, die der subkutanen Infektion mit einer Spur infektiösen Materials binnen weniger Tage erliegt; in jedem Tröpfchen Blut oder Gewebssaft eines solchen Tieres lassen sich die Milzbrandbazillen in großer Zahl nachweisen. Das gefärbte Präparat zeigt gegenüber dem ungefärbten gewisse Verschiedenheiten im Aussehen der Bazillen, die durch die infolge der Fixierung und Färbung eintretende Schrumpfung des Bakterienleibes hervor-

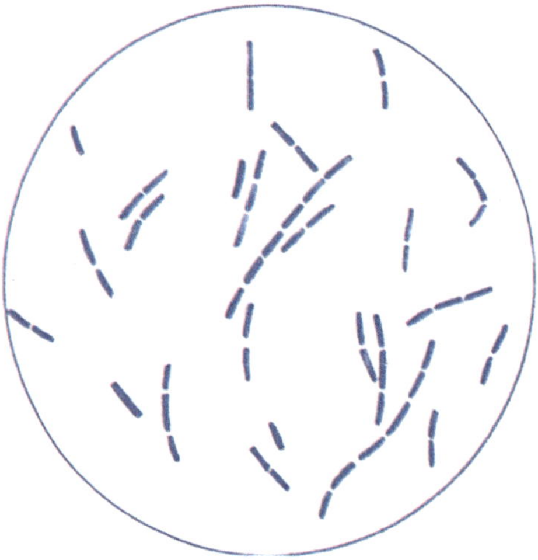

Abb. 80. Milzbrandbazillen. Reinkultur. (Gramfärbung). (Vergr. 1 : 500).

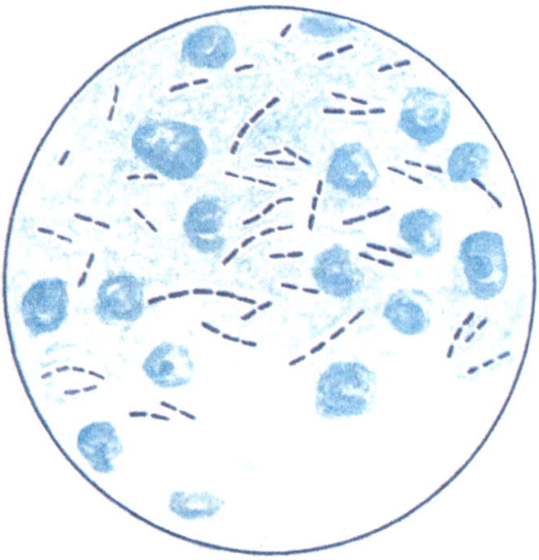

Abb. 81. Milzbrandbazillen. (Organausstrich). Färbung mit verd. Methylenblau (Kapseln). (Vergr. 1 : 500).

gerufen sind; hierher gehören die sog. „Bambusformen“: die einzelnen den Kettenverband zusammensetzenden Glieder erscheinen in der Mitte dünner als an den etwas aufgetriebenen Enden, so daß an den letzteren, wo zwei Stäbchen zusammenstoßen, knotenartige Verdickungen entstehen; die zwischen je zwei Stäbchen vorhandenen Trennungslinien erscheinen infolge tellerförmiger Einziehung der Polflächen der Stäbchen zu bikonvexen Lücken erweitert. Daß es sich um Artefakte handelt, geht daraus hervor, daß im ungefärbten Präparat von diesen Abweichungen von der rein zylindrischen Form des Bazillus mit planparallelen (oder sogar, wie bei anderen Bazillen, leicht nach außen abgerundeten) Endflächen nichts zu sehen ist. — Besonders geeignet zur Darstellung des Milzbrandbazillus in Ausstrich- und Schnittpräparaten ist die Gramsche Färbung; man kann an Schnitten aus Leber, Lunge und Niere (verschlungene Knäuel von Bazillen in den Glomerulis) verfolgen, wie die Milzbrandbazillen allenthalben in den Blutkapillaren liegen, wie das der Ausbreitung der Infektion auf dem Blutwege entspricht. Im infizierten Organismus bildet der Milzbrandbazillus eine durch gewisse Färbungsverfahren (vgl. im Allgemeinen Teil S. 16) deutlich darstellbare Kapsel; in künstlicher Kultur (außer bei Züchtung in Blutserum) kommt die Kapsel nicht zur Ausbildung. — Die Züchtung von Reinkulturen gelingt aus frischem Material sehr leicht, sowohl mit dem Gelatine- wie mit dem Agarplattenverfahren. Die Kolonien, die auf Agar schon nach 12 Stunden, in Gelatineplatten binnen 36—48 Stunden zur Entwicklung gelangen, zeigen ein äußerst charakteristisches, für Milzbrand typisches Aussehen. Makroskopisch erscheinen sie als mattweiße, unregelmäßig begrenzte Scheibchen. Die einzelne Kolonie

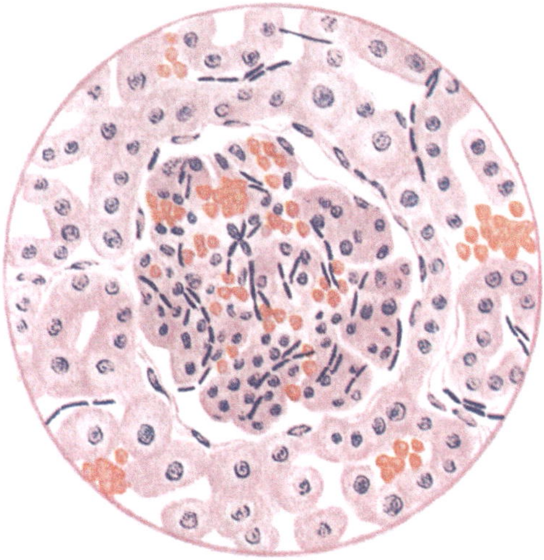

Abb. 82. Milzbrandbazillen im Glomerulus. Maus. Gramfärbung. (Vergr. 1 : 500).

verflüssigt infolge von Bildung eines peptonisierenden Fermentes, das man auch getrennt von der Kultur in gelöstem Zustand gewinnen kann, die Gelatine. Das Zentrum der Kolonie sinkt daher allmählich tiefer in die Nährgelatine ein, bildet daselbst, mit schwacher Vergrößerung betrachtet, eine dichte engverflochtene Masse, um welche die flacheren Ränder der Kolonie in verschlungene Windungen auswachsen, zopfartig, in Locken, wie die Schlangen um das Haupt der Medusa. Besonders charakteristisch tritt die Anordnung einer solchen Milzbrandkolonie zutage im Klatschpräparat (vgl. im Allgemeinen Teil S. 33). Man erkennt, wie die einzelnen „Locken“ aus Bakterienfäden sich zusammensetzen, die von dem Innern der Kolonie ausgehend, im Bogen wieder zu ihm zurückkehren. Auch fädige Ausläufer am Rande der Kolonie beobachtet man häufig; schon bei mittelstarker Vergrößerung tritt die

Zusammensetzung der Fäden aus einzelnen Bakterien deutlich hervor, und bei starker Vergrößerung kann man im Innern der Stäbchen be-

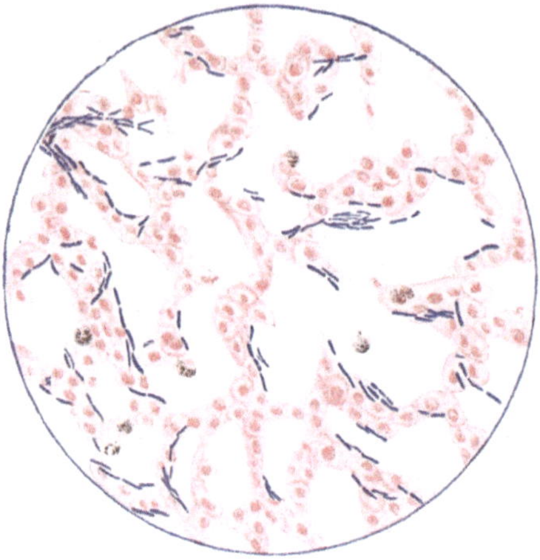

Abb. 83. Milzbrand. Schnitt durch die Lunge (Gramfärbung). (Vergr. 1 : 500).

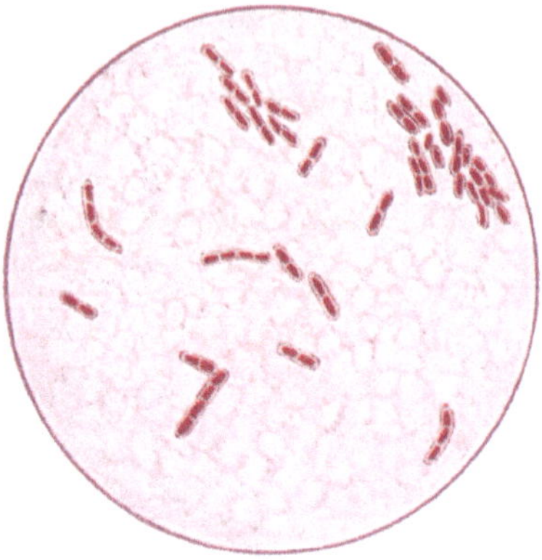

Abb. 84. Milzbrandbazillen. Organausstrich. Färbung mit verdünntem Karbolfuchsin. (Vergr. 1 : 500).

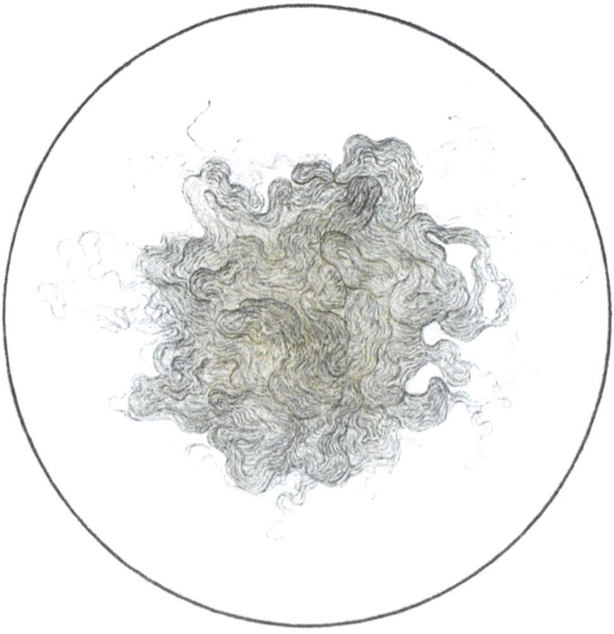

Abb. 85. Milzbrandbazillen-Kolonie (Agarplatte). (Vergr. 1 : 60).

ginnende oder auch vollendete Sporenbildung nachweisen, je nach dem Alter der Kolonie (vgl. weiter unten).

Auch die von den soeben beschriebenen Kolonien weiter verimpften Reinkulturen auf Schrägagar, im Gelatinestich und in Bouillon zeigen sehr charakteristische Bilder; auf Schrägagar kommt es schon binnen weniger Stunden zur Ausbildung eines dicken weißlichen Belages mit ausgefransten verfilzten Rändern; in der Bouillon bilden sich am Boden des Kulturgefäßes dichte grobe Flocken, während die überstehende Flüssigkeit klar bleibt; im Gelatinestich findet nicht nur längs des Impfstiches Wachstum statt, sondern es wuchern rechtwinkelig vom Stichkanal massenhafte Ausläufer in die Gelatine hinein, die der Kultur ein stacheliges, einem „umgekehrten Tannenbaum" ähnliches Bild ver-

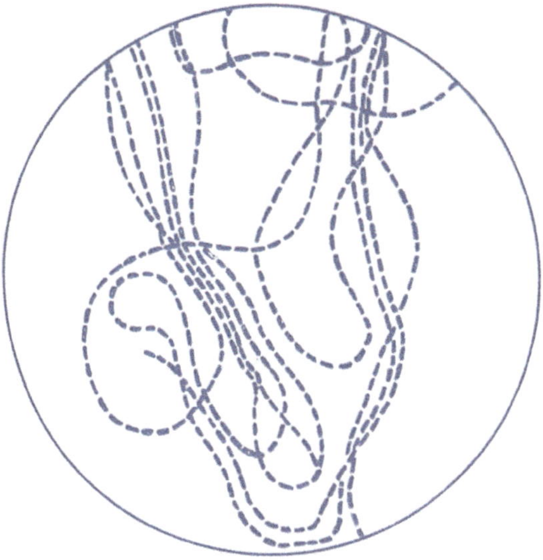

Abb. 86. Milzbrandbazillen. Klatschpräparat. Gramfärbung. (Vergr. 1 : 500).

leihen; gleichzeitig schreitet von oben her die Verflüssigung der Gelatine längs des Impfstichs in die Tiefe fort.

Die Sporenbildung, deren Bedingungen zuerst von R. Koch erkannt worden sind, kommt nie im lebenden infizierten Organismus zustande und erfordert als notwendige Vorbedingungen Sauerstoffzutritt, sowie eine über 16° liegende Temperatur. In der künstlichen Kultur tritt die Sporenbildung nicht sogleich, sondern erst dann ein, wenn das Optimum der Entwicklung überschritten ist und wachstumshemmende Einflüsse (teils durch Erschöpfung des Nährbodens, teils durch giftige Stoffwechselprodukte) sich geltend zu machen beginnen; so dient die Bildung der widerstandsfähigen Dauerformen (Sporen) als arterhaltendes Moment. Die Milzbrandspore ist von eiförmiger Gestalt und mittelständiger Lagerung; sie zeigt alle im allgemeinen Teil,

S. 13, für die Sporen der Bakterien angegebenen Merkmale im ungefärbten und gefärbten Präparat in sehr charakteristischer Weise; vgl. ebenda S. 39 u. S. 40 auch betreffs spezieller Methoden zur Darstellung der Sporen im gefärbten Zustande. Die Widerstandsfähigkeit von Milzbrandsporen gegenüber äußeren schädigenden Einflüssen ist recht erheblich und sehr konstant, weshalb Milzbrandsporen (an Seidenfäden angetrocknet) als beliebtes Testobjekt für Desinfektionsversuche, insbesondere auch zur praktischen Prüfung von Dampfdesinfektionsapparaten Verwendung finden; im strömenden Dampf von 100° werden Milzbrandsporen binnen 2—12 Minuten abgetötet. — Das Wiederauskeimen der Sporen bei Rückübertragung in günstige Kulturbedingungen erfolgt durch Auswachsen in der Längsrichtung. — Gelegentlich findet man Milzbrandstämme, denen die Sporenbildung abhanden gekommen ist; solche asporogenen Stämme (Lehmann) lassen sich auch künstlich durch länger dauernde Züchtung unter ungünstigen Bedingungen, auf Nährböden mit schwachem Gehalt an antiseptischen Stoffen (Behring) oder durch Kultur bei höherer das Wachstumsoptimum überschreitender Temperatur (41°) (Roux) heranzüchten.

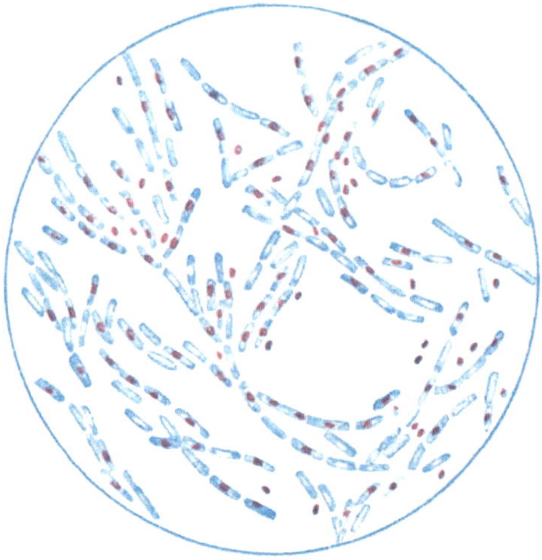

Abb. 87. Milzbrandbazillen. Sporenfärbung. (Vergr. 1 : 500.)

Die geschilderten morphologischen und biologischen Merkmale des Milzbrandbazillus in der Kultur und im Tierversuch genügen meist zur Sicherung der bakteriologischen Diagnose. Schwierigkeiten können entstehen, wenn das zu untersuchende Ausgangsmaterial bereits stark in Fäulnis übergegangen war, da im Organismus die Milzbrandbazillen, wie schon erwähnt, keine Sporen bilden und so von Fäulnisbazillen aus der Gruppe der Anaëroben, die ihnen morphologisch sehr ähnlich sehen können, leicht überwuchert werden. Auch der Tierversuch für sich allein kann in diesem Falle irreführen, da gewisse krankheitserregende Anaërobe (malignes Ödem) im Mäuse- oder Meerschweinchenversuch ein ganz ähnliches Bild geben können. Man verlasse sich daher nie auf das mikroskopische Präparat allein, sondern lege stets aërobe Kulturen an. Kann die bakteriologische Untersuchung nicht sogleich an Ort und Stelle gemacht werden, so empfiehlt es sich, um Fäulnis auf dem Transport zu vermeiden, das zu untersuchende Material (Gewebssaft) auf sterilen Gipsstäbchen (erhältlich bei F. u.

M. Lautenschläger in Berlin) antrocknen zu lassen, wodurch einerseits störende Fäulnisprozesse hintangehalten werden und andererseits die Sporenbildung gefördert wird; durch kurzdauerndes vorsichtiges Erhitzen auf 80° werden dann die etwa anhaftenden Fäulnisbakterien abgetötet, während die Milzbrandsporen intakt bleiben. Für die Untersuchung von Organen, die bereits in vorgeschrittener Fäulnis sich befinden, leistet oft die Serodiagnostik nach Ascoli noch die besten Dienste.

Das Verfahren beruht darauf, daß Serum von mit Milzbrand immunisierten Tieren oft reichlich Präzipitine enthält, d. h. Stoffe, die imstande sind, aus Milzbrandbazillen stammendes Eiweiß auszufällen. Auf ein aus dem Organbrei hergestelltes wasserklares Extrakt wird präzipitierendes Milzbrandserum in engen Röhrchen vorsichtig geschichtet. Handelt es sich um Milzbrand, d. h. enthält das Extrakt reichlich präzipitogene Substanzen, so entsteht an der Berührungsstelle der beiden Flüssigkeiten ein weißer Ring innerhalb von $^1/_4$ Stunde. Die nötigen Kontrollen dürfen nicht fehlen; der gesamte Versuch setzt sich folgendermaßen zusammen:

Verdächtiger Organbrei . .	+ Milzbrandserum	=	positiv,
„ „ .	+ Normalserum	=	negativ,
Sicheres Milzbrandextrakt .	+ Milzbrandserum	=	positiv,
„ „ .	+ Normalserum	=	negativ,
Normalextrakt	+ Milzbrandserum	=	„

Betreffs der genaueren Einzelheiten dieser Methoden sei auf das Kapitel Präzipitine verwiesen.

Der Milzbrand ist ursprünglich eine der gefürchtetsten Seuchen der größeren Haustiere (Rinder, Pferde, Schafe, Schweine, Ziegen) und tritt unter ihnen öfters in Form größerer oder kleinerer Epizootien auf. Die Verbreitung der Infektion erfolgt beim Tier meist durch Aufnahme des Virus vom Darm aus, mit dem durch Abgänge anderer milzbrandiger Tiere infizierten Futter; auch durch Stechfliegen kann mechanische Überimpfung des Virus zustande kommen. An Orten, wo Verstreuung infizierten Materials an der Oberfläche des Bodens stattfindet und wo es infolge günstiger Bedingungen für die Sporenbildung zur Entstehung dieser widerstandsfähigen Dauerformen kommt, können letztere noch nach Jahren lebend und virulent nachgewiesen werden; es kann daher unter geeigneten äußeren Umständen (z. B. wenn derselbe Weideplatz immer wieder aufs neue benützt wird) zu einer endemischen, fest an der Örtlichkeit haftenden und von Zeit zu Zeit sich manifestierenden Infektion kommen. Auch der Mensch ist für Milzbrand empfänglich, und zwar kann die Infektion bei ihm in dreifacher verschiedener Form auftreten: 1. Am häufigsten und relativ gutartigsten nach Infektion von seiten der Haut als Hautmilzbrand, Pustula maligna; 2. seltener und von sehr viel ungünstigerer Vorhersage als Lungenmilzbrand in Form einer sehr bösartigen Pneumonie oder 3. als Darmmilzbrand in Form einer schwer septischen Darm- und Allgemeininfektion. Die zweite Erkrankungsform entsteht durch Einatmen des Virus, in Form infizierten Staubes (z. B. von milzbrandinfizierten Fellen, Häuten oder Borsten), die dritte — seltenste — durch Genuß ungenügend gekochten Fleisches milzbrandiger Tiere. Als Untersuchungsmaterial dient Inhalt von Pusteln oder Karbunkeln, oder bei der pneumonischen Form Lungenauswurf, beim Darmmilzbrand die Dejekte.

2. Toxinbildner aus der Gruppe der Heubazillen.

Als Erreger der Cholera infantum wurden von Flügge toxische Saprophyten nachgewiesen, die im Kuhkot und in der Milch in kleinen Mengen allgemein verbreitet sind und erst bei einer Temperatur von über 22°, am besten bei Brutwärme zu wuchern vermögen; hierbei rufen sie in der Milch eine ganz charakteristische Zersetzung hervor, die sich durch Auflösung (Peptonisierung) und teilweise Ausfällung des Kaseins durch Labferment äußert; die so zersetzte Milch zeigt unter der intakten Rahmschicht eine gelbliche durchsichtige Flüssigkeit und am Boden den durch Lab ausgefällten Rest des Kaseins. Im Beginn ist diese Zersetzung bei Betrachtung mit bloßem Auge kaum wahrzunehmen, insbesondere wenn die Milch unmittelbar vorher geschüttelt wurde; dagegen zeigt solche Milch einen bitterlichen Geschmack, der unter allen Umständen die Milch von dem Genuße auszuschließen verlangt. Wird solche Milch von Säuglingen genossen, so entsteht ein durch schwerste Vergiftungserscheinungen charakterisiertes, der asiatischen Cholera ähnliches Krankheitsbild, das als Cholera infantum bezeichnet wird. Ein ganz ähnliches Krankheitsbild läßt sich bei säugenden Hunden durch Verfütterung solcher Milch erzeugen; der Giftstoff ist nicht in löslicher Form zu erhalten, sondern an die Bakterienleiber selbst gebunden und wird schon durch kurzes Aufkochen zerstört (Lübbert). Dagegen sind die Sporen dieser toxischen peptonisierenden Bakterien selbst außerordentlich widerstandsfähig und werden bei der für die Milchsterilisation allgemein gebräuchlichen $^3/_4$stündigen, ja selbst nach $1^1/_2$stündiger Kochdauer nicht zerstört.

Die biologischen Eigenschaften dieser Erreger, welche in mehreren Arten vorkommen und nicht als echte Infektionserreger, sondern (analog dem Bacillus botulinus) als toxische Saprophyten anzusehen sind, die durch ihre in dem menschlichen Organismus fertig eingeführten Giftstoffe die Krankheitserscheinungen auslösen, stehen in voller Übereinstimmung mit den epidemiologischen Verhältnissen der Cholera infantum; sowohl der Mangel der direkten Ansteckungsfähigkeit wie die Abhängigkeit der Erkrankung von der hohen Wohnungstemperatur und von der künstlichen Ernährung (während Kinder mit Brustmilchernährung verschont bleiben) sprechen für eine toxische Ursache der Erkrankung, durch die unter gewissen äußeren Bedingungen veränderte Tiermilch. Welche Folgerungen sich daraus für die an die Milchsterilisierung zu richtenden Anforderungen ergeben ist im allgemeinen Teil (S. 147) auseinandergesetzt.

3. Tetanusbazillus.

Im Altertume wußte man schon, daß sich der Tetanus meistens an tiefgehende Verletzungen anschloß und man glaubte hieraus folgern zu dürfen, daß auf die hierbei stattfindende starke Reizung größerer peripherer Nerven das krampfartige Krankheitsbild zurückzuführen sei. Aber auch als einen durch eine Erkältung oder durch psychische Vorgänge ausgelösten Reflexkrampf faßte man den Tetanus auf.

Alle diese Anschauungen mußten fallen, als im Jahre 1884 Carle und Rattone im Tierversuch durch Einspritzung des Wundsekrets eines Falles von Tetanus des Menschen bei Kaninchen das gleiche Bild des Starrkrampfes zu erzeugen vermochten. Nicolaier stellte die wichtige Tatsache fest, daß man durch Einimpfung von Erde bei verschiedenen Versuchstieren Tetanus erzeugen könne. Auch erkannte er als Erster den Tetanusbazillus in Ausstrichen aus dem Wundsekret mikroskopisch und sprach die eigentümlichen schlanken Bazillen als die eigentlichen Erreger des Tetanus an. Rosenbach bestätigte die Angaben von Nicolaier. Zwei Jahre später gelang Kitasato durch ein besonderes anaerobes Verfahren die Züchtung der Bazillen in Reinkultur und bei geeigneten Versuchstieren mit den gewonnenen Reinkulturen die Erzeugung eines typischen Starrkrampfes.

Der Tetanusbazillus wird fast regelmäßig in gedüngten Erdproben und Straßenschmutz gefunden, desgleichen sehr häufig im Kot des Pferdes und Rindes, zuweilen auch in den Darmentleerungen des

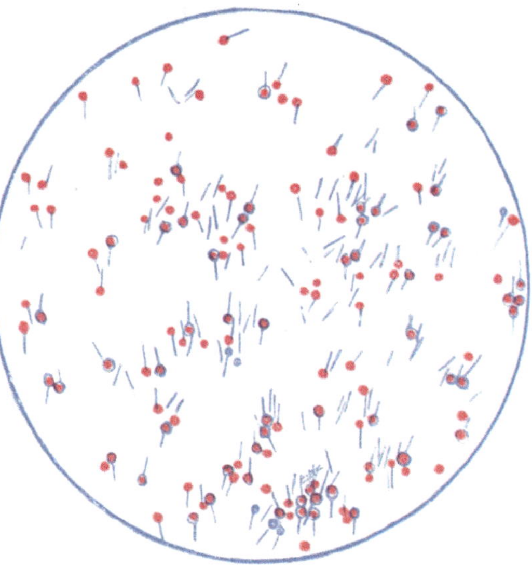

Abb. 88. Tetanusbazillen. Sporenfärbung. (Vergr. 1 : 500.)

Hundes und des Menschen. Die Sporen der Starrkrampferreger besitzen eine erhebliche Widerstandskraft gegenüber Austrocknung, und können sich somit in den oberflächlichen Erdschichten lange Zeit virulent halten.

Der Tetanusbazillus ist ein schlankes langes Stäbchen mit abgerundeten Enden, das sehr charakteristische Sporenbildung aufweist, Die an einem Ende des Stäbchen sitzende Spore gibt dem Bazillus die Form eines Trommelschlägels oder einer Stecknadel. Die sporenfreien Bazillen sind lebhaft beweglich und mit einer großen Anzahl peritrich angeordneter Geißeln ausgestattet. Die Eigenbewegung wird, wie alle Lebensäußerungen dieses strengen Anaërobiers durch Sauerstoffzutritt bald gehemmt und ist daher nur bei Züchtung in sauerstofffreien oder sauerstoffarmen Nährflüssigkeiten gut zu beobachten.

Die Tetanusbazillen lassen sich durch Färbung mit den gewöhnlichen Anilinfarbstoffen gut zur Darstellung bringen. Die Gramfärbung gelingt nicht bei allen Exemplaren mit der Regelmäßigkeit, wie z. B. bei den Milzbrandbazillen. Manche Autoren vertreten sogar die Ansicht, daß die Tetanusbazillen sich der Gramfärbung gegenüber negativ verhalten.

Die vegetative Form der Starrkrampferreger ist nicht besonders resistent. Die Sporen dagegen werden selbst durch stundenlange Einwirkung von Temperaturen von 60—70° nicht geschädigt; erst bei 90° sterben sie ungefähr nach einer Stunde ab. Strömender Dampf vernichtet sie in 5 Minuten, 1 prom. Sublimatlösung erst in 3 Stunden. Diese hohe Widerstandsfähigkeit der Sporen macht es erklärlich, daß mit derartigem Material infizierte Holzsplitter noch nach vielen Jahren bei Menschen und Tieren Starrkrampf hervorrufen können.

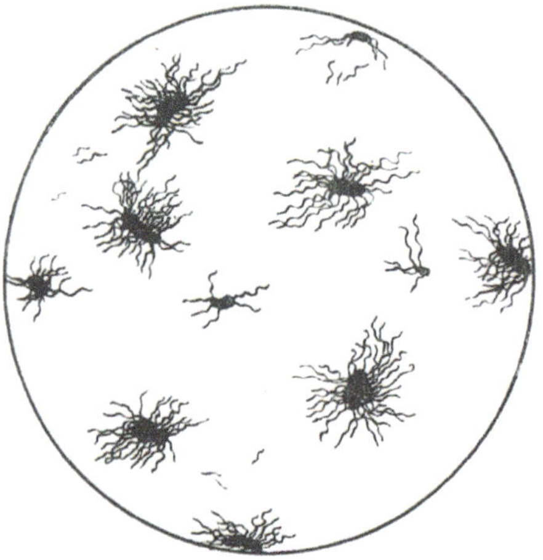

Abb. 89. Tetanusbazillen. Geißeln. (Vergr. 1 : 1000.)

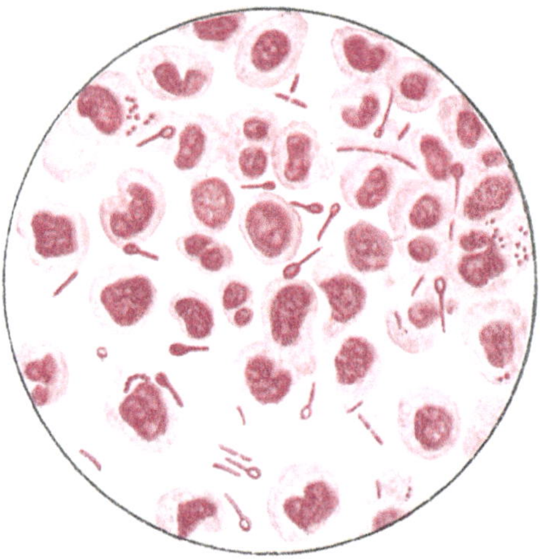

Abb. 90. Tetanusbazillen im Eiter (Färbung mit verd. Karbolfuchsin). (Vergr. 1 : 500).

Die Starrkrampferreger lassen sich nur unter anaëroben Verhältnissen züchten, d. h. in sauerstofffreiem Medium, und zwar besonders dann, wenn reduzierende Substanzen, wie z. B. Traubenzucker, indigosulfosaures Natron, ameisensaures Natron zugesetzt werden. Über die Methodik bei der Herstellung derartiger Kulturen ist im allgemeinen Teil (S. 50ff) bereits ausführlich berichtet worden.

Die anaërob angelegte Agarstichkultur zeigt Ähnlichkeit mit einem Tannenbaum. Vom Stichkanal geht das Wachstum nach allen Seiten aus und ist in der Tiefe am ausgesprochensten. Die Randteile zeigen starke Auffaserung. Man erkennt ferner, wie der Agar durch die Gasbildung in einzelne Teilstücke gesprengt ist. Das Gas besteht in der Hauptsache aus Kohlensäure und Kohlenwasserstoffen und zeichnet sich durch einen widerlich süßlichen Geruch aus.

In der anaëroben Bouillon-Kultur, die gleichmäßige Trübung aufweist, werden an der Oberfläche infolge Gasbildung zuweilen Schaumblasen sichtbar.

In Gelatine tritt bald Verflüssigung ein; in diesem Nährboden erscheinen die Tetanuskolonien als kleine Gebilde mit dunklem Zentrum, einem Knäuel verwickelter Fäden mit wunderlichen Schlingenbildungen, von dem aus strahlenartige Fortsätze nach der Peripherie in feinen, starren Fäden ziehen.

Der Tetanusbazillus kann sich auch unter scheinbar aëroben Bedingungen weiter entwickeln, namentlich wenn er mit anderen Mikroorganismen, z. B. den Eitererregern vergesellschaftet ist. Die letzteren verbrauchen nämlich den Sauerstoff zu ihrem Wachstum und schaffen somit für das Wachstum des Tetanusbazillus anaërobe Verhältnisse. Wenn auch das Aussehen der Ausstrichpräparate oft schon so charakteristisch ist, daß auf diesen Befund allein schon mit großer Wahrscheinlichkeit die Diagnose Tetanus abgegeben werden kann, so ist doch zur völligen Sicherstellung der Diagnose möglichst stets der Tierversuch mit heranzuziehen.

Nach subkutaner oder intramuskulärer Impfung der gebräuchlichsten Versuchstiere (Meerschweinchen, Kaninchen und Mäuse) mit Tetanusreinkultur oder Tetanusbazillen enthaltendem Material kommt es nach einer Inkubationszeit von 1—3 Tagen zum Ausbruch der tetanischen Erscheinungen (Tetanus ascendens, opisthotonus und descendens), und zwar zunächst an dem der Injektionsstelle benachbarten Glied, worauf dann Verallgemeinerung der Krankheitserscheinungen erfolgt und die Tiere sehr bald zugrunde gehen. Es handelt sich dabei um reine Giftwirkung, wie schon daraus hervorgeht, daß die Tetanusbazillen nur am Orte der Infektion selbst zum Wachstum gelangen, während der ganze übrige Organismus von ihnen frei bleibt.

Andererseits lassen sich dieselben Krankheitserscheinungen im Tierversuch auch ohne Einimpfung der lebenden Bazillen, lediglich durch die aus den Kulturen erhaltenen gelösten Gifte erzeugen. Das aus den Kulturen gewonnene gelöste Gift ist von außerordentlicher Wirksamkeit; schon 0,000 005 ccm filtrierter Bouillonkultur tötet eine Maus. Übrigens ist das Tetanusgift nicht ein einheitlicher Körper, sondern setzt sich nach Ehrlich zusammen aus dem Tetanospasmin, dem eigentlichen krampferregenden Gift und dem Tetanolysin. Das erstere hat Beziehungen zum Zentralnervensystem, das letztere wirkt lösend auf rote Blutkörperchen verschiedener Tierarten. Das Gift wird vom Orte seiner Entstehung an der Eintrittspforte der Infektion auf dem Wege der peripheren Nervenbahnen zum Gehirn oder Rückenmark weitergeleitet. Das Tetanusgift hat eine spezifische Affinität zu den Substanzen des Zentralnervensystems, wie sich auch durch Bindung des Giftes im Glase durch Hirnbrei zeigen läßt. Ist diese Verbindung im lebenden Organismus zustande gekommen, so erweist sie sich als so fest verankert, daß sie auch durch große Dosen Antitoxin kaum oder überhaupt nicht rückgängig gemacht werden kann; daher bleibt der Heilwert des Tetanusantitoxins weit hinter seinem Schutzwert zurück. Die schützende Wirkung läßt sich sehr gut im Laboratoriumsversuch an einer gleichzeitig mit Gift und Antitoxin gespritzten

Maus zeigen, die keine Tetanuserscheinungen aufweist, und dauernd vollkommen gesund bleibt.

4. Bazillen des malignen Ödems.

Schon im Jahre 1878 konnte Pasteur durch Injektion von Faulflüssigkeiten bei Tieren eine akute mit blutigsulzigem Ödem einhergehende Infektion erzeugen, die dem beim Menschen in der vorantiseptischen Zeit ziemlich häufigen malignen Ödem entsprach und bei welcher er lange, häufig etwas gekrümmte, Bazillen nachweisen konnte, die er als „Vibrion septique" bezeichnete. Im Jahre 1881 gelang R. Koch die Reinzüchtung des Bazillus des malignen Ödems unter anaëroben Versuchsbedingungen und seine sichere Unterscheidung vom Milzbrandbazillus, mit dem er sich in faulenden Milzbrandkadavern häufig vergesellschaftet findet; der Bazillus des malignen Ödems unterscheidet sich vom Milzbrandbazillus durch sein anaërobes Wachstum, durch seine Eigenbewegung (die durch zahlreiche peritriche Geißeln vermittelt wird), sowie durch seine schon im infizierten Organismus zustandekommende Sporenbildung; auch ist der Bazillus des malignen Ödems meist von schlankerer Gestalt und wächst im Gegensatz zu den starren zylindrischen Milzbrandstäbchen oft zu biegsamen Fäden mit abgerundeten Enden aus. Entgegen früheren Angaben ist der Ödembazillus grampositiv; doch ist sein Verhalten gegenüber der Gramschen Färbung nicht so konstant, wie dasjenige des Milzbrandbazillus; es finden sich häufig auch Exemplare von gramnegativem Verhalten.

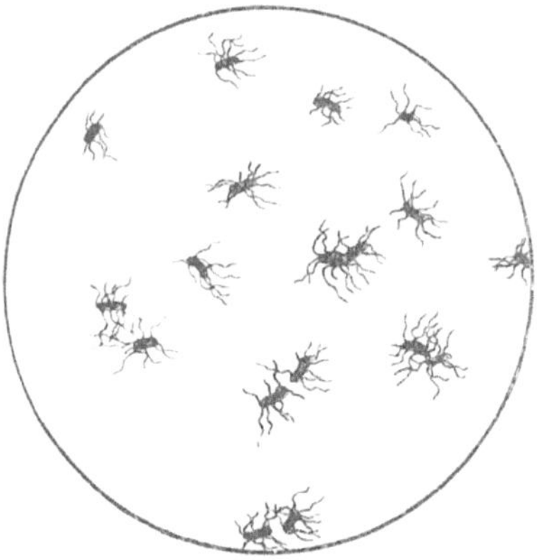
Abb. 91. Bac. Ödem. mal. Geißeln. (Vergr. 1 : 500).

Der Bazillus des malignen Ödems findet sich fast regelmäßig in gedüngtem Erdreich, wohin er aus dem Darm von Haustieren gelangt, in dem er regelmäßig in großen Mengen (neben den ihm nahe verwandten Bazillen der Buttersäuregärung) zu finden ist. Nach Einbringung gedüngter Erde in eine Hauttasche erliegen die Versuchstiere faßt regelmäßig binnen 1—2 Tagen der Infektion; es bildet sich im weiten Umkreise der Impfstelle ein ausgedehntes blutiges Ödem mit eigentümlichem Zerfall der Muskulatur, aber mit geringer oder fehlender Gasbildung. Die Bazillen finden sich beim Tode des Versuchstieres in großen Mengen in der Regel nur lokal, soweit das Ödem reicht; einige Stunden nach dem Tode werden auch in den inneren Organen, besonders in der Milz zahlreiche Bazillen nachgewiesen. Beim Menschen kommt die Infektion mit malignem Ödem unter denselben Bedingungen zustande wie beim Versuchstier, insbesondere nach Verletzungen mit schwerer Zertrümmerung der Weichteile und starker Verschmutzung der Wunde.

Spätere Untersuchungen haben gelehrt, daß das maligne Ödem keine einheitliche Infektionskrankheit darstellt, sondern durch verschiedene, wenn auch einander sehr nahestehende Erreger aus derselben natürlichen Gruppe verursacht werden kann; solche vom R. Koch'schen Ödembazillus unterschiedene Erreger wurden u. a. von Novy sowie von Ghon und Sachs beschrieben und nach ihnen benannt. Die Unterschiede treten teils in künstlicher Kultur, teils im Verhalten gegenüber dem infizierten Organismus hervor; während der R. Koch'sche Ödembazillus ein gelatineverflüssigendes Ferment bildet und den v. Hibler'schen Gehirnbrei-Nährboden schwärzt, zeigen die beiden anderen genannten Arten folgendes Verhalten: Der Novy'sche Bazillus verflüssigt

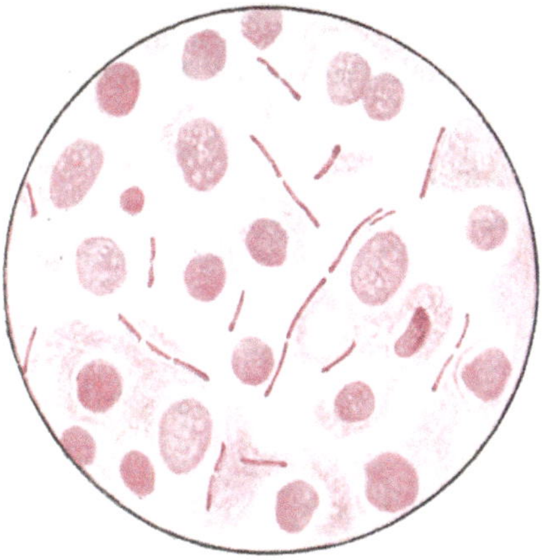

Abb. 92. Bac. oedematis maligni im Eiter (Färbung mit verd. Karbolfuchsin). (Vergr. 1 : 500).

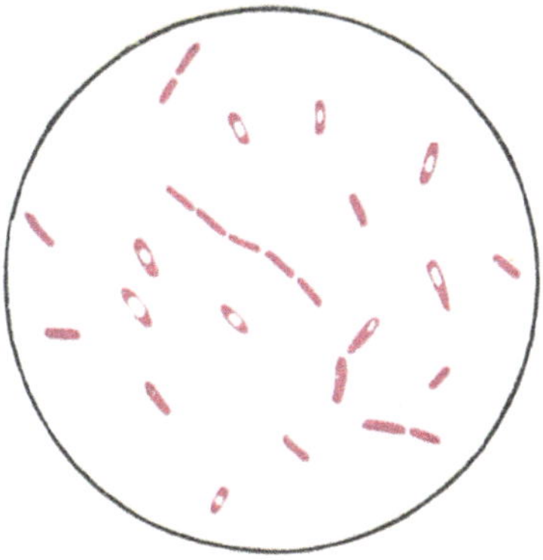

Abb. 93. Bac. des malignen Ödems (Reinkultur) (Färbung mit verd. Karbolfuchsin). (Vergr. 1 : 500).

zwar gleichfalls die Gelatine (und bringt auch im infizierten Organismus das Muskelgewebe wie der Koch'sche Bazillus zum Zerfall), während der Ghon-Sachs'sche Bazillus weder peptonisierendes Ferment bildet noch auch die Hirnbreikultur schwärzt und überdies eine besonders hohe Widerstandsfähigkeit seiner Sporen zeigt, die über 2 Stunden die Einwirkung der Siedetemperatur auszuhalten vermögen. Endlich ist vom malignen Ödem, obgleich früher mit ihm zusammengeworfen, streng die folgende Gruppe zu unterscheiden.

5. Bazillen des Gasbrands (Gasgangrän, Gasphlegmone).

Diese Infektion, die sowohl beim Menschen wie beim experimentell infizierten Tier unter annähernd denselben Bedingungen zustande kommt wie das maligne Ödem (insbesondere sind Wunden, die mit Pferdemist verunreinigt wurden, für die Entstehung des Gasbrandes gefürchtet), unterscheidet sich schon klinisch vom malignen Ödem durch das Vorhandensein starker Gasentwicklung in der Umgebung der Wunde, die sich nach dem Tode auch auf die inneren Organe erstrecken kann (Wundemphysem, Schaumorgane); bisweilen kommt es schon zu Lebzeiten durch Einbruch der Infektion in die Blutbahn zu septikämischer Verbreitung der Erreger im Blute. Der Gasbrand wird durch einen vom Bazillus des malignen Ödems wohl unterschiedenen, von E. Fraenkel beschriebenen Bazillus verursacht, der insbesondere durch das Fehlen der Eigenbewegung, sowie durch sein regelmäßig grampositives Verhalten und die häufige Ausbildung einer Kapsel charakterisiert ist. Neuerdings fand Klose, daß auch der Fraenkel'sche Gasbrandbazillus ein lösliches, ziemlich hitzebeständiges, echtes Toxin bildet, das im Tierversuch die typischen lokalen und allgemeinen Erscheinungen der Gasbrandvergiftung erzeugt, und gegen welches er ein spezifisch wirksames Heilserum herstellen konnte. Der praktischen Anwendung eines mit einer einzigen Stammkultur hergestellten Heilserums steht allerdings im Wege, daß auch der Gasbrand keine einheitliche Erkrankung ist, sondern durch verschiedene miteinander nahe verwandte Erreger verursacht werden kann.

6. Rauschbrandbazillus.

Eine weitverbreitete Tierkrankheit, vor allem eine Krankheit der Rinder, die in der früheren Zeit oft mit Milzbrand verwechselt wurde, ist der Rauschbrand,

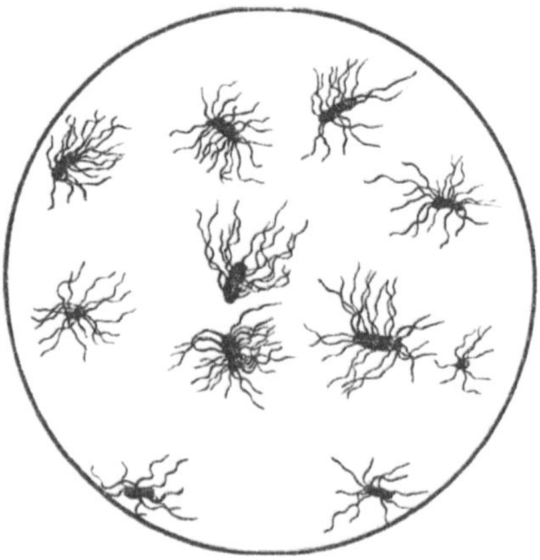

Abb. 94. Geißeln bei Rauschbrandbazillen. (Vergr. 1 : 500.)

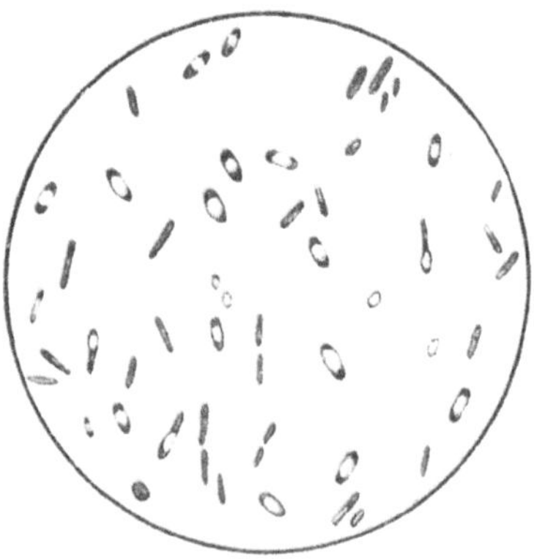

Abb. 95. Rauschbrandbazillen mit Sporen (Gramfärbung). (Vergr. 1: 500).

genannt auch „fliegender Brand", infektiöses Emphysem, „Charbon symptomatique" der Franzosen. In den grundlegenden Arbeiten von Bollinger und Feser wurde eine genaue Beschreibung des Erregers des Rauschbrandes gegeben und pathologisch-anatomisch das Krankheitsbild scharf von dem Milzbrand und anderen verwandten Krankheiten getrennt. Durch die anaëroben Züchtungsverfahren gelang die Gewinnung von Reinkulturen.

Das als Erreger in Betracht kommende nur anaërob wachsende Stäbchen ist lebhaft beweglich, mit zahlreichen peritrich angeordneten Geißeln besetzt und grampositiv. In der Ödemflüssigkeit und in den serösen Höhlen der kranken Tiere findet man den Rauschbranderreger entweder nur einzeln oder zu zweien liegend als gerade Stäbchen ohne jede Anschwellung im Bazillenleibe. Dieser Befund ist differentialdiagnostisch zu verwerten gegenüber dem in Fadenform auftretenden Bazillus des malignen Ödems. Ganz anders ist das mikroskopische Bild aus dem erkrankten Muskel. Außer den eben genannten Stäbchen zeigen sich angeschwollene Formen, Blähformen, sogenannte Clostridienformen, die nach der Jodbehandlung eine braunrote Farbe annehmen infolge der Aufspeicherung von Glykogen als Reservestoff im Bazillenleibe.

Auch in den Kulturen, besonders in kohlehydratreichen, stark alkalischen Nährmedien sind diese „granulosehaltigen“ Stäbchen zu finden. Dazu treten noch Bazillen mit ovalen endständigen Sporen (Keulenformen), die sich im Tierkörper erst 24—48 Stunden nach dem Tode des Tieres bilden.

Die Züchtung des Rauschbranderregers gelingt am besten in kohlehydratreichen, stark alkalischen Nährböden.

In Bouillon bildet er einen Bodensatz, während die darüberstehende Flüssigkeit klar bleibt oder nur eine schwache Trübung aufweist. Infolge der Buttersäuregärung riechen die Bouillonkulturen nach ranziger Butter. In Blutbouillon kommt es bei lebhafter Gasbildung zu üppigem Wachstum. In Gelatine, die langsam verflüssigt wird, bilden sich rundliche Kolonien mit radiärer Randstreifung. In hoher Agarschicht erkennt man neben den entstehenden Gasblasen feinste rundliche Kolonien mit leichter Körnung. Die Sporen der Rauschbrandbazillen zeichnen sich im Gegensatz zu den vegetativen Formen durch außerordentlich hohe Resistenz aus, so daß sie sich Jahrzehnte hindurch in getrocknetem Zustande lebensfähig und in voller Infektiosität und Virulenz erhalten.

Eine künstliche Rauschbrandinfektion gelingt sowohl mit Rauschbrandorganen wie mit künstlichen Kulturen am besten bei Ziegen, Rindern, Schafen und Meerschweinchen; Kaninchen, weiße Mäuse und Ratten lassen sich schwieriger infizieren. Das für den Laboratoriumsversuch geeignetste Tier, das Meerschweinchen, erkrankt ungefähr 14 Stunden nach der Infektion, wobei die der Injektionsstelle benachbarten Teile ödematös geschwollen sind und auf Druck Knistern durch Gasentwickelung zeigen. Das Tier geht unter allgemeinem Verfall bald zugrunde. Gegen die tierische Rauschbrandinfektion scheint der Mensch gänzlich unempfänglich zu sein; es besteht also spezifische Verschiedenheit zwischen dem tierischen Rauschbrand und dem menschlichen Gasbrand (vgl. oben).

Aus den Kulturen der Rauschbrandbazillen wurde von Graßberger und Schattenfroh im Jahre 1912 ein lösliches Gift nachgewiesen und getrennt von der Kultur als echtes gelöstes Toxin dargestellt; es steht jedoch nicht fest, inwieweit diesem Gift für die Pathogenese des Rauschbrandes eine wesentliche Bedeutung zukommt; im Tierversuch findet sich beim Meerschweinchen außer hämorrhagischen Schwellungen an der Injektionsstelle, in der Haut und blutigen Exsudaten in den serösen

Höhlen, ein Lungenödem, an dem das Tier verendet. Kaninchen gehen nach Injektion des Giftes mit Lähmungen und Krämpfen zugrunde; bei der Sektion werden im Gehirn Ödeme und Hämorrhagien gefunden.

7. Bacillus botulinus.

Unter der Bezeichnung „Fleisch- und Wurstvergiftung" wurden früher ganz verschiedenartige Erkrankungen zusammengeworfen; teils handelte es sich um echte Infektionskrankheiten, verursacht durch Bazillen der Paratyphus- und Gärtnergruppe (vgl. weiter unten S. 213ff.), teils um wirkliche Vergiftungen durch fertig gebildete bakterielle Gifte, wobei als Giftbildner der Bacillus proteus, Kolibazillen und koliähnliche Erreger sowie der hier zu besprechende Bacillus botulinus in Betracht kommen. Während die durch die Bazillen der Gärtner-, Koli- und

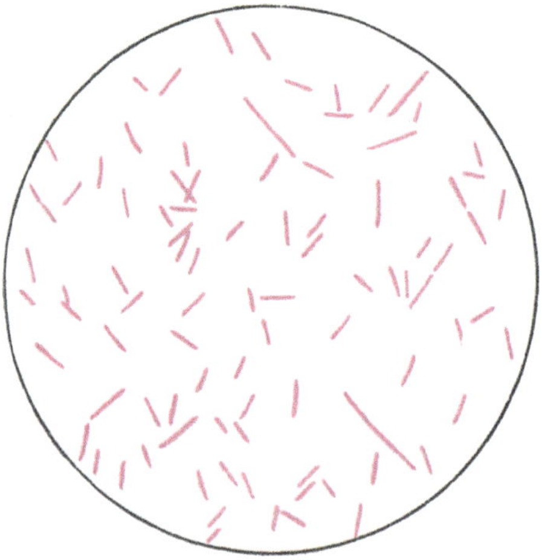

Abb. 96. Bac. botulinus junge Kultur. Nur vegetative Formen. (Färbung mit verd. Karbolfuchsin.) (Vergr. 1 : 500.)

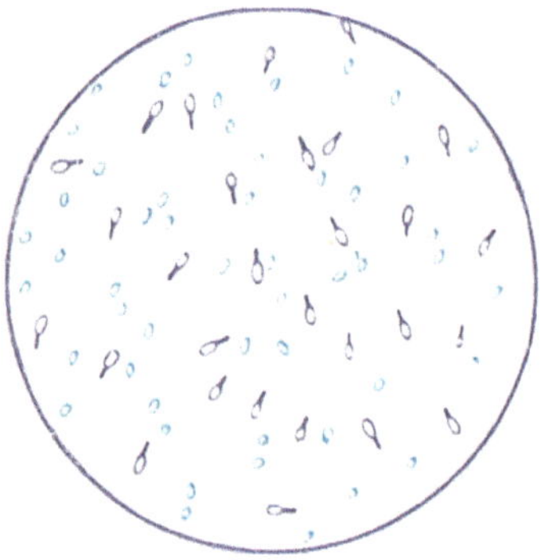

Abb. 97. Bac. botulinus. Reinkultur mit Sporen. (Gramfärbung). (Vergr. 1 : 500.)

Paratyphus-Gruppe hervorgerufenen Krankheitsbilder einer akuten Gastroenteritis entsprechen, handelt es sich bei der eigentlichen Wurstvergiftung (Botulismus) um eine besondere, mit Lähmungserscheinungen einhergehende Erkrankung, die streng von den eben genannten fieberhaften infektiösen Erkrankungen zu trennen ist. Der Name „Wurstvergiftung" ist für das zu besprechende und ätiologisch einheitliche Krankheitsbild insofern nicht glücklich gewählt, als nicht nur Wurstgenuß die Ursache der Erkrankung zu sein braucht, sondern vielfach auch Schinken, Fleischkonserven der verschiedensten Art, geräucherte oder gesalzene Fische und selbst Gemüsekonserven hierfür ursächlich in Betracht kommen. Der Botulismus ist eine durch lösliche, im Fleisch oder Gemüse präformierte Giftstoffe verursachte echte Intoxikation. Wir haben es hier also nicht mit einem pathogenen Parasiten, sondern mit einem toxigenen Saprophyten zu tun. Wir sind noch völlig im unklaren darüber, aus welchen Quellen die gelegentliche verhängnisvolle Verunreinigung unserer Nahrungsmittel mit diesen giftbildenden Saprophyten stammt; wahrscheinlich finden dieselben für gewöhnlich die Stätte ihrer Wucherung im Darminhalt; wenigstens ist der Bacillus botulinus schon einmal im normalen Schweinekot gefunden worden.

Der genannte Erreger wurde im Jahre 1895 von van Ermengem entdeckt anläßlich einer durch Schinkengenuß hervorgerufenen größeren Massenerkrankung.

Der Bacillus botulinus ist ein streng anaërob wachsendes, bewegliches, gerades Stäbchen mit abgerundeten Enden, das sich mit den gewöhnlichen Anilinfarben wie auch nach der Gramschen Methode gut färbt. Sein Wachstumsoptimum liegt bei 22—25°, bei 35° wächst er nur schlecht und vermag daher auch nicht im lebenden Organismus zu wuchern; auch unter 18° kommt er kümmerlich fort. Er bildet ovale, zwischen Mitte und Ende des Bazillenleibes gelagerte Sporen, die sich mit den üblichen Sporenfärbungsmethoden leicht darstellen lassen und im Vergleich zu anderen Sporen nur geringe Widerstandsfähigkeit aufweisen. Eine einstündige Erwärmung von 80° tötet sie bereits ab. In Kulturen wird zuweilen Fadenbildung beobachtet. Die Bazillen liegen zu zweien, mitunter auch in kurzen Fäden hintereinander. In Agar- und Gelatinekulturen zeigt der Bazillus Neigung zur Bildung von Clostridium- oder Spindelformen, in dem aufgeschwollenen Teil des Bazillenleibes liegt die Spore.

In Traubenzuckeragar bildet er so reichlich Gas, daß der Nährboden vollkommen zerrissen wird. Die Hauptmenge dieses Gases besteht aus Wasserstoff und Methan; daneben entstehen flüchtige Fettsäuren, durch welche die Kulturen einen ranzigen, nicht direkt fauligen Geruch verbreiten.

Das Toxin des Bacillus botulinus bildet sich in künstlichen Kulturen am stärksten in flüssigen Nährböden bei einer Temperatur von 18—23°, nicht bei höheren Temperaturgraden. Dieses lösliche Gift vermag im Gegensatz zu den echten Bakterientoxinen vom Darmkanal aus die schwersten Vergiftungserscheinungen auszulösen. Gegen Licht, gegen Alkalien (3%ige Sodalösung), ist das Gift sehr wenig widerstandsfähig. Durch ½stündiges Erwärmen auf 80° wird es unwirksam. Meerschweinchen und Mäuse gehen nach Verfütterung kleinster Mengen (0,0001—0,0005 ccm) des Giftes zugrunde.

Es ist Kempner gelungen, durch wiederholte Vorbehandlung mit steigenden Dosen des Botulismustoxins antitoxische Sera zu gewinnen, deren Schutzkraft sowie Heilkraft im Tierversuch erwiesen ist, da ein Schwinden der vorhandenen Vergiftungserscheinungen nach erfolgter Serumgabe beobachtet ist. Das Antitoxin ist auch wirksam gegen Vergiftung per os. Nach den Untersuchungen von Leuchs sind indessen sichere Heilerfolge nur dann zu erwarten, wenn polyvalentes Botulismusserum, d. h. solches, das durch Vorbehandlung der zur Serumgewinnung bestimmten Tiere mit Toxinen von mehreren immunisatorisch verschiedenartigen Stämmen in Anwendung kommt; hiernach scheint es, daß der Botulismus nicht durch eine einzelne Bakterienart, sondern — nach Analogie mit dem Paratyphus — durch eine Gruppe nahe verwandter Arten erzeugt werden kann.

Die bakteriologische Diagnose des Botulismus geschieht durch den Nachweis der Erreger in den Resten der genossenen Nahrungsmittel, und zwar entweder durch Anlegen anaërober Kulturen oder durch Tierversuche; besonders charakteristische, dem menschlichen Krankheitsbild ähnliche Lähmungserscheinungen (Mydriasis, Speichelfluß) zeigen Kaninchen und Katzen; auch Tauben sind hochempfänglich.

8. Bacillus pyocyaneus.

Im Jahre 1882 wurde von Gessard ein Bazillus gezüchtet, der wegen seiner Produktion von blaugrünem Farbstoff im Eiter als Bacillus pyocyaneus bezeichnet wurde und gelegentlich insbesondere bei Kindern Allgemeininfektionen hervorrufen kann. E. Fraenkel fand ihn unter 1100 Leichen viermal im Blut. Eintrittspforten für diesen Erreger bilden die Nabelgegend, der Darm und das Mittelohr. Die durch den Bac. pyocyaneus hervorgerufene Allgemeininfektion nimmt gewöhnlich einen stürmischen Verlauf und führt unter hohem remittierenden Fieber, Gehirnerscheinungen, Exanthemen und Durchfällen zum Tode. Die bakteriologische Untersuchung, durch die allein die Ursache derartiger Krankheitsfälle aufgedeckt wird, führt zur richtigen Diagnose.

Der Bacillus pyocyaneus ist ein in der Größe schwankendes, schlankes, bewegliches, mit einer Endgeißel versehenes Stäbchen, das sich mit allen Anilinfarben gut färbt, nicht aber nach Gram.

Der Bac. pyocyaneus ist auf allen gebräuchlichen Nährböden leicht züchtbar. Auf Agar entsteht ein dicker Bakterienrasen von grauer Färbung, wobei der ganze Nährboden von dem grünen fluoreszierenden Farbstoff der Kultur durchtränkt wird. Auf Bouillon wird eine Kahmhaut gebildet, unter welcher sich in Form eines schmalen Ringes das gebildete Pigment anhäuft. Gelatine wird verflüssigt, Milch zur Gerinnung gebracht und gelbgrün verfärbt.

Das Pigment setzt sich aus zwei verschiedenen Farbstoffen zusammen:

1. Dem Pyocyanin, das sich aus den Kulturen durch Chloroform extrahieren läßt,
2. einem in Chloroform unlöslichen, dagegen in Wasser löslichen Farbstoff, der aber in vielen fluoreszierenden Bakterienkulturen vorkommt.

Außer dem gelatineverflüssigenden Ferment bildet der Bacillus pyocyaneus ein weiteres, das auf Eiweiß und Fibrin wirkt. Es ist in älteren Bouillonkulturen nachgewiesen, wird als „Pyocyanase“ bezeichnet und besitzt bakterizide Eigenschaften. Das Präparat wird zu Heilzwecken bei Keimträgern (Diphtherie, Meningokokken) benutzt.

Weiter wird ein Hämolysin, das Pyocyanolysin, gebildet, das wegen seiner relativen Thermostabilität aus der Reihe der eigentlichen Hämotoxine ausscheidet. Auch produziert der Bazillus ein lösliches Toxin, das in die Nährflüssigkeit übergeht.

In seiner Pathogenität für Tiere ist er sehr schwankend. Das empfänglichste Versuchstier ist das Meerschweinchen, welches an einer intraperitonealen und subkutanen Infektion sehr leicht zugrunde geht. Weniger empfänglich sind Kaninchen und weiße Mäuse.

9. Bacillus Typhi abdominalis.

Unter dem Namen „Typhus" wurden früher eine ganze Reihe von Krankheitsbildern, die mit Bewußtseinsstörungen, Benommenheit (τῦφος = Nebel) einhergingen, bezeichnet. Erst in der neueren Zeit ist es, zunächst auf Grund klinischer und pathologisch-anatomischer Studien, vor allem aber durch Erforschung des Erregers, gelungen, eine Trennung dieser einzelnen Krankheitsformen (Typhus abdominalis, Paratyphus, Rekurrens, Fleckfieber), die in ihren Krankheitserscheinungen miteinander große Ähnlichkeit bieten können, durchzuführen und in jedem Einzelfall die differentialdiagnostische Entscheidung zu treffen.

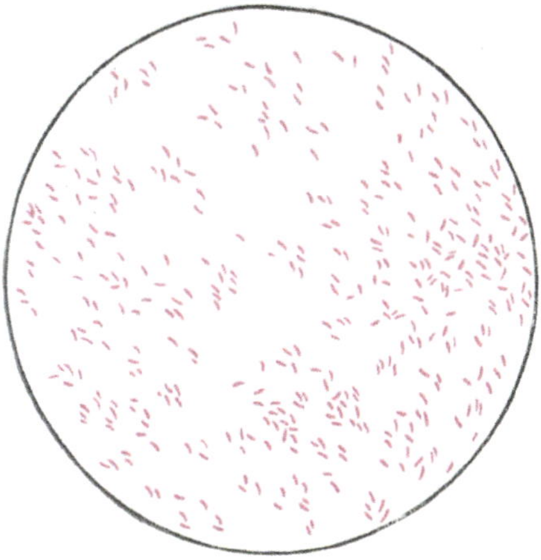

Abb. 98. Typhusbazillen (Reinkultur). (Färbung mit verd. Karbolfuchsin.) (Vergr. 1 : 500.)

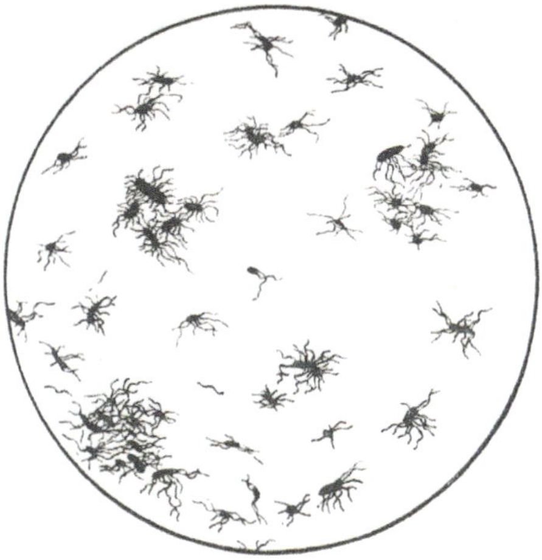

Abb. 99. Typhusbazillen. Geißeln. (Vergr. 1 : 500.)

Der Erreger des Typhus abdominalis wurde im Jahre 1880 entdeckt. Eberth und R. Koch fanden bei Typhusleichen in Schnitten aus den mesenterialen Lymphdrüsen und der Milz, sowie aus Leber, Darmwand, Niere usw. in kleinen nekrotischen Herden Stäbchen in nestförmiger Anordnung, denen sie eine ursächliche Bedeutung zum Typhus beilegten. Erweitert wurden diese Befunde durch die Arbeit von Gaffky im Jahre 1884, dem es zuerst gelang, die Typhuserreger künstlich zu züchten.

Der Typhusbazillus ist ein schlankes, kleines, mit allen wässerigen Anilinfarbstoffen leicht färbbares, gramnegatives Stäbchen mit sehr lebhafter Eigenbewegung, die besonders beim Wachstum in Bouillon ausgesprochen ist. Ein Kranz von 8—12 Geißeln umgibt den Bakterienleib in peritricher Anordnung. (Über die Geißelfärbung siehe im allgemeinen Teil S. 40.) Die Bewegung ist eigentümlich schlängelnd und recht charakteristisch, so daß ein geübter Beobachter schon aus dieser Form der Eigenbewegung den Verdacht auf Typhusbazillen aussprechen kann. Auf künstlichen Nährböden wächst der Typhusbazillus zuweilen zu längeren Fäden aus. Sporen werden nicht gebildet; die auf manchen Nährböden, z. B. Kartoffeln besonders häufig in Erscheinung tretenden hellen Lücken im Bazillenleib („Polkörner") haben mit echten Sporen nichts zu tun, da ihnen die für Dauerformen so charakteristischen Eigenschaften der Widerstandsfähigkeit gegen Färbung und Entfärbung sowie gegen schädigende Einwirkungen vollständig fehlen. Doch zeigen die Typhusbazillen größere Resistenz als viele andere vegetative Formen. Bei einer Temperatur von 53° wird Abtötung erst in $^1/_2$ Stunde sicher erreicht; in Eis und Fäulnisgemischen hält sich der Typhusbazillus monatelang infektionsfähig. Durch direktes Sonnenlicht und auch durch das zerstreute Tageslicht wird er dagegen rasch vernichtet.

In Wasser geht der Typhusbazillus, bei Abwesenheit der nötigen Nährstoffe, rasch (binnen wenigen Tagen) zugrunde; im Schlamm ver-

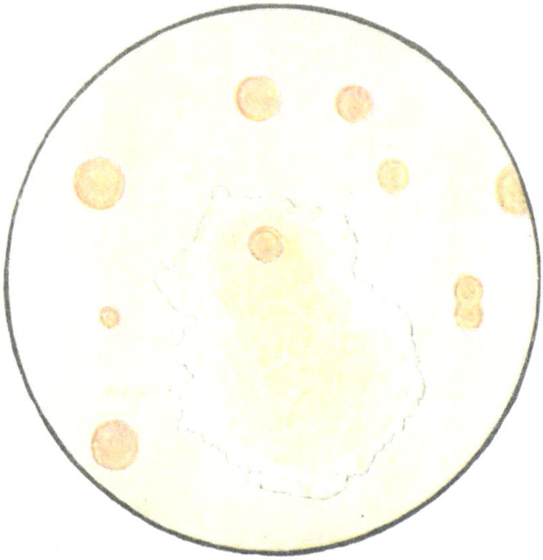

Abb. 100. Typhus-Kolonie (Gelatineplatte). (Vergr. 1 : 40).
Aus dem Kapitel „Typhus" von C. Fraenken im Handbuch der Hygiene von v. Gruber, Rubner und Ficker, Bd. III. Abt. 2.

mag er sich jedoch monatelang lebend zu erhalten. Auch der Austrocknung gegenüber zeigt er sich ziemlich widerstandsfähig, so daß die Möglichkeit seiner Verbreitung durch trockenen Staub nicht von der Hand zu weisen ist.

Die Züchtung gelingt ohne Schwierigkeit schon bei gewöhnlicher Temperatur auf unseren künstlichen Nährböden. Schwierigkeiten macht vielmehr nur die Unterscheidung von den (besonders im Darminhalt sehr häufig vorkommenden) typhusähnlichen Bazillen (Bact. coli u. a.). Auf der Gelatineplatte tritt keine Verflüssigung ein; die Oberflächenkolonien unterscheiden sich von den Tiefenkolonien, die als kleine kompakte, scharf umrandete, gelblich oder bräunlich gefärbte Gebilde erscheinen, durch ihre flächenhafte Ausbreitung, Größe, völlige Farblosigkeit und ihren unregelmäßigen Rand. Im Innern dieser Oberflächenkolonie erkennt man bei schwacher Vergrößerung eine Anzahl von Furchen und Rippen, wodurch die Kolonie das Aussehen eines Weinblattes erhält; diese Furchen und Rippen sind nur wenig verzweigt, im Gegensatz zu den Kolonien des Bact. coli, deren Oberflächenzeichnung oft eine sehr feine Verästelung zeigt.

Auf der Oberfläche der Kartoffel bildet der Typhusbazillus im Gegensatz zum bräunlichen dicken Rasen des Bacterium coli einen zarten, unsichtbaren Belag; doch tritt dieses charakteristische Wachstum nicht auf allen Sorten von Kartoffeln auf. In Bouillon findet eine gleichmäßige Trübung statt. Die Oberflächen-Kolonien auf der Agar-Platte bieten nichts besonders Charakteristisches und erscheinen als durchsichtige, glattrandige, bei schwacher Vergrößerung fein gekörnte, kreisrunde Scheiben, während die Kolonien des Bact. coli meistens ein opakeres Aussehen zeigen. Der Typhusbazillus ist fakultativ anaerob und wächst daher in Stichkulturen üppig auch in der Tiefe des Impfstichs. Was sein Verhalten zur Reaktion des Nährbodens anlangt, so bevorzugt er — im Gegensatz zu den meisten anderen pathogenen Bakterien, die ihr Optimum bei schwacher Alkaleszenz finden — eine neutrale oder schwach saure Reaktion. Im Gegensatz zu zahlreichen Rassen des Bact. coli bildet der Typhusbazillus kein Indol. Charakteristische Unterschiede gegenüber den „typhusähnlichen" Darmbakterien liefert insbesondere sein Verhalten gegenüber den Kohlehydraten; weder Milchzucker, noch Traubenzucker, noch Mannit werden durch den Typhusbazillus vergoren, wohl aber durch die meisten Rassen des Bact. coli; aus Traubenzucker und Mannit wird zwar etwas Säure abgespalten, aber kein Gas gebildet. Dieses Verhalten gegenüber den Kohlehydraten bildet die Grundlage für die (weiter unten im einzelnen zu besprechenden) gefärbten Spezialnährböden für die Typhusdiagnose, auf denen die Kulturen des Typhusbazillus in anderer Farbe erscheinen als diejenigen verwandter Arten. Es gibt kein einziges kulturelles Merkmal, das für sich allein für den Typhusbazillus absolut charakteristisch wäre und eine sichere Diagnose erlaubte; andererseits ist kein einziger typhusähnlicher Bazillus bekannt, der die Gesamtheit aller für den Typhusbazillus charakteristischen Einzelmerkmale (morphologische Eigenschaften, Wachstum auf der Gelatineplatte und der Kartoffel, Verhalten gegenüber den verschiedenen Kohlehydraten und in Lackmusmolke, Fehlen des Indols) gleichfalls in sich vereinigte. Es ist also das gesetzmäßige Zusammentreffen einer Reihe von Kulturmerkmalen, das den Typhusbazillus charakterisiert; von manchen ähnlichen Arten unterscheidet sich der Typhusbazillus allerdings nur in einem oder zwei dieser Punkte, z. B. vom Ruhrbazillus Kruse-Shiga, abgesehen von der Eigenbewegung, nur durch das Verhalten gegen Mannit (auf Lackmus-Mannitnährböden bilden Typhusbazillen schwache Säure, Ruhrbazillen nicht); andererseits ist das einzige sichere kulturelle Unterscheidungsmerkmal von dem (gleichfalls im menschlichen Darm häufigen) Bac. faecal. alcaligenes das Verhalten in Lackmusmolke, in welcher der Typhusbazillus schwache

Säurebildung, der Alcaligenes hingegen stark alkalische Reaktion erkennen läßt. Nun könnte man vielleicht einwenden, daß das für den Typhusbazillus charakteristische kulturelle Verhalten im wesentlichen negativer Natur sei (fehlende Indolbildung, Fehlen der Vergärung der Kohlehydrate) und daß daher der Fall denkbar sei, daß ein infolge Degeneration aller seiner positiven Kulturmerkmale entkleideter Stamm des Bact. coli einmal fälschlich als Typhusbazillus imponieren könnte. Abgesehen davon, daß in der außerordentlich reichen Erfahrung der Typhusdiagnostik (die besonders anläßlich der seit 15 Jahren im Südwesten des Reiches organisierten systematischen Typhusbekämpfung gesammelt wurde) ein solcher Fall bisher noch nie vorgekommen ist, würden hierbei die spezifischen Immunitätsreaktionen den Ausschlag geben. Ein echter Typhusstamm zeigt nicht nur die oben erwähnten, im wesentlichen negativen Kulturmerkmale, sondern reagiert auch in spezifischer Weise sowohl im Agglutinationsversuch in vitro wie im Tierversuch nach der R. Pfeiffer'schen Methodik (vgl. S. 86) mit einem durch Vorbehandlung eines Versuchstieres (am besten Kaninchen) mit echten Typhusbazillen gewonnenen Immunserum.

Andererseits darf man sich nicht etwa auf diese spezifischen Serumreaktionen allein verlassen, sondern muß stets die kulturelle Prüfung mit heranziehen, und zwar aus folgenden Gründen: 1. Ist die Spezifität der Serumreaktionen beim Typhusbazillus, wenn auch weitgehend, doch nicht so ausgesprochen wie beim Choleravibrio (vgl. daselbst S. 267 u. folg.), da ein Typhusimmunserum erhebliche Mitagglutination, unter Umständen bis zu einem hohen Titer, auch gegenüber den verwandten Arten der Paratyphusgruppe (vgl. S. 95) zeigen kann; 2. kann eine scheinbar positive Serumreaktion auch bei ganz fremden Bakterien zeitweise künstlich herangezüchtet sein (vgl. betreffs dieses insbesondere von Kuhn studierten Phänomens der Paragglutination im Allgemeinen Teil S. 95); 3. können andererseits echte Typhusstämme infolge längeren Aufenthalts im infizierten Organismus „serumfest“ und inagglutinabel geworden sein (vgl. S. 95). Also das Zusammentreffen des typischen kulturellen Verhaltens mit der spezifischen Serumreaktion entscheidet.

Die soeben kurz skizzierten Möglichkeiten eines abweichenden Verhaltens zeigen, daß die Unterscheidung des echten Typhusbazillus von ähnlichen Arten u. a. eine sehr schwierige, nur von einem geübten Bakteriologen zu lösende Aufgabe sein kann. Leider ist der Tierversuch für die praktische Typhusdiagnose unverwendbar, da bei den gebräuchlichen Laboratoriumstieren eine Reproduktion eines der menschlichen Typhuserkrankung ähnlichen pathologischen Prozesses durch einfache Methoden nicht erreichbar ist. Von großem theoretischen Interesse für die Entstehung der menschlichen Typhuserkrankung, aber für die praktische Diagnostik in der Versuchsanordnung zu kompliziert ist die Feststellung von Marmorek, daß es gelingt, bei Meerschweinchen durch Verimpfung von Typhusbazillen in die Gallenblase ein dem menschlichen Darmtyphus sehr ähnliches Bild mit lokalen Herden am Darm zu erzeugen. Auch war es schon vorher gelungen, bei Kaninchen sowohl durch Impfung in die Gallenblase als auch durch intravenöse Injektion eine dem Zustand des menschlichen Bazillenträgers analoge Dauerausscheidung von Typhusbazillen mit den auch für den menschlichen Dauerausscheider charakteristischen Läsionen in den Gallenwegen (Geschwüre) zu erzeugen.

Durch die in der Laboratoriumstechnik gebräuchliche intraperitoneale Injektion, und zwar meistens nur bei Injektion größerer Mengen von Typhuskultur kann man zwar auch eine Erkrankung und den Tod der Versuchstiere herbeiführen, bedingt durch die beim Zerfall der Erreger frei werdenden Giftstoffe, die Endotoxine; doch ist dieses (mit Peritonitis und Kollaps einhergehende) Krankheitsbild ohne klinische Analogie mit dem Darmtyphus beim Menschen, und nur das spezifische Verhalten der Immunitätsreaktionen (Pfeiffer'scher Versuch) verrät die ätiologische Identität beider Prozesse.

Die aus dem menschlichen Körper gezüchteten Typhusstämme verhalten sich bei dieser Versuchsanordnung in ihrer Virulenz außerordentlich verschieden. Für gewöhnlich tötet $^1/_{10}$ Öse einer 18stündigen Agarkultur Meerschweinchen bei intraperitonealer Injektion innerhalb 12—24 Stunden.

Die Giftstoffe sind in den Typhusbazillenleibern selbst enthalten (Endotoxine). Gelöste Gifte, wie sie z. B. vom Diphtheriebazillus produziert werden, lassen sich in größeren Mengen nicht nachweisen.

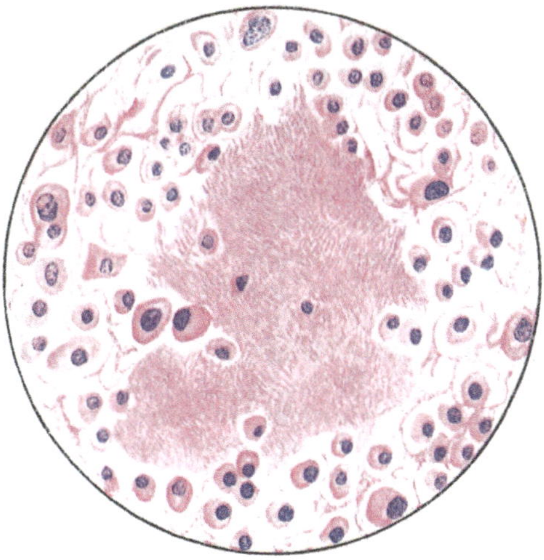

Abb. 101. Schnitt durch eine Typhusmilz. (Vergr. 1 : 500).

Die ursächliche Bedeutung des Typhusbazillus für die Pathogenese der menschlichen Typhuserkrankung ist, abgesehen von der soeben besprochenen bei einer gewissen Versuchsanordnung (beim anthropoiden Affen übrigens auch bei einfacher Infektion per os) zu erreichenden Reproduktion eines der menschlichen Erkrankung durchaus analogen pathologischen Prozesses, vor allem auch durch folgende drei Beweisstücke zweifellos nachgewiesen: erstens haben in einer ganzen Reihe von Fällen unbeabsichtigte Laboratoriumsinfektionen mit Typhusbazillen zur Erkrankung mit Typhus geführt, und zwar zum Teil unter Verhältnissen, die jede andere Ansteckungsquelle sicher ausschließen ließen; zweitens bilden sich im Laufe der menschlichen Typhuserkrankung im Blute des Erkrankten Immunsubstanzen, die spezifisch gegen Typhusbazillen gerichtet und insbesondere durch ihre agglutinierende und bakterizide Wirkung gegenüber dem Erreger nachweisbar und für die praktische Diagnostik verwertbar sind; drittens endlich finden sich die Typhusbazillen bei dem an Typhus Erkrankten in so charakteristischer Verteilung und Anordnung, daß dadurch das gesamte Verhalten dieser

Infektion in pathologisch-anatomischer, klinischer und epidemiologischer Beziehung restlos erklärt wird. Die Bezeichnung „Typhus abdominalis“ darf nicht in dem Sinne verstanden werden, als handle es sich um eine lokale Darmkrankheit; im Gegenteil haben die neueren Forschungen über den Typhus erwiesen, daß es sich um eine echte Allgemeininfektion handelt, bei welcher der Krankheitsprozeß im Darm nur eine der häufigsten Lokalisationen darstellt, aber keineswegs die einzige und u. U. auch fehlen kann. Die zeitliche und räumliche Verteilung der Typhusbazillen im erkrankten Menschen ist die folgende: Am Beginn der Erkrankung finden sich die Typhusbazillen im kreisenden Blute und lassen sich daselbst innerhalb der ersten zwei Krankheitswochen mittelst geeigneter Methoden in fast 100% der Fälle nachweisen; später gelingt der Nachweis im Blute seltener. Dafür ist von der zweiten bis dritten Krankheitswoche ab der Nachweis im Darminhalt möglich, da von dieser Zeit ab aus den geschwürig zerfallenden lymphatischen Herden des Dünndarms die Typhusbazillen in die Darmentleerungen gelangen; die Ausscheidung von Typhusbazillen mit dem Stuhl erstreckt sich oft noch wochenlang in die Rekonvaleszenz nach Entfieberung und Aufhören aller klinischen Symptome; in einem kleinen Bruchteil der Fälle (1—3%) kommt es zur Dauerausscheidung, welche durch das Vorhandensein chronisch-entzündlicher Herde ohne Heilungstendenz in den Gallenwegen bedingt wird und wahrscheinlich fast immer für den Rest des ganzen Lebens anhält. Im Harn gelangen die Typhusbazillen meist erst während des Abfalls des Fiebers zur Ausscheidung und sind in etwa 25% der Fälle eine Zeitlang während der Rekonvaleszenz (meist in sehr großer Menge) nachweisbar (Petruschky); auch hier kann es infolge von Entwickelung pyelitischer Herde zur Dauerausscheidung kommen. Außerdem lassen sich die Typhusbazillen in allen metastatischen Herden nachweisen, die während der Typhuserkrankung in mannigfacher Art entstehen können: in erster Linie in den Roseolen, ferner im Eiter von Abszessen, bei Hirnhautentzündung, im Sputum bei Affektionen der Lungen oder der Tonsillen u. a. m.

Ein ebenso gesetzmäßiges zeitliches Verhalten wie die Verteilung des Erregers im Körper zeigt auch das Auftreten der Immunsubstanzen, insbesondere in Form der Gruber-Widal'schen Reaktion, die meist erst von der zweiten Krankheitswoche ab positiv ausfällt und die höchsten Agglutinationswerte gegen Ende der Krankheit zeigt, um dann von der 8.—10. Krankheitswoche an wieder abzusinken und entweder binnen einiger Wochen oder Monate ganz zu verschwinden oder zuweilen allerdings noch jahrelang nachher mit einem Titer von 1 : 50 bis 1 : 100 nachweisbar zu bleiben. Diese zeitlichen Gesetzmäßigkeiten in dem Auftreten des Erregers einerseits, der Immunsubstanzen andererseits, sowie die Grenzen der Leistungsfähigkeit der einzelnen Methoden muß man sich stets gegenwärtig halten, wenn man von der bakteriologischen Typhusdiagnose mit Erfolg Gebrauch machen und die bakteriologischen Befunde richtig bewerten will. Es ist z. B. ganz zwecklos und geradezu irreführend, wenn man — wie es in der Praxis manchmal vorkommt — sich etwa mit einem einmaligen negativen Ausfall der Widal'schen Reaktion oder gar mit einem einmaligen negativen Kulturergebnis aus Stuhl oder Urin begnügt und daraus folgern zu können meint, es handle sich in dem betreffenden Falle nicht um Typhus; der negative Ausfall dieser Untersuchungen kann nur dann als beweisend angesehen werden, wenn erstens das Material zur richtigen Zeit (also z. B. nicht etwa Serum, Stuhl oder Urin aus den ersten Krankheitstagen) eingesandt und zweitens die Untersuchung mindestens 3mal wiederholt wurde. Im einzelnen sollen die Untersuchungen nach folgenden Grundsätzen stattfinden:

1. Die Züchtung der Typhusbazillen aus dem Blut erfolgt am besten durch Verarbeitung einer größeren Menge von Blut (mindestens mehrere ccm), das durch Venenpunktion (in der Ellbogenbeuge) steril entnommen wurde, und zwar zunächst mittelst Vorkultur in steriler Galle während 24 Stunden und nachträglich Aussaat des Blutgallegemisches auf feste Nährböden, worauf die Reinzüchtung und Identifizierung der gewachsenen verdächtigen Kolonien nach der (unten bei der Stuhluntersuchung angegebenen) gebräuchlichen Methodik erfolgt. Dieses Anreicherungsverfahren in Galle ist zuerst von Kayser und Conradi angegeben; nach ihren Untersuchungen ist sterile Rindergalle ein ausgezeichneter Nährboden für Typhusbazillen (Beziehung des Typhus abdominalis zu Cholecystitis!) und eignet sich zur Untersuchung verdächtigen typhusbazillenhaltigen Blutes schon deshalb, weil sie die Gerinnung des eingebrachten Blutes verhindert. Das Blut wirkt an sich hemmend auf die Entwickelung der Typhusbazillen, wenn es in sehr reichlicher Konzentration mit in den Nährboden gelangt. Man muß es daher ausgiebig verdünnen, weil sonst die bakteriziden Eigenschaften des Blutes das Auskeimen der Typhusbazillen verhindern.

Eine wesentliche Verbesserung der Methode stellt daher die durch P. Schmidt angegebene Modifikation dar, welche die Verteilung des Blutes in reichlicher Menge eines Gallebouillongemisches (zu gleichen Teilen) vorsieht; bringt man nach dieser Methode eine größere Menge von Blut (etwa 20 ccm) verteilt auf 3 Gallebouillonkölbchen mit je 50 ccm Inhalt zur Aussaat und impft man von diesen Vorkulturen je 3mal ab (nach 12, 24 und 48 Stunden), so erhält man innerhalb der ersten 2 Krankheitswochen fast stets positive Ergebnisse, zuweilen allerdings nur in einem der 3 beimpften Kölbchen, weil die Typhusbazillen oft nur in sehr geringer Zahl im Blut kreisen.

Die Notwendigkeit der sofortigen Verdünnung des Blutes, unmittelbar nach der Entnahme, war seinerzeit schon von Neufeld anläßlich der Züchtung von Typhusbazillen aus Roseolen erkannt worden; man bringt — am besten schon vor der Blutentnahme — einen Tropfen Bouillon auf die Roseole, in dem sich das durch die Skarifikation gewonnene Blut sogleich nach dem Austreten verteilt, und impft dann von diesem Tropfen der Blut-Bouillonmischung auf feste Nährböden ab. Doch wird die Methode der Züchtung aus Roseolen kaum mehr angewendet, seit die Züchtung aus dem Blute selbst so vervollkommnet ist. Das gleiche gilt von der diagnostischen Milzpunktion, die zwar fast in 100% der Fälle positive Ergebnisse lieferte, sich aber wegen der mit ihrer Ausführung verbundenen Gefahr der Gewebszerreißung und Blutung in der Praxis nicht einbürgern konnte.

2. Wesentlich schwieriger und dementsprechend auch viel weniger Erfolg versprechend (höchstens in etwa 30% der Untersuchungen) ist die Züchtung der Typhusbazillen aus Fäzes und Urin, weil dieses Material, insbesondere die Fäzes, fast stets große Mengen typhusähnlicher Bakterien enthalten.

In neuerer Zeit sind speziell für die Züchtung aus Stuhl eine große Zahl von Kulturmethoden empfohlen worden, die alle den Zweck verfolgen, möglichst eine sofortige Unterscheidung der gewachsenen Typhuskolonien von den Kolonien der u. U. außerordentlich ähnlichen und weit verbreiteten Kolibazillen und anderer Darmbakterien zu ermöglichen oder die störenden Begleitbakterien möglichst zurückzuhalten.

In der weiter unten (S. 220f) beigefügten Tabelle ist das Verhalten des Typhusbazillus und der ähnlichen Arten auf den verschiedenen gebräuchlichsten Nährböden zusammengestellt. Ein wirkliches Anreicherungsverfahren (wie es die Vorkultur in Peptonwasser für die Choleradiagnostik darstellt), das die Typhusbazillen allein zu raschem Wachstum gelangen läßt, während es die begleitenden Bakterien unterdrückt, besitzen wir leider für die Herauszüchtung des Typhusbazillus aus Dejekten noch nicht; die bisher allgemein gebräuchlichen Differentialnährböden arbeiten vielmehr sämtlich nach einem der beiden folgenden Prinzipien: entweder wird durch eine Farbreaktion ein verschiedenes Aussehen der Typhus- und der anderen Kolonien erreicht, so daß die ersteren — selbst wenn sie inmitten zahlreicher anderer Arten nur in geringer Minderheit vorhanden sind, leicht aufgefunden und zwecks weiterer Untersuchung in Reinkultur gewonnen werden können oder der Nährboden enthält einen Zusatz einer entwickelungshemmenden Substanz, durch welche die Begleitbakterien stärker zurückgedrängt werden als der Typhusbazillus selbst, ohne daß freilich eine gewisse Schädigung des letzteren dabei vermieden werden könnte. Im Folgenden sollen die gebräuchlichsten Nährböden für die Typhusdiagnose in ihrer Herstellung und Anwendung kurz beschrieben werden:

a) Der Lackmus-Milchzucker-Nutroseagar nach v. Drigalski und Conradi gestattet zunächst infolge seiner hohen Konzentration (3% Agar gegenüber den nur 1,5—2%igen gewöhnlichen Nährböden) und dadurch bedingten Festigkeit eine intensive mechanische Verteilung des Ausgangsmaterials auf der Kulturfläche, wodurch das Auswachsen der Keime zu vereinzelten nicht-konfluierenden Kolonien begünstigt wird, um so mehr als man die Bildung von Kondenswasser durch kurzes Trocknenlassen der Nährbodenoberfläche nach Ausgießen in die Kulturschalen hintanhält. Ein Zusatz von Kristallviolett verhindert das Auswachsen vieler saprophytischer Keime (insbesondere Kokken), ohne den Typhusbazillus merklich zu schädigen. Der im Nährboden enthaltene Milchzucker wird wohl von den meisten Arten von Bact. coli, nicht aber von den Typhusbazillen vergoren, so daß letztere in Form blauvioletter (durchsichtiger, etwa nur 1—3 mm im Durchmesser haltender) Kolonien wachsen, während die Kolonien von Bact. coli als rote (erheblich größere und weniger durchsichtige) Scheiben erscheinen.

Zur Herstellung von 2 Litern des Nährbodens werden 1,5 kg möglichst fettfreies gehacktes Pferdefleisch 24 Stunden lang mit 2 Litern kaltem Wasser ausgezogen; das durch ein leinenes Tuch abgepreßte Fleischwasser wird 1 Stunde gekocht und das Filtrat mit 20 g Pepton. sicc. Witte, 20 g Nutrose und 10 g NaCl versetzt, nochmals aufgekocht, filtriert. Im Filtrat werden 60—70 g fein zerkleinerter Stangenagar unter dreistündigem Kochen im Dampftopf gelöst; dann erfolgt Neutralisation mit Sodalösung (10%, wasserfreie Soda) bis zur schwachen Alkaleszenz gegen Lackmuspapier. Nach nochmaligem halbstündigem Aufkochen und Filtration werden dem (etwas abgekühlten) Nährboden folgende vorher getrennt zubereitete Lösungen zugesetzt: a) 300 ccm Lackmuslösung von Kahlbaum (Berlin), 10 Minuten gekocht, dazu 30 g Milchzucker, wieder 10 Minuten gekocht; b) sterile Sodalösung (wie oben) in solcher Menge, daß der beim Umschütteln entstehende Schaum blauviolett erscheint; c) 20 ccm frisch bereitete Lösung von 0,1 g Kristallviolett B (Höchst) in 100 ccm warmem sterilisiertem destilliertem Wasser.

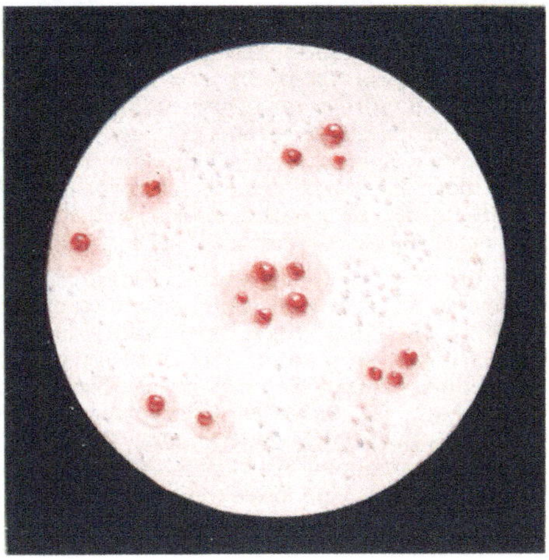

Abb. 102. Typhus- und Kolikolonien auf Endo-Platte. Typhuskolonien farblos. Kolikolonien rot.

Der fertige Nährboden darf nicht mehr längere Zeit erhitzt werden, da sich sonst seine Farbe verändert; er ist daher entweder sogleich gebrauchsfertig in große Doppelschalen von etwa 15 bis 20 cm Durchmesser (Drigalski-Schalen) auszugießen, oder in sterilen Kölbchen von nicht mehr als 200 ccm Füllung, deren Aufschmelzen nicht allzu lange Erhitzung erfordert, aufzubewahren. Die Kulturschalen werden nach Erstarren des Nährbodens bei 37° etwa eine halbe Stunde getrocknet. Das zu untersuchende Material wird (nach eventuellem Verreiben festen Stuhls mit steriler 0,85%iger NaCl-Lösung) mittels des sog. Drigalski'schen Glasspatels (einem gekrümmten und am Ende rund geschmolzenen Glasstab) auf den Kulturschalen verrieben; man verwendet 3 bis 4 Kulturschalen und sucht durch Wechsel des Glasspatels und möglichst sorgfältige Verteilung eine abgestufte Verdünnung der Aussaat auf den verschiedenen Platten zu erzielen.

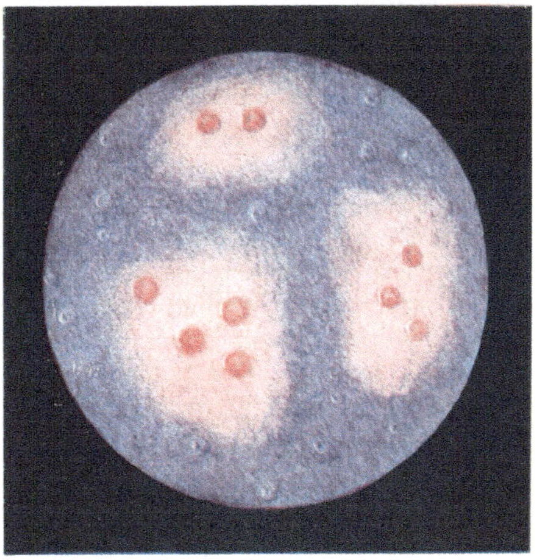

Abb. 103. Typhus- und Kolikolonien auf Drigalski-Conradi-Platte. Typhuskolonien blau und durchsichtig; Kolikolonien rot.

b) Der Fuchsin-Sulfit-Nährboden nach Endo bietet gegenüber dem vorher beschriebenen Nährboden den Vorteil der Verwendbarkeit bei künstlicher Beleuchtung, bei welcher die Farbenunterschiede hier sehr viel deutlicher ausfallen als beim Lackmusnährboden. Die Farbenreaktion kommt hier in der Weise zustande, daß das dem Nährboden zugesetzte aber durch Sulfitzusatz entfärbte Fuchsin an denjenigen Stellen, wo durch Vergärung des im Nährboden enthaltenen

Milchzuckers Säure frei wird, sich regeneriert; so erscheinen die (den Milchzucker nicht vergärenden) Typhuskolonien glashell, während Bact. coli leuchtend rote undurchsichtige Kolonien, oft mit grünlichem metallischem Glanz an der Oberfläche bildet.

Zur Bereitung werden 2 Liter 3%iger Fleischwasserpeptonagar nach Neutralisation zum Lackmusneutralpunkt mit folgenden Zusätzen versehen: a) 20 ccm Sodalösung (wie oben); b) 20 ccm Milchzucker in 100 ccm destilliertem Wasser 10 Minuten vorher gekocht; c) 10 ccm gesättigte alkoholische Fuchsinlösung; d) 50 ccm frisch bereitete 10%ige Natriumsulfitlösung (Lösungen c und d am besten vor Zusatz vermischt). Der fertige Nährboden erscheint in heißem Zustand noch leicht rot gefärbt, entfärbt sich aber fast oder ganz vollständig beim Erkalten; der Nährboden muß vor Licht geschützt aufbewahrt werden, weil er sich sonst rasch rot verfärbt. Die Verarbeitung erfolgt wie beim vorigen.

c) Die Vorkultur auf Malachitgrünagar (nach Lentz und Tietz) erfolgt auf einem 3%igen zum Lackmusneutralpunkt neutralisierten und nach Abkühlen auf etwa 50° mit „Malachitgrün extra chemisch rein" (Höchst) im Verhältnis von etwa 1 : 6000 versetzten Fleischwasserpeptonagar; der Malachitgrünzusatz ist vor Herstellung einer größeren Menge des Nährbodens am besten jedesmal besonders auszuprobieren, um diejenige Konzentration zu treffen, bei der einerseits möglichst erhebliche Zurückdrängung anderer Bakterien, andererseits aber möglichst geringe Wachstumshemmung der Typhusbazillen selbst stattfindet; zu diesem vergleichen den Vorversuch sind zweckmäßig mehrere Stämme von Typhus und Coli heran zuziehen. Die Vorkultur auf dem Malachitgrünagar erweist sich nun in zweifacher Beziehung als nutzbringend für die Diagnose; nicht nur wachsen die Typhusbazillen fast ungehemmt, während die Begleitbakterien stark zurücktreten, sondern die Kolonien der Typhusbazillen haben auch — im Gegensatz zu den gleichzeitig noch aufgegangenen Kolonien der fremden Keime — die für die Weiterverarbeitung sehr willkommene Eigenschaft, daß sie sich leicht vom Nährboden ablösen, während die anderen Kolonien fester haften. Stellt man also eine Abschwemmung von der Malachitgrünplatte her (indem man sie einige Minuten lang mit physiologischer NaCl-Lösung überschichtet und nach leisem Hin- und Herschwenken von der am Grunde der schräg gestellten Kulturschale sich ansammelnden Emulsion einen Tropfen abimpft), so hat man in dieser abgeschwemmtenFlüssigkeit eine erhebliche Anreicherung der Typhusbazillen, die nunmehr bei Überimpfung auf Drigalski- oder Endo-Nährboden zur Geltung kommt.

In jedem Falle müssen aber die auf diesen Spezialnährböden gewachsenen Kolonien, deren Aussehen dem des Typhusbazillus entspricht, stets mit den üblichen gewöhnlichen Methoden noch weiter identifiziert werden, da nicht nur manche Paratyphus- und Ruhrstämme, sondern auch gewisse Darmbakterien (insbesondere Bac. faecal. alcaligen.) genau ebenso wie Typhusbazillen wachsen können; diese Identifizierung erfolgt stets mit gleichmäßiger Berücksichtigung der kulturellen und serologischen Prüfung. Der Gang der bakteriologischen Untersuchung von Stuhl und Urin auf Typhusbazillen ist demnach der folgende:

α) Aussaat von 3 großen Ösen Material (feste Stühle werden vorher mit steriler physiologischer NaCl-Lösung verrieben). Das Material wird mit einem umgebogenen Glasstab a) auf 1 große Grünplatte (Lentz und Tietz), b) weiter mit demselben nicht ausgeglühten Glasstab auf 2 Endo- und 2 Drigalski-Platten gut verrieben. Enthalten diese 4 Platten nach 24 Stunden keine verdächtigen Kolonien, so wird die Grünplatte mit 5 ccm 0,85%iger Kochsalzlösung 2 Minuten durch vorsichtiges Schwenken abgeschwemmt, wodurch sich die lockeren Typhus- und Paratyphus-Kolonien leicht ablösen. Die etwa gelösten Kolikolonien senken sich wegen ihrer Schwere rasch zu Boden. 1—3 Ösen dieser

Abschwemmung werden nun auf 2 neue Endo- und Drigalski-Platten übertragen.

β) Untersuchung der verdächtigen Kolonien auf Beweglichkeit und mittelst orientierender Agglutination (Typhusserum 1 : 100) im

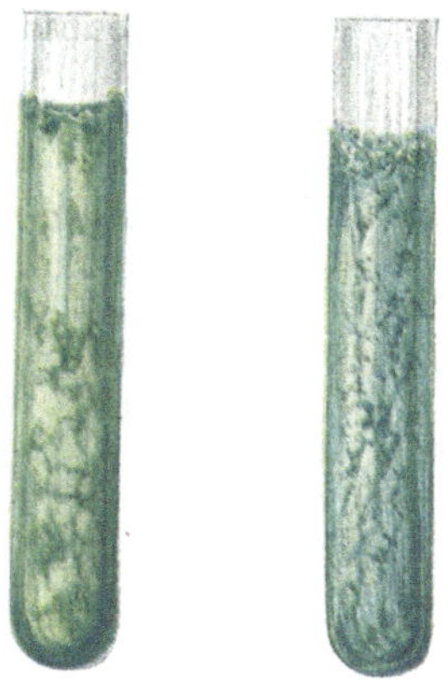

Abb. 104. Löfflers Grünröhrchen. Bact. coli.

Abb. 105. Löfflers Grünröhrchen. Bac. paratyph. B.

Abb. 106. Kontrolle. Löfflers Grünröhrchen unbeimpft.

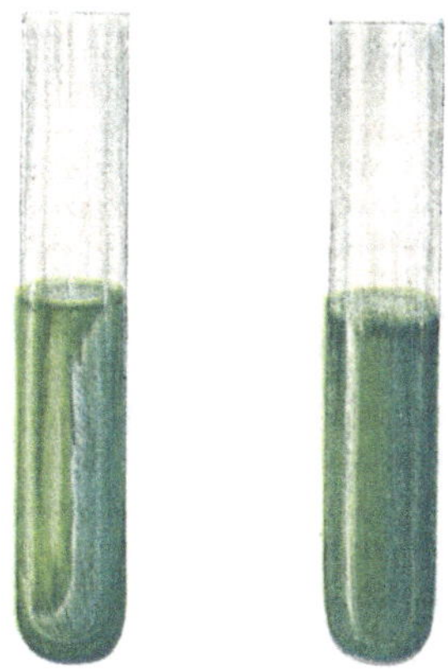

Abb. 107. Löfflers Grünröhrchen. Bac. typh. abd.

hängenden Tropfen oder auf dem Objektträger; bei jedem Fall möglichst bis zu 6 Kolonien untersuchen, bevor eine negative Diagnose ausgesprochen wird.

γ) Von den positiv reagierenden oder verdächtigen Kolonien Prüfung auf Beweglichkeit und Anlegung des chemischen Testes, und zwar:

aa) Abimpfung in Lackmusmolke (Original von C. A. F. Kahlbaum, Berlin) oder künstliche Lackmusmolke nach Seitz

bb) Schüttelkultur in Neutralrot-Traubenzucker-Agar

cc) Abimpfung in Peptonwasser zur Prüfung auf Indol

dd) ev. in Löfflers Grünlösung I u. II. S. Tabelle Seite 220/221.

} eventuell Kontrollen mit Typhus-, Paratyphus-, Dysenterie- und Kolibazillen.

δ) Quantitative Auswertung der spezifischen Agglutination mit 20stündiger Reinkultur in Röhrchen mit fallenden Verdünnungen bis zur Titergrenze des Serums nebst Kontrollen mit der 50fach höheren Konzentration von Normalserum und mit physiologischer Kochsalzlösung, Ablesung nach spätestens 2 Stunden mit makroskopischer oder Lupenbetrachtung. Technische Bemerkungen zu γ):

aa) Herstellung der künstlichen Lackmusmolke nach Seitz: In 1 Liter destilliertem Wasser 20 g Milchzucker, 0,4 g Traubenzucker, 0,5 g Dinatriumphosphat, 2,0 g dreibasisches Natriumzitrat, 1,0 g Ammonsulfat, 5,0 g NaCl, 0,05 g Pept. sicc. (Witte), 0,25 g Azolithmin (Kahlbaum); die Lösung wird höchstens $^1/_2$ Stunde im Dampftopf bei 100° sterilisiert.

bb) Neutralrot-Traubenzuckeragar enthält nur 0,5% Agar (statt der sonst üblichen 1,5—2%) und als Zusätze 0,3% Traubenzucker und 1 ccm einer kalt gesättigten wäßrigen Lösung von Fuchsin auf je 100 ccm.

cc) Die Prüfung auf Indol erfolgt nach einer von folgenden beiden Methoden: Nach Salkowski fügt man zu einer Bouillon- oder besser Peptonwasserreinkultur 1 ccm einer 0,01%igen Kaliumnitritlösung (frisch bereitet) und 1 ccm reine verdünnte H_2SO_4. Bei Gegenwart von Indol erfolgt innerhalb von 5 Minuten eine zunehmende Rotfärbung. Noch empfindlicher ist eine von Ehrlich angegebene Probe, bei der zu 10 ccm Peptonwasserkultur 5 ccm Lösung A, dann 5 ccm Lösung B zugefügt werden. (Lösung A: 4 g Paradimethylamidobenzaldehyd + 380 ccm 96% Alkohol + 80 ccm konzentrierte HCl, Lösung B: gesättigte wäßrige Lösung von Kaliumpersulfat.) Bei Anwesenheit von Indol erfolgt nach Schütteln Rotfärbung.

Nicht zu vergessen ist, daß alle bisher angewandten Methoden zur Züchtung des Typhusbazillus aus Stuhl und Urin hinsichtlich ihrer Leistungsfähigkeit sehr begrenzt sind, da ja immer nur ein kleiner Teil von verdächtigem Stuhlgang zur Untersuchung gelangen kann und der Typhusbazillengehalt desselben oft nur sehr gering ist; der negative Ausfall des Züchtungsversuches beweist also noch nichts gegen die Möglichkeit, daß es sich um Typhus handelt; wenn man einigermaßen Sicherheit in dieser Beziehung haben will, so ist die Untersuchung von Stuhl und Urin mindestens 3mal zu wiederholen; noch häufigere Untersuchungen sind angezeigt, wenn Verdacht auf Bazillenträgerschaft vorliegt (vgl. S. 68).

3. Die Prüfung des Blutserums eines verdächtig Erkrankten auf spezifisch-agglutinierende Wirkung gegenüber echter Typhuskultur (Gruber-Widalsche Reaktion) ist eines der für die Praxis wichtigsten Hilfsmittel der bakteriologischen Typhusdiagnose, da diese Probe von der 2. Krankheitswoche ab, mindestens bei 90% sämtlicher Erkrankten positiv ausfällt und andererseits ein positiver Ausfall der Reaktion,

ohne daß Typhus vorliegt (abgesehen von dem sogleich zu besprechenden Einfluß der Schutzimpfung) nur selten vorkommt.

Die Anstellung der Gruber-Widal'schen Probe mit dem Blut eines typhusverdächtigen Patienten geschieht in folgender Weise:

Das Patientenserum wird mit Kochsalzlösung verdünnt zu 1 : 50, 1 : 100, 1 : 200; in je 1,0 ccm dieser Verdünnungen wird 1 Öse Kultur-

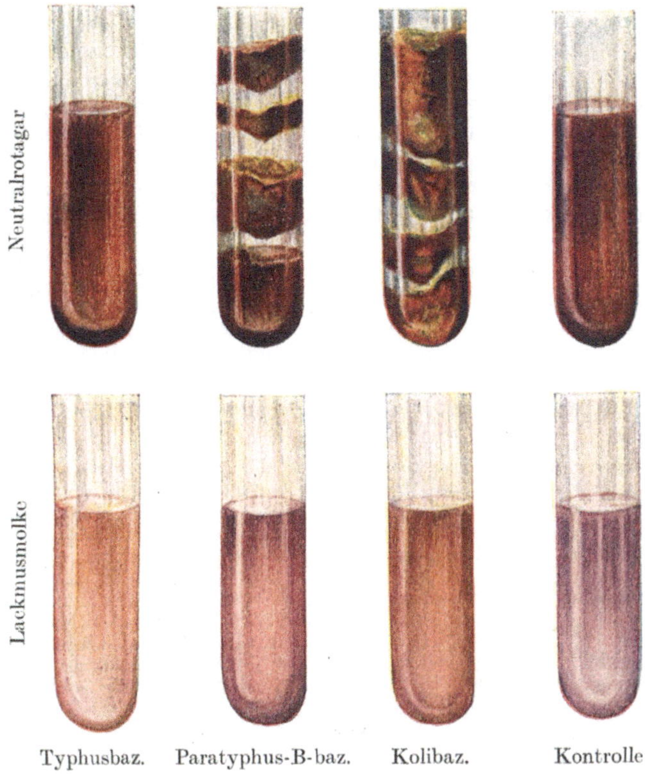

Abb. 108. Chemischer Test bei Typhus-, Paratyphus-B- und Kolibazillen.

material (24stündige Agarkulturen von Typhus- bzw. Paratyphusbazillen) gut verrieben.

Makroskopische Besichtigung oder Lupenbetrachtung nach zweistündigem Verweilen im Brutschrank (37°). Positiv ist das Ergebnis, wenn die Serumverdünnung 1 : 100 eine deutliche Agglutination anzeigt. Eine Agglutination bei der Verdünnung 1 : 50 wird nicht als positiv angesehen, stützt aber den Verdacht auf Typhus und läßt Wiederholung der Untersuchung ratsam erscheinen.

Für die Agglutinations-Methode ist genaues quantitatives Arbeiten unerläßlich, ferner die Art und das Alter der Kultur nicht gleichgültig, und endlich sollte man im Zweifelsfall kontrollierende Agglutinationsversuche mit Paratyphus- und anderen typhusähnlichen Bakterien vornehmen.

Der positive Ausfall der Agglutination spricht mit großer Sicherheit für Typhus, der fehlende aber schließt denselben noch nicht aus. Jedenfalls bietet diese serologische Diagnose eine wesentliche Ergänzung der früher geschilderten Kulturmethoden. In neuerer Zeit (speziell für die Verhältnisse des Krieges) hat die Gruber-Widalsche Reaktion außerordentlich an diagnostischem Wert eingebüßt, da bei den mit abgetöteten Typhusbazillen geimpften Personen (prophylaktische Typhus-Schutzimpfung) infolge des Immunisierungsvorganges sich Agglutinine im Blut bilden. In diesem Falle muß die Isolierung von Typhusbazillen aus Stuhl, Urin oder Blut den diagnostischen Ausschlag geben.

Zur Vorsicht in der Beurteilung zweifelhafter Fälle mahnt die Tatsache, daß bei gewissen anderweitigen Erkrankungen, besonders bei Ikterus, hohe Agglutinationswerte gefunden werden, ohne daß Typhus vorlag.

Alle anderen Methoden der Serodiagnostik, der Nachweis der bakteriziden Stoffe in vitro nach Neißer und Wechsberg, die Pfeiffer'sche Reaktion, die Komplementbindungsmethode sowie die Untersuchung auf Präzipitine und Opsonine sind wegen ihrer Kompliziertheit und da sie keineswegs zuverlässiger arbeiten als die Widal'sche Reaktion, in der Praxis der bakteriologischen Typhusdiagnostik wenig angewendet.

Der Vollständigkeit halber sei hier kurz der Nachweis der Typhusbazillen aus Wasserproben besprochen, der meistens erhebliche Schwierigkeiten bietet. Wegen der außerordentlich geringen Zahl der zu erwartenden Typhuskeime ist von der direkten Plattenmethode nicht viel zu erwarten, obwohl Kübler und Neufeld auch auf diesem Wege der direkte Nachweis der Typhusbazillen gelungen ist.

Das sicherste Verfahren besteht in der Untersuchung großer Mengen Wasser und vor allem des Bodensatzes (da sich die Typhusbazillen im Schlamm recht lange halten). Man geht dabei so vor, daß man versucht, die Bazillen entweder aus dem Wasser auszufällen oder durch Zusätze günstige Wachstums- bzw. Vermehrungsbedingungen für die Typhusbazillen zu schaffen und ein Zurückdrängen der saprophytischen Wasserkeime zu bewirken.

Kurz seien hier zunächst einige Ausfällungsverfahren, die mit Chemikalien arbeiten, aufgeführt.

1. Die Ausfällung nach Schüder und Vallet. Von dem zu prüfenden Wasser werden 2 Liter mit 20 ccm einer 7,75%igen Lösung von Natriumhyposulfit im sterilen Meßzylinder gemischt. Durch Zusatz von 20 ccm einer 10%igen Bleinitratlösung entsteht ein voluminöser Niederschlag, in dem die Typhusbazillen mit zu Boden gerissen werden. Eventuell Zentrifugieren oder 2—3 Stunden stehen lassen. Der Bodensatz wird mit 14 ccm einer 100%igen Natriumhyposulfitlösung gut geschüttelt und in ein Reagensglas gegossen, in dem sich die nicht löslichen Bestandteile bald zu Boden setzen. Von der überstehenden klaren Flüssigkeit werden 0,2—0,5 ccm auf Endo- und Drigalski-Conradi-Platten weiter verarbeitet.

2. Ficker fügt zu 2 Liter Wasser 8 ccm einer 10% Lösung kristallisierter Soda und darauf 7 ccm einer 10%igen Ferrisulfatlösung. Der nach 3stündigem Aufenthalt im Eisschrank ausgefällte Bodensatz wird mit einer 25%igen Lösung von neutralem weinsaurem Kali gelöst und auf Platten, wie oben angegeben, weiter verarbeitet.

3. Müller verwendet einen Zusatz von 5 ccm Liquor ferri oxychlorati auf

3 Liter Wasser. Der sich bildende Niederschlag wird ohne weitere Lösung auf Platten übertragen.

4. Außer durch chemische Ausfällung versuchte man auch durch Zusatz eines hochwertigen Typhusserums zu dem verdächtigen Wasser eine Agglutination und Ausfällung der in dem Wasser enthaltenen Typhusbazillen zu erreichen. Es werden etwa 10—20 ccm des verdächtigen Wassers zu 50 ccm Bouillon hinzugefügt und die Mischung 24 Stunden bei 37° bebrütet. Nach der Filtration der Bouillon durch ein Wattefilter in eine Art Zentrifugenglas erfolgt der Zusatz von stark agglutinierendem Serum; zur Beförderung der Agglutination kommt die Mischung 2—3 Stunden in den Brutschrank; dann leichtes Zentrifugieren und Verarbeiten des Sediments zur Kultur wie oben (Schepilewski).

Weitere Verfahren von Cambier, Weill-Hallé u. a. bestehen darin, daß man die mit starker Eigenbewegung begabten Typhusbazillen durch rascheres Durchwachsen eines Filters (sterile Porzellankerze nach Cambier, Sandschicht nach Weill-Hallé) von den Begleitbakterien zu trennen und in der auf der anderen Seite des Filters befindlichen Nährflüssigkeit nachzuweisen sucht.

10. Paratyphusbazillen.

Im Jahre 1896 fanden Achard und Bensaude in Krankheitsfällen, die dem Typhus außerordentlich glichen, einen dem Typhusbazillus ähnlichen, aber von ihm durch gewisse Kulturmerkmale dennoch deutlich unterschiedenen Erreger. Einige Jahre später konnten Schottmüller und Kurth diese Beobachtung vollends bestätigen. Diese Bakterien wurden, da sie sich kulturell, in ihrer Tierpathogenität und ihrem immunisatorischen Verhalten vom echten Typhusbazillus unterscheiden, als Paratyphusbazillen bezeichnet. Weitere Forschungen, insbesondere diejenigen von Uhlenhuth und seinen Schülern erbrachten den Nachweis, daß auch die mit Fieber einhergehenden „Fleischvergiftungen" auf Infektion mit Paratyphusbazillen zurückzuführen sind.

Die Paratyphusbazillen gehören zu der sogenannten Hogcholeragruppe, die außer den Paratyphusbazillen noch den sog. Schweinepest-, den Mäusetyphusbazillus, den Psittakosebazillus und bestimmte Fleischvergiftungsbakterien umfaßt. Unter den für den Menschen pathogenen Paratyphusbazillen unterscheidet man den seltener vorkommenden Typus A (Brion-Kayser 1902) und den für gewöhnlich gefundenen Typus B (Schottmüller). Beide Typen unterscheiden sich vom echten Typhusbazillus vor allem durch das gemeinsame Merkmal, daß sie Traubenzucker unter Gasbildung vergären.

Der Paratyphusbazillus Typus A steht in der Mitte zwischen dem Typhusbazillus und dem Paratyphusbazillus B. Seine Unterscheidung gelingt mittelst kultureller Methoden und den Immunitätsreaktionen (s. Tabelle S. 220/221). Was seine Tierpathogenität anbetrifft, schließt er sich eng an den Typhusbazillus an; ebenso ähnelt der menschliche Paratyphus A klinisch sehr dem echten Abdominaltyphus.

Auch der Paratyphusbazillus B gleicht in seinem morphologischen und färberischen Verhalten außerordentlich dem echten Typhusbazillus; seine Eigenbewegung ist noch lebhafter und erinnert im hängenden Tropfen manchmal an die der Vibrionen.

Die Widerstandsfähigkeit des Paratyphusbazillus gegen äußere schädigende Einflüsse ist ziemlich hoch; Erhitzung auf 70° C wird 10 bis 20 Minuten lang vertragen. Dieser Umstand ist von Bedeutung für die Ansteckungsgefahr mittelst infizierten Fleisches, da beim Kochen und Braten größere Fleischstücke im Innern selten höhere Temperaturen als 70° C erreichen.

Im Gegensatz zum Typhusbazillus ist der Paratyphusbazillus für verschiedene Tierarten, wie Mäuse, Meerschweinchen und Kaninchen, hochpathogen. Virulente Stämme töten bei intraperitonealer Injektion von $^1/_{1000000}$ Öse und bei subkutaner Injektion von $^1/_{50}$ Öse Meerschweinchen. Die Pathogenität der Paratyphusbazillen läßt sich durch Tierpassagen so weit erhöhen, daß Mäuse schon durch Verfütterung derselben zugrunde gehen. Die Tiere sterben unter dem Bilde der Sepsis.

Die bakteriologische Diagnose erstreckt sich wie beim Typhus auf die Untersuchung von Fäzes, Urin, Blut und eventuell Roseolensaft. Es gelten hier sämtliche unter „Typhus" aufgezeichneten bakteriologischen Kulturverfahren (siehe Tabelle S. 220/221) und auch die daselbst beschriebenen Immunitätsreaktionen.

Das Serum von Paratyphuskranken besitzt die Fähigkeit, auf Typhusbazillen agglutinierend zu wirken und umgekehrt Typhusserum auf Paratyphusbazillen; man bezeichnet diesen Vorgang als Gruppenagglutination. In den meisten Fällen wird eine genaue quantitative Titrierung des Serums mit Typhus- und Paratyphusbazillen Aufschluß über die Art der Erkrankung geben. In zweifelhaften Fällen entscheidet der Castellani'sche Versuch; d. h. man sättigt z. B. das Serum mit Typhusbazillen ab, zentrifugiert es und schließt daran eine Prüfung des Serums für Paratyphusbazillen an; werden dann die letzteren noch agglutiniert, so handelt es sich um eine Paratyphuserkrankung und nur um eine Mitagglutination der Typhusbazillen. Es sei aber daran erinnert, daß auch Mischinfektionen von Typhus- und Paratyphusbazillen bei ein und demselben Menschen festgestellt worden sind. Hier entscheidet das Kulturverfahren.

Über die Giftigkeit gilt das bei den Typhusbazillen Gesagte; doch können nach Schottmüller gekochte Bouillonkulturen Meerschweinchen bei intraperitonealer Einverleibung töten, nach stomachaler krank machen. Die Paratyphusbazillen geben also hitzebeständige Gifte in das Nährmedium ab. Durch das Überstehen des Paratyphus erzielt der Mensch eine langdauernde Immunität. Ebenso gelingt es, empfängliche Tiere mit abgetöteten und kleinsten (untertödlichen) Dosen von lebenden Paratyphusbazillen gegen eine nachfolgende Infektion mit einem Vielfachen der sicher tödlichen Dosis zu immunisieren. Im Serum der Versuchstiere treten ebenso wie nach spontaner Infektion beim Menschen Agglutinine und Bakteriolysine auf, die zur Differenzierung und Identifizierung der Paratyphusbazillen verwertbar sind.

Nach den Forschungen von Uhlenhuth und seinen Schülern umfaßt die Paratyphusgruppe eine große Zahl von Bakterien, die in unserer Umgebung weit verbreitet sind und sich weder morphologisch noch kulturell vom Paratyphusbazillus B unterscheiden lassen. Hierher gehören der im Darm gesunder Schweine vorkommende sogenannte Schweinepestbazillus, ferner manche in Wurstwaren, in unzerlegtem Muskelfleisch notgeschlachteter Schweine und Rinder, in Milch, in Wasser nachgewiesene Stämme. Auch die Erreger der Kälberruhr, der Enteritis der Kühe und Rinder, des Mäusetyphus gehören zur Paratyphusgruppe.

Eine Serumtherapie des Paratyphus ist bisher noch nicht versucht, dagegen ist von Vincent eine Schutzimpfung nach dem Muster der Typhusschutzimpfung empfohlen. Auch kombinierte Impfstoffe (Typhusbazillus, Paratyphusbazillus A und B) sind von Castellani u. a. angegeben und haben praktische Anwendung gefunden. —

Eine Sonderstellung in der Paratyphus-Gruppe nehmen die Enteritisbazillen (Typus Gärtner 1888) ein, die sich zwar morphologisch und kulturell vom Paratyphus-Bazillus nicht unterscheiden lassen, die aber von Paratyphusserum nicht agglutiniert werden, wie auch umgekehrt ein Enteritis-Immunserum keine agglutinierenden Stoffe für Paratyphusbazillen besitzt. Dagegen ist es bemerkenswert, daß Gärtnerserum häufig auch echte Typhusbazillen mitagglutiniert. Der Bacillus enteritidis Gärtner spielt häufig eine ursächliche Rolle bei Nahrungsmittelvergiftungen, insbesondere durch Fleisch notgeschlachteter Tiere. Die Enteritisbazillen zeigen eine außerordentlich starke Giftbildung, wodurch auch im klinischen Bilde die toxischen Symptome (Erbrechen u. a.) ausgelöst werden.

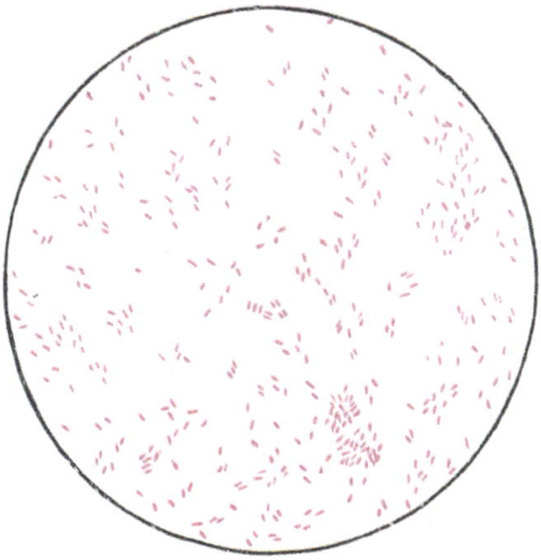

Abb. 109. Bac. enteritidis (Gärtner). Reinkultur. Färbung mit verd. Karbolfuchsin. (Vergr. 1 : 500).

Ein anderes zu dieser Gruppe gehöriges Kleinwesen, das bei der Differentialdiagnose des Typhus manchmal Schwierigkeiten bereiten kann, ist der Bacillus faecalis alcaligenes (Petruschky); er findet sich regelmäßig im Säuglingsstuhl und häufig auch im Stuhl Erwachsener. Dieser Bazillus ähnelt in seinem morphologischen und kulturellen Verhalten, sowie in seiner starken Eigenbewegung sehr dem Typhusbazillus. Seine Kolonien auf Milchzucker-Lackmusagar wachsen blau wie die Bazillen der Typhusgruppe und unterscheiden sich von ihr nur durch die starke Alkalibildung in der Lackmusmolke und durch sein den Choleravibrionen ähnliches Wachstum auf dem Dieudonné'schen Blutalkaliagar, sowie durch die spezifischen Immunitätsreaktionen. Auch dieser Bazillus scheint manchmal pathogene Wirkungen ausüben zu können und ist zuweilen aus dem Blute gezüchtet worden.

11. Bacterium coli.

Unter dem Namen „Bacterium coli“ darf nicht eine einzige scharf umschriebene Art, sondern muß eine ganze Gruppe von Bazillen verstanden werden, die der Typhus- und Paratyphus- einerseits, der Ruhr- und Aërogenesgruppe andererseits nahesteht; Bact. coli, Typhus- und Paratyphusbazillen haben das gemeinsame Merkmal der Eigenbewegung, während Bac. aërogenes und Ruhrbazillen unbeweglich sind, mit der genannten anderen Gruppe aber sonst in vielen kulturellen Merkmalen übereinstimmen.

Das „Bact. coli commune“ (Escherich) findet sich in großen Mengen im Darm eines jeden Menschen und spielt daselbst, vermöge seiner Fähigkeit, Kohlehydrate und Eiweiß zu zersetzen, eine bedeutsame Rolle, die sich normalerweise in der Einschränkung der Darmfäulnis zeigt; doch können manche Stämme auch pathogene Wirkung äußern (vgl. unten).

Das Bacterium coli ist ein plumpes, gerades, an den Ecken abgerundetes gramnegatives Stäbchen mit einer Anzahl peritrich angeordneter kurzer und zarter Geißeln; die Eigenbewegung variiert in ihrer Intensität innerhalb weiter Grenzen, erreicht aber selten diejenige des Typhusbazillus.

Die Züchtung gelingt ohne Schwierigkeiten sowohl bei Zimmertemperatur als auch bei Brutwärme.

Auf den gewöhnlichen Gelatineplatten erscheinen die Kolonien meist massiger und dichter als diejenigen der Typhusbazillen; auch die oberflächlichen Kolonien bilden runde, opake Scheiben oder zeigen, falls sie — ähnlich den Typhuskolonien — in weinblattähnlicher Form auftreten, eine weniger charakteristische Zeichnung. Auch auf der Agaroberfläche gleichen die Kulturen denen der Typhusbazillen, sind aber für gewöhnlich dicker und größer und weisen oft bei durchfallendem Lichte einen irisierenden Glanz auf. Die kulturellen Unterscheidungsmerkmale zwischen Typhus- und Kolibazillen auf den Spezialnährböden sind in der Tabelle auf S. 220/221 zusammengestellt.

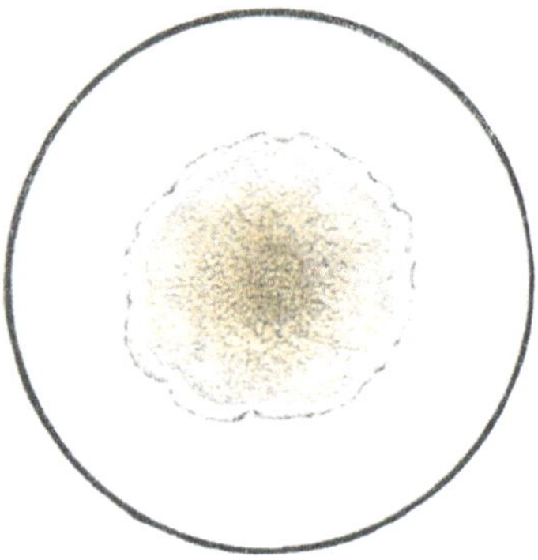

Abb. 110. Koli-Kolonie. (Vergr. 1 : 40.)

Eijkmann u. A. konnten feststellen, daß zwischen den im Darm von Warmblütern und Kaltblütern vorkommenden Stämmen von Bacterium coli meist insofern ein Unterschied besteht, als die aus dem Warmblüter stammenden Arten noch bei 46⁰ C Traubenzucker vergären, während die Kolibazillen der Kaltblüter diese Fähigkeit nur bei niedrigeren Temperaturen aufweisen.

In ihrer Virulenz im Tierversuch verhalten sich die Kolistämme nicht gleich. Nach intraperitonealer Injektion von $^1/_{10}$—$^1/_5$ Öse Koliagarkultur gehen Meerschweinchen durch die in den Bazillenleibern vorhandenen Gifte unter peritonitischen Erscheinungen und Sinken der Körpertemperatur zugrunde. Die Bazillen verbreiten sich in allen Organen.

Die Agglutinationsreaktion ist zur Trennung der verschiedenen Kolistämme nicht brauchbar.

Das Bacterium coli spielt nur als Darmbewohner die Rolle eines harmlosen Epiphyten, offenbar infolge seines Anpassungsverhältnisses an die Darmschleimhaut. Wird jedoch das Bact. coli aus dem Darm in andere Organe verschleppt, so kann es pathogene Wirkung entfalten; von solchen Koliinfektionen ist vor allem die Cholecystitis die bei weitem am häufigsten vorkommende Erkrankung; weiter wären zu erwähnen die Infektion der Gallenwege, die Pyelitis und Cystitis, Peritonitis suppurativa und die durch Kolibazillen hervorgerufenen periurethralen und perimetritischen Abszesse.

Bei Koliseptikämien gelingt die Züchtung des Bact. coli aus dem Blute am sichersten, wenn während eines Schüttelfrostes die Blutentnahme stattfindet.

Bei septischen Infektionen wurde von Schottmüller wiederholt ein Kolibazillus isoliert, der hämolytische Eigenschaften aufweist und daher von Schottmüller die Bezeichnung Bact. coli haemolyticum erhielt.

Eine große Ähnlichkeit mit dem Bacterium coli hat der Bacillus aërogenes. Das völlig unbewegliche, plumpe, kurze Stäbchen besitzt oft eine mehr oder minder ausgesprochene Kapsel, die ihm den Namen Bac. aërogenes capsul. beigelegt hat. Im großen und ganzen stimmt sein Wachstum auf der Gelatineplatte und auf anderen festen Nährböden mit dem des Bact. coli überein; auf der Gelatineplatte bildet er jedoch meistens dickere, porzellanartig glänzende, weiße Kolonien. Im Darm kommen die Aërogenesbazillen immer vor; sie werden in der Milch, in die sie aus dem Kot der Kühe gelangen, so gut wie immer nachgewiesen und bringen durch Bildung von Linksmilchsäure die Milch zur Gerinnung. Als Krankheitserreger werden sie gelegentlich bei Blasenentzündungen gefunden.

12. Die Ruhrbazillen.

Die bakteriologische Erforschung der einheimischen, im gemäßigten Klima vorkommenden Ruhr ist erst im Jahre 1898 geglückt. Shiga konnte bei der japanischen Ruhr aus den Fäzes der Erkrankten regelmäßig einen bis dahin unbekannten Bazillus züchten und ihn durch sein Verhalten im Tierversuch und seine Immunitätsreaktionen als Erreger dieser Form der Ruhr feststellen. Im Jahre 1900 wurde dann von Kruse der Nachweis erbracht, daß auch die deutsche Ruhr durch denselben Mikroben hervorgerufen wurde, und Kruse gab auch als Erster eine vollständig richtige Beschreibung dieses Erregers, der von Shiga fälschlich noch als mit Eigenbewegung begabt beschrieben worden war, während gerade die Unbeweglichkeit für den Ruhrbazillus charakteristisch ist. Es ist daher nur folgerichtig, den echten Ruhrbazillus als Bazillus Kruse-Shiga zu benennen. Diese Befunde fanden bald in Amerika und Manila volle Bestätigung. Die weiteren Untersuchungen konnten aber zeigen, daß die Bazillenruhr ätiologisch nicht nur auf eine Bakterienart zurückzuführen ist, sondern daß verschiedene, im System einander nahestehende Bakterien in Frage kommen, die, vor allem in ihrer Giftbildung, aber auch in ihren Immunitätsreaktionen und in manchen Punkten in ihren chemischen Leistungen vom Kruse-Shiga-Typus abweichen.

Es sind dies der Bazillus Flexner, der Bazillus Y (His und Russel) und der Bazillus Strong.

Kruse faßt diese letzteren (von Lentz auf Grund ihrer verschiedenen Vergärungsfähigkeit der Zuckerarten als getrennte Arten angesehenen) 3 Bazillen unter dem Sammelnamen des Bac. pseudodysenteriae zusammen, der eine ganze Gruppe nahe verwandter Typen (von A—H bezeichnet) umfaßt und dessen pathogene Wirkung beim Menschen im Gegensatz zu der durch den echten Bac. dysenteriae (Kruse-Shiga) hervorgerufenen schweren in großen Epidemien auftretenden Ruhr sich in der viel gutartigeren Pseudodysenterie äußert, die meistens nur bestimmte Volksschichten (Kinder, Insassen von Irrenanstalten, Soldaten) befällt und oft nach Art der einfachen Darmkatarrhe verläuft.

Die Ruhrbazillen aller Typen sind plumpe Stäbchen, die für gewöhnlich kürzer und dicker als Typhusbazillen erscheinen und schon durch den Mangel an Eigenbewegung sich leicht von ihnen unterscheiden lassen. Die starke Molekularbewegung der Ruhrbazillen kann allerdings von Ungeübten leicht für Eigenbewegung gehalten werden. Die Ruhrbazillen färben sich gut mit den gewöhnlichen Anilinfarben und sind gramnegativ. Sporen und Geißeln besitzen sie nicht.

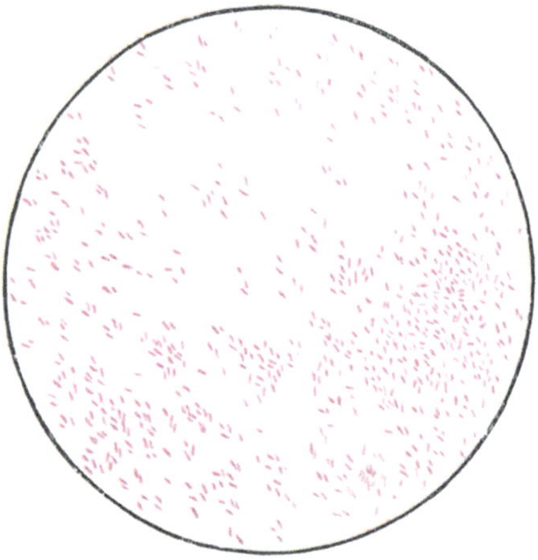

Abb. 111. Ruhrbazillen (Reinkultur). Färbung mit verd. Karbolfuchsin. (Vergr. 1:500.)

Ihr Wachstumsoptimum liegt bei 35°; Sauerstoffzutritt beschleunigt ihr Wachstum, doch vermögen sie auch unter anaëroben Verhältnissen sich zu vermehren. Die Gelatineoberflächenkulturen ähneln denen der Typhusbazillen und haben dieselbe zarte Weinblattform; auf der Agarplatte sind die zarten durchsichtigen Kolonien meistens leicht von den Kolonien des Bact. coli zu trennen. Bemerkenswert ist auch der spermaartige Geruch der Ruhrkulturen.

Die Charakteristika der Ruhrkulturen auf den verschiedenen zur Typhus- und Ruhrdiagnose verwendeten Differenzierungsnährböden sind in der Tabelle auf S. 220/221 zusammengestellt.

Gegen äußere schädigende Einflüsse sind die Dysenteriebazillen viel weniger widerstandsfähig als die Angehörigen der Typhusgruppe. In trockenem Zustande gehen sie bald zugrunde, dagegen halten sie sich im Innern dickerer Schichten monatelang, wenn die Eintrocknung nicht vollständig war; im Wasser bleiben sie 5—9 Tage lebensfähig. Stuhl muß möglichst frisch verarbeitet werden, da oft schon nach Stunden die Ruhrbazillen sämtlich abgestorben sind und die

Züchtung nicht mehr gelingt. Die gebräuchlichen Desinfizientien töten sie in kurzer Zeit ab. Einstündiges Erwärmen auf 53^0 vernichtet sie mit Sicherheit. Gegen Kälte dagegen sind sie recht widerstandsfähig.

Von den genannten Typen der Dysenteriebazillen bildet vornehmlich der Kruse-Shiga-Bazillus, im Gegensatz zu den anderen giftarmen Typen, lösliche Gifte, die selbst in geringen Mengen bei Versuchstieren tödlich wirken und wie die Sektion dieser Tiere ergibt, pathologische Veränderungen an Dünndarm, Kolon und Blinddarm und im Zentralnervensystem hervorrufen. Die Dysenteriegifte sind echte, lösliche Toxine, die durch Filtration von den Kulturen getrennt erhalten werden können. Diese Gifte sind ziemlich hitzebeständig und werden erst durch Einwirkung von Temperaturen über 80^0 unwirksam.

Durch Verfütterung von Reinkulturen der Dysenteriebazillen ist es bisher nicht gelungen, bei Versuchstieren typische Ruhr auszulösen. In den Geweben größerer Tiere gehen die Dysenteriebazillen bald zugrunde. Dagegen vermögen intravenöse, intraperitoneale oder subkutane Injektionen lebender und auch abgetöteter Dysenteriebazillen, wenn letztere in großen Mengen einverleibt werden, Erscheinungen bei den Versuchstieren hervorzurufen, die auf Rechnung der Giftwirkung zu setzen sind. Beim Menschen wirken schon kleine Mengen abgetöteter Dysenteriebazillen toxisch unter Hervorrufung von hohem Fieber, Kopf- und Gliederschmerzen mit starken Entzündungserscheinungen an der Injektionsstelle; eine Schutzimpfung mit abgetöteter Kultur, ähnlich der gegen Typhus angewendeten, ist daher unausführbar.

Da die Dysenteriebazillen sich nicht im Blute und Harn der Erkrankten finden, so kommt für die Ruhrdiagnostik als Untersuchungsmaterial nur der Stuhl der Kranken oder der Darminhalt der Leiche in Frage.

1. Zur Züchtung aus den Fäzes werden in erster Linie die Schleimbeimengungen, wenn solche vorhanden, verwendet; eine oder mehrere Schleimflocken werden mit der Öse herausgenommen und in sterilem Wasser oder besser in physiologischer Kochsalzlösung mehrere Male gewaschen, um die störenden Begleitbakterien nach Möglichkeit auszuschalten; dann erfolgt Aussaat auf Lackmusmilchzuckeragarplatten nach der Vorschrift v. Drigalskis, doch ohne Kristallviolettzusatz.

2. Nach 16—24stündiger Bebrütung bei 37^0 erfolgt die Untersuchung der blauen durchsichtigen Kolonien

a) auf Unbeweglichkeit im hängenden Tropfen, b) mittelst orientierender Agglutination mit Kruse-Shiga, Flexner- und Y-Serum oder Pseudodysenterieserum Typus A—H (1 : 30) im hängenden Tropfen oder auf dem Objektträger; eine so starke Konzentration des Serums muß zur orientierenden Agglutination bei Ruhr gewählt werden, weil sonst die Reaktion oft viel zu langsam eintritt und der Beobachtung entgehen kann.	bis zu 6 Kolonien von jedem Fall untersuchen.

3. Von den positiv reagierenden Kolonien erfolgt Übertragung auf

Unterscheidung der Bakterien der

Nährboden	Drigalski-Conradi	Kongorot	Bitter	Endo	Lackmus-molke
Zusammen-setzung	Agar + Nutrose Milchzucker + Lackmus + Kristallviolett	Agar + Milchzucker + Kongorot	Agar + Milchzucker + Chinablau	Agar + Milchzucker + fuchsin-schwefligsaures Natron	Molke + Lackmus
Ruhr (Kruse-Shiga)	blau durch-scheinend	rot durch-scheinend	farblos durch-scheinend	farblos durch-scheinend	leicht rot, klar
Pseudo-dysenterie	desgl.	desgl.	desgl.	desgl.	desgl.
Typhus	desgl.	desgl.	desgl.	desgl.	desgl.
Paratyphus A	desgl. etwas un-durchsichtiger	desgl.	desgl.	desgl.	desgl.
Paratyphus B-Gruppe	desgl. leicht trüb	desgl. etwas un-durch-sichtiger	desgl. etwas un-durch-sichtiger	desgl. etwas un-durchsichtiger	leicht rot, etwas trüb, nach einigen Tagen, manchmal schon nach 24 Std., blau
Koli	rot	blau-schwarz	blau	rot mit Fuchsinglanz	stark rot und trüb

[1]) N.B! Nicht alle Stämme des Bact. coli zeigen positiven Ausfall dieser gleich fehlen!

Typhus-Ruhr-Koligruppe auf Spezialnährböden.

Milch	Traubenzuckeragar und Traubenzuckerbouillon	Neutralrotagar	Löfflers Grünlösung I	Löfflers Grünlösung II	Beweglichkeit	Indolbildung
—	—	Agar + Traubenzucker + Neutralrot	Peptonwasser + Nutrose + Traubenzucker + Milchzucker	Peptonwasser + Nutrose + Milchzucker	—	—
unverändert	kein Gas	kein Gas, keine Entfärbung	unverändert	unverändert	nicht beweglich	kein Indol
desgl.	desgl.	desgl.	desgl.	desgl.	desgl.	Indol
desgl.	desgl.	desgl.	Gerinnung ohne Gasblasen	desgl.	lebhaft beweglich	kein Indol
desgl.	Gasbildung	Gasbildung und Entfärbung (Fluoreszenz)	Gerinnung mit Gasblasen	desgl.	desgl.	desgl.
etwas aufgehellt	desgl.	desgl.	desgl.	etwas aufgehellt, später gelblich verfärbt	desgl.	desgl.
Gerinnung	desgl. [1])	desgl. [1])	desgl. [1])	Gerinnung und starke Gasbildung	desgl.	Indol [1])

sämtlichen Reaktionen; es können eine oder die andere, oder auch mehrere zu-

Schrägagar und dann Anlegung des chemischen Testes wie bei den Typhusbazillen.

4. Quantitative Agglutination der ruhrverdächtigen Kultur mit hochwertigen Seren (Kruse-Shiga, Flexner, Y); Pseudodysenterieseren nach der Kruse'schen Nomenklatur wird sowohl als vielwertiges Serum wie für die hauptsächlich vorkommenden einzelnen Typen (A, D, E und H) von der Firma Bram & Co. in Leipzig geliefert. Kontrollen mit Normalserum dürfen nicht fehlen (Spontanagglutination).

Es sei hier kurz hervorgehoben, daß die von verschiedenen Stämmen gewonnenen Dysenteriesera in ihrer Wirkungsweise meistens Gruppenreaktionen zeigen. So kann z. B. ein Kruse-Shiga-Serum vom Titer $^1/_{1000}$ auch Flexnerstämme bis $^1/_{100}$ oder $^1/_{200}$, oder ein Flexnerserum vom Titer $^1/_{1000}$ auch Kruse-Shiga-Stämme bis $^1/_{200}$ beeinflussen. Demnach ist es für die diagnostische Beurteilung unerläßlich, wenn es sich um die Bestimmung der einzelnen Bakterienarten handelt, die hochwertigen Sera bis zur Titergrenze auszuwerten. Es wird dann meist nur noch bei derjenigen Art der Bazillen eine Agglutination in hohen Serumverdünnungen zu erkennen sein, die von dem betreffenden Serum spezifisch beeinflußt wird. Event. ist zur Trennung der Castellani'sche Versuch heranzuziehen.

5. Ein weiteres Differenzierungsmittel gegenüber den einzelnen Typen von Ruhrbazillen ist der mit Mannit, Maltose und Saccharose versetzte Lackmusagar. Nur junge, frisch aus dem Körper gezüchtete Stämme zeigen hier deutliche Unterschiede.

Der gewöhnliche, schwach alkalische Agar wird nach Kutscher mit 12—15% Lackmuslösung (Kahlbaum, Berlin) und 1% der betreffenden Zuckerart versetzt und am besten in Platten ausgegossen verwendet.

Die für die einzelnen Typen charakteristischen Veränderungen der Nährböden sind in folgender Tabelle (nach Lentz) zusammengestellt.

Lackmusagar mit Zusatz von	erscheint in der Kultur des Bazillus			
	Kruse-Shiga	Y	Flexner	Strong
Mannit	blau	rot	rot	rot
Maltose	blau	blau	rot	blau
Saccharose	blau	blau	blau	rot

Doch sind die Unterschiede zwischen den einzelnen Pseudodysenteriestämmen nicht ganz konstant und vor allem bei längerer Fortzüchtung öfters in erheblichem Grade veränderlich, weshalb Kruse die differentialdiagnostische Brauchbarkeit dieser Methode bestreitet.

Auch bei der Ruhr treten im Serum der Erkrankten Agglutinine auf, die eine diagnostische Verwertung gefunden haben. Sie pflegen frühestens nach Ablauf der ersten Krankheitswoche sich einzustellen. Es darf nur die innerhalb 2 Stunden auftretende grobklumpige Agglutination der Dysenteriebazillen (Kruse-Shiga) bei einer Verdünnung des Serums von 1 : 50 und mehr als für Ruhr beweisend angesehen werden. Für die Pseudodysenterie-Bazillen (Flexner und Y), die oft auch durch Normalserum beeinflußt werden, gilt erst die Agglutination in höherer Verdünnung des Serums (1 : 200) als ausschlaggebend, beweist aber auch dann nur, daß irgendeine Form der Pseudodysenterie vorliegt, ohne über die Art Aufschluß zu geben; hierfür ist ausschließlich der Ausfall des Kulturverfahrens aus dem Stuhl maßgebend.

Neben diesen Agglutininen treten im Blutserum der Kranken noch Präzipitine, komplementablenkende Stoffe, Anaphylaxine, Bakteriolysine, Tropine und Antitoxine auf, die aber bisher für die praktische Ruhrdiagnose noch nicht Verwendung gefunden haben.

Da, wie bereits erwähnt, eine Schutzimpfung gegen Ruhr durch Injektion abgetöteter Kulturen, nach Analogie der Typhusschutzimpfung, wegen der durch die Giftstoffe der Bazillen verursachten unangenehmen Begleiterscheinungen praktisch nicht durchführbar ist, so hat man zwecks aktiver Immunisierung die von Shiga empfohlene Simultanmethode versucht, die in einer Einspritzung von Dysenterieserum gleichzeitig mit abgetöteter Kultur ($^1/_2$ Öse) mit einer einige Tage darauf folgenden nunmehr ohne schwere Reaktion vertragenen Impfung von Kultur ohne Serum besteht.

Auch eine passive Immunisierung durch Einspritzung von Dysenterieserum allein wurde in Anwendung gebracht; doch ist der durch diese passive Schutzimpfung erlangte Schutz nur von sehr kurzer Dauer (10—12 Tage).

In der Serumtherapie hat das hochwertige Dysenterieserum unbestrittenen Erfolg, vorausgesetzt, daß es frühzeitig genug, und zwar in hohen Dosen, bei leichteren Fällen 20—30 ccm, bei schweren 80 bis 100 ccm, wenn nötig, wiederholentlich gegeben wird. Die Mortalitätsziffer ist seit Anwendung dieser Therapie, wenn es sich um Kruse-Shiga-Dysenterie handelt, je nach der Schwere der Epidemie von 10—50$^0/_0$ auf 0,5—5$^0/_0$ gesunken.

13. Pathogene Kapselbazillen.

Wie schon früher erwähnt, wird gelegentlich als Erreger der menschlichen Pneumonie ein Kapselbazillus, der Bac. pneumoniae Friedländer gefunden. Er stellt ein kurzes, unbewegliches Stäbchen dar, das sich mit allen Anilinfarben gut färbt, der Gramfärbung gegenüber sich negativ verhält (vgl. Figuren auf S. 167). Bisweilen beobachtet man kettenförmige Aneinanderreihung der einzelnen Bazillen oder Bildung von Scheinfäden. Die Gewinnung von Kulturen gelingt auf allen gewöhnlichen Nährböden; das Wachstum findet mit reichlicher Schleimbildung in Form runder, saftig weißer, schleimig fettglänzender Kolonien statt. In traubenzuckerhaltigen Nährböden wird Gas und Säure gebildet. Im Gegensatz zu den Pneumokokken ist der Friedländer'sche Bazillus äußeren Einflüssen gegenüber ziemlich widerstandsfähig.

In der Maus, die für die Infektion sehr empfänglich ist, zeigt der Erreger Kapselbildung, die mit den gebräuchlichen Methoden zur Darstellung gebracht werden kann (vgl. oben S. 16).

Dem Friedländer'schen Kapselbazillus stehen morphologisch und biologisch sehr nahe die von Abel als Erreger der Ozäna und die als Erreger (?) des Rhinoskleroms (einer mit Knotenbildung auf der Nasenschleimhaut einhergehenden chronischen Infektion) beschriebenen Bazillen. —

14. Die Gruppe der Bazillen der hämorrhagischen Septikämie

umfaßt eine Anzahl krankheitserregender Bazillen, die — wie der Name besagt — im infizierten Organismus eine meist sehr akut und mit Neigung zu Blutungen verlaufende Septikämie erzeugen. In diese Gruppe gehört vor allem der Bazillus der menschlichen Beulenpest, sowie die Erreger einer Reihe von Tierseuchen, als Wildseuche (Büffelseuche, Barbone), Hühnercholera u. a. m. Die in diese natürliche Gruppe gehörigen Bazillen werden nach französischer Nomenklatur auch als „Pasteurella"-Arten und die durch sie erzeugten Infektionen als „Pasteurellosen" bezeichnet. In ihrem morphologischen und kulturellen Verhalten zeigen alle diese Bazillen folgende gemeinsame Merkmale: Kurze gedrungene, ovale Gestalt, polare Färbung mit ungefärbt bleibender zentraler Vakuole, negatives Verhalten gegenüber der Gramfärbung, Fehlen der Eigenbewegung, Bildung häutchenförmiger Oberflächenkolonien auf Gelatine ohne Verflüssigung. Verwandtschaftliche Beziehungen finden sich einerseits zur Gruppe der typhusähnlichen und der Kapselbazillen, andererseits zu der Gruppe der Rotz- und Tuberkelbazillen; gemeinsame Merkmale mit den letzteren beiden Arten bestehen sowohl im morphologischem Verhalten, indem gelegentlich bereits echte Verzweigungen beobachtet werden und vor allem in der Art der im infizierten Organismus erzeugten tuberkelartigen Gewebsneubildungen. Der bei weitem wichtigste Vertreter dieser Gruppe ist:

Der Pestbazillus.

Der Pestbazillus wurde im Jahre 1894 in Hongkong von Yersin und Kitasato entdeckt; gleichzeitig wurde die für das Verständnis der Pestepidemiologie grundlegende Feststellung gemacht, daß die Pest in erster Linie eine Erkrankung gewisser Nagetiere (insbesondere der Ratten) ist und erst von diesen erkrankten Tieren aus auf den Menschen übergeht. Zwei Jahre später wiesen dann Childe und Bitter in Indien darauf hin, daß die Pest beim Menschen in zwei sowohl klinisch wie epidemiologisch grundverschiedenen Formen existiert, nämlich als Beulenpest einerseits, die fast stets von der Ratte auf den Menschen übertragen wird und von Mensch zu Mensch so gut wie gar nicht ansteckend ist (weil sie eine „geschlossene Infektion" darstellt, bei der die Erreger in lebendem Zustand für gewöhnlich nicht zur Ausscheidung gelangen) und als Lungenpest andererseits, die durch Tröpfcheninfektion von Mensch zu Mensch direkt übertragbar und äußerst ansteckend ist. Die Lungenpest kann aus der Beulenpest hervorgehen, indem zu einem Fall zunächst unkomplizierter Beulenpest eine sekundäre Pestpneumonie als metastatische Infektion hinzutritt und dann durch direkte Infektion weitere Fälle, diesmal von primärer Pestpneumonie, folgen. Wenn neben diesen 2 Hauptformen der menschlichen Pest von manchen Autoren noch als dritte Form die der septikämischen Pest genannt wird, so muß es zweifelhaft sein, ob diese Form, die ja das natürliche Endstadium der beiden anderen Formen darstellt, auch von vornherein ohne vorangegangene Lokalisation des pathologischen Prozesses in Drüsen oder Lunge vorkommen kann oder ob nicht vielmehr ein kleiner primärer Herd in diesen höchst akuten Fällen einfach deshalb nicht zur Beobachtung gelangt, weil sich an ihn sogleich die generalisierte Infektion anschließt.

In den letzten Jahren erbrachte schließlich die englische Pestkommission in Indien den Nachweis, daß die Pest von einer Ratte zur anderen sowie von der Ratte auf den Menschen durch bestimmte Arten von

Flöhen, in erster Linie den „Pulex cheopis“ übertragen wird, in deren Magendarmkanal sich die Pestbazillen außerordentlich stark vermehren; dies schließt freilich andere Infektionswege zwischen den Ratten untereinander und von der Ratte zum Menschen nicht aus (Kontakt).

Der Pestbazillus findet sich mit den gleichen morphologischen und biologischen Merkmalen bei allen verschiedenen Formen der Pest, und zwar 1. bei Bubonenpest im Gewebssaft der erkrankten Drüsen sowie in den gelegentlich an der Eintrittspforte zur Entwickelung gelangenden Hautläsionen (Pestpustel, Pestkarbunkel), häufig auch bei Fällen mit günstigem Ausgang im kreisenden Blut; 2. bei Lungenpest im Auswurf, 3. bei Pestseptikämie, mit oder ohne erkennbare Lokalisation im Blut und unter Umständen in allen Exkreten (Sputum, Harn, Fäzes), 4. bei der Pest der Nagetiere in erster Linie in den erkrankten Drüsen, im Blut sowie in allen Organen und gelegentlich auch in Harn und Fäzes; 5. in infizierten Rattenflöhen, die das Blut pestkranker Ratten (oder anderer Nager) gesogen hatten, im Magendarmkanal und in den Fäzes, nicht aber im Innern der Gewebe. In vielen Fällen, so im menschlichen Bubonensaft und pneumonischen Sputum sowie in den Krankheitsherden der Ratten und im Magen der infizierten Flöhe, finden sich die Pestbazillen in so ungeheurer Menge, daß sie das ganze Gesichtsfeld des Mikroskops erfüllen und fast alle anderen Gewebsbestandteile verdrängen; auch im Blute septikämischer menschlicher Fälle und akut erkrankter Ratten sind in jedem Gesichtsfelde zahlreiche Bazillen, so daß die Diagnose oft schon nach dem mikroskopischen Präparat allein gestellt werden kann.

Der Pestbazillus ist ein kurzes, plumpes, unbewegliches, gramnegatives, sporenfreies Stäbchen, das mit Methylenblau gefärbt, ausgezeichnete Polfärbung zeigt, d. h. nur die Pole nehmen den Farbstoff auf, während die Mitte völlig frei bleibt, so daß man auf den ersten Blick wohl zwei nebeneinander gelagerte Mikrokokken vor sich zu haben glaubt. Erst bei genauerem Zusehen gewahrt man einen feinen Saum, der beide Teile miteinander verbindet. Neben den genannten typischen Formen, die auch als Diplobazillen auftreten können, erscheinen in den Kulturen, häufig auch schon in den Bubonen (besonders bei beginnender Erweichung) und in der Leiche Involutionsformen, keulen- oder bläschenförmige, kugelige und ringförmige, schlecht färbbare Gebilde, die wegen ihrer charakteristischen Formen und ihres frühzeitigen Auftretens in der künstlichen Kultur eine differentialdiagnostische Bedeutung erlangt haben.

Besonders augenfällig lassen sich diese Formen in folgender Weise zur Darstellung bringen:

Die lufttrocken gewordenen Präparate werden in absolutem Alkohol 1 Minute lang fixiert; durch Abbrennen wird der Rest des Alkohols von den Präparaten entfernt, die alsdann mit Löffler'schem Methylenblau gefärbt werden.

Häufig ist der Pestbazillus mit einer Kapsel versehen, die sich mit den Kapselverfahren gut darstellen läßt und besonders an Präparaten zur Erscheinung kommt, die aus dem schleimigen Peritonealexsudat von Mäusen und Meerschweinchen gewonnen sind. Dem entspricht auch die fadenziehende schleimige Beschaffenheit der Reinkulturen auf festen Nährböden.

Außer seinem charakteristischen färberischen Verhalten kommt dem Pestbazillus im Gegensatz zu allen anderen pathogenen Mikroorganismen noch die Eigentümlichkeit zu, daß er noch bei niederen Temperaturen, selbst im Eisschrank (bei + 5 °) zu wachsen vermag; sein Temperaturoptimum liegt zwischen 25 und 30°. Diese Fähigkeit des Wachstums bei niederen Temperaturen kann praktisch zur Herauszüchtung des Pestbazillus aus Bakteriengemischen verwendet werden, indem man die Kulturen im Eisschrank hält, wo dann nur die Pestbazillen, nicht aber die Begleitbakterien zu sichtbaren Kolonien auswachsen.

Auf der Oberfläche der Agarplatte (von schwach alkalischer Reaktion) erscheinen die Kolonien des Pestbazillus als kleine, tautropfenähnliche, durchscheinende Gebilde, die bei mikroskopischer Betrachtung im Zentrum eine feine, dunklere Körnung aufweisen. Ein zarter Rand faßt die Kolonie ein, der sich nach etwa 36—48 stündigem Wachstum im Brutschrank als ein äußerst zarter, durchsichtiger, fein gezackter Randsaum ausbildet. In älteren Agarkulturen bilden sich oft 2 verschiedene Typen von Pestkolonien aus; der eine Typ, als Zwergwuchs bezeichnet, behält seine kleinen Formen und seine Transparenz bei, der andere Typ, der sogenannte Riesenwuchs, ist ausgezeichnet durch große, weißgraue, granulierte Kolonien; beim Abimpfen von jeder dieser beiden Arten von Kolonien entstehen in der neu angelegten Kultur wieder beide Formen des Wachstums; es handelt sich um eine Variationserscheinung.

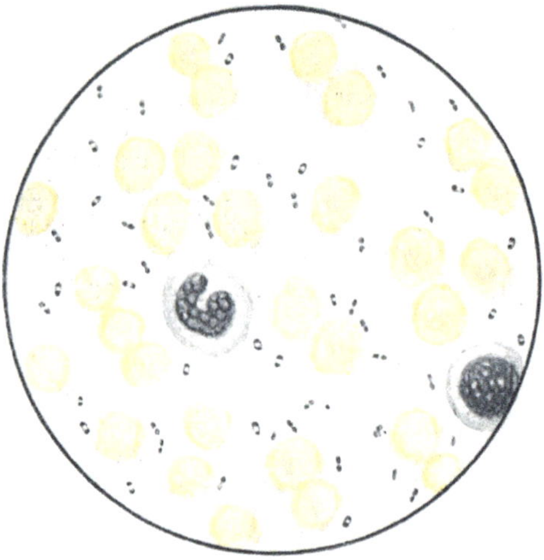

Abb. 112. Bubonen-Eiter mit Pestbazillen. (Polfärbung.) (Vergr. 1:500.)

Die Kolonien auf der Gelatineplatte gleichen außerordentlich denen auf der Agarplatte. Die Gelatineplatte wird nicht verflüssigt. Durch das Klatschpräparat gewinnen wir einen Einblick über den Aufbau der Pestkolonie. Es kommen hier Bilder zu Gesicht, die, wie Kossel und Overbeck betonen, nur bei den Pestbazillen beobachtet werden und daher von differentialdiagnostischer Bedeutung sind. Der Rand der Kolonie zeigt sich aus langen, gewundenen Fadenschlingen zusammengesetzt.

In Bouillon bilden die Pestbazillen lange, streptokokkenähnliche Ketten. Es entsteht zunächst am Boden des Bouillonkölbchens ein feinflockiger, weißlicher Bodensatz, von dem aus kleinste Flocken an der Wand entlang nach oben zu kriechen scheinen. Zu gleicher Zeit erkennt man an der Oberfläche einen „Schleimring" und ein dünnes schwimmendes Häutchen, von dem aus die Pestbazillen stalaktitenartig in die Tiefe wachsen. Sehr begünstigt wird die Bildung dieser Stalaktiten, wenn auf die Oberfläche der Bouillon einige sterile Fetttröpfchen gebracht worden sind, von denen aus das Wachstum in die Tiefe stattfinden kann.

Die Pestbazillen bilden keine Dauerformen und sind gegen Austrocknung außerordentlich empfindlich, dagegen halten sie sich im feuchten Milieu verhältnismäßig lange lebensfähig. So fand Scholtz in einer 4 Jahre alten, im zugeschmolzenen Glasröhrchen gehaltenen Pestkultur noch lebensfähige Pestbazillen; ebenso erhalten sie sich in dicken Schichten angetrockneten Eiters und Sputums, an Wäsche noch nach mehreren Tagen lebensfähig.

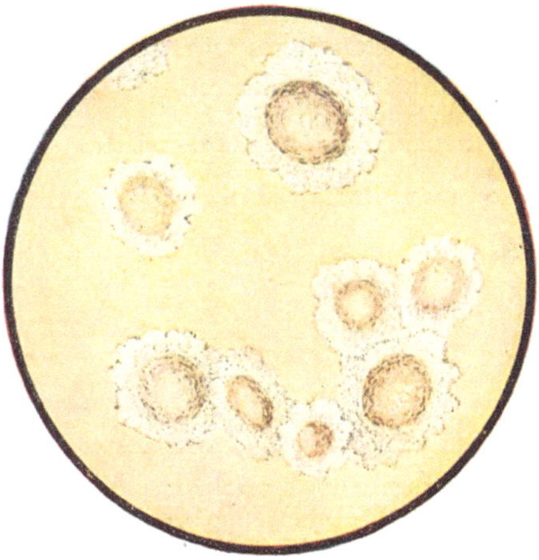

Abb. 113. Pestkolonien. Gelatinekultur 36stündig. (Vergr. 1 : 40.)

Abb. 114. Gelatinekultur. 48std. Wachstum. Klatschpräparat. (Nach Kossel und Overbeck.) (Vergr. 1 : 500.)

Temperaturen zwischen 60° und 65° C töten die Pestbazillen innerhalb einer Stunde ab. Von den natürlichen Desinfizientien kommt in erster Linie Austrocknung und Sonnenlicht in Betracht; auch gegenüber der Konkurrenz der Saprophyten sind Pestbazillen sehr empfindlich, so daß ihre Züchtung aus Bakteriengemischen bei Bruttemperatur leicht fehlschlägt. Von den künstlichen Desinfektionsmitteln vernichtet Pestbazillen

eine $1\,^0/_0$ige Lösung von Karbolsäure und Lysol in 12 Minuten,
eine $1\,^0/_{00}$ige Sublimatlösung nach wenigen Sekunden,
eine $^1/_2\,^0/_0$ige Lösung von Ätzkalk in 20 Minuten.

Auch Mineralsäuren können als Desinfizientien in Betracht kommen; so tötet Schwefelsäure (1 : 2000) in 5 Minuten, Salzsäure (1 : 1000) in 3 Minuten ab.

Im Kadaver (Ratte) kann der Pestbazillus bei Temperaturen unter 22° verhältnismäßig lange (bis zu 2 Monaten) seine Infektiosität behalten, was von weittragender praktischer Bedeutung für die Verschleppung der Seuche ist. Auch im infizierten Floh kann sich der Pestbazillus wochenlang lebend und virulent erhalten.

Die Pestbazillen sezernieren kein echtes Toxin. Ihre Giftwirkung beruht, wie bei den Typhusbazillen und Choleravibrionen, auf Endotoxinen, d. h. Giftstoffen, die in den Bazillenleibern selbst untrennbar vom lebenden Plasma enthalten sind.

In ihrer Tierpathogenität verhalten sich einzelne Pestkulturen bisweilen verschieden; die Virulenz verschiedener Stämme ist vielleicht von Bedeutung für die Erklärung der verschiedenen Letalität der einzelnen Epidemien. Durch Übertragung von Lunge zu Lunge (mittelst Tröpfcheninfektion) läßt sich die Virulenz außerordentlich steigern.

Die empfänglichsten Versuchstiere sind die Nager, wie z. B. die Ratten (die Wanderratte (Mus decumanus) und die Hausratte (Mus rattus), ferner das sibirische Murmeltier (Arctomys bobac.). Selten kommen für die Spontanerkrankungen Mäuse in Betracht. Künstlich übertragbar ist die Pest auf Meerschweinchen, Kaninchen, Affen usw. Für diagnostische Zwecke kommen vor allem Meerschweinchen und Ratten in Frage, und zwar kann man als Infektionsmodus wählen:

a) bei Ratten

1. die subkutane Infektion,
2. den Schwanzwurzelstich,
3. die kutane Infektion,
4. die Infektion von seiten der Schleimhaut der oberen Atmungswege (Konjunktiva),
5. die intraperitoneale Infektion,
6. die Infektion durch Inhalation (kommt praktisch wegen der außerordentlichen Gefahr der Verstreuung des Virus nicht in Betracht!).

b) bei Meerschweinchen

1. die subkutane Infektion,
2. die kutane Infektion (auf die rasierte Haut),
3. die intraperitoneale Infektion.

Für die bakteriologische Diagnose der Pest enthält die amtliche Anweisung vom Jahre 1905 alle technischen Einzelheiten. Arbeiten mit lebenden Pesterregern dürfen in Deutschland (abgesehen von den zur Feststellung eines verdächtigen Erkrankungsfalles erforderlichen diagnostischen Maßnahmen) nur in besonders hierfür eingerichteten und mit abgesonderten Pestlaboratorien versehenen Instituten ausgeführt werden. Wegen der doppelten Gefahr der Ansteckung durch Rattenflöhe und des Eindringens von Pesterregern durch die scheinbar unverletzte Haut muß zur größten Vorsicht beim Arbeiten mit lebenden Pestbazillen eindringlich gemahnt werden; insbesondere muß auch jedes Verspritzen infektiösen Materials und jede Möglichkeit der Entstehung infektiöser Tröpfchen peinlichst vermieden werden, weil sonst — wie mehrere bedauerliche Laboratoriumsinfektionen mit tödlichem Ausgange lehren — die Gefahr der Lungenpest droht! Der Gang der bakteriologischen Untersuchung richtet sich übrigens nach den je nach der Natur des vorliegenden Falles und nach der Beschaffenheit des Entnahmematerials zu erwartenden Schwierigkeiten. Sind in dem zu untersuchenden Material Pesterreger in größerer Menge und ohne Beimengungen fremder Bakterien zu finden, so genügen die kulturellen Methoden; findet man dagegen Pestbazillen in geringer Zahl oder vermengt mit anderen Bakterien, so muß unbedingt der Tierversuch angestellt werden; bei „ersten Fällen" sind selbstverständlich, schon im Hinblick auf die außerordentliche Verantwortlichkeit der Pestdiagnose, alle Methoden heranzuziehen.

Der Gang der bakteriologischen Untersuchung gestaltet sich hiernach folgendermaßen:

1. Anfertigung mikroskopischer Präparate.
   Gramfärbung und Färbung mit Löffler's Methylenblau nach Alkoholfixierung.
2. Anlegen von Agarplatten bei 30° C und 22° C, sowie von Gelatineplatten bei 22° C und eventuell, falls zahlreiche Begleitbakterien vorhanden, bei 10° C.
3. Tierimpfung, und zwar stets:
   a) Meerschweinchen (kutan auf die rasierte Bauchhaut und in eine Hauttasche) und intraperitoneal,
   b) Ratten (intraperitoneal, Schwanzwurzelstich und Infektion seitens der Konjunktiva).
      (Die Tiere sind in flohsicheren, einwandfrei sterilisierbaren Käfigen zu halten.)
4. Aus den verendeten Tieren mikroskopische Präparate wie unter 1 und Züchtungsversuche (siehe 2).
5. Prüfung der gewonnenen Kultur mikroskopisch und mit Hilfe der spezifischen Immunitätsreaktionen (Agglutination und Präzipitation).

Als Untersuchungsmaterial kommt in Betracht:

A. Beim Lebenden:

1. Der Drüsensaft, der mittelst Punktion gewonnen wird. (NB.! Vereiterte Bubonen enthalten fast nie mehr lebende Pestbazillen!)
2. das Blut;
3. Pestpusteln bei Hautpest oder Gewebssaft der Karbunkel.

B. Bei der Leiche:

1. Gewebssaft der Milz;
2. aus Mund und Nase hervorgequollene Flüssigkeit;
3. Pusteln und Furunkel der Haut;
4. Drüsensaft;
5. Blut;
6. Herdförmige Erkrankungen der inneren Organe, insbesondere bronchopneumonische Herde in den Lungen.

C. Pestverdächtige Tierkadaver.

Bei verfaulten Kadavern ist die bakteriologische Diagnose mit großen Schwierigkeiten verknüpft. Da die Pest durch die Ratten der Schiffe verschleppt wird, sind alle toten Ratten, die auf Schiffen, welche aus Pestgegenden kommen, gefunden werden, auf Pestbazillen hin zu untersuchen.

Man begegnet in Rattenkadavern pestverdächtigen Stäbchen, „pestähnlichen Bazillen", die teils nur Saprophyten, teils aber auch pathogen für Versuchstiere sind und öfters den Nachweis durch Kultur und Tierversuch erschweren, ja selbst bei typischem Sektionsbefund und bei gleichzeitiger Anwesenheit des Pesterregers den letzteren vollständig überwuchern können. Hierher gehören Bakterien aus der Gruppe des Gärtner'schen Bacillus enteritidis, der Kapselbazillen, der Gruppe der hämorrhagischen Septikämie, vor allem der Bac. pseudotuberculos. rodentium, der so nahe mit dem Pestbazillus verwandt ist, daß selbst Immunitätsreaktionen nicht immer eine ganz scharfe Scheidung zulassen. In diesem Falle ist noch Klarheit zu erzielen:

a) durch subkutane Impfung oder Verreibung von Organsäften auf der rasierten Bauchhaut des Meerschweinchens;

b) durch die Thermopräzipitation von Ascoli (s. S. 102).

Ausgehend von der Tatsache, daß nach einmaligem Überstehen der Pest meist (aber durchaus nicht immer!) eine ziemlich vollständige Immunität gegen Neuinfektionen zurückbleibt und Reinfektionen selten sind, hatte bekanntlich Haffkine die aktive Immunisierung des Menschen mittelst abgetöteter Pestkulturen gelehrt. Im Gegensatz zu der ursprünglichen Haffkine'schen Methode der Züchtung von Massenkulturen in Bouillon wird man der Züchtung auf Agar-Oberflächen-Kulturen den Vorzug geben, weil hier die spezifischen Schutzstoffe allein ohne die in älteren Kulturen gebildeten sekundären Giftstoffe gewonnen werden können und die Abwesenheit von bakteriellen Verunreinigungen (Tetanus!) ungleich besser gewährleistet werden kann. Die Pestkulturen sind zwecks Herstellung des Impfstoffes 1 Stunde bei 68° im Wasserbad zu erhitzen und der Schutzstoff mit 0,5% Phenol zu versetzen. Die Sterilität ist nicht nur durch Kulturverfahren, sondern stets auch durch den negativen Ausfall des Tierversuchs zu garantieren. Wenn auch die Schutzimpfung keinen absoluten Schutz gegen die Infektion bietet, so ist doch eine Herabsetzung der Mortalität und ein leichterer Verlauf der Erkrankung durch sie gewährleistet. Der Impfschutz dauert allerdings nur einige Monate. Man wird daher in großen Epidemien von Bubonenpest das Haffkine'sche Verfahren neben den hygienischen Maßnahmen, die immer in erster Linie für die Bekämpfung und Verhütung der Seuche in Betracht kommen müssen, in Anwendung bringen, insbesondere für den Schutz solcher Personen, die sich täglich der Infektionsgefahr aussetzen, z. B. von Ärzten und Desinfektoren in infizierten Distrikten, Laboratoriumsdienern usw. Für Personen, die sich vorübergehend der Pestinfektion aussetzen, kommt eventuell die passive Immunisierung. und zwar in Form einer prophylaktischen Injektion von Pestserum in Betracht.

15. Gruppe der hämoglobinophilen Bazillen.

Diese natürliche Gruppe umfaßt einige Arten von Krankheitserregern, die als gemeinsame Merkmale neben ihrer Kleinheit und Unbeweglichkeit, sowie dem gramnegativen Verhalten vor allem die Eigentümlichkeit aufweisen, in künstlicher Reinkultur nur auf hämoglobinhaltigen Nährböden zu wachsen.

Influenzabazillus.

Der Influenzabazillus, im Jahre 1891 von R. Pfeiffer entdeckt, ist einer der kleinsten pathogenen Bazillen und mißt etwa nur 1—1,5 μ in der Länge und kaum 0,5 μ in der Breite; öfters finden sich in künstlichen Kulturen allerdings auch weit längere Scheinfäden. Der Influenzabazillus ist unbeweglich und gramnegativ. Die Färbung erfolgt am besten mit der 10—20fach verdünnten Ziehl'schen Karbolfuchsinlösung.

Seine künstliche Züchtung war mit großen Schwierigkeiten verknüpft. Sie gelang erst, als R. Pfeiffer den Blutagar zur Züchtung benutzte. Die schräg erstarrten Agarröhrchen werden mit sterilem Blut (Menschen- oder am besten Taubenblut) überstrichen oder man verwendet Agarröhrchen, denen man im flüssigen Zustande bei 45—50° 1 ccm Blut zusetzt. Auch käufliches Hämoglobin (Merck) ist verwertbar. Auf gewöhnlichen blutfreien Nährböden, auch auf Serum, erfolgt kein Wachstum, außer bisweilen bei direktem Ausstrich des Sputums, wo die in demselben enthaltenen kleinen Blutbeimengungen bereits genügen, um die Entwickelung des Influenzabazillus zu ermöglichen; die Übertragung auf neues hämoglobinfreies Nährsubstrat bleibt aber dann erfolglos. In Mischkulturen z. B. mit Xerosebazillen, wachsen Influenzabazillen auch ohne Blutzusatz (M. Neißer).

Die Influenzabazillen wachsen auf Blutnährböden in Form kleiner, tautropfenähnlicher Kolonien, die feiner und durchsichtiger als Streptokokkenkolonien erscheinen.

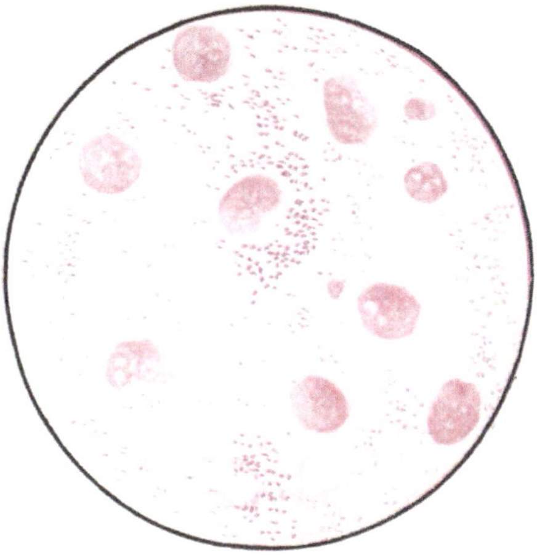

Abb. 115. Influenzabazillen im Rachenschleim. Färbung mit verd. Karbolfuchsin. (Vergr. 1 : 500.)

Die Widerstandsfähigkeit gegen äußere Einflüsse ist außerordentlich gering. Chloroformdämpfe und kurzes Erwärmen auf 60° tötet sie in wenigen Minuten ab. In angetrocknetem Zustande gehen sie bei 37° schon in 1 bis 2 Stunden zugrunde.

Über die Giftbildung des Influenzabazillus liegen keine eindeutigen Angaben vor. Man nimmt an, daß beim Absterben des Mikroben das Gift frei wird, wie es für Cholera- und Typhusbazillen bekannt ist (Endotoxine). Die Neuralgien, die sich im Verlauf einer Influenzainfektion einstellen, werden als Giftwirkung aufgefaßt.

Bei Affen hat R. Pfeiffer durch intratracheale Injektion von Reinkulturen eine fieberhafte Infektion hervorrufen können. Mäuse, Kaninchen und Meerschweinchen gehen nach der Injektion lebender oder toter Influenzabazillen durch Giftwirkung zugrunde.

Es gibt eine ganze Reihe von Bakterien, die morphologisch und kulturell eine große Ähnlichkeit mit dem Influenzabazillus aufweisen, die sich bei gewöhnlichen katarrhalischen Erkrankungen der oberen Atmungswege und im Kaverneninhalt von Phthisikern, im Sputum bei Fleckfieber u. a. m. finden. Diese influenzaähnlichen Stäbchen werden als Pseudoinfluenzabazillen bezeichnet. Auch bei Erkrankungen von Hunden und Schweinen wurden ebenfalls schon influenzaähnliche Stäbchen gezüchtet. Bei der Unmöglichkeit, den echten R. Pfeiffer'schen Influenzabazillus von diesen nahe verwandten Formen durch Tierpathogenität oder Immunitätsreaktionen scharf zu unterscheiden, ist in letzter Zeit die ätiologische Bedeutung des Influenzabazillus überhaupt stark angezweifelt worden. Dem halten allerdings R. Pfeiffer und seine Schüler entgegen, daß die

Influenzabazillen sich nur während und kurze Zeit nach einer Influenzaepidemie bei Kranken finden und erklären die Befunde bei Gesunden als latente Infektion.

Der Influenzabazillus siedelt sich hauptsächlich auf den Tonsillen und der Bronchialschleimhaut an und kann von dort aus Metastasen (z. B. im Gehirn) bilden oder durch Giftwirkungen Zustände herbeiführen, die das eigentliche Krankheitsbild einer Angina und Bronchitis verdecken. So sind insbesondere Fälle von eitriger Influenza-Meningitis bekannt; ebenso sind für Erkrankungen der Nasennebenhöhlen, des Mittelohrs, von Pleuritis, Peritonitis, Cholecystitis, Arthritis, Epididymitis und Pyosalpinx die Influenzabazillen in ätiologische Beziehung gebracht worden.

Das Influenzasputum, das gewöhnliche Untersuchungsobjekt auf Influenzabazillen, hat am Anfangsstadium der Erkrankung glasigen, später eitrigen Charakter. Handelt es sich um eine frische Infektion, so findet man die Influenzabazillen in großen Mengen vor, und zwar sind sie extra- und intrazellulär gelegen.

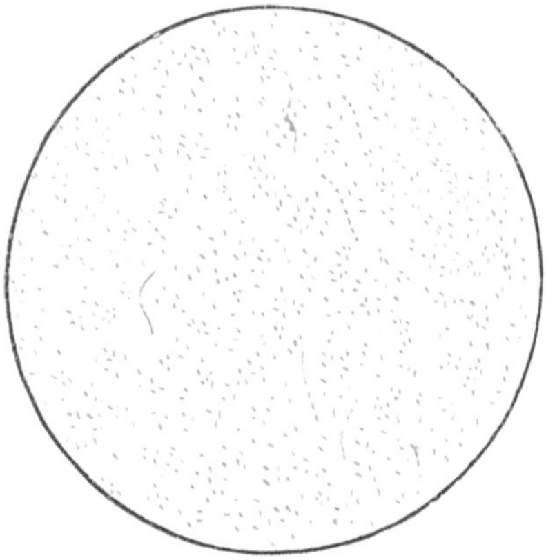

Abb. 116. Influenzabazillen (Reinkultur). Färbung mit verd. Karbolfuchsin. (Vergr. 1 : 500.)

Die in dem eitrigen Sputum vorhandenen Eiterflöckchen werden isoliert und in vorsichtiger Weise nach Art der Blutpräparate ausgestrichen oder zwischen 2 Deckgläschen zerquetscht.

Da es einerseits atypische Formen von Influenzabazillen gibt, die eine bedeutend erheblichere Größe aufweisen, andererseits häufig im Sputum Bazillen zu finden sind, die morphologisch durchaus dem Influenzabazillus gleichen, aber auch auf blutfreiem Substrat wachsen, so kann eine einfache mikroskopische Diagnose auf Influenzabazillen mit Sicherheit nicht gestellt werden und ist somit in allen Fällen, wenigstens beim Beginn einer Epidemie, unbedingt das Kulturverfahren heranzuziehen.

Ob der von Cohen in einigen Fällen von Meningitis gefundene Bazillus, der im übrigen dem Influenzabazillus völlig gleicht, aber eine sehr erhebliche Tierpathogenität (und zwar auch von seiten der unverletzten Nasenschleimhaut aus!) aufwies, von ihm artverschieden ist oder nur einen besonders virulenten Stamm der Influenzabazillen darstellt, ist unentschieden.

Keuchhustenbazillus.

Bordet und Gengou fanden im Jahre 1900 im Auswurf bei Keuchhusten neben influenzaähnlichen Bazillen kleine, ovoide, fast kokkenähnliche Stäbchen mit abgerundeten Ecken, die im Stadium catarrhale extrazellulär und im Stadium convulsivum meist intrazellulär gelagert sind und bei bestimmten Färbungen (vgl. beim Pestbazillus) Polfärbung aufweisen. Klimenko führt als Unterscheidungsmerkmal von allen übrigen Bakterien an, daß sie sich mit Karboltoluidinblau nicht wie diese blau, sondern lila färben.

Wahrscheinlich ist der von Jochmann und Krause beschriebene „Bacillus pertussis Eppendorf“ mit dem eben erwähntem identisch.

Der Keuchhustenerreger ist ausgesprochen hämoglobinophil, d. h. seine Züchtung gelingt anfangs nur auf Nährböden mit Blutzusatz. Auf dem Blutagar bewirkt er Hämolyse, ein wichtiges Unterscheidungsmerkmal gegenüber dem Influenzabazillus. Zur Fortzüchtung eignen sich besonders Nährböden, die Aszitesflüssigkeit und Serum enthalten. Nach längerem Fortzüchten verlieren die Kulturen ihr Hämoglobinbedürfnis und es gelingt dann ihre Kultur auf gewöhnlichem Agar.

Nach Scheller kommt im Kondenswasser Fadenbildung vor. In flüssigen Nährmedien wächst der Bazillus in etwas größerer Form, als oben angegeben.

Seine Widerstandsfähigkeit gegen äußere Einflüsse ist sehr gering. Die Kulturen auf Blutagar halten sich bis zu einem Monat lebensfähig, während Influenzakulturen mindestens jede Woche einmal auf frischen Nährboden übertragen werden müssen, weil sie sonst absterben.

Die vorsichtig abgetöteten Bazillenleiber üben im Tierversuch (durch Endotoxine) eine stark entzündungserregende Wirkung aus.

Durch intratracheale Impfung der Reinkultur läßt sich bei Affen, Hunden und Katzen ein typischer Keuchhusten hervorrufen. Meerschweinchen gehen nur nach Verwendung großer Dosen bei intraperitonealer Injektion durch Endotoxinwirkung und nicht durch Giftproduktion zugrunde. Im Peritonealexsudate lassen sich keine oder nur sehr wenige Stäbchen nachweisen. Es finden sich Blutungen in die inneren Organe, Pleuraergüsse usw.

Nach Verimpfung der Bazillen auf das Kaninchenauge folgt eine stürmische Reaktion, starke Trübung der Hornhaut, intensive Konjunktivitis.

Für den Nachweis der Keuchhustenbazillen kommt ausschließlich das Sputum keuchhustenkranker Kinder in Betracht.

Zwecks Gewinnung einer Reinkultur verfährt man am besten folgendermaßen:

Das von Desinfizientien und Erbrochenem vollkommen freie Sputum wird mindestens dreimal in physiologischer NaCl-Lösung gewaschen, um es vom anhängenden Rachensputum zu befreien. Die gewaschenen Sputumteilchen werden auf geeignete Nährböden verrieben, von denen nach 48stündigem Wachstum die verdächtigen Kolonien unter der Lupe abgestochen und auf Taubenblutagar weiter verimpft werden. Ein mit Karboltoluidinblau oder Gram gefärbtes Präparat oder ein Klatschpräparat einer verdächtigen Kultur bringt weiteren Aufschluß.

Jochmann fand den Bazillus nur im Stadium catarrhale und in den ersten Tagen des Stadium convulsivum, vermißte ihn dagegen während der langen Dauer des konvulsiven Stadiums, also gerade in der charakteristischen Phase des Keuchhustens. Damit stimmt gut überein, daß die Ansteckungsfähigkeit des Keuchhustens im katarrhalischen Stadium am höchsten ausgeprägt und nach einigen Beobachtern im Krampfstadium (das als toxische oder nervöse Nachkrankheit aufgefaßt wird) völlig fehlt.

Für die ätiologischen Beziehungen dieses Bazillus zum Keuchhusten sprechen außer den Tierversuchen auch die Ergebnisse der Agglutination und der Komplementbindung. Serum von Kranken und Rekonvaleszenten agglutiniert den Keuchhustenbazillus, wenn auch in schwachen Verdünnungen (1 : 20—30 nach Seiffert), während Normalserum ihn überhaupt nicht beeinflußt. Auch ergab die Komplementbindungsmethode mit Rekonvaleszentenserum gegenüber dem Keuchhustenbazillus im Gegensatz zum Influenzabazillus deutlich positive Ausschläge.

Durch Immunisierung von Kaninchen und Pferden sind hochwirksame komplementbindende und agglutinierende Immunsera gewonnen, die auch reich an Bakteriotropinen sind. Mit solchem Immunserum gelang die Agglutination von Keuchhustenbazillen noch in Verdünnungen von 1 : 1000, während Influenzabazillen unbeeinflußt blieben.

Der Bazillus conjunctivitidis R. Koch-Weeks:

zuerst von R. Koch im Jahre 1883 in Ägypten, dann von Weeks in Nordamerika beobachtet und später auch in vielen Ländern Europas (auch in Deutschland) als Erreger einer weit verbreiteten akuten Bindehautentzündung von meist gutartigem Verlauf erkannt. Der Koch-Weeks'sche Bazillus steht zwar dem Influenzabazillus sehr nahe, ist aber doch von ihm deutlich verschieden, wie sich auch daraus ergibt, daß die durch ihn verursachte Konjunktivitis keinerlei epidemiologische Zusammenhänge mit Influenza aufweist. Der Koch-Weeks'sche Bazillus ist länger und im Verhältnis schlanker als der Influenzabazillus und gedeiht entschieden besser auf Serum- als auf Blutagar; insbesondere bevorzugt er Nährböden mit Zusatz von menschlichem Serum; dagegen sagt ihm Taubenblut-Agar (der für Influenzabazillen einen so guten Nährboden darstellt) nicht zu. Zum Unterschied vom Influenzabazillus fehlt dem Koch-Weeks'schen Erreger jede pathogene oder toxische Wirkung im Tierversuch; seine ursächliche Bedeutung für die ihm zugeschriebene Konjunktivitis ist durch den positiven Ausfall von Übertragungsversuchen auf den Menschen sichergestellt.

16. Schweinerotlauf- und Mäuseseptikämie-Bazillen.

Der vorigen Gruppe nach ihrem morphologischen Verhalten nahestehend, aber von ihr durch die positive Färbung nach Gram und das charakteristische Wachstum in Gelatine deutlich unterschieden; die Kulturen in Gelatine zeigen keine Verflüssigung des Nährbodens und bieten durch ihre vom Zentrum ausstrahlenden Ausläufer und ihr lockeres Gefüge ein zierliches Bild, das in Stichkulturen sehr deutlich hervortritt. Ob der Schweinerotlauf- und der Mäuseseptikämiebazillus — letzterer von R. Koch auch saprophytisch in Faulflüssigkeiten gefunden — zwei getrennte, wenn auch einander sehr nahestehende Arten darstellen oder ob der Mäuseseptikämiebazillus nur als eine in ihrer Pathogenität für größere Tiere abgeschwächte Varietät des Schweinerotlaufbazillus aufzufassen ist, bleibt noch strittig. Praktisch wichtig ist, daß Schweinerotlauf auf den Menschen übertragbar ist, teils als gutartige erysipelähnliche Hauterkrankung (bei Schlächtern u. dgl., die sich an rotlaufinfizierten Schweinen angesteckt haben), teils als infektiöse Darmerkrankung bei Kindern. Im Tierversuch ist die außerordentlich starke Vermehrung bemerkenswert, die der Erreger in den kleinsten Gefäßen, insbesondere in der Niere, entfaltet und die zu vollständiger Verstopfung dieser Gefäße und Erfüllung der Glomerulusschlingen führt; die grampositiven Bazillen treten hierbei bei Anwendung einer Kontrastfärbung (mit Pikrokarmin) überaus deutlich in Erscheinung.

Bei Kaninchenpassage wird die ursprüngliche Virulenz für Schweine herabgemindert; auf dieser Erfahrung basierte die Schutzimpfung nach Pasteur, die allerdings jetzt durch das kombinierte Verfahren von Lorenz (gleichzeitige Impfung mit lebender Kultur und passive Immunisierung mit Heilserum) überholt ist. —

Im folgenden seien vor den Gruppen der Diphtherideen und säurefesten Bazillen, welche bereits den Übergang zu den Streptotricheen bilden, noch einige krankheitserregende Bazillen beschrieben, deren Stellung im System vorläufig nicht genau angegeben werden kann, nämlich der Diplobacillus Morax-Axenfeld, der Streptobacillus Ducrey und der Erreger des Maltafiebers.

17. Der Diplobacillus Morax-Axenfeld

als Erreger einer weit verbreiteten charakteristischen Form von Bindehautentzündung, im Jahre 1896 fast gleichzeitig und unabhängig voneinander durch Morax und Axenfeld entdeckt. Es handelt sich um ein plumpes, gramnegatives, unbewegliches Stäbchen, das meist zu zweien, aber auch in kurzen Ketten liegt und in seinem morphologischen Verhalten am meisten dem Bac. Friedländer ähnelt; doch ist es von diesem letzteren durch sein Verhalten in künstlicher Kultur vollständig verschieden, indem es nur auf serumhaltigen Nährböden zum Wachstum gebracht werden kann und das erstarrte Blutserum verflüssigt. Durch Übertragung der Reinkultur auf die menschliche Bindehaut läßt sich das typische Bild der Morax-Axenfeld'schen Konjunktivitis erzeugen, während Tierversuche nur negative Ergebnisse lieferten.

18. Ulcus molle-Bazillus (Ducrey).

Ulcus molle wurde früher von der sog. unitarischen Schule als prinzipiell identisch mit dem syphilitischen Primäraffekt betrachtet; gegen diese Auffassung sprachen allerdings schon zu der Zeit, da die Erreger beider Krankheiten noch nicht bekannt waren, gewichtige Gründe: Erstens stellt das Ulcus molle stets einen streng lokalisierten Prozeß dar und zieht höchstens die regionären Lymphdrüsen in Mitleidenschaft, während dem syphilitischen Primäraffekt später die Verallgemeinerung der Infektion auf den ganzen Organismus folgt; zweitens kann das Ulcus molle bei der davon befallenen Person beliebig oft durch Autoinokulation reproduziert werden, während das bekanntlich beim luetischen Primäraffekt solange nicht möglich ist als die Allgemeininfektion noch fortbesteht. Die Schwierigkeit der strengen Unterscheidung bei dem Infektionsprozesse war insbesondere darin begründet, daß Mischinfektionen häufig vorkamen wie das bei den gemeinsamen Infektionsbedingungen beider Krankheiten leicht verständlich ist. Heute, da wir die Erreger sowohl der Lues als des Ulcus molle kennen, ist die frühere unitarische Auffassung erst recht unhaltbar.

Der Erreger des Ulcus molle, von Ducrey entdeckt und später von Unna und Kröfting studiert, ist ein kleiner, in langen Ketten angeordneter, gramnegativer, unbeweglicher Bazillus (Streptobazillus Ducrey), der sowohl in Ausstrichpräparaten aus der Tiefe des Geschwürs als auch in Schnitten von kleinen, vom Rande des Geschwürs exzidierten Gewebsstückchen nachweisbar ist und auf Nährböden mit Zusatz von Blutserum oder Aszitesflüssigkeit gezüchtet werden kann; die Kultur ist aus kleinen, durchsichtigen, nichtkonfluierenden Kolonien mit etwas unregelmäßigem Rande zusammengesetzt; gerade Klatschpräparate zeigen die charakteristische Anordnung der Bazillen in langen Ketten. Durch Verimpfung der Kulturen kann beim Menschen und Affen ein typisches Ulcus molle hervorgerufen werden.

19. Bazillus des Maltafiebers (Mittelmeerfiebers).

Das Malta- oder Mittelmeerfieber ist, wie schon der Name sagt, eine in den Mittelmeerländern heimische Infektionskrankheit, die früher vor dem Einsetzen der systematischen Bekämpfung in Malta sehr große Verbreitung gefunden hatte; da gelegentlich aber auch schon eingeschleppte Fälle in Mitteleuropa (Hamburg, Wien, Paris, Schweiz) bekannt geworden sind, so ist die Kenntnis der Krankheit auch für den einheimischen praktischen Arzt von Bedeutung, um so mehr als die klinische Differentialdiagnose zwischen Maltafieber, Abdominaltyphus und Malaria oft sehr schwierig oder unmöglich ist.

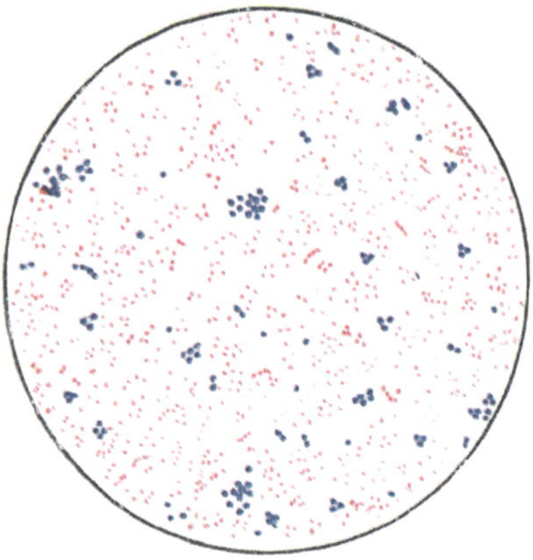

Abb. 117. Maltafieberbazillen und Staphylokokken. (Gramfärbung). (Vergr. 1 : 500.)

Der Erreger, von Bruce im Jahre 1887 entdeckt, wird in den meisten Arbeiten irrtümlich als Micrococcus melitensis bezeichnet; es handelt sich aber unzweifelhaft um einen Bazillus, allerdings um den kleinsten, direkter mikroskopischer Untersuchung zugänglichen Bazillus, der z. B. noch entschieden kleiner ist als der Influenzabazillus. Der Bac. melitensis besitzt keine Eigenbewegung und ist gramnegativ; in jungen Kulturen sind fast nur sehr kurze oder eiförmige Individuen vorhanden, die in der Tat leicht mit Kokken verwechselt werden können; in älteren Kulturen finden sich auch längere fädige und kolbige Formen. Sehr charakteristisch für den Maltafiebererreger ist sein außerordentlich langsames Wachstum auf künstlichem Nährboden; Kulturen, die frisch aus dem menschlichen Körper angelegt werden, zeigen fast nie vor 5 bis 7 Tagen ein mit bloßem Auge sichtbares Wachstum; ältere häufig umgezüchtete Kulturen gehen schon nach 1—2 Tagen an. Die Kolonien auf Agar haben zunächst das Aussehen feinster Tautröpfchen und wachsen später zu halbkugeligen, farblosen, selten konfluierenden Gebilden heran, die bei mikroskopischer Betrachtung außer einer feinen Körnung und glattem Rande keine Besonderheiten aufweisen. Alte Agarkulturen zeigen häufig bräunliche Färbung. Auf Drigalski'schem Nährboden, der besonders zur Reinzüchtung des Erregers aus infizierten Se- und Exkreten mit Vorteil verwendet wird, wächst der Bac. melitensis in Form feiner, blauer Kolonien. Durch spezifisches Immunserum wird der Erreger agglutiniert; umgekehrt geben Kulturen des Erregers mit dem Serum der Erkrankten deutliche Agglutination, nach Art der Widal'schen Reaktion bei Typhus; ebenso wie bei Typhus ist nur der positive, nicht aber der negative Ausfall der Reaktion differential-diagnostisch verwertbar, da bei chronischen Erkrankungsfällen die Reaktion fehlen kann. Außer dieser serologischen Untersuchung kommt für die bakteriologische Diagnose des Maltafiebers in erster Linie die Züchtung des Erregers aus dem Blute des Erkrankten, und zwar am besten während der fieberhaften Zeit, seltener im fieberfreien Intervall, in Betracht; meist genügt schon 1 ccm Blut zur Aussaat. Demnächst ist auf die Ausscheidung des Erregers im Urin zu fahnden, die in etwa der Hälfte sämtlicher Erkrankungsfälle zustande kommt und bisweilen ähnlich wie beim Typhus abdominalis (dem das Maltafieber überhaupt in epidemiologischer Beziehung sehr ähnelt) sich lange Zeit in die Rekonvaleszenz hinein fortsetzt. Die ursächliche Bedeutung des Bac. melitensis ist über jeden Zweifel erhaben, da in einer Reihe von Fällen beim Arbeiten mit den Kulturen typische Laboratoriumsinfektionen beim Menschen vorgekommen sind, und zwar teils infolge Eindringens des Erregers durch kleinste Hautverletzungen, teils auf intestinalem Wege, der, wie wir sehen werden, bei der natürlichen Verbreitung des Maltafiebers durch Ziegenmilch die wichtigste Rolle spielt. Auch bei Affen, Meerschweinchen und Kaninchen gelingt die experimentelle Erzeugung eines dem menschlichen sehr ähnlichen Krankheitsbildes; insbesondere kommt es bei diesen Versuchstieren wie beim Menschen häufig zu schweren kachektischen Erscheinungen und allgemeiner Abmagerung, offenbar infolge Aufnahme der toxischen Produkte des Erregers. In seinen endemischen Herden kommt das Maltafieber als natürliche Infektion in weitester Verbreitung bei Ziegen und anderen Haustieren vor; in Malta erwiesen sich über die Hälfte sämtlicher Ziegen als infiziert und etwa 10% derselben zeigten massenhafte Ausscheidung der Erreger mit der Milch. Sobald der Genuß der Ziegenmilch in der Garnison von Malta verboten worden war, hörte das früher unter den Soldaten daselbst sehr verbreitete Maltafieber wie mit einem Schlage auf.

Diphtherideen.

Unter diesem Namen (auch Corynebakterium [Lehmann und Neumann]) werden einige Arten zusammengefaßt, die den Übergang von den bisher betrachteten einfach gebauten Bazillen zu den Streptotricheen bilden und „höhere Wuchsformen" (Kolben- und Keulenformen sowie echte Verzweigungen) gelegentlich in der Kultur zeigen. Im infizierten Organismus kommen echte Verzweigungen nur selten zur Beobachtung, doch zeigen auch hier schon die einzelnen Bazillen meist eine unregelmäßige Form, sowohl was die Dicke, wie die Färbbarkeit betrifft.

20. Diphtheriebazillus.

Die Diphtherie, eine schon im Altertum bekannte Krankheit, wurde als klinische Krankheitseinheit erst von Bretonneau erkannt und als „Diphtheritis" bezeichnet. Trousseau führte später den heutzutage gebräuchlichen Namen „Diphtherie" ein.

Im Jahre 1883 beobachtete Klebs in den Schnittpräparaten durch Diphtheriemembranen eigenartige Stäbchen, die aller Wahrscheinlichkeit nach mit den heute als Erreger der Diphtherie anerkannten Diphtheriebazillen identisch gewesen sind, und ein Jahr darauf (1884) gelang es Löffler auf R. Koch's Anregung hin, diese Stäbchen in Reinkultur zu gewinnen und die Spezifizität dieses Bazillus für die Diphtherie zu erbringen.

Diese unbeweglichen, meist sanft gekrümmten Stäbchen von wechselnder Länge und Dicke (oft keil- oder keulenförmig, oder ganz unregelmäßig gestaltet) finden sich in Membranausstrichen und in den aus der Kultur hergestellten Präparaten, selten in paralleler, meist in regelloser lockerer Lagerung, etwa wie die fächerartig ausgespreizten Finger der beiden kreuzweise übereinander gelegten Hände; sehr charakteristisch sind V- oder Y-Formen. Im hängenden Tropfen sind häufig stärker lichtbrechende Körnchen an den Polenden der Stäbchen sichtbar, die jedoch nicht als Sporen zu deuten sind.

Die Diphtheriebazillen färben sich gut mit allen Anilinfarben, auch sind sie nach Gram färbbar. Doch zeigen zahlreiche Exemplare eine ungleichmäßige Färbung, in dem verschiedene Teile des Bazillenleibes die Farbe ungleich aufnehmen; es wechseln innerhalb desselben Bazillus stark gefärbte mit schwach oder gar nicht tingierten Teilen und es entstehen so gebänderte und vakuolisierte Formen. Besonders intensiv färbbare Gebilde sind die Polkörnchen oder Ernst-Babes'schen metachromatischen Körperchen, die nach den Untersuchungen von M. Neißer von ausschlaggebender differentialdiagnostischer Bedeutung sind. Sie fehlen bei den diphtherieähnlichen Bakterien oder sind hier wenigstens nur bei vereinzelten Exemplaren nachweisbar. Beim echten Diphtheriebazillus hingegen finden sich in Kulturen auf Löffler'schem Serum, die bei 35° gezüchtet, nicht jünger als 9 und nicht älter als 18 Stunden sein dürfen, die genannten Körperchen konstant, während sie bei den älteren Kulturen verschwinden.

Neißer verwendet zur färberischen Darstellung der Körperchen folgende Lösungen:

Lösung a)	Methylenblau (Höchst) . . .	1,0,
	Alcohol absol.	20,0,
	Acid. acet. glac.	50,0,
	Aqu. dest.	1000,0.
Lösung b)	Kristallviolett (Höchst) . .	1,0,
	Alcohol absol.	10,0,
	Aqu. dest.	300,0.

Die Färbung der Ausstrichpräparate geschieht mit einer Mischung von 2 Teilen Lösung a und 1 Teil Lösung b etwa 3—5 Sekunden. Nach Abspülen der Präparate mit Wasser wird mit einer Chrysoidin- oder Vesuvinlösung (2 g in 300 heißem, destillierten Wasser gelöst) gleichfalls etwa 3—5 Sekunden nachgefärbt; nach einer späteren Vorschrift können Färbung und Entfärbung auch je 15 Sekunden dauern.

Die Diphtheriebazillen zeigen schwarzblaue Körnchen im gelblich- bis bräunlichgefärbten Bazillenleib.

Für die Sichtbarmachung der metachromatischen Körperchen aus frischen Rachenabstrichen, d. h. im direkten Original-Ausstrichpräparat, eignet sich besonders die von Gins empfohlene Modifikation der Neißer'schen Färbemethode. Sie besteht darin, daß zwischen die beiden Akte der alten Diphtheriebazillen-Doppelfärbung eine Jodierung, und zwar mit Lugol'scher Lösung, der 1%ige Milchsäure zugesetzt ist, eingefügt wird. Nach der etwa 5 Sekunden dauernden Jodbehandlung sind die Präparate gut mit Wasser abzuspülen und

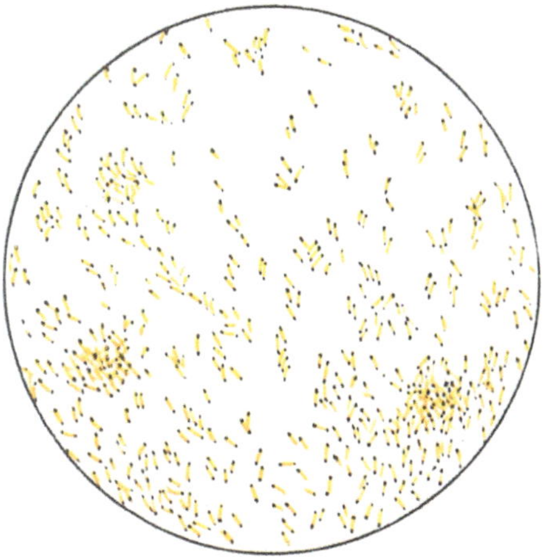

Abb. 118. Diphtheriebazillen. (Neißer-Färbung.) (Vergr. 1 : 500.)

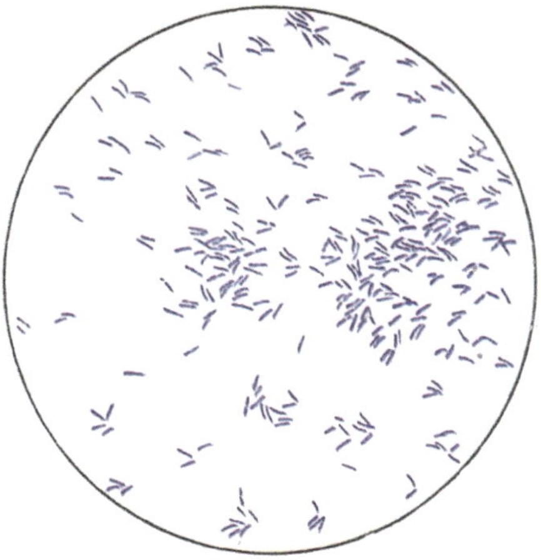

Abb. 119. Diphtheriebazillen. Reinkultur. (Gramfärbung.) (Vergr. 1 : 500.)

dann nachzufärben wie oben. Die Körperchen erscheinen zumeist intensiver gefärbt und bedeutend größer, als man sie bisher zu sehen gewohnt war.

Was nun das kulturelle Verhalten der Diphtheriebazillen anbetrifft, so wachsen sie sowohl bei Gegenwart wie bei Abwesenheit von Sauerstoff, am besten bei 35°; bei höherer Temperatur kommen die metachromatischen Körperchen nicht gut zur Entwickelung. Ein schwach alkalischer Nährboden ist für ihre Entwickelung am geeignetsten. Am üppigsten gedeihen sie auf Löfflerserum (3 Teile Serum + 1 Teil 1%ige Traubenzuckerbouillon). Streptokokken und Staphylokokken, die in dem diphtherieverdächtigen Material fast immer vorhanden sind, kommen auf diesem elektiven Nährboden im Vergleich zu den Diphtheriebazillen nicht so gut fort, so daß die Diphtheriebazillen die Oberhand gewinnen. Auf dem Löffler'schen Blutserum sehen die Diphtheriekolonien wie kleine grauweiße Knöpfe aus, die sich stecknadelkopfähnlich über die Unterlage erheben. Auf gewöhnlichem Agar erfolgt nur sehr spärliches Wachstum; auf Glycerin-Agarplatten entwickeln sich nach 24 Stunden kleinste, mit freiem Auge kaum sichtbare, durchscheinende Kolonien, die bei mikroskopischer Betrachtung einen auffallend grobkörnigen, glänzenden, chagrinierten Inhalt aufweisen, während die Randpartien etwas dünner und hell erscheinen. Ein Klatschpräparat von einer solchen Kolonie zeigt die Bazillen in außerordentlich kurzen Formen, die meist eine keilförmige Verdickung des einen Endstückes und die oben beschriebene regellose Anordnung der Bazillen aufweisen.

Die Größe der Diphtheriebazillen wechselt bei verschiedenen Stämmen; so erscheinen sie in längeren Formen, wenn sie auf künstlichen

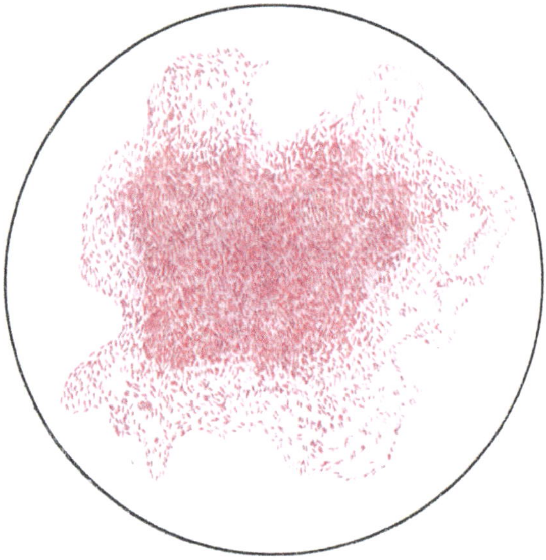

Abb. 120. Klatschpräparat. Diphtheriebazillen-Kolonie. (Färbung mit verd. Karbolfuchsin.)

Nährböden fortgezüchtet werden; auch zeigen aus Nasensekret von Dauerausscheidern und Bazillenträgern gezüchtete Stämme meistens längere Formen als solche aus frischen virulenten Kulturen. Kolbige Anschwellungen an den Enden des Bazillus treten insbesondere zahlreich bei alten, lange Zeit fortgezüchteten Kulturen (Laboratoriumsstämmen) auf. Gerade diese letzteren keulenartigen Elemente, die man als Involutionsformen auffaßt, sind aber auch schon in jungen Kulturen vorhanden und für die Diphtheriebazillen als besonders charakteristisch anzusehen.

In Bouillon findet ein gutes Wachstum der Diphtheriebazillen statt; auf ihrer Oberfläche bildet sich oft ein weißliches Häutchen und auf dem Grunde des Kulturgefäßes ein krümeliger Bodensatz. Bemerkenswert ist die schon früh einsetzende starke Säuerung der Bouillon

(Säuerung bis zum 2. Tage meist entsprechend 0,3 ccm $^1/_4$ Normal-Lauge auf 50 ccm Bouillonkultur); nach etwa 8 Tagen findet wieder Umschlag in alkalische Reaktion statt.

Diese Säurebildung ist für die Frage, ob Diphtheriebazillen oder Pseudodiphtheriebazillen vorliegen, von differentialdiagnostischer Bedeutung, da letztere keine oder nur sehr wenig Säure produzieren. Sehr anschaulich läßt sich die Säurebildung im Thiel'schen Nährboden demonstrieren, der folgendermaßen zusammengesetzt ist;

Nutrose und Traubenzucker je 1,0, NaCl und Lackmuslösung Kahlbaum āā 0,5, Aqu. dest. 100,0; nach Neutralisation zum Lackmusneutralpunkt Zusatz von 2 ccm 1 %iger Sodalösung.

Der Thiel'sche Nährboden wird durch Diphtheriebazillen binnen 2—3 Tagen gerötet und getrübt, durch Pseudodiphtheriebazillen dagegen meist unverändert gelassen.

Die Widerstandsfähigkeit der Diphtheriebazillen gegenüber Desinfektionsmitteln ist nur gering. 1 ‰iges Sublimat tötet sie innerhalb einer Minute, 30—60 %iger Alkohol in 1—5 Minuten, eine 1 %ige Wasserstoffsuperoxdlösung in 3 Minuten ab.

Gegen Erwärmen sind sie wenig resistent, gegen Kälteeinwirkungen dagegen fast ganz unempfindlich. In dicker Schicht (Membranen) können sie sich bis zu 6 Monaten lebend erhalten, vorausgesetzt, daß dieselben vor Licht, hohen Temperaturen und vor Feuchtigkeit geschützt sind, wie z. B. Abel nachwies.

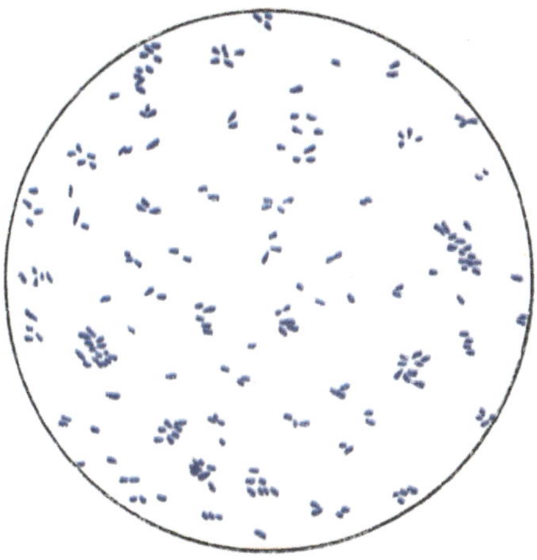

Abb. 121. Pseudodiphtheriebazillen. Reinkultur. (Gramfärbung.) (Vergr. 1 : 500.)

Das diphtherieverdächtige Material wird mittelst eines kleinen Wattetupfers aus dem Rachen und von den Tonsillen, sowie aus der Nase — (manchmal, besonders bei Keimträgern, finden sich die Bazillen nur in der Nase, nicht im Rachen) — entnommen und in geeigneten Versandgefäßen vor Licht, Feuchtigkeit und Wärme geschützt, so schnell wie möglich dem betreffenden Untersuchungsamt zugesandt, wo es sofort verarbeitet wird.

Zunächst werden Ausstriche auf sterilen Objektträgern angelegt, die nach der modifizierten Neißer-Gins'schen Methode gefärbt werden. Unter Umständen findet man schon jetzt typisch gelagerte Stäbchen, die wegen ihres färberischen Verhaltens als Diphtheriebazillen angesprochen werden müssen. Dann werden die Züchtungsverfahren eingeleitet. Es werden Kulturen auf Löfflerserum und Glyzerin-Agarplatten angelegt, die im Brutschrank bei 35° C gehalten werden. Oft findet man nach 6—9 stündigem Wachstum in Klatschpräparaten, die mit verdünnter Karbolfuchsinlösung gefärbt werden, eine Reinkultur typisch gelagerter Stäbchen. In vielen Fällen kann man, gestützt auf die charakteristische Form und Lagerung der Diphtheriebazillen und ihre typische Färbung, schon jetzt die positive Diagnose stellen. Auf jeden Fall sind die negativen und fraglichen Fälle nach 12—14stündiger Bebrütung wiederum mikroskopisch zu kontrollieren. Zu diesem Zwecke werden die von verschiedenen Stellen der Löfflerserumplatte auf Objektträgern angelegten Ausstriche mit verdünntem Karbolfuchsin und mit der Neißerschen Doppelfärbung gefärbt. Es ist sehr zu empfehlen, die Untersuchung auf 2 voneinander unabhängige Untersucher zu verteilen, die sich gegenseitig kontrollieren. Zeigt sich typische Form, Lagerung und im Neißerpräparat Körnchenfärbung, so kann die Diagnose „Diphtheriebazillen" ohne Bedenken gestellt werden. In zweifelhaften Fällen, d. h. beim Vorkommen atypischer Formen oder bei Abstrichen aus dem Konjunktivalsack, aus der Vulva, Vagina und der Haut, wo diphtherieähnliche Stäbchen normalerweise vorkommen, ist eine Gewinnung einer Reinkultur des fraglichen Bazillus am Platze mit eventueller Anschließung des Tierversuches am Meerschweinchen. Hier kommen in Frage:

1. die Injektion von Kultur bzw. Gift allein,
2. die Injektion von Kultur bzw. Gift und Diphtherieantitoxin,
3. die von Römer angegebene Intrakutanmethode.

Bei Tieren ist eine spontane Erkrankung an Diphtherie sehr selten. Als gebräuchlichstes Laboratoriumstier für Versuche mit Diphtheriebazillen und für diagnostische Zwecke dient das Meerschweinchen. Mäuse und Ratten sind unempfänglich.

Das mit einer frischen (24stündigen) Bouillonkultur (0,5—1,0 ccm) subkutan infizierte Meerschweinchen geht nach 2—4 Tagen unter dyspnoischen Erscheinungen zugrunde. Schon 12 Stunden nach der Injektion ist die Injektionsstelle stark infiltriert und diese Schwellung nimmt im Laufe der Tage noch zu. Bei der Sektion findet man folgenden für Diphtherie typischen Befund: Nekrose oder ein starkes blutiges, sulziges Ödem des Unterhautzellgewebes von der Injektionsstelle fortschreitend, seröses oder hämorrhagisches Exsudat in der Bauchhöhle, in der Pleurahöhle und im Perikard, ferner eine charakteristische Vergrößerung und hämorrhagische Entzündung der Nebennieren. Als Kontrolle wird ein Tier mit Kultur bzw. Kultur-Filtrat und gleichzeitig mit Antitoxin gespritzt; es bleibt vollkommen gesund.

Die Tatsache, daß die gleiche Wirkung im Tierversuch sich ebenso wie mit lebender Kultur auch mit bakterienfreien Filtraten von Diphtheriebazillen-Bouillonkulturen hervorrufen läßt, beweist, daß es sich (Roux und Yersin) um eine Giftwirkung und zwar durch ein giftiges Sekretionsprodukt der Diphtheriebazillen, nicht etwa um ein Endotoxin handelt. Nicht alle Diphtheriestämme bilden Gifte. Die chemisch reine Darstellung dieses Giftes ist bis heute noch nicht gelungen. Man gewinnt es aus Bouillonkulturen der Diphtheriebazillen mittelst Filtration durch bakteriendichte Filter und nachfolgendem Versetzen mit 0,5%igem Phenol oder 0,2—0,3%iger Trikresollösung, um etwa noch vorhandene Diphtheriebazillen sicher abzutöten und die Haltbarkeit der Lösung zu garantieren.

Das gewonnene flüssige Gift ist äußerst licht- und hitzeempfindlich und erhält sich längere Zeit in unverändertem Zustand nur bei dunkler und kühler Aufbewahrung.

Durch die von Römer angegebene intrakutane Methode lassen sich noch kleinste Mengen Toxins ($^1/_{200}$—$^1/_{500}$ der tödlichen minimalen Dosis) nachweisen, die an der Impfstelle zunächst, d. h. nach 24 Stunden, eine ödematöse Schwellung und Rötung mit eventuell späterer Nekrose (nach 2—3 Tagen) hervorrufen.

Diese Methode ist später von Neißer und Gins zu diagnostischen Zwecken, und zwar zur Unterscheidung der Diphtherie- und Pseudodiphtheriebazillen verwendet, indem sie intrakutan lebende Diphtherie- bzw. Pseudodiphtheriebazillen injizierten. Es treten dieselben oben genannten Erscheinungen hervor, wenn es sich um tierpathogene Diphtheriestämme handelt. Die intrakutane Einspritzung hat der alten Methode gegenüber den Vorteil, daß an ein und demselben Tiere zu gleicher Zeit mehrere Stämme von Diphtheriebazillen geprüft werden können.

Anstellung des Versuches:

Kulturaufschwemmung $^1/_{10}$
„ $^1/_{100}$
„ $^1/_{1000}$
} davon 0,1 ccm intrakutan. Antitoxinkontrolle: 0,05 ccm von Kulturverdünnung $^1/_{10}$ + $^1/_2$ A.-E. in 0,05 ccm.

Das Diphtherieheilserum wird von Pferden gewonnen, die durch wiederholte Injektionen von anfangs kleinen, später steigenden Giftdosen in Intervallen immunisiert werden. Ist das Maximum des Antitoxingehaltes nach etwa 3—5 Monaten erreicht, so werden dem Pferde entweder durch Aderlaß 4—8 Liter Blut aus der Vena jugularis entnommen oder (bei Erreichung eines hohen Serumtiters) das Pferd wird vollkommen entblutet. Das später abgeschiedene Serum wird unter Zusatz von 0,5% Phenol oder 0,4% Trikresol steril abgefüllt.

Die seit dem Jahre 1894 allgemein eingeführte Serumtherapie hat bekanntlich ein bedeutendes Sinken der Diphtheriesterblichkeit zur Folge gehabt.

21. Rotzbazillus (Bac. mallei).

Die Übertragbarkeit des Rotzes, einer bereits im Altertum bekannten und gelegentlich auf den Menschen übertragbaren Tierseuche, wurde experimentell erst gegen Ende des 18. Jahrhunderts sichergestellt (Wollstein, Abilgaard, Viborg). Gerlach prüfte schon vor der bakteriologischen Ära, gegen Ende der sechziger Jahre, die Wirkung von Desinfektionsmitteln auf das vermutliche Rotzvirus und versuchte durch Isolierungsmaßnahmen erfolgreich die Bekämpfung des Rotzes. Aber erst nach der Entdeckung des Rotzbazillus durch Löffler und Schütz und die dadurch ermöglichte exakte bakteriologische Diagnose des Malleus konnte auch eine zielbewußte Bekämpfung der Seuche in Angriff genommen werden.

Die Erkennung der latenten Formen des Rotzes, die häufig vorkommen und für die Verbreitung desselben eine äußerst wichtige Rolle spielen, gelang durch die Entdeckung des Malleins (Helmann und Kalning), eines von den Rotzbazillen gebildeten Giftstoffes, der nur bei rotzkranken Menschen und Tieren eine charakteristische spezifische Reaktion auslöst (Nocard). Eine wesentliche Vervollkommnung der bakteriologischen Rotzdiagnose wurde endlich durch die Verwendung der Agglutinationsreaktion (Mac Fadyean, Wladimiroff), der Präzipitation und der Komplementbindung (Schütze, Mießner) erreicht.

Der Erreger des Rotzes ist ein kleines, gerades oder auch zuweilen leicht gebogenes, unbewegliches Stäbchen mit abgerundeten Enden. Die Färbung gelingt zwar schon mit den gewöhnlichen wässerigen Lösungen der basischen Anilinfarben; doch nimmt der Rotzbazillus zuweilen die Färbung nicht ganz leicht an. Bei Anwendung von Methylenblau kann man öfters Polfärbung beobachten; außerdem erkennt man im Innern der einzelnen Stäbchen, und zwar besonders bei älteren Kulturen einzelne stärker färbbare Körnchen, die in dem schwächer tingierten Bazillenleib regellos verteilt sind. Die Rotzbazillen verhalten sich der Gramfärbung gegenüber negativ.

Sie liegen oft zu zweien hintereinander und bilden auch kürzere Ketten, mitunter auch längere Fäden, an denen zuweilen echte Verzweigungen nachgewiesen werden.

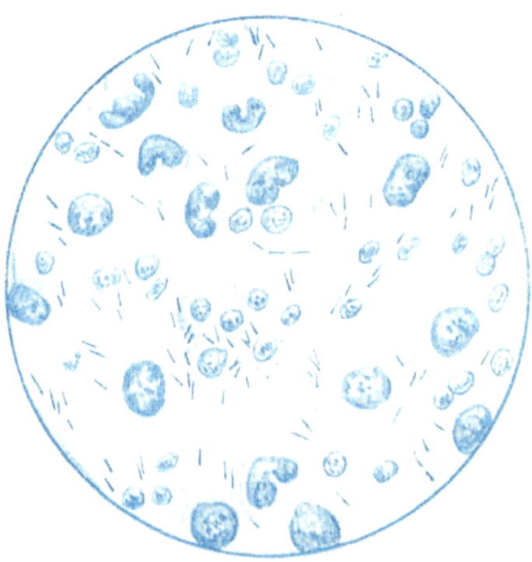

Abb. 122. Rotzbazillen. Methylenblaufärbung. (Vergr. 1 : 500).

Die Züchtung des Rotzbazillus aus dem Tierkörper gelingt nicht immer leicht. Hat sich der Erreger erst an den künstlichen Nährboden gewöhnt, so macht seine Weiterzüchtung, besonders auf schwach sauren Nährböden, keine Schwierigkeiten mehr. Sein Wachstumsoptimum liegt bei 37°. Das Aussehen der Kulturen bietet auf den üblichen Nährböden, mit Ausnahme der Kartoffel, keine Eigentümlichkeiten. Hier finden sich anfangs dünne, durchsichtige, bernsteingelbe Beläge, die später dunkelrötlich bis braunrot werden. Diese charakteristische Färbung kommt aber nur zustande, wenn die Kartoffel nicht zu sauer ist. Auch auf Serumnährböden wird gelegentlich Farbstoff gebildet. Charakteristisch ist ferner die Säurebildung aus verschiedenen Kohlehydraten und vor allem die Giftbildung bei Züchtung auf Bouillon (vgl. unten betr. der Herstellung des Malleins).

Im Dunkeln halten sich die Rotzbazillen bei kühler Aufbewahrung in Kulturen monatelang lebensfähig. Austrocknung vertragen sie nicht, so daß Verbreitung durch trockenen Staub ausgeschlossen erscheint. Bei Einwirkung von Sonnenlicht gehen sie innerhalb 24 Stunden sicher zugrunde. Erhitzung auf 60° tötet sie in 2 Stunden ab, dagegen vertragen sie niedrige Temperaturen ohne Schädigung.

Von den chemischen Desinfektionsmitteln wirkt 1‰ige Sublimatlösung in 15 Minuten, 5%ige Karbolsäure in 10 Minuten sicher abtötend. Für die Stalldesinfektion kommen die üblichen Desinfektionsmittel, wie rohe Schwefelsäure, Kalkmilch, Chlorkalk, Kresol, Lysol in Betracht.

Für den Tierversuch erweist sich unter den üblichen Laboratoriumstieren das Meerschweinchen für Rotzversuche als das empfänglichste. Die Tiere erkranken nach kutaner oder subkutaner Impfung an einer geschwürig zerfallenden, lokalen Geschwulst, Schwellungen und Abszedierungen der benachbarten Drüsen; außerdem treten gelbliche, tuberkelartige Rotzknötchen in den inneren Organen, hauptsächlich in Milz, Leber und Lunge auf. Eine charakteristische, für Rotz zwar nicht absolut spezifische Reaktion, wie von Strauß angegeben, entsteht nach intraperitonealer Infektion bei männlichen Meerschweinchen. Sie besteht in einer Entzündung der Hodenhüllen mit äußerlich erkennbarer Rötung und Schwellung des Hodensacks mit nachfolgender Vereiterung. Der Tod erfolgt in $1^1/_2$ bis zu 5 Wochen.

Noch empfänglicher als das Meerschweinchen sind Feldmäuse, Waldmäuse und Zieselmäuse, dagegen sind Kaninchen, die in der Regel chronisch erkranken, weniger empfänglich. Auch für Menschen ist der Rotzbazillus hochpathogen; wie aus mehrfachen Laboratoriumsinfektionen hervorgeht, scheint die Ansteckung schon durch die unverletzte Haut zustande zu kommen; beim Arbeiten mit Rotzvirus ist daher größte Vorsicht zu beobachten!

Die bakteriologische Diagnostik des Rotzes setzt sich zusammen:

1. Aus dem Originalpräparat,
2. Anlegen der Kultur auf Agar und Kartoffel,
3. dem Tierexperiment der intraperitonealen Impfung männlicher Meerschweinchen nach Strauß,
4. dem Agglutinationsversuch.

Da nach den Beobachtungen von Klein lebende Rotzkulturen schon in physiologischer Kochsalzlösung eine spontane Agglutination zeigen können, ist es geraten, zur Anstellung der Agglutinationsprobe eine nach folgendem Verfahren hergestellte abgetötete Kulturaufschwemmung zu benützen.

Nach Klein werden die Agarkulturen bei 60° abgetötet, je eine Kultur mit 2 ccm Phenolkochsalzlösung (0,5% Phenol und 0,85% Chlornatrium) übergossen und abgekratzt. Diese Abschwemmung wird bis zur schwach-milchigen Trübung mit Phenolkochsalzlösung aufgefüllt und filtriert.

Wie schon oben erwähnt, bilden die Rotzbazillen bei der Züchtung auf Bouillon einen löslichen filtrierbaren Giftstoff, das Mallein, über dessen chemische Natur nichts Näheres bekannt ist und das in seiner Gewinnung und Wirkungsweise dem Tuberkulin sehr ähnelt. Es zeichnet sich durch große Stabilität aus und verträgt in trockenem Zustand sogar Temperaturen bis 120°. Es ist für gesunde Individuen so gut wie ungiftig, für rotzkranke dagegen äußerst giftig.

Das Mallein hat zwar keine Verwertung als Schutz- und Heilmittel gegen die Rotzinfektion finden können, doch hat es sich als Diagnostikum hervorragend bewährt. Der rotzinfizierte Organismus antwortet auf Dosen, die der gesunde ohne weiteres reaktionslos verträgt, mit einer lebhaften Reaktion, die sich aus einer Allgemeinreaktion (Fieber) und Lokalreaktion (Schwellung der Krankheitsherde) zusammensetzt.

Das Mallein wird zu diagnostischen Zwecken folgendermaßen verwendet (analog der später zu besprechenden Tuberkulinreaktionen):

1. als subkutane Probe,
2. Hautproben, kutan, perkutan, intrakutan,
3. Augen-(Konjunktival)-Probe (jetzt die gebräuchlichste Methode).

Außer der Malleinprüfung haben heutzutage die serodiagnostischen Untersuchungsmethoden zur Erkennung des Rotzes immer größere Bedeutung erlangt. Hierher gehören:

1. Die Agglutination.

Beobachtungsdauer 24—48 Stunden. Sicher beweisend ist erst eine Agglutination in der Serumverdünnung 1 : 1000 und mehr, da auch das Serum normaler Pferde bei 1 : 250—1 : 400 positiv reagieren kann.

2. Die Präzipitation.

Es wird auf eine Antigenlösung (Trockenmallein Foth. 0,025 g in 10 ccm physiologischer NaCl-Lösung) das verdächtige Serum unverdünnt in besonderen Spitzgläschen vorsichtig überschichtet. Bei positivem Ausfall der Reaktion tritt an der Berührungsstelle innerhalb 2 Stunden eine Ringbildung auf.

3. Komplementbindung.

Die komplementbindenden Antikörper treten frühestens 7 Tage nach der Infektion auf, können aber auch erst nach 3 Wochen erscheinen.

4. Die Konglutinationsreaktion. Von Pfeiler und Weber.

Durch gemeinsame Einwirkung von normalem Rinder- und Pferdeserum werden die roten Schafblutkörperchen konglutiniert (zu einem fest zusammenhängenden Koagulum zusammengeballt). Durch Vorbehandlung des inaktivierten Serums des zu untersuchenden Pferdes (spätere Aktivierung mit frischem, gesunden Pferdeserum) mit Rotzbazillenextrakt oder Mallein, wird bei Vorhandensein des Rotzantikörpers im Serum der Ambozeptor gebunden und es kommt daher nicht wie sonst zur positiven Konglutinreaktion; die aufgewirbelten Blutkörperchen trüben die Flüssigkeit diffus. Diese Reaktion zeichnet sich durch ihre Exaktheit sowie ihre einfache Ausführung und ihren schnellen Ablauf (3 Stunden) vor der Komplementbindungsmethode aus. — Wegen der großen Verantwortung, die eine Rotzdiagnose mit sich bringt, werden zweckmäßig alle genannten diagnostischen Methoden herangezogen.

Alle Versuche, ein Heilserum gegen Rotz darzustellen, sind bis heute ergebnislos geblieben.

Säurefeste Bazillen.

22. Tuberkelbazillen.

Die Ansteckungsfähigkeit der Tuberkulose wurde bereits von Klencke im Jahre 1843 sowie von Villemin im Jahre 1865 durch den Tierversuch nachgewiesen; insbesondere gelang es letzterem Forscher, die Lungentuberkulose bei Tieren durch Inhalation von verstäubtem Auswurf hervorzurufen. Der Nachweis des Erregers gelang erst R. Koch im Jahre 1882 durch Anwendung besonderer Färbungs- und Züchtungsverfahren; die Ergebnisse dieser für alle Zeit denkwürdigen Forschungen wurden von R. Koch in seiner Arbeit über die Ätiologie der Tuberkulose niedergelegt.

Der Tuberkelbazillus gehört zu der Gruppe der sogenannten säure-

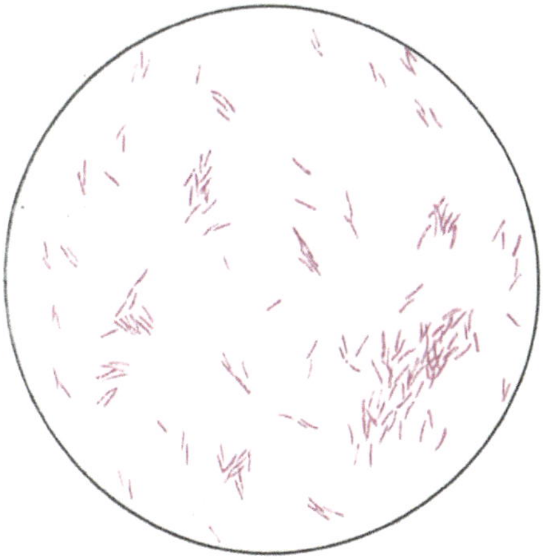

Abb. 123. Säurefeste Bazillen. (Karbolfuchsinfärbung.) (Vergr. 1 : 500.)

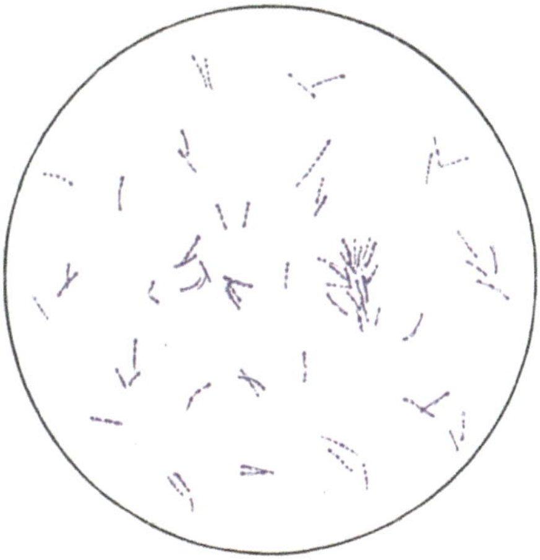

Abb. 124. Tuberkelbazillen. Reinkultur. Färbung nach Much. (Vergr. 1 : 500.)

festen Bazillen, welche durch ihre widerstandsfähige, aus wachsartigen Substanzen zusammengesetzte Hülle die Anilinfarbstoffe nur schwierig aufnehmen, den einmal aufgenommenen Farbstoff aber bei Behandlung mit den gebräuchlichen Entfärbungsmitteln (Säuren und Alkohol) zähe festhalten und demgemäß bei Nachfärbung mit einer anderen wässerigen Farbstofflösung gegenüber den die letztere Farbe annehmenden Gewebselementen und sonstigen Bakterien in der ursprünglichen Farbe erscheinen; vgl. über die Färbung der säurefesten Bakterien im allgemeinen Teile S. 37, 38.

Der Tuberkelbazillus ist wie alle anderen säurefesten Bakterien grampositiv und zeigt bei dieser Färbung besonders häufig die auch beim Ziehl'schen Verfahren öfters darstellbare körnige Form; Much glaubt neben der gewöhnlichen bazillären noch eine besondere „Granulaform" des Tuberkelbazillus annehmen zu müssen, die durch ein von ihm angegebenes modifiziertes Verfahren der Gramschen Färbung mit verlängerter Einwirkungsdauer des Farbstoffs darstellbar ist und zuweilen allein ohne die normalen bazillären Formen in manchen Krankheitsherden nachweisbar sein soll; doch ist letztere Behauptung nicht streng bewiesen, und es erscheint nicht zulässig auf Grund eines Befundes von Much'schen Granula allein, ohne echte nach Ziehl färbbare Tuberkelbazillen, die Diagnose auf Tuberkulose zu stellen, da eine sichere Unterscheidung dieser Granula von sonstigen nichtspezifischen Zerfallsprodukten nicht möglich ist. Andere Abweichungen von der normalen Stäbchenform sind die kolbigen oder verzweigten Gebilde, welche den Tuberkelbazillus in verwandschaftliche Beziehungen zu den Streptotricheen setzen; da aber der Tuberkelbazillus im menschlichen Körper solche „höhere Wuchsformen" nur ganz ausnahmsweise zeigt und regelmäßig vielmehr in Stäbchenformen auftritt, so erscheint es zweckmäßiger, ihn im System noch den Bakterien zuzurechnen (vgl. im allgemeinen Teil S. 3). Im Tierversuch lassen sich verzweigte und kolbige Formen am ehesten nach intraarterieller Ver-

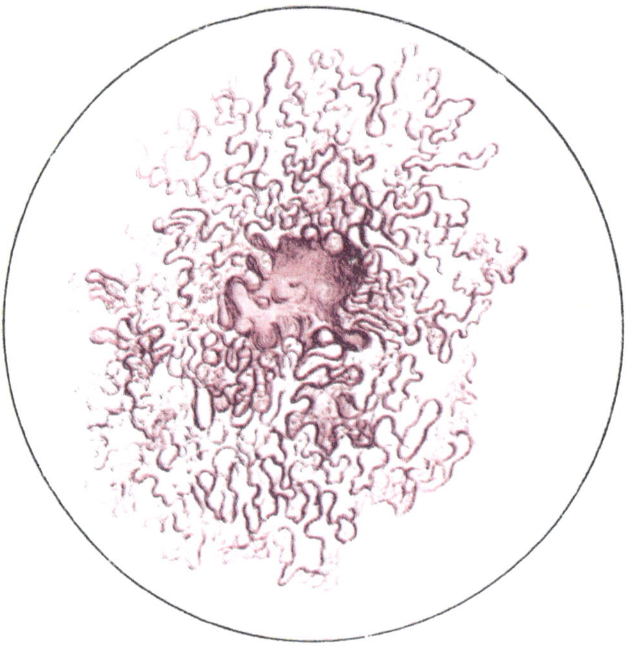

Abb. 125. Tuberkelbazillenkolonie. Karbolfuchsinfärbung (Ziehl-Neelsen). (Vergr. 1 : 80.)

impfung nachweisen. Über die morphologischen Unterschiede der verschiedenen Typen der Tuberkelbazillen vgl. weiter unten.

Der Tuberkelbazillus ist wie alle anderen säurefesten Bakterien ohne Eigenbewegung. Seine künstliche Züchtung gelingt nur bei Bruttemperatur, am besten zwischen 37 und 38°, und nur bei Zutritt von Sauerstoff. Das Wachstum erfolgt aber auch unter den günstigsten Bedingungen ziemlich langsam und ist mit dem bloßen Auge erst nach etwa einer Woche erkennbar. Zur Züchtung verwandte R. Koch zuerst erstarrtes Blutserum; am besten eignen sich Nährböden mit einem Zusatz von etwa 5% Glyzerin (Blutserum, Agar, Bouillon); auf der Oberfläche dieser Nährböden entstehen trockene Schüppchen oder dicke gefaltete Häute; die verschiedenen Typen des Tuberkelbazillus zeigen hierbei charakteristische Unterschiede, von denen weiter unten noch die Rede sein wird. Beim Wachstum in Glyzerinbouillon bildet der Tuberkelbazillus Säure. Besonders günstig für die Züchtung von Tuberkelbazillen sind folgende Spezialnährböden:

Agar mit Nährstoff-Heyden nach Hesse: Zu einem Liter 1—2%iger mit 5 ccm Normal-Sodalösung versetztem Agar fügt man 5—10 g Nährstoff-Heyden in 10%iger wäßriger Lösung hinzu, sowie 3% Glyzerin und kocht unter beständigem Rühren 15 Minuten; der fertige Nährboden wird nach Filtration in sterile Doppelschalen ausgegossen und eignet sich vortrefflich zur direkten Herauszüchtung der Tuberkelbazillen aus Sputum, weil auf diesem Substrat die Tuberkelbazillen rasch zur Entwicklung gelangen und nicht so leicht durch andere Bakterien überwuchert werden; schon nach etwa 2 Tagen sind auf dem Heyden-Agar bei schwacher Vergrößerung kleinste Kolonien von Tuberkelbazillen zu erkennen, die im Klatschpräparat die charakteristische Lagerung der Bazillen in Zöpfchen sowie den Aufbau der ganzen Kolonie aus einem in der Mitte dicht verfilzten und am Rande mit feinen Ausläufern versehenen Fadengeflecht erkennen lassen. Ein sehr brauchbarer Spezialnährboden ist auch der Hirn-Agar nach Ficker; 2,5%iger Nähr-Agar wird zu gleichen Teilen mit einer durch 1/4stündiges Kochen sterilisierten leicht breiigen Kolatur aus gleichen Teilen Hirn und Wasser sowie mit 3% Glyzerin versetzt und innig vermischt. Der Tuberkelbazillus begnügt sich aber auch mit wesentlich einfacher zusammengesetzten Nährböden und kann z. B. auf Kartoffel mit Glyzerinzusatz sowie auch in eiweißfreien Nährlösungen ein üppiges Wachstum zeigen.

Der Tuberkelbazillus bildet keine Sporen; die als solche gelegentlich gedeuteten hellen Lücken im gefärbten Bazillenleibe sind Vakuolen, wie sie auch bei anderen Bakterien (Diphtherie, Pest) häufig vorkommen; daß es sich nicht um Dauerformen handelt, geht schon daraus hervor, daß die Bazillen, welche solche hellen Lücken aufweisen, keine größere Widerstandsfähigkeit gegen schädigende Einwirkungen zeigen als Bazillen von homogenem Aussehen. Trotz des Fehlens der Sporenbildung zeigen die Tuberkelbazillen, dank ihrer wachsartigen resistenten Hülle, eine erheblich größere Widerstandsfähigkeit als andere vegetative Keime; gegen Austrocknen und gegenüber der Konkurrenz der Fäulniskeime vermögen sie sich monatelang lebensfähig zu erhalten; bei Erhitzung auf 65° sterben sie erst nach einer Einwirkungsdauer von 15 Minuten, und auch bei 85° erst nach einer Minute ab; die Desinfektion von dickem, tuberkulösem Sputum stößt auf erhebliche Schwierigkeiten und wird z. B. durch 5%iges Karbolwasser erst binnen 24 Stunden und selbst durch 5%ige Sublimatlösung erst nach 2 Stunden bewirkt; besonders zweckmäßig für die chemische Desinfektion von tuberkulösem Sputum sind die neuerdings empfohlenen halbspezifischen Desinfizientien Phobrol, Grotan und Sagrotan, die in 5%iger Lösung binnen 10 Stunden sicher wirken und sich dabei durch relative Ungiftigkeit auszeichnen.

Die Tuberkelbazillen sind nicht nur für den Menschen, sondern auch für zahlreiche Arten von Säugetieren und einige Vogelarten pathogen. Das gebräuchlichste Versuchstier ist das Meerschweinchen, das bei subkutaner oder intraperitonealer Impfung mit tuberkelbazillenhaltigem Material binnen 6—8 Wochen mit Sicherheit an Tuberkulose zugrunde geht, selbst wenn das Ausgangsmaterial nur ganz vereinzelte

Erreger enthalten hatte; ebenso leicht kommt, gleichfalls schon mit ganz vereinzelten Bazillen, die Ansteckung durch Einatmung fein versprühter Emulsionen von Sputum oder Kultur zustande, während die Infektion vom Magendarmkanal aus erst bei Aufnahme einer mehrere millionenfach größeren Dosis des Virus erfolgt. Die richtige Erkenntnis dieser quantitativen Verschiedenheiten der Infektionsbedingungen je nach der Art der Eintrittspforte, wie sie von Flügge und seinen Schülern angebahnt worden ist, hat ihre große Bedeutung für die Erkenntnis der natürlichen Infektionsbedingungen beim Menschen, wie noch weiter unten zu besprechen sein wird. Je nach der Verschiedenheit der Eintrittspforte im Tierversuch ist die Lokalisation der tuberkulösen Prozesse beim geimpften Tier verschieden; die Eintrittspforte selbst (z. B. der Ort der Einimpfung in die Haut) kann von tuberkulösen Veränderungen gänzlich frei bleiben, wenn auch öfters ein lokaler Abszeß oder verkäster Knoten daselbst zur Entwickelung kommt; immer aber sind die regionären Lymphdrüsen ergriffen (Cornet). Im weiteren Verlauf der Infektion kommt es dann zur Entwickelung zahlreicher tuberkulöser Knötchen im Netz, in Milz und Leber sowie in den mesenterialen Lymphdrüsen; die Lunge dagegen wird nach subkutaner oder intraperitonealer Impfung erst an letzter Stelle nach Ausbreitung der Infektion auf dem Blutwege ergriffen. Anders bei Infektion durch Einatmung oder auf intravenösem Wege, wo die Lunge an erster Stelle befallen wird. Nächst dem für die tuberkulöse Infektion am meisten empfänglichen Meerschweinchen wird für diagnostische Zwecke noch das Kaninchen verwendet, teils für subkutane Impfung zwecks Bestimmung des Typus der Tuberkelbazillen (vgl. weiter unten), teils für die Impfung in die vordere Augenkammer, welche ein direktes Studium der nach etwa 2 Wochen auf der Iris entstehenden Tuberkel erlaubt; nach mehreren Wochen erfolgt auch hier generalisierte Infektion des ganzen Organismus auf dem Lymph- und Blutwege.

Das charakteristische durch die Tuberkelbazillen hervorgerufene Krankheitsprodukt ist die unter dem Namen Tuberkel bekannte Gewebsneubildung. Der Tuberkel ist in seinem jungen Stadium ein durchscheinendes, graues, gefäßloses Knötchen, das einen charakteristischen Aufbau aus epitheloiden und Riesenzellen mit wandständigen Kernen zeigt und in seinem Inneren (besonders auch im Inneren der Riesenzellen) eine mehr oder minder große Anzahl von Tuberkelbazillen aufweist. Im späteren Stadium seiner Entwickelung zeigt der Tuberkel im Inneren eine als Verkäsung bezeichnete Nekrose, die sich auch schon bei Betrachtung mit bloßem Auge durch die gelblich-weiße Verfärbung der Knötchen kundgibt; im verkästen Zentrum des Tuberkels sind die Bazillen oft nicht mehr nachweisbar. Die Kenntnis dieser histologischen Verhältnisse, die natürlich hier nur gestreift werden konnten, ist deshalb wichtig, weil tuberkelähnliche Bildungen zuweilen auch auf nichtspezifische Reize, z. B. nach Fremdkörperwirkung, entstehen; bei zweifelhaften und vereinzelten Befunden tuberkelartiger Gebilde ist zur Entscheidung über ihre Natur die histologische Untersuchung und der mikroskopische Nachweis der Bazillen nicht zu entbehren. Der Tuberkel stellt die spezifische Reaktion des Organismus auf die giftigen Leibessubstanzen (Endotoxine) des Tuberkelbazillus dar, wie dadurch bewiesen wird, daß echte Tuberkel auch durch Injektion abgetöteter Tuberkelbazillen erzeugt werden können. Neben diesen an der Leibessubstanz des Erregers haftenden Endotoxinen bildet der Tuberkelbazillus aber auch lösliche spezifische Giftstoffe, deren Wirkung sich in den klinischen Allgemeinsymptomen (Fieber, Abmagerung) äußert und die als Extrakt aus den Kulturen in Form des Tuberkulins (vgl. weiter unten) gewonnen werden können.

Tuberkulöse Erkrankungen sind nicht nur beim Menschen, sondern auch bei verschiedenen Tierarten unter natürlichen Ver-

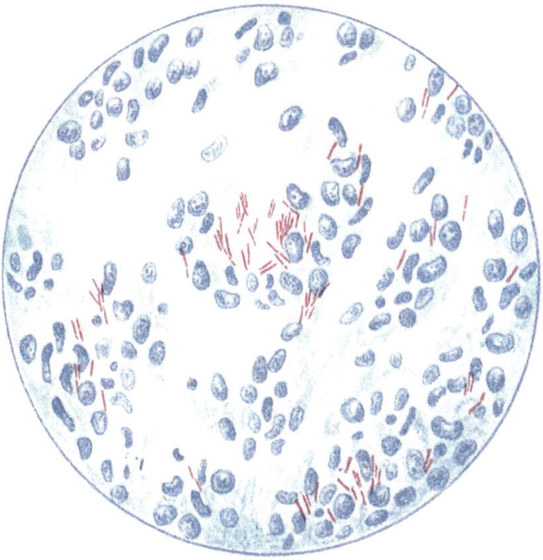

Abb. 126. Tuberkelbazillen im Schnittpräparat. Lageıung in Riesenzelle. (Färbung nach Ziehl-Neelsen.) (Vergr. 1 : 500.)

hältnissen sehr verbreitet. Beim Menschen ist die wichtigste Form der tuberkulösen Erkrankungen die Lungenphthise, die gegenwärtig noch etwa ein Zehntel aller Todesfälle in Deutschland verursacht; demgegenüber treten die übrigen Formen der tuberkulösen Erkrankungen: an der Haut (als Leichentuberkel und Lupus), an den Knochen und Gelenken, an den Hirnhäuten, an den Hals- und mesenterialen Lymphdrüsen sowie als Allgemeininfektion (Miliartuberkulose) wesentlich zurück. Sehr häufig sind tuberkulöse Erkrankungen bei Rindern (Perlsucht); besonders gefährlich sind die Fälle generalisierter Erkrankung sowie tuberkulöse Eutererkrankung, bei welchen die Tuberkelbazillen oft in ganz ungeheuren Mengen in die Milch übergehen. Ferner kommt Tuberkulose bei Schweinen, Schafen, Ziegen, Hunden und Katzen sowie bei Hühnern, Tauben und Papageien vor. Die Bedeutung dieser tuberkulösen Erkrankungen bei Tieren für die Entstehung der menschlichen Tuberkulose wird aber wesentlich eingeschränkt durch die Tatsache, daß **die Erreger der Tuberkulose der Tiere von dem menschlichen Tuberkelbazillus meist deutlich unterschieden sind.** Zuerst waren solche Unterschiede zwischen der Geflügeltuberkulose und der menschlichen Infektion bekannt (Mafucci).

Der Bazillus der Geflügeltuberkulose (Typus gallinaceus) ist schon in seinem morphologischen Aussehen durch größere Unregelmäßigkeit der Form ausgezeichnet und ist vor allem, entsprechend seiner Anpassung an die höhere Körpertemperatur des Vogelkörpers, befähigt, bei viel höheren Temperaturen (45—50°) noch üppig zu wachsen; die Agarkultur erscheint als feuchter, fettiger Belag; im Tierversuch erweisen sich Hühner und Tauben als hochempfänglich, dagegen ist der Bazillus für Meerschweinchen nur wenig pathogen.

Die Verschiedenheit der Erreger der menschlichen Tuberkulose (Typus humanus) und der Rindertuberkulose (Typus bovinus) war zwar schon im Jahre 1898 von Smith erkannt, wurde aber in ihren praktischen Folgerungen erst seit dem aufsehenerregenden Mitteilungen von R. Koch auf dem Tuberkulosekongreß zu London im Jahre 1901 allgemein gewürdigt. R. Koch bewies nach seinen gemeinsam mit Schütz angestellten Untersuchungen, daß Rinder bei Impfung mit menschlichen Tuberkelbazillen nur geringfügige örtliche Erkrankungsprozesse zeigen, während sie nach Impfung mit Perlsuchterregern an fortschreitender allgemeiner Tuberkulose zugrunde gehen; umgekehrt war schon seit den Versuchen von Baumgartens bekannt, daß Menschen, die (zwecks Heilungsversuchen bei bösartigen Geschwülsten) mit Perlsuchtbazillen geimpft worden waren, gleichfalls eine nur sehr geringe Empfänglichkeit gegenüber diesem vom Tier stammenden Erreger aufwiesen. Seitdem ist die Frage der Artgleichheit oder Artverschiedenheit der menschlichen und der Rindertuberkelbazillen zum Gegenstand sehr eingehender Forschungen, insbesondere seitens des Reichs-Gesundheitsamtes und der Englischen Tuberkulose-Kommission gemacht worden; die im Laboratoriumsversuch feststellbaren Unterschiede zwischen beiden Typen lassen sich kurz wie folgt zusammenfassen:

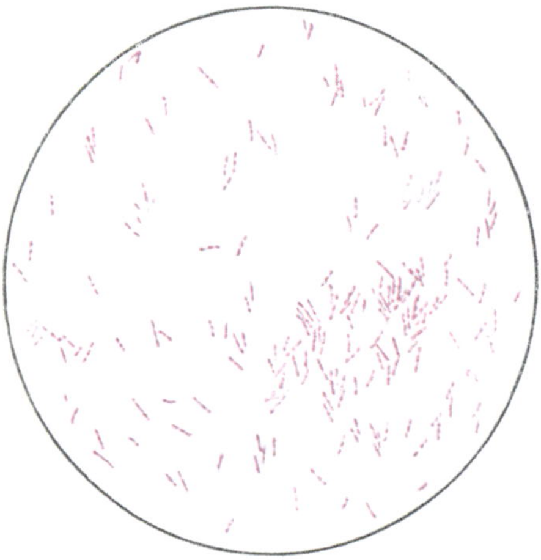

Abb. 127. Tuberkelbazillen. Typus humanus. Reinkultur. (Färbung nach Ziehl-Neelsen.) (Vergr. 1 : 500.)

Nach dem morphologischen Aussehen (Reinkulturen von Glyzerinbouillon) erscheint der Typus humanus in Form gleichmäßig schlanker, oft gekrümmter gut färbbarer Stäbchen, während der Typus bovinus plumpere, ungleichmäßigere, körnig gefärbte Stäbchen und in der Serumkultur sogar ganz kurze fast punktförmige Individuen aufweist. Die Züchtung auf Glyzerinserum und Glyzerinbouillon gelingt beim Typus humanus leicht und es findet Wachstum in Form einer dicken gefalteten Haut statt; der Typus bovinus zeigt dagegen, aus dem Tierkörper frisch herausgezüchtet, nur spärliches Wachstum auf Glyzerinserum und bildet auf Glyzerinbouillon nur ein dünnes, langsam wachsendes, trockenes Häutchen mit einzelnen warzenförmigen Verdickungen. Im Tierversuch sind Meerschweinchen wegen ihrer gleichmäßig hohen Empfänglichkeit für beide Typen zur Unterscheidung nicht brauchbar; dagegen zeigt die subkutane Verimpfung beim Kaninchen mit genau abgewogener Menge der von Glyzerinbouillon abgehobenen Kulturmasse (0,01 g) charakteristische Unterschiede, indem nach Impfung mit Bazillen vom Typus humanus selbst nach drei Monaten keine allgemeine Infektion, sondern nur ein lokaler Prozeß entsteht, während ein in gleicher Weise mit Perlsuchtbazillen geimpftes Tier binnen einiger Wochen an generalisierter Tuberkulose zugrunde geht; analoge Unterschiede treten zwischen beiden Typen bei Verimpfung von je 0,05 g bei jungen Rindern auf.

Die viel umstrittene Frage, ob es sich bei diesen Unterschieden um eine wirkliche Verschiedenheit der Art oder um Anpassungserscheinungen eines und desselben Erregers an verschiedenen Wirtsorganismen handelt, die durch Umzüchtung gelegentlich der Übertragung von einem Wirt auf den anderen leicht rückgängig gemacht werden könnten, läßt sich heute unbeschadet der phylogenetischen nahen Verwandtschaft[1]) und einheitlichen Abstammung beider Typen vom praktischen Standpunkte aus doch dahin beantworten, daß diese Typen sehr stabiler Natur sind und ihre Eigenschaften mit großer Zähigkeit festhalten, so daß jeder derselben, ganz im Sinne der ursprünglichen Auffassung von R. Koch, als Erreger einer besonderen Krankheitsform gelten muß. Zwischenformen und Veränderungen des einen Typus im Sinne einer Annäherung an den andern sind jedenfalls außerordentlich selten, wobei in den Versuchen mit scheinbarer Umzüchtung noch mit der Möglichkeit einer Mischinfektion oder zufälliger Befunde anderer säurefester Bazillen (vgl. weiter unten) gerechnet werden muß. Damit ist nicht gesagt, daß die Tuberkelbazillen vom Typus bovinus für den Menschen völlig unschädlich seien; für die weitaus wichtigste Form der menschlichen Tuberkulose, für die Lungenphthise, kommt allerdings fast ausschließlich nur der Typus humanus in Betracht und sind Bazillen vom bovinen Typus in noch nicht 1% der untersuchten Fälle gefunden worden; dagegen sind Befunde von bovinen Bazillen bei Drüsen-, Knochen- und tödlicher Miliartuberkulose, insbesondere bei Kindern (bei denen die Möglichkeit der Aufnahme des bovinen Virus mit der Kuhmilch durch die Darmschleimhaut gegeben ist), wesentlich häufiger und steigen bei leichten tuberkulösen Drüsenerkrankungen der Kinder bis auf etwa 40% der Fälle. Auch beim Lupus werden beide Typen in je etwa 50% der Fälle nachgewiesen, zeigen aber beide gewisse, vom normalen Verhalten abweichende Standortsmodifikationen. So wie Tuberkelbazillen tierischer Herkunft beim Menschen, so werden umgekehrt humane Bazillen gelegentlich auch bei Tieren gefunden, am häufigsten noch beim Schwein, ferner beim Pferd, Hund, Papagei und bei

[1]) Eine solche dokumentiert sich auch in serologischer Beziehung, indem die verschiedenen Typen der T.-B. und verwandte säurefeste Arten gleiche Tuberkulin- und Präzipitinreaktion zeigen.

Tieren aus zoologischen Gärten, wo die Möglichkeit einer menschlichen Ansteckungsquelle nahe liegt.

Außer diesen bei Warmblütern gefundenen Tuberkelbazillen gibt es nun auch ähnliche säurefeste Bazillen bei Kaltblütern (üppiges Wachstum schon bei 25° und bis herab zu 10°) sowie saprophytische Arten, die in der unbelebten Natur sehr verbreitet sind und eine praktische Bedeutung dadurch gewinnen, daß sie gelegentlich das Vorhandensein echter Tuberkelbazillen vortäuschen können; solche saprophytischen säurefesten Arten finden sich auf Gras und Mist (von wo aus sie leicht in Milch und Butter gelangen), ferner auf der feuchten Innenfläche von Blasinstrumenten („Trompetenbazillen"), sowie in den Messinghähnen von Wasserleitungsröhren. Viele von diesen saprophytischen Arten lassen sich durch ihr Wachstum bei niederen Temperaturen, sowie durch die Farbstoffbildung ihrer Kulturen von echten Tuberkelbazillen unterscheiden; doch können diese Merkmale auch im Stiche lassen, und bedenklich ist es, daß manche Stämme bei gleichzeitiger Anwesenheit von Fett (das den Bazillen offenbar eine schützende Umhüllung gewährt) bei intraperitonealer Verimpfung auf das Meerschweinchen tuberkuloseähnliche Krankheitsprozesse hervorrufen und so (z. B. bei Untersuchung von Milch und Butter) das Vorhandensein echter Tuberkelbazillen vortäuschen können; nur eine genaue histologische Untersuchung der Krankheitsprodukte sowie ein eingehendes Studium des betreffenden Stammes kann in solchen Fällen eine sichere Entscheidung gewähren; insbesondere ist der negative Ausfall der Verimpfung solcher säurefesten Stämme in die vordere Augenkammer charakteristisch (Herr). Aber noch in einer anderen Beziehung sind solche tuberkelbazillenähnlichen Stämme für die Untersuchungstechnik bedeutsam, indem sie als harmlose Epiphyten auf der Haut und den Schleimhäuten der äußeren Genitalien und ihrer Umgebung sowie an anderen Körperteilen (Achselhöhlen, Ohrenschmalz) vorkommen (Smegmabazillen) und bei Untersuchung auf Urogenitaltuberkulose eine nicht zu vernachlässigende Fehlerquelle darstellen; auch finden sich säurefeste Bazillen unter den Erregern einiger ohne eigentliche tuberkulöse Veränderungen einhergehender Tierseuchen, z. B. einer bei Rindern vorkommenden chronischen pseudotuberkulösen Darmentzündung (Bang, K. F. Meyer) sowie der sog. Rattenlepra.

Die Untersuchung auf Tuberkelbazillen muß, wenn nicht verhängnisvolle Trugschlüsse vorkommen sollen, sich dieser aus dem häufigen Vorkommen säurefester Stäbchen sowie noch einiger anderer sogleich zu besprechenden Fehlerquellen stets bewußt bleiben. Als erster Grundsatz bei der Untersuchung von tuberkuloseverdächtigem Material muß gelten, daß sowohl von der zu untersuchenden Probe als auch von den mit dem Untersuchungsmaterial in Berührung kommenden Gerätschaften alles auf das sorgfältigste ferngehalten werden muß, was das Vorkommen von Tuberkelbazillen in der vorliegenden Probe vortäuschen könnte. Dahin gehören zunächst echte Tuberkelbazillen, die von früheren Untersuchungen aus anderem Material herstammen und sich in Präparate einschleichen können, wo tatsächlich kein tuberkulöses Virus vorhanden ist. Da die Tuberkelbazillen gegen äußere Einwirkung und auch gegen die gewöhnlichen Methoden der Reinigung von Glassachen im Laboratorium sehr widerstandsfähig sind, so verwendet man am besten zur Untersuchung auf Tuberkelbazillen nur ganz neue Objektträger und Deckgläschen[1]), sonst kann man erleben, daß den schon

[1]) Gebrauchte Gläser (Zentrifugengläschen und Schüttelgläser für die weiter unten zu besprechende Antiforminmethode, Doppelschalen und dgl.), die man aufs neue zur Untersuchung auf Tuberkelbazillen benutzen will, sollen vorher mehrere Stunden in konzentrierte Schwefelsäure eingelegt werden (ganz untertauchen!), damit die ihnen von früheren Untersuchungen her etwa noch anhaftenden T.-B. mit Sicherheit vernichtet werden!

einmal gebrauchten Gläsern noch Tuberkelbazillen von früheren Untersuchungen her anhaften; auch ist beim Aufbringen des Immersionsöls darauf zu achten, daß man mit dem Glasstab nicht den gefärbten Objektträgerausstrich direkt berührt, da es schon vorgekommen ist, daß auf diese Weise Tuberkelbazillen in das Immersionsöl-Fläschchen gelangen und von hier aus sich in neue Präparate einschleichen. Von dem zu untersuchenden Material muß gleichfalls jede mögliche Verunreinigung mit anderen säurefesten Stäbchen fern gehalten werden; schon das gewöhnliche Leitungswasser kann solche enthalten und ist daher für einwandfreie Untersuchungen durch frisches destilliertes Wasser aus Glasgefäßen zu ersetzen. Ferner können säurefeste Stäbchen mit der Nahrung (Milch und Butter) aufgenommen werden; bei Untersuchung von Stuhlgang lasse man den Patienten, um in dieser Beziehung ganz sicher zu gehen, die letzten 2—3 Tage vor der Probeentnahme sich des Genußes von Milch und Butter enthalten. Endlich ist bei Untersuchung von Harn und Stuhl an die Möglichkeit von Verunreinigung durch Smegmabazillen zu denken; der Urin ist am besten nur mittelst Katheter zu entnehmen. Aber nicht nur andere säurefeste Bazillen, sondern auch Zerfallsprodukte („Splitter") der Gewebszellen, Fettsäurekristallnadeln und dergleichen können unter Umständen Tuberkelbazillen vortäuschen; dies gilt insbesondere von manchen in den letzten Jahren berichteten Befunden von Tuberkelbazillen im strömenden Blut; in einwandfreier Weise ist dieser Befund nur bei schweren Krankheitsfällen, insbesondere bei allgemeiner Miliartuberkulose, erhoben worden, während die gelegentlich auch bei leichten Fällen im Blute zirkulierenden, ganz vereinzelten Tuberkelbazillen mit Sicherheit nur durch den Tierversuch nachgewiesen werden können. Ganz besonders geboten ist die strenge Einhaltung aller dieser Vorsichtsmaßregeln, wenn es sich um den Befund vereinzelter, auf Tuberkelbazillen verdächtiger Stäbchen handelt; oft läßt ja schon die große Zahl und die charakteristische Lagerung der gefundenen Stäbchen (in Häufchen in Zellen eingeschlossen oder in kleinen, zusammengedrehten Zöpfen liegend) die Diagnose mit Sicherheit auf Tuberkelbazillen schließen Wenn man sich also auf der einen Seite vor einer verfehlten Deutung vereinzelter tuberkelbazillen-ähnlicher Gebilde im positiven Sinne hüten muß, so ist es auf der anderen Seite von größter Wichtigkeit, die Untersuchungsmethode so zu verfeinern, daß auch wenige, im Ausgangsmaterial enthaltene Bazillen dem Nachweis nicht entgehen. Hierfür ist in erster Linie die richtige Auswahl des Untersuchungsmaterials notwendig; bei der Untersuchung von Auswurf handelt es sich darum, daß man wirklich Lungen-Sputum und nicht etwa nur Schleim aus den oberen Luftwegen zur Untersuchung bekommt; man lasse sich das am frühen Morgen zuerst entleerte Sputum oder noch besser die Gesamtmenge des während der Nacht und am Morgen entleerten Auswurfs einsenden; das Sputum wird dann zunächst in einer flachen Glasschale auf schwarzer Unterlage sorgfältig ausgebreitet und auf das Vorhandensein nekrotischer, weißgelblicher Bröckchen (der sogenannten „Linsen") untersucht, die man eventuell durch Zerzupfen aus dem Inneren dicker Sputumballen erst gewinnen muß und die man zur Untersuchung zwischen zwei Objektträgern zerquetscht und ausbreitet. Aus solchen „Linsen" kann man auch mittelst Züchtung auf Spezialnährböden (vergl. oben S. 249) direkt — statt auf dem gewöhnlich gewählten Umweg über den Tierversuch — Reinkulturen von Tuberkelbazillen gewinnen. Bei der Untersuchung des Urins verwendet man das durch Zentrifugieren erhaltene Sediment. Bei der Untersuchung von Stuhlgang ist folgender Kunstgriff empfehlenswert: man erziele durch Darreichung von Opium einen geformten, etwas harten Stuhlgang, an dessen Oberfläche die aus den tuberkulösen Darmgeschwüren stammenden schleimig-eitrigen Beimengungen leichter aufzufinden sind und ein geeigneteres Material für die mikroskopische Untersuchung darstellen als der gesamte, bei Darmtuberkulose so häufig diarrhoische Stuhl. Im Lumbalpunktat läßt sich eine Anreicherung der ursprünglich etwa nur vereinzelt vorhandenen Tuberkelbazillen nach Trembur dadurch erzielen, daß die Punktionsflüssigkeit eine bis zwei Wochen im Brutschrank im zugeschmolzenen Gläschen gehalten wird. Bei der Untersuchung von Milch und Butter verwendet man den durch Zentrifugieren gewonnenen Bodensatz, von der Milch außerdem noch die nach dem Ausschleudern an der Oberfläche sich ansammelnde Rahmschicht, in der sich gleichfalls zahlreiche Tuberkelbazillen ansammeln. Wenn bei direkter Untersuchung des Ausgangsmaterials Tuberkelbazillen nicht gefunden werden, so versuche man die etwa doch vorhandenen vereinzelten Tuberkelbazillen dadurch anzureichern, daß das Ausgangsmaterial durch geeignete Vorbehandlung in eine dünne, homogene Flüssigkeit aufgelöst wird, aus der die Tuberkelbazillen durch Absetzen oder besser durch Zentrifugieren gewonnen werden. Alle früher für diesen Zweck angegebenen Anreicherungsverfahren sind durch die von Uhlenhuth in die bakteriologische Praxis eingeführte Antiforminmethode überholt worden; das Antiformin (zu beziehen von Dircksen, Berlin), eine Lösung von unterchlorigsaurem Natron und kaustischer Natronlauge, löst fast alle organischen Substanzen mit Ausnahme wachsartiger Stoffe restlos auf; in den so behandelten Gewebsflüssigkeiten oder Gewebsstückchen werden die Gewebe selbst sowie alle Bakterien — außer Sporen und säurefesten Bazillen — aufgelöst, so daß die letzteren durch Zentrifugieren leicht im Bodensatz gewonnen werden können, besonders wenn der durch die Antiformineinwirkung homogenisierten Flüssigkeit vorher zwecks Erniedrigung ihres spezifischen Gewichtes Alkohol zugesetzt worden ist; das Verfahren gestaltet sich hiernach folgendermaßen:

Das Ausgangsmaterial (Sputum) wird mit etwa der gleichen Menge 50%igen Antiformins stark geschüttelt (eventuell auch aufgekocht) und nach $1/2$—2stündigem Stehenlassen mit Brennspiritus wiederum mit etwa der gleichen Menge versetzt und $1/4$—$1/2$ Stunde in der Zentrifuge ausgeschleudert; der erhaltene Bodensatz wird, damit er sicherer haftet, auf dem Objektträger mit etwas von dem unvorbehandelten Sputum oder mit einem Tropfen Eiweißlösung angeklebt, fixiert und wie üblich gefärbt. Eine Anreicherung der T.-B. im Blute läßt sich nach Stäubli durch Auflösen der roten Blutkörperchen in 3%iger Essigsäure und Abzentrifugieren erreichen (Vorsicht wegen Verwechslung der T.-B. mit „Splittern" im mikroskopischen Bilde, vgl. oben).

Das Antiforminverfahren bietet den besonderen Vorteil, daß es auch zum Nachweis spärlicher Tuberkelbazillen in Organen (Hautstückchen bei Lupus, Granulationen von Gelenktuberkulose) verwendet werden kann, deren Auffindung im Schnittpräparat sehr mühselig, wenn nicht ganz aussichtslos wäre; die Organstückchen werden in 25%iger Antiforminlösung unter häufigerem Umschütteln solange belassen, bis sie nahezu völlig aufgelöst sind; weitere Behandlung dann wie oben. Wenn auch mit Hilfe des Anreicherungsverfahrens Tuberkelbazillen nicht nachzuweisen sind, so bleibt als feinstes Reagens der Tierversuch, der am besten mit dem vorher durch Antiforminbehandlung homogenisierten, mit physiologischer Kochsalzlösung ausgewaschenen Material ausgeführt werden kann, da das Antiformin in der angegebenen Konzentration und Einwirkungsdauer die Tuberkel-

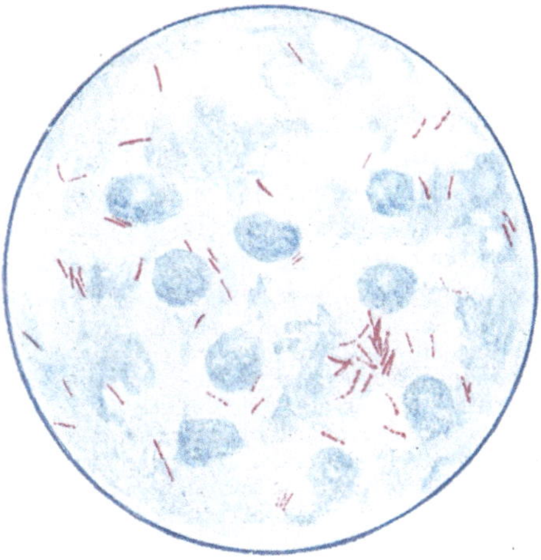

Abb. 128. Tuberkelbazillen im Sputum ohne Antiformin-Anreicherung. (Färbung nach Ziehl-Neelsen).

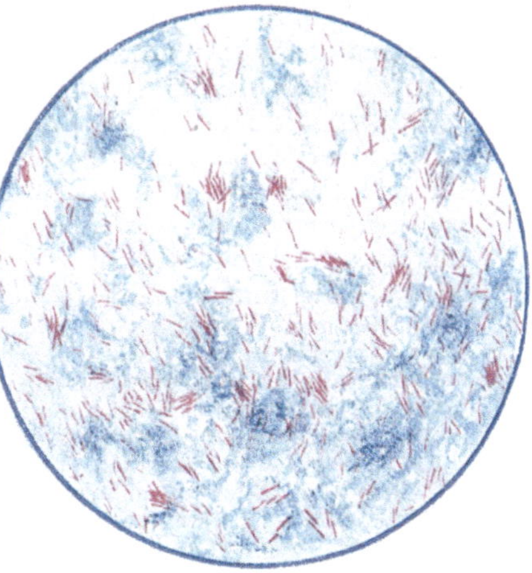

Abb. 129. Tuberkelbazillen im Sputum nach Antiformin-Anreicherung. (Färbung nach Ziehl-Neelsen).

bazillen nicht schädigt und außer der Anreicherung des tuberkulösen Virus noch den großen Vorteil bietet, daß eventuell vorhandene Erreger einer Mischinfektion (Streptokokken), die ein vorzeitiges Zugrundegehen der Versuchstiere herbeiführen könnten, ausgeschaltet werden. Für diagnostische Zwecke verwendet man ausschließlich das hochempfängliche Meerschweinchen, dem das zu untersuchende Material durch intraperitoneale oder subkutane Impfung unter die Haut der Schenkelbeuge beigebracht wird; die Tiere gehen nach 6—8 Wochen unter zunehmender Abmagerung und Schwellung der regionären Lymphdrüsen, öfters auch mit tuberkulösen Veränderungen an der Einstichstelle zugrunde; bei der Sektion findet man die oben angegebenen charakteristischen Veränderungen. Es kann aber nicht genug davor gewarnt werden, auf den bloßen makroskopischen Sektionsbefund für sich allein die Diagnose auf Tuberkulose auszusprechen, da es Erkrankungen gibt, die bei Betrachtung mit bloßem Auge annähernd dieselben Veränderungen setzen, aber durch ganz andere Erreger verursacht werden; hierher gehört insbesondere die häufig beim Meerschweinchen auch spontan vorkommende, mit Bildung von zahlreichen Knötchen in der Milz einhergehende Pseudotuberkulose der Nagetiere, deren Erreger zu der dem Pestbazillus verwandten Gruppe der bipolar gefärbten Bazillen der hämorrhagischen Septikämie gehört; auch der dem vorigen ähnliche Erreger der Pseudotuberkulose des Schafes (der bei Untersuchung verdächtigen Fleisches in Betracht kommen könnte) ist gleichfalls auf das Meerschweinchen übertragbar und setzt ganz ähnliche, allerdings viel rascher sich entwickelnde pathologisch-anatomische Veränderungen. Es muß also unter allen Umständen der mikroskopische Nachweis des Erregers in den Organen geführt werden; falls die direkte mikroskopische Untersuchung aber versagt, dann ist das Kulturverfahren anzuwenden; zu diesem Zwecke werden die tuberkulösen Knötchen mit sterilen Instrumenten herauspräpariert, zerquetscht und auf Glyzerinagar übertragen und mindestens 14 Tage lang unter luftdichtem Verschluß (mit Gummikappe oder Paraffin) bebrütet. Falls die geimpften Tiere nach 8 Wochen noch nicht eingegangen sind, so werden sie dennoch getötet und sorgfältig seziert, um etwa vorhandene, ganz geringfügige tuberkulöse Veränderungen, wie sie nach Verimpfung sehr spärlicher Bazillen vorkommen, nachzuweisen.

Manche Vorschläge sind gemacht worden, um die lange Dauer des Tierversuchs abzukürzen; zweckmäßig ist es, das Gewicht der Tiere wöchentlich nachzuprüfen, um bei eintretender starker Abmagerung und falls geschwollene Drüsenpakete schon von außen durch die Bauchdecken fühlbar sind, sogleich die Sektion vornehmen zu können; der Vorschlag, die regionären Lymphdrüsen schon bei der Impfung von außen zwischen zwei Fingern zu quetschen, um daselbst einen Ort verminderter Widerstandsfähigkeit und eine raschere Lokalisation des tuberkulösen Prozesses hervorzurufen, erscheint nicht zweckmäßig, da hiernach unspezifische Drüsenschwellungen auftreten können, die Tuberkulose vortäuschen und den vorzeitig abgebrochenen Versuch unbrauchbar machen. Die feinste Methode des Nachweises der beginnenden Tuberkulose beim Meerschweinchen ist die Prüfung des Tieres mit 0,02 ccm Tuberkulin bei intrakutaner Reaktion (Römer, Esch, Schürmann); auf diese Weise kann die Tuberkulose schon 10—14 Tage nach der Impfung nachgewiesen werden; bei negativem Ausfall der Probe muß man aber doch nach etwa 4 Wochen den Sektionsbefund abwarten.

Bleibt die mit allen Hilfsmitteln der Diagnostik ausgeführte Untersuchung auf Tuberkelbazillen negativ, so ist damit noch keineswegs erwiesen, daß der betreffende Patient, von dem das zu untersuchende Material stammt, frei von Tuberkulose ist. Abgesehen davon, daß auch bei „offener Tuberkulose" (d. h. bei solchen Fällen, bei denen die Erkrankungsherde in offener Verbindung mit der Außenwelt stehen) gelegentlich insbesondere bei leichter und beginnender Erkrankung nur zeitweise Tuberkelbazillen ausgeschieden werden — eine Möglichkeit, die man durch Wiederholung der Untersuchung auszuschalten sucht — kann es sich auch um „geschlossene tuberkulöse Herde" (in den Lymphdrüsen oder abgekapselte Herde in der Lunge) handeln, von denen aus überhaupt keine Ausscheidung von Tuberkelbazillen nach außen stattfindet. Solche geschlossene tuberkulöse Affektionen können in der Mehrzahl der Fälle lange Zeit oder dauernd ganz symptomlos verlaufen; wie außerordentlich häufig solche Fälle sind, geht aus den systematischen Untersuchungen z. B. von Nägeli hervor, der an manchen Orten bei Untersuchung von Personen, die notorisch an anderen nichttuberkulösen Erkrankungen verstorben waren, bis zu einem Prozentsatz von über 90% solche latente tuberkulöse Herde fand. Diese latente Infektion wird, wie die weiter unten zu besprechende Untersuchung mit der v. Pirquet'schen Methode zeigt, schon im Kindesalter erworben, und insbesondere in der städtischen Bevölkerung erweisen sich bei dieser Untersuchung bis zum Zeitpunkt der Pubertät fast sämtliche Individuen als infiziert. Es ist eine viel umstrittene Frage, auf welchem Wege diese latente Infektion von fast allen Menschen erworben wird; während R. Koch und Flügge mit ihren Schülern den Standpunkt vertreten, daß die wesentlichste Eintrittspforte der tuberkulösen Infektion in den Atmungswegen zu suchen ist, behaupten bekanntlich von Behring, Calmette und Weichselbaum, daß das Virus von seiten der Darmschleimhaut, die im Jugendzustand besonders durchlässig ist, eindringe und von da erst sekundär in Lymphdrüsen und Lunge gelange. Wenn man aber einerseits die oben besprochenen quantitativen Verhältnisse der Infektion berücksichtigt, wonach im Tierversuch vom Darm aus die Infektion erst bei millionenfach höherer Dosis als seitens des Respirationstraktus zustande kommt, andererseits sich daran erinnert, daß Bazillen bovinen Ursprungs für die Entstehung der Lungenphthise so gut wie gar nicht in Betracht kommen und endlich die Häufigkeit der äußeren Infektionswege für beide Arten der Ansteckung vergleicht, so wird man sich unbedingt auf den Koch-Flügge'schen Standpunkt stellen, der für das Zustandekommen der tuberkulösen Lungenerkrankung die Ansteckung durch Einatmung in erster Linie verantwortlich macht; diese Einatmung kann erfolgen entweder durch trockenen, infizierten Staub oder durch infizierte, vom Kranken ausgehustete und den Personen seiner unmittelbaren Umgebung eingeatmete Tröpfchen; letzterer Weg der Übertragung ist nach Flügge's Forschung sehr viel häufiger, weil flugfähige infizierte Stäubchen aus dem schleimigen Auswurf nicht so leicht gebildet werden und andererseits auch bei der Einatmung nicht so leicht Eingang in die tieferen Luftwege finden wie feinst verteilte Tröpfchen. Daneben können bei unreinlichem Verhalten, insbesondere bei Kindern, leicht durch direkte Berührungen (Schmutz- und Schmierinfektion) Teilchen von tuberkulösem Auswurf in den Mund gelangen und so zur Entstehung von Halstuberkulose führen. Gelegenheit zur Entstehung tuberkulöser Infektion im Kindesalter, insbesondere von seiten erkrankter Familienmitglieder, ist also in reichstem Maße gegeben. Damit aus dieser, wie oben erwähnt, zunächst meist latent bleibenden Infektion eine manifeste tuberkulöse Erkrankung und speziell das charakteristische Bild der chronischen Lungenphthise wird, dafür sind gewisse Vorbedingungen nötig, die im wesentlichen in gewissen mechanischen Verhältnissen bestehen, durch welche der Lymphabfluß und der Luftwechsel in der Lungenspitze behindert und diese letztere für die Ansiedelung von Tuberkelbazillen (ebenso wie für die Zurückhaltung anderer korpuskulären Elemente (z. B. Kohlenstaub) prädisponiert wird. Als solche mechanische Momente kommen in Betracht: Verengerung der oberen Thoraxapertur durch Verkürzung des ersten Rippenknorpels (Freund, Hart), ferner eine Senkung der Ebene der oberen Thoraxapertur (Bacmeister), sei es durch Muskelschwäche, sitzende Lebensweise, Atmungsanomalien infolge chronischer Katarrhe u. dgl. Durch diese Verhältnisse kommt es zur Ansiedelung des tuberkulösen Virus in der Lungenspitze, wo nach Birch-Hirschfeld die primäre Lokalisation der Lungentuberkulose fast stets zu suchen ist; von der Lungenspitze aus geht dann der Prozeß absteigend in die anderen Teile der Lunge über. Für den Praktiker kommt alles darauf an, rechtzeitig den Augenblick zu erkennen, in dem der ursprünglich latente Prozeß aktiv wird. Da der Nachweis der Bazillen im Sputum, so wertvoll sein positiver Ausfall für die Diagnose ist, doch bei beginnenden Fällen, solange es sich noch um geschlossene Herde handelt, im Stich läßt, so sind hierfür die biologischen Reaktionen des infizierten Organismus auf tuberkulöses Virus heranzuziehen. Eine praktische Anwendung der Agglutination und anderer serologischer Methoden ist bisher nicht möglich. Dagegen hat sich für die frühzeitige Erkennung tuberkulöser Erkrankung die Tuberkulinreaktion außerordentlich bewährt; das Tuberkulin (Alttuberkulin), ein lösliches Produkt aus Tuberkelbazillenkulturen in Glyzerinbouillon, erzeugt nur beim tuberkulös infizierten, nicht aber beim gesunden Organismus nach Einbringung kleinster Mengen eine charakteristische lokale und allgemeine Reaktion, die im Sinne einer Überempfindlichkeitserscheinung des von seiten der in seinem Inneren vorhandenen Tuberkelbazillen bereits mit ihren löslichen Produkten sensibilisierten Organismus zu deuten ist (vgl. Kapitel Anaphylaxie im allgemeinen Teil S. 117ff.). Zur Erkennung beginnender aktiver Tuberkulose ist die Tuberkulinprobe auf subkutanem Wege in der klassischen Methodik nach R. Koch ausschlaggebend; man beginnt mit 0,1 mg und steigert unter genauer Beobachtung der etwa auftretenden lokalen und allgemeinen Reaktionserscheinungen (Fieber, Schwellung und Rötung örtlicher Erkrankungsherde) nach je etwa 4 Tagen allmählich die Dosis bis zu 5—10 mg; bleibt auch bei dieser Dosis jede Reaktion aus, so ist der Patient als frei von aktiven tuberkulösen Herden anzusehen. In ähnlicher Weise kann die Beobachtung der Reaktion auch von seiten der Augenbindehaut des Lides nach Einbringung eines Tropfens einer 1%igen Tuberkulinlösung verfolgt werden; diese Ophthalmoreaktion (Calmette) löst jedoch bisweilen nicht unbedenkliche örtliche Entzündung aus. Außerordentlich verfeinert wurde die Diagnostik durch Anwendung des Tuberkulins von der Haut aus, die hiernach auftretenden gänzlich unbedenklichen Lokal-Reaktionen zeigen aber nicht nur aktive Herde, sondern auch latente abgekapselte, klinisch völlig unschädliche Herde an, und nach diesen Methoden sind, wie oben erwähnt, fast alle untersuchten Kinder der städtischen Bevölkerung als positiv reagierend befunden worden. Diese Reaktionen von der Haut aus werden angewendet:

1. Als Intrakutan-Reaktion (nach Römer) durch Einspritzen von Tuberkulin in die Kutis, wo sich bei positivem Ausfall eine charakteristische Quaddel bildet. Etwas weniger empfindlich sind die beiden folgenden leichter auszuführenden Proben:

2. Kutan-Reaktion (nach v. Pirquet) durch Aufbringen je eines Tropfens einer 25%igen Lösung von Alttuberkulin in je 2 mittelst eines besonderen Impfbohrers leicht skarifizierte Stellen am Oberarm; dazwischen eine Skarifikation ohne Tuberkulin als Kontrollprobe.

3. Perkutan-Methode (Moro, Petruschky) mittelst Einreiben einer aus gleichen Teilen von Tuberkulin und Lanolin hergestellten Salbe während etwa einer Minute.

Eine Wiederholung der Tuberkulin-Reaktion von der Haut aus binnen kurzer Frist ist unstatthaft, da durch die vorangegangene Sensibilisierung bei der nachfolgenden Prüfung eine positive Reaktion vorgetäuscht werden kann.

23. Leprabazillus.

Der Erreger des Aussatzes, der Leprabazillus, wurde schon im Jahre 1873 von Armauer-Hansen entdeckt und später insbesondere von A. Neißer näher studiert. Der Leprabazillus gehört wie der Tuberkelbazillus zu den säurefesten Bakterien; doch ist diese Eigenschaft bei ihm nicht so ausgesprochen wie beim Tuberkelbazillus; vielmehr erfolgt häufig schon eine Färbung der Leprabazillen durch verhältnismäßig kurze (10 Minuten dauernde) Einwirkung gewöhnlicher wässeriger Farbstofflösungen, welche den Tuberkelbazillus in der Regel ungefärbt lassen.

Doch ist auf diese Unterschiede kein großer Wert zu legen, und im Zweifelsfalle läßt sich die Entscheidung, ob der eine oder der andere Erreger vorliegt, nur durch den Tierversuch erreichen; das (für die intraperitoneale oder subkutane Einimpfung schon vereinzelter Tuberkelbazillen so hochempfängliche) Meerschweinchen verhält sich gegenüber Infektion mit Leprabazillen selbst in größter Menge völlig refraktär. Auch die sonstigen Übertragungsversuche von menschlichem Lepramaterial auf Tiere, einschließlich menschenähnlicher Affen und nach den verschiedensten Methoden haben bisher meist nur negative neben vereinzelten zweifelhaften Befunden geliefert. Ebensowenig ist bisher die künstliche Kultur der Leprabazillen gelungen; die neben zahlreichen negativen Ergebnissen von einigen Forschern erhobenen positiven Befunde von diphtheriebazillen- oder streptothrixähnlichen Formen haben sich bisher keine allgemeine Anerkennung zu verschaffen vermocht. Für die praktische Diagnose sind wir daher einzig und allein auf das mikroskopische Präparat angewiesen.

Die Lepra tritt beim Menschen in 2 Formen auf: Als tuberöse und als makulo-anästhetische (nervöse) Form; außerdem kommen Mischformen sowie Übergänge der einen Form in die andere, insbesondere die Umwandlung länger bestehender Erkrankung an tuberöser Lepra in die nervöse Form vor. Die tuberöse Form ist, wie der Name sagt, durch das Auftreten knotiger Krankheitsherde (Leprome), besonders im Gesicht, charakterisiert; daneben kommen aber, wie bei der makulo-anästhetischen Form, auch pigmentierte und pigmentfreie Flecke sowie Verdickungen und Degenerationen der peripheren Nervenstämme mit Ausbildung von unempfindlich gewordenen Bezirken an der Haut zustande; bei der nervösen Lepra beherrschen diese letzteren nervösen und trophischen Störungen das Krankheitsbild, während die Knoten fehlen. Bei beiden Formen ist sehr häufig, zuweilen sogar als erstes und einziges Krankheitssymptom das Auftreten eines Geschwüres in der Nähe des vorderen Endes der mittleren Nasenmuschel, das wahrscheinlich als Primäraffekt der Lepra zu deuten ist (R. Koch und G. Sticker). In diesem Geschwür, dessen Sekret meist dünnflüssig, eitrig oder von leimartiger Beschaffenheit ist, können in Ausstrichpräparaten die Leprabazillen meist in sehr großen Mengen, zum Teil in Häufchen in Zellen eingeschlossen nachgewiesen werden; man versäume bei Untersuchung auf Lepraverdacht nie diese Untersuchung des Naseninneren, die eventuell durch Rhinoskopie erleichtert werden kann. Ebenso ist stets auf das Vorkommen verdächtiger Geschwüre

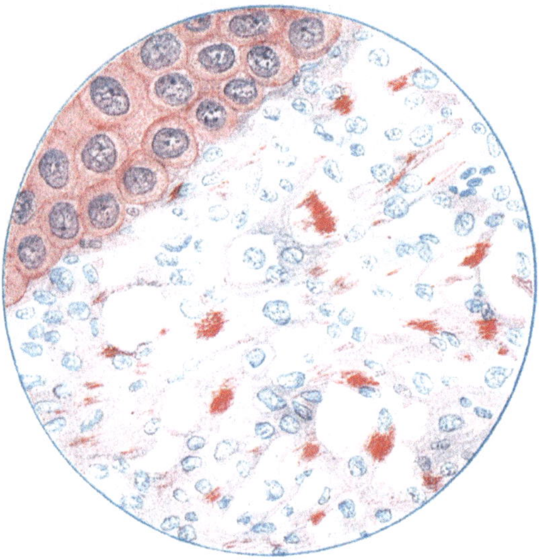

Abb. 130. Schnitt aus Lepraknoten. (Färbung nach Ziehl-Neelsen.) (Vergr. 1 : 500.)

in der Mund- und Rachenhöhle zu achten, die gleichfalls den Erreger in großen Mengen enthalten. Ferner sind Leprabazillen in allen anderen Krankheitsprodukten (Knoten, verdickte Nervenstämme) nachzuweisen, aber auch zuweilen in scheinbar ganz normalen Hautpartien. Auch im Blut sind Leprabazillen, insbesondere während der schubweise auftretenden Verschlimmerungen der Erkrankung zu finden und liegen hier meist in Leukozyten eingeschlossen. Bei der tuberösen Form der Lepra kommen die Bazillen in der Regel in sehr großer Menge und charakteristischer Lagerung vor, während bei der makulo-anästhetischen Form nur vereinzelte Bazillen, häufig erst nach Durchmusterung zahlreicher Präparate, gefunden werden. In solchen Fällen empfiehlt sich die Anwendung des Antiforminverfahrens an exzidierten Gewebsstückchen; doch darf das Antiformin wegen der geringeren Widerstandsfähigkeit des Leprabazillus höchstens in 10%iger Konzentration und mit $^1/_2$stündiger Einwirkungsdauer angewendet werden. Bei Fällen von tuberöser Lepra erlaubt die Massenhaftigkeit und charakteristische Lagerung der Bazillen in den Lepraknoten meist ohne weiteres die bakteriologische Diagnose auf Grund von Ausstrich- oder besser Schnittpräparaten aus den erkrankten Hautpartien; die Leprabazillen liegen meist in Häufchen im Innern von Zellen (Leprazellen) sowie in dichten Massen außerhalb der Zellen, besonders in den die kleinen Gefäße umgebenden Lymphspalten; oft sind formlose, durch Konfluieren der Leprabazillen und ihrer Interzellularsubstanz entstandene Massen, die sog. Globi nachweisbar, welche sich nach Ziehl wie die typischen Leprabazillen selbst färben. Falls die Untersuchung von verdächtigen Hautstellen sowie von seiten der inneren Nase negativ ausfällt, ist eventuell von verdickten Nervenstämmen ein Stückchen zu exzidieren und in Serienschnitten sowie nach der Antiforminmethode zu untersuchen.

Eine spezifische serologische Methode zur Diagnose der Lepra existiert bisher nicht; entsprechend der nahen Verwandtschaft des Lepraerregers mit dem Tuberkelbazillus reagieren Leprakranke ähnlich wie Tuberkulöse auf subkutane Injektionen von Tuberkulin. Große praktische Bedeutung für die Diagnose hat die bei Leprakranken nach interner Darreichung von Jodkalium auftretende unspezifische Reaktion erlangt, die sowohl in Form allgemeiner Erscheinungen (Fieber) wie auch als lokale Reaktion (entzündliche Schwellung und Rötung der leprösen Krankheitsherde) auftritt und deren Mechanismus übrigens theoretisch noch nicht geklärt ist.

III. Pathogene Vibrionen.

Vibrio cholerae asiaticae.

Der einzige für den Menschen pathogene Vibrio ist der Choleravibrio, der als Erreger der asiatischen Cholera von R. Koch im Jahre 1883 in Ägypten und Indien anläßlich der nach diesen Ländern vom Deutschen Reiche entsandten wissenschaftlichen Mission entdeckt wurde und seitdem in allen seither beobachteten Cholera-Epidemien unabhängig von Örtlichkeit und Jahreszeit stets mit den gleichen typischen Eigenschaften wieder gefunden worden ist. Der Cholera-Vibrio, oft auch als Cholerabazillus oder Kommabazillus bezeichnet, ist ein gekrümmtes Stäbchen oder vielmehr stellt einen Abschnitt aus einer Schraubenwindung dar, an der man oft noch selbst beim einzelnen Vibrio das Vorhandensein einer Krümmung in zwei aufeinander senkrechten Ebenen feststellen kann; in etwas älteren Bouillonkulturen wächst er zu langen Spirillen mit zahlreichen Windungen aus. Gestalt und Größe sind bei verschiedenen Stämmen etwas wechselnd; es gibt einerseits kurze, plumpe, ei- oder nierenförmige Varietäten, andererseits längere schlanke, fast stäbchenförmige Spielarten, an denen die Krümmung kaum eben noch angedeutet ist; letztere Abweichung von der normalen Form findet sich besonders häufig in älteren, lange fortgezüchteten Laboratoriumsstämmen. Immer aber hat der Choleravibrio nur eine einzige Geißel, die an einem Pol angeheftet ist; dieses Verhalten ist so regelmäßig, daß der Befund mehrfacher Geißeln bei einem zu untersuchenden Vibrio ohne weiteres die Diagnose Cholera ausschließt. Der Choleravibrio zeigt eine überaus lebhafte Eigenbewegung; das Bild, das man im hängenden Tropfen zu sehen bekommt, wird treffend mit dem eines tanzenden Mückenschwarmes verglichen. Der Choleravibrio färbt sich leicht mit den gebräuchlichen Anilinfarben, am besten mit verdünntem Fuchsin, und nimmt die Gram'sche Färbung nicht an. Er bildet keine Sporen und zeigt äußeren schädigenden Einwirkungen gegenüber nur eine sehr geringe Widerstandsfähigkeit; insbesondere ist er sehr empfindlich gegen Säuren und Austrocknung, so daß seine Verbreitung durch trockenen Staub vollständig ausgeschlossen ist; auch gegen höhere Wärmegrade ist er sehr empfindlich und wird schon durch eine nur wenige Minuten dauernde Erwärmung auf 56^0 abgetötet. Entsprechend seiner ursprünglichen Herkunft aus tropischen Gewässern (Gangesdelta)

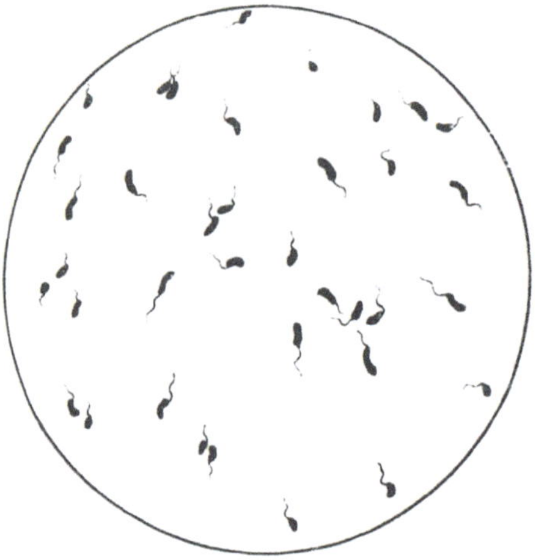

Abb. 131. Vibrio cholerae asiat. (Geißeln.) (Vergr. 1: 1000.)

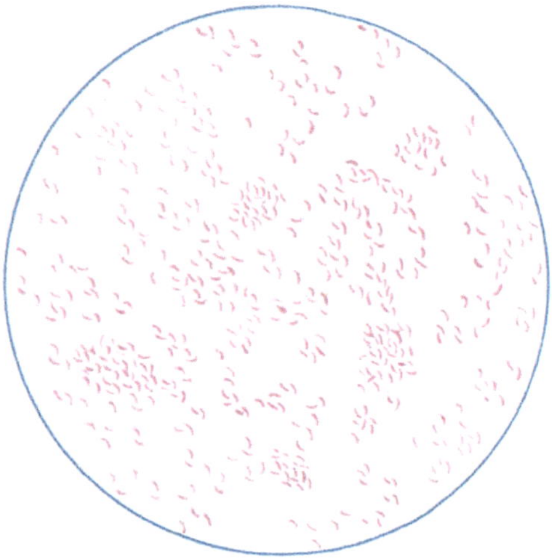

Abb. 132. Vibrio cholerae asiat. Reinkultur. (Färbung mit verd. Karbolfuchsin.) (Vergr. 1: 500.)

vermag er bei Temperaturen unter 20^0 nicht mehr zu gedeihen, bewahrt aber noch nach längerem Aufenthalt bei niederer Temperatur und selbst bei starker Winterkälte seine Lebensfähigkeit. Sein Wachstumsoptimum liegt bei 35—37^0; schon oberhalb 38^0 tritt sehr bald Entwickelungshemmung ein. Der Choleravibrio vermag nur bei direktem Luftzutritt zu gedeihen und sammelt sich in flüssigen Nährböden an der Oberfläche an, wo es infolge des durch den Sauerstoffzutritt begünstigten reichlichen Wachstums oft zur Bildung eines feinen, mit bloßem Auge eben noch sichtbaren Häutchens kommt. Als ursprünglicher Wasserbewohner begnügt sich der Choleravibrio mit sehr verdünnter Nährlösung. So empfindlich der Choleraerreger gegen Säuren ist, so widerstandsfähig zeigt er sich andererseits gegen starken Überschuß von Alkali, und sein Wachstumsoptimum liegt sogar schon bei einer so hohen Alkaleszenz des Nährbodens (3 ccm einer 10$^0/_0$igen Lösung von kristallisiertem

Na_2CO_3 auf 100 ccm lackmusneutralen Nährboden), daß bei ihr die meisten anderen Bakterien nicht mehr oder doch nur kümmerlich gedeihen können. Diese biologischen Eigentümlichkeiten des Choleravibrio (Wachstum in sehr verdünnter und stark alkalischer Nährflüssigkeit, starkes Sauerstoffbedürfnis) macht man sich bei der Züchtung zunutze und hat insbesondere in dem Peptonwasser einen für Choleravibrionen in hohem Grade elektiven Nährboden geschaffen, in welchem die meisten anderen Bakterien nur kümmerlich, die Choleravibrionen dagegen sehr üppig gedeihen, so daß es möglich ist, mit diesem Anreicherungsverfahren selbst vereinzelte Vibrionen aus Bakteriengemischen binnen weniger Stunden herauszuzüchten; die Choleravibrionen sammeln sich an der Oberfläche dieser Nährlösung und können, dank ihrer intensiven Vermehrung daselbst, schon 6—8 Stunden nach der Einsaat mikroskopisch und durch Verimpfung auf andere Nährböden nachgewiesen werden.

Abb. 133. Cholerarotreaktion.

Abb. 134. Choleravibrio. Gelatinekultur, nach 3—4 Tagen Verflüssigung.

Das Peptonwasser wird folgendermaßen bereitet: Man hält sich eine konzentrierte, vor dem Gebrauch mit der 10-fachen Menge abgekochten Leitungswassers zu verdünnende Peptonwasserlösung steril in Kolben vorrätig, die in 100 Teilen Wasser 10 g Pepton. sicc. (Witte), 10 g NaCl und 0,1 g KNO_3 enthält, letzteres zwecks Nachweises der Bildung von Nitriten, welche durch die reduzierende Wirkung des Choleravibrio gebildet werden; dieser Nachweis wird, gleichzeitig mit denjenigen des ebenfalls vom Choleravibrio gebildeten Indols, in Form der sog. Nitrosoindol- oder Cholerarotreaktion geführt; auf Zusatz von einigen Tropfen verdünnter Schwefel- oder Salzsäure erfolgt Rotfärbung; konzentrierte Säure soll man zur Anstellung dieser Reaktion nicht verwenden, da sie durch die bei der Zersetzung von organischen Substanzen erfolgende Braunfärbung die Reaktion stören oder vortäuschen kann.

Unter den übrigen für die Züchtung des Choleravibrio verwendeten Nährböden sind folgende zu nennen, die sich praktisch besonders bewährt haben. Gelatine und Agar werden wie üblich, doch mit dem oben genannten, dem Wachstumsoptimum des Choleravibrio entsprechenden Zusatz von Alkali verwendet. In Gelatineplatten bildet der Choleravibrio Kolonien von überaus charakteristischem Aussehen, die schon nach 24 Stunden bei 22° in Form kleinster, eben nur mit dem bloßen

Auge sichtbarer, Pünktchen erkennbar werden und bei schwacher Vergrößerung unter dem Mikroskop einen unregelmäßigen Rand und ein höckeriges, stark glänzendes Aussehen (wie aus Glasbröckchen zusammengesetzt) zeigen; im weiteren Verlauf bildet sich um die hellglänzende Kolonie ein durch Verflüssigung der Gelatine entstehender Hof oder Trichter. Letzteres Merkmal kommt auch in dem typischen Aussehen der Gelatinestichkultur zur Geltung; die Verflüssigung dieses Nährbodens geht beim Choleravibrio (im Gegensatz zu manchen saprophytischen Vibrionen) ziemlich langsam vor sich; in den ersten 24 bis 48 Stunden zeigt nur der obere Teil der Stichkultur einen Verflüssigungskelch und oberhalb desselben eine durch Verdunstung entstandene Luftblase, während in der Tiefe das Wachstum nur entlang dem Impfstich ohne Verflüssigung erfolgt ist. Trotz des so überaus charakteristischen Aussehens der Cholerakolonien in Gelatine ist man doch in den letzten Jahren von der Verwendung dieses Nährbodens zur praktischen Choleradiagnose abgekommen, weil wir heute im Besitze von Methoden sind, die schneller und zuverlässiger arbeiten. Hier sind zunächst die Agarplatten zu nennen, auf denen der Choleravibrio bei Oberflächenaussaat in Form von flachen, etwa 2 bis 3 mm im Durchmesser haltenden Kolonien von durchsichtigem, bei auffallendem Lichte bläulich opaleszent erscheinenden Aussehen wächst. Von weitaus stärkerer elektiver Wirkung auf die Choleravibrionen als die soeben genannten stark alkalischen Gelatine- und Agarnährböden sind die folgenden beiden Nährmedien nach Dieudonné und Aronson.

Der Nährboden nach Dieudonné wird folgendermaßen bereitet: Defibriniertes Rinderblut wird mit der gleichen Menge Normal-Kalilauge (etwa 6% Ätzkali enthaltend) vermischt und 1/2 Stunde im strömenden Dampfe sterilisiert: von dieser Blutalkalilösung, die mehrere Monate haltbar ist, werden je 30 Teile mit je 70 Teilen lackmusneutralem Agar vermischt, in Schalen ausgegossen und eine 1/2 Stunde im Brütschrank offen stehend getrocknet; der Nährboden ist aber erst nach 24 Stunden brauchbar, da vorher infolge starker Ammoniakentwicklung Wachstumshemmung eintritt; die fertigen Dieudonné-Platten sind 8—10 Tage brauchbar. Zwecks Herstellung eines sofort gebrauchsfertigen Dieudonné-Agars empfiehlt Lentz, vom Blutalkaligemisch und vom Neutralagar je ein Trockenpulver herzustellen und diese im Augenblick des Bedarfs zu Dieudonné-Platten zu verarbeiten. Auf dem Dieudonné'schen Nährboden wachsen außer dem Choleraerreger und den choleraähnlichen Vibrionen nur wenige andere Bakterien; die Cholerakolonien sind schon nach 10—12 Stunden in Form flacher durchsichtiger Scheibchen sichtbar. Noch bequemer für den praktischen Gebrauch ist der von Aronson angegebene Nährboden, der nach dem Prinzip des Endoagars (vgl. im Kapitel Typhus) zusammengesetzt ist, jedoch statt Milchzucker Rohrzucker und Dextrin enthält und durch seine starke Alkaleszenz in hohem Grade elektiv für Choleravibrionen wirkt; dieser Nährboden wird folgendermaßen hergestellt: Auf 100 ccm flüssigen Neutralagars kommen 6 ccm einer 10%igen Lösung von Natr. carbon. sicc.; nach einer 15 Minuten dauernden Sterilisation im strömenden Dampf (wobei der Nährboden bräunlich verfärbt und getrübt wird) erfolgt Zusatz von 5 ccm 20%iger Rohrzuckerlösung, 5 ccm 20%iger Dextrinlösung, 0,4 ccm gesättigter alkoholischer Fuchsinlösung und 2 ccm 10%iger Natriumsulfitlösung; nach Absetzen des Niederschlages werden Platten gegossen, die vor dem Gebrauch etwa 2 Stunden im Brutschrank zu trocknen sind. Die Platten dürfen nicht dem Tageslicht ausgesetzt sein, da sonst der ursprünglich hellbräunliche Nährboden sich rot verfärbt. Die Cholerakolonien sind binnen 15—20 Stunden auf dem Aronson'schen Nährboden in Form leuchtend roter Scheiben mit ganz schmaler farbloser Randzone erkennbar; die praktischen Ergebnisse sind vortrefflich, da man wegen der leichten Auffindung selbst vereinzelter Cholerakolonien sehr große Mengen von Stuhlgang zur Aussaat bringen kann.

Das elektive Verhalten aller dieser genannten Nährböden erstreckt sich nun aber nicht nur auf den Choleravibrio allein, sondern auch auf zahlreiche, ihm nahe verwandte saprophytische Vibrionen, wie sie in verunreinigtem Wasser vorkommen, aber auch mit dem Wasser vom Menschen aufgenommen, in den menschlichen Darmentleerungen sich finden können; diese Möglichkeit besteht besonders im heißen Sommer und noch mehr im heißen Klima, wo nichtspezifische Vibrionen im Stuhl viel häufiger gefunden werden als in Mitteleuropa. Viele dieser Vibrionen sind von dem echten Choleraerreger weder durch ihre Gestalt noch durch ihre Kulturmerkmale zu unterscheiden; bei manchen choleraähnlichen Vibrionen gibt allerdings z. B. ihr pathogenes Verhalten gegenüber Tauben (Vibrio Metschnikoff) oder die Phosphoreszenz ihrer Kulturen oder das Vorhandensein mehrfacher Geißeln sowie die schnelle Verflüssigung der Gelatine u. dgl. die Möglichkeit ihrer Unterscheidung vom Choleravibrio. Absolut zuverlässige Entscheidung liefern aber in jedem Falle die spezifischen Serumreaktionen, sei es im Pfeiffer'schen Versuch oder durch die Agglutinationsprobe mit Auswertung bis zur Titergrenze unter Anwendung hochwertiger zuverlässiger Immunsera, wie sie z. B. vom Reichs-Gesundheitsamt und vom Institut für Infektionskrankheiten „Robert Koch" in Berlin sowie von den verschiedenen Serum-Instituten erhältlich sind. Über die Ausführung dieser spezifischen Immunitäts-Reaktionen vgl. im Kap. V des allgemeinen Teils; für die Agglutination sind Kulturen, die jünger als 16 Stunden sind, nicht zu verwerten, da sie häufig spontane Agglutination schon in Kochsalzlösung zeigen oder andererseits vorübergehend inagglutinabel sein können.

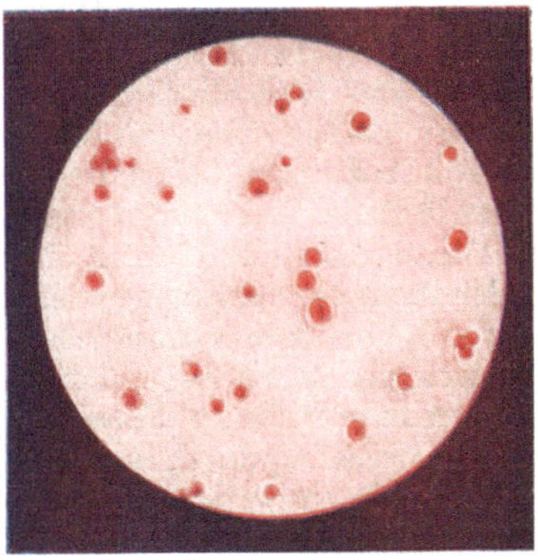

Abb. 135. Cholerakolonien auf Aronson-Agar. (Natürl. Größe.)

Bevor wir an der Hand der für das Wachstum des Choleraerregers erkannten Bedingungen an die praktische Choleradiagnose herantreten, müssen wir uns das Verhalten des Choleravibrio im infizierten menschlichen Körper klar machen. Der Choleravibrio ist spezifisch an die Schleimhaut des Dünndarms angepaßt, in welcher er eine ausgedehnte Epithelinfektion hervorruft und auch bis in die Tiefe der Drüsen vordringt, wo er in Schnitten durch die Darmwand in charakteristischer Lokalisation sichtbar gemacht werden kann; dagegen ist der Choleravibrio nur selten im Blut und in den übrigen Organen des Körpers nachzuweisen. So kommt es, daß von den Ausscheidungen des Cholerakranken nur der Stuhl, seltener das Erbrochene (da die Choleravibrionen hier durch die Magensäure geschädigt werden) den Erreger enthalten. Die Ansiedelung des Choleravibrio im Darm wird begünstigt, wenn das Darmepithel durch äußere Schädigungen in seiner Widerstandsfähigkeit herabgesetzt ist; je nach dem Grade der Widerstandsfähigkeit bzw. Empfänglichkeit des Organismus kann die Choleraerkrankung klinisch in sehr verschiedenem Grade ausgebildet sein; in den leichtesten Fällen beschränkt sich das Krankheitsbild auf einfachen Durchfall (Choleradiarrhöe), die als prämonitorische Diarrhöe auch das schwere Krankheitsbild (Stadium algidum) mit seinen teils durch die Wasserverarmung infolge der massenhaften dünnflüssigen Ausscheidungen, teils durch Giftwirkung zustande kommenden Erscheinungen (Anurie, Muskelkrämpfe, Stimmlosigkeit, allgemeinem Kräfteverfall) einleiten kann. Die Giftwirkung des Choleravibrio ist unmittelbar an seine Leibessubstanz gebunden; in den Kulturen gelingt es nicht (oder doch nur ausnahmsweise bei atypischen Stämmen) lösliche Gifte nachzuweisen; dagegen lassen sich mit den vorsichtig (durch Chloroform) abgetöteten Bazillenleibern dieselben Vergiftungserscheinungen im Tierversuch auslösen wie mit den lebenden Kulturen; diese dem Plasma selbst anhaftenden Giftstoffe, welche zum Unterschied von den eigentlichen löslichen Toxinen (wie bei Diphtherie und Tetanus) von R. Pfeiffer als Endotoxine bezeichnet sind, werden offenbar aus den in die Darmschleimhaut eingedrungenen Choleravibrionen resorbiert. Im Tierversuch läßt sich eine dem menschlichen Choleraprozeß analoge Erkrankung der Dünndarmschleimhaut mit nachfolgender allgemeiner Vergiftung des Körpers in mehrfacher Weise hervorrufen; zuerst gelang dies R. Koch bei Meerschweinchen durch Einbringung der Cholerakultur mittelst Schlundsonde nach vorangegangener Neutralisation des sauren Magensaftes mit Sodalösung und Herabsetzung der Widerstandsfähigkeit des Darmes mittelst Darreichung von Opiumtinktur; eine natürliche Cholerainfektion vom Munde aus wie beim Menschen gelingt bei säugenden Kaninchen; bei diesen Tieren kommt die charakteristische Darmcholera übrigens auch nach intravenöser Injektion der Choleravibrionen zustande, die sich dann in der Dünndarmschleimhaut als am Orte ihrer elektiven Anpassung ansiedeln. Ein ganz anderes Krankheitsbild entsteht nach intraperitonealer Injektion beim Meerschweinchen, indem hier der Infektionsprozeß ganz zurücktritt und bei Injektion von einer die Dosis letalis minima nicht wesentlich übersteigenden Kulturmenge eine Vermehrung der eingespritzten Vibrionen überhaupt ausbleibt und von vornherein unter gleichzeitigem Zugrundegehen der Vibrionen in der Bauchhöhlenflüssigkeit und Resorption der dadurch frei werdenden Endotoxine der Vergiftungsprozeß einsetzt; die intraperitoneale Cholerainfektion des Meerschweinchens ist also nicht der ganzen menschlichen Choleraerkrankung, sondern nur ihrer zweiten Phase, dem auf Giftwirkung beruhenden Stadium algidum, analog. — An der ursächlichen Bedeutung des Choleravibrio für die menschliche Choleraerkrankung ist um so weniger ein Zweifel möglich, als eine ganze Reihe von Fällen vorliegt, in denen durch Selbstinfektion mit

Laboratoriumskulturen, teils beabsichtigt, teils unabsichtlich, mehr oder minder schwere Choleraerkrankungen, ja sogar mit tödlichem Ausgang, zustande gekommen sind, und das zu einer Zeit, in der das Land frei von Cholera war, andere menschliche Cholerafälle als Ansteckungsursachen also nicht in Betracht kommen konnten. — Neben der klinisch manifesten Choleraerkrankung kommt beim Menschen auch häufig eine latente Cholerainfektion vor; im einzelnen Falle ist es praktisch oft unmöglich zu entscheiden, ob ein positiver Befund von Cholerabazillen im Stuhl eines Menschen als Ausdruck einer klinischen Erkrankung oder als latente Infektion gedeutet werden muß, da die klinische Erkrankung selbst, wie bereits erwähnt, in außerordentlich leichter Form verlaufen kann, so daß der Befallene sich gar nicht bewußt ist, an Cholera erkrankt zu sein; solche leichtesten (ambulante) Fälle sind natürlich gleichfalls ansteckend und für die Verbreitung der Seuche um so gefährlicher, als sie der Kontrolle gänzlich entgehen. Andererseits kann ein Befund von Choleravibrionen im Stuhl eines scheinbar Gesunden auch von einer vorangegangenen klinischen Erkrankung herrühren, da der Erreger sich im Stuhl oft eine bis zwei Wochen nach scheinbar erfolgter völliger Genesung erhält; eine über viele Wochen oder Monate sich hinziehende Ausscheidung beim Rekonvaleszenten ist aber im Gegensatz zum Unterleibstyphus sehr selten und echte Dauerausscheider kommen, soweit bekannt, bei Cholera überhaupt nicht vor. Dagegen findet sich bei Cholera unzweifelhaft eine zeitweilige, binnen weniger Tage vorübergehende latente Infektion ohne jeden auch noch so leichten Erkrankungsprozeß; solche Zwischenträger trifft man natürlich nur nach stattgehabtem Kontakt mit Cholerakranken und meist nur in der unmittelbaren Umgebung der letzteren an.

Neben dem erkrankten oder latent infizierten Menschen kommen als Ansteckungsquellen für Cholera noch infiziertes Wasser und infizierte Nahrungsmittel, insbesondere Milch, in Betracht, da der Choleravibrio im Wasser sowie auf Nahrungsmitteln einige Zeit sich lebensfähig zu erhalten und bei günstigen Umständen sogar sich zu vermehren vermag (vgl. Kapitel VII im allgemeinen Teil). Der Nachweis des Choleravibrio im Wasser ist in einer Reihe von Fällen vollkommen einwandfrei gelungen; über die Ausführung vgl. weiter unten. Die durch Trinkwasser und in ähnlicher Weise die durch Milch verursachten Choleraepidemien sind epidemiologisch von den weitaus häufigeren Kontakt-Epidemien unterschieden; im ersteren Falle bedingt das Vorhandensein einer allgemeinen Ansteckungsquelle, von der aus gleichzeitig massenhafte Infektionen ausgehen, ein explosives Auftreten der Epidemie, während im zweiten Falle, wo jede einzelne Erkrankung in ihrer Umgebung eine Reihe von anderen Ansteckungsquellen schafft, es zu einer langsameren Entwickelung der Epidemie und zur Ausbildung zusammengehöriger Kontaktketten kommt.

Betreffs aller Einzelheiten der Choleradiagnose sei auf die ausführliche amtliche Anweisung des Bundesrats vom 9. Dezember 1915 verwiesen.

Die wesentlichsten Grundzüge der Choleradiagnose lassen sich wie folgt in Kürze darlegen und begründen.

Als Untersuchungsmaterial dient der Stuhlgang; weniger geeignet ist das Erbrochene (vgl. oben); ist im Augenblick der klinischen Untersuchung gerade kein Stuhlgang erhältlich, so kann man sich solchen leicht durch ein Glyzerinsuppositorium verschaffen; dies gilt insbesondere für Massenuntersuchungen zwecks Ermittelung latent infizierter Personen in der Umgebung eines Cholerakranken. Am besten ist es, stets ganz frisch entleerten Stuhlgang zur Untersuchung zu verwenden und jedenfalls sich zu vergewissern, daß der etwa in einem Gefäß bereits seit einiger Zeit gestandene Stuhlgang nicht mit einem Desinfiziens versetzt worden war, da bekanntlich die Choleravibrionen sehr leicht absterben; letzteres ist schon in länger gestandenem Kot zu befürchten, besonders wenn derselbe in ammoniakalische Gärung übergegangen war. Die Entnahme vom Darminhalt aus der Choleraleiche mittelst einer in den After eingeführten Sonde oder dgl. ist nicht zu empfehlen, da im Dickdarm und im Rektum der Leiche die Choleravibrionen infolge der sauren Reaktion des Darminhalts oder durch Überwucherung durch Fäulnisbazillen zugrunde gegangen sein können; von der Leiche entnimmt man am besten eine kleine etwa 10 cm lange Darmschlinge, am besten aus dem unteren Teile des Dünndarms; hierzu genügt ein ganz kleiner, nur wenige Zentimeter langer Einschnitt und kann die vollständige Sektion sehr wohl entbehrt werden. Die Versendung des choleraverdächtigen Materials an die nächste Untersuchungsstelle erfolgt mittelst der hierzu bei den beamteten Ärzten oder in den Apotheken vorrätig gehaltenen besonderen Versandgefäße, die ein geeignetes gutverschließendes Glasgefäß in einer dauerhaften hölzernen Verpackung enthalten; der Versand soll möglichst schnell (durch Eilboten) erfolgen und ist drahtlich vorher anzuzeigen. — Für die Feststellung abgelaufener Cholerafälle dient die im Kapitel V des allgemeinen Teils beschriebene serologische Untersuchung einer Blutprobe der auf Cholera verdächtigen Person; die Blutprobe ist im Notfall nach Art der zu der Widal'schen Reaktion bei Typhus benötigten durch Einstich in das Ohrläppchen oder die Fingerbeere, besser allerdings, da eine etwas größere Menge (1—2 ccm) erwünscht ist, durch Schröpfkopf oder Venenpunktion zu entnehmen.

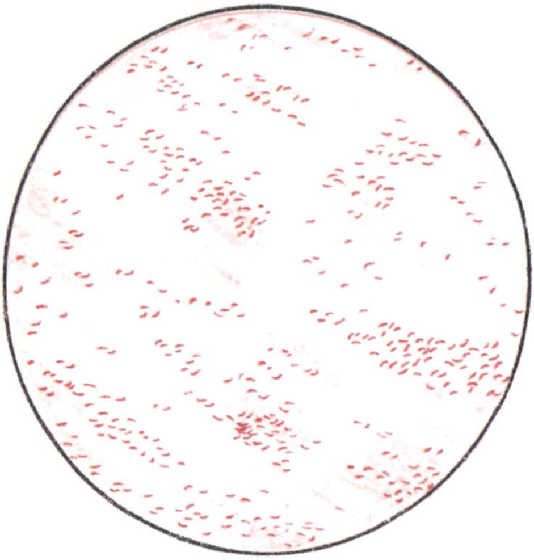

Abb. 136. Ausstrich aus einer Schleimflocke mit sehr zahlreichen Vibrionen. (Färbung mit verd. Karbolfuchsin.) (Vergr. 1:500.)

Zur bakteriologischen Choleradiagnose gehören:

1. Das Original-Präparat; dieses gibt die besten Aussichten für die Auffindung von Choleravibrionen, wenn es aus einer Schleimflocke, wie solche in typischen wässerigen Cholerastühlen (sog. Reiswasserstühlen) massenhaft vorkommen, angelegt wurde; man findet dann häufig die Choleravibrionen fast in Reinkultur und in einer sehr charakteristischen Anordnung („Fischzüge"), die zwar für Cholera nicht absolut beweisend

ist, aber doch die Diagnose Cholera sehr wahrscheinlich macht und zur Abgabe der Erklärung auf dringenden Verdacht für Cholera berechtigt. Häufig aber wird ein solcher typischer Befund im Cholerastuhl vermißt, insbesondere wenn es sich nicht um schleimig-wässerige, sondern um fäkulente Massen handelt; man findet dann inmitten eines bunten Gemisches der verschiedensten Darmbakterien eine mehr oder minder große Anzahl gekrümmter Formen. Selbstverständlich beweist die Abwesenheit solcher nichts gegen die Diagnose Cholera, wie andererseits vereinzelte saprophytische Vibrionen oft auch im normalen Stuhlgang vorkommen. Eines merkwürdigen Nebenbefundes sei hier noch kurz gedacht: Öfters finden sich im Stuhl feinste Spirochäten, die in manchen Fällen und gerade in typischen Cholerastühlen zu dichten Massen ähnlich Geißelzöpfen miteinander verflochten sind und übrigens mit dem Cholera prozeß ursächlich nichts zu tun haben.

2. Original-Plattenkulturen direkt aus dem Stuhl auf einem der oben beschriebenen elektiven festen Nährböden (alkalischer Gelatine, alkalischem Agar, dem Dieudonné'schen oder Aronson'schen Nährboden) ausgesät; man unterlasse niemals, die Anlegung dieser Original-Platten, da sie über das quantitative Verhältnis, in welchem die etwa gefundenen Vibrionen im Stuhl vorhanden waren, deutlichen Aufschluß geben, während das sogleich zu besprechende Anreicherungsverfahren hierüber nichts aussagt, sondern — ob wenige oder viele Vibrionen im Ausgangsmaterial vorhanden waren — stets eine große Zahl von Vibrionen zur Entwickelung kommen läßt. In einem allerdings bisher recht selten beobachteten Fall, dessen mögliches Vorkommen aber nicht außer acht gelassen werden sollte, könnte das Ergebnis der Original-Platten allein unter Umständen auf den richtigen Weg führen, nämlich dann, wenn inagglutinable (serumfeste) echte Choleravibrionen vorliegen würden, wie das bei Typhusbazillen bisweilen beobachtet wird; in diesem Falle würde die große Zahl der bereits direkt aus dem Stuhl aufgegangenen Vibrionen-Kolonien, selbst trotz fehlender Agglutination, den Verdacht auf Cholera erwecken und zu weiteren Untersuchungen (aktive Immunisierung eines Kaninchens und Prüfung des reziproken Verhaltens des so gewonnenen Serums gegenüber einer echten Cholerakultur) anregen.

3. Das Anreicherungsverfahren mittelst Vorkultur im Peptonwasser ist für den Nachweis vereinzelter Vibrionen die weitaus empfindlichste und allen anderen Züchtungsverfahren überlegene Methode, die daher, um Zeit zu gewinnen, zu allererst, selbst vor Anlegung des Original-Präparates, ausgeführt werden soll. Eine weitere Beschleunigung des Verfahrens, die besonders bei den ersten Fällen einer Epidemie für die rechtzeitige Diagnose wünschenswert ist, läßt sich dadurch erreichen, daß man die Einsaat des choleraverdächtigen Materials in das bereits auf Bruttemperatur angewärmte Peptonwasser vornimmt. Je größer die eingesäte Menge von Untersuchungsmaterial, desto größer sind natürlich die Aussichten auf Erfolg, selbst vereinzelte Choleravibrionen nachweisen zu können; wo man daher mit der Wahrscheinlichkeit eines sehr spärlichen Vorkommens der Choleravibrionen zu rechnen

hat, z. B. in stark fauligem Material oder bei der Untersuchung auf Bazillenträger, bringt man 1—2 Eßlöffel des Stuhlgangs in etwa $^1/_4$ bis $^1/_2$ Liter Peptonwasser in Erlenmeyerkolben, wobei darauf zu achten ist, daß der Kolben nur zum Teil gefüllt wird, um eine möglichst große Oberfläche der Kulturflüssigkeit zu haben, an der sich die Vibrionen infolge ihres Sauerstoffbedürfnisses ansammeln können. Für die Untersuchung klinischer Fälle werden im allgemeinen 2 mit je 5 ccm beschickte Reagenzgläser genügen, in die je 1—2 Ösen des Stuhls, wenn möglich Schleimflocken, eingesät werden. Bei ersten Fällen besäe man stets mindestens 2 Kölbchen zu je 25—50 ccm und 6 Röhrchen, wobei man Sorge trägt, das Material aus möglichst verschiedenen Stellen der eingesandten Proben zu entnehmen. Die Untersuchung der Peptonwasserkulturen erfolgt das erste Mal 6—8 Stunden nach der Aussaat und bei negativem Ausfall das zweite Mal nach 24 Stunden; bleiben diese beiden Untersuchungen negativ, d. h. werden in gefärbten Ausstrichpräparaten und im hängenden Tropfen keine Vibrionen gefunden, so ist der Schluß berechtigt, daß in der eingesandten Probe keine Choleravibrionen vorhanden waren; es gibt wohl kaum eine andere Methode in der Bakteriologie, derem negativen Ausfall eine solche entscheidende Bedeutung beizulegen wäre. Der positive Befund von Vibrionen in der Peptonwasser-Vorkultur beweist nun aber noch keineswegs mit Sicherheit, daß es sich um echte Choleravibrionen handelt, da ebenso wie diese auch choleraähnliche Vibrionen im Peptonwasser zur Anreicherung gelangen. Der positive Befund im Peptonwasser gestattet höchstens den Verdacht auszusprechen, daß Cholera vorliegt; eine sichere Entscheidung ist erst möglich, nachdem die im Peptonwasser gefundenen Vibrionen auf festen Nährböden gezüchtet und mit Hilfe der spezifischen Immunitäts-Reaktionen (vgl. Kapitel V des allgemeinen Teiles) als echte Choleravibrionen identifiziert worden sind. In den ersten Fällen einer Epidemie ist sowohl die Agglutination (und zwar mit quantitativer Austitrierung bis zur Titergrenze) als auch der Pfeiffer'sche Versuch auszuführen; in späteren Fällen, insbesondere inmitten einer großen Epidemie, genügt die Prüfung auf spezifische Agglutination (eventuell nur als orientierende Agglutinationsprobe auf dem Objektträger) wobei aber Kontrollen in Kochsalzlösung und Normalserum (in mindestens 10fach höherer Konzentration als das Immunserum) niemals fehlen dürfen. Bei der Durchmusterung der Kulturplatten (sei es der Original-Kulturen oder der aus dem Peptonwasser angelegten) achtet man in erster Linie natürlich auf die typischen Kolonien, die oben S. 265 ff. beschrieben worden sind; wenn aber solche fehlen trotzdem in der Peptonwasser-Vorkultur Vibrionen mikroskopisch nachgewiesen worden waren, so fertige man auch von den scheinbar atypischen Kolonien mikroskopische Präparate an, da infolge von Varietätenbildung der Choleravibrio zuweilen in verschiedenen Typen von Kolonien wächst, wie solche auf Gelatine als „hell" und „trübe" (Kossel, Kolle) sowie in Form undurchsichtiger Kolonien auf Agar von Baerthlein beschrieben worden sind.

Die **Untersuchung verdächtigen Wassers** auf das Vorhandensein von Choleravibrionen erfolgt mittelst des Peptonwasserverfahrens und der daran anschließenden kulturellen und serologischen Untersuchung, wie oben beschrieben; da in verunreinigtem Wasser choleraähnliche Vibrionen fast ein regelmäßiger Befund sind, so ist bei dieser Diagnose stets mit besonderer Vorsicht zu verfahren und unter allen Umständen der Pfeiffer'sche Versuch mit heranzuziehen.

Andere Untersuchungsverfahren auf Cholera sind entbehrlich; dies gilt sowohl von der Prüfung der verdächtigen Kolonien auf Hämolysinbildung auf Platten mit Blutzusatz (nach R. Kraus sollen echte Cholerabazillen nie Hämolysin bilden, was aber keineswegs ausnahmslos gilt), als auch von den mit Zusatz von spezifischem Serum zum Ausgangsmaterial und Beobachtung der Agglutination im hängenden Tropfen in der Peptonwasserkultur (Dunbar, Bandi) arbeitenden sog. Schnelluntersuchungsverfahren. Die vollständige bakteriologische Choleraunterşuchung einschließlich des Pfeiffer'schen Versuchs dauert vom Eintreffen des Untersuchungsmaterials bis zur endgültigen Feststellung höchstens 48 Stunden, in der Regel nur etwa 30 Stunden; der negative Befund ist mit Sicherheit binnen spätestens 24 Stunden abzugeben. Die bakteriologische Choleradiagnose ist in der Hand des Geübten — und nur von solchen sollte ein so verantwortliches Urteil abgegeben werden — eine der am sichersten und promptesten arbeitenden bakteriologischen Methoden. Sollte trotz negativen bakteriologischen Befundes der klinische Verdacht auf Cholera dennoch fortbestehen oder gar das epidemiologische Verhalten (Gruppenerkrankungen, Kontaktketten) diesen Verdacht noch bestärken, so ist zunächst die Untersuchung zu wiederholen und dabei auch gleichzeitig auf die Möglichkeit einer andersartigen spezifischen Infektion, inbesondere des Paratyphus zu achten und der eingesandte Stuhl in dieser Richtung zu untersuchen (vgl. das Kapitel Paratyphus).

B. Pathogene Streptotricheen.

Über die Stellung der Streptotricheen im natürlichen System der Mikroorganismen zwischen Spaltpilzen und Schimmelpilzen ist bereits im allgemeinen Teile S. 3 verhandelt worden, desgleichen über ihre engen verwandtschaftlichen Beziehungen zu einigen Gruppen der Bakterien, wie den Diphtherideen und säurefesten Bazillen, bei denen gleichfalls, wie bei den Streptotricheen, schon echte Verzweigungen beobachtet werden. Andere verwandtschaftliche Beziehungen bestehen zu den sog. Fadenbakterien (Leptothrix und Cladothrix), bei denen zwar keine echten Verzweigungen, aber Auswachsen zu langen Fäden und durch Aneinanderlagerung dieser letzteren „falsche Astbildung", sowie auch Keulenbildungen (bei Cladothrixarten aus Wasser) zu beobachten sind; einige Leptotricheen scheinen auch krankheitserregende Wirkungen beim Menschen auszuüben, insbesondere sind sie bei der Zahnkaries und bei gewissen Formen von Tonsillenerkrankungen (Tonsillarpfröpfe) beteiligt.

Die morphologische und kulturelle Untersuchung der Streptothrixarten erfolgt nach denselben Methoden wie bei den Bakterien.

Unter den Streptotricheen finden sich eine Reihe von **Krankheitserregern**; insbesondere kommt es gelegentlich, offenbar von der Mundhöhle ausgehend, zu Streptothrix-Infektionen der Lunge, des Mittelohres und der Meningen; die entstehenden Krankheitsprozesse sind entweder eitriger oder tuberkuloseähnlicher Natur. — Verschiedene Arten von Streptothrix (nach ihrem Aussehen in künstlicher Kultur als weiße, rötliche und schwarze Streptothrix madurae unterschieden), spielen ferner eine ursächliche Rolle beim Zustandekommen der in den Tropen und Subtropen vorkommenden Erkrankung des Madurafußes (Mycetoma pedis), die sich durch mächtige Verdickung des Fußes infolge von Bildung zerfallenden Granulationsgewebes kennzeichnet. — Zu den Streptotricheen gehörig oder ihnen mindestens sehr nahestehend sind die Aktinomyzeten oder Strahlenpilze, die Erreger der beim Menschen und einigen Tierarten vorkommenden Strahlenpilzerkrankungen.

Aktinomyzeten.

Langenbeck hatte als Erster bereits im Jahre 1845 bei der Strahlenpilzerkrankung des Menschen den Aktinomyzespilz gesehen. Später, 1868—1875, beobachteten Rivolta und Perroncito ihn beim Rinde in Kiefergeschwülsten und Hahn 1875 in der sog. „Holzzunge". Bollinger brachte im Jahre 1877 eine genaue Beschreibung der Rinderaktinomykose. Weitere Arbeiten von Ponfick und Israel, Wolff, Bostroem brachten Aufklärung über die Identität der beim Tier und beim Menschen gefundenen Pilze und über die Pathogenese der Strahlenpilzkrankheit. Weiter wies Berestnew das Vorkommen der Pilze außerhalb des tierischen und menschlichen Organismus auf Gräsern und Getreide nach.

Die Strahlenpilze sind in der Natur weit verbreitet. Sie finden sich häufig auf Getreideähren, Stroh und überhaupt auf Gräsern (Bostroem). Bei dem Tier erfolgt die Infektion mit Aktinomykose auf traumatischem Wege dadurch, daß sich starre Strohpartikel, Ährenteile und Gerstengrannen bei der Aufnahme des Futters in die Gewebe einbohren. Auch beim Menschen findet die Infektion durch Getreideähren und Grannen, an denen der Pilz haftet, statt. Durch die Unsitte, Gräser usw. in den Mund zu nehmen, kommt es häufig zu kleinen unscheinbaren Verletzungen der Schleimhaut, in denen sich die Pilze festsetzen und von hier aus in die Gewebe wuchern. Bostroem konnte bei der systematischen Untersuchung von Serienschnitten aktinomykotischen Gewebes regelmäßig nachweisen, daß die Pilzwucherung von einem Stückchen einer Granne oder eines Grasteilchens ausgegangen war.

Beim Menschen kommen nach Israel verschiedene Infektionspforten in Betracht.

1. Mund und Rachenhöhle. Hier erkranken die Kiefer-, Submaxillar- und Wangengegend, Zunge, Kehlkopf usw. Der Kiefer selbst wird beim Menschen nur äußerst selten in Mitleidenschaft gezogen. In der Zunge bilden sich harte knotige Infiltrate mit zuweilen schon verkalkten Pilzdrusen.

2. Die tieferen Respirationswege. Durch die Einatmung pilzhaltigen Staubes erfolgt die Infektion meistens im Unterlappen der Lunge.

3. Der Darmkanal. Beim Verschlucken infizierter Gräser mit den Speisen kann die Erkrankung vom Magendarmkanal ihren Ausgang nehmen. Der häufigste primäre Sitz derselben ist die Gegend des Proc. vermiformis und der Regio ileocoecalis, von wo aus sich die Aktinomykosen teils durch direktes Fortwandern, teils auf hämatogenem Wege über den ganzen Körper weiter verbreiten können. Häufig treten dabei Metastasen im Pfortadergebiet in der Leber, Milz und Darmschleimhaut auf.

4. Die Haut (durch Wunden).

Künstliche Übertragungsversuche der Aktinomyzespilze auf Tiere blieben erfolglos; man konnte nur um die als Fremdkörper wirkenden Pilzmassen herum lokale Veränderungen entzündlicher Natur beobachten, ohne daß es zu Wachstum und zur Vermehrung der Pilze selbst kommt.

Untersucht man das erkrankte Gewebe bzw. den Eiter (oder eitrige Beimengungen des Sputums oder der Fäzes) bei Aktinomykose, so er-

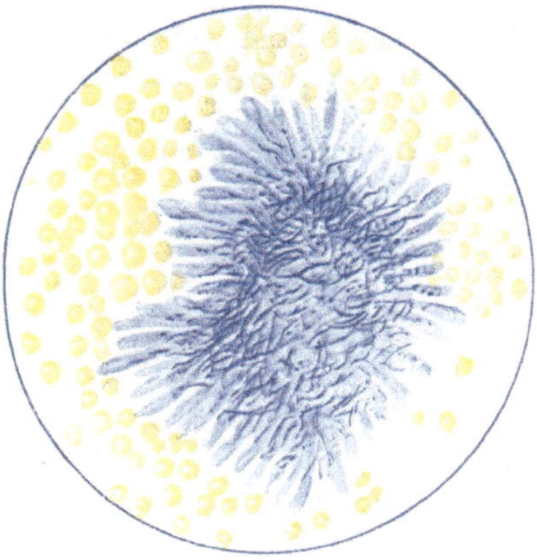

Abb. 137. Aktinomyces. Druse mit Kolbenbildung (Gramfärbung). (Vergr. 1 : 1000.)

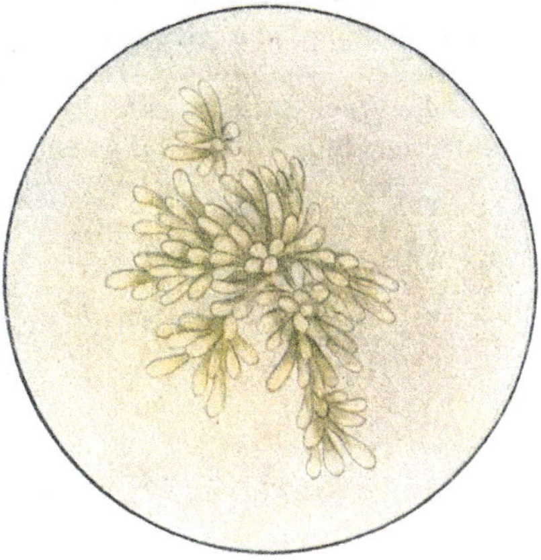

Abb. 138. Aktinomyces - Druse (ungefärbt). (Vergr. 1 : 1000.)

kennt man schon mit bloßem Auge sandkorn- bis hirsekorngroße oder noch größere Körnchen von weißgelblichem bis grünlichem oder braunem Aussehen. Diese Körnchen, nach ihrem charakteristischen Aufbau als

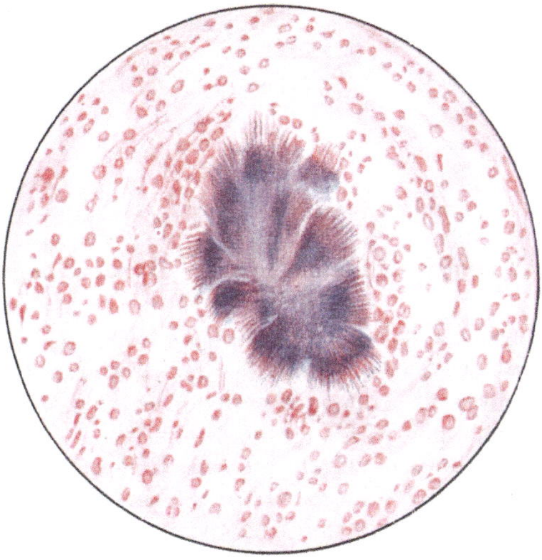

Abb. 139. Aktinomyces - Druse. (Hämatoxylin - Eosinfärbung.) (Vergr. 1 : 500.)

„Drusen" bezeichnet, sind im jüngsten Stadium grau durchscheinend, einem Gallert- oder Schleimklümpchen oder einem Sagokörnchen ähnlich, von glatter Oberfläche und weicher Beschaffenheit, in älteren Stadien dagegen infolge Verkalkung schwer zerreibbar. Die Drusen bestehen aus einem Netzwerk verfilzter Fäden mit Stäbchen und Sporen. Dieses Flechtwerk wird nach außen immer dichter und geht am Außenrande in kolbenähnliche Gebilde über, die aber keine Fruktifikationsorgane darstellen, sondern als Degenerationsformen des Pilzes, herbeigeführt durch Wachstumsbeschränkung durch das umgebende Gewebe, aufzufassen sind. Diese Kolben geben älteren Drusen durch ihren zusammen-

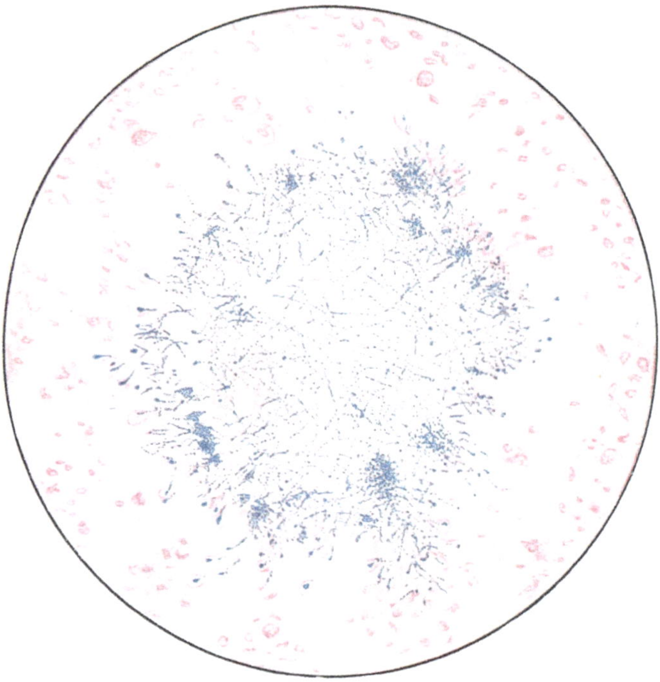

Abb. 140. Aktinomyces-Druse im Gewebe. (Hämatoxylin-Eosinfärbung.) (Vergr. 1: 500.)

hängenden Mantel um das zentrale Fadengeflecht ein charakteristisches maulbeerförmiges Aussehen. Um die Strukturdetails auch bei älteren Körnern beobachten zu können, empfiehlt es sich, sie mit Essigsäure oder auch mit 30%iger Kalilauge zu behandeln.

Die einzelnen Fäden zeigen an den Enden dichotomische gabelförmige Teilung. Die Zweige senden ihrerseits wieder Nebenäste aus. Die Fäden zerfallen in kürzere und längere Einzelfäden, sowie in Stäbchen, und diese in kleine kokkenähnliche Gebilde, die sog. „Sporen", die aber auch im Innern der Fäden entstehen können. Diese „Sporen" färben sich leicht mit allen Anilinfarben im Gegensatz zu den Sporen der Bakterien; auch fehlt ihnen die für echte Dauerformen charakteristische Resistenz.

Die künstliche Züchtung der Aktinomyzespilze gelingt nur dann, wenn die zerriebenen Drusen auf recht viele Kulturen übertragen werden, und zwar bei verschiedenen Varietäten entweder aërob oder anaërob.

Die aërobe Art (Bostroem) überzieht die Oberfläche der Kulturmedien mit größeren gefalteten trockenen Kolonien und wächst ähnlich wie die Tuberkelbazillen als gerunzelte Haut, die mit zunehmendem Alter der Kultur eine gelbliche Pigmentation erfährt. Anfangs ist der Pilzrasen gallertig, gequollen aussehend, später trüb, kreidig und körnig. Der Pilzrasen haftet so fest, daß es nur mit sehr starken Platinnadeln gelingt, ihn zu entfernen.

In Bouillon entstehen graue kleine Körnchen, die allmählich größer werden, durch Aufschütteln schwer zu verteilen sind und am Glase festhaften, während die Nährflüssigkeit selbst klar bleibt. Eine anaërobe

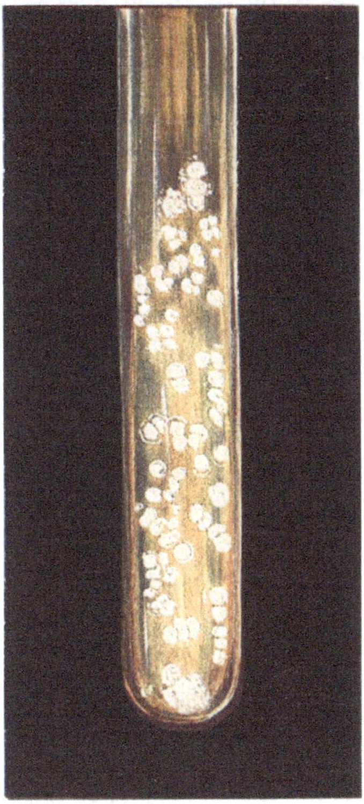

Abb. 141. Aktinomyces. Reinkultur (Schrägagar).

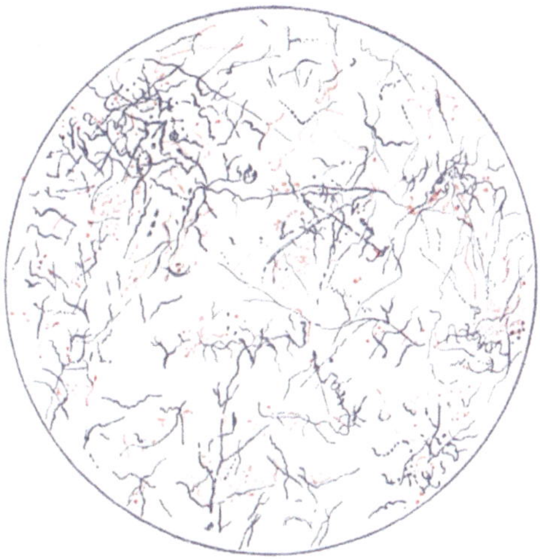

Abb. 142. Aktinomyces. Reinkultur (Gramfärbung). (Vergr. 1 : 500.)

Art des Strahlenpilzes wurde von Wolff und Israel gezüchtet. Die Aktinomyzeskulturen sind äußerst resistent gegen Eintrocknung. Sie können über ein Jahr lang lebensfähig bleiben. Erwärmung auf 75° tötet sie rasch ab.

Die Färbung der Aktinomyzesfäden gelingt mit Leichtigkeit nach Gram, wobei jedoch einzelne Teile des Fadengeflechtes sich gramnegativ verhalten. Zur Darstellung der Kolbenformen sind verschiedene diffus färbende Farbstoffe, wie Safranin, Eosin usw. zu verwenden. Für Schnittpräparate kommt in erster Linie die Fibrinfärbungsmethode nach Weigert in Betracht.

C. Pathogene Schimmel- und Sproßpilze.

Die Schimmelpilze.

Die Schimmel- oder Fadenpilze sind in der Natur als Saprophyten weit verbreitet und finden sich auch oft als zufällige Verunreinigungen auf unseren gebräuchlichen Nährböden. Aber auch als Parasiten bei lebenden Pflanzen und Tieren kommen sie vor; von Schmarotzern auf Pflanzen seien hier nur der Mutterkornpilz, sowie die Brand- und Rostpilze des Getreides genannt; unter den bei Tieren parasitisch lebenden Arten seien die Muskardine der Seidenraupe und die Empusa muscae bei der Stubenfliege erwähnt. Auch beim Menschen sind Erkrankungen bekannt, die durch Schimmelpilze verursacht werden (Mykosen); meist handelt es sich um oberflächliche Erkrankungen der inneren oder

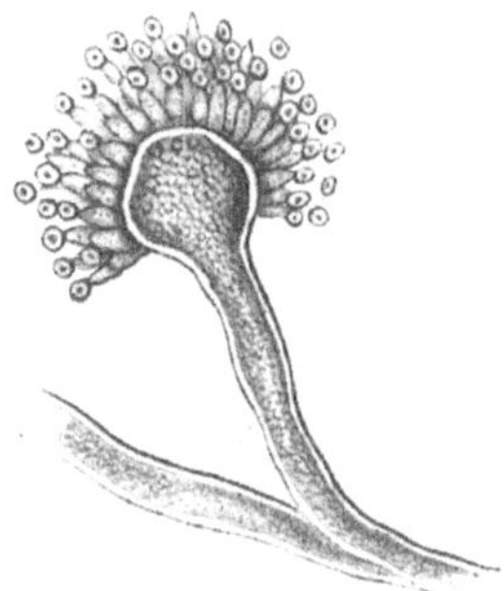

Abb. 143. Sporulation bei Aspergillus niger.

Abb. 144. Vollendete Chlamydosporenbildung.

äußeren Körperoberflächen, insbesondere Hauterkrankungen (Dermatomykosen), wie z. B. Favus, Herpes tonsurans, Pityriasis versicolor, Trichophytie; doch kommen auch tiefergreifende und sogar Allgemeininfektionen vor (Sporotrichosis, Aspergillusmykosen).

Als Nährböden verwendet man pflanzliche Substrate von saurer Reaktion, wie Kartoffeln, Brotbrei, Agar und Gelatine mit Zusatz von Pflaumeninfus oder Bierwürze. Die Kultur der Schimmelpilze, insbesondere die Ausbildung der Sporen gelingt fast nur bei Anwesenheit von freiem Sauerstoff. Im ganzen stellen die Schimmelpilze nur geringe Ansprüche an ihr Nährsubstrat und vermögen auch auf sehr wasserarmen Nährboden noch zu gedeihen; daher ihre fast ubiquitäre Verbreitung.

Die Schimmelpilze bilden durch einseitiges Längenwachstum der einzelnen Zellen, die eine deutliche, doppelt konturierte Membran zeigen, lange Fäden oder Hyphen. Diese Fäden verschlingen sich zu einem Fadengewirr, das man als Thallus bezeichnet. Ein Teil der Fäden dient der Ernährung (Myzel), ein Teil der Fortpflanzung (Fruchthyphen). Die letzteren tragen die Sporen, die gegen Austrocknung und andere Schädigungen durch eine ziemlich derbe Membran geschützt sind und den Fortbestand der Art selbst unter ungünstigen äußeren Bedingungen zu sichern vermögen. Die verschiedene Anordnung der Fruchthyphen und die verschiedene Bildung bzw. Entwicklung der Sporen ist für jede Art charakteristisch und ermöglicht eine Unterscheidung der einzelnen Schimmelpilze.

Die Fortpflanzung der Fadenpilze ist

1. ungeschlechtlich. Hier entstehen die Sporen

a) im Innern der Myzelfäden (Endosporen, Ascosporen). Sie werden gebildet in eigenen zu Behältern umgeformten Zellen, den Sporangien, ovalen oder

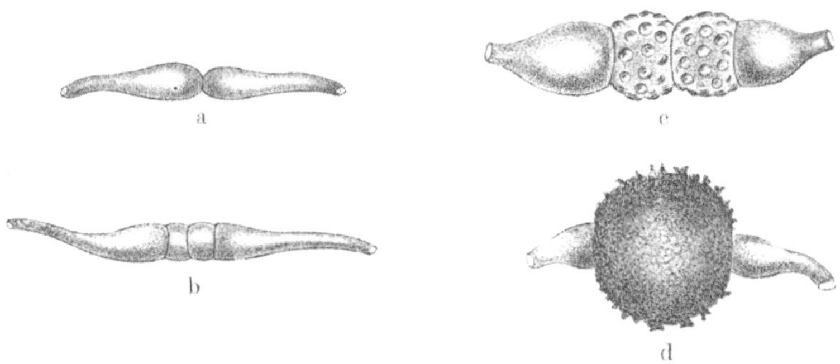

Abb. 145a—d. Zygosporenbildung bei Mucor mucedo.

rundlichen oder länglichen zylindrischen oder auch spindelförmigen Gebilden (Ascus = Sporenschlauch). Die reifen Sporen werden frei durch eine Öffnung in der Sporangienwand oder durch Verflüssigung derselben,

b) oder sie schnüren sich von den Mycelfäden bzw. Fruchtträgern ab (Konidien oder Exosporen). Zuweilen sitzen den Konidienträgern dünne stielartige Gebilde (Sterigmen) auf, auf denen sich die Sporen entwickeln.

Die Konidien lösen sich entweder von ihren Trägern ab oder werden durch besondere „Abschleuderungsmechanismen“ aus dem Fruchtträger herausgeschleudert,

c) oder es bilden sich in den Myzelfäden Anschwellungen („Chlamydosporen“ oder Gemmen), in welche das Protoplasma der Nachbarzellen aufgenommen wird, während letztere abstirbt und dadurch die zur Spore gewordene Anschwellung frei wird;

2. geschlechtlich. Es kommt

a) zur Bildung einer Zygospore durch Verschmelzung zweier nicht geschlechtlich differenzierter keulenförmiger Auszackungen der Hyphen,

b) oder durch Verschmelzung einer keulenförmigen männlichen Zelle (Antheridium) und einer kugeligen weiblichen Zelle (Oogonium) zur Bildung der Oospore.

Die Untersuchung der Schimmelpilze geschieht am besten im ungefärbten Präparat. Bei der Anfertigung derselben geht man zweckmäßig so vor, daß man die entnommenen Pilzteilchen, da sie sich mit Wasser nicht benetzen, in einem Blockschälchen in 50%igem Alkohol zerzupft und die kleinsten Teile mit Hilfe von Präpariernadeln auf den Objektträger in ein Tröpfchen Glyzerin bringt. Hierauf legt man vorsichtig das Deckglas auf, das, wenn man das Präparat als Dauerpräparat aufheben will, am Rande mit Paraffin und zum vollständigen Luftabschluß noch mit Asphaltlack umzogen wird.

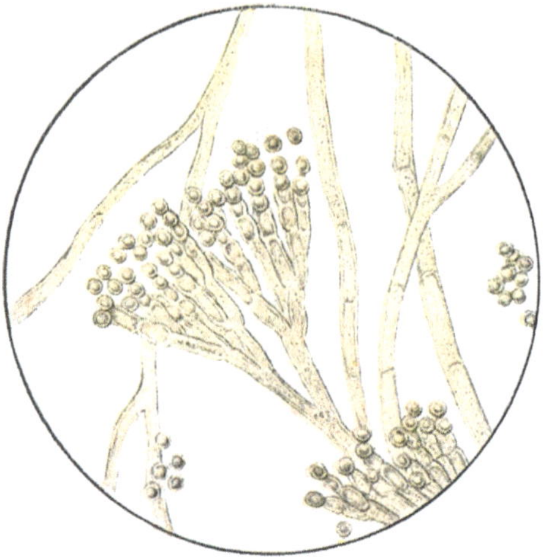

Abb. 146. Penicillium glaucum (ungefärbt). (Vergr. 1 : 500).

Der am häufigsten vorkommende Schimmel ist Penicillium glaucum, so genannt wegen der pinselförmigen Verzweigung der Fruchthyphen, die je eine Reihe kugelförmiger Sporen tragen. Das anfangs weiße flockige Myzel geht nach der Sporenbildung bald in einen grünen Rasen über. Das Wachstum erfolgt besonders üppig bei einer Temperatur von 15—20° und ist bei 37° nur noch kümmerlich, weshalb der Pilz zu parasitischem Wachstum im Organismus nicht fähig ist.

Penicillium brevicaule. Dem vorigen ähnlich, doch mit farblosen Sporen, wird zum Nachweis kleinster Mengen von Arsen benutzt. Bringt man in die Kultur eine Spur arsenhaltiger Flüssigkeit, so entsteht ein nach Knoblauch riechendes Gas, Diäthylarsin.

Bei den verschiedenen Mucorarten kommt es zur Sporenbildung im Innern (meist braun- oder schwarzpigmentierter) Sporangien. Nach der Reifung der Sporen, insbesondere bei Berührung mit Wasser platzt die Sporangienhülle und die Sporen werden frei. Die Fruchtträger erreichen bei einigen Arten eine Länge von 10 bis 20 cm.

Abb. 147. Mucor mucedo (ungefärbt). (Vergr. 1 : 500).

Die am häufigsten bei gewöhnlicher Temperatur saprophytisch vorkommende Art ist der Mucor mucedo. Auch einige tierpathogene bei 37° wachsende Arten sind bekannt (M. corymbifer u. a.).

Die Aspergillusarten bilden an den Spitzen der Fruchtträger kugelförmige Anschwellungen, auf denen sich die sog. Sterigmen entwickeln, die dann ihrerseits die runden Sporen in kettenförmiger Anordnung tragen. Das anfangs weiße Myzel wird je nach der Art mit eintretender Sporenbildung gelb, braun, schwarz usw.

Eine häufig vorkommende saprophytische Art ist der Aspergillus glaucus, der am besten bei niederen Temperaturen (10—20°) gedeiht.

Von tierpathogenen Arten, die auch bei höheren Temperaturen wachsen, seien genannt Aspergillus fumigatus, niger, flavescens.

Die Oidiumarten kommen teils als Parasiten auf lebenden Pflanzen (Meltau), teils auch auf totem Substrat vor. Der Milchschimmel, Oidium lactis, mit weißem Myzel und weißen Sporen findet sich regelmäßig auf saurer Milch. An die kurzen Fruchthyphen schließt sich eine Kette walzenförmiger Sporen an. Sein bestes Wachstum findet bei einer Temperatur von 19—30° statt.

Die tierpathogenen Arten der genannten Pilze bilden nach intravenöser Injektion größerer Sporenmengen bei Kaninchen in der Niere, Leber oder im Herzen wuchernde Myzelien. Durch Einatmung der Sporen kann es ebenfalls zu einer ausgebreiteten Erkrankung der Lungen bei Menschen und Tieren, sog. Bronchomykosen kommen. Auch sind

Abb. 148. Asperg. niger (ungefärbt). (Vergr. 1 : 350).

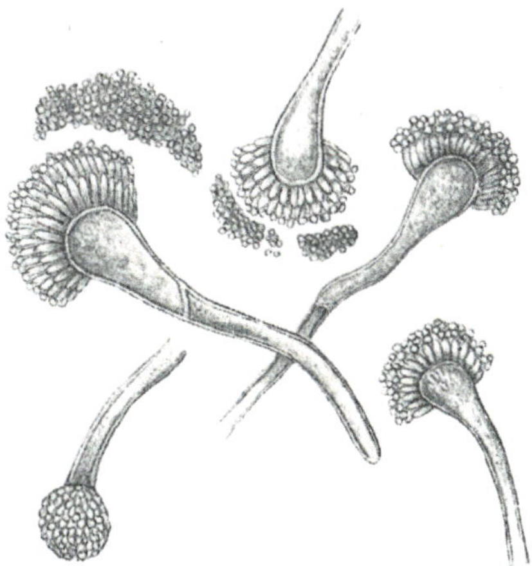

Abb. 149. Asperg. fumigatus. (Vergr. 1: 350.)

Otomykosen und Keratomykosen durch gelegentliche Ansiedelung der Mukor- und Aspergillusarten im äußeren Gehörgang oder auf der Kornea beobachtet.

Durch besondere Pilze, die den Oidienarten ähnlich sind, werden häufig Erkrankungen der Haut hervorgerufen. Betreffend der Erreger dieser Dermatomykosen, deren Differenzierung und Einteilung wegen ihres polymorphen Verhaltens Schwierigkeiten verursacht, muß auf die dermatologische Literatur verwiesen werden.

Die **Sproß-** oder **Hefepilze (Blastomyzeten)** sind ovale oder rundliche Zellen mit körnigem, von Vakuolen durchsetztem Protoplasma, doppelt konturierter Membran und deutlich differenziertem Zellkern, der sich am besten nach Giemsa oder nach der Heidenhain'schen Eisen-

Hämatoxylinmethode färbt. Die Vermehrung geschieht durch Sprossung, indem an einer oder an mehreren Stellen der Zelle eine knospenartige oder knopfförmige Ausstülpung hervorsproßt, die, nachdem sie die Form und Größe der Mutterzelle angenommen, sich von derselben abschnürt oder auch, obgleich durch Querwand getrennt, noch längere Zeit mit der Mutterzelle in Zusammenhang bleibt. In diesem Falle spricht man von Sproßverbänden, die einen derartigen Umfang annehmen können, daß sie zusammenhängende Häute (Kahmhäute) auf der Oberfläche von Flüssigkeiten bilden.

Bei vielen Saccharomyzeten werden wie bei gewissen Bakterienarten resistente Dauerformen, sog. Sporen gebildet. Die Sporen werden als Askosporen in der Mutterzelle als Sporenträgerin angelegt. Die Zahl der Sporen ist für die einzelne Spezies eine konstante und charakteristische. Die frei gewordenen Sporen (meist von runder oder ovaler Form) keimen unter günstigen Ernährungsverhältnissen aus entweder durch Sprossung wie bei einer gewöhnlichen Hefezelle oder durch Auswachsen eines Keimschlauches.

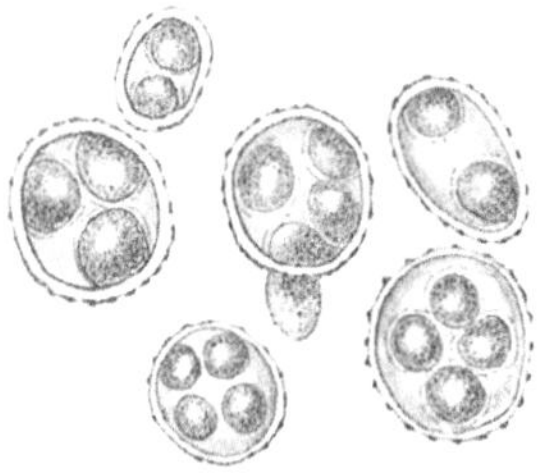

Abb. 150. Askosporen bei Sacharomyces cerevisiae.

Die Sproßpilze spielen im Haushalt der Natur eine große Rolle, insbesondere als Erreger von Gärungsprozessen und finden als solche z. B. bei der Wein- und Biergärung, bei der Brotbereitung u. a. ausgedehnte industrielle Verwendung.

Man unterscheidet obergärige und untergärige Hefen.

Bei der durch obergärige Pilze hervorgerufenen Gärung, die am besten bei Temperaturen von 11—37° vor sich geht, sammeln sich die Hefezellen an der Oberfläche und bilden durch Auswachsen zu Fäden und Verfilzung der letzteren eine Kahmhaut, während die untergärigen Hefen als flockige Massen auf den Boden sinken und schon bei niederen Temperaturen (3—8°) wachsen. Das die Gärung erzeugende Prinzip ist nicht unbedingt an die lebende Hefezelle gebunden; nach den Forschungen von E. Buchner und M. Hahn bewirkt auch der Hefepreßsaft, die Zymase, die keine geformten Elemente mehr enthält, die alkoholische Vergärung der Kohlehydrate.

Die Hefen sind mit allen Anilinfarben leicht färbbar und nehmen auch die Gramfärbung gut an. Auf künstlichen leichtsauren, zucker- oder glyzerinhaltigen Nährböden, besonders Bierwürzeagar, sind sie leicht zu züchten. Einige Arten bilden graugelbe, bräunliche, schwärzliche und rosa Farbstoffe und sind häufig als Verunreinigungen — aus der Luft stammend — auf bakteriologischen Nährböden zu finden; diese Torulaarten haben keine oder nur sehr geringe Gärwirkung.

Den Hefen kommt gegenüber manchen bakteriellen Erkrankungen (Furunkulose) eine nicht zu unterschätzende Bedeutung in therapeutischer Hinsicht zu, dank ihrer durch vitale Konkurrenz bedingten antagonistischen Wirkung gegenüber Bakterien.

Andererseits ist durch neuere Untersuchungen festgestellt, daß unter den früher allgemein für harmlos gehaltenen Hefenarten auch Krankheitserreger vorhanden sind.

Zum ersten Male wurde der Nachweis der krankheitserregenden Natur einer Sproßpilzart im Jahre 1894 von Busse geführt, der durch ein aus einem Knochen-

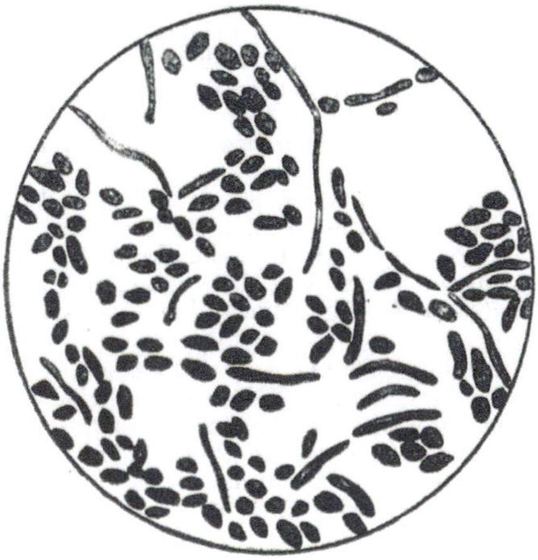

Abb. 151. Soor. (Vergr. 1 : 500.)

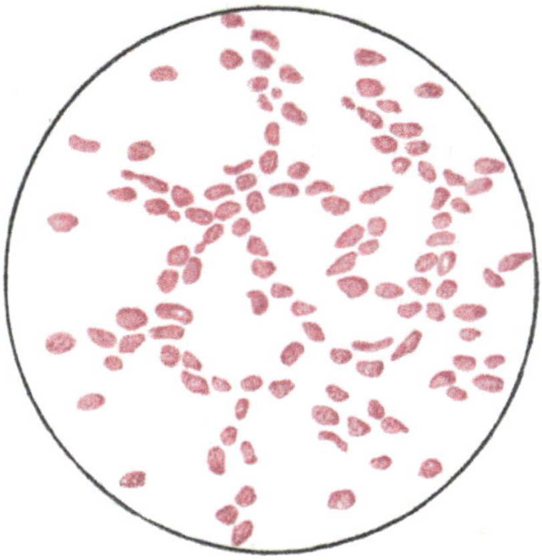

Abb. 152. Rosahefe. (Färbung mit verd. Karbolfuchsin.) (Vergr. 1 : 500.)

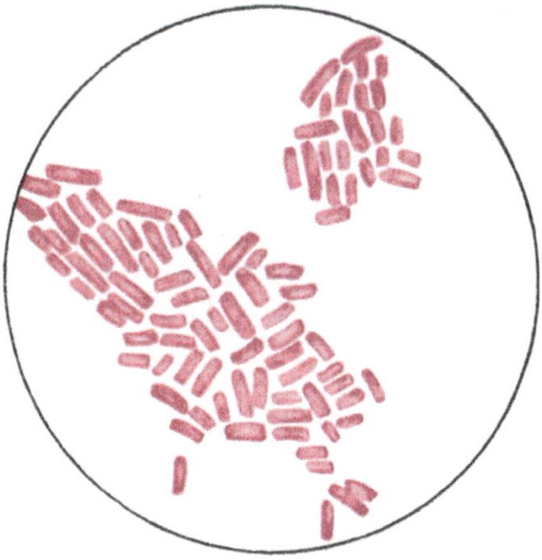

Abb. 153. Oidium lactis. (Färbung mit verd. Karbolfuchsin.) (Vergr. 1 : 500.)

abszeß gezüchteten Blastomyzeten myxomatöse Tumoren bei Mäusen und Ratten experimentell erzeugen konnte, auch mit Bildung von Metastasen in den inneren Organen.

Großes Aufsehen erregten dann die Befunde von Sanfelice, der durch Verimpfung einiger von ihm (auf Früchten gefundener) Blastomyzeten bei Versuchstieren Tumoren hervorrufen konnte, die er als karzinomatöser oder sarkomatöser Natur ansprach; in der Tat handelt es sich nur um Granulome, die durch entzündliche Wucherung der Gewebszellen in der Umgebung des sich vermehrenden Blastomyzeten entstehen.

Ferner beschrieb Kartulis Blastomyzeten als Erreger einer in Ägypten beobachteten mit Fistelbildungen besonders in der Nähe des Afters einhergehenden Erkrankung.

Sämtliche pathogenen Sproßpilze zeigen sich im tierischen oder menschlichen Gewebe von einer deutlich entwickelten Kapsel umgeben. —

Eine Mittelstellung zwischen Sproß- und Schimmelpilzen nehmen die Erreger des Soors ein, jener bekannten (im Volke als „Schwämmchen" bezeichneten) Erkrankung, die hauptsächlich bei Säuglingen, Greisen und geschwächten Personen in Form weißer Auflagerungen auf der Mundschleimhaut auftritt, unter Umständen auch weitere Ausbreitung in den Atmungswegen erlangt und gelegentlich zum Tode führt.

Diese Auflagerungen setzen sich aus Epithelzellen, Pilzfäden, Konidien und Bakterienhaufen zusammen. Die Fäden dringen durch die obersten und mittleren Epithellagen. Bei geschwächten Individuen können, wenn die Schutzkräfte des Organismus darniederliegen, auch Wucherungen der Keime in die Tiefe vorkommen; sie können in die Gefäße einbrechen und metastatische Entzündungsherde in den inneren Organen veranlassen.

Eine Übertragung des Soorpilzes auf gesunde Schleimhaut ist nicht möglich, dagegen im Tierversuch (bei Tauben) nach Herabsetzung der Widerstandsfähigkeit durch Hunger. Durch intravenöse Injektion kann man bei Kaninchen tödliche Allgemeininfektion hervorrufen; auch aktive Immunisierung und Produktion von Agglutininen im Serum der vorbehandelten Tiere ist beschrieben.

Der Erreger ist nicht einheitlicher Natur; es kommen zwei Arten des Soorpilzes vor, die sich durch die Größe ihrer Sporen und durch das Vorhandensein oder Fehlen der Gelatineverflüssigung unterscheiden.

Endlich ist unter den durch Sproßpilze hervorgerufenen Erkrankungen noch die Sporotrichosis (de Beurmann-Gougerot'sche Krankheit) zu nennen, die sich beim Menschen in der Bildung von harten kleinen Knoten und von Geschwüren und Fisteln in der Haut und in den oberen Atmungswegen äußert und im allgemeinen gutartig verläuft. Der Erreger — im Eiter in reichlicher Menge nachweisbar — ist ein sporenbildender Sproßpilz, der gut auf Maltoseagar, Glykoseagar oder Kartoffel mit Glyzerinzusatz und zwar sowohl bei Zimmertemperatur wie bei 37° C gedeiht. Die Kolonien erscheinen anfangs (nach etwa einer Woche) als kleine weiße Pünktchen und umgeben sich bald mit einem Strahlenkranze, worauf es durch das Einsinken der Oberfläche zu einer radiären Fältelung kommt. Nach 2—3wöchentlichem Wachstum nimmt die Kultur einen schwarzen Farbenton an, während um sie herum ein schmaler weißer Rand erkennbar ist.

Im Deckglasausstrich erkennen wir ein Gewirr von verzweigten Myzelfäden mit zahlreichen Sporen. Die im Protoplasma liegenden Granulationen färben sich intensiv mit Hämatoxylin und Methylenblau. Die Fäden sind grampositiv. Die ovoiden Sporen sind von brauner Färbung und umgeben die einzelnen Fäden in mantel- oder traubenförmig angeordneten Gruppen.

Bei Ratten entstehen nach intraperitonealer Injektion multiple Abszesse, insbesonders in den Hoden.

D. Spirochäten.

Im allgemeinen Teil wurde bereits erwähnt, daß die Spirochäten eine Mittelstellung zwischen den Bakterien und den Protozoen einnehmen. Früher wurden die Spirochäten meistens mit den Spirillen zusammen geworfen, zu welchen sie in der Tat nahe verwandtschaftliche Beziehungen haben, insbesondere was das morphologische Verhalten, den Ansatz der Geißeln (welche sich sowohl in endständiger wie in peritricher Anordnung finden) und die Vermehrung durch Querteilung betrifft. Dagegen sind gewichtige Gründe für die Trennung der Spirochäten von den Bakterien und für ihre nahe Beziehung zu den Protozoen die Vielgestaltigkeit ihres Entwicklungsganges, welche sich gelegentlich in dem Auftreten filtrierbarer submikroskopischer Formen, sowie vor allem in der bei einigen Arten stattfindenden echten Reifung und Vermehrung in einem Zwischenwirt (stechende Insekten), sogar mit Übergang auf die Eier und die junge Brut durch germinative Infektion äußert. Falls der von einigen Forschern (**Schaudinn**) behauptete Modus der Vermehrung durch Längsteilung wirklich einwandfrei nachgewiesen wäre, würde auch diese Eigenschaft durchaus gegen die Zugehörigkeit der Spirochäten zu den Bakterien und vielmehr für ihre nahe Verwandtschaft zu den Protozoen sprechen; doch darf nicht verschwiegen werden, daß die als Längsteilung

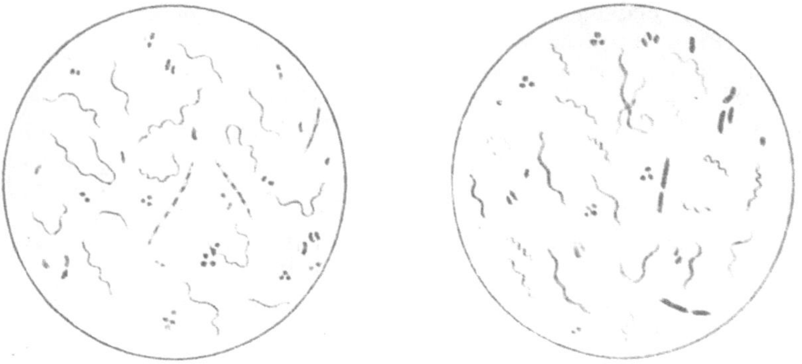

Spirochäten und fusiforme Bazillen bei Plaut-Vincent'scher Angina. Spiroch. refringens.

Abb. 154. (Vergr. 1 : 1000.)

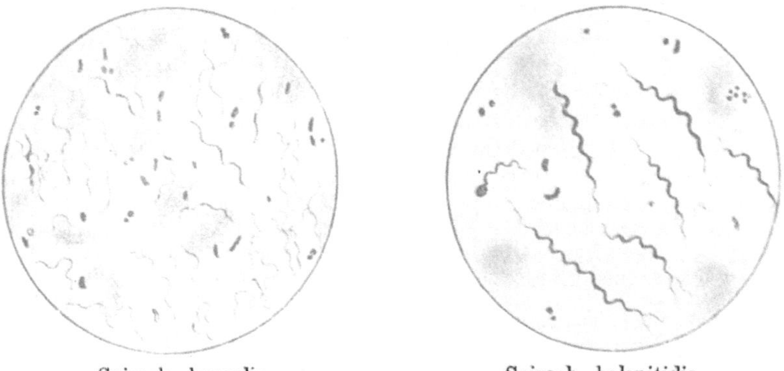

Spiroch. buccalis. Spiroch. balanitidis.

Abb. 155. (Vergr. 1 : 1000.)

gedeuteten Gebilde auch in anderer Weise (durch Aufspaltung schon vorher selbständiger zusammengedrehter Individuen) erklärt werden können. In dieser wie in anderen morphologischen Fragen bietet die Feinheit der zu untersuchenden Gebilde der Forschung erhebliche Schwierigkeiten, so insbesondere auch in der Frage nach dem Vorhandensein einer undulierenden Membran. Unter den Protozoen stehen die Spirochäten den Trypanosomen am nächsten, in deren Entwicklungskreis bei manchen Arten spirochätenartige Formen gehören. Sämtliche Spirochäten sind mit lebhafter Eigenbewegung begabt, die sich in dreifacher Weise äußert: als Fortbewegung, als Schraubendrehung um die eigene Längsachse und als Beugung und Knickung, wobei sich der Körper der Spirochäten im Gegensatz zu dem starren Bau der Spirillen als außerordentlich biegsam erweist.

Unter den Spirochäten finden sich neben saprophytischen Arten — insbesondere in stagnierendem Wasser (Sp. plicatilis Ehrenberg) — parasitische Formen, sowohl beim Menschen wie bei Tieren; je nach der Art des Parasitismus unterscheidet man 1. Epithelschmarotzer, welche auf den Oberflächen von Schleimhäuten leben, gelegentlich aber auch bei pathologischen Prozessen beteiligt sein können; hierher gehören die auf der Mundschleimhaut und im Zahnbelag fast regelmäßig gefundenen Sp. buccalis und Sp. dentium, die bei Noma und Angina Vincenti sehr erheblich vermehrt erscheinen (vgl. S. 285); hierher gehören ferner die häufig im Darminhalt gefundenen zarten Spirochäten, die bei manchen Darmerkrankungen, insbesondere bei der Cholera asiatica außerordentlich vermehrt erscheinen, aber mit dem Choleraprozeß ätiologisch nichts zu tun haben; endlich sind hier Befunde von Spirochäten auf Geschwürsflächen zerfallender Tumoren zu erwähnen. — 2. Blutschmarotzer (Rekurrensspirochäten des Menschen, Erreger der Geflügelspirochätosen bei Hühnern und Gänsen). — 3. Gewebsschmarotzer (Syphilisspirochäten).

Sämtliche bekannten Spirochätenarten sind ohne Sporenbildung und gramnegativ. Den einfachen wäßrigen Lösungen gewöhnlicher Anilinfarbstoffe gegenüber verhalten sich die Spirochäten verschieden, insofern einige Arten (Rekurrenserreger und die auf Schleimhäuten epiphytisch wuchernden Spirochäten) schon mit solchen einfachen Färbungen leicht dargestellt werden können, während andere, insbesondere die Spirochäte der Syphilis, nur mittels eingreifender Verfahren gefärbt werden können. Die beste Methode für den Nachweis von Spirochäten ist ihre Beobachtung bei Dunkelfeldbeleuchtung; einen annähernden Ersatz dafür bietet das Tuschepräparat (Burri). Von Färbungen kommt für Ausstrichpräparate in erster Linie die Färbung nach Giemsa, für den Nachweis in Gewebsschnitten die Versilberungsmethode nach Levaditi in Betracht, die am besten nach folgender von Levaditi angegebenen ursprünglichen Vorschrift ausgeführt wird:

Die Organstückchen, welche nicht über 1 mm dick sein sollen, werden in 10%iger Formalinlösung 24 Stunden fixiert. in Wasser ausgewaschen, in 96% Alkohol 24 Stunden gehärtet und in destilliertem Wasser ausgewaschen, bis sie darin untersinken. Dann erfolgt die Silberimprägnierung in einer 3%igen Lösung von Argent. nitric. im Brutschrank, 3—5 Tage lang. Nach kurzem Auswaschen in destilliertem Wasser wird die Reduktion des Silbers durch 24—48stündiges Verweilen bei Zimmertemperatur in folgender Lösung vorgenommen: 2—4 g Pyrogallussäure, 5 ccm Formalin, 100 ccm destilliertes Wasser. Hierauf Auswaschen in destilliertem Wasser und weitere Behandlung wie üblich zur Paraffineinbettung.

1. Rekurrensspirochäten.

Als Erreger des europäischen Rückfallfiebers, welches früher in weiter Verbreitung auch in Deutschland vorkam, jetzt aber nur nach erfolgter Einschleppung aus dem Osten und Südosten Europas bei uns zur Beobachtung kommt, wurde bereits im Jahre 1873, die nach ihrem Entdecker benannte Sp. Obermeieri aufgefunden. In den lezten 2 Jahrzehnten sind auch in außereuropäischen Ländern, zuerst in Zentralafrika (fast gleichzeitig von Dutton und Todd, sowie von R. Koch), ferner auch in Nordafrika, Ostindien und Nordamerika Rückfallfiebererkrankungen beobachtet worden, die durch Spirochäten verursacht sind. Es handelt sich hierbei teilweise sicherlich um getrennte Arten; insbesondere unterscheidet sich die europäische von der afrikanischen Rekurrens, abgesehen von Differenzen des klinischen Krankheitsbildes durch die Verschiedenheit des die Infektion übertragenden Zwischenwirtes, indem die europäische Rekurrens auf den Menschen durch die Kleiderlaus, die afrikanische Rekurrens aber durch eine Zecke, den Ornithodorus Moubata übertragen wird, daher auch der Name Zeckenfieber; (außerdem wird allerdings das europäische Rückfallfieber im Tierversuch auf Ratten durch die Rattenlaus — Haematopinus spinulosus — übertragen [Manteufel]). Nicht zwischen allen Formen des Rückfallfiebers aus verschiedenen Ländern bestehen aber so charakteristische Unterschiede; vielmehr ist es möglich, daß manche dieser geographisch verschiedenen Formen nur eine einheitliche Erkrankung darstellen; andererseits ergibt freilich der Ausfall der Immunisierungsversuche sowohl bei aktiv immunisierten Tieren (C. Fraenkel) wie betreffs der bakteriziden Wirkung (Uhlenhuth und Händel) sowie der Komplementbindung (Kolle und Schatiloff) des Serums, daß in der Regel nur eine streng spezifische Wirkung gegen den eigenen Stamm, nicht aber gegen die Erreger anderer geographischer Abarten der Rekurrens besteht.

Abb. 156. Ornithodorus Savignyi moubata. afrik. Rekurrens.

Die Rekurrensspirochäten zeigen meist 6—8 ziemlich flache Windungen und deutlich zugespitzte Enden; öfters sind im Inneren der Spirochäte helle Lücken nachweisbar, über deren Bedeutung sich noch nichts Bestimmtes sagen läßt. — Der Nachweis gelingt mit Sicherheit nur auf der Höhe des Fiebers; gegen Ende des Fieberanfalls findet man die Spirochäten häufig in Knäuel verflochten, eine Erscheinung, die auch künstlich durch Zusatz von Rekonvaleszentenserum zu einem lebende Spirochäten enthaltenden Präparat hervorgerufen werden kann und die wahrscheinlich als eine Art von Agglutination aufzufassen ist. Im lebenden Zustand und ohne Anwendung der Dunkelfeldbeleuchtung sind die Spirochäten im Blut wegen ihres schwachen Lichtbrechungsvermögens nicht ganz leicht nachzuweisen; eine gute Hilfe gewährt dabei die Be-

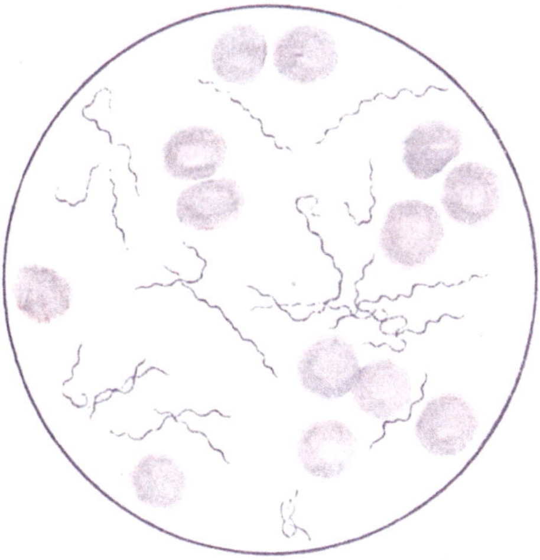

Abb. 157. Spirochäte der Rekurrens (Giemsafärbung). (Vergr. 1 : 700.)

obachtung der roten Blutkörperchen, welche infolge des Anstoßes der lebhaft beweglichen Spirochäten zuckende passive Bewegungen zeigen. Zur färberischen Darstellung genügt meist schon folgende einfache und schnelle Methode (Bitter); der lufttrockene Objektträgerausstrich wird $^1/_4$—$^1/_2$ Minute durch Aufgießen von Alkohol fixiert, der Rest des Alkohols nach Abgießen abgebrannt und wiederum etwa $^1/_4$—$^1/_2$ Minute lang mit konzentrierter Ziehl'scher Karbolfuchsinlösung unter leichtem Erwärmen über der Gasflamme gefärbt. Die schönsten Bilder erhält man mit der Giemsa-Färbung. Für den Nachweis vereinzelter Exemplare eignet sich am besten das Präparat im dicken Tropfen, wie es weiter unten im Kapitel „Malaria" beschrieben ist. In den fieberfreien Intervallen werden Spirochäten im Blute nur ganz ausnahmsweise gefunden; ob die Spirochäten diese Zeit zwischen dem Ende eines Anfalls und dem Beginn des nächsten in Gestalt einer noch unbekannten (vielleicht submikroskopischen) Entwicklungsform überdauern, oder ob sie unterdessen nur in den inneren Organen (Milz und Knochenmark) sich finden, steht noch nicht fest. Für die praktische Diagnose käme unter Umständen der Nachweis einer spezifischen Wirkung des Krankenserums auf lebende Rekurrensspirochäten (vgl. oben) in Betracht. Außerhalb des menschlichen Körpers erhalten sich die Rekurrensspirochäten im Blut bei Bruttemperatur höchstens einen Tag, bei Zimmertemperatur dagegen bis zu 14 Tagen lebensfähig. Im Zwischenwirt vermögen sich die Erreger sehr lange lebend zu erhalten und durch germinative Infektion auch auf die Eier und die junge Brut überzugehen, wie das bei dem das afrikanische Zeckenfieber übertragenden, zu den Argasarten gehörigen, Ornithodorus moubata direkt nachgewiesen wurde; R. Koch konnte an den Ovarien der infizierten Zecken massenhafte Ansammlung der Spirochäten nachweisen und Moellers fand in den aus Zentralafrika nach Europa mitgebrachten Zecken noch nach $1^1/_2$ Jahren Spirochäten, die unterdessen durch mehrere Generationen vererbt worden waren. Auch in Kleiderläusen sind die Spirochäten der europäischen Rekurrens mikroskopisch nachgewiesen worden, und zwar nicht nur im Darminhalt, sondern auch im Inneren der Organe, wohin sie bei ihrem Reifungsprozeß aktiv einwandern (Toyoda); sehr zu hüten hat man sich bei der Untersuchung stechender Insekten auf Spirochäten vor Verwechslung dieser letzteren mit anderen fädigen, unter Umständen sogar lebhaft eigenbeweglichen Gebilden, insbesondere mit Spermatozoen.

Außer der Übertragung durch den Stich der genannten Arten von Ungeziefer können die Spirochäten auch bei Menschen direkt durch die unverletzte Haut eindringen, wodurch sich manche Laboratoriumsinfektionen erklären; bei Arbeiten mit Rekurrens ist daher größte Vorsicht geboten (Gummihandschuhe!); insbesondere hat man (z. B. durch Hineinstellen der zur Züchtung von Zecken benützten Gefäße in Untersätze mit Schwefelsäure) ein Entkommen der Tiere sorgfältig zu verhüten, da die jungen Larven auch an Glaswänden emporzuklettern vermögen.

Im Tierversuch ist die europäische Rekurrens durch Verimpfung des Blutes des Erkrankten nur auf den Affen, das zentralafrikanische

Zeckenfieber hingegen auch direkt auf Mäuse und Ratten übertragbar. Die verschiedenen Abarten der Rekurrens aus verschiedenen Erdteilen zeigen bezüglich ihrer Tierpathogenität gewisse, aber nicht sehr charakteristische Differenzen, auf welche hier nicht näher eingegangen werden kann.

In schweren Fällen tritt die Rekurrens auch in einer biliösen Form auf, die nicht mit der später zu besprechenden Weil'schen Krankheit verwechselt werden darf und sich von ihr durch den mikroskopischen Befund von Rekurrensspirochäten im Blut unterscheidet.

2. Geflügelspirochäten.

Spirochätenerkrankungen, welche sowohl in ihrem zyklischen Ablauf wie nach den Eigenschaften der Erreger eine große Ähnlichkeit mit

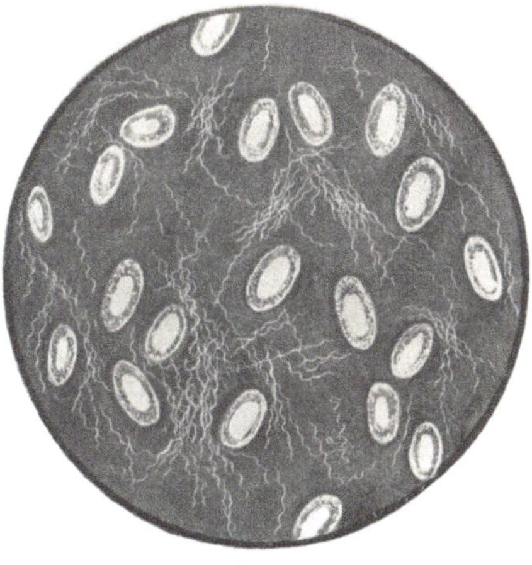

Abb. 158. Hühnerspirillen. Tuschepräparat. (Vergr. 1 : 500).

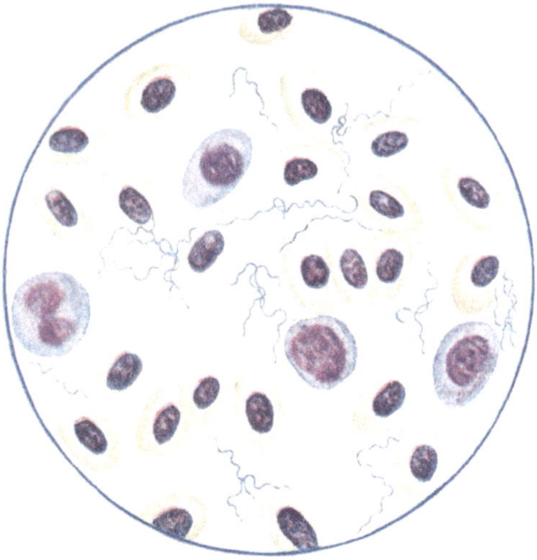

Abb. 159. Spiroch. gallin. (Hühnerblut) (Giemsafärbung). (Vergr. 1 : 700).

der menschlichen Rekurrens aufweisen, kommen bei Gänsen (in Rußland) und bei Hühnern (in Brasilien und Nordafrika) vor. Der Überträger der Hühnerspirochätose ist eine Zeckenart (Argas miniatus). Das Virus läßt sich im Laboratorium von Tier zu Tier leicht übertragen und eignet sich sehr gut für Demonstrationen zu Kurszwecken.

3. Spirochäte der Weil'schen Krankheit (Sp. icterogenes).

Die Weil'sche Krankheit ist als eine durch den Symptomenkomplex von Ikterus, Milzschwellung, Nephritis und Muskelschmerzen (besonders in den Waden) charakterisierte fieberhafte Erkrankung schon seit 1886 von Weil beschrieben. Die Aufklärung ihrer Ätiologie gelang erst in den letzten Jahren; die Übertragbarkeit der Erkrankung durch Verimpfung des Blutes des Erkrankten wurde zuerst von Hübener und Reiter und unabhängig von den Genannten wenige Tage später auch von Uhlenhuth und Fromme beschrieben; letztere Autoren bezeichneten zuerst auch den Erreger richtig als Spirochäte, nachdem Hübener und Reiter zwar sicher den Erreger schon gesehen und u. a. trypanosomen- und geißelartige Gebilde beschrieben, aber den Erreger noch nicht als Spirochäte erkannt hatten. Einige Monate später veröffentlichten Inada, Ido, Hoki, Kaneko und Ito ihre bei einer in Japan vorkommenden Form des infektiösen Ikterus erhobenen ganz analogen Befunde (die in japanischen Zeitschriften schon seit Ende 1914 publiziert worden waren); doch ist es noch nicht sicher, ob die japanische Form der Krankheit mit der europäischen identisch ist oder ob hier wie bei der Rekurrens mehrere verschiedene, wenn auch nahe verwandte und zu einer natürlichen Gruppe gehörige Krankheitseinheiten vorliegen; für letztere Möglichkeit würde sprechen, daß die japanische Form der Krankheit eine erheblich höhere Letalität aufweist als die europäische.

Wie wohl fast bei allen Infektionskrankheiten, so gibt es auch bei der Weil'schen Krankheit leichte und atypische Fälle, in denen nur ein Teil der oben-

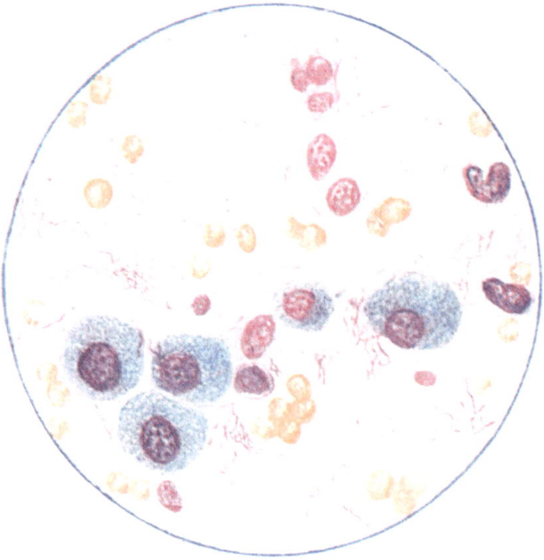

Abb. 160. Spir. icterogenes. Giemsafärbung. (Vergr. 1 : 500). Ausstrich aus der Leber eines infizierten Meerschweines.

genannten charakteristischen Symptome in Erscheinung tritt; gerade in solchen Fällen ist die bakteriologische Untersuchung ausschlaggebend.

Der Nachweis des Erregers in den Organen des erkrankten Menschen ist auf direktem Wege bisher nur in ganz seltenen Ausnahmefällen möglich gewesen; dagegen gelingt dieser Nachweis mit großer Regelmäßigkeit durch den Tierversuch, falls man Sorge trägt, nur ganz frische Fälle in den ersten Krankheitstagen zu untersuchen; offenbar geht die Spirochäte im erkrankten Menschen sehr bald zugrunde, und die zahlreichen negativen Ergebnisse, welche frühere Untersucher bei ihren Tierimpfungen hatten, erklären sich in erster Linie dadurch, daß die untersuchten Kranken sich in einem schon zu weit vorgeschrittenen Krankheitsstadium befanden. Das geeignetste Versuchstier ist das Meerschweinchen, die empfindlichste Methode des Nachweises die intrakardiale Impfung, bei der schon Bruchteile eines Kubikzentimeters defibrinierten Blutes genügen, um mit Sicherheit Infektion hervorzurufen; bei intraperitonealer Verimpfung bedarf man größerer Mengen (5 ccm); die subkutane Impfung ist ganz unzuverlässig. Das geimpfte Meerschweinchen erkrankt nach 4—5 Tagen mit schweren Allgemeinsymptomen und starker ikterischer Verfärbung, die sich zuerst an den Skleren und an den Ohren zeigt; die Tiere gehen fast ausnahmslos an der Infektion zugrunde und der pathologisch-anatomische Befund entspricht ganz dem bei der menschlichen Erkrankung; starke Gelbfärbung aller Organe, zahlreiche kleine Blutungen auf den Schleimhäuten und serösen Häuten, trübe Schwellung von Leber und Niere, zahlreiche miliare Erkrankungsherde in der Muskulatur. Das Virus befindet sich in allen Organen und Körpersäften, wie sich durch Weiterimpfung auf

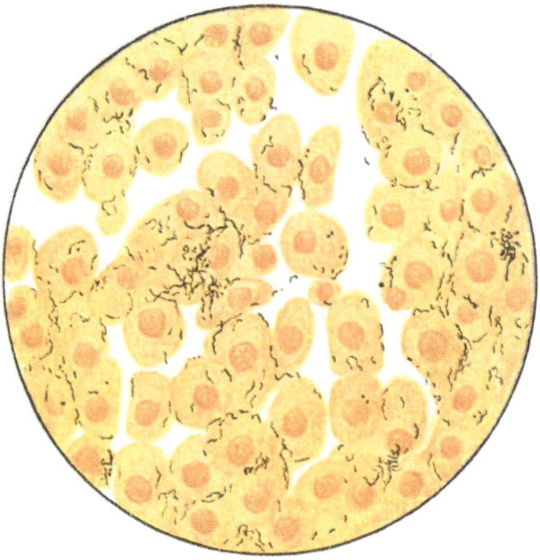

Abb. 161. Spiroch. icterogenes. Färbung nach Levaditi. (Vergr. 1 : 500.) Schnitt von Meerschweinchenleber.

andere Meerschweinchen in beliebig ausgedehnten Reihen nachweisen läßt; am meisten angereichert ist das Virus in der Leber, wo auch der direkte mikroskopische Nachweis der Spirochäten ohne Schwierigkeit gelingt, am besten bei Betrachtung im Dunkelfeld (wo die Spirochäten durch ihre lebhafte Eigenbewegung auffallen), sowie durch das Tuschepräparat oder durch Giemsafärbung oder im Schnittpräparat durch Versilberung nach Levaditi. Die Spirochäten der Weil'schen Krankheit erscheinen von zarterer Gestalt als die Rekurrensspirochäten und haben wie diese flache Windungen; die häufig, besonders am Ende der Spirochäten nachweisbaren knötchenartigen Verdickungen oder blassen Körnchen und kugelartigen Gebilde, die besonders von Hübener und Reiter beschrieben worden sind, haben keine differentialdiagnostische Bedeutung, da sie auch bei anderen Arten gefunden werden; sie sind wohl als Degenerationsprodukte (infolge Plasmolyse) aufzufassen. Die künstliche Kultur gelang zuerst Ungermann in Kaninchenserum unter anaëroben Bedingungen (Überschichtung mit sterilem Paraffin); in Gemischen von Serum und Bouillon im Verhältnis von 3 : 2 tritt noch Wachstum ein, nicht aber in stärkeren Verdünnungen oder in reiner Bouillon. Demgegenüber gelingt die Züchtung nach Uhlenhuth noch in sehr weitgehender Verdünnung des Serums mit gewöhnlichem Leitungswasser (1 : 30), selbst in Massenkulturen, die für Zwecke der Immunisierung von Tieren verwendet werden können. Die Verimpfung von Kulturspirochäten auf Meerschweinchen erzeugt bei diesen wieder typische Weil'sche Krankheit. Andere für die Infektion mit diesem Erreger empfängliche Versuchstiere sind das Kaninchen und der Affe; doch geht bei ihnen die Impfung nicht mit der gleichen Regelmäßigkeit an wie beim Meerschweinchen. Die ursächliche Bedeutung der in Rede stehenden Spirochäte für die Weil'sche Krankheit beim Menschen ist dadurch über jeden Zweifel erhaben, daß bei Versuchen mit infizierten Meerschweinchen bereits mehrfach typische Laboratoriumsinfektionen beim Menschen vorgekommen sind.

Wie erwähnt, stößt der Nachweis des Erregers bei ganz frischen Fällen von Weil'scher Krankheit auf keine Schwierigkeiten. Hat man es mit älteren Fällen zu tun, bei denen der Nachweis der Spirochäten im Blute des Erkrankten nicht mehr gelingt, so kann man entweder versuchen, die Spirochäten im Urin des Erkrankten durch den Tierversuch nachzuweisen, was in einer Anzahl von Fällen geglückt ist, oder die Diagnose auf indirektem Wege durch Nachweis spezifischer Antikörper im Blute des Erkrankten zu führen, indem man ein Gemisch von 0,1 ccm Serum des Erkrankten oder Genesenden gleichzeitig mit virulentem Blut auf Meerschweinchen verimpft, und an dem Überleben des Tieres das Vorhandensein der Schutzstoffe im Serum erkennt.

Im Gegensatz zu den meisten anderen bekannten krankheitserregenden Spirochäten ist der Erreger der Weil'schen Krankheit einer chemotherapeutischen Beeinflussung durch Salvarsan u. dgl. nicht zugänglich.

Die Widerstandsfähigkeit des Erregers gegen Erhitzung und gegen die gebräuchlichen Desinfektionsmittel ist nur sehr gering; dagegen vermag sich der Erreger in faulenden Organen einige Tage und in Verdünnungen des Blutes mit Leitungswasser selbst bei Zimmertemperatur bis über 2 Wochen lebend zu erhalten. Diese Tatsachen sind wichtig für die Epidemiologie, da sie, ebenso wie die oben erwähnten Laboratoriumsinfektionen beim Menschen (sowie Stallinfektionen bei Versuchstieren) das Vorhandensein einer direkten Übertragung beweisen. Der von Uhlenhuth erbrachte Nachweis der langen Haltbarkeit des Erregers im Wasser erklärt vielleicht die mehrfach gemachte Erfahrung, daß die Erkrankung anläßlich des Badens in verunreinigtem Wasser übertragen wurde. Außerdem kommt vielleicht Übertragung durch Ratten als Virusträger und durch den Stich blutsaugender Insekten in Betracht, wofür neben epidemiologischen Erfahrungen auch Laboratoriumsversuche von Reiter an der Stechfliege Haematopota sprechen; doch scheint es sich auch hier nur um mechanische Übertragung des an dem Stechapparat haftenden Blutes, nicht etwa um echte Entwicklung des Erregers in einem Zwischenwirt (vgl. oben bei Rekurrens), zu handeln.

4. Syphilisspirochäte (Sp. pallida).

Nach vielen vergeblichen Bemühungen früherer Forscher gelang es im Jahre 1905 Schaudinn, in syphilitischen Krankheitsprodukten eine überaus charakteristische Spirochäte festzustellen und in gemeinsamer Erforschung mit E. Hoffmann als Erreger der Syphilis nachzuweisen. Die seitherigen Forschungen haben die ursächliche Rolle dieser Spirochäte für die Syphilis vollauf bestätigt.

Die Sp. pallida (so genannt wegen ihrer zarten blassen Färbung) unterscheidet sich von allen anderen bekannten Spirochäten (mit Ausnahme der Sp. pertenuis, des Erregers der Frambösie, einer tropischen Hautkrankheit, die der Lues klinisch sehr ähnlich, aber durch ihre Gutartigkeit sowie durch den Ausfall der Immunitätsreaktionen von ihr scharf getrennt ist) durch folgende charakteristische morphologische Merkmale: außerordentliche Zartheit des Baues, zahlreiche enge steile Windungen, so daß die Gestalt der korkzieherartig gewundenen Spirale nicht nur während der Eigenbewegung, sondern auch im Ruhestadium bestehen bleibt und die Gestalt der Spirochäte wie „gedrechselt" (Schaudinn) erscheint. Am besten treten diese Merkmale bei der Betrachtung im Dunkelfeld hervor; es ist dies geradezu die Methode der Wahl für den Nachweis der Syphilisspirochäten. In Ermangelung eines Apparates zur Dunkelfeldbeleuchtung gibt das Tuschepräparat nach Burri einen gewissen Ersatz. Die Färbung gelingt mit den sonst in der Bakteriologie gebräuchlichen wäßrigen Lösungen der Anilinfarbstoffe nur schwierig; es bedarf intensiverer Einwirkung des Farbstoffes wie bei der von Herxheimer angegebenen Schnellmethode der Färbung mit heißgesättigter Gentianaviolettlösung während 15 Minuten. Auch nach der Löffler'schen Geißelfärbung läßt sich die Sp. pallida darstellen; Schaudinn gelang es nach dieser Methode, auch die von den beiden zugespitzten Enden der Spirochäte ausgehenden (je 1—2) äußerst feinen Geißelfäden nachzuweisen. Die besten Resultate erhält man mit der Färbung nach Giemsa, welche zweckmäßig längere Zeit ausgedehnt (12 Stunden) und bei 37° vorgenommen wird; man verwendet am besten die von G. Grübler (Leipzig) fertig bezogene alkoholische Lösung, von der zur Herstellung der gebrauchsfertigen Farblösung je 1 Tropfen auf 1 ccm destilliertes Wasser unmittelbar vor dem Gebrauch zu verdünnen ist; über das Prinzip der Romanowsky-Giemsa-Färbung vgl. weiter unten im Abschnitt „Protozoen". Bei dieser Färbung tritt nicht nur die oben geschilderte typische Gestalt der Sp. pallida sehr deutlich hervor, sondern auch der Ton der Färbung ist sehr charakteristisch, indem die Sp. pallida eine eigenartige blaßrötliche Färbung aufweist im Gegensatz zu Bakterien und anderen saprophytischen Spirochäten, welche sich nach Giemsa mehr blauviolett färben; durch dieses Merkmal sowie durch die Flachheit der Windungen und das stärkere Lichtbrechungsvermögen im lebenden Zustande unterscheidet sich von der Pallida insbesondere die

Sp. refringens, welche häufig als Epiphyt auf Schleimhäuten und Geschwürsflächen vorkommt und vor deren Verwechslung mit der Pallida man sich sorgfältig hüten muß; selbstverständlich kann die Sp. refringens auch vergesellschaftet mit der Pallida als Nebenbefund vorkommen.

Im Schnittpräparat läßt sich die Syphilisspirochäte nach der von Levaditi angegebenen Versilberungsmethode in äußerst charakteristischer Weise zur Darstellung bringen; die Spirochäten erscheinen als braunschwarze bis tiefschwarze, starre, korkzieherartige Gebilde von wesentlich erheblicherer Dicke als im Giemsapräparat und heben sich von dem hellgelben bis gelbbräunlichen Gewebe sehr kontrastreich ab. Betreffend der technischen Vorschriften für die Ausführung der Levaditifärbung vgl. oben S. 286.

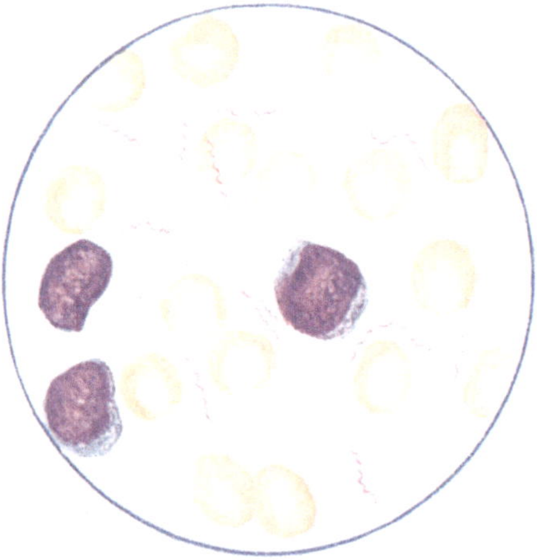

Abb. 162. Spiroch. pallida (Giemsafärbung). (Vergr. 1 : 1000.) Ausstrichpräparat.

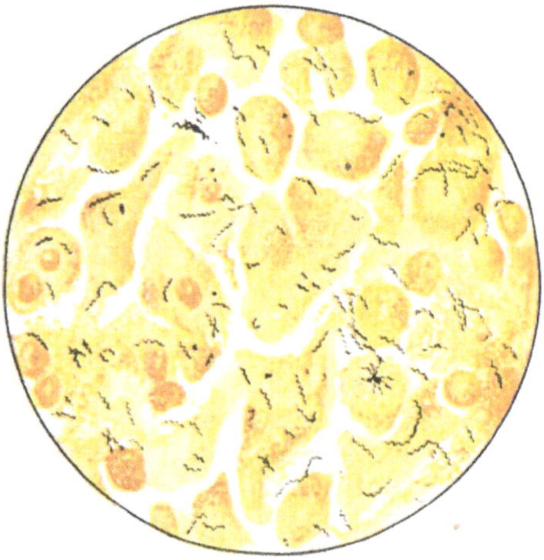

Abb. 163. Spiroch. pallida. (Leberschnitt.) Silberfärbung nach Levaditi. (Vergr. 1 : 1000.)

Die künstliche Kultur der Sp. pallida gelang zuerst Schereschewski, als Mischkultur mit anderen Keimen vergesellschaftet, in halberstarrtem Pferdeserum unter Luftabschluß; die ersten Reinkulturen erhielt Mühlens durch Abimpfung von den hauchartig getrübten Randpartien des Impfstiches, in welchen die Sp. pallida rascher vordringt als die eventuell vorhandenen begleitenden Keime. Die Reinkulturen des Sp. pallida sind völlig geruchlos im Gegensatz zu den Kulturen saprophytischer Spirochäten, welchen ein übler fäulnisartiger Geruch eigen ist. Mit den Reinkulturen der Sp. pallida gelang es bei Überimpfung auf Tiere dasselbe charakteristische Krankheitsbild hervorzurufen wie durch Übertragung von syphilitischem Material vom erkrankten Menschen (Noguchi, W. H. Hoffmann); desgleichen konnte Noguchi aus diesen Reinkulturen ein Extrakt (Luetin) gewinnen, das mit dem Serum syphilitisch Erkrankter spezifische Komplementbindung gibt. So interessant diese Versuche an Reinkulturen in theoretischer Beziehung sind, weil sie die ursächliche Bedeutung der Sp. pallida für die Syphilis in zweifelsfreier Weise erhärten, so sind sie doch für die praktische Diagnose bisher nicht verwertbar, weil die Kultivierung der Sp. pallida auf große Schwierigkeiten stößt und meist von einer größeren Anzahl von Kulturröhrchen nur wenige angehen.

Die Übertragung von Syphilis auf Tiere gelang zuerst und fast gleichzeitig Metschnikoff und Roux an Anthropoiden sowie Nicolle an Halbaffen; beim Anthropoiden verläuft die Infektion ganz analog wie beim Menschen mit Bildung einer Initialsklerose am Orte der Infektion nach einer etwa dreiwöchentlichen Inkubationszeit und mit typischen Sekundärerscheinungen nach weiteren zwei Monaten. Beim Halbaffen beschränkt sich der Impferfolg auf die Bildung rötlicher Flecken, Knötchen oder Geschwüre am Ort der Impfung, die am besten an den Augenbrauen oder am Mons veneris erfolgt. Die Affensyphilis läßt sich von Tier zu Tier weiter verimpfen, wie insbesondere von A. Neisser in umfangreichen Versuchsreihen auf Java gezeigt worden ist. Unter den gebräuchlichen Laboratoriumstieren ist das Kaninchen allein für regelmäßige Erzeugung von experimenteller Syphilis empfänglich; zuerst konnte Bertarelli bei Verimpfung auf die Kornea eine typische Keratitis mit massenhaftem Spirochätenbefunde erzeugen; später wurde die experimentelle Kaninchensyphilis insbesondere von Uhlenhuth und Mulzer studiert, denen es gelang, bei direkter Verimpfung syphilitischen Materials in den Testikel Orchitis zu erzeugen, sowie bei jungen Kaninchen durch intravenöse Injektion das Krankheitsbild einer allgemeinen luetischen Infektion (Papeln und Geschwüre an Haut und Schleimhäuten) hervorzurufen. Jedoch geht die Impfung bei Kaninchen nur unregelmäßig an; es scheinen verschiedene Stämme des Syphiliserregers in sehr ungleicher Weise auf dieses Versuchstier übertragbar zu sein. Einerseits aus diesem Grunde sowie andererseits wegen der Schwierigkeit und Kostspieligkeit der Versuche an Affen sind auch die Tierversuche mit dem Syphiliserreger, so hoch ihre theoretische Bedeutung einzuschätzen ist, bisher für die praktische Syphilisdiagnose nicht allgemein verwertbar.

Für den Praktiker kommen in erster Linie der Nachweis der Spirochäte im erkrankten Menschen sowie die serologische Untersuchung (Wassermann'sche Reaktion) in Betracht. Wann die eine oder die andere dieser beiden Methoden oder eventuell beide zusammen anzuwenden sind, ergibt sich aus dem zugleich zu besprechenden zeitlichen Verhalten des Spirochätenbefundes und der Wassermann'schen Reaktion zu den verschiedenen Krankheitsstadien.

Der Nachweis der Sp. pallida gelingt bei genügender Übung und Ausdauer des Untersuchers verhältnismäßig leicht und regelmäßig in allen primären und sekundären Krankheitsprodukten. Bei der Untersuchung des Primäraffektes sowie sekundärer Papeln und Geschwüre bemühe man sich nach Möglichkeit Gewebssaft aus den tieferen nicht erodierten Teilen des Gewebes zu erhalten, um oberflächliche Verunreinigungen zu vermeiden; am besten gewinnt man sog. „Reizserum" durch vorsichtige Skarifikationen, Kratzen mit einem Skalpell oder mit dem Rande des senkrecht aufgesetzten Deckgläschens, wobei Austritt von Blutströpfchen möglichst zu vermeiden ist; das gewonnene möglichst klare Reizserum wird bei Dunkelfeldbeleuchtung untersucht und zu Tusche- und Giemsapräparaten verarbeitet. Im lebenden Zustand hält sich die Sp. pallida stunden- bis tagelang und bewahrt ihre Eigenbewegung, falls für Luftabschluß durch Umranden des Deckglaspräparates mit Vaseline gesorgt ist; gegen Zutritt des freien Sauerstoffes der Luft, sowie gegen schädigende Einwirkungen (Temperatur über 50°, Lösungen von Desinfektionsmitteln) ist die Sp. pallida sehr empfindlich und geht in kürzester Frist zugrunde. Auch in dem durch Punktion gewonnenen Saft der geschwollenen regionären Lymphdrüsen ist die Spirochäte leicht nachweisbar. Im kreisenden Blut ist die Sp. pallida im floriden sekundären Stadium vorhanden; doch gelingt ihr Nachweis nur schwierig und nur bei Untersuchung größerer Mengen von Blut, die mit der 10-fachen Menge 0,1%iger Essigsäure versetzt und zwecks Gewinnung des Bodensatzes ausgeschleudert wird (Noeggerath und Staehelin). In den tertiären Krankheitsprodukten sind nur sehr spärliche Spirochäten vorhanden, deren Nachweis praktisch nicht in Betracht kommt; hier setzt dann die Wassermann'sche Reaktion ein. Auch bei den früher als metaluetisch bezeichneten (weil als toxische Nachkrankheiten aufgefaßten) Affektionen des Zentralnervensystems (progressive Paralyse, Tabes) ist jetzt der Nachweis der Sp. pallida in den Ganglienzellen erbracht, sogar durch Punktion am Lebenden (Forster und Tomasczewki); für die praktische Diagnose tritt auch hier die Wassermann'sche Reaktion ein (vgl. weiter unten). In sehr großer Menge findet sich die Sp. pallida bei kongenitaler Lues, insbesondere in der Leber totgeborener Föten bei Anwendung des Levaditi-Verfahrens.

Während der Nachweis der Spirochäten sich auf die Zeit manifester Krankheitserscheinungen beschränkt und praktisch nur während des primären und sekundären Stadiums in Betracht kommt, ist die serologische Untersuchung nach Wassermann während der ganzen Dauer der Erkrankung ausführbar, abgesehen von den ersten Krankheitswochen, in welchen die Wassermann'sche Reaktion noch nicht entwickelt ist und der Spirochätennachweis allein die mikrobiologische Diagnostik beherrscht. Über das Wesen und die Ausführung der Wassermann'schen Reaktion vgl. oben im allgemeinen Teil S. 108ff. Das Blut wird am besten mittels steriler Spritze durch Punktion der Armvene, oder bei Kindern und sehr fetten Personen mittels Schröpfkopfs entnommen; das Serum ist möglichst bald von den roten Blutkörperchen (nach Absitzen oder Ausschleudern zu trennen und sofort durch Erhitzen auf 56° während einer halben Stunde zu inaktivieren; im inaktivierten Zustand, kühl und im Dunkeln aufbewahrt, ist es dann längere Zeit haltbar. Geringere Trübungen oder rötliche Verfärbung stören die Reaktion nicht; starke Trübung oder blutige Verfärbung kann dagegen erhebliche Störungen verursachen und das Serum unter Umständen unbrauchbar machen. Stets ist das Serum auf eigenhemmende und eigenlösende Eigenschaft zu untersuchen; auch ist die Reaktion immer mit mehreren (2—3) Antigenen zuverlässiger Herkunft anzustellen und außer den Kontrollen des hämolytischen Systems regelmäßig noch je ein Kontrollversuch mit einem sicher positiven und einem sicher negativen menschlichen Serum anzustellen. Der positive Ausfall einer unter allen diesen Vorsichtsmaßregeln angestellten Wassermann'schen Reaktion ist mit großer Sicherheit beweisend für Lues, falls nicht gerade eine von den wenigen (klinisch ohne weiteres von Lues zu unterscheidenden) Erkrankungen vorliegt wie Lepra, Scharlach, Fleckfieber, in deren Verlauf das Serum des Erkrankten oder Genesenen — wahrscheinlich infolge Störung des Lipoidstoffwechsels — Stoffe enthält, die eine positive Wassermann'sche Reaktion geben. Dagegen beweist der negative Ausfall der Wassermann'schen Reaktion nicht, daß es sich bei dem Patienten um keine Lues handelt, da zu gewissen Zeiten während des Krankheitsverlaufs die Wassermann'sche Reaktion negativ sein kann. Insbesondere ist dies regelmäßig am Anfang der Erkrankung der Fall; ein positiver Ausfall der Wassermann'schen Reaktion ist meist erst nach 6 Wochen post infectionem zu erwarten. Im Stadium des Primäraffektes wird der Prozentsatz der positiven Reaktionen noch recht verschieden angegeben, von 40—100% der Fälle, je nach der bereits erfolgten allgemeinen Durchseuchung des Körpers. Am häufigsten ist die Wassermann'sche Reaktion positiv während des sekundären Stadiums (in 70—100% der Fälle); ebenso ist die Reaktion fast stets positiv bei manifester kongenitaler Lues. Im tertiären Stadium sowie bei Tabes und Paralyse ergibt das Blutserum in etwa 70% der Fälle positive Wassermann'sche Reaktion; von noch größerer Bedeutung für die rechtzeitige Diagnose dieser letzteren beiden schweren Erkrankungen des Zentralnervensystems ist die Untersuchung der durch Lumbalpunktion gewonnenen Spinalflüssigkeit, die schon in den Anfangsstadien dieser Erkrankungen in über 90% der Fälle positive Wassermann'sche Reaktion ergibt; die Technik der Untersuchung ist dieselbe wie beim Blutserum, nur daß man vom Liquor größere Mengen (0,5 ccm) verwendet und daß der Liquor, weil eiweiß- und komplementfrei, nicht inaktiviert zu werden braucht. Die Wassermann'sche Reaktion ist nicht nur für die Diagnose einer auf Lues verdächtigen Erkrankung von größtem praktischen Werte, sondern auch ausschlaggebend für die Beurteilung, ob eine vorliegende syphilitische Erkrankung als endgültig geheilt angesehen werden darf oder nicht. Solange noch eine positive Wassermann'sche Reaktion besteht, selbst wenn keinerlei klinische Symptome vorliegen, oder wenn eine syphilitische Infektion vom Patienten gänzlich geleugnet wird (wie das ja bei dem zuweilen sehr leichten oder fast symptomlosen Verlauf der Lues selbst bona fide erklärlich ist), solange ist noch mit dem Fortbestehen lebender Spirochäten im Organismus und mit der Möglichkeit neuer klinischer Manifestationen zu rechnen. Wie folgenschwer die Diagnose in solchen Fällen sein kann, dafür seien nur die Beispiele der Frage des Ehekonsenses nach (überstandener) Lues und die Ammenuntersuchung angeführt. Die Behandlung muß daher solange fortgesetzt werden bis die Wassermann'sche Reaktion auch bei mehrmaliger Untersuchung dauernd negativ geworden ist. Unmittelbar nach einer Salvarsaninjektion findet sich öfters zunächst ein Ansteigen des Titers der Wassermann'schen Reaktion oder ein Wiedererscheinen einer vorher nicht vorhandenen positiven Reaktion; dieses scheinbar paradoxe Verhalten erklärt sich dadurch, daß infolge der chemotherapeutischen Beeinflussung durch Salvarsan zahlreiche im Körper vorhandene Spirochäten zugrunde gehen und die Bildung von Antikörpern im Blute hierdurch anregen; man bedient sich gerade dieser Provokation der Wassermann'schen Reaktion (Herxheimer), um eine bestehende latente luetische Infektion aufzudecken. Im weiteren Verlauf der spezifischen Behandlung verschwinden dann die Antikörper aus dem Blute, weil ihre Anwesenheit ebenso wie das Vorhandensein der Immunität bei Lues zeitlich streng an die Existenz des lebenden Virus im Organismus gebunden ist; bekanntlich gibt es ja bei Lues keine die Infektion überdauernde eigentliche Immunität, sondern nur eine fehlende oder verminderte Reaktionsfähigkeit gegenüber neuer Infektion, solange der alte Krankheitsprozeß noch fortbesteht, und andererseits ist die Möglichkeit einer Reinfektion das sicherste Zeichen der vollendeten Heilung, wie solche Fälle gerade in den letzten Jahren infolge der durch die Salvarsanbehandlung möglich gewordenen raschen Heilung schon binnen kurzer Frist nach der Erstinfektion bekannt geworden sind. Im Zusammenhang mit diesen Tatsachen ist es verständlich, daß bei maligner Syphilis, bei welcher schon der klinische Verlauf für eine herabgesetzte Heilungstendenz spricht, die Wassermann'sche Reaktion meist negativ ausfällt.

5. Spirochäten bei Plaut-Vincent'scher Angina.

Im Jahre 1894 wurde von Plaut und im Jahre 1899 von Vincent eine eigentümliche diphtherieähnliche, geschwürige Form der Angina beschrieben, die sich von der echten Diphtherie durch ihre Gutartigkeit sowie durch den Mangel der Beeinflußbarkeit durch Diphtherieserum unterscheidet und bei welcher als regelmäßiger mikroskopischer Befund das gemeinsame Vorkommen von feinen flachgewundenen Spirochäten mit eigenartigen spindelförmigen Bazillen vorliegt. Obgleich ähnliche Spirochäten (Sp. dentium) fast in jeder normalen Mundhöhle, insbesondere am Zahnfleischrande der letzten Molarzähne nachweisbar sind und bei manchen geschwürigen Prozessen, insbesondere bei Noma in ungeheuren Mengen in das zerfallende Gewebe eindringen, so ist doch bei der Plaut-Vincent'schen Angina eine ursächliche Rolle der Spirochäten schon aus dem Grunde anzunehmen, weil die Erkrankung durch Salvarsanbehandlung günstig beeinflußt wird. Mühlens gelang es, diese Spirochäten in serumhaltigen Nährböden unter Luftabschluß rein zu züchten; die Kulturen weisen einen widerlichen fäulnisartigen Geruch auf und erscheinen in Form wolkiger Kolonien mit gelblichem Zentrum und feinen Ausläufern.

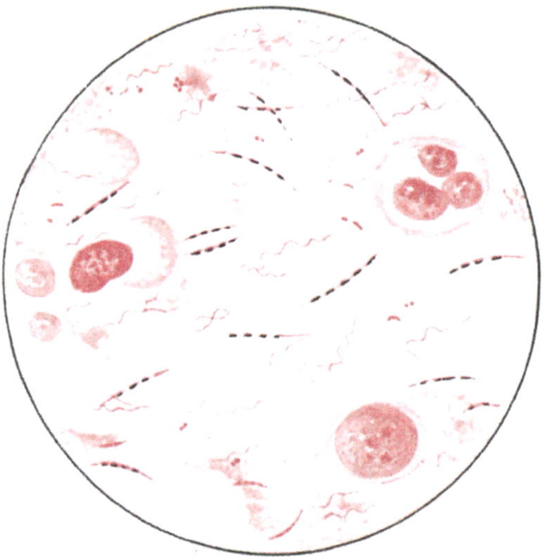

Abb. 164. Angina Plaut-Vincenti. Fusiforme Bazillen und Spirochaeten. (Färbung mit verd. Karbolfuchsin.) (Vergr. 1:1000).

Da die begleitenden spindelförmigen Bazillen mit ihren beiderseits spitzen Enden und ihrer häufig beobachteten zuweilen S-förmigen Krümmung eine gewisse oberflächliche Ähnlichkeit mit Spirochäten zeigen und da außerdem auch die

Reinkulturen beider Kleinwesen in ihrer Form und in ihrem üblen Geruch einander ähnlich sind, so hat man wohl angenommen, daß beide nur verschiedene Entwicklungsstadien eines und dieselben Mikroben darstellen; doch ist diese Annahme zurückzuweisen, da nach Mühlens die Reinkultur beider Mikroben getrennt gelingt und keinerlei Übergangsformen vorkommen. Bei der Färbung sowohl mit Methylenblau als nach Giemsa zeigt der Bac. fusiformis häufig ein streifiges oder gebändertes Aussehen, indem intensiv gefärbte mit farblosen Abschnitten abwechseln und bei Färbung nach Giemsa scharf differenzierte rote Chromatinkörper im blauen Plasma nachweisbar sind. Der Bac. fusiformis ist ohne Eigenbewegung und gramnegativ.

Bei der Untersuchung von auf Plaut-Vincent'scher Angina verdächtigem Material genügt ein gewöhnliches Karbolfuchsinpräparat oder das Tuscheverfahren. Da es nicht ausgeschlossen erscheint, daß sich auf diphtherischen Membranen fusiforme Bazillen und Spirillen angesiedelt haben, ist zur Vermeidung von Fehldiagnosen das Material unbedingt stets auch auf Diphtheriebazillen zu untersuchen!

E. Krankheitserregende Protozoen.

Die Kenntnis der zum Tierreich gehörigen einzelligen Krankheitserreger, die unter dem gemeinsamen Namen der Protozoen zusammengefaßt werden, hat in den letzten Jahrzehnten immer mehr an Bedeutung gewonnen, seitdem die fortschreitende Erkenntnis gelehrt hat, daß die Protozoen nicht, wie es anfangs den Anschein hatte, nur einen Ausnahmefall unter den Mikroparasiten darstellen, sondern für die Pathologie der Seuchen der warmen Länder eine den bakteriellen Erregern mindestens gleichwertige Bedeutung haben. Im folgenden können nur die für die menschliche Pathologie wichtigen Formen speziell beschrieben werden, wobei betreffs der nur in außereuropäischen Erdteilen vorkommenden Arten ganz kurze Notizen genügen müssen, während die für die praktische Diagnose im Inland (eventuell an eingeschleppten Fällen) in Betracht kommenden Arten eine ausführlichere Beschreibung finden sollen. Kurz seien noch einige Bemerkungen über die allgemeine Morphologie und Biologie der Protozoen, soweit zum Verständnis der nachfolgenden speziellen Kapitel erforderlich, vorausgeschickt.

Im Gegensatz zu den Bakterien sind die Protozoen durch eine viel größere Mannigfaltigkeit von Form und Größe ausgezeichnet; die höher differenzierte Organisation dieser Lebewesen gibt sich auch dadurch kund, daß schon bestimmte Teile ihres Zelleibes zwecks Übernahme bestimmter Funktionen in besonderer Weise morphologisch ausgebildet sind; so finden wir häufig eine Ausbildung von Gerüstsubstanzen im Inneren sowie von Kutikularbildungen an der Oberfläche der Protozoen, ferner sehr häufig die Trennung in ein körniges Entoplasma und ein hyalines Ektoplasma, bei manchen Arten auch Ausbildung besonderer Öffnungen für die Nahrungsaufnahme und für die Verdauung (Vakuolen). Die Bewegung wird bei den Protozoen gleichfalls in sehr verschiedenartiger Weise bewerkstelligt: entweder durch Geißeln, die aber einen viel komplizierteren Bau aufweisen als diejenigen der Bakterien und häufig mit einer undulierenden Membran verbunden sind, oder durch amöboide Fortsätze (Pseudopodien). Vor allem ist stets eine morphologische Differenzierung zwischen Kern und Plasma vorhanden; bisweilen existieren mehrere Kerne oder es ist neben dem Hauptkern ein besonderes Kerngebilde vorhanden, an dem die Geißel entspringt (Blepharoplast); auch die Teilung des Kerns erfolgt häufig in komplizierter Weise. Bei vielen Arten sind besondere Dauerformen (Zysten) vorhanden, die sich durch erhöhte Widerstandsfähigkeit auszeichnen und der Erhaltung der Art unter ungünstigen äußeren Verhältnissen dienen.

Die Kompliziertheit des Baues und die Zartheit der Stuktur bringt es mit sich, daß die gewöhnlichen bei der Färbung von Bakterien bewährten Methoden der Fixierung und Färbung hier nicht ausreichend sind, sondern nur ganz verzerrte und ungenügende Bilder liefern; man bedient sich daher zur Darstellung der Protozoen derjenigen Methoden wie sie in der Histologie üblich sind: Fixierung mit Alkohol oder Osmiumsäuredämpfen, Färbung mit Eisenhämatoxylin nach Heidenhain oder Färbung nach Romanowsky-Giemsa.

Die letztere Methode hat für das morphologische Studium der Protozoen eine so beherrschende Stellung erlangt, weil sie eine sehr augenfällige schöne Differenzierung zwischen Plasma und Chromatin und dadurch zugleich eine klare Darstellung des Kernapparates ermöglicht. Das Prinzip dieser Methode wird am besten aus ihrem Werdegang verständlich; bei lange aufbewahrten Lösungen von Methylenblau in schwach alkalischer Lösung (nach Löffler) hatte man — im Gegensatz zu frischen Lösungen — festgestellt, daß bei Kontrastfärbung mit Eosin gewisse Teile der Protozoen sich leuchtend rot färben, während ihr Plasmaleib blau tingiert erscheint; diese Rotfärbung kommt durch einen neuen (durch die Einwirkung von Alkali auf Methylenblau entstehenden) Farbstoff, das Methylenazur in Verbindung mit Eosin, zustande. Unter den zahlreichen Modifikationen der ursprünglichen Romanowsky'schen Färbung ist am meisten (weil einfach und zuverlässig) die von Giemsa angegebene Methode zu empfehlen, die von chemisch-reinen Reagenzien (Azur und Eosin) ausgeht; am besten bezieht man die konzentrierte alkoholische Giemsa-Lösung (von G. Grübler, Leipzig), die zwecks Gebrauch im Verhältnis von 1 : 20 mit reinem (säurefreien) destillierten Wasser verdünnt wird (je 1 Tropfen Giemsa-Lösung auf 1 ccm destilliertes Wasser). Diese verdünnte Farblösung ist nicht haltbar und zersetzt sich durch fast sofort eintretende Schwebefällung und Niederschlagsbildung; zur Färbung genügt eine Einwirkung von $^1/_4$—1 Stunde; doch kommt auch bei 24stündiger Einwirkungsdauer (die für schwierig färbbare Objekte, z. B. Syphilisspirochäten zu empfehlen ist) keine Überfärbung zustande und ist nachträgliches Auswaschen mit reinem Wasser vollständig ausreichend. Die Färbung kann durch Aufenthalt bei 37° oder durch Zusatz von einer Spur Alkali verstärkt werden; dagegen wirken schon die kleinsten Spuren von Säure schädlich; auch ist für die Konservierung der Präparate nur säurefreier Kanadabalsam brauchbar.

Die Vermehrung der Protozoen erfolgt teils auf ungeschlechtlichem, teils auf geschlechtlichem Wege; der geschlechtliche Entwicklungszyklus wird stets in einem Zwischenwirt (Insekt, Spinnentier) vollendet, wobei vielfach ganz andere Formen auftreten als im infizierten Organismus — eine Erscheinung, die auch bei höheren Parasiten (Würmern) unter dem Namen „Generationswechsel" bekannt ist. Die ungeschlechtliche Vermehrung ihrerseits erfolgt entweder durch Teilung in zwei oder mehr Teilstücke (Schizogonie), und zwar sowohl durch Quer- wie durch Längsteilung oder durch Sporenbildung im Innern von Zysten.

Bezüglich ihrer Ernährung sind manche Protozoen (Amöben) ausdrücklich auf geformte Elemente angewiesen, während sie in der Mehrzahl gelöste Stoffe aufnehmen. Die Züchtung krankheitserregender Protozoen in künstlicher Kultur im Reagenzglase gelingt nur auf Nährböden mit Zusatz von menschlichem Blut, und auch unter diesen Bedingungen bei manchen Arten nur unvollkommen. Für die praktischen Zwecke des Laboratoriums kommt nur die Fortzüchtung im Tierkörper in Betracht, soweit es sich um Infektionen handelt, für welche überhaupt empfängliche Tierspezies vorhanden sind.. Besonders bemerkenswert ist die strenge Anpassung mancher parasitischer Formen, nicht nur an ihre obligat-parasitische Existenz, sondern auch an das Leben in ganz bestimmten Zellen und Gewebsteilen; hier sind besonders die endoglobulären Parasiten zu nennen, die im Innern der roten Blutkörperchen parasitisch leben, wie die Erreger der menschlichen und tierischen Malaria, sowie die als Erreger von Tierseuchen (Texasfieber) bekannten nach ihrer birnförmigen Gestalt so benannten Piroplasmen. Höchst auffallend ist, daß manche Protozoen (vgl. unten bei den Trypanosomen) im Tierkörper parasitisch leben, ohne bei ihrem Wirt irgendwelche Krankheitserscheinungen auszulösen; andererseits ist freilich bei gewissen Arten dieser Zustand der latenten Infektion nur ein Ausdruck eines chronischen noch nicht abgelaufenen Prozesses (wie bei Vogelmalaria). Hiermit hängt es zusammen, daß das Vorhandensein der Immunität bei Protozoen häufig an das Fortbestehen der latenten Infektion selbst gebunden ist und die definitive Heilung nicht überdauert (analog wie bei den schon früher, S. 297 besprochenen Spirochäteninfektionen). Von einer praktischen Verwendung der Immunisierung zur Bekämpfung und Verhütung der Protozoeninfektionen ist unter diesen Umständen natürlich nicht viel zu erwarten; um so mehr ist es zu begrüßen, daß die Protozoen sehr viel häufiger als das bei den Bakterien der Fall ist einer chemotherapeutischen Beeinflussung zugänglich sind; es sei hier nur der spezifischen Heilwirkung des Chinins bei Malaria, des Emetins bei Amöbendysenterie, der organischen Arsenverbindungen, insbesondere des Salvarsans bei Trypanosomeninfektionen und Malaria tertiana, sowie gewisser organischer Farbstoffe gleichfalls bei Trypanosen kurz gedacht (vgl. im Allgemeinen Teil S. 136).

Die systematische Einteilung der Protozoen erfolgt in erster Linie nach morphologischen Gesichtspunkten, die hier — wie bei den Bakterien (vgl oben S. 3) — die sicherste Basis für ein natürliches System abgeben. Manche Familien der Protozoen weisen gar keine für Mensch oder Säugetier pathogene Arten auf, sondern enthalten nur saprophytische Arten, die insbesondere im Wasser und auf organischem Detritus leben und unter dem Namen der „Aufgußtierchen" oder „Infusorien" schon vor einem Jahrhundert, insbesondere von Ehrenberg beschrieben worden sind; viele andere Arten leben parasitisch in Kaltblütern und niederen Tieren. Unter den Familien mit menschenpathogenen Repräsentanten sind zu nennen:

Rhizopoden („Wurzelfüßler"): als Krankheitserreger beim Menschen: Dysenterieamöben.

Mastigophoren („Flagellaten"): als Krankheitserreger beim Menschen: Trypanosomen und diesen nahestehend, weil in ihrem Entwicklungskreis trypanosomenartige Formen enthaltend: Leishmanien. Ferner die auf den Schleimhäuten des menschlichen Intestinal- und Genitaltraktus schmarotzenden Trichomonas- und Lambliaarten.

Sporozoen: Unterabteilung Hämosporidien: Die menschlichen Malariaparasiten. (Diesen nahestehend: Pirosomen (endoglobuläre birnförmige Parasiten mit exogenem Entwicklungszyklus in Zecken), keine menschenpathogene Art enthaltend, aber Erreger von Tierseuchen [Texasfieber]). — Unterabteilung: Coccidien, in fixen Gewebszellen parasitisch lebend (z. B. sehr häufig bei Kaninchen), für Menschen nicht pathogen.

Ziliaten: Einige ziemlich harmlose Parasiten der menschlichen Darmschleimhaut (Balantidium coli).

1. Dysenterieamöben.

Im Gegensatz zu der in unseren Breiten heimischen bazillären Dysenterie (vgl. S. 217ff.) wird die in den Tropen und Subtropen endemische Dysenterie durch Amöben (Entamoeba histolytica Schaudinn und Entamoeba tetragena

Abb. 165. Entamoeba tetragena. Aus dem Atlas von R. O. Neumann und M. Mayer. (Vergr. 1: 1000.)

Viereck) verursacht. Schon im Jahre 1875 hatte Lösch in dem Stuhl eines Dysenteriekranken Amöben gefunden, doch handelte es sich wahrscheinlich um die harmlose Amoeba coli. Erst durch die Untersuchungen von R. Koch und

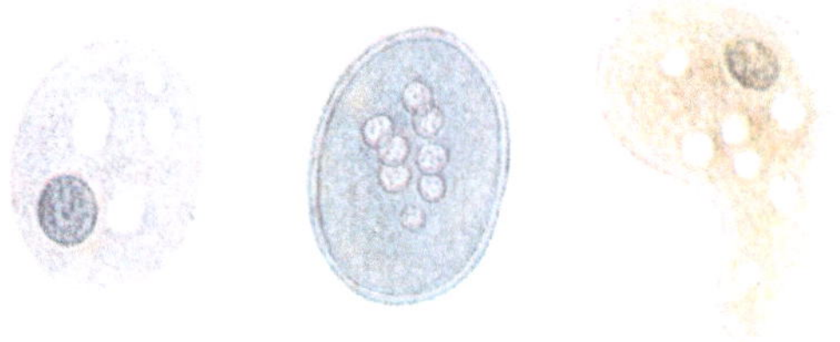

a b c

Abb. 166. Entamoeba coli. a Veget. Form. Eisenhämatoxylinfärbung. Kern mit Chromatinring und Vakuolen. b Zyste. Eisenhämatoxylinfärbung. c Vegetative Form. Kern und Vakuolen ungefärbt. Aus dem Atlas von R. O. Neumann und M. Mayer. (Vergr. 1: 1000.)

Kartulis in Ägypten wurde festgestellt, daß bei der Tropenruhr konstant bestimmte Amöben vorkommen, mit denen es ihnen gelang, bei Katzen durch Infektion per rectum experimentelle Dysenterie zu erzeugen.

Für die ätiologische Bedeutung der Ruhramöben wurde insbesondere der Nachweis von Bedeutung (Kruse und Pasquale), daß es gelang diese experimentelle Infektion bei Katzen auch mit infektiösem Material aus Leberabszessen (einer sehr häufigen Nachkrankheit der tropischen Dysenterie), das nur Amöben, aber keine Bazillen enthält, zu erzeugen. Schaudinn stellte durch eingehende morphologische Untersuchung die Unterschiede der gelegentlich im menschlichen Darm vorkommenden harmlosen Amoeba coli von der echten Dysenterieamöbe, von ihm als Entamoeba histolytica bezeichnet, fest, die nur bei der ulzerösen

Dysenterie gefunden wird. In welchem Verhältnis Schaudinns Entamoeba histolytica zu der später von Viereck im Jahre 1907 beschriebenen Entamoeba tetragena steht, ist noch nicht ganz sicher; gegenüber der behaupteten Artverschiedenheit wird von anderer Seite (Hartmann, Walker) die Identität beider Arten statuiert. Jedenfalls entsprechen fast alle neuerdings genau beschriebenen Dysenterieamöben der verschiedensten geographischen Provenienz dem Typus der Amoeba tetragena. Betreffs der Einzelheiten dieser verschiedenen Formen vgl. Tabelle S. 304.

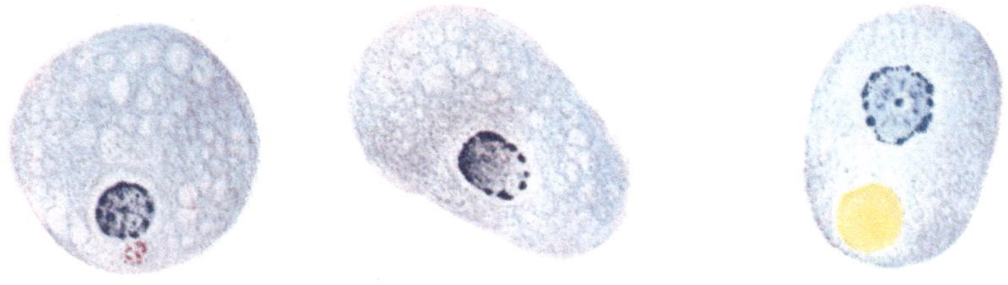

a b c

Abb. 167. a u. b Entamoeba histolytica. Kern mit Chromatinring aus vielen Punkten zusammengesetzt mit Centriol. c Ent. histoly. mit rotem Blutkörperchen. Aus dem Atlas von R. O. Neumann und M. Mayer. (Vergr. 1: 1000.)

Die Amöben sind einzellige Organismen, die ihre Gestalt bei der Fortbewegung und bei dem Umfließen von Nährmaterial verändern und dabei Protoplasmafortsätze, sog. Pseudopodien, bald hier, bald dort an der Zelle bruchsackartig hervortreten lassen. Die Form der Pseudopodien kann breit, lappig, spitz usw. sein. Die Form der Amöben ist, wie schon der Name besagt (αμειβω = wechseln), einem dauernden Wechsel unterworfen.

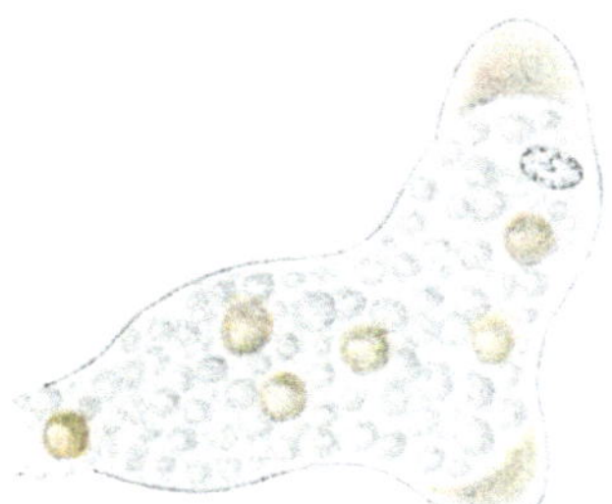

Abb. 168. Amöbe in Bewegung.

Bei den Amöben unterscheidet man im allgemeinen ein feinkörniges Entoplasma, in dem der Kern und die kontraktile Vakuole liegt, und ein hyalines Ektoplasma. Der Kern ist gewöhnlich bläschenförmig mit zentralem Karyosom versehen und mit Hämatoxylin färbbar.

Die Amöben sind züchtbar, wenn auch nicht in Reinkulturen, so doch in Mischkultur mit Bakterien, da sie in ihrer Ernährung auf geformte, korpuskuläre Elemente angewiesen sind.

Im Gegensatz zu der harmlosen Amoeba coli fressen die echten Dysenterieamöben bei ihrer Nahrungsaufnahme auch rote Blutkörperchen, die häufig als Einschlüsse in ihr gefunden werden. Bei Eintritt ungünstiger Lebensbedingungen hört zunächst die amöboide Bewegung auf; es erfolgt schließlich die Bildung enzystierter Formen, welche — im Gegensatz zu den bisher beschriebenen nackten vegetativen Formen — eine erhebliche Widerstandsfähigkeit gegen Eintrocknung und andere schädigende Einflüsse aufweisen und sich längere Zeit in der Außenwelt lebensfähig erhalten können. Mit zystenhaltigem Material gelingt, wie zuerst

	Vegetative Formen							Generative Formen	
	Chromatinreichtum des Kernes	Größe des Karyosoms	Zyklische Vorgänge am Karyosom	Lichtbrechung	Differenzierung v. Ekto- und Entoplasma	Pathogenität für Menschen	Vermehrung	Größe	Vermehrung
Entamoeba coli	chromatinreich	groß	ausgesprochen	gering	nicht erkennbar	nicht pathogen	2 Teilung und 8 Teilung	groß (wenig kleiner als vegetative Formen	Sporogonie meist 8 kernige (seltener 16 kernige) Zyste — Autogame Doppelbefruchtung
Entamoeba tetragena	mäßig chromatinreich	mittelgroß	„	mäßig stark	deutlich	pathogen	2 Teilung	„	Sporogonie 4 kernige Dauer-Zyste. Autogame Befruchtung
Entamoeba[1] histolytica	chromatinarm	klein	nur angedeutet	stark	sehr deutlich	„	2 Teilung und Knospung	klein (viel kleiner als vegetative Formen	Zystenbildung Knospung

[1]) Nur von Schaudinn beobachtet.

Schaudinn nachwies, auch die Infektion per os, während die vegetativen Formen der Amöben hierbei infolge der schädigenden Einwirkung des Magensaftes zugrunde gehen; in dieser Weise erfolgt wahrscheinlich die Ansteckung unter natürlichen Verhältnissen.

Bei Verdacht auf Amöbendysenterie ist eine sichere Diagnose nur mit Hilfe des Mikroskopes und der biologischen Verfahren möglich. Frisch entleerter, nicht sauer reagierender Stuhl ist das für die mikroskopische Untersuchung geeignetste Material. Die Untersuchung erfolgt im hängenden Tropfen möglichst ohne Zusatz von physiologischer Kochsalzlösung. Da die Amöben bei Temperaturen unter 37° C ihre Beweglichkeit einstellen, ist es geraten, in Ermangelung eines heizbaren Objekttisches die Präparate kurze Zeit im Brutschrank (37°) zu halten.

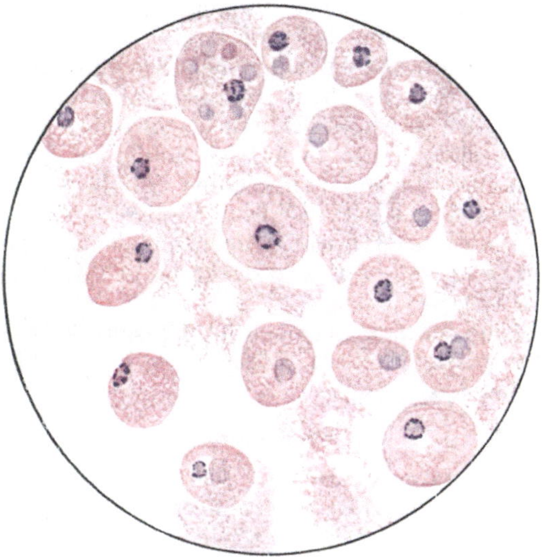

Abb. 169. Amöben in einem Leberabszeß. Hämatoxylin-Eosinfärbung. (Vergr. 1: 500.)

Bei der mikroskopischen Untersuchung mit schwacher Vergrößerung heben sich die Amöben als mattglänzende Scheibchen ab. Mit Ölimmersion kann man die Zelleinschlüsse, das Ausstrecken der Pseudopodien und die Bewegung beobachten.

Die Anfertigung von Dauerpräparaten geschieht folgendermaßen: Die ausgestrichenen Stuhlpräparate werden zweckmäßig feucht fixiert, und zwar entweder in Sublimatalkohol, Hermann'scher Flüssigkeit oder über Osmiumdämpfen. Nach Wasserabspülung erfolgt die Färbung mit Hämalaun, Eisenhämatoxylin, Hämatoxylin, Eosin oder Methylenblau.

Zur Unterstützung und Sicherung der mikroskopischen Diagnose kann der Tierversuch herangezogen werden (s. o.). — Eine amöbenähnliche Form (Amoeba buccalis) findet sich in fast jeder menschlichen

Mundhöhle, allerdings meist nur in vereinzelten Exemplaren, häufiger in kariösen Zähnen. In Ermangelung parasitisch lebender Amöben kann man für Kurszwecke die häufig in Strohinfus sich findenden saprophytischen Amöben verwenden.

Anhangsweise seien hier noch einige andere Protozoen beschrieben, die gleichfalls auf menschlichen Schleimhäuten schmarotzen, meist ohne schwerere Erkrankungen hervorzurufen; am ehesten ist letzteres der Fall bei:

Balantidium coli, zu den Ziliaten, den wimpertragenden Protozoen gehörig, tritt gelegentlich beim Menschen als Erreger einer unter Umständen dysenterieartigen Enteritis auf; die großen (bis 100 μ messenden) sehr lebhaft beweglichen Parasiten sind an ihrer ganzen Körperoberfläche mit Wimpern besetzt und zeigen eine trichterförmige der Nahrungsaufnahme dienende Mundöffnung, sowie zwei kontraktile Vakuolen und neben dem bohnenförmigen Hauptkern meist einen kleineren Nebenkern. Die Parasiten behalten ihre Eigenbewegung im Stuhl nur einige Stunden bei. Sie sind sehr deutlich in Schnittpräparaten aus den Darmgeschwüren nachweisbar. — Eine ähnliche (vielleicht identische?) Form findet sich häufig im Schweinedarm.

Zur Klasse der Flagellaten gehören die folgenden Parasiten von birnförmiger Gestalt mit 4—8 Geißeln (Größe 10—25 μ).

Trichomonas intestinalis im menschlichen Darm,

Trichomonas vaginalis in der menschlichen Vagina und Blase.

Lamblia intestinalis.

Ganz ähnliche Formen (sehr gut für Kurszwecke verwendbar) sind fast regelmäßig im Enddarm der Eidechse und im Blinddarm der grauen Hausmaus vorhanden.

2. Trypanosomen.

Trypanosomen (von τρυπανον = schraubenartig gedrehter Körper) sind Flagellaten von länglicher, fischähnlicher Form, die eine parasitische Existenz im Blute von Warm- und Kaltblütern führen, wobei Krankheitssymptome entweder fehlen oder in mehr oder minder schwerer Form vorhanden sein können. Die Länge der Trypanosomen übertrifft den Durchmesser eines roten Blutkörperchens um ein Mehrfaches. Das vordere Ende läuft in einer Geißel aus, die schraubenförmige Bewegungen ausführt. Sie nimmt ihren Ursprung an einem besonderen kernartigen Gebilde, dem Blepharoplasten oder der Geißelwurzel und zieht sich als Randfaden am Körper entlang. Zwischen ihr und dem Protoplasma liegt ein dünner Protoplasmasaum, den man als undulierende Membran bezeichnet und der ebenfalls der Bewegung dient. Im Trypanosomenkörper läßt sich schon ungefärbt, besser aber in gefärbtem Zustande ein großer scharf umrandeter Kern unterscheiden, der nach der Romanowskyfärbung sich ebenso wie der Blepharoplast intensiv rot färbt. Auch die Geißel nimmt die rote Färbung an. Bei vielen Exemplaren kann man ein körniges Protoplasma, zuweilen auch Vakuolen im Zellleib erkennen.

Die Vermehrung erfolgt im Blute des Wirtstieres auf ungeschlechtlichem Wege mittels Längsteilung (einfache, zuweilen auch multiple Teilung); die geschlechtliche Vermehrung geht im Zwischenwirt in der

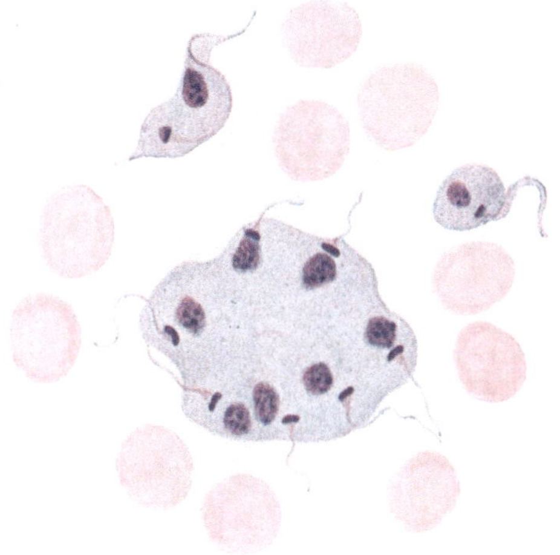

Abb. 170. Verschiedene Stadien der multiplen Teilung von Trypanosoma Lewisi Kent. (Vergr. ca. 1: 1300). Aus „Hartmann - Schilling, Die pathogenen Protozoen".

Stechmücke oder Stechfliege vor sich. Künstliche Züchtung der Trypanosomen ist verschiedentlich auf Blutagar bzw. dessen Kondenswasser gelungen.

Abgesehen von der Übertragung der Trypanosomen durch die als

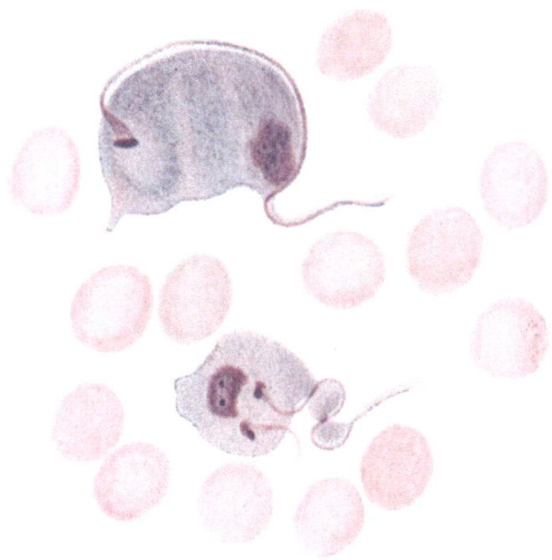

Abb. 171. Verschiedene Stadien der multiplen Teilung von Trypanosoma Lewisi Kent. (Vergr. ca. 1 : 1300). Aus „Hartmann-Schilling, Die pathogenen Protozoen".

Zwischenwirt fungierenden stechenden Insekten (Glossina, Stomoxys Tabanusarten), kann auch direkte Ansteckung durch Kontakt, insbeson-

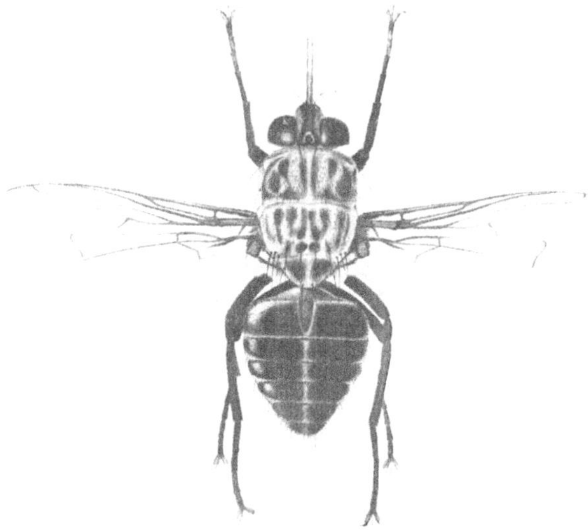

Abb. 172. Glossina morsitans. Aus „Hartmann-Schilling, Die pathogenen Protozoen". (Vergr. ca. 1 : 4.)

dere durch Koitus erfolgen (regelmäßig und als einziger Infektionsmodus bei der Dourine, gelegentlich wahrscheinlich auch bei der Schlafkrankheit).

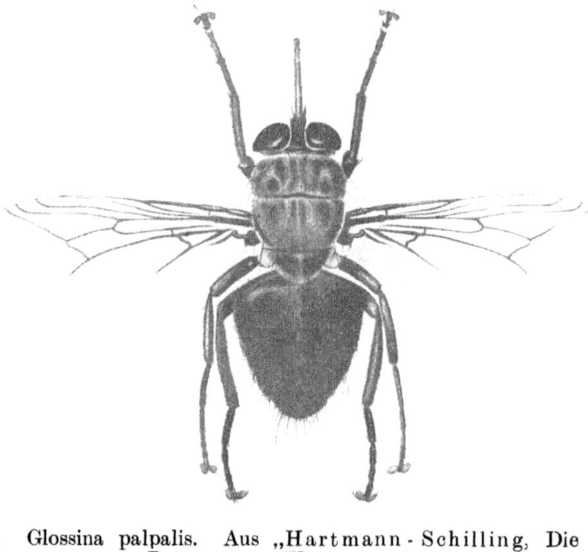

Abb. 173. Glossina palpalis. Aus „Hartmann-Schilling, Die pathogenen Protozoen". (Vergr. ca. 1 : 4.)

In der beigefügten Tabelle sind die wichtigsten Trypanosomen, sowohl nicht-pathogene wie pathogene, mit Wirt und Überträger aufgeführt. Die verschiedenen Arten der Trypanosomen unterscheiden sich sowohl

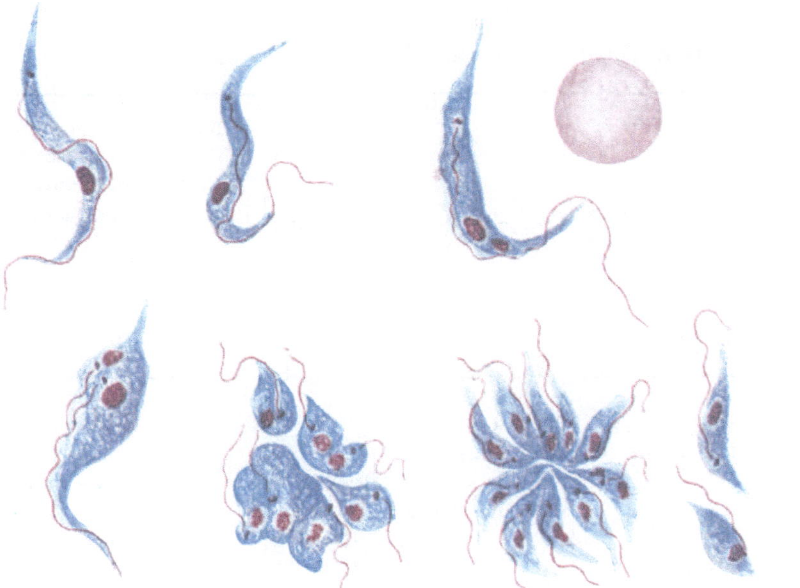

Beginnende einfache Teilung — Multiple Teilung — Rosettenbildung — Teilstücke einer Rosette

Abb. 174. Trypanosoma Lewisi. (Vergr. 1 : 1500).

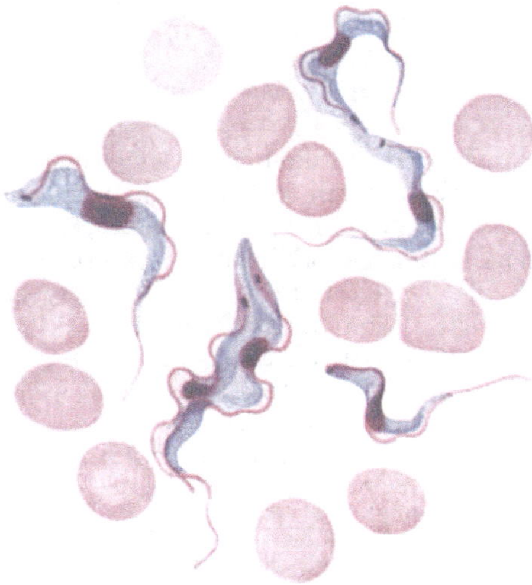

Abb. 175. Trypanosoma brucei Plimmer u. Bradford. Längsteilung. Aus „Hartmann-Schilling, Die pathogenen Protozoen“. (Vergr. ca. 1:1300.)

Säugetiertrypanosomen.

I. Ohne manifeste krankmachende Wirkung.

Name des Parasiten	Name der Krankheit	Wirt	Übertragen durch
Trypanos. Lewisi	—	Ratte	Rattenlaus (Hämatopinus spinulosus) und Rattenfloh (Ceratophyllus fasciatus)
Trypanos. Theileri.	—	Rinderarten	wahrscheinlich Stechfliegen

II. Pathogene.

1. Tier-Trypan.			
Trypan. equiperd.	Dourine, Beschälsäuche.	Pferde	Koitus
„ equinum.	Mal de Caderas		?
„ evansi	Surra	Rinder,Pferd,	Stomoxys- und Tabanusarten (Stechfliegen)
„ brucei	Nagana, Tsetse	Esel, Maultiere	Glossinenarten (Stechfliegen)
2. Menschen-Trypan.			
Trypan. gambiense	Schlafkrankheit	Mensch	Glossina palpalis, seltener Gl. morsitans (gelegentlich direkt durch Koitus)
„ rhodesiense	„	„	Glossina morsitans
Schizotrypanum Cruzi	Brasilianische Schizotrypaniosis	„	Conorhinus megistus (Wanze)

morphologisch, insbesondere durch die Gestaltung des Kernapparates, als vor allem biologisch durch ihre krankheitserregende Wirkung und ihre spezifische Anpassung an einen Zwischenwirt; doch sind bei einigen Arten die Eigenschaften in erheblichem Grade der Variation unterworfen, so daß die Unterscheidung scharf abgegrenzter Spezies auf Schwierigkeiten stößt. Einige der praktisch wichtigsten oder auch in Europa vorkommenden Arten (während die meisten Arten auf tropische und subtropische Klimate beschränkt sind) seien im folgenden etwas näher beschrieben.

Trypanosoma Lewisi, zuerst 1878 von Lewis in Indien im Rattenblute gefunden und fast überall unter den Ratten sehr verbreitet. Krankheitserscheinungen werden durch dasselbe nicht ausgelöst.

Bei Trypanosoma Lewisi liegt der ovale Kern im vorderen Drittel des Körpers. Das Hinterende des Körpers ist spitz ausgezogen, der Blepharoplast steht quer zur Körperachse. Die Vermehrung geschieht normalerweise durch Längsteilung, wobei sich zuerst der Kern, darauf der Blepharoplast und zuletzt die Geißel teilt.

Schließlich kommt es zur Längsspaltung. Bei der multiplen Teilung (s. Abb. 174) zerfällt das Trypanosoma in viele Tochterindividuen; seltener ist Rosettenbildung. Dieses Trypanosoma wird von Ratte zu Ratte durch eine Läuseart, Hämatopinus spinulosus und durch Rattenflöhe übertragen.

Trypanosoma equiperdum, der Erreger der Beschälseuche der Pferde, der Dourine, ist in den Mittelmeerländern weit verbreitet. Das infizierte Tier zeigt 8—15 Tage nach der Infektion Ödeme des Penis oder der Vulva. Plaques auf der Haut, Schleimhautaffektionen, sowie als spätere Folgeerscheinungen Abmagerung, Anämie, Lähmungen der Hinterextremitäten. Bei diesem 25—28 μ langen Trypanosoma ist der ovale Kern in der Mitte des Körpers gelagert. Das Hinterende ist stumpf, der Blepharoplast punktförmig.

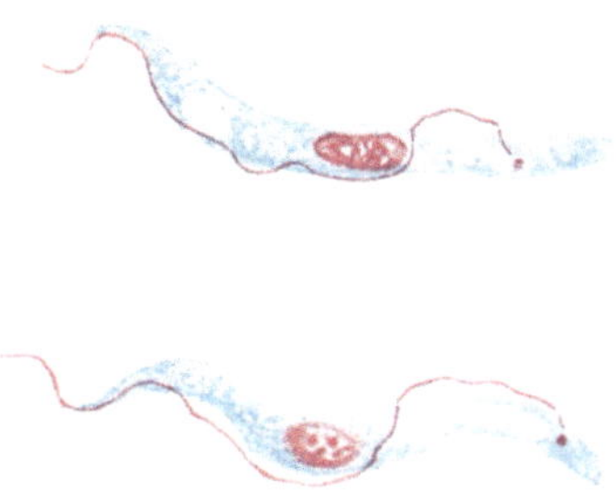

Abb. 176. Trypan. equiperdum. (Vergr. 1 : 2000).

Das Trypanosoma Brucei, von Bruce entdeckt, ist der Erreger der in Afrika weit verbreiteten Nagana- oder Tsetse-Krankheit der Huftiere. Das Trypanosoma Brucei hat eine Länge von 25—35 μ. Das Hinterende ist relativ stumpf, die undulierende Membran ist bedeutend breiter als bei dem Trypanosoma Lewisi; dadurch erscheinen die Nagana-Trypanosomen in der Gestalt plumper. Im Plasma finden sich vereinzelte Chromatinkörperchen. Der Kern liegt in der Mitte des Körpers,

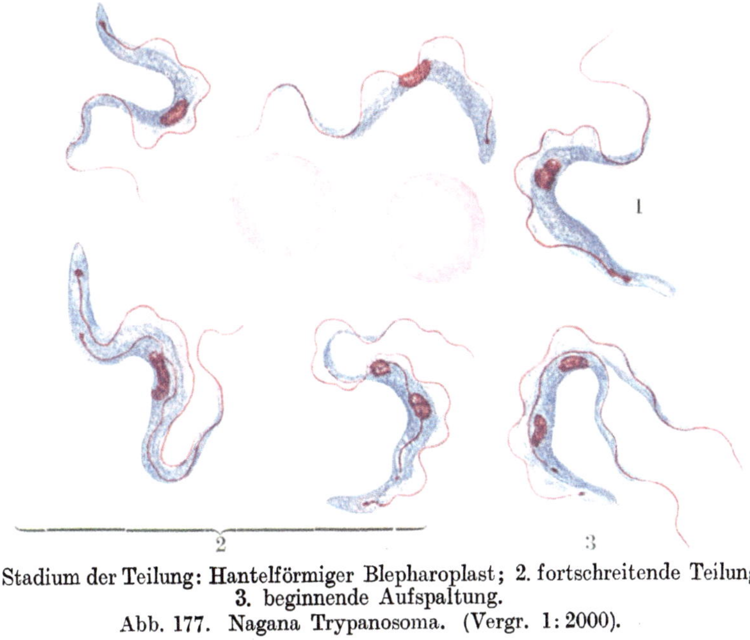

1. Stadium der Teilung: Hantelförmiger Blepharoplast; 2. fortschreitende Teilung; 3. beginnende Aufspaltung.

Abb. 177. Nagana Trypanosoma. (Vergr. 1: 2000).

der Blepharoplast ist weit gegen das Hinterende zu gerückt und steht in der Längsachse des Körpers. Vor der Geißelwurzel läßt sich meistens eine Vakuole nachweisen. Die Vermehrung erfolgt durch Längsteilung und zwar fast stets durch regelmäßige Zweiteilung. Rosettenbildung ist

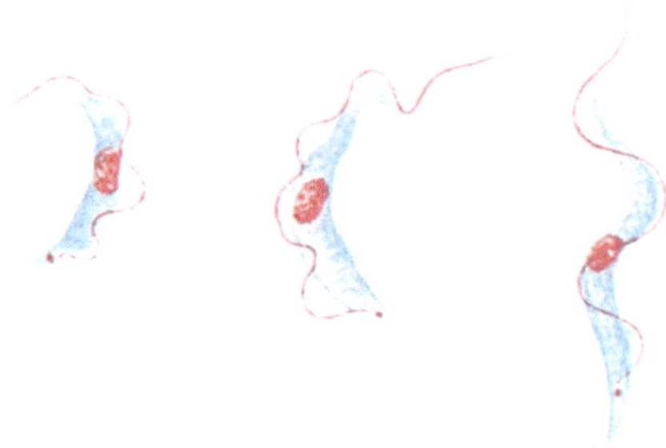

Abb. 178. Trypanos. gambiense. (Vergr. 1 : 1500.)

nicht beobachtet worden. Die Übertragung findet durch die Tsetsefliegen oder Glossinen (Glossina morsitans, fusca und pallidipes) statt. Nach R. Koch machen die Trypanosomen in diesen genannten Fliegenarten einen Entwicklungskreislauf mit geschlechtlicher Vermehrung durch.

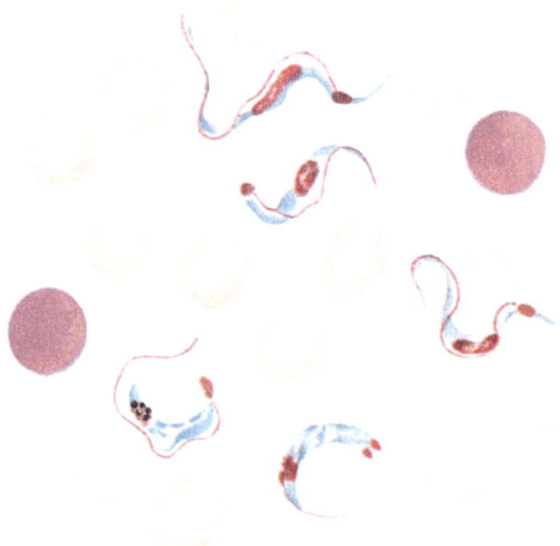

Abb. 179. Schizotrypanum cruzi Chagas. Aus „Hartmann-Schilling, Die pathogenen Protozoen". (Vergr. ca. 1:1300).

Die größte praktische Bedeutung hat das Trypanosoma gambiense, der Erreger der menschlichen Schlafkrankheit, einer im tropischen Afrika (Britisch-Ostafrika, Uganda, Kongo, Westafrika) weit verbreiteten Krankheit. Das Trypanosoma gambiense ist 15—30 μ lang und 1,5—2 μ breit. Der große Kern ist in der Mitte des Körpers gelegen. Neben dem ovalen Blepharoplasten ist eine Vakuole meist deutlich sichtbar. Die Form des Trypanosoma gambiense ist sehr wechselnd. Nach Doflein lassen sich im Blut des Menschen „neben Formen von mittlerem Typus stumpfe Individuen mit kurzer Geißel und schlanke Individuen mit langer Geißel erkennen".

Die Infektion verläuft chronisch. Krankheitssymptome können oft erst nach Jahren auftreten. In den meisten Fällen endet die Erkrankung in einer eitrigen Zerebrospinalmeningitis mit Streptokokkenmischinfektion.

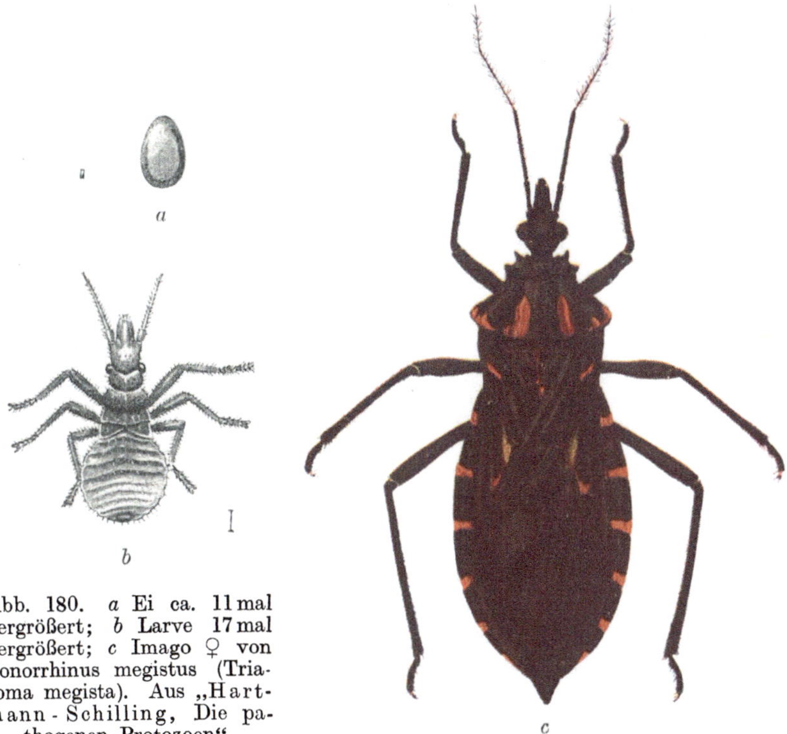

Abb. 180. *a* Ei ca. 11 mal vergrößert; *b* Larve 17 mal vergrößert; *c* Imago ♀ von Conorrhinus megistus (Triatoma megista). Aus „Hartmann-Schilling, Die pathogenen Protozoen".

In allen Fällen findet man eine chronische Meningitis oder Enzephalitis. Als Frühsymptom zeigen sich oft Drüsenschwellungen am Hals und Nacken bei im übrigen scheinbarer völliger Gesundheit. Später äußern sich die Krankheitserscheinungen in Kopfschmerzen, Fieber, Schwindel und Abgeschlagenheit. Die Kranken magern ab, das Gesicht wird aufgedunsen, Ödeme an den Extremitäten und am Rumpf stellen sich ein; die Milz ist vergrößert. Im letzten Stadium verfallen die Kranken in einen fast andauernden Schlaf.

Der Nachweis der Trypanosomen gelingt durch die mikroskopische Untersuchung (Giemsafärbung oder Tuschepräparat):

1. der Punktionsflüssigkeit aus den Drüsen (besonders wichtig für die Frühdiagnose),
2. des Blutes,
3. der Lumbalflüssigkeit, wenn zerebrale Symptome vorherrschen.

Die Übertragung des Trypanosoma Gambiense auf den Menschen geschieht durch Stechfliegen, meist durch Glossina palpalis oder auch Glossina morsitans, selten auf direktem Wege durch den Geschlechtsverkehr.

Eine andere Trypanosomenart, das Trypanosoma rhodesiense wurde in Nord-Rhodesia und Nyassaland in vielen Fällen als Erreger der dort vorkommenden Schlafkrankheit nachgewiesen. Es ist bedeutend plumper als das Trypanosoma gambiense und unterscheidet sich von

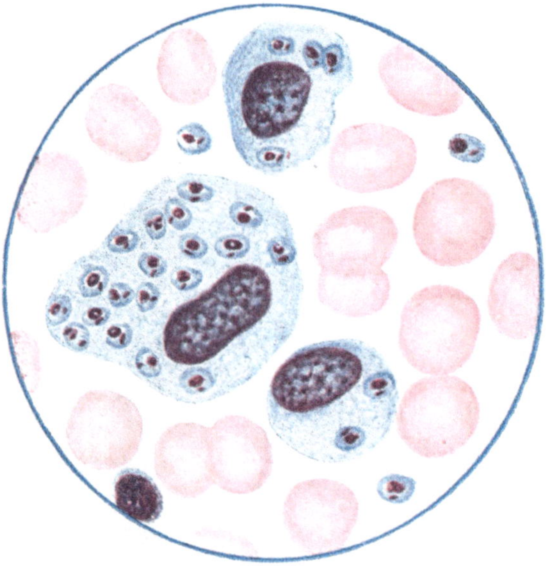

Abb. 181. Kala Azar. Leberpunktionsflüssigkeit. Leberzellen mit zahlreichen Parasiten. (Vergr. 1 : 1500.)

ihm durch die stärkere Virulenz für Versuchstiere und dadurch, daß bei gewissen Individuen der Kern hinter dem Blepharoplasten im hinteren Teil des Tieres gelegen ist.

Die Übertragung findet durch die Glossina morsitans statt.

Trypanosoma (Schizotrypanum) Cruzi ist der von Chagas im Jahre 1907 entdeckte Erreger der Trypanosomiasis in Brasilien, der infektiösen Thyreoiditis. Es zeichnet sich durch schlanke Formen aus, die einen endständigen meist relativ großen Blepharoplasten aufweisen. Eine Längsteilung ist bisher im Warmblüter nicht beobachtet, dagegen kommt es zur Abrundung des einzelnen Individuums und zur Schizogonie, die zur Bildung von 8 Schizonten führt und in den Lungenkapillaren oder im Lungenendothel, im Herzmuskel, Neuroglia und anderen Organzellen der infizierten Säugetiere vor sich geht.

Die Übertragung vermittelt eine Wanze, Conorhinus megistus, in welcher der Erreger zuerst nachgewiesen wurde (s. Abb. 180).

3. Leishmanien.

Den Trypanosomen nahestehend sind gewisse bisher nur bei Menschen und Hunden beobachtete Parasiten, die unter die Gattung Leishmania zusammengefaßt werden. Hierher gehören

1. Leishmania Donovani (nach ihren Entdeckern Leishman und Donovan benannt), der Erreger der Kala-Azar oder der tropischen Splenomegalie, einer in Indien, Ceylon, China und auch in Afrika verbreiteten, häufig letal verlaufenden Krankheit.

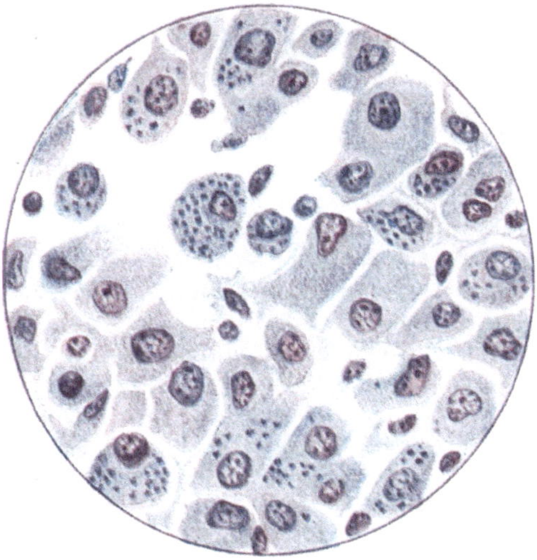

Abb. 182. Kala-Azar, Leberschnitt (Hämatoxylinfbg.). (Vergr. 1 : 500).

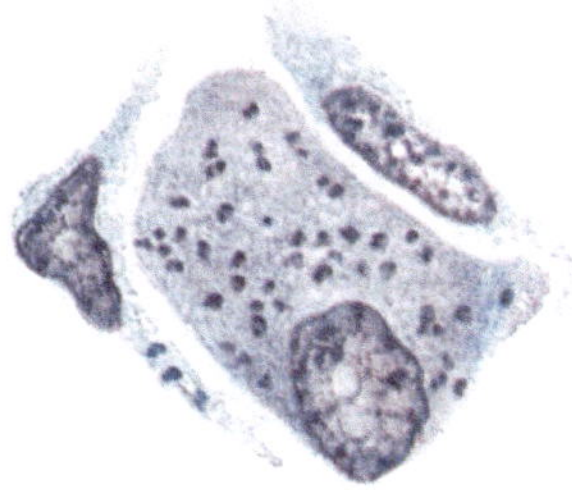

Abb. 183. Kala-Azar. Leberschnitt (Hämatoxylinfbg.). (Vergr. 1 : 700.)

2. Leishmania infantum, Erreger einer unter den Kindern in Mittelmeergegenden häufig vorkommenden Krankheit (vielleicht mit der vorigen identisch).

3. Leishmania tropica, furunculosa, der Erreger der Orientbeule, einer in Afrika und Asien, aber auch im europäischen Mittelmeergebiet vereinzelt vorkommenden mit dem Auftreten von Hautbeulen einhergehenden Erkrankung.

Alle drei Parasiten treten meist intrazellulär auf. Sie erscheinen im ungefärbten Präparat als unbewegliche birnenförmige, stark lichtbrechende Körperchen. Im Giemsapräparat unterscheidet man im blau gefärbten Protoplasma einen ovalen roten Kern und einen stäbchenförmigen dunkelviolett gefärbten Blepharoplasten. Bei der Orientbeule sind die Erreger massenhaft im Innern der Eiterkörperchen zu finden. Bei Kala-Azar verläuft die Untersuchung des kreisenden Blutes meist negativ und sind die Erreger nur in Milz und Leber im Innern der Zellen nachweisbar. Im Blutpräparat legt die erhebliche Leukopenie den Verdacht auf Leishmania-Infektion nahe.

In der Kultur auf N-N-N-Agar, (Novy-Nicolle-Mc Neal) Agar mit Zusatz von defibriniertem Menschen- oder Kaninchenblut), entwickeln sich aus den beschriebenen Formen längliche mit einer Geißel versehene bewegliche trypanosomenähnliche Gebilde.

Als Überträger kommen blutsaugende Insekten in Frage, wie Wanzen, Hundeflöhe, letztere besonders bei der Leishmania infantum; bei der Orientbeule erfolgt die Ansteckung durch direkten oder indirekten (durch Fliegen vermittelten) Kontakt.

4. Malariaplasmodien.

Die Erreger der Malaria wurden im Jahre 1880 von Laveran entdeckt; es war dies das erste Beispiel einer durch Protozoen verursachten menschlichen Infektionskrankheit. Das feinere morphologische Studium der Malariaparasiten wurde insbesondere durch italienische Forscher (Celli, Golgi, Marchiafava) gefördert. Den nächsten großen Fortschritt bahnte dann die Entdeckung von R. Ross über die Entwicklung des Malariaerregers außerhalb des erkrankten Menschen in gewissen Arten von Stechmücken an; das Studium dieser exogenen geschlechtlichen Entwicklung wurde später durch Grassi und R. Koch vervollständigt, so daß wir jetzt eine lückenlose Erkenntnis des Verhaltens dieses Krankheitserregers innerhalb und außerhalb des menschlichen Körpers besitzen, was für die rationelle Bekämpfung und Verhütung der Malaria von ausschlaggebender Bedeutung geworden ist. In den meisten warmen Ländern ist die Malaria außerordentlich verbreitet und auch in Deutschland, besonders im Nordwesten finden sich endemische Herde.

Gegenüber der ursprünglichen, namentlich von Laveran selbst vertretenen unitarischen Auffassung, daß die verschiedenen Formen der Malariaerreger nur Modifikationen einer und derselben im Grunde wesensgleichen Art seien und die eine Form in die andere übergehen könne, stehen wir heute praktisch (unabhängig von der phylogenetischen Zusammengehörigkeit der verschiedenen Formen der Malaria) auf dem Standpunkt, daß es sich um streng geschiedene Krankheitseinheiten handelt. Dafür sprechen nicht nur epidemiologische Erfahrungen (wie z. B., daß in begrenzten Bezirken, wie auf manchen einsamen Inseln, nur eine einzige Form der Malaria heimisch ist), sondern auch die weiter unten zu besprechenden für jeden einzelnen der drei Erreger charakteristischen morphologischen Merkmale und endlich das ganz verschiedene Verhalten der Tertiana einerseits, der Quartana und dem Tropenfieber andererseits gegenüber der chemotherapeutischen Beeinflußbarkeit durch Salvarsan.

Allen drei Formen der Malariaerreger gemeinsam ist, daß sie im infizierten menschlichen Körper nur ihren ungeschlechtlichen Entwicklungsgang (Schizogonie) durchmachen, während die Geschlechtsformen (Gameten) zwar schon im menschlichen Blut angelegt werden, aber nicht zur weiteren Entwicklung und Kopulation gelangen; der geschlechtliche Entwicklungskreis wird vielmehr ausschließlich im Körper gewisser Mückenarten, die als Zwischenwirt dienen, vollendet. Außer-

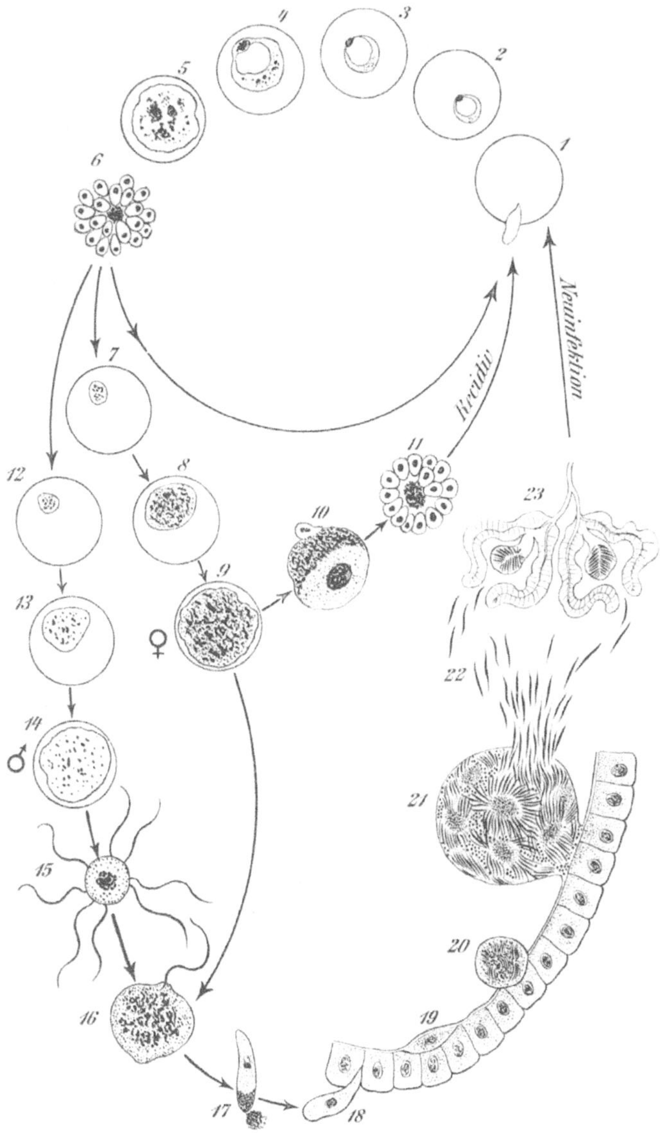

Abb. 184. Entwickelungsgang der Malariaplasmodien. Aus „Hartmann-Schilling, Die pathogene Protozoen".

halb des menschlichen Körpers und der Stechmücke vermögen sich die Malariaerreger weder in der unbelebten Außenwelt noch in anderen

Lebewesen zu entwickeln oder auch nur längere Zeit lebensfähig zu erhalten; es ist dies eine für die Epidemiologie und die Bekämpfung der Malaria überaus bedeutsame Tatsache, da für die Verbreitung der Krankheit nur diese beiden Faktoren (der infizierte Mensch und die infizierte Mücke) in Betracht kommen. Die sog. Tiermalaria, die gelegentlich bei Säugetieren und sehr häufig bei Vögeln beobachtet wird (vgl. betr. Vogelmalaria den nächsten Abschnitt) ist von der menschlichen Malaria streng verschieden; auch ist die menschliche Malaria auf Tiere nicht übertragbar. Eine gewisse Vermehrung der Malariaparasiten ist zwar gelegentlich auf künstlichen Nährböden mit Zusatz menschlichen Blutes eine kurze Zeit lang beobachtet, doch haben diese Züchtungsversuche bisher für die praktische Diagnose keine Bedeutung. So bleibt für die letztere ausschließlich der mikroskopische Nachweis der Malariaparasiten im menschlichen Blute übrig; dieser Nachweis hat eine außerordentliche praktische Bedeutung einerseits für die Erkennung der Erkrankung

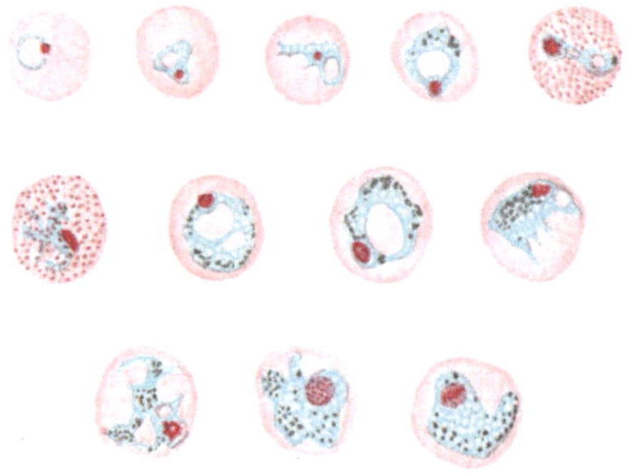

Abb. 185. Malaria tertiana. Ringformen. Giemsa-Färbung. (Vergr. 1: 500.)

und ihre sichere Unterscheidung von anderen klinisch oft sehr ähnlichen Krankheitsbildern, andererseits für die Beurteilung der Heilung und die Fernhaltung von Rezidiven, die erst dann mit Sicherheit zu erwarten ist, wenn die Erreger endgültig aus dem menschlichen Blute verschwunden sind. Zur mikroskopischen Malariadiagnose gehört einerseits die Kenntnis der morphologischen Merkmale der einzelnen Arten der Malariaerreger, andererseits die Kenntnis ihrer Beziehungen zum Fieberverlauf und endlich die Innehaltung der zur Anlegung der Blutpräparate erforderlichen technischen Vorschriften.

Der Parasit der Malaria tertiana (Plasmodium vivax) erscheint in seiner Jugendform als ringförmiges Gebilde, dessen Durchmesser etwa dem vierten Teile des Durchmessers eines roten Blutkörperchens entspricht; sehr häufig ist die eine Hälfte des Ringes gegenüber der anderen erheblich verdickt und enthält dann die besonders bei Giemsafärbung deutlich hervortretende Chromatinmasse, während die dünnere Hälfte des Ringes von Chromatin frei ist oder nur ein kleines Chromatinkorn aufweist; solche Gebilde bezeichnet man als Siegelringformen. In diesem Jugendstadium ist der kleine Tertianring von einem mittleren Quartanring oder Tropikaring nicht zu unterscheiden; wächst jedoch der Tertiaparasit heran, so ist er von den anderen beiden genannten Formen durch folgende beiden Merkmale mit Sicherheit zu trennen: gegenüber dem Tropicaparasiten schon durch seine Größe, die schließlich fast das ganze Blutkörperchen erfüllt und dann als rundliche oder unregelmäßige Scheibe erscheint; gegenüber dem Quartanparasiten sowohl wie gegenüber dem Erreger der Malaria tropica durch die für Tertiana charakteristische Vergrößerung und Tüpfelung der Wirtszelle; diese Vergrößerung kann bis fast zum doppelten des Durchmessers eines normalen roten Blutkörperchens gehen; die Tüpfelung (Schüffner) erscheint in Giemsapräparaten in Form intensiv roter über das Plasma des Erythrozyten gleichmäßig verteilter Stippchen, die nicht etwa Körperbestandteile des Malariaparasiten sind, sondern außerhalb desselben liegen und durch Veränderung des Blutfarbstoffes zustande kommen; damit geht gleichzeitig ein ebenfalls für Tertiana charakteri-

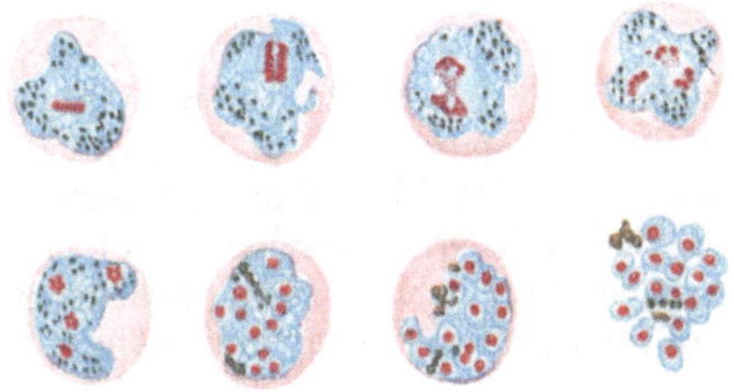

Abb. 186. Malaria tertiana. Teilung. Giemsa-Färbung. (Vergr. 1: 500.)

stisches Abblassen des befallenen roten Blutkörperchens einher. Die Reste des von dem Parasiten verbrauchten Blutfarbstoffes erscheinen in seinem Inneren (bei allen 3 Arten der Erreger schon in den mittelgroßen Ringen) in Form kleinerer und größerer brauner bis schwarzer Pigment-Körnchen und -Schollen. Die Teilung des erwachsenen Tertianparasiten (der entweder noch von einem schmalen Saume des erhalten gebliebenen Blutkörperchens umgeben ist oder nach völliger Zerstörung desselben frei in der Blutflüssigkeit liegt) geschieht nun in folgender Weise. Die Bildung der Segmente setzt vom Rande aus ein, so daß ein maulbeerartiges Gebilde (Morulaform) resultiert, in dessen Mitte das Pigment zusammengeballt ist; die einzelnen Teilstücke, deren große Zahl (15 bis 24) für den Tertianparasiten ebenfalls charakteristisch ist, werden immer deutlicher und trennen sich schließlich voneinander, um dann aufs neue in andere rote Blutkörperchen einzudringen und den soeben beschriebenen Entwicklungsgang aufs neue zu beginnen. Die Teilung des erwachsenen Parasiten wurde früher und wird auch jetzt noch häufig als Sporulation bezeichnet, woher auch die ganze Klasse der Protozoen, zu denen die Malaria gehören, die Bezeichnung Hämosporidien erhalten haben; doch ist der Ausdruck Sporulation irreführend, da er weder der

Sporenbildung bei Bakterien noch auch der geschlechtlichen Sporogonie bei Protozoen analog ist; man sagt daher besser statt Sporulation „Merulation" und bezeichnet ebenso die neuentstandenen Teilstücke statt Sporozoiten als Merozoiten.

Außer dieser ungeschlechtlichen Fortpflanzung, die sich beliebig lange fortsetzen kann und deren jedesmaligem Zyklus (Abb. 184, Nr. 1—6) ein

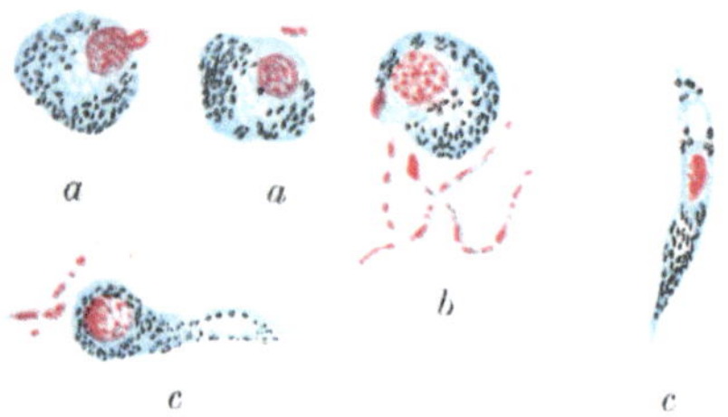

Abb. 187. Malaria tertiana. *a* Makrogamet, *b* Kopulaton, *c* Ookinet. Giemsa-Färbung. (Vergr. 1: 500.)

Fieberanfall entspricht (vgl. weiter unten) werden im menschlichen Körper auch geschlechtliche Formen (Gameten) angelegt, die allerdings ihre weitere Entwicklung nicht im Menschen, sondern in der Stechmücke durchmachen. Diese Gameten, innerhalb und außerhalb der roten Blutkörperchen gelegen, ähneln sehr den erwachsenen Schizonten und erscheinen wie diese als rundliche Scheiben, die allerdings im Gegensatz

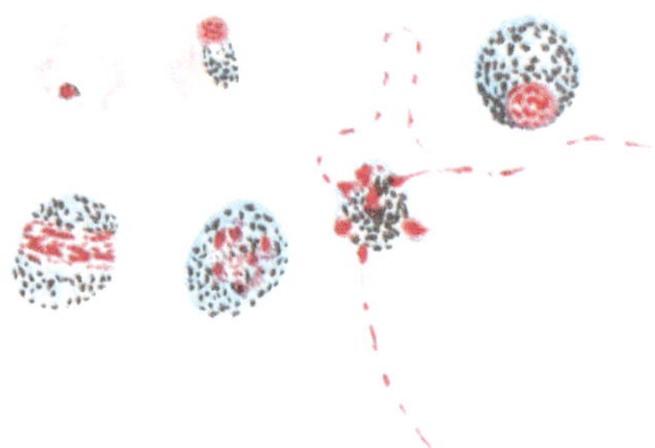

Abb. 188. Malaria tertiana. Mikrogametozyten und Mikrogameten. Giemsa-Färbung. (Vergr. 1: 500.)

zu den großen ungeschlechtlichen Formen keinerlei Segmentierung erkennen lassen und eine mehr gleichmäßige Verteilung des Pigmentes aufweisen. Es gibt zweierlei voneinander durch das Verhalten des Chromatins deutlich unterschiedene Gameten: Die männlichen Formen, Mikrogametozyten, so genannt, weil sie außerhalb des menschlichen Körpers aus sich die spermatozoenartigen Mikrogameten hervorgehen lassen, zeigen das Chromatin in Form einzelner gröberer Brocken (Abb. 184, Nr. 12—15); die weiblichen Formen, Makrogameten (Abb. 184, Nr. 7—9), hingegen weisen das Chromatin in feiner Verteilung über den ganzen Plasmaleib verstreut auf; von ihnen aus kann durch parthenogenetische Teilung (Abb. 184, Nr. 10—11) die Entwicklung neuer Schizonten stattfinden (Malaria-Rezidiv).

Der Parasit der Malaria quartana ist in seinen kleinen und mittleren Ringformen von dem des Tertianfiebers nicht zu unterscheiden; sehr charakteristisch für den Quartanparasiten sind dagegen bandartige Formen, die bei seinem weiteren Wachstum auftreten und quer durch das ganze Blutkörperchen in geringerer oder größerer Breite ziehen. Nochmals sei daran erinnert, daß die durch den Tertianparasiten hervorgerufenen Veränderungen des befallenen roten Blutkörperchens (Vergrößerung, Bleichung und Tüpfelung) bei der Malaria quartana nicht beobachtet werden. Auch die Teilungsformen beider Parasiten sind verschieden, indem der Erreger der Quartana eine geringere Anzahl von Teilstücken (6 bis höchstens 12) aufweist, welche unmittelbar vor der Teilung häufig eine sehr zierliche Anordnung um das zentral gelagerte Pigment, ähnlich einem Gänseblümchen, zeigen. Die Gameten des Quartanparasiten sind denen des Tertianparasiten sehr ähnlich, nur daß nie so große über den Durchmesser eines Erythrozyten hinausgehende Formen beobachtet werden.

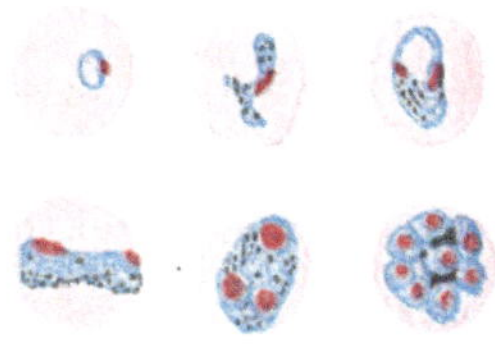

Abb. 189. Malaria quartana. Giemsa-Färbung. (Vergr. 1: 500.)

Der Erreger der Malaria tropica ist erst durch die Forschungen von R. Koch als einheitliche Art festgestellt, während frühere Beobachter mehrere verschiedene, aber voneinander nicht scharf abgrenzbare Er-

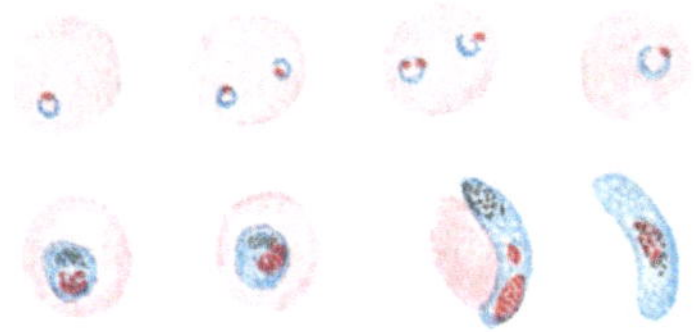

Abb. 190. Malaria tropica. Giemsa-Färbung. (Vergr. 1: 500.)

reger des „Aestivo-autumnal-Fiebers“, der „malignen Malaria“ u. dgl. beschrieben. Der Tropicaparasit ist erheblich kleiner als die beiden vorher genannten, so zwar, daß die großen Tropicaringe mit kleinen oder mittelgroßen Tertian- oder Quartanringen verwechselt werden können, während die kleinen Tropicaringe etwa nur $^1/_8$ des Durchmessers eines roten Blutkörperchens halten und durch diese Kleinheit sich schon ohne weiteres von den Jugendformen der Tertian- und Quartanparasiten unterscheiden. Die Teilungsformen des Tropicaparasiten kommen im kreisenden Blute nur äußerst selten zur Beobachtung, sind dagegen in großer Zahl in Ausstrich- oder Schnittpräparaten aus Milz, Knochenmark oder Gehirn nachzuweisen; besonders die Gehirnkapillaren zeigen sich oft ganz erfüllt von diesen rosettenartigen Gebilden; diese Lokalisation macht die schweren nervösen Krankheitserscheinungen beim Tropenfieber verständlich. Sehr charakteristisch sind die Gameten des Tropicaparasiten, die in halbmondförmiger Gestalt erscheinen und daher kurz auch als Halbmonde bezeichnet werden; die Enden dieser Gebilde sind abgerundet, Pigment und Chromatin in der Mitte angehäuft. An der konkaven Kontur des Halbmondes ist öfters noch ein Rest des befallenen Blutkörperchens als ganz zart gefärbtes Segment zu erkennen; die meisten Halbmonde aber liegen ganz frei und zeigen eine über den Durchmesser eines roten Blutkörperchens oft erheblich hinausgehende Länge.

Das mikroskopische Bild des Blutes bei Malaria kann gelegentlich dadurch kompliziert werden, daß einerseits mehrfache Infektion eines und desselben Blutkörperchens mit mehreren Parasiten derselben Art (besonders häufig bei jungen Tropicaringen beobachtet) vorliegt oder andererseits bei dem gleichen Patienten Mischinfektionen, sei es mit verschiedenen Generationen desselben Parasiten (z. B. bei der sog. Malaria quotidiana mit zwei verschiedenen in ihrem Entwicklungszyklus um 24 Stunden auseinanderliegenden Generationen der Tertianparasiten oder mit drei Generationen des Quartanparasiten), sei es mit verschiedenen Malariaerregern (z. B. gleichzeitig mit Tertiana und Tropica) vorkommen. Bisweilen finden sich auch ganz atypische zerrissene Formen der Malariaplasmodien, wie sie insbesondere nach Ruge bei unregelmäßigem ante- und postponierenden Fieberformen vorkommen sollen. (Vgl. Abb. 185.)

Die Beziehungen zwischen den verschiedenen Entwicklungsformen der Malariaparasiten und dem Krankheitsverlauf beim infizierten Menschen lassen sich im allgemeinen dahin zusammenfassen, daß der Ausbildung einer neuen Generation von Schizonten der Beginn eines Fieberanfalles entspricht; durch die massenhaft neu gebildeten jungen Parasiten werden zahlreiche rote Blutkörperchen neu befallen und es kommt hierdurch zu einem Fieberanstieg. Das zyklische Verhalten des Krankheitsverlaufes, wie es sich in der alten Bezeichnung Febris intermittens widerspiegelt, entspricht genau dem Entwicklungszyklus des betr. Malariaparasiten; dieses Verhalten ist allerdings in reiner Form nur bei frischen unkomplizierten Fällen zu beobachten und tritt besonders klar bei Tertiana und Quartana hervor, die wie schon ihr Name besagt ein zahlenmäßig genau bestimmtes Intervall zwischen den einzelnen Fieberanfällen erkennen lassen:

Bei Malaria tertiana Entwicklung des Parasiten innerhalb 2×24 Stunden, daher jeden dritten Tag ein Anfall und 24 Stunden fieberfreies Intervall.

Bei Malaria quartana Entwicklung des Parasiten innerhalb 3×24 Stunden, daher jeden vierten Tag ein Anfall und 48 Stunden fieberfreies Intervall.

Bei Malaria tropica ist sowohl die Dauer des Anfalls wie vor allem die Dauer des fieberfreien Intervalles unregelmäßig; aber auch hier besteht die Gesetzmäßigkeit, daß der Beginn des neuen Anfalls mit dem Freiwerden einer neuen Generation von Schizonten zusammen fällt. Auf der Höhe des Fiebers finden sich bei allen drei Formen der Malaria nur die kleinen Ringformen der Parasiten, während beim Abklingen des

Fiebers und insbesondere im fieberfreien Intervall die halberwachsenen und vollentwickelten Formen zur Anschauung kommen; da die größeren Parasiten sehr viel leichter aufzufinden sind, während kleine Tropicaringe dem Ungeübten leicht entgehen, so empfiehlt es sich, wenn irgend möglich, die Blutuntersuchung nicht auf der Höhe des Anfalls, sondern in der fieberfreien Zwischenzeit, am besten etwa 6 Stunden vor dem neuen zu erwartenden Anfall vorzunehmen. Selbstverständlich muß man sich auch vergewissern, daß nicht etwa in den letzten Tagen Chinin eingenommen worden ist, da hierdurch negative Ergebnisse vorgetäuscht werden können.

Die Untersuchung des Blutes auf Malariaparasiten kann entweder im lebenden ungefärbten Zustande oder im gefärbten

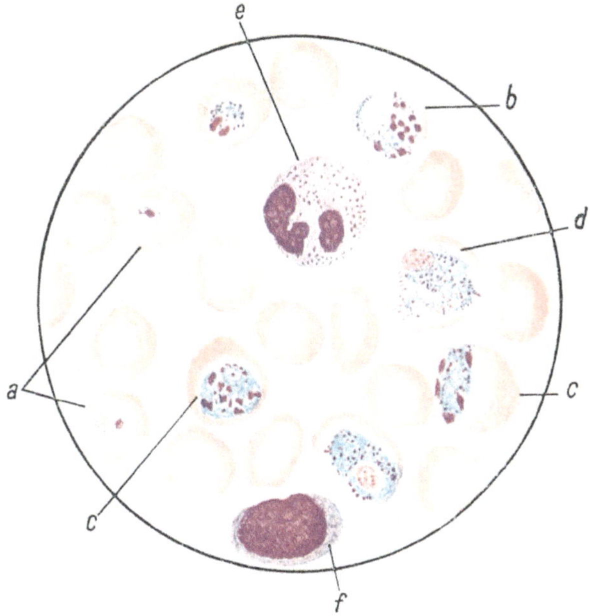

Abb. 191. Blutbild bei Malaria tertiana (aus verschiedenen Gesichtsfeldern zusammengestellt). Ausstrichpräparat. (Vergr. 1: 700.)
a = kleiner, b = großer Ring, c = männlicher, d = weiblicher Gamet, e = polynukleärer neutrophiler Leukozyt, f = großer mononukleärer Leukozyt.

Präparat erfolgen; für praktische Zwecke kommt ausschließlich die letztere Form der Untersuchung in Betracht, während das Studium der Malariaparasiten im lebenden Zustande zwar für die Erkenntnis ihrer Lebensäußerungen, insbesondere ihrer amöboiden Bewegung und ihrer Fortpflanzung unentbehrlich ist, aber einerseits das Chromatin nicht zur Anschauung kommen läßt und andererseits für den Ungeübten eine Reihe von Fehlerquellen in sich birgt. Insbesondere ist die Unterscheidung der Blutplättchen, die schon im gefärbten Zustande den Malariaparasiten sehr ähnlich sehen können, falls sie den roten Blutkörperchen aufliegen, im ungefärbten Präparat erst recht schwierig. Auch die Feststellung von Eigenbewegung kann irreführen, da auch in normalen Blutkörperchen, insbesondere bei Anwendung eines heizbaren Objekttisches, Bewegungsvorgänge infolge von Plasmaströmungen auftreten können, die einer echten Eigenbewegung täuschend ähnlich sind. Von großem theoretischem Interesse ist die Beobachtung der Anfänge der geschlechtlichen Entwicklung im lebenden Präparat, nämlich des Ausschwärmens der spermatozoenähnlichen Mikrogameten (Geißelformen) aus den männlichen Gameten (Mikrogametozyten); der zuerst ruhig liegende Gamet, in dem nur das Pigment in zitternder Bewegung ist, gerät plötzlich in schaukelnde und zuckende Bewegung und sendet an seiner Peripherie eine Anzahl von Geißelfäden aus, die sich schließlich losreißen und frei zwischen den Blutkörperchen schwärmen. Die weitere

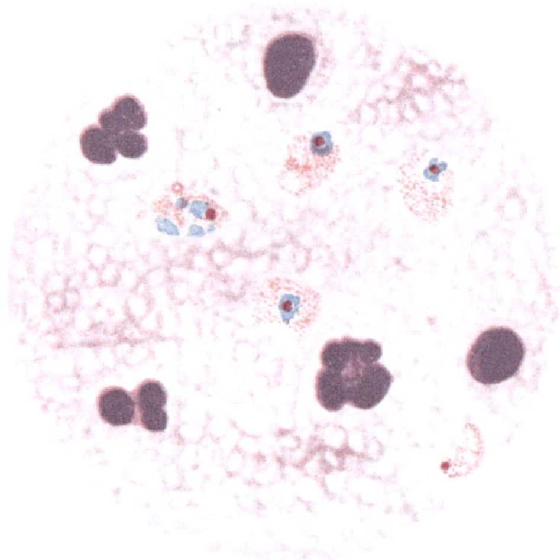

Abb. 192. Malaria tertiana. „Dicker Tropfen" nach Romanowsky gefärbt. Protoplasma der Tertianparasiten blau, Kerne rot, Schüffner'sche Tüpfelung rot. Orig. Aus „Hartmann-Schilling, Die pathogenen Protozoen".

geschlechtliche Entwicklung erfolgt erst im Körper der Stechmücke, worüber vgl. unten S. 329.

Das gefärbte Präparat wird entweder als Ausstrichpräparat (Abb. 191) oder in Form des sog. dicken Tropfens (Abb. 192) angelegt. Letztere Methode gestattet die Untersuchung des Blutes in dickerer Schicht und ermöglicht also noch die Auffindung vereinzelter Parasiten in Fällen, in denen das Ausstrichpräparat im Stich läßt; man trocknet zu diesem Zwecke mehrere größere Blutstropfen auf dem Objektträger in dicker Schicht an und färbt, ohne vorher zu fixieren, in Giemsalösung (vgl. unten); nach vorsichtigem Abspülen mit destilliertem Wasser werden die Objektträger zwecks Trocknung senkrecht gestellt; das sonst gebräuchliche Trocknen mit Fließpapier ist hier nicht statthaft, weil die am Glase nur schwach haftende Blutschicht sonst sofort am Papier ankleben würde. Man kann auch folgendermaßen bei der Behandlung des dicken Tropfenpräparates verfahren: Einlegen einige Minuten in eine wässerige Lösung von 2% Formalin + $\frac{1}{2}$—1% Essigsäure. Das Hämoglobin wird dadurch ausgelaugt. Fixieren 2—5 Minuten in Alkohol; Färbung nach Giemsa. In einem gut gelungenen dicken Tropfenpräparat sind die roten Blutkörperchen fast ganz ausgelaugt und die zwischen den erhaltenen Leukozyten und Blutplättchen liegenden Malariaparasiten an ihrem Aufbau aus rotem Chromatin und blauem Plasma deutlich erkennbar; allerdings erscheinen die Parasiten infolge der eingreifenden Behandlung in etwas verzerrter Form, und derjenige, welcher nur die typischen Formen aus den Ausstrichpräparaten kennt, muß sich auf die richtige Beurteilung der im dicken Tropfen erscheinenden Formen erst besonders einarbeiten.

Für die Erkenntnis der feineren Struktur der Malariaparasiten ist das Ausstrichpräparat unentbehrlich und daher in jedem Falle in erster Linie mit heranzuziehen. Das Ausstrichpräparat wird am besten auf dem Objektträger angelegt, da Deckgläschen zu zerbrechlich sind und auch nur eine zu kleine Blutmenge zu verwenden erlauben; höchstens kommen Deckglaspräparate für Massenuntersuchungen (z. B. ganzer Ortschaften) in Betracht, wobei man zweckmäßig zwischen je 2 beschickte Deckgläschen ein Stückchen Papier mit einer Nummer legt, die auf die gleichzeitig geführte Liste verweist. Zwecks Anlegung eines gleichmäßigen und möglichst dünnen Blutausstrichs auf dem Objektträger verfährt man am besten folgendermaßen: das Blut wird durch Einstich in die mit Alkohol und Äther gereinigte Fingerbeere oder besser noch (weil weniger schmerzhaft) ins Ohrläppchen entnommen; zum Einstich eignet sich vortrefflich eine gewöhnliche Stahlfeder, deren eine Spitze abgebrochen und deren andere Spitze gut zugeschärft ist (R. Koch); das hervorquellende Blutströpfchen wird mit der Kante eines (vorher gründlich mit Alkohol gereinigten) Objektträgers aufgenommen, wobei man vermeidet mit der Glaskante direkt die Haut zu berühren; hierauf setzt man die beschickte Kante des Objektträgers in einem Winkel von etwa 45° auf die Fläche eines zweiten (gleichfalls tadellos gereinigten) Objektträgers auf und streicht in einem Zuge das Blut über den Objektträger aus; vgl. Abb. 193, S. 326. Man vermeide durchaus ein mehrmaliges Ausstreichen desselben Präparates oder gar ein Zerquetschen der Blutschicht zwischen zwei aufeinandergelegten Objektträgern; zwecks Anlegung mehrerer Präparate von demselben Patienten benutze man nie die gleiche Kante des zur Blutentnahme verwendeten Objektträgers, sondern wechsle mit den Kanten ab und verwende jede nur einmal; auch lege man den Ausstrich unmittelbar nach der Entnahme des Blutes an, damit nicht durch Gerinnung oder sonst eintretende Veränderung der Formelemente des Blutes fehlerhafte Präparate entstehen. Sollte bei Verwendung einer gewöhnlichen Lanzette ein zu großer Blutstropfen bei der Blutentnahme an der Kante des Objektträgers hängen geblieben sein, so kann man auch dann noch die Entstehung zu dicker Ausstriche dadurch vermeiden, daß man diese beschickte Kante rasch hintereinander zweimal auf die Fläche des Objektträgers aufsetzt, bevor man ausstreicht. Die Kenntnis dieser scheinbar unbedeutenden Einzelheiten ist notwendig zur Erzielung guter Präparate;

aber auch in nicht ganz gelungenen Präparaten wird man meistens einige brauchbare Stellen finden. Die ausgestrichenen Präparate läßt man zunächst an der Luft gut trocknen und verpackt sie dann am besten in gewöhnliches sauberes Schreibpapier, falls man nicht die Färbung an Ort und Stelle sofort vornehmen kann. Vor der Färbung werden die Ausstriche durch $^{1}/_{4}$stündiges Einlegen in absoluten Alkohol (oder besser noch in eine Mischung von gleichen Teilen Alkohol und Äther oder in Methylalkohol) fixiert. Die schönsten Färbungen erhält man nach der Romanowsky-Giemsa'schen Methode, über deren Prinzip oben S. 293 nachzulesen ist. In einem wohlgelungenen Giemsapräparat erscheinen die Erythrozyten hellrötlich, das Plasma der einkernigen Leukozyten hellblau mit vereinzelten kleinsten roten Einschlüssen, das Plasma der vielkernigen Leukozyten graublau mit rötlichen Granulationen, die Zellkerne rotviolett bis dunkelrot; die Blutplättchen erscheinen teils in ihren kleineren eckigen Formen ganz aus Chromatin bestehend, teils aber in ihren größeren rundlichen oder länglichen Formen weisen sie eine typische Doppelfärbung mit blauem Plasmaleib und roten eingelagerten Chromatinbröckchen auf und sind dann, insbesondere

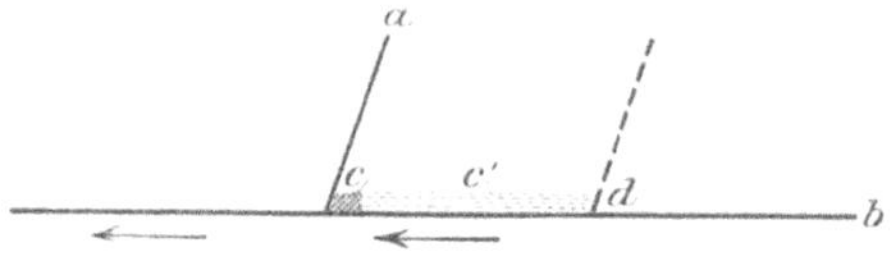

Abb. 193. Anfertigung des Blutausstrichpräparates. *a* erster Objektträger, *b* zweiter Objektträger, *c* Blutstreifen auf der hinteren Fläche des ersten Objektträgers, *c'* bereits ausgestrichene Blutschicht, *d* Stelle, auf der der Objektträger aufgesetzt wurde. Nach Ruge.

wenn sie zufällig auf roten Blutkörperchen liegen, nicht immer leicht von Malariaparasiten zu unterscheiden. Diese letzteren zeigen himmelblau gefärbtes Plasma und leuchtend rotes Chromatin in der für die einzelnen Entwicklungsformen oben beschriebenen charakteristischen Anordnung. Wenn auch die Giemsa'sche Färbung die schönsten und klarsten Bilder liefert, so genügt für die gewöhnlichen Zwecke der Diagnose auch die Färbung mit Borax-Methylenblau nach Manson: von einer vorrätigen konzentrierten Farbflüssigkeit enthaltend 2 g Methylenblau medicinale in 100 ccm kochender $5^{0}/_{0}$iger Boraxlösung wird unmittelbar vor Gebrauch eine Verdünnung mit destilliertem Wasser hergestellt, die im Reagenzglase gerade eben durchsichtig erscheint; mit dieser Lösung werden die Präparate etwa 15 Sekunden gefärbt und mit Wasser abgespült, bis sie eine grünliche Farbe aufweisen; die roten Blutkörperchen erscheinen dann in hellgrüner, das Plasma der Leukozyten und der Malariaparasiten in hellblauer, die Kernsubstanz der Zellen sowie der Parasiten in tiefblauer Farbe.

Bei der Durchmusterung der Präparate sind die Malariaparasiten in frischen Fällen für den Geübten leicht und sicher zu finden; bei älteren schon längere Zeit mit Chinin behandelten Fällen muß man oft lange suchen bis man die zuweilen nur vereinzelten Parasiten auffindet; doch sind in solchen Fällen oft schon an den zelligen Elementen des Blutes

Veränderungen erkennbar, die, wenn auch nicht sicher für Malaria sprechen, so doch eine gewisse Wahrscheinlichkeit für das Vorhandensein einer Malariainfektion ergeben; hierher gehört die bei Malaria wie bei fast allen Protozoeninfektionen auftretende einseitige Vermehrung der großen einkernigen Leukozyten, ferner das Vorkommen metachromatisch (blauviolett bei Manson, rotviolett bei Giemsa) verfärbter roter Blutkörperchen, endlich das Auftreten eigentümlicher feiner Körnungen in den Erythrozyten, die seinerzeit von Plehn irrtümlich als Jugendformen der Malariaparasiten angesehen wurden, aber sicher mit dem Erreger nichts zu tun haben, sondern durch pathologische Veränderungen der Blutzellen bei Malaria, wie auch bei anderen anämischen Prozessen entstehen.

Außer der Untersuchung des erkrankten Menschen ist für die Epidemiologie und Bekämpfung der Malaria auch die Untersuchung der Stechmücken in dem verseuchten oder auf das Vorhandensein von Malaria verdächtigen Gebiet von Wichtigkeit. Für den Praktiker handelt es sich dabei um den Nachweis, ob die für die Übertragung der mensch-

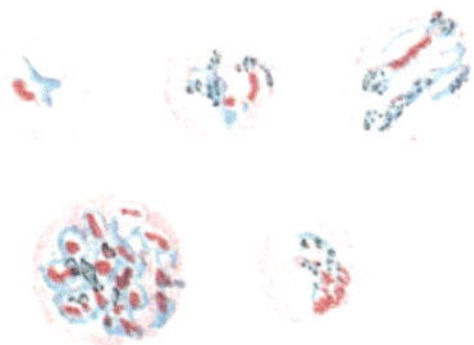

Abb. 194. Malariaformen nach Chinindarreichung. Giemsa-Färbung. (Vergr. 1:500.)

lichen Malaria allein in Betracht kommenden Anopheles-Arten vorhanden sind oder nur die gewöhnlichen Culex-Arten, welche letzteren die Infektion nicht zu übertragen vermögen. Man hat hierbei sowohl auf die ausgewachsenen Formen (Imagines) zu achten, als auch auf die unfertigen, im Wasser befindlichen Entwicklungsformen (Larven und Nymphen). Bei der gewöhnlichen Stechmücke (Culex) liegen die Eier in zusammenhängenden Häufchen und hängt die Larve von der Wasseroberfläche fast senkrecht herab; bei der Malariamücke (Anopheles) liegt jedes Ei für sich und die Larve parallel zur Oberfläche des Wassers. Die ausgewachsenen Mücken zeigen bei beiden Arten schon in ihrer Haltung beim Sitzen sehr charakteristische Unterschiede, die dem Geübten oft auf den ersten Blick die richtige Erkennung der Art ermöglichen: Culex hält den Hinterleib parallel zur Wand, während Kopf und Thorax nach der Wand zu gekrümmt sind; bei Anopheles bilden Kopf, Thorax und Hinterleib eine gerade Linie, die schräg von der Wand abgewendet gerichtet ist. Um die sitzenden Mücken zwecks genauerer Untersuchung einzufangen, bedient man sich folgenden Kunstgriffes (R. Koch): Man stülpt über die auf ihrer Unterlage sitzende Mücke ein weites Reagenzglas, auf dessen Boden man vorher einige Tropfen Alkohol gebracht hat; beim Auffliegen bleibt die Mücke an der benetzten Wand hängen und kann durch etwas Alkohol in das Vorratsfläschchen gespült werden. Für die sichere Unterscheidung beider Mückenarten ist maßgebend die mikroskopische Untersuchung des Stechapparates, wofür schon Lupenvergrößerung

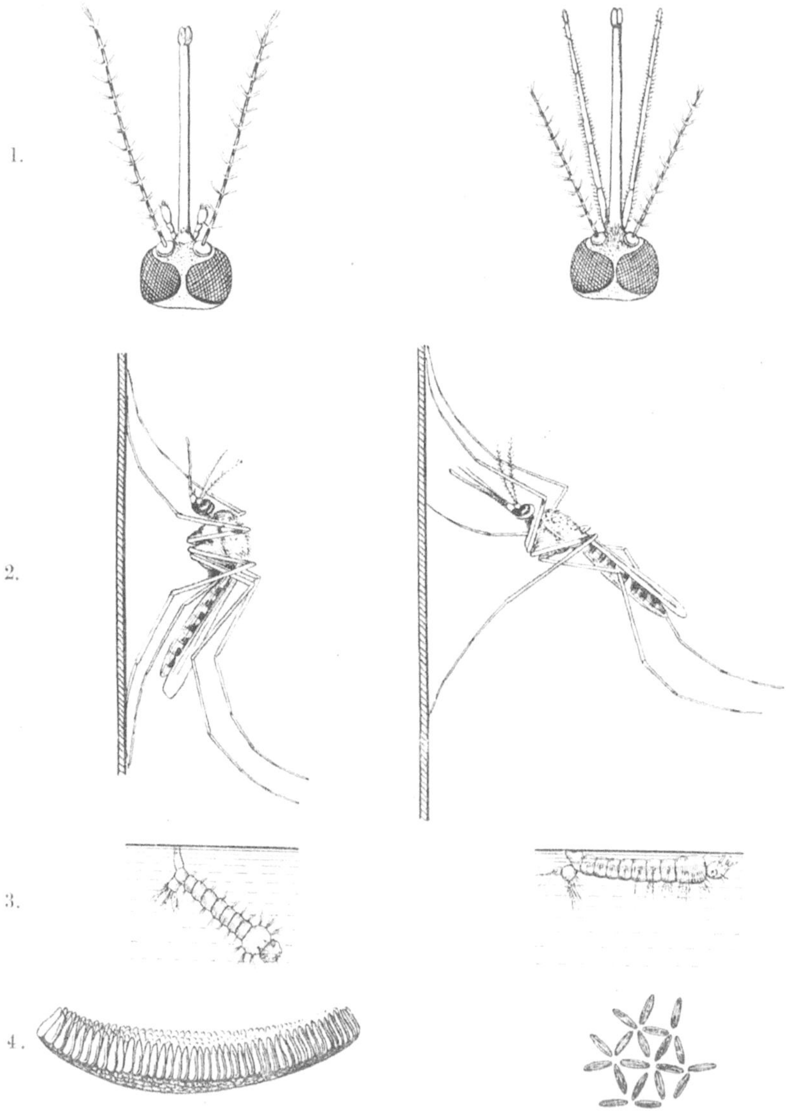

Abb. 195. Unterschiede zwischen Culex (links) und Anopheles (rechts). Orig. Aus „Hartmann-Schilling, Die pathogenen Protozoen".
1. Stechapparat, 2. Haltung der an der Wand sitzenden Mücke. 3. Haltung der Larve an der Wasseroberfläche. 4. Lagerung der Eier im Wasser.

ausreicht: die beiderseits des Stechrüssels befindlichen Palpen (Taster) sind bei Culex beim Weibchen ganz kurz, beim Männchen länger als der Rüssel, während bei Anopheles Palpen und Stechrüssel bei beiden Geschlechtern von annähernd gleicher Länge sind. (NB. Die Palpen oder Taster sind nicht zu verwechseln mit den weiter außenstehenden gefiederten Antennen oder Fühlhörnern.) Auch in der Beschaffenheit der Flügel unterscheiden sich die meisten Anopheles- von den Culexarten, indem bei ersteren die Flügel in der Regel gefleckt sind, bei letzteren nicht; doch kommen hiervon Ausnahmen vor.

Von großem theoretischem Interesse ist schließlich noch die Kenntnis der Entwicklungsstadien der Malariaparasiten in der Mücke, die hier nur kurz skizziert sei, weil ihr Nachweis für den Praktiker wegen der erheblichen technischen Schwierigkeiten (Herauspräparieren des Magens und der Speicheldrüsen der Mücke) nicht in Betracht kommt; vgl. Abb. 184, Nr. 16—22. Wie schon im hängenden Tropfen aus Patientenblut zu beobachten, so tritt auch im Mückenmagen das Ausschwärmen der spermatozoenartigen Mikrogameten ein; je ein solcher Geißelkörper dringt dann in je einen weiblichen Gamet ein und es entsteht durch Kopulation der würmchenförmige Ookinet, welcher die Magenwandung der Mücke durchsetzt und an der Außenseite des Magens zur Bildung von einer Zyste führt, in der sich zunächst Tochterzysten und in diesen letzteren wieder massenhafte Sichelkeime bilden, die dann nach Bersten der Zysten auswandern und schließlich in die Speicheldrüsen gelangen, von wo sie mit dem Stich in das Blut des Menschen entleert werden und hier eine neue Infektion vermitteln. Der geschlechtliche Entwicklungsgang der Malariaparasiten in der Mücke ist bei einer Außentemperatur von 25° in etwa 12 Tagen beendet.

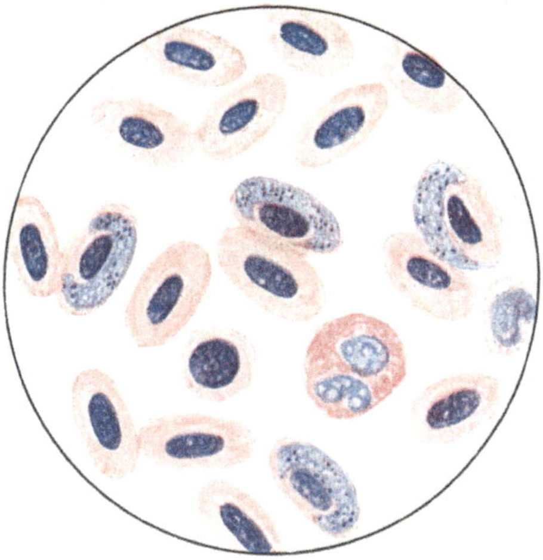

Abb. 196. Halteridium. Giemsa-Färbung. (Vergr. 1 : 1000.)

Kurze Besprechungen erheischen noch die

Plasmodien der Vogelmalaria, einerseits weil bei ihrer großen Verbreitung auch in unserem Klima für Kurszwecke stets geeignetes Material zur Verfügung steht, andererseits weil hier der vollständige Entwicklungsgang des Erregers schon früher erkannt worden ist als derjenige des menschlichen Malariaerregers und für den Ausbau der Erforschung des letzteren große Bedeutung gewonnen hat. Im Gegensatz zu den rundlichen und ringförmigen Formen der Malariaerreger im menschlichen Blut zeigen sich die Parasiten der Vogelmalaria als längliche würmchen- oder hantelförmige Gebilde. In unseren Breiten ist Halteridium Danilewsky der häufigste bei Vögeln gefundene Parasit; in der warmen Jahreszeit ist die Infektion unter Turmfalken, Buchfinken und anderen Vögeln außerordentlich verbreitet, ohne daß die befallenen Tiere irgendwelche erhebliche Krankheitserscheinungen erkennen lassen. In den roten Blutkörperchen findet man den Parasiten neben dem Kern liegend, der durch das Wachstum des Parasiten weder aus seiner Lage verdrängt noch zerstört wird; die Jugendformen, von denen oft mehrere in einem und demselben roten Blutkörperchen liegen, erscheinen als kleine unregelmäßig begrenzte Gebilde; die heranwachsenden Parasiten, von denen meistens nur einer, höchstens zwei in derselben Wirtszelle zur Reife gelangen, sind hantelförmig und füllen schließlich den größten Teil des roten Blutkörperchens aus, wobei sie um den Kern herumgelagert sind. Die Schizogonie tritt bei dieser für gewöhnlich beobachteten chronischen Infektion im peripheren Blute nicht in Erscheinung; dagegen

Abb. 197. Halteridium noctuae. Giemsa-Färbung. (Vergr. 1 : 1000).

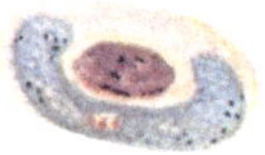

Abb. 198. Halteridium noctuae. Makrogamet mit Karyosom. (Vergr. 1: 1000).

Abb. 199. Halteridium. Extraglobulärer Parasit. (Vergr. 1: 1000.)

ist sie neuerdings von v. Wasielewski und Wülker bei der ganz junge Vögel in den ersten Lebenswochen befallenden akuten Infektion in den Kapillaren der inneren Organe beobachtet worden; „die Parasiten liegen anfangs als ein- oder mehrkernige Formen in mononukleären Leukozyten und wachsen unter Zerstörung der Wirtszelle zu vielkernigen Kugeln heran, die frei in den Kapillaren liegen.

Abb. 200. Proteosoma praecox. (Vergr. 1: 1000.)

Die größten Kugeln enthalten etwa 100 Kerne ..... Durch ihren Zerfall entstehen zahlreiche Jungformen, die anfangs wahrscheinlich wieder Leukozyten befallen, später aber unmittelbar oder durch bisher nicht bekannte Zwischenglieder eine Infektion der roten Blutkörperchen bewirken“ (zit. nach v. Wasielewski und Wülker, Beihefte zum Archiv für Schiffs- und Tropenhygiene, Bd. 22, Beiheft 2). Sehr schön ist bei Halteridium schon auf dem Objektträger die geschlechtliche Entwicklung zu beobachten; bringt man die infizierten Blutkörperchen in eine Mischung von einem Teil Taubenserum und neun Teilen physiologischer Kochsalzlösung, so kann man im hängenden Tropfen beobachten, wie die reifen Hantelformen aus den Wirtszellen austreten, sich in männliche und weibliche Gameten verwandeln und wie aus den ersteren die spermatozoenartigen Mikrogameten austreten und in die weiblichen Gameten eindringen, aus denen schließlich die wurmförmigen Ookineten hervorgehen; die weitere Entwicklung dieses letzteren erfolgt dann in stechenden Insekten, namentlich in einer Fliegenart Carnus hemapterus, wahrscheinlich nicht in Culex.

Im Culex (nemorosus) entwickelt sich dagegen — ganz ähnlich wie der menschliche Malariaerreger im Anopheles — das im südlichen Europa bei Finken und Sperlingen häufig vorkommende und insbesondere von Grassi genau studierte Proteosoma praecox.

F. Submikroskopische Krankheitserreger.

Das erste Beispiel eines unter der Grenze der mikroskopischen Sichtbarkeit stehenden Krankheitserregers lieferte der von Löffler und Frosch erbrachte Nachweis, daß die Maul- und Klauenseuche auch durch keimfrei filtrierten, vollständig klaren Bläscheninhalt von Tier zu Tier übertragen werden kann und daß diese Übertragung auch in Reihenversuchen unbegrenzt sich fortführen läßt, wodurch der Einwand, daß es sich nicht um ein lebendes Virus, sondern um ein gelöstes Gift handeln könnte, mit Sicherheit ausgeschlossen wurde. In der Folgezeit wurden dann bei zahlreichen Infektionskrankheiten solche unsichtbare Krankheitserreger nachgewiesen; im folgenden sollen einige der wichtigsten kurz beschrieben werden, soweit sie schon jetzt für die Möglichkeit einer praktischen Diagnose in Betracht kommen. Manche dieser Krankheitserreger stehen noch eben an der Grenze der mikroskopischen Sichtbarkeit und können mit den stärksten Vergrößerungen (über 2000) noch gerade eben erkannt werden, wenn sich auch über ihre Form nichts bestimmtes aussagen läßt; hierher gehör der von Nocard und Roux gefundene Erreger der Peripneumonie der Rinder, der sogar in künstlicher Reinkultur (in Kollodiumsäckchen in der Bauchhöhle des lebenden Tieres) erhalten werden kann und in Form kleinster ovaler Gebilde erscheint, ferner wahrscheinlich die von Paschen im filtrierten virulenten Pustelinhalt von Variola und Vakzine nachgewiesenen Elementarkörnchen. Andere submikroskopische Krankheitserreger sind für unsere heutigen optischen Hilfsmittel schlechterdings unsichtbar und auch durch das Ultramikroskop (vgl. oben S. 26) ist bisher ihre Erforschung nicht gefördert worden; Kruse bezeichnet diese Erreger treffend als Aphanozoen. Hierher gehört zunächst der Erreger des menschlichen Schnupfens; Kruse konnte die schon aus der alltäglichen Erfahrung bekannte Ansteckungsfähigkeit dieser Erkrankung, sowie die submikroskopische Natur des Erregers dadurch nachweisen, daß er die Erkrankung experimentell bei Menschen durch keimfrei filtriertes Nasensekret hervorrufen konnte; Dold bestätigte diese Ergebnisse und vermochte den Erreger in Serumbouillon unter Luftabschluß zu züchten und mit dieser künstlichen Kultur gleichfalls experimentelle Infektion zu erzeugen. Von anderen schlechthin unsichtbaren Krankheitserregern seien die Erreger einiger in warmen und heißen Klimaten heimischen Seuchen nebst dem Zwischenwirt, durch welchen nachweislich die Übertragung erfolgt, hier nur kurz genannt:

Gelbfieber in Mittel- und Südamerika und Westafrika, gelegentlich in epidemischer Verbreitung auch in Spanien, vereinzelte eingeschleppte Fälle auch in mitteleuropäischen Seehäfen; Übertragung durch eine Mücke Stegomya fasciata.

Denguefieber, in den Mittelmeerländern und in den Tropen; Übertragung durch eine Mücke Culex fatigans.

Pappatacifieber, in den Mittelmeerländern, schon in Dalmatien; Übertragung durch eine kleine Stechfliege Phlebotomus Pappataci.

Während bei den soeben genannten Krankheiten weder im erkrankten Menschen noch im Zwischenwirt der Erreger sichtbar zu machen ist und sich nur durch die infektiöse Natur des keimfrei filtrierten Blutes nachweisen läßt, nimmt der Erreger des Fleckfiebers insofern eine einzigartige Stellung ein, als sein Nachweis zwar im erkrankten Menschen bisher nicht gelungen ist, während er im Zwischenwirt in der Kleiderlaus als deutliches, schon bei etwa 1000facher Vergrößerung erkennbares und morphologisch wohl charakterisiertes Gebilde erscheint (vgl. unten S. 342f.).

Noch andere Krankheitserreger sind zwar an sich selbst submikroskopischer Natur und filtrierbar, verraten aber doch schon bei den gewöhnlich angewendeten mikroskopischen Vergrößerungen ihre Anwesenheit indirekt durch charakteristische morphologische Veränderungen (Einschlüsse), welche sie in den befallenen Zellen hervorbringen; diese Einschlüsse kommen dadurch zustande, daß die befallene Zelle den eingedrungenen Parasiten mit Reaktionsprodukten ihres Plasmas umhüllt, daher die Bezeichnung Chlamydozoen (v. Prowazek); wegen ihrer rundlichen Gestalt werden diese Einschlußkörperchen auch als Strongyloplasmen (Lipschütz) bezeichnet. Hierher gehören die ursprünglich vielfach als Erreger der betreffenden Infektionen angesehenen und nach ihren Entdeckern benannten Guarnieri'schen Körperchen bei Variola, die Negri'schen Körperchen bei Tollwut; in diesen Fällen ist durch den gelungenen Nachweis der Filtrierbarkeit des Erregers bewiesen, daß die beschriebenen Zelleinschlüsse nicht den Erreger selbst darstellen können, weil sie viel zu groß sind, um die Poren keimdichter Filter zu passieren; aber wenn diese Einschlüsse auch nicht mit dem Erreger selbst identisch sind, so ist der Erreger doch in ihnen enthalten und sind sie als spezifisches Reaktionsprodukt für die praktische Diagnose höchst wertvoll.

1. Pocken.

Den ersten Schritt zur ätiologischen Erforschung der Pocken brachte die Feststellung von Guarnieri, daß bei Verimpfung von Pocken- oder Vakzinevirus auf die Kornea des Kaninchens in den Epithelzellen der Hornhaut kleinste, neben dem Zellkern liegende und mit Kernfarbstoffen sich färbende rundliche Gebilde sichtbar werden, die für Variola und Vakzine spezifisch sind und durch Verimpfung von Pustelinhalt von Varizellen nicht zustande kommen, demnach für die mikroskopische Diagnostik der Variola praktisch verwendbar sind. Diese Befunde von Guarnieri wurden von zahlreichen Nachuntersuchern bestätigt, und insbesondere ließ sich die Übertragbarkeit des spezifischen Prozesses der Kaninchenkornea von einem Tier auf das andere durch sehr zahlreiche Generationen nachweisen. Sicherlich stellen aber diese Guarnieri'schen Körperchen nicht den Erreger der Pocken selbst, sondern nur ein charakteristisches Reaktionsprodukt der Zelle dar, wie sich schon daraus ergibt, daß der Erreger selbst von submikroskopischer Größenordnung ist und bakteriendichte Filter passiert; im bakterienfreien Filtrat wurden in der Tat von verschiedenen Forschern (Paschen u. a.) kleinste rundliche

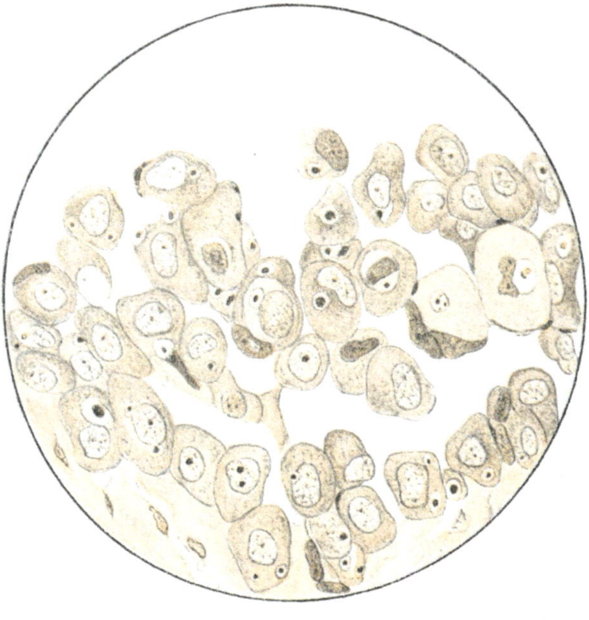

Abb. 201. Guarnieri'sche Körperchen. (Vergr. 1 : 1000).

oder hantelförmige Gebilde nachgewiesen, die nur nach sehr intensiver Färbung (nach Giemsa oder nach dem Löffler'schen Geißelfärbungsverfahren) sich zur Darstellung bringen lassen, aber morphologisch bei ihrer außerordentlich geringen Größe nicht genügend charakterisiert sind, um differentialdiagnostisch verwertet werden zu können. Dagegen bleibt die praktische Verwertbarkeit der Hornhautimpfung mit dem Pustelinhalt verdächtiger Krankheitsfälle und des mikroskopischen Nachweises der Guarnieri'schen Körperchen bestehen, unbeschadet der verschiedenen theoretischen Auffassung, die man sich jetzt von dem Wesen dieser Zelleinschlüsse machen muß. Der praktische Wert der diagnostischen Verimpfung von Pockenvirus auf die Kaninchenkornea ist neuerdings durch die von Paul angegebene Methodik, welche eine Schnelldiagnose binnen 2 Tagen erlaubt, noch ganz erheblich erhöht worden; dieses Verfahren ist für die allgemeine Verwendung um so mehr geeignet, als das Untersuchungsmaterial (Pustelinhalt) auf dem Objektträger in dicker Schicht angetrocknet seine Virulenz bewahrt und demgemäß selbst einen längeren Transport zum nächsten Untersuchungsamt verträgt. Der Tierversuch selbst gestaltet sich nun folgendermaßen: Das eingesandte auf dem Objektträger in dicker Schicht angetrocknete Material wird mit etwas physiologischer Kochsalzlösung aufgeweicht und mittels einer feinen Nadel auf die vorher kokainisierte Kaninchenkornea aufgetragen, wobei nur ganz leichte Skarifikationen anzulegen und gröbere Zerkratzungen der Kornea zu vermeiden sind. Nach etwa 36—48 Stunden werden auf der im übrigen völlig klar bleibenden Kornea winzige luftbläschenartige Erhebungen, am besten bei Besichtigung mit der Lupe erkennbar; diese Epithelläsionen lassen sich in überaus charakteristischer Weise deutlich sichtbar machen, wenn man an dem vorher durch Nackenschlag getöteten Tiere den Bulbus enukleiert und in gesättigten Sublimatalkohol verbringt; die in Rede stehenden Gebilde treten dann schon nach wenigen Minuten als kreideweise Pünktchen und Knöpfchen hervor. Schon dieser mit bloßem Auge feststellbare Befund ist für Variola bzw. Vakzine spezifisch und wird bei Varizellen nicht beobachtet; bei etwa noch zweifelhaftem Befunde bringt die histologische Untersuchung dieser getrübten Hornhautpartien auf Guarnieri'sche Körperchen die weitere Sicherung der Diagnose.

Auch mittels serologischer Methoden (Komplementbindung, Thermopräzipitation) hat man versucht eine brauchbare Differentialdiagnose der Pocken zu erreichen; doch sind diese Methoden gerade für die praktisch so bedeutsame Frühdiagnose wenig verwertbar, weil das Vorhandensein gelöster Immunsubstanzen im Blute erst etwa vom 7. Tage an datiert; schon vor dieser Zeit gibt aber die oben geschilderte Hornhautimpfung beim Kaninchen brauchbare Resultate.

2. Scharlach.

Der Erreger des Scharlachs ist zwar noch nicht bekannt, obgleich neuerdings die Übertragung der Infektion mit dem Blute des Erkrankten auf menschenähnliche Affen gelungen ist; das Virus ist filtrierbar. Die von Doehle beschriebenen, bei Färbung mit Manson'scher Borax-Methylenblaulösung im Blutausstrichpräparat darstellbaren rundlichen oder länglichen Einschlüsse in den Leukozyten sind zwar für den Scharlach nicht als spezifisch anzusehen, da sie gelegentlich auch bei anderen Infektionen vorkommen; immerhin spricht das Fehlen dieser Körperchen (die übrigens wohl nicht als die eigentlichen Erreger, sondern vielmehr als Reaktionsprodukte der Zellen angesehen werden müssen) bei frischen Erkrankungsfällen eher gegen Scharlach und macht andererseits ihr massenhaftes Auftreten die Diagnose Scharlach wahrscheinlich. — Die fast in jedem Scharlachfall auf den Tonsillen (oft auch im Blute) nachweisbaren Streptokokken haben keine spezifische Bedeutung, sondern sind der Ausdruck einer Mischinfektion.

3. Maul- und Klauenseuche.

Diese Tierkrankheit ist gelegentlich auch auf den Menschen übertragbar, und zwar sowohl durch direkten Kontakt, z. B. seitens der Melker als auch durch den Genuß roher Milch infizierter Tiere; beim Menschen entstehen ähnlich wie beim Tier Aphthen auf der Mundschleimhaut und Bläschen an den Händen. Die Maul- und Klauenseuche ist die erste Infektionskrankheit, bei welcher der Nachweis eines filtrierbaren Virus im Inhalt der Blasen gelang (Frosch und Löffler). Beim geheilten Tier lassen sich virulizide Antikörper nachweisen, die von Löffler zu Immunisierungszwecken mittels einer kombinierten Methode (gleichzeitiger Verimpfung von infektiösem Blaseninhalt und Antiserum) verwendet wurden.

4. Trachom.

Im Jahre 1907 beschrieben Halberstädter und v. Prowazek in den Zellen der Augenbindehaut bei Trachomkranken kleinste rundliche Gebilde, die nach Giemsa rot gefärbt und oft von einer blauen Mantelsubstanz umgeben sind; dieselben Gebilde konnten auch bei dem am Affen durch künstliche Impfung erzeugten Trachom nachgewiesen werden. Gegen die Annahme von der ätiologischen Bedeutung dieser Gebilde für das Trachom sprechen jedoch sehr wichtige Gründe; einerseits finden sie sich nicht bei allen Trachomfällen, selbst durchaus nicht immer bei ganz frischer Infektion; andererseits finden sich dieselben oder doch sehr ähnliche Gebilde bei zahlreichen anderen eitrigen Bindehautentzündungen,

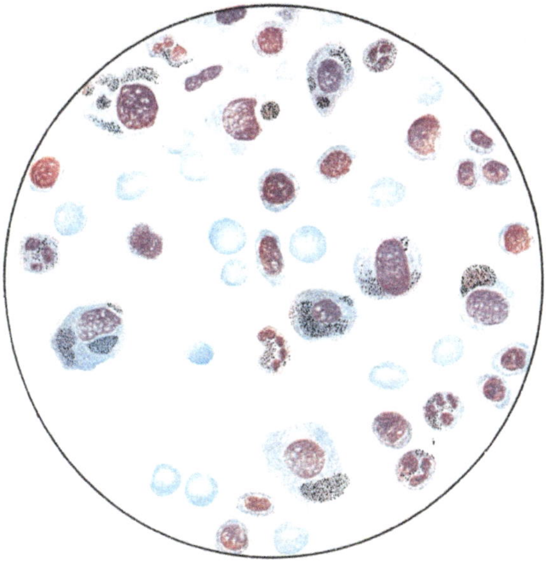

Abb. 202. Trachom. Konjunktivalausstrich (Giemsafärbung). (Vergr. 1 : 500.)

teils mit Bakterien (Gonokokken, Pneumokokken), teils auch ohne solche, bei der nach diesen Zelleinschlüssen benannten „Einschlußblenorrhoe", einer ansteckenden Augenkrankheit, die oft eine gewisse Ähnlichkeit mit dem Trachom aufweist (Conjunctivitis follicularis), aber einen viel leichteren Verlauf zeigt. Die Tatsache, daß ganz dieselben Zelleinschlüsse im Epithel der Genitalwege und der Urethra, insbesondere bei den Eltern der von Einschlußblennorrhoe befallenen Neugeborenen sich finden und daß durch experimentelle Übertragung der Genitalsekrete auf den Affen dieselbe Bindehautentzündung hervorgerufen werden kann wie durch Verimpfung des Konjunktivalsekrets, machen es wahrscheinlich, daß das Virus der Einschlußblennorrhoe einen besonderen, vom Trachomerreger verschiedenen, Krankheitsstoff darstellt (B. Heymann). Bei dieser Sachlage ist vorläufig an eine diagnostische Verwertung der bei Trachom gefundenen Zelleinschlüsse nicht zu denken.

5. Poliomyelitis acuta (spinale Kinderlähmung).

Die Erkenntnis, daß die spinale Kinderlähmung, deren klinisches Bild schon im Jahre 1840 von Heine gezeichnet wurde, die aber in eigentlich epidemischer

Form erst gegen Ende des 19. Jahrhunderts von Medin beobachtet wurde, eine Infektionskrankheit ist, wurde zwar schon von Strümpell angebahnt, ist aber erst in den letzten Jahren über allen Zweifel erhoben worden. Der scheinbare Widerspruch mit früheren Erfahrungen, wonach die Krankheit nur in vereinzelten Fällen ohne Zusammenhang miteinander und ohne direkte Ansteckungsfähigkeit vorzukommen schien, erklärt sich, wenigstens zum Teil, hier wie bei anderen Infektionskrankheiten dadurch, daß neben den typischen Fällen, und sehr viel häufiger als diese, atypische Erkrankungen (Wickmann) ohne ausgesprochene Lähmungserscheinung vorkommen und daß, wie insbesondere aus den epidemiologischen Erfahrungen von E. Müller hervorgeht, gesunde Zwischenträger in der Umgebung des Kranken existieren und die Ansteckung unbemerkt auf andere Personen übertragen.

Der einwandfreie Nachweis, daß es sich bei dieser Krankheit um Infektion handelt, wurde von Landsteiner und Popper erbracht, indem es ihnen gelang, ein dem menschlichen vollständig gleichendes Krankheitsbild durch Verimpfung von Gehirn- oder Rückenmarksubstanz an Poliomyelitis gestorbener Kinder auf den Affen zu erzeugen. In bezug auf die Verhältnisse, unter denen natürlicherweise die Ansteckung erfolgt, ist es von besonderer Wichtigkeit, daß die Übertragung auf den Affen auch von seiten der Nasenrachenschleimhaut des Erkrankten gelingt; als natürliche Eintrittspforte kommt neben den oberen Atmungswegen wahrscheinlich auch der Magendarmkanal in Betracht. Das Virus ist filtrierbar und geht bei Erhitzung auf 55^0 rasch zugrunde, während es gegen die Einwirkung von Kälte und Austrocknung ziemlich widerstandsfähig ist. Die künstliche Züchtung des Virus gelang Flexner und Noguchi durch Einbringung kleiner Stückchen des Gehirns- oder Rückenmarks in Aszitesröhrchen mit Zusatz steriler Kaninchenorgane unter Überschichtung mit flüssigem Paraffin; in diesen anaeroben Kulturen lassen sich bei Färbung nach Giemsa oder mit der Löffler'schen Geißelfärbungsmethode kleinste, häufig in doppelter Anordnung sichtbare Körperchen darstellen. Durch Verimpfung von getrocknetem oder vorsichtig erhitztem Mark ist aktive Immunisierung beim Affen möglich; im Blute des immunisierten Affen sowie des menschlichen Rekonvaleszenten sind virulizide Antikörper nachweisbar.

6. Tollwut (Lyssa).

Die Tollwut oder Lyssa, auch Rabies, Hydrophobie genannt, ist unter vielen Tierarten, insbesondere unter dem Hundegeschlecht (Hund, Wolf, Fuchs, Hyäne, Schakal) verbreitet und wird vornehmlich mit dem Speichel der wutkranken Tiere durch Biß auf andere Tiere und auch auf den Menschen übertragen. Diese Krankheit verdient unser besonderes Interesse, da sie die erste Infektion gewesen, bei der es auf experimentellem Wege gelungen ist, eine spezifische Schutz- bzw. Heilmethode zu finden.

Die Grundlage für die experimentelle Erforschung der Wut bilden die Arbeiten Louis Pasteurs, der im Jahre 1883 mit seinen Mitarbeitern Roux und Chamberland feststellen konnte, daß das Wutvirus im Zentralnervensystem der erkrankten Tiere seinen Sitz hat und daß das Virus einerseits bei fortgesetzter Passage durch Kaninchen an Virulenz für diese Tierart zunimmt (Virus fixe, im Gegensatz zu dem ursprünglichen von natürlich infizierten Tieren stammenden „Straßenvirus") sowie daß sich dasselbe andererseits durch besondere Verfahren, z. B. Trocknung, konservieren und abschwächen läßt; auf dieser Grundlage gelangte Pasteur zu seinem für die spezifische Immunisierung des Menschen und der Tiere geeigneten Verfahren der Tollwutschutzimpfung. Trotz dieser großen praktischen Errungenschaften ist die Natur des Erregers der Lyssa auch heute noch nicht vollkommen geklärt. Die von verschiedenen Autoren als Erreger beschriebenen Gebilde (Protozoen, Bakterien und Sproßpilze) haben sich bei Nachprüfung durchweg als bedeutungslose Nebenbefunde oder (wie die sog. „Protozoen") als Kunstprodukte herausgestellt, die mit der Ätiologie der Lyssa nichts zu tun haben. Im Jahre 1903 wurden von Negri spezifische, nur bei Wut vor-

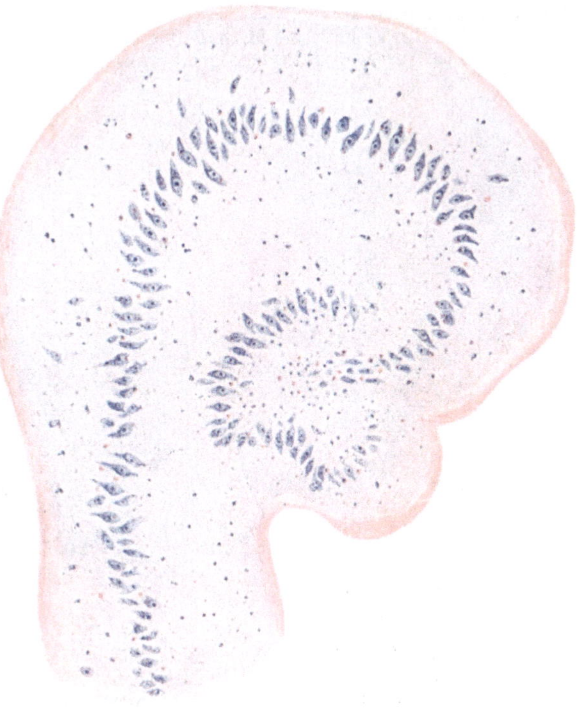

Abb. 203. Schnitt durch das Ammonshorn mit Negri'schen Körperchen. (Eosin-Methylenblaufärbung.) (Vergr. 1 : 80.)

kommende Gebilde beschrieben, die als kleine runde Körperchen in den Ganglienzellen wutkranker Tiere, besonders im Ammonshorn mit großer Regelmäßigkeit in über $^{9}/_{10}$ aller Fälle aufzufinden sind, wodurch es möglich geworden ist, die Diagnose „Tollwut" durch mikroskopische Untersuchung in kürzester Zeit zu stellen. Ihre Größe schwankt zwischen 1—27 μ und beträgt im Mittel 5 μ. Im Innern dieser Gebilde liegen wiederum kleinere Körperchen, die anscheinend aus 2 Teilen bestehen, einem zentralen und einem peripheren, und von einer doppelt konturierten Membran umgeben sind. Ihre Größe schwankt sehr und ihre

Zahl beträgt innerhalb der kleineren Ganglienzellen 2—4, innerhalb der größeren bis zu 20—30 Stück.

Die Darstellung der Negri'schen Körperchen erfolgt am besten nach folgendem von Lentz angegebenen Färbungsverfahren :

Dünne (nicht über 1 mm dicke) Scheibchen aus der Mitte des Ammonshornes werden nach dem von Henke und Zeller angegebenen Schnellverfahren $^1/_2$—$^3/_4$ Stunden in wasserfreiem Aceton, 1—1$^1/_4$ Stunden in verflüssigtem Paraffin (Schmelzpunkt 55—60°) eingebettet und die möglichst dünnen Schnitte wie üblich auf dem Objektträger angeklebt; nach Entfernung des Paraffins mittels Xylol und darauf folgendem Abspülen in Alkohol absolut:

Färbung in 0,5%iger Lösung von Eosin extra B-Höchst in 60% Alkohol, 1 Minute.

Abspülen in destilliertem Wasser.

Nachfärbung in Löffler's alkalischer Methylenblaulösung (100 ccm destilliertes Wasser + 0,1 ccm einer 10%igen Kalilauge gut vermischt und mit 30 ccm ge-

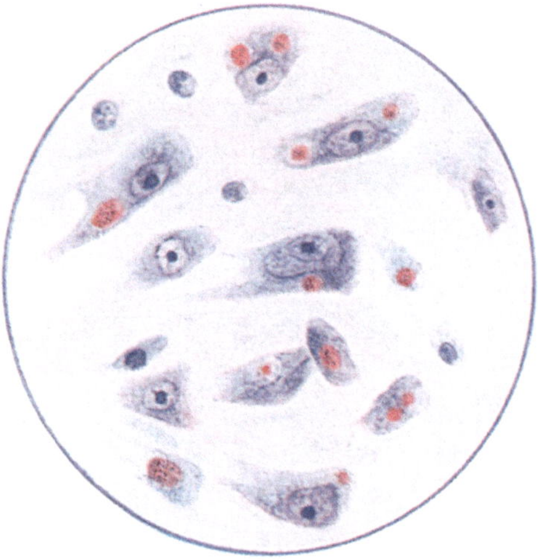

Abb. 204. Gehirnschnitt. (Ammonshorn). Negri'sche Körperchen. (Eosin-Methylenblaufärbung). (Vergr. 1 : 500).

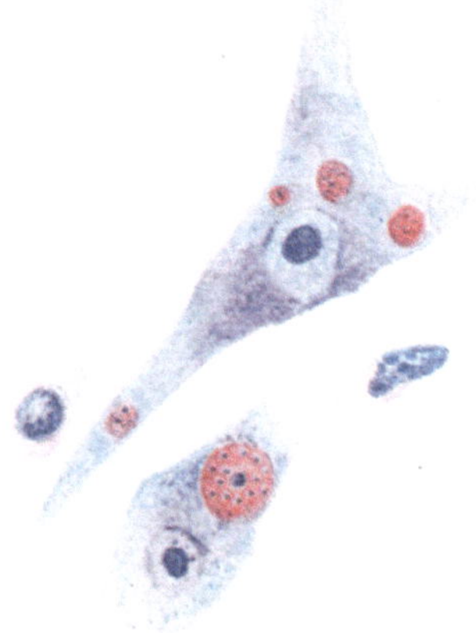

Abb. 205. Ganglienzellen mit Negri'schen Körperchen. (Eosin-Methylenblaufärbung. (Vergr. 1 : 1000.)

sättigter alkoholischer Lösung von Methylenblau B, Patent Höchst, versetzt), gleichfalls 1 Minute. Abspülen in destilliertem Wasser und Trocknen durch vorsichtiges Aufdrücken von Fließpapier. Differenzierung in schwach alkalischem Alkohol absolut. bis zum Erscheinen einer schwach Rosafärbung (es ist vollständig wasserfreier 100%iger Alcohol absolut. zu benützen, den man durch Behandlung des käuflichen stets noch etwas wasserhaltigen „Alcohol. absolut." mit weißem, durch Erhitzen von seinem Kristallwasser befreiten Kupfersulfat erhält): zu 30 ccm dieses reinen Alkohols kommen 5 Tropfen einer 1%igen Lösung von NaOH in demselben reinen Alkohol.

Nochmalige Differenzierung in schwach saurem Alcohol. absolut. (wie oben zu 30 ccm 100% Alkohol 1 Tropfen 50%iger Essigsäure), bis die Ganglienzellenzüge noch eben als schwachblaue Linien sichtbar bleiben.

Kurzes Abspülen in Alcohol. absolut., Xylol. Einlegen in Kanadabalsam.

Der Nachweis der Negri'schen Körperchen ist zweifellos von ausschlaggebender diagnostischer Bedeutung; denn sie finden sich lediglich im Gehirn und Rückenmark wutkranker Menschen und Tiere. Bedeutungsvoll ist insbesondere für die praktische Wutuntersuchung, daß der Nachweis dieser Negri'schen Körperchen den Tierversuch zum Nachweis der Wut überflüssig macht. Praktisch wird bereits jetzt in allen Wutschutzstationen so vorgegangen, daß die früher stets vorgenommene Übertragung des verdächtigen Materials auf Kaninchen nur noch dann geschieht, wenn der mikroskopische Nachweis negativ ist. Über die Natur der Negri'schen Körperchen sind die Akten noch nicht geschlossen: Negri selbst hielt sie für Protozoen und für den Erreger der Tollwut. Dem ist aber entgegenzuhalten, daß nachgewiesenermaßen das Wutvirus manches bakteriendichte Filter passiert, während die Negri'schen Körperchen wegen ihrer Größe das Filter nicht passieren können. Entweder sind also die Negri'schen Körperchen nicht die einzige Form, sondern nur eine Phase im Entwicklungskreis des Wuterregers, oder sie stellen überhaupt nicht den Erreger selbst dar, sondern ein Reaktionsprodukt der befallenen Zelle. So viel steht jedenfalls fest, daß das Wutvirus auch außerhalb der Negri'schen Körperchen existiert; damit stimmt die Tatsache überein, daß die experimentelle Übertragung der Tollwut auch mit Teilen des Zentralnervensystems gelingt, in denen keine Negri'schen Körperchen nachgewiesen werden konnten.

Die Filtrierbarkeit des Wutvirus ist auch praktisch bedeutungsvoll, weil hiernach auch in stark gefaultem Hirn tollwütiger Tiere der Nachweis des Wutvirus trotz Gegenwart der Fäulniserreger, die man eben durch die Filtration entfernt, geführt werden kann.

Das Lyssavirus findet sich vor allem im Zentralnervensystem, und zwar sowohl im Gehirn als im Rückenmark, ferner im Speichel und in den Speicheldrüsen. Ab und zu ist es auch in den Nebennieren, in den Tränendrüsen, im Glaskörper, im Harn und im Hodensekret, in der Lymphe und in der Milch nachgewiesen worden. Ob sich das Virus auch im Blut findet, ist eine noch umstrittene Frage. Wichtig ist, daß es sich am Orte der Infektion, z. B. in einer Bißnarbe sehr lange Zeit lebend erhält.

Es ist wohl jetzt ziemlich allgemein anerkannt, daß das Virus sich hauptsächlich auf dem Nervenweg im Organismus verbreitet. Es gleicht in dieser Hinsicht sehr dem Tetanusgift. Alles das, was den Transport des Tetanusgiftes auf dem Nervenweg beweist, kann man auch zum Beweis für den Nerventransport des Lyssavirus heranziehen. Zunächst kann man durch Injektion in einen Nervenstamm mit Leichtigkeit Wut erzeugen, und ebenso, wie beim Tetanus dann die ersten Symptome der Starre im Gebiete des geimpften Nerven beobachtet werden, so treten hier die ersten Lähmungserscheinungen an der Stelle der Infektion auf. Impft man z. B. das Virus in einen N. ischiadicus ein, so kann man das allmähliche Aufwärtswandern des Virus verfolgen, das Lendenmark wird schon früher virulent als höher gelegene Rückenmarksteile, z. B. die Medulla. Durchschneidet man nach peripherer Impfung eines Nerven denselben zentralwärts, so bleibt die Allgemeininfektion aus; das gleiche kann man erreichen durch Durchtrennung des Rückenmarks nach peripherer Infektion. Entsprechend dieser Verbreitungsweise des Virus zeigen sich die schwersten anatomischen Läsionen auch immer in dem der verletzten Körperstelle entsprechenden Segment des Zentralnervensystems. In ganz akuten Fällen findet man das Virus oft nur in dem Nerven der verletzten Seite, in den entsprechenden Nerven der anderen Körperhälfte wandert es erst bei längerem Verlauf der Erkrankung ein. Impft man Lyssavirus in die Bauchhöhle, wo Verletzung größerer Nervenstämme vermieden wird, so sind selbst große Dosen des Virus oft unschädlich. Dieser Tendenz des Virus, sich hauptsächlich auf dem Nervenwege zu verbreiten, entspricht auch die Tatsache, daß das Blut immer avirulent gefunden wird. Ebenso wie bei dem Tetanus entspricht auch die Länge der Inkubationszeit der Dauer dieses Nerventransportes, denn die Inkubation dauert um so länger, je weiter die Infektionsstelle vom Rückenmark entfernt ist, Gesichtsbisse von tollen Tieren führen daher meist zu einer besonders rasch einsetzenden Infektion.

Künstlich kann die Wut bei allen Säugetieren, aber auch bei Hühnern erzeugt werden. Das Kaninchen ist das gebräuchlichste Versuchstier. Die Symptome der künstlichen Wut entsprechen der der spontanen Wut, nur findet sich bei dem Kaninchen fast ausschließlich der Symptomenkomplex der stillen Wut, namentlich nach Impfung mit dem sog. Virus fixe. Das Inkubationsstadium ist bei subduraler Infektion der Kaninchen fast immer gleich; es schwankt zwischen 2—3 Wochen. Im übrigen

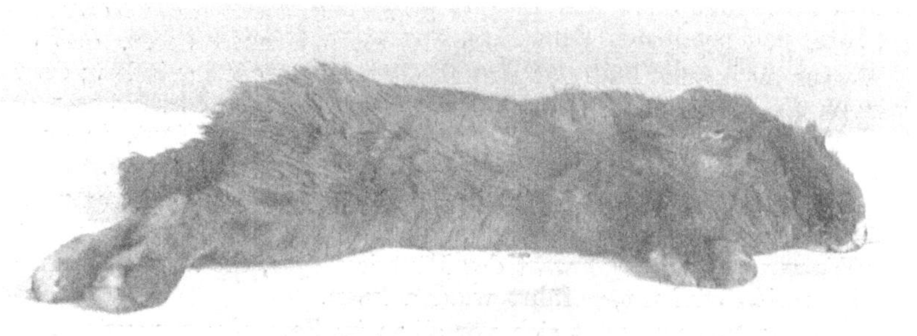

Abb. 206. Wut beim Kaninchen. Lähmung aller vier Extremitäten.

ist die Dauer der Inkubation sehr von der Infektionsweise abhängig; bei der Infektion von einer Hautwunde aus hat man schon ein Inkubationsstadium bis zu 313 Tagen beobachtet. In der Regel zeigen sich zuerst leichte Fieberbewegungen, später setzen Lähmungen ein, das Tier taumelt, manchmal folgen auch noch Erregungszustände verbunden mit Kieferkrämpfen und Wutanfällen und der Tod erfoglt nach einer 4—5 Tage dauernden Agone. Nach Impfung mit Virus fixe ist die eigentliche Krankheitsdauer meist auf nur 3 Tage beschränkt.

Für die experimentelle Erzeugung der Wut kommen verschiedene Infektionswege in Betracht. Die subkutane Injektion ist unsicher. Sicher wirkt dagegen, vorausgesetzt, daß man große Mengen des Virus verimpft, die intramuskuläre Injektion in die Rückenmuskulatur. Absolut sicher wirkt die intraokuläre Impfung, die Injektion des Materials in die vordere Augenkammer. Diese Methode ist aber nicht anwendbar bei schon fauligem Material. Am besten und am allgemeinsten anwendbar ist die subdurale Infektion, die Einführung unter die Dura des Gehirns oder Rückenmarks, oder noch einfacher die direkte Injektion in die Gehirnsubstanz. Die Verimpfung des Materials in den Nervus opticus hat keine besonderen technischen Vorteile. Es ist schon oben erwähnt, daß durch Verimpfung auf Kaninchen die Virulenz des ursprünglichen „Straßenvirus" derartig gesteigert wird, daß schließlich die Tiere schon nach einer Inkubationszeit von nur 6 Tagen, statt ursprünglich 2—3 Wochen nach der subduralen Injektion eingehen. Im auffallenden Gegensatz zu dieser Virulenzsteigerung für Kaninchen steht die anläßlich von Immunisierungsversuchen vielfältig gemachte Erfahrung, daß selbst ganz frisches Virus fixe bei subkutaner Verimpfung für den Menschen völlig unschädlich ist. Das ursprüngliche Straßenvirus hat also durch Kaninchenpassage eine dauernde biologische Veränderung in dem Sinne erfahren, daß das neu entstandene Virus fixe für den Menschen unschädlich ist — eine Tatsache, die in Analogie zu der Ent-

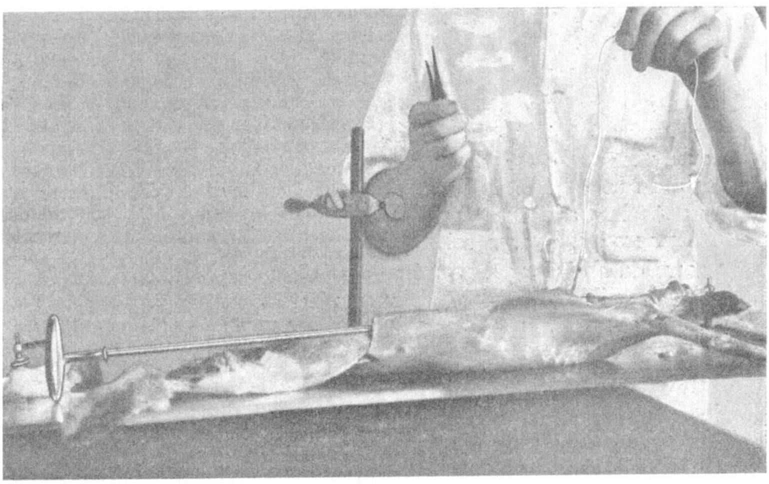

Abb. 207. Entnahme des Rückenmarks eines an Wut erkrankten Kaninchens.

stehung der Kuhpocken (Vakzine) aus der menschlichen Variola durch Passage durch das Kalb steht.

Das Lyssavirus wird durch die meisten der gebräuchlichen Desinfektionsmittel in der gewohnten Konzentration vernichtet; auffallend ist dabei ein größerer Grad von Widerstandsfähigkeit gegen höhere Temperaturgrade, sowie vor allem gegenüber Glyzerin. Die letztere Eigenschaft weist vielleicht auf den tierischen Charakter des Wutvirus hin. Es hält sich in Glyzerin monatelang virulent und lebensfähig.

Für die praktische Ausführung der mikrobiologischen Diagnose der Tollwut und spezifischer Wutschutzimpfung existieren in Deutschland zwei Institute (Wutschutzabteilungen des Instituts für Infektionskrankheiten „Robert Koch" in Berlin und des Hygienischen Universitäts-Institutes in Breslau). An eines dieser beiden Institute sind die Kadaver der auf Wut verdächtigen Tiere zur Untersuchung einzusenden (oder wenigstens der Kopf des Kadavers) bzw. von menschlichen Fällen das

Gehirn, eingelegt in Glyzerin. An eben dieselben Institute sind auch die gebissenen, oder sonst auf Infektion (durch Berührung mit dem Speichel wutkranker Hunde u. dgl.) verdächtigen Personen zur kostenfreien Behandlung, die etwa 3 Wochen dauert, zu verweisen.

Fleckfieber (Flecktyphus).

Das Fleckfieber, das in den letzten 20 Jahren vor Kriegsausbruch in Deutschland so gut wie ausgestorben war und nur noch bei eingeschleppten Fällen, meistens aus Rußland stammend, beobachtet wurde, hat infolge der kriegerischen Verhältnisse aufs neue eine große Bedeutung für unsere praktischen Ärzte gewonnen; im Osten und Südosten Europas (Rußland, Galizien, Balkanländer) herrscht die Seuche endemisch und in weitester Verbreitung; wenn trotz der zahlreichen Beziehungen, welche durch das Einrücken unserer Heere in diese verseuchten Gebiete, sowie durch den Rücktransport zahlreicher Kriegsgefangener gegeben waren, dennoch das deutsche Heer und die deutsche Zivilbevölkerung von der Seuche fast verschont geblieben sind, so ist das in erster Linie dem glücklichen Umstande zu verdanken, daß gerade die letzten Jahre vor Kriegsausbruch die richtige Erkenntnis von den Verhältnissen der Übertragung des Fleckfiebers gebracht haben und daß diese richtige Erkenntnis in zielbewußter Weise für die Bekämpfung der Seuche verwendet werden konnte. Die außerordentliche Ansteckungsfähigkeit des Fleckfiebers, das früher als eine der schlimmsten Kriegsseuchen gefürchtet war, ist zwar schon lange bekannt, war aber früher falsch gedeutet worden; man hatte angenommen, daß die Übertragung, ähnlich wie bei den akuten Exanthemen, direkt von Mensch zu Mensch, sei es durch Berührung, sei es durch die Luft, erfolge.

Abb. 208. Pedicul. vestimenti. Laus (Fleckfieber). (Vergr. 1 : 20.)

Die richtige Erkenntnis von der Übertragungsweise des Fleckfiebers konnte erst gewonnen werden, nachdem es Nicolle gelungen war, die Krankheit beim Affen experimentell durch Verimpfung des Blutes fleckfiebernder Menschen zu erzeugen. Nicolle entdeckte auch sogleich den Weg, auf welchem unter natürlichen Verhältnissen die Übertragung des im Blute enthaltenen Virus von Mensch zu Mensch erfolgt; dies geschieht ausschließlich durch den Biß der Kleiderlaus; diese grundlegende Feststellung Nicolle's ist seitdem von zahlreichen Nachuntersuchern in den verschiedensten Gegenden und Erdteilen bestätigt worden. Das Virus wird durch die Kleiderlaus nicht etwa rein mechanisch übertragen; es findet vielmehr in der Kleiderlaus eine außerordentlich starke Vermehrung und Reifung des Virus statt; eine Laus, die am fleckfieberkranken Menschen Blut gesogen hat, vermag erst frühestens am 4. oder 5. Tage nachher das Virus auf den Menschen oder auf Versuchstiere zu übertragen. Alle Bemühungen, den Erreger des Fleckfiebers im menschlichen Körper aufzufinden, sind bisher gescheitert; die zahlreichen von den verschiedensten Autoren berichteten Befunde von Bakterien oder protozoenähnlichen Gebilden beim Menschen haben der Kritik nicht standhalten können; bei den Bakterienbefunden handelt es sich offenbar um Misch- oder Sekundärinfektionen, bei den sog. „Protozoen" um Degenerationsprodukte der Blutkörperchen und Gewebszellen u. dgl. Unter diesen Verhältnissen lag es nahe, den Erreger in der Kleiderlaus zu suchen, wo er ja wie oben ausgeführt, in sehr großer Anreicherung sich finden mußte; in der Tat hatten schon Ricketts und Wilder (in Mexiko im Jahre 1910), sowie v. Prowazek (in Serbien

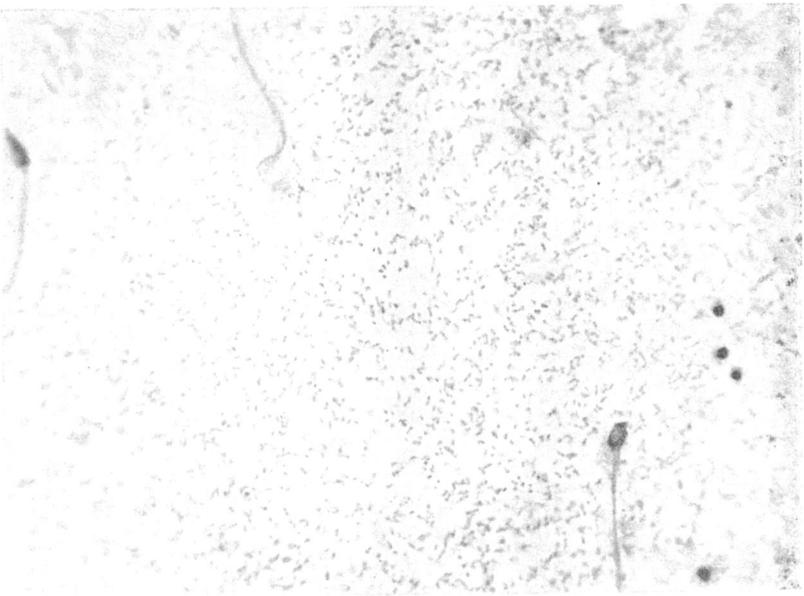

Abb. 209. Rickettsia Prowazeki. Ausstrichpräparat einer infizierten Laus. Orig. von Rocha-Lima. (Vergr. 1 : 1000).

im Jahre 1913), ferner Sergent, Foley und Vialatte (in Tunis im Jahre 1914) in Ausstrichpräparaten aus fleckfieberinfizierten Läusen massenhafte kleinste, Diplokokken oder Diplobazillen ähnelnde Gebilde gefunden, die sich nur bei Färbung nach Giemsa nachweisen ließen und künstlich nicht gezüchtet werden konnten. Rocha-Lima und Töpfer konnten dann durch ihre Studien in russischen Gefangenenlagern während dieses Krieges den Beweis erbringen, daß diese in der Kleiderlaus gefundenen Gebilde wirklich den Erreger des Fleckfiebers darstellen; der Gehalt der Läuse an diesen Gebilden einerseits und die Infektiosität der Läuse im Tierversuch (beim Meerschweinchen) andererseits gehen streng parallel. Da gelegentlich, wenn auch selten, auch bei normalen Läusen, die nie mit Fleckfieberkranken in Berührung gekommen waren, ähnliche Gebilde nachzuweisen sind, so war für die ätiologische Bedeutung der in fleckfieberinfizierten Läusen enthaltenen mikroskopischen Gebilde der von Rocha-Lima erbrachte Nachweis ihres vollständigen Entwicklungszyklus im Körper der Laus von grund-

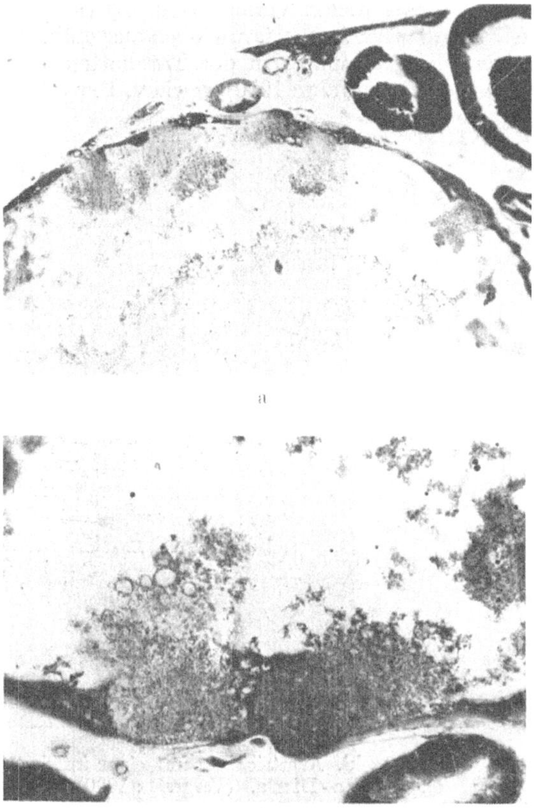

a

b

Abb. 210. Magendarmwand einer mit Fleckfiebervirus infizierten Kleiderlaus. a bei schwacher Vergrößerung, b bei Vergr. 1 : 1000 (stark infizierte und geplatzte Epithelzellen). Orig. von Rocha-Lima.

legender Bedeutung; der Erreger, von Rocha-Lima zu Ehren zweier dem Fleckfieber erlegener Forscher „Rickettsia-Prowazeki" genannt, ist ein spezifischer Parasit der Epithelzellen des Magendarmkanals der Laus, in welchen er zu so außerordentlicher Vermehrung gelangt, daß diese Zellen sich stark aufblähen und schließlich platzen, um die in ihnen enthaltenen Erreger in das Darmlumen zu entleeren. Der Erreger ist auch in den Speicheldrüsen der Laus direkt nachgewiesen worden, von wo aus er beim Stich auf den Menschen übertragen wird. Ganz neuerdings hat der von Otto erbrachte Nachweis, daß die aus infizierten Läusen gewonnenen Rickettsien mit dem Serum von Fleckfieberkranken deutliche Agglutination zeigen, eine neue Bestätigung ihrer ätiologischen Bedeutung erbracht. — So wichtig diese Befunde für die ätiologische Erforschung des Fleckfiebers geworden sind, so steht doch ihrer praktischen Verwendung in weiterem Umfange vorläufig noch die Kompliziertheit der dazu erforderlichen Untersuchungsmethoden im Wege; der (verhältnismäßig leicht, durch längere Giemsafärbung zu führende) Nachweis der Rickettsien im Ausstrichpräparat von Kleiderläusen ist leider nicht beweisend für Fleckfieber, da — wie oben erwähnt — ähnliche Befunde auch in normalen Läusen vorkommen. Von größter praktischer Bedeutung für die Fleckfieberdiagnose ist die in den letzten beiden Jahren vielfältig erprobte, genau nach Art der Widal'schen Reaktion mit dem Patientenserum ausgeführte Weil-Felix'sche Agglutination mit dem Proteusstamm X_{19}, einer von den genannten Autoren aus dem Urin von Fleckfieberkranken gezüchteten Kultur. Es handelt sich zwar hier offenbar nicht etwa um eine spezifische Serumreaktion in dem Sinne, wie sie bei Cholera, Typhus, Ruhr und anderen Infektionskrankheiten mit dem Erreger erhalten wird, da der Proteus X_{19} mit der Fleckfieberinfektion ätiologisch nichts zu tun hat; auch zeigen andere Stämme dieses Proteus (z. B. die Kultur X_2) diese Agglutinabilität in viel geringerem Grade. Wenn es sich also auch um eine nichtspezifische Reaktion handelt, deren theoretisches Verständnis noch keineswegs geklärt ist, so tut das ihrer praktischen Brauchbarkeit keinen Eintrag; die Reaktion, die ganz nach Art der Widal'schen Probe bei Abdominaltyphus angestellt wird, und in einer Serumverdünnung von 1 : 50 bis 100 die Diagnose Fleckfieber sehr wahrscheinlich macht, ist in den letzten 2 Jahren an verschiedenen Örtlichkeiten und von verschiedenen Nachuntersuchern als praktisch erprobt befunden worden. Wichtig ist, durch den negativen Ausfall der Widal'schen Reaktion mit Typhuskultur die klinisch oft nahe liegende Verwechslung mit Typhus auszuschließen.

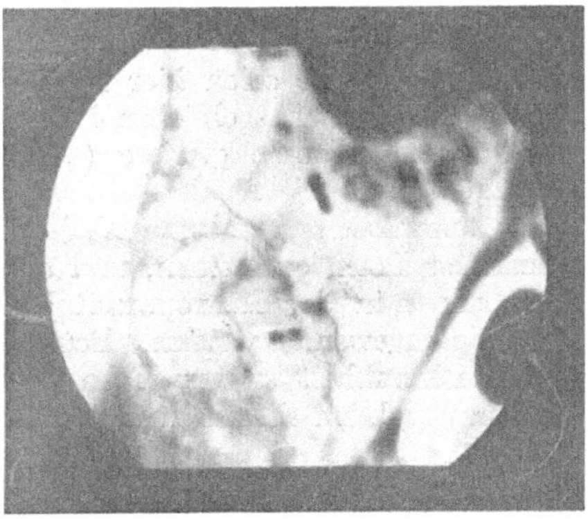

Abb. 211. Rickettsia Prowazeki $^1/_{3000}$. Schnittpräparat. Orig. von Rocha-Lima.

Versuche, eine praktisch verwendbare spezifische Serumreaktion für Fleckfieber, sei es durch Präzipitation oder Komplementbindung zwischen Krankenserum und spezifischem Blut- oder Organextrakten zu erhalten sind bisher fehlgeschlagen; wichtig ist, daß die Wassermann'sche Reaktion mit Luesantigen bei Fleckfieber vorübergehend, insbesondere in der Zeit kurz nach der Entfieberung, häufig positive Resultate gibt, allerdings meist nur bei Verwendung von aktivem menschlichem Serum (Stern'sche Modifikation), sehr viel seltener bei der Wassermann'schen Originalmethode. Ebenso gibt das Serum Fleckfieberkranker, wie das Serum des Syphilitikers, bei Verdünnung mit destilliertem Wasser eine Trübungsreaktion infolge Globulinausfällung. Bei Fleckfieber wie bei Lues erklärt sich das abnorme Verhalten der Globuline und Lipoide im Blutserum durch die Läsion der Wandungen der kleinsten Arterien.

In diesem Zusammenhang sei einer für die Fleckfieberdiagnose praktisch verwendbaren (allerdings nicht mikrobiologischen, sondern pathologisch-anatomischen) Untersuchungsmethode, nämlich des Nachweises der zuerst von E. Fraenkel beschriebenen charakteristischen Veränderungen an den kleinsten Arterien (Quellung und Nekrose des Endothels, hyaline Thromben und herdförmige zellige Infiltration an der Außenseite der Gefäßwand) gedacht; dieser Nachweis kann von einem pathologisch-anatomisch geschulten Beobachter an exzidierten Hautstückchen aus Fleckfieber-Roseolen leicht geführt werden.

Anhang.

Anhangsweise seien hier noch die Erreger einiger durch Würmer hervorgerufenen menschlichen Infektionskrankheiten kurz beschrieben, welche insofern eine gewisse (allerdings rein äußerliche) Zusammengehörigkeit aufweisen, als sie einerseits im Gegensatz zu den anderen mehr sporadisch auftretenden Wurmkrankheiten gelegentlich in epidemischer Form erscheinen, und als andererseits für diese Erreger die auch sonst in der Mikroparasitologie üblichen Methoden der Untersuchung angewendet werden. Betreffs der für die Diagnose der Echinokokkenkrankheit angewandten serologischen Methode (Komplementbindung) vgl. im Allgemeinen Teil S. 116.

1. Ankylostoma duodenale.

Das Ankylostoma duodenale, bereits im Jahre 1838 von Dubini in Italien entdeckt und später, insbesondere von Bilharz und Griesinger in Ägypten studiert, ist der Erreger einer durch schwere anämische Erscheinungen ausgezeichneten Erkrankung, welche hauptsächlich in warmen Ländern eine außerordentliche Verbreitung zeigt, aber auch in Mitteleuropa unter den weiter unten zu besprechenden für die Entwicklung des Wurmes erforderlichen Bedingungen epidemisch auftreten kann; solche Epidemien wurden insbesondere beim Bau des Gotthardtunnels und unter den Bergleuten im rheinisch-westfälischen Industriegebiet beobachtet, wo diese Infektion anfangs dieses Jahrhunderts eine sehr große Verbreitung gefunden hatte, aber dank den getroffenen Maßnahmen ganz erheblich zurückgegangen ist. Die Anämie kommt teils direkt infolge der zahlreichen Bißverletzungen, welche die an der Darmschleimhaut haftenden Würmer verursachen, teils offenbar auch durch toxische Stoffwechselprodukte des Wurmes zustande.

Der Erreger, zu den Nematoden (Fadenwürmern) gehörig, trägt seinen Namen (Hakenwurm) von seiner mit vier größeren hakenförmigen und zwei kleineren Zähnen bewehrten geräumigen Mundkapsel, deren Rand hornartig verdickt ist. Die beiden Geschlechter sind daran deutlich zu unterscheiden, daß das Hinterende des Männchens in der Bursa copulatrix, einer dreilappigen Tasche endigt, die das Weibchen in copula umfaßt, während das Hinterende des Weibchens in eine stumpfe Spitze ausläuft; beim Weibchen liegt die Vulva hinter der Körpermitte. Das Männchen mißt 8—12 mm in der Länge und 0,5—0,7 mm in der Breite; das Weibchen wird bis zu 18 mm lang und 0,8—1,2 mm breit. Die erwachsenen Würmer sind bei der Sektion in großen Massen an der Dünndarmschleimhaut haftend aufzufinden, desgl. auch im Stuhl; in erster Linie kommt für die praktische Diagnose jedoch der Nachweis der Eier in Betracht, welche sich in der Regel in großen Massen im Stuhl finden und eine sehr charakteristische Gestalt haben, die sie kaum mit anderen im Stuhl vorkommenden Gebilden verwechseln läßt. Die Eier messen etwa 55 bis 60 μ in der Länge und 35—40 μ in der Breite, sind von ovaler Gestalt mit breit abgerundeten Polen und besitzen eine dünne farblose bei 300-facher Vergrößerung nur einfach konturiert erscheinende Hülle und einen bereits im ganz frischen Stuhl in mehrere (2—8, in der Regel 4) Furchungskugeln zerfallenden feinkörnigen Inhalt, der von der Schale stets durch einen gewissen Zwischenraum getrennt ist. Für die praktische Diagnose kommt insbesondere in Betracht, daß im frischen Stuhl nur Eier, niemals Larven, enthalten sind. Die Entwicklung des Eies erfolgt nur bei einer Temperatur von über 20^0 (am besten bei 25—30^0), bei genügender Feuchtigkeit und Schutz vor Sonnenlicht sowie bei Luftzutritt; diese Bedingungen finden sich in unseren Breiten nur unter gewissen Verhältnissen im Bergwerksbetrieb unter Tage verwirklicht. Die Entwicklung erfolgt auch in künstlicher Kultur, wofür Looß folgendes Verfahren angegeben hat: ein Kotstück wird mit der etwa gleichen Menge Tierkohle (Knochenkohle) und etwas reinem Wasser auf dem Boden einer Petrischale zu einem Brei verrieben und 5—6 Tage bei 25—30^0 aufbewahrt; man übergießt hierauf die ganze Masse mit Wasser und wartet bei der allmählichen Eintrocknung die Bildung von mit Wasser gefüllten Spalten und Dellen ab, in welchen sich die Larven ansammeln; auch auf 1$^0/_0$igem Agar ohne Zusatz von anderen Nährstoffen läßt sich die Entwicklung der Larven in der feuchten Kammer in ähnlicher Weise nach einem durch v. Wasielewski, Nißle und Wagner ausgearbeiteten Verfahren beobachten. Man unterscheidet zwei Entwicklungsstadien der Larve: zunächst die unreife Larve unmittelbar nach dem Ausschlüpfen, etwa 0,2 mm lang und binnen einigen Tagen bis zu einer Länge von 0,8 mm heranwachsend; ein charakteristisches Merkmal dieser unreifen Larve, durch welche sie sich von der ihr sonst ähnlichen Larve des Strongyloides (Anguillula) intestinalis unterscheidet, ist ihre „langzylindrische hinten leicht knöpfchenartig erweiterte mit einer stark lichtbrechenden Membran ausgekleidete Mundhöhle" (Looß [1]); diese unreife Larve ist für den Menschen noch nicht infektionstüchtig, sondern geht (ebenso wie das Ei), falls in den menschlichen Magen eingeführt, daselbst zugrunde. Die unreife Larve verwandelt sich in die reife nunmehr infektionstüchtige Larve durch zweimalige Häutung, wobei das zweitemal die alte Kutikula nicht ab-

[1]) In Menses Handbuch der Tropenkrankheiten, 2. Aufl., Bd. II, S. 400.

geworfen wird, sondern das Tier in Gestalt einer zarten Scheide umgibt; diese fälschlich oft als „enzystiert“ bezeichnete Larve vermag im Wasser und insbesondere im Schlamm mehrere Monate lang ohne weitere Nahrungsaufnahme sich lebend zu erhalten. Die Infektion mit dieser reifen Larve kann auf 2 Wegen erfolgen, wie durch Versuche direkt nachgewiesen: entweder direkt per os (Leichtenstern) oder dadurch, daß die reifen Larven sich in die menschliche Haut einbohren, um von hier aus auf dem Lymph- und Blutwege in die Lungen zu gelangen, wo sie die Alveolenwandungen durchbrechen, in den Luftwegen aufwärts kriechen und so schließlich in den Ösophagus und von da in den Dünndarm gelangen; 7—10 Wochen nach der Hautinfektion werden die ersten Wurmeier im Stuhle beobachtet. Dieser von Looß zweifelsfrei nachgewiesene Infektionsmodus durch die unverletzte Haut, entspricht auch durchaus den epidemiologischen Verhältnissen und spielt praktisch wahrscheinlich eine viel bedeutendere Rolle als die Infektion per os.

Für die Diagnose und praktische Bekämpfung der Wurmkrankheit ist es insbesondere wichtig, daß sehr zahlreiche Personen die Würmer in sich beherbergen können, ohne wahrnehmbare Krankheitserscheinungen zu zeigen; solche „Wurmträger“ (analog den Keimträgern bei anderen Infektionskrankheiten) können, ebenso wie die Leichterkrankten, einzig und allein durch die mikroskopische Untersuchung der Fäzes auf Ankylostomaeier erkannt werden; diese Untersuchung ist daher das wichtigste Hilfsmittel bei der Bekämpfung der Wurmkrankheit und hat sich bei ihrer Ausführung im größten Maßstabe (mehrere hunderttausende von Untersuchungen im Gelsenkirchener Institut unter H. Bruns) im rheinisch-westfälischen Industriebezirk auf das beste bewährt; insbesondere dient die Stuhluntersuchung auch der Feststellung, ob nach der Abtreibungskur endgültige Heilung erfolgt ist; zu diesem Zweck ist die Untersuchung während etwa 4 Wochen nach beendeter Kur mehrmals zu wiederholen.

Die Untersuchung erfolgt entweder durch direkte Durchmusterung einer Anzahl von Stuhlpräparaten, wobei etwa 40% der Fälle entdeckt werden. Ein Anreicherungsverfahren, das etwa 55% positive Resultate ergibt, ist von Telemann angegeben und besteht darin, daß die Fäzes mit einem Gemisch von gleichen Teilen Äther und Salzsäure verrieben und ausgeschleudert werden, worauf man die Eier im Bodensatz nachweisen kann. Ganz wesentlich überlegen ist dem mikroskopischen Nachweis der Eier das von Looß angegebene Kulturverfahren (vgl. oben), das fast in allen Fällen zum Ziele führt und bei verdächtigen Erkrankungen, bei denen der direkte mikroskopische Nachweis der Eier im Stich läßt, stets herangezogen werden sollte. Auch die Blutuntersuchung liefert wenigstens gewisse Verdachtsmomente, indem bei bestehender Ankylostomiasis (allerdings auch oft noch längere Zeit nach überstandener Erkrankung sowie bei anderen Infektionen mit Eingeweidewürmern) eine erhebliche Vermehrung der eosinophilen Zellen beobachtet wird; immerhin liefert dieser Blutbefund nur ein Verdachtsmoment, während der vollgültige Beweis ausschließlich durch den mikroskopischen Nachweis des Erregers erbracht werden kann.

2. Trichinella spiralis.

Zu den Nematoden gehört auch der Erreger der Trichinenkrankheit der Menschen und der Tiere, die Trichinella spiralis (Owen 1835), deren Bedeutung für die menschliche Pathologie zuerst von Zenker erkannt und deren Entwicklungsgang von Leukart erforscht wurde.

Die Trichinosis hat in Deutschland vor der obligatorischen Fleischbeschau zahlreiche Opfer gefordert; sie ist aber auch heute noch in Deutschland gegenüber anderen Ländern verhältnismäßig häufig, was auf die Unsitte zurückzuführen ist, daß bei uns rohes Schweinefleisch als Wurst und Schinken in großer Menge genossen wird. Aber auch durch ungenügend gesottenes oder unvollkommen geräuchertes trichinenhaltiges Fleisch kann eine Infektion beim Menschen erfolgen.

Die Trichinella spiralis lebt im geschlechtsreifen Zustande im Darm als Darmtrichine, die Larven derselben dagegen in der quergestreiften Muskulatur desselben Wirtes als Muskeltrichine. Die Darmtrichine ist ein leicht gekrümmter, fadenförmiger Rundwurm. Das Männchen ist 1,2—1,6 mm lang und etwa 0,04 mm dick, das Weibchen etwa 3 mm lang und 0,03—0,06 mm dick. Das Männchen hat am Ende des Schwanzes 2 konische Zapfen, zwischen denen 4 kleinere Papillen, aber kein Spiculum sichtbar sind. Die Vulva liegt im vorderen Drittel des Körpers.

Die Würmer leben im Dünndarm. Die geschlechtsreifen Tiere gehen nach der Geburt der lebendigen Jungen (5—7 Wochen) zugrunde. Die Länge der Jungen beträgt im Anfang 0,1 mm, die Breite 0,006 mm.

Als Infektionsquelle der Trichinosis kommen neben dem Schwein die Ratten in Betracht, die durch Aufnahme trichinenhaltiger Fäkalien, sowie auch durch Anfressen ihrer eigenen Artgenossen erkranken. Durch Fressen trichinöser Ratten können wieder Schweine, Hunde, Katzen trichinös werden, während der Mensch von Seiten des Schweines durch Genuß ungenügend gesottenen oder unvollkommen geräucherten trichinösen Schweinefleisches sich infiziert.

Wenn eine Person trichinenhaltiges Fleisch verzehrt, so werden die Trichinen durch die Salzsäure des Magens aus ihrer Kapsel befreit und wachsen nunmehr im Duodenum und im Jejunum zu geschlechtsreifen Trichinen, zu den sogenannten Darmtrichinen heran. Nach einigen Tagen findet schon die Begattung statt, nach der die Männchen bald zugrunde gehen, während die Weibchen in die Darmwand eindringen und sich dort ansiedeln, um von hier aus ihre Jungen (bis zu 1500 von einem Weibchen) in die Lymphgefäße der Darmwand abzulegen. Sie gelangen dann weiter durch das Lymphsystem in die Blutbahn und schließlich in die quergestreifte Muskulatur des Skeletts und des oberen Verdauungskanals. Die Trichinen bevorzugen das Zwerchfell, die Brust-, Bauch-, Hals-, Kehlkopf-, Gesichts- und Augenmuskeln. In der Herzmuskulatur setzen sie sich nicht fest.

In den Muskelprimitivbündeln entwickeln sich die jungen Formen in 14 Tagen zur Muskeltrichine, die sich jetzt spiralig aufrollt (Dauer etwa 5 Wochen) und sich allmählich mit einer Kapsel umgibt. In diesem enzystierten Zustande — die Zyste liegt stets in der Längsrichtung der Muskelfaser — erhält sich die Muskeltrichine bis zu 11 Jahren entwicklungsfähig.

Zur Sicherstellung der Diagnose „Trichinosis" dient der Nachweis der Trichinen im Blut und in den exzidierten Muskelstückchen. Für den Nachweis im Blut eignet sich am besten die Methode von Stäubli. Es werden hiernach einige Kubikzentimeter Blut mit einer größeren Menge 3% Essigsäure zur Verhinderung der Gerinnung und Auflösung

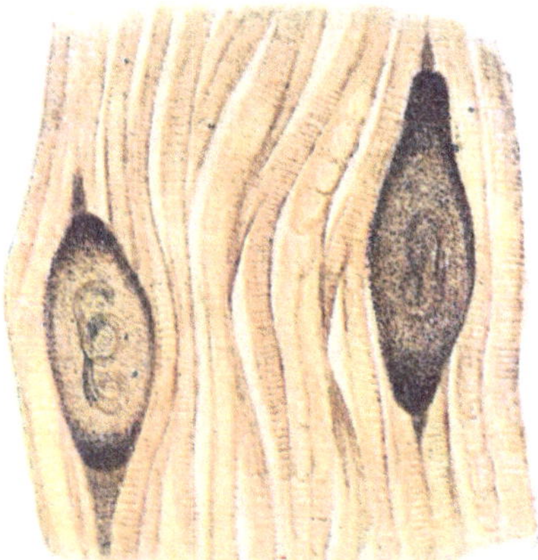

Abb. 212. Verkalkte Trichinen (Muskel). (Vergr. 1: 80).

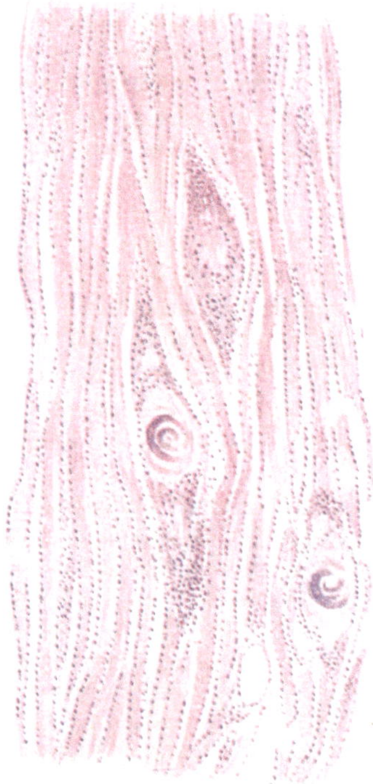

Abb. 213. Encystierte Muskeltrichinen. (Vergr. 1: 80).

der Erythrozyten gemischt, das Ganze zentrifugiert und das Zentrifugat mikroskopisch untersucht. In gefärbten Blutausstrichpräparaten findet man eine meist sehr erhebliche Vermehrung der eosinophilen Leukozyten, sowie allgemeine starke Leukozytose. Der geeignetste Tag für eine Blutuntersuchung liegt zwischen dem 15.—23. Tage nach der Infektion. Die sicherste Methode zur Diagnose der Trichinose bildet der Nachweis der Muskeltrichinen im Muskelgewebe, aus dem man, und zwar aus den schmerzhaftesten Teilen (insbesondere am Sehnenansatz des Bizeps) längs dem Faserverlauf kleine Stückchen exzidiert, zerzupft, mit Essigsäure aufhellt und bei 80—100facher Vergrößerung untersucht. Diese

Untersuchung sollte in jedem Falle von „fieberhaftem Muskelrheumatismus" unklarer Ätiologie vorgenommen werden. Differentialdiagnostisch kommt gegenüber menschlicher Trichinose in erster Linie noch Abdominaltyphus in Betracht, wobei allerdings schon das Blutbild meist in diesem oder jenem Sinne entscheidet, da das Verhalten der Leukozyten und insbesondere der Eosinophilen in beiden Fällen geradezu entgegengesetzt ist.

Wirksam bekämpft ist die Trichinose durch die obligatorische Trichinenschau, die in Preußen seit 1877 für gewerbliche Schlachtungen eingeführt worden ist. Bei der Trichinenschau geht man folgendermaßen vor: Aus den am meisten von Trichinen bevorzugten Stellen (vgl. oben) schneidet man mit einer gekrümmten Schere 5—6 cm lange und 2,5 cm breite Streifen ab, aus denen man durch Zusammenpressen zwischen zwei starken Glasplatten 0,5 cm breite und 1 cm lange durchsichtige Querschnitte anfertigt, unter Wasserzusatz zerzupft und bei 80—100-facher Vergrößerung untersucht. Trichinöses Schweinefleisch ist zum menschlichen und tierischen Genuß unbrauchbar.

3. Filarien.

Filarien sind dünne, fadenförmige Würmer (Nematoden), die im erwachsenen Zustande im Unterhautzellgewebe, unter der Augenbindehaut, in den Lymphspalten des Menschen eine parasitische Existenz führen, während ihre Larven (Mikrofilarien) im Blute des Trägers kreisen, bei einer Art (Filaria Bancrofti) bei Chylurie auch im Urin auftreten. Die Reifung und Übertragung der Larven findet in blutsaugenden Insekten (Stechmücken und Stechfliegen) statt. Die durch Filarien hervorgerufenen Krankheiten gehören ausschließlich der tropischen und subtropischen Zone an, kommen aber an eingeschleppten Fällen bei der langen Dauer der Erkrankung auch in Europa zur Beobachtung. Sehr oft zeigen die Personen, in deren Blut Mikrofilarien gefunden werden, auch gar keine Krankheitserscheinungen.

Für die Zwecke dieses Leitfadens ist nur der Nachweis der Mikrofilarien im Blute zu besprechen, während betreffs der Beschreibung der erwachsenen Würmer (die zum Teil in ihrer Biologie noch nicht vollständig erkannt sind) auf die parasitologischen speziellen Lehrbücher verwiesen sein muß. Das auffallendste Merkmal, auf welches man bei diesen Blutuntersuchungen schon sehr frühzeitig aufmerksam wurde, ist die Abhängigkeit des Auftretens der Mikrofilarien im Blut von der Tageszeit, indem die häufigste Art nur zur Nachtzeit, eine andere nur bei Tage und noch andere sowohl bei Tage wie zur Nacht gefunden werden. Je nach diesem regelmäßigen Turnus wurde der Erreger als Microfilaria nocturna, diurna oder perstans beschrieben. Dieser Unterschied nach den Tageszeiten (dessen physiologische Ursachen übrigens noch unbekannt sind) entspricht aber nicht immer einem strengen Artunterschied, da der Turnus nicht immer ganz regelmäßig eingehalten wird und andererseits durch Veränderung der Lebensweise des Trägers (wenn er bei Tage schläft und nachts wacht) der Turnus bei Microfilaria Bancrofti geradezu umgekehrt werden kann. Eine strenge Unterscheidung der Arten ist dagegen durch morphologische Charaktere und durch die Zugehörigkeit bestimmter Larvenformen zu bestimmten Arten der erwachsenen Würmer gegeben.

Die Microfilaria nocturna ist die Larve der Filaria Bancrofti, welche letztere als erwachsener Wurm im Unterhautzellgewebe sitzt und daselbst Anschwellungen, Elephantiasis, sowie Chylurie erzeugt.

Die Microfilaria diurna ist die Larve der Filaria loa, welche im Unterhautzellgewebe und häufig unter der Augenbindehaut sitzt und sich durch ihre häufigen Wanderungen von einem Ort zum anderen auszeichnet.

Die genannten zwei Mikrofilarien zeichnen sich im Gegensatz zu den beiden folgenden durch ihre erheblichere Größe (Länge etwa 0,3 mm, Breite etwa 7 μ), sowie durch das Vorhandensein einer Scheide, welche den ganzen Wurm umgibt und im gefärbten Präparat besonders an seinen beiden Körperenden gut sichtbar ist, aus. Die beiden Arten unterscheiden sich voneinander, neben Differenzen im feineren Bau, die hier übergangen werden können, hauptsächlich dadurch, daß Microfilaria Bancrofti in gerundeten Windungen, Microfilaria loa zerknittert erscheint.

Die Microfilaria perstans kann einer von folgenden beiden (teilweise noch nicht vollständig erforschten) Arten angehören: Filaria perstans oder Filaria Demarquayi; die erwachsenen Würmer dieser beiden Arten werden beim Menschen im retroperitonealen Bindegewebe gefunden; die Mikrofilarien unterscheiden sich von den beiden zuerst genannten Arten schon durch ihre geringere Größe, sowie durch das Fehlen der Scheide.

Betreffs der technischen Vorschriften zum Nachweis der Mikrofilarien im Blute sei folgendes erwähnt. In erster Linie empfiehlt es sich, das Blut in dünner Schicht zwischen Objektträger und Deckgläschen unmittelbar nach der Entnahme im lebenden Zustand zu untersuchen; die Auffindung der Larven ist dann durch ihre lebhafte Eigenbewegung sehr erleichtert, die gleichzeitig vor Verwechslung mit Fasern und dgl. schützt. Bei der Anfertigung von gefärbten Trockenpräparaten sind nach Fülleborn (an dessen Darstellung[1]) wir uns hier halten) folgende Vorschriften zu beobachten: Man verwendet am besten nicht Blutausstrich-, sondern „dicke Tropfen"-Präparate (vgl. oben im Kapitel Malaria); doch wird hier der „dicke Tropfen" (nach event. vorangegangener vorsichtiger Auswaschung des Blutfarbstoffs mittels destillierten Wassers) vor der Färbung in Alkohol fixiert; zur Färbung eignet sich Giemsa-Lösung nicht so gut, weil sie die Scheide zu ungleichmäßig zur Darstellung bringt; Fülleborn empfiehlt in erster Linie die Böhmersche Hämatoxylin- oder die Vitalfärbung (mit Methylenblau oder Neutralrot). Das Trocknen der Präparate soll möglichst rasch erfolgen, eventuell unter ganz leichter Erwärmung, da beim

[1]) In Kolle-Wassermanns Handbuch der pathog. Mikroorganismen, Bd. VIII.

langsamen Eintrocknen die Parasiten Schrumpfungen zeigen können, durch welche die differentialdiagnostisch verwertbaren Merkmale verwischt werden. Durch Zentrifugieren des im Kapillarröhrchen entnommenen Blutes kann eine Anreicherung der Parasiten, die sich im Serum dicht über den Blutkörperchen ansammeln, erreicht werden.

4. Bilharzia haematobia (Schistosomum haematobium).

Die Bilharzia-Infektion kommt zwar in Europa als einheimische Infektion nicht vor, herrscht aber endemisch in außerordentlicher Verbreitung in Afrika und Ostasien und kann bei der Hartnäckigkeit des Leidens, welches sich über viele Jahre hinzieht, bei eingeschleppten Fällen auch in Europa zur Beobachtung kommen. Die afrikanische und die japanische Form der Infektion wird durch je einen verschiedenen Erreger verursacht und zeigt auch sonst Unterschiede, indem einerseits der Sitz der Infektion verschieden ist: die ägyptische Bilharzia befällt sowohl das Urogenitalsystem wie das Rektum, während sich bei der japanischen Form die Parasiten nur im Dickdarm festsetzen; andererseits ist das Schistosomum japonicum auch auf Tiere (Hund, Katze, Pferd, Rind) übertragbar, während die ägyptische Bilharzia ausschließlich den Menschen befällt.

Die Krankheitserscheinungen sind eine Folge des auf die Gewebe ausgeübten Reizzustandes durch die in ihnen massenhaft abgelagerten Eier des Parasiten; das häufigste Symptom der ägyptischen Bilharziaerkrankung ist das Auftreten von Blut im Harn, sowie die dadurch hervorgerufene Anämie, das Auftreten von chronischen Entzündungserscheinungen und Tumoren in Blase und Rektum, sowie von Blasensteinen. Die Infektion kann aber auch bei anscheinend völlig gesunden Personen vorkommen und ist mit Sicherheit nur durch den mikroskopischen Nachweis der sehr charakteristisch geformten Eier im Urin und Stuhl oder in Gewebsschnitten aus den bei Operationen entfernten krankhaft veränderten Teilen zu stellen.

Der erwachsene Wurm, der seinen Namen nach seinem Entdecker Bilharz trägt und zu den getrenntgeschlechtlichen Rundwürmern (Trematoden) gehört, findet sich in den Venen der Darmwand, des Pfortadersystems sowie der Blase; das Männchen, 6—11 mm lang und 0,5—0,7 mm dick, ist von weißlicher Farbe, das Weibchen erheblich dünner (0,2 mm) ist bräunlich gefärbt. Sehr charakteristisch sind Pärchen in copula, wobei das Weibchen einen großen Teil seiner Länge nach von dem an der Ventralseite des Männchens befindlichen Canalis gynaecophorus aufgenommen wird. Die Auffindung der erwachsenen Würmer im Blute wird wesentlich erleichtert, wenn man dasselbe in einer Glasschale in dünner Schicht ausbreitet und im durchfallenden Licht betrachtet. Die Eier zeigen eine Länge von 0,12—0,15 mm und eine Breite von 0,04—0,06 mm; der eine Pol ist abgerundet, während der andere einen endständigen oder seitenständigen (nach Looß richtiger als bauchständig zu bezeichnenden) Stachel trägt. Die Eier mit bauchständigem Stachel sind nach Looß solche, die aus unreifen Parasiten hervorgehen und finden sich daher vor allem in der Leber (wo die Jugendformen der Würmer sich aufhalten), sowie — neben normalen endstacheligen Eiern — auch im Stuhl, während mit dem Harn nur normale Eier mit endständigem Stachel ausgeschieden werden. In Gewebsschnitten findet man häufig Eier mit stark verkalkter Schale. Die Eier der japanischen Form des Erregers sind erheblich kleiner und zeigen entweder gar keinen oder nur einen kurzen knopfförmigen seitenständigen Stachel. Im Innern des Eies ist bereits der Embryo zu erkennen; gelangt das Ei mit den menschlichen Ausscheidungen in Wasser, so wird der Embryo frei und schwimmt als flimmerbehaartes Miracidium lebhaft beweglich umher. Welche weitere Entwicklung dieses Gebilde durchmacht, bis es beim Menschen eine neue Infektion zu verursachen vermag, ist noch nicht ganz aufgeklärt; vielleicht macht das Miracidium eine Entwicklung in gewissen Süßwasserschnecken durch. Als Eintrittspforte der Infektion ist — wie beim Ankylostoma — die Haut anzusehen, wofür sowohl epidemiologische Erfahrungen (Looß) wie Tierversuche mit dem Schistosomum japonicum sprechen. Die außerordentlich weite Verbreitung, welche sowohl die Bilharzia- wie die Ankylostomen-Infektion unter der ägyptischen Landbevölkerung zeigt, erklärt sich dadurch, daß diese Leute täglich stundenlang bei der Bewässerung der Felder ihre Haut mit infiziertem Wasser in Berührung bringen.

Sachregister.